功能高分子材料

（第二版）

主　编　张治红　何领好

副主编　肖元化　陈荣源

参　编　张　帅　牛庆媛

華中科技大學出版社
http://www.hustp.com
中国·武汉

内 容 简 介

本书共分9章，分别对功能高分子材料的基本内容、光电磁功能材料、生物医用功能材料、智能高分子材料、高分子液晶材料、吸附功能高分子材料、高分子功能膜与膜分离技术、高分子纳米复合材料、功能高分子研发方法与方向进行了较详细的介绍。在编写过程中，本书力图以通俗简练的语言阐述这些材料的物类、构成、制法和应用领域等基本概念，并着重阐明材料的设计思路、结构和组成与功能性之间的关系。另外，本书对近几年功能高分子材料的研发进展做了扼要的介绍，在理论联系实际的同时，尽可能地反映这些领域的最新研究成果。

本书可作为高等学校高分子材料及复合材料等相关专业的本科生和研究生的教学用书，也可供从事功能高分子材料生产和研究的科技人员参考。

图书在版编目(CIP)数据

功能高分子材料/张治红，何领好主编. —2版. —武汉：华中科技大学出版社，2022.10
ISBN 978-7-5680-6801-7

Ⅰ.①功… Ⅱ.①张… ②何… Ⅲ.①功能材料-高分子材料 Ⅳ.①TB324

中国版本图书馆CIP数据核字(2022)第186721号

功能高分子材料(第二版)
Gongneng Gaofenzi Cailiao(Di-er Ban)

张治红　何领好　主编

策划编辑：袁　冲
责任编辑：刘　维　袁　冲
封面设计：孢　子
责任监印：朱　玢
出版发行：华中科技大学出版社(中国·武汉)　　电话：(027)81321913
　　　　　武汉市东湖新技术开发区华工科技园　　邮编：430223
录　　排：武汉创易图文工作室
印　　刷：武汉开心印印刷有限公司
开　　本：787mm×1092mm　1/16
印　　张：20.25
字　　数：531千字
版　　次：2022年10月第2版第1次印刷
定　　价：59.00元

前言 PREFACE

作为材料科学的重要分支，功能高分子材料学科是集功能高分子材料结构设计、制备工艺及性能研究、应用开发等工作于一体的材料科学与工程研究学科，是高分子材料研发领域发展最为迅速、与其他学科交叉度极高的一个研究领域。

本书根据高分子材料与工程、复合材料等相关专业的教学要求，主要对研究比较深入且在工程上应用较广并具有重要应用价值的光电磁功能材料、生物医用功能材料、智能高分子材料、高分子液晶材料、吸附功能高分子材料、高分子分离膜材料、高分子纳米复合材料等功能高分子材料进行了比较详细的介绍。在阐述这些材料的物类、构成、制法和应用领域等基本概念的同时，着重阐明了材料的设计思路、结构和组成与功能性之间的关系，同时对近几年功能高分子材料的研发进展也做了扼要的介绍。考虑到功能高分子材料科学在近几年取得了飞速的发展，有必要对第一版进行修订，使之更适合于教学和科技人员参考。

全书共分 9 章，其中第 1、9 章由张治红编写，第 2 章由何领好编写，第 3 章由肖元化编写，第 4 章由牛庆媛编写，第 5、6 章由陈荣源编写，第 7、8 章由张帅编写。全书由张治红和何领好负责统稿。

本书主要作为高等学校高分子材料及复合材料等相关专业的本科生和研究生的教学用书，也可供从事功能高分子材料生产和研究的科技人员参考。

本书编写过程中得到了郑州轻工业大学各级领导和各位编者所在研究室师生的大力支持和帮助，我们在此表示衷心的感谢。书中多处参考引用了业内专家学者的论著、研究成果和观点理论，在此一并致谢。由于功能高分子材料正处在快速发展阶段，涉及的内容广泛、信息量大，本书限于篇幅很多难以深入展开，加之编者研究方向各异，学识有限，本书难免存在疏漏和不足之处，恳请各位读者及同行专家给予批评指正。

编　者

2022 年 6 月于郑州

目录

CONTENTS

第1章 绪 论

高分子材料是以相对分子质量较高的高分子化合物为基础构成的材料，包括塑料、橡胶、纤维、涂料、胶黏剂及高分子基复合材料等。与金属和无机材料等传统材料相比，高分子材料发展历史较短，但因其具有原料易得、品种多样、性能优越、加工方便等优于传统材料的特点而得到迅速发展。近百年来，随着高分子材料在工农业生产、人民生活及各种高新技术领域的广泛应用，高分子材料及其制品的需求迅速增长，其发展速度远远超越金属等传统材料，在材料工业中已占有相当重要的地位，其中，有现代三大高分子合成材料之称的塑料、合成纤维和合成橡胶已经成为国民经济建设与人民日常生活必不可少的重要材料。

虽然目前高分子材料应用已非常广泛，但由于高分子材料的基体是由许多重复结构单元组成的，其相对分子质量很大、具有多分散性，且构型、构象复杂多变，因此高分子材料很难形成完美的结晶，没有明确的熔点，理化性质对温度和时间的依赖性比较明显，材料性能一般表现为质量轻、模量和硬度不高、易变形、耐热耐寒性差、不溶或难溶于常规溶剂、不导电、化学惰性强等。通常情况下，这些高分子材料因其物理机械性能而被当作一般生产、生活资料和低载工程材料使用，所以高分子材料又被称为通用高分子材料。随着现代科技及工程技术的飞速发展，人们对材料性能的要求越来越高，在生产和生活中对材料提出了很多特殊性能或功能需求，从而推动了材料科学与工程学科的快速发展。高分子材料所具有的品种多样性、基材结构组成的可控性、性能的可调性，恰好迎合了这种发展趋势和需求，为设计与制备适应某种特殊用途、具有某些特殊功能的新材料奠定了基础，因此，自 20 世纪中期开始，功能高分子材料作为材料科学中高分子材料的重要研究领域得到了快速发展。人们通过共聚、掺杂、共混、复合等多种加工处理手段，实现了高分子材料的高性能化、功能化，研制出了许多产量低、附加值高、功能独特、性能优异的新型高分子材料，即功能高分子材料。

功能高分子材料学科是集功能高分子材料结构设计、制备工艺及性能研究、应用开发等于一体的材料科学与工程研究学科，是高分子材料研发领域发展最为迅速，且与其他科学领域交叉度最高的一个研究领域。它是建立在高分子化学、高分子物理、高分子材料科学与工程等相关学科的基础之上，与化学、物理学、医学、生物学等学科领域密切联系的一门学科。

随着功能高分子材料科学研究的深入，有关信息及研究成果日趋丰富，这为功能高分子材料的理论研究和应用开发提供了有利条件。本书旨在根据高分子材料科学与工程、复合材料等相关专业的教学要求，利用来自学科研究前沿的相关文献资料，对工程上应用较广和具有重要应用价值的光电磁功能材料、生物医用功能材料、智能高分子材料、高分子液晶材料、吸附功能高分子材料、高分子功能膜材料、高分子纳米复合材料等功能高分子材料的设计思路、制备方法、材料的结构和组成与功能性之间的关系等进行归纳、总结，使读者对功能高分子材料结构性能、研究方法、研究成果及发展规律有一个基本的认知。

1.1 功能高分子材料的定义

功能高分子材料是各种具有特殊功能的高分子材料的统称，是相对于通用高分子材料而言的一个宽泛的概念。功能高分子材料物类、品种繁多,功能各异,应用广泛,且目前仍处于快速成长期,因此其确切定义及分类,依然是一个有待探讨的课题,学术界至今尚无定论。

鉴于通用高分子材料的物理、化学性质已经被业内大多数人熟悉和认可,本书采用反推法对功能高分子材料范围界定如下:凡是符合高分子材料范畴,又具有某种或某些通用高分子材料所没有的特殊功能的材料。

据此,功能高分子材料可定义为:以合成或天然高分子聚合物为主要成分,物理机械性能等理化特性(对外部刺激的适应和抵抗能力)达到或超过通用高分子材料,又具有某种新型或特殊功能特性(对外部刺激的适应、反应、表达和应对能力)的高分子材料。例如,抑菌高分子材料、生物降解高分子材料、高分子液晶材料、离子交换树脂、高吸水性树脂、导电塑料、磁性塑料、高分子光纤、选择吸附性高分子材料、高分子分离膜材料、生物相容高分子材料、智能高分子材料等都属于功能高分子材料。

1.2 功能高分子材料的分类

根据上述定义可知,功能高分子材料是高分子材料中有别于通用高分子材料和高性能高分子材料的一类功能性高分子材料。

功能高分子材料品种繁多,分类方法也有很多,因研究者习惯、研究目的、观察角度等而异,至今尚无权威定论。

由于功能高分子材料的价值主要体现为某种或某些特别优异的特殊功能,所以将功能高分子材料按其功能特性进行分类最为科学和实用。本书沿用此分类方法,将功能高分子材料按其功能特性所属领域分为几大类,再按材料物质类型、制备方法、特殊性质、功能特性、实际用途等予以细致划分。据此,本书将常用功能高分子材料分类如下。

(1) 物理功能高分子材料。

物理功能高分子材料是指具有特异的光、电、磁、热、力等物理特性的功能高分子材料,如导电高分子材料、高分子半导体材料、压电及热电高分子材料、光导电高分子材料、光功能高分子材料、磁性高分子材料及液晶高分子材料和信息传递、记忆高分子材料等。

(2) 化学功能高分子材料。

化学功能高分子材料是指具有可引发、催化、控制、参与、完成某些化学反应或化学过程的特异化学功能的功能高分子材料,如反应性高分子材料、高分子试剂、高分子催化剂、高分子增感剂、螯合树脂、氧化还原树脂、离子交换树脂、电子交换树脂等。

(3) 理化复合功能高分子材料。

理化复合功能高分子材料是指功能介于物理、化学之间或兼有之,或通过物理、化学多种作用实现其特异功能的功能高分子材料,如感光性树脂、选择吸附树脂、高分子吸附剂、高分子功能膜、高分子絮凝剂、高分子表面活性剂、高分子染料、光致变色高分子、高分子功能电极等。

(4) 生物功能和医用高分子材料。

生物功能和医用高分子材料是指具有生物组织适应性、血液适应性、生物体内保留性等特异功能,或用于医药卫生领域的功能高分子材料,如人工脏器及组织用高分子材料、活性高分子药物、高分子缓释药物、高分子农药、生物分解材料、可生物降解性高分子材料等。

当然,无论怎样划分,分类都是相对的。同一材料可能具有多种功能,可服务于多个领域;同一领域、同种功能也可能由多种不同材料实现。本书主要依据编者的研究方向,考虑人们习惯的分类方法，按功能高分子材料的功能特性和应用领域，对工程上应用较广和应用价值较高的功能高分子材料予以介绍。

1.3 功能高分子材料科学的研究内容

功能高分子材料科学是以功能高分子材料为研究对象，研究其结构组成、构效关系、制备方法、性能特点及应用技术开发的高分子材料科学分支，是高分子材料科学领域中异常活跃、发展最快、最具意义的新兴学科。

功能高分子材料仍属于高分子材料范畴，其研究内容及方法大多沿用一般高分子材料科学研究的内容和方法。由于功能高分子材料的特殊性和关注点不同，功能高分子材料的研究内容与方法自然也具有一定特殊性。

功能高分子材料科学的主要研究内容一般包括 4 个方面，即功能高分子材料的制备方法研究，功能高分子材料及其器件的性能测定与表征研究，功能高分子材料的结构、组成及构效关系研究，功能高分子材料应用技术研究。

(1) 功能高分子材料的制备方法研究。

功能高分子材料的制备方法研究主要是研究、提供实现特殊分子设计的制备工艺技术，开发新的功能高分子材料或革新、简化已有功能高分子材料的制备技术。

(2) 功能高分子材料及其器件的性能测定与表征研究。

功能高分子材料及其器件的性能测定与表征研究主要是研究功能高分子材料的功能、性能测定依据、方法和手段，为功能高分子材料的结构性能研究和应用技术研究提供科学的方法和技术装备。

(3) 功能高分子材料的结构、组成及构效关系研究。

功能高分子材料的结构、组成及构效关系研究主要是研究、解读功能高分子材料结构与性能关系，建立材料结构、组成与功能之间的关系理论，以此指导新型功能高分子材料的设计开发或强化已有功能高分子材料的功能特性。

(4) 功能高分子材料应用技术研究。

功能高分子材料应用技术研究主要是研究功能高分子材料的性能特点和特殊功能及其应用条件和技术，以作为全新功能材料或新型替代材料，利用其特殊功能解决具体的实践问题，在生产和实践中转化成具有实用意义的新型材料和器件。

1.4 功能高分子材料研究的回顾及展望

功能高分子材料的研究探索可以追溯到 19 世纪，如早在 19 世纪末期发展起来的光敏高分子材料研究，在光聚合、光交联、光降解、荧光及光导机理等方面都取得了重大突破，并在工业上得到广泛应用。直到 20 世纪 60 年代，功能高分子的概念才被正式提出，当时主要是指离子交换树脂，因其具有通过离子交换作用提取、分离某些离子化合物的特殊功能而得名。

功能高分子材料科学被当作一个完整学科来研究是从 20 世纪 80 年代中后期开始的。之后，其研究领域的拓展十分迅速，逐步拓展为涉及分离膜、高分子催化剂、高分子试剂、高分子液晶材料、导电高分子材料、光敏高分子材料、医用高分子材料、高分子药物、相变储能高分子材料等的十分宽广的研究领域。目前已达到实用化阶段的功能高分子材料有离子交换树脂、分离功能膜、光刻胶、感光树脂、高分子缓释药物、人工脏器等。高分子敏感元件、高导电高分子、高分辨能力分离膜、高感光性高分子、高分子太阳能电池等功能高分子材料现已接近实用化阶段。

我国功能高分子材料的研究起步于1956年，在此领域开展的工作有吸附和分离功能树脂研究、高分子分离膜研究、高分子催化剂研究、高分子试剂研究、导电高分子研究、光敏及光电转化功能高分子研究、高分子液晶功能材料研究、磁性高分子研究、高分子隐身材料研究、高分子药物研究、医用高分子材料研究、相变储能材料及纤维研究等。

功能高分子材料研究正处在快速发展阶段，新产品设计研发如火如荼，多种功能特性还有待认识和开发应用。目前，功能高分子材料领域的研究工作主要集中在聚合物电致发光和高分子信息材料研究及医用高分子和组织工程材料研究两大领域。

随着社会的发展和科技的进步，功能高分子材料的研究不断深入。国内外都开始对新型有机功能高分子材料展开深入的开发和研究，不仅给人们的生活带来了一定便利，还推动了社会的发展。高分子材料科学与生物科学、生物工程、化学、物理、信息科学、环境科学等的交叉既促进了高分子材料科学本身的发展，同时又使高分子材料扩大了其应用范围。例如，仿效生物体的结构或其特定功能的仿生高分子材料，是发展生物材料的重要基础。对有机/高分子材料电子过程的研究使有机高分子材料科学与信息科学紧密结合，使有机塑料电子学成为一个重要研究方向。扫描探针显微镜和超高分辨率等现代检测仪器与技术的发展使有机/高分子纳米材料的研究得以深入。功能高分子材料不局限于此，正朝着绿色化、智能化、多功能化和高性能化方向发展。

(1)功能高分子材料的绿色化。高分子材料的不可降解性会对生态环境造成极大的破坏，发展绿色环保的高分子材料刻不容缓。技术的发展必须要以保护生态环境为重要前提。功能高分子材料的绿色化使其能被自然界降解或者通过其他方式降解，有助于社会和谐发展、保护绿水青山、建设环境友好型社会。

(2)功能高分子材料的智能化。21世纪是信息的世纪，也是智能的世纪，智能化已经成为研究的热点。智能化是指实现高分子材料的生命功能，即可随环境变化的功能，例如具有记忆功能的高分子材料，形状可以根据外界条件的变化而变化，甚至可以感知周围环境温度和亮度的变化，并随之进行调整；水溶性高分子材料，可以实现在水溶液中的自我溶解，其具有较好的黏合性和润滑性。利用功能高分子材料存储、传递、处理信息的功能，是功能高分子材料研究的重要方向，一旦取得突破，将带来高分子智能材料领域和人工智能领域的飞跃式发展。

(3)功能高分子材料的多功能化。多功能化是指不断发展具有多种复合功能的高分子材料，实现功能的多样化与复合化，做到“一材多用”。功能高分子材料增强了高分子材料的原有功能，而实现更多方向的应用是多功能化的目的，同时有利于拓宽功能高分子材料的发展空间。

(4)功能高分子材料的高性能化。功能高分子材料的特性在于理化性质，增强理化特性是功能高分子材料的重要发展方向之一。高性能化是指通过改善材料制备以及材料加工方法等来进一步提高高分子材料的性能，例如高力学强度、高耐腐蚀性、高耐磨性以及通过耐高温、抗老化等方面的研究，实现高分子材料在航空航天、电子工业、汽车交通等更高性能要求的环境中的应用。

功能高分子材料发展迅速，应用领域不断扩大，越来越多的功能高分子材料将从科学发明、发现走向实际应用。

思　考　题

（1）功能高分子材料与通用高分子材料有何异同？

（2）功能高分子材料科学的研究包括哪些内容？

（3）简述现阶段及今后功能高分子材料的研发方向。

第2章 光电磁功能材料

2.1 光功能高分子材料

光功能高分子材料是指对光能作用有特殊响应的高分子材料。光功能高分子材料包括两大类：一类是吸收光能后能在分子内或分子间产生光物理化学反应，引起材料的物理性质和化学性质变化，从而呈现或输出某些特殊功能的感光高分子材料，如光致导电高分子材料、光致变色高分子材料、光致抗蚀和诱蚀高分子材料、光储存和记录高分子材料、光能转换高分子材料等；另一类是本身具有某些特殊光学性能的功能高分子材料，如光导高分子材料、发光高分子材料、光折变高分子材料、非线性光学高分子材料等。

2.1.1 光物理化学基础

光是一种电磁波，除能引起人们视觉的可见光外，还包括不能被人的视觉感知到的微波、红外线、紫外线、X射线和 γ 射线等。光具有波粒二相性。光的波动性是指光线有干涉、绕射、衍射和偏振等现象，具有波长和频率。光的微粒性是指光有量子化的能量，这种能量是不连续的。不同频率或波长的光有其最小的能量微粒，这种微粒称为光量子，或称光子。光量子的能量 E 与其频率成正比、与波长成反比，其关系如式(2-1-1)所示：

$$E=h\upsilon=\frac{hc}{\lambda} \tag{2-1-1}$$

式中：c 为光速，2.998×10^{8} m/s；h 为普朗克常数，6.62×10^{-34} J·s；λ 为波长。

所谓光物理化学反应，就是指物质受光波作用，吸收光能所引起的聚集状态（相态）或键合方式（化学结构）的变化。

1. 光吸收与分子激发

当光波照射到某一物体上时，可能出现3种情况，即反射、透射和吸收。显然，反射光和透射光并不会对物体的本质属性构成直接影响，只有被吸收的光才有可能引起光物理化学反应，因此，研究者最感兴趣的是物质对光的吸收特性，以及吸收光能后的性能变化。

物质对光的吸收特性与该物质的分子结构密切相关。有机分子中对光敏感部分通常是以特定基团为特征的。例如，含有碳基、苯环和共轭双键的化合物虽然在可见光区域没有吸收，是无色的，但常在紫外光区有比较明显的吸收，而紫外光恰恰是能量较高的短波光。

物质吸收光量子后易发生一系列变化，这些变化既可能涉及化学变化（如光聚合反应或者光降解反应），又可能涉及物理变化（如光致变色或者光致导电现象）。虽然不同物质因其结构或特征基团不同对光的吸收及响应结果不同，但它们与光量子之间的相互作用却都具有相似的光作用历程——分子激发。

从分子轨道理论的角度来看，在没有外界的能量输入时，物质的分子处于基态，电子优先占据能量最低的轨道。同一轨道中最多只能容纳两个电子，且两个电子的自旋方向必须相反。在能量相同的轨道中，电子将以自旋方向相同的方式，占据尽可能多的轨道，此时分子处于稳定状态。当受到光的照射时，分子一旦吸收了光能，外层电子将从原来的能量较低的轨道跃迁到另一个能量较高的轨道，电子跃迁后的分子状态称为激发态。激发态分子的电子排布与基态的排布不同，不再遵循上述基态电子排布原则。处于基态分子中的电子一般在成键或非键轨道中都是自旋配对的。激发后，一个电子跃迁到最低能级的反键轨道上，此电子的自旋可能有两个不同的取向，即保持原来自旋方向或是自旋方向反转。前者的电子自旋量子数的代数和为零，在原子吸收和发射谱中呈现一条谱线，称为单线态；后者的电子自旋量子数的代数和为1，在原子吸收和发射谱中呈现三条谱线，称为三线态。

从电子排布的角度来看，基态和激发态的电子排布具有非常大的差异，从而导致激发态分子与基态分子具有完全不同的物理或化学性质，如键长、键角、反应性等都有很大不同。许多在基态不能发生的反应，在激发态就可能轻而易举地实现，如顺反异构反应和氧化还原反应等。这就是光功能高分子材料制备和光致功能性的基础。

激发态分子的产生与光量子能量和受光材料分子结构有非常严密的对应关系，遵循一些特定的规律。也就是说，并不是所有的光都能将构成物质的各种分子激发到高能态，只有当光源的发射光谱与反应物的吸收光谱相互匹配，分子吸收了足够的光量子能量才能成为激发态，才能有效地引起光物理化学响应。例如，在可见光环境中，1,2-二苯乙烯混合物组成以热力学上比较稳定的反式异构体为主，而在313 nm波长的近紫外光照射下，混合物组成几乎完全(97%)是顺式异构体。由此可见，高选择性是光物理化学响应的重要特点，具有鲜明的量子化特征。

2. 材料的光物理化学响应

无论激发态分子处于单线态还是三线态，都是不稳定的状态，它们会通过不同的方式失去能量，重新回到基态(失活)。

激发态分子的失活方式可以分为化学失活和物理失活。化学失活是直接通过化学反应失去能量的光化学过程，物理失活是通过发光、放热等光物理过程失活。激发态分子还可能通过不同的方式将能量转移给基态分子，而本身回到基态，这一过程称为分子间失活。这种方式可使某种不能直接通过光照成为激发态的分子间接成为激发态，实现有关物理化学反应。这个过程称为敏化或增感，也是光功能高分子材料制备经常使用的方法。

显然，物质分子被光量子激发和失活的过程，必将引起材料的物理性质和化学性质变化，这是光功能高分子实现其特殊功能的基础。

分子被激发及激发态分子的失活方式与输入或吸收的光量子能量高低、受光物质的化学结构和体系构成密切相关，这些因素会造成其激发和失活进程及材料响应形式的多样性。

激发态分子的失活方式主要有以下几种。

(1) 受激分子通过发光、放热等光物理过程失活，不产生反应活性中心，因而不能引发光化学过程。

$$M^{*} \xrightarrow{\text{发光或放热}} M \quad \text{(未反应)}$$

(2) 受激分子直接形成反应活性中心，通过化学反应失去能量，引发直接光化学过程。

$$M^{*} \xrightarrow{\text{引发反应}} E \quad \text{(直接反应)}$$

(3) 受激分子将能量转移给其他基态分子，使之形成反应活性中心，本身回到基态，引发间接光化学过程。

$$M^{*} \xrightarrow{\text{能量转移}} M + M'^{*}\ (\text{或 } M'^{+}, M'^{-}) \quad \text{(间接反应)}$$

$$M'^{*}\ (\text{或 } M'^{+}, M'^{-}) \xrightarrow{\text{引发反应}} E$$

(4) 受激分子与体系中的光敏剂(增感剂)分子结合形成反应活性中心，引发间接光化学过程。

$$M^{*}+A \rightarrow M^{+}A^{-} \xrightarrow{\text{引发反应}} E \quad (\text{间接反应})$$

(5)受激分子将能量转移给光敏剂分子,使之形成反应活性中心,本身回到基态,引发间接光化学过程。

$$M^{*} \xrightarrow{\text{能量转移}} A^{*}+M \quad (\text{间接反应})$$

$$A^{*} \xrightarrow{\text{引发反应}} E$$

显然,物质分子吸收光能被激发到高能态后总是趋于回到低能态,但其失活过程是否会引起材料的物理性质和化学性质变化,取决于分子吸收的光量子能量、自身的化学结构和体系中是否存在光敏分子或基团。因此,物质对光能作用的响应具有选择性和多样性是光物理化学反应的两大特点。

实际上,除非受激分子本身是光敏剂或含有光敏基团,不然很少有光激发分子的能量足以使其直接形成反应活性中心,引发直接光化学反应。绝大多数情况是光激发分子通过光物理过程失活,或者向光敏剂转移能量,继而引发间接光化学反应。这为选择性控制光物理化学反应进程提供了方便,也是光功能高分子材料制备和应用研究的基础。

光具有波粒二相性,光作用于介质(材料)所引起的响应有光物理过程和光化学反应。光物理过程不涉及分子组成和结构变化,一般只导致材料物性参数发生改变,如光作用于一般介质引起的物理响应为发光、发热导致的颜色和温度的变化。光作用于非线性光学材料时,光波场与介质相互作用产生非线性极化,结果可能导致若干种物理变化,如原子、分子及固体等介质中电子云分布的畸变,分子的振动和转动(包括晶格的振动),分子的重新取向和重新分布,聚集态及温度的变化使介质的折射率、密度发生改变等。

光化学反应会使分子组成和结构改变,从而导致材料本质属性的改变。与光功能高分子材料制备及应用密切相关的光化学反应主要有光聚合(光交联)和光降解两大类,前者是由光作用于相对分子质量较小的反应物,如单体、低聚物或高聚物,生成相对分子质量更大的聚合物;后者是由光作用于相对分子质量较大的聚合物,使之发生化学反应,生成相对分子质量较小的化合物。两者都是通过感光性分子吸收光能,实现能量转移,进而引发化学反应。工业上有重要意义的光功能高分子材料的制备和应用均是基于上述光化学反应来实现的。

2.1.2 感光高分子材料

感光高分子材料又称光敏性高分子材料,是指在光的作用下能够在分子内或分子间产生化学反应或物理变化,表现出特殊性能的聚合物,以及在光的作用下,能够发生聚合反应生成具有特殊性能聚合物的各种感光体系。例如,能在光的作用下由可溶或可熔的液态转变成不溶性或不熔性固态的光固化或光交联树脂、光致抗蚀材料,能变色或发光的光致变色材料或光致发光材料,电性能可发生较大变化的感光性材料、光电转换材料,能实现信息存储和记忆功能的光能储存材料、光记录材料,能起催化作用的光催化剂,能改变对基材黏附力的光敏胶,能引起高分子降解的光致诱蚀材料等。

人类发现和利用感光材料可追溯到1822年,当时,法国人发现了具有感光性的天然沥青,并将其作为照相制版的抗蚀膜使用。美国柯达公司于1954年研究的聚乙烯醇肉桂酸酯成功应用于印刷制版,成为合成高分子光致抗蚀剂的先驱。此后,感光高分子材料作为功能高分子材料的一个重要分支,在理论研究和推广应用方面都取得了很大进展。

感光高分子材料发展初期以快速干燥、固化为其技术特征,产品以紫外光固化为中心的感光涂料、油墨、胶黏剂等为主，主要应用于印刷包装、木材处理等领域。20世纪80年代后期，感光高分子材料的发展重心转移到了利用光能和光化学反应实现材料功能化方面，并将应用领域从传统工业领域扩展到高科技领域，如电子、通信、光学仪器、医用材料等方面，诞生了微电子工业、光通信工业、医用高分子等一系列高科技产业的配套材料。感光高分子材料为传统工业的技术改造和高新技术的开发提供了重要的技术支撑，是目前功能高分子材料中用途较为广泛的一种材料。

1. 感光高分子材料分类

感光高分子材料经过近几十年的发展，品种类型日益增多。人们根据各自的视角和目的提出了不少分类的方案，但迄今为止，尚无一种业内公认的分类方法。

下面是几种常见的分类方法及其类型。

(1) 根据光响应结果分类。

根据光响应结果分类，感光高分子材料的类型包括光致不溶型、光致溶化型、光降解型、光导电型、光致变色型等。

(2) 根据感光基团的种类分类。

根据感光基团的种类分类，感光高分子材料的类型包括重氮型、叠氮型、肉桂酰型、丙烯酸酯型等。

(3) 根据光响应类型分类。

根据光响应类型分类，感光高分子材料的类型包括光交联型、光聚合型、光氧化还原型、光二聚型、光分解型等。

(4) 根据高分子聚合物种类分类。

根据高分子聚合物种类分类，感光高分子材料的类型包括聚乙烯醇系、聚酯系、聚酰胺系、丙烯酸酯系、环氧系、氨基甲酸酯(聚氨酯)系等。

(5) 根据感光高分子材料使用时的受光体系构成分类。

根据感光高分子材料使用时的受光体系构成分类，感光高分子材料的类型包括混合型(高分子聚合物+光敏剂)、化合型(带感光基团的高分子化合物)、聚合型(光致聚合反应生成感光性高分子化合物)等。

上述分类方法虽然各成体系，相对独立，但它们之间不乏交互涵盖和联系。有研究者从物质的组成和结构决定物质本质属性的化学基本观点出发，将其归纳成如图2-1-1所示的感光高分子材料分类架构，这样可以更好地探讨其结构性能间的相互关系。

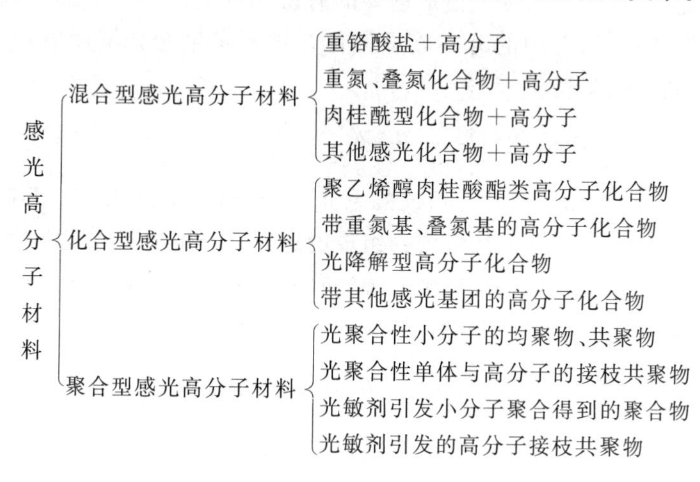

图2-1-1 感光高分子材料分类

2. 感光高分子材料光响应机理

感光高分子材料对光的响应以光化学反应为主,具体的反应机理因材料类型不同而异。

1) 混合型感光高分子材料光响应机理

混合型感光高分子材料是由高分子化合物与光敏剂混合而成的多组分复合物。混合型高分子材料除了高分子化合物和光敏剂外,有时还包括溶剂、增塑剂、颜料等添加剂。在这类材料中,高分子化合物本身不具备光化学活性,其光化学反应是由小分子光敏剂受光照激发引起的,光响应机理主要与所含光敏剂类型有关。

常用的光敏剂包括重铬酸盐、芳香族重氮化合物、芳香族叠氮化合物、肉桂酰型化合物和有机卤化物等。某些高分子化合物混入光敏剂后,会在光的照射作用下,发生光交联固化等光化学反应,呈现感光性。

(1) 重铬酸盐/亲水性高分子体系。

重铬酸盐类化合物是最重要的无机光敏剂。重铬酸盐溶液中的酸性铬酸离子($HCrO_4^-$)是光致活化的,它可吸收 250 nm、350 nm 和 440 nm 附近的光而被激发。激发态 $HCrO_4^-$ 可与聚乙烯醇等供氢体型聚合物作用,六价铬还原成三价铬,而供氢体放出氢气生成酮结构;三价铬与具有酮结构的聚合物配位络合,实现聚合物的交联固化。

$$-\underset{\displaystyle OH}{\underset{|}{CH}}-CH_2- + Cr^{6+} \xrightarrow[-H_2]{h\upsilon} -\underset{\displaystyle O}{\underset{\|}{C}}-CH_2- + Cr^{3+} \longrightarrow \begin{array}{c} -\underset{\displaystyle O}{\underset{\|}{C}}-CH_2-\underset{\displaystyle O}{\underset{\|}{C}}-CH_2- \\ \cdot\cdot\quad Cr^{3+} \quad\cdot\cdot \\ -\overset{\displaystyle O}{\overset{\|}{C}}-CH_2-\overset{\displaystyle O}{\overset{\|}{C}}-CH_2- \end{array}$$

可光致活化的 $HCrO_4^-$ 不能存在于 pH 值大于 8 的碱性溶液中,因此,使用重铬酸盐做光敏剂的高分子化合物必须是供氢体型聚合物,否则体系不会发生光化学反应。利用这一特性,在配制重铬酸盐做光敏剂的感光性高分子混合物时,常加入氨水使之呈碱性,延长保存期。成膜时,氨挥发而使体系呈酸性,光化学反应能正常进行。在各种重铬酸盐类化合物中,重铬酸铵是最理想的光敏剂。

(2) 芳香族重氮化合物/高分子体系。

芳香族重氮化合物($Ar-N{=}N^+$)是重要的有机光敏剂之一。它们与高分子聚合物组成的混合物在光照作用下,其中的芳香族重氮化合物可发生光分解反应,产生自由基和离子,继而引发聚合物光化学反应。

$$R-C_6H_4-N_2^+X^- \xrightarrow[-N_2]{h\upsilon} R-C_6H_4^{\cdot} + X^{\cdot} \text{ 或 } R-C_6H_4^{+} + X^-$$

芳香族重氮化合物与高分子配合组成的感光高分子材料,已在电子工业和印刷工业中广泛使用。例如,双重氮盐与聚乙烯醇混合组成的感光高分子材料在光照射下,其中的重氮盐分解成自由基,分解出的自由基夺取聚乙烯醇羟基上的氢形成聚乙烯醇大分子自由基,大分子自由基相互偶合或通过其他方式脱活,完成交联固化等光化学过程。反应过程如下。

$$ClN_2-C_6H_3(R)-C_6H_3(R)-N_2Cl \xrightarrow{h\upsilon} {}^{\cdot}C_6H_3(R)-C_6H_3(R)^{\cdot} + 2N_2 + 2Cl^{\cdot}$$

$$\left[CH_2-\underset{\displaystyle OH}{\underset{|}{CH}}\right]_n + nCl^{\cdot} \longrightarrow \left[CH_2-\underset{\displaystyle O^{\cdot}}{\underset{|}{CH}}\right]_n + nHCl$$

$$2\,\text{-}[CH_2-CH(O^*)]_n\text{-} + {}^*C_6H_4(R)-C_6H_4(R)^* \longrightarrow [CH_2-CH]_n-O-C_6H_4-C_6H_4-O-[CH_2-CH]_n + 2R$$

(3) 芳香族叠氮化合物/高分子体系。

叠氮基(—N═N═N)是活性很大的光敏基团,能直接吸收光能而分解为亚氮化合物和氮。

$$-N_3 \xrightarrow[-N_2]{h\upsilon} -N:$$

原则上,所有叠氮有机化合物(RN_3)均可作为混合型感光高分子材料的光敏剂,即使最简单的叠氮化合物叠氮氢也不例外。

但是,烷基叠氮化合物中的烷基是孤立存在的,没有形成共轭体系,不利于能量传递,因此需吸收高能短波(300 nm 以下)才能被激发,而芳香族叠氮化合物能被近紫外光(300 nm 以上)激发。换言之,芳香族叠氮化合物中的芳香环和叠氮基构成共轭体系,芳香环所吸收的光能易于传递至叠氮基,所以无须很高能量的光波就可激活叠氮基,因此,在配制感光高分子材料时,都采用芳香族叠氮化合物。

叠氮化合物受光照分解形成的亚氮化合物可能是单线态(Ar—N:),也可能是三线态($Ar-\dot{N}\cdot$)。这两种激发态有不同的反应活性,可引发不同的光化学反应。

单线态亚氮化合物的吸电子性较强,易于发生向双键加成和向 C—H、O—H、N—H 等单键插入的反应。

$$Ar-N: + \;-CH{=}CH- \longrightarrow Ar-N\langle(CH-CH)\text{ (三元环)}$$

$$Ar-N: + H-CH- \longrightarrow Ar-N(H)-CH$$

三线态亚氮化合物的自由基性较强,以夺氢反应为主,但也能发生向双键的加成反应。

$$Ar-\dot{N}\cdot + H-C- \longrightarrow Ar-\dot{N}H + \cdot C-$$

$$Ar-\dot{N}H + H-C- \longrightarrow Ar-NH_2 + \cdot C-$$

$$Ar-\dot{N}\cdot + \;-CH{=}CH- \longrightarrow Ar-N\langle(CH-CH)\text{ (三元环)}$$

芳香族叠氮化合物品种繁多，但单叠氮化合物受光后只产生一个亚氮基，难以引发大分子间的光化学反应，所以其在感光高分子中应用较少。混合型感光高分子材料中常用的是双叠氮化合物，它们可与各种高分子化合物组合，配制成多种感光高分子材料。

按感光剂使用形式来分，芳香族叠氮化合物可分为水溶性芳香族叠氮化合物和溶剂型芳香族叠氮化合物两大类。

水溶性芳香族双叠氮类感光剂主要有 4,4'-二叠氮芪、2,2'-二磺酸钠、1,5-二叠氮萘、3,7-二磺酸钠等。它们可与聚乙烯醇、聚乙烯吡咯烷酮、聚丙烯酰胺、甲基纤维素、乙烯醇-马来酸酐共聚物、乙烯醇-丙烯酰胺共聚物、聚乙烯醇缩丁醛、聚醋酸乙烯酯等水溶性高分子或亲水性高分子配合组成感光高分子材料。

溶剂型芳香族双叠氮类感光剂主要有 4,4'-二叠氮二苯甲酮、4,4'-二叠氮二苯基甲烷、4,4'-二叠氮芪、4,4'-二叠氮苄叉丙酮、4,4'-二(4'-叠氮苄叉)环己酮等。它们与天然橡胶、合成橡胶配合，即可得到性能优良的感光高分子材料。

(4) 肉桂酰型化合物/高分子体系。

肉桂酰型化合物($X—\overset{\overset{\large O}{\|}}{C}—CH{=}CH—C_6H_5$)中羰基可提供孤对电子，并且双键与苯环有共轭作用，因此其中的烯基比孤立的烯基更容易受光激发(孤立的烯烃只有吸收 180～210 nm 的高能短波才能进行反应)，能吸收更长的波长，使光化学反应变得容易。

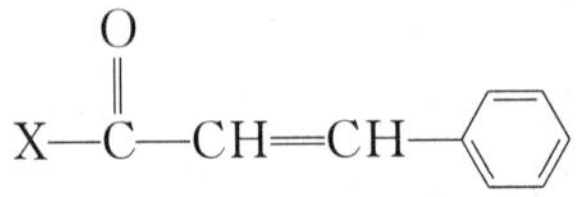

含有肉桂酰基的光敏剂受光激发后双键打开可与含有不饱和结构的大分子进行单分子或双分子加成，引起光化学反应。

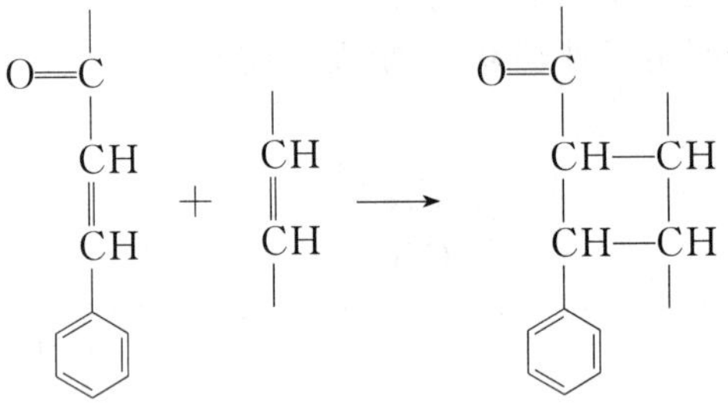

$$\begin{array}{c} | \\ O{=}C \\ | \\ CH \\ \| \\ CH \\ | \\ C_6H_5 \end{array} + \begin{array}{c} | \\ CH \\ \| \\ CH \\ | \end{array} \longrightarrow \begin{array}{cc} | & \\ O{=}C & | \\ | & | \\ CH— & CH \\ | & | \\ CH— & CH \\ | & | \\ C_6H_5 & \end{array}$$

(5) 其他光敏性化合物/高分子体系。

有机卤化物遇光容易形成自由基，邻硝基苯甲醛等芳香族硝基化合物受光可转化为类似叠氮化合物的亚硝基化合物，蒽醌磺酸盐受光后可引发带有不饱和侧基的大分子的不饱和侧基偶合及加成反应，这些光敏性化合物均可作为光敏剂与相应类型的聚合物混合构成感光高分子体系。

另外，很多杂环化合物，如苯并吩噻嗪、苯并吩噁嗪、噻吨酮等，也可作为橡胶类高分子的光敏硫化剂，经混合后形成光敏橡胶。

2) 化合型感光高分子材料光响应机理

混合型感光高分子材料是小分子光敏剂和高分子化合物的混合物，高分子材料本身并没有感光基团，并非真正意义上的感光高分子材料。相比之下，化合型感光高分子材料是主体带有感光基团的高分子化合物，是真正的感光高分子材料。在化合型感光高分子材料中，感光基团通过化学键连接在高分子上，在光作用下受激活化，从而引发进一步的光物理化学反应，导致材料性能变化。

化合型感光高分子材料光响应机理主要与聚合物结构及所带感光基团类型有关，表 2-1-1 所示为几种具有代表性的有机高分子感光基团。

表 2-1-1　几种具有代表性的有机高分子感光基团

名　　称	结　构　式	敏感波长/nm
烯基	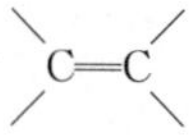 $>C=C<$	<200
肉桂酰基	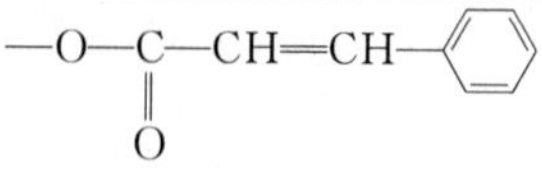 $-O-\overset{\overset{O}{\parallel}}{C}-CH=CH-C_6H_5$	300
肉桂叉乙酰基	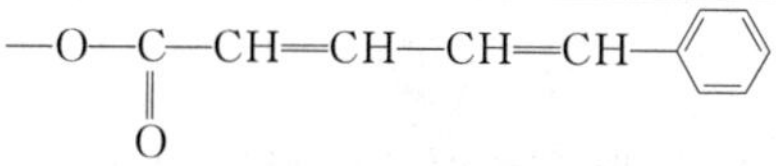 $-O-\overset{\overset{O}{\parallel}}{C}-CH=CH-CH=CH-C_6H_5$	300～400
苄叉苯乙酮基	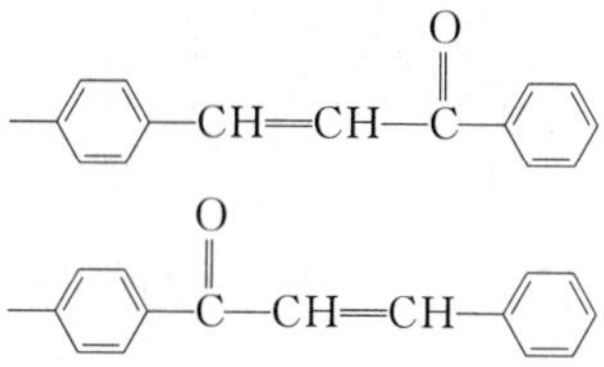 $-C_6H_4-CH=CH-\overset{\overset{O}{\parallel}}{C}-C_6H_5$ $-C_6H_4-\overset{\overset{O}{\parallel}}{C}-CH=CH-C_6H_5$	250～400
苯乙烯基吡啶基	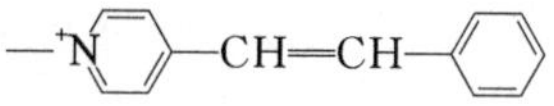 $-\overset{+}{N}C_5H_4-CH=CH-C_6H_5$	因 R 而异
α-苯基马来酰亚氨基	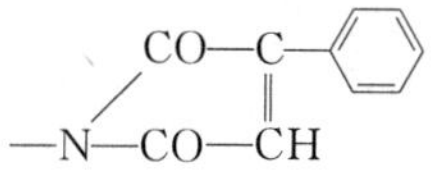 $-N(-CO-C(C_6H_5)=CH-CO-)$	200～400
叠氮基	 $-C_6H_4-N_3$　　$-C_6H_4-SO_3N_3$	260～470
重氮基	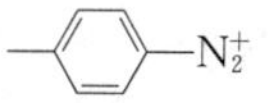 $-C_6H_4-N_2^+$	300～400

这些基团都具有光学活性，可进一步引发分子内或分子间的光化学反应，其光化学反应机理与含有类似光敏结构的有机光敏剂引发的反应相似。如聚乙烯醇肉桂酸酯中的肉桂酰侧基在光照下可发生光二聚反应，形成环丁烷基而交联。化合型感光高分子就是通过化学方法将此类感光基团引入高分子中形成的感光高分子。本书将感光基团键合到高分子中的方法分为两种。

第一种方法是通过接枝反应在现有聚合物主链上连接或生成感光基团。例如，可用肉桂酰氯对多种普通高聚物进行接枝改性，制备带有感光性肉桂酰侧基的感光高分子。

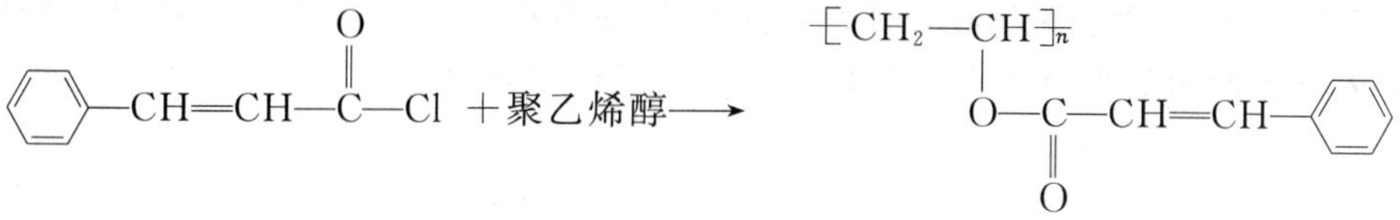

$$C_6H_5-CH=CH-\overset{\overset{O}{\parallel}}{C}-Cl + 聚乙烯醇 \longrightarrow \left[CH_2-\underset{\underset{O-\underset{\underset{O}{\parallel}}{C}-CH=CH-C_6H_5}{|}}{CH}\right]_n$$

$$C_6H_5-CH=CH-\overset{\overset{O}{\parallel}}{C}-Cl + 酚醛树脂 \longrightarrow \left[CH_2-C_6H_3(-O-\overset{\overset{O}{\parallel}}{C}-CH=CH-C_6H_5)\right]_n$$

$$C_6H_5-CH=CH-\overset{O}{\overset{\|}{C}}-Cl + \text{环氧树脂} \longrightarrow \left[C_6H_4-\underset{CH_3}{\overset{CH_3}{C}}-C_6H_4-O-CH_2-\underset{O-\underset{O}{\underset{\|}{C}}-CH=CH-C_6H_5}{CH}-CH_2 \right]_n$$

$$C_6H_5-CH=CH-\overset{O}{\overset{\|}{C}}-Cl + \text{聚甲基丙烯酸羟乙酯} \longrightarrow \left[CH_2-\overset{CH_3}{C} \right]_n \text{，侧基：} \underset{O}{\underset{\|}{C}}-O-CH_2CH_2-O-\underset{O}{\underset{\|}{C}}-CH=CH-C_6H_5$$

$$C_6H_5-CH=CH-\overset{O}{\overset{\|}{C}}-Cl + \text{聚苯乙烯} \longrightarrow \left[CH_2-CH \right]_n \text{，侧基：} C_6H_4-\underset{O}{\underset{\|}{C}}-CH=CH-C_6H_5$$

$$C_6H_5-CH=CH-\overset{O}{\overset{\|}{C}}-Cl + \text{聚乙烯醇} \longrightarrow \left[CH_2-CH \right]_n \text{，侧基：} O-\underset{O}{\underset{\|}{C}}-CH=CH-C_6H_5$$

有时反应物本身虽然不具备感光基团，但反应过程中能生成感光基团，从而得到感光高分子。例如，用芳香族醛类化合物接枝聚甲基乙烯酮就能形成性质优良的感光高分子。

$$R-C_6H_4-CHO + \left[CH_2-\underset{\underset{CH_3}{C=O}}{CH} \right]_n \longrightarrow \left[CH_2-CH \right]_n \text{，侧基：} \underset{O}{\underset{\|}{C}}-CH=CH-C_6H_4-R$$

第二种方法是通过带有感光基团或相互反应可生成感光基团的单体的聚合反应合成。聚合方法因单体特性而异。例如，通过肉桂酸缩水甘油酯、氧化查耳酮环氧衍生物等带有感光基团的环氧类单体中环氧基的离子型开环聚合制备带有感光侧基的感光高分子材料。

$$C_6H_5-CH=CH-\overset{O}{\overset{\|}{C}}-O-CH_2-\underset{\diagdown O \diagup}{CH-CH_2} \longrightarrow \left[O-CH_2-CH \right]_n \text{，侧基：} CH_2-O-\underset{O}{\underset{\|}{C}}-CH=CH-C_6H_5$$

通过含有感光基团的二元酸、二元醇、二异氰酸酯等多官能团单体缩聚制备带有感光侧基的感光高分子材料。

$$HOOC-\underset{\underset{\underset{CH=CH-C_6H_5}{|}}{\overset{\|}{CH}}}{C}-COOH + HOCH_2CH_2OH \longrightarrow \left[O-\overset{O}{\overset{\|}{C}}-\underset{\underset{\underset{CH=CH-C_6H_5}{|}}{\overset{\|}{CH}}}{C}-\overset{O}{\overset{\|}{C}}-O-CH_2CH_2 \right]_n$$

用带有感光基团的乙烯类感光性单体，通过自由基、离子、配位络合等聚合方法聚合也可制得感光高分子材料，但由于肉桂酰基或重氮基等多数感光基团也有一定反应活性，所以感光基团的保护必须给予高度重视。经过多年的研究，已经用此方法合成出了许多感光高分子材料。例如：

$$CH_2=CH-C_6H_4-O-\overset{O}{\overset{\|}{C}}-CH=CH-C_6H_5 \xrightarrow{AIBN} \left[CH_2-\underset{\underset{C_6H_4-O-\overset{O}{\overset{\|}{C}}-CH=CH-C_6H_5}{|}}{CH} \right]_n$$

$$CH_2=CH-C_6H_4-SO_2N_3 \xrightarrow{AIBN} \left[CH_2-\underset{\underset{C_6H_4-SO_2N_3}{|}}{CH} \right]_n$$

需要说明的是，上述个例都是利用感光性单体聚合法合成感光高分子，要求单体同时含有两类特性基团(感光基团和可聚合基团)。单体具有感光基团并不是合成化合型感光高分子材料的必备条件，因为有些不具有感光基团的单体在聚合反应过程中能生成感光基团，产物是感光高分子材料。例如，二乙酰基化合物与对苯二甲醛聚合得到的反应产物就是主链上具有感光基因的感光高分子材料。

$$CH_3-\overset{O}{\overset{\|}{C}}-C_6H_4-\overset{O}{\overset{\|}{C}}-CH_3 + H\overset{O}{\overset{\|}{C}}-C_6H_4-\overset{O}{\overset{\|}{C}}H \longrightarrow$$

$$\left[CH-\overset{O}{\overset{\|}{C}}-C_6H_4-\overset{O}{\overset{\|}{C}}-CH=CH-C_6H_4-CH \right]_n$$

3）聚合型感光高分子材料光响应机理

聚合型感光高分子材料指的是可发生光聚合反应，即由光照射引发的聚合反应生成高分子化合物的聚合体系，其产物也许不具有感光性，但其生成过程是由光照控制的。

大多数乙烯基单体，如氯乙烯、苯乙烯、丙烯酸酯、甲基丙烯酸酯、甲基乙烯酮等，在光的作用下能发生聚合反应。这种单体直接吸收光能而聚合的直接光聚合反应往往要求较短波长的光，即较高的光能，其反应速度慢，聚合过程可控性差。实际应用的聚合型感光高分子材料通常是用光敏剂或光聚合引发剂引发的光敏聚合体系。使用光敏剂可大幅度降低聚合反应活化能，使聚合过程可在较长波长的光照作用下进行，而且聚合过程和产物可通过光敏剂种类和用量加以控制，因此，光敏聚合更为实用，且更为重要。

光敏聚合体系由光聚合单体和光敏剂或光引发剂组成。在光敏聚合过程中，光敏剂首先吸收光能被激发,受光激发的光敏剂可能直接分解形成活性中心引发聚合反应,也可能将它的激发能转移给单体而引起聚合反应。具有光聚合引发能力的光敏剂很多,作用机理各不相同,因此,在光聚合实际应用中,光敏剂的选择十分重要。选择光敏剂的原则首先是对热稳定,不会发生暗反应;其次是聚合的量子效率要尽可能高,否则不易形成相对分子质量高的产物。

光敏聚合常用光敏剂和光引发剂如表 2-1-2 和表 2-1-3 所示。

表 2-1-2　光敏聚合常用光敏剂

种　　类	相对活性
米蚩酮	640
萘	3
二苯甲酮	20
2,6-二溴-4-二甲氨基苯	797
N-乙酰基-4-硝基-1-萘胺	1100
对二甲氨基硝基苯	137

表 2-1-3　光敏聚合常用光引发剂

类　　别	感光波长/nm	代表品种
羰基化合物	360～420	安息香及其醚类、稠环醌类
偶氮化合物	340～400	偶氮二异丁腈、重氮化合物
有机硫化物	280～400	硫醇、烷基二硫化物
氧化还原体系	—	二价铁离子/过氧化氢
卤化物	300～400	卤化银、溴化汞、四氯化碳
色素类	400～700	四溴荧光素/胺、核黄素、花菁色素
有机金属化合物	300～450	烷基金属类
金属羰基类	360～400	羰基锰
金属氧化物	300～380	氧化锌

构成聚合型感光高分子材料的光敏聚合体系的主体是光聚合单体或预聚体。由于聚合型感光高分子材料的使用及操作多在常温常压下进行,因此,用作聚合型感光高分子材料的光聚合反应物必须满足操作条件,常温下易挥发的气态单体或低沸点的单体都不适用。

用得最多的光聚合单体是含丙烯酸酯基和丙烯酰胺基的双官能团单体,它们容易与其他化合物反应,且聚合物的性质也较好,其代表品种如表 2-1-4 所示。

表 2-1-4　聚合型感光高分子光敏聚合体系常用单体

物　类	品　种	物　类	品　种
多元醇丙烯酸酯类	乙二醇二丙烯酸酯	多元醇丙烯酸酯类	1,6-己二醇二丙烯酸酯
	二乙二醇二丙烯酸酯		1,6-己二醇二甲基丙烯酸酯
	三乙二醇二丙烯酸酯		季戊四醇二丙烯酸酯
	聚乙二醇二丙烯酸酯		季戊四醇三丙烯酸酯
	聚乙二醇二甲基丙烯酸酯		三羟甲基丙烷三丙烯酸酯
	聚丙二醇二丙烯酸酯		三羟甲基丙烷三甲基丙烯酸酯
	聚丙二醇二甲基丙烯酸酯	丙烯酰胺类	N-丙烯酰羟乙基马来酰亚胺
	丁二醇二丙烯酸酯		N,N-双(β-丙烯酰氧乙基)苯胺
	丁二醇二甲基二丙烯酸酯		己内酰胺、丁二胺缩合物的双丙烯酰胺
	新戊二醇二丙烯酸酯		六氢-1,3,5-三丙烯基-5-三吖嗪

除此之外,甲基丙烯酸-β-羟乙酯或烯丙醇酯化苯二甲酸、偏苯三酸、均苯四酸等得到的多元羧酸的不饱和酯及具有炔类不饱和基的单体也可用作聚合型感光高分子材料的光聚合单体。

另外,某些含有可聚合基团的预聚物,如含有不饱和基团的低分子量环氧树脂、不饱和聚酯、聚氨酯,以及含有可反应性基团的聚酰胺、聚丙烯酸、硅酮树脂,易于引入不饱和基团的聚乙烯醇等可与不饱和单体反应的感光性预聚体,也常作为聚合型感光高分子材料的主体原料。

聚合型感光高分子光敏聚合体系的光响应机理,因光敏剂和反应物类型而异。限于篇幅,此处不再详述。

3. 重要的感光高分子材料

1) 光致导电高分子材料

某些物质在光照下导电率增大的现象称为光致导电现象。具有光致导电功能的物质称为光致导电材料,它们受光激发后会产生比其热平衡状态时多的电子、空穴等载流子,载流子在外电场作用下移动而产生电流,故导电率增大。

光致导电高分子材料(简称光致导电高分子)是一类重要的感光高分子材料,它们在无光照条件下基本上是绝缘的,而当被特定波长的光照射时,其导电能力大幅度提高。聚苯乙烯、聚卤代乙烯、聚酰胺、热解聚丙烯腈、涤纶树脂等高分子化合物都被观察到具有光致导电功能。具有实用价值的光致导电高分子材料需要同时满足以下条件:首先,材料的最大吸收波长应该在可见光或者照射用光的波长范围之内,且具有较大的消光系数,以保证光能被最大程度吸收;其次,受光激发生成的激发态电子应该有一定的稳定性和寿命,以提供足够多的载流子;另外,要能提供载流子定向迁移的必要通道。

研究表明,当物质的分子结构中存在共轭结构时,就可能具有光致导电性。光致导电高分子可分为两大类:一类是分子结构中存在共轭结构的化合型或聚合型本征光致导电高分子,如聚乙炔、聚酞菁、聚吡咯、聚苯胺等分子主链具有高度共轭结构的线型或平面高分子,聚蒽乙烯、聚咔唑等侧链或主链含高度共轭的稠环或杂环基团高分子,含有特定金属络合物结构的高分子电荷转移络合物等;另一类是混合型光致导电高分子材料,是以聚碳酸酯等带有芳香环或杂环的高分子为载体,加入酞菁类、偶氮类等低分子有机光致导电化合物组合而成的。表 2-1-5 所示为本征型光致导电高分子材料的主要结构类型及代表品种。

表 2-1-5　本征型光致导电高分子材料的主要结构类型及代表品种

结构类型	代表品种
线型 π 共轭高分子	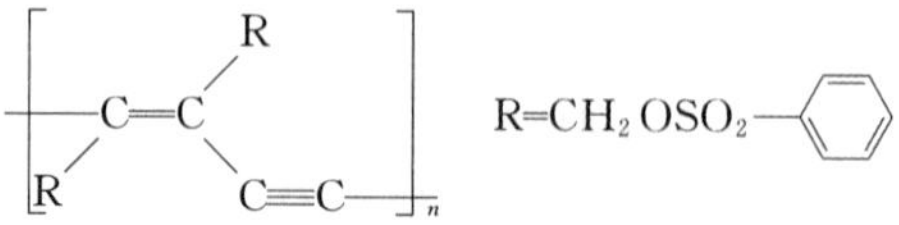 R, C=C, R, C≡C, n　$R=CH_2OSO_2$—
平面 π 共轭高分子	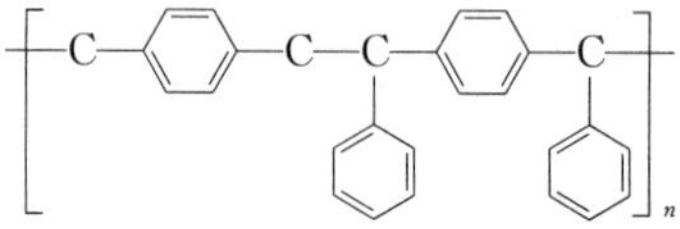 C, C—C, C, n
含共轭的稠环或杂环基团的高分子	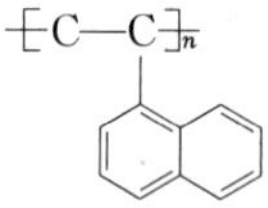 ⁅C—C⁆n
	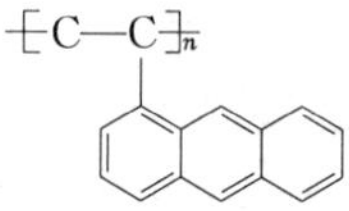 ⁅C—C⁆n
	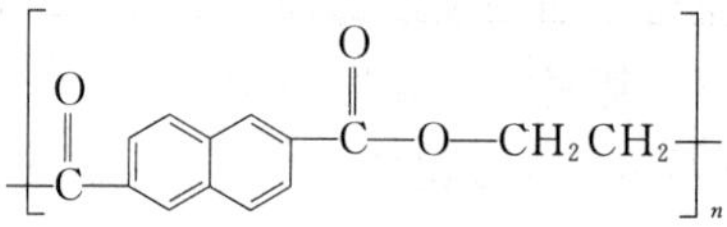 O, C, O, C—O—CH_2CH_2, n
	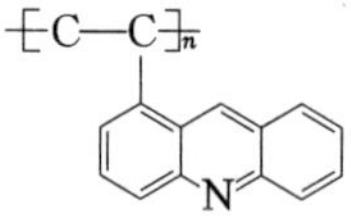 ⁅C—C⁆n, N
	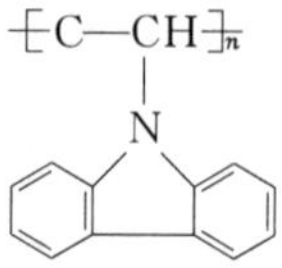 ⁅C—CH⁆n, N　(PVK)
高分子电荷转移络合物	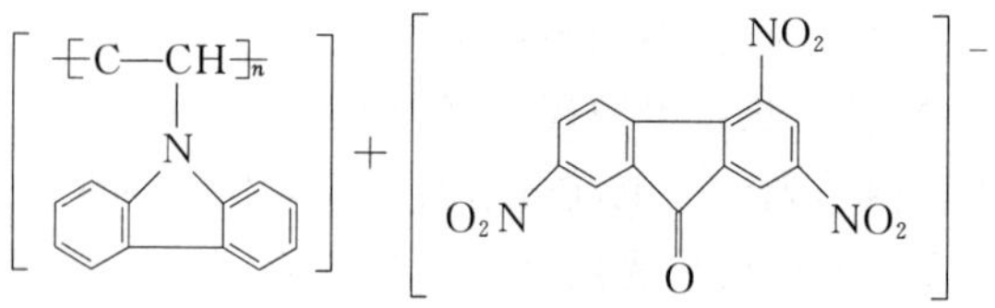 ⁅C—CH⁆n, N　+　NO_2, O_2N, NO_2, O　−

其中，研究得最为系统的是聚乙烯基咔唑(PVK)。PVK 是一种易结晶的聚合物，同一条分子链上存在全同立构的 $H3_1$ 螺旋与间同立构的 $H2_1$ 螺旋的嵌段结构，因此咔唑环的相互作用十分强烈，载流子可通过咔唑环的 π 电子云重叠而迁移。PVK 在暗处是绝缘体，而在紫外光照射下，其电导率可达 $5\times10^{-11}\ \Omega^{-1}\cdot cm^{-1}$。

2）光致变色高分子材料

光致变色高分子材料是近年来备受瞩目的新型功能高分子材料之一。光致变色高分子材料的变色机理是在光照条件下其聚合物结构发生变化，导致其对光的最大吸收波长改变，因此材料颜色随光照条件的改变而改变，停止光照后又能回复原来的颜色。分子吸收光能后产生的化学结构变化主要有以下几种类型。

一种是顺反异构变化，如含甲亚胺结构的化合物。在光照条件下，含甲亚胺结构的化合物中的甲亚氨基邻位羟基上的氢发生分子内迁移，使得原来的顺式烯醇转化为反式酮，从而导致吸收光谱发生变化。

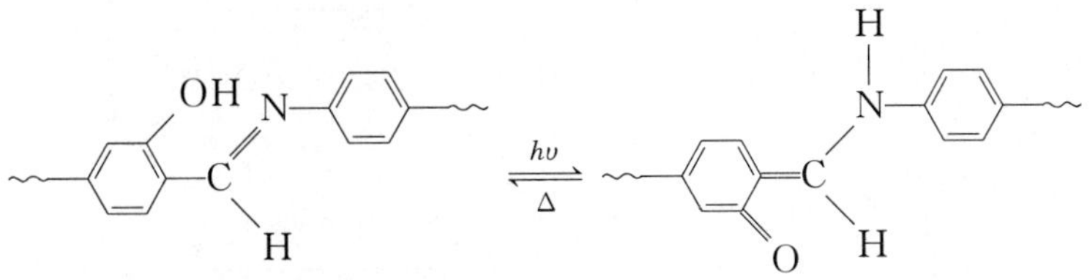

含偶氮苯结构的聚合物变色机理与之类似，其在光照条件下从顺式变成反式，取消光照后反式结构可逆变回顺式构型，最大吸收波长随其构型改变而变化。

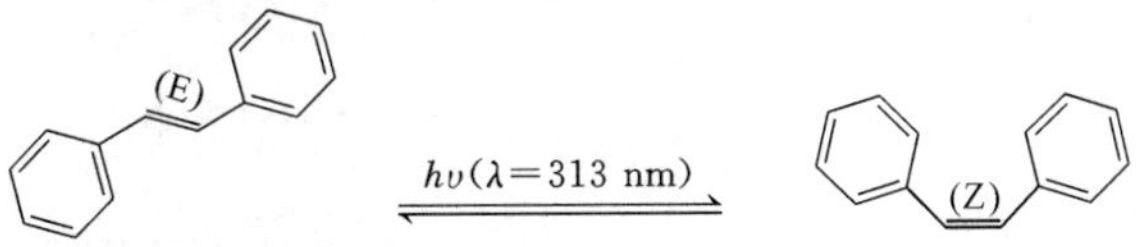

另外一种是光照引起开环或闭环反应，最大吸收波长随环状结构开合而变化。具有这种能力的有含硫卡巴腙络合物和含螺苯并吡喃结构的功能高分子材料。

此外，某些具有光氧化还原能力的聚合物，如含硫堇和噻嗪结构的高分子材料，也具有光致变色性能，其变色机理是它们在不同氧化态时最大吸收波长不同。

主要的光致变色型高分子材料的主要结构类型及代表品种如表 2-1-6 所示。

表 2-1-6　主要的光致变色高分子材料的主要结构类型及代表品种

结构类型	代表品种
含甲亚胺结构型	此类光致变色高分子通常是含邻羟基苯甲亚胺结构的不饱和单体与苯乙烯、甲基丙烯酸甲酯等共聚制得的共聚物，如： 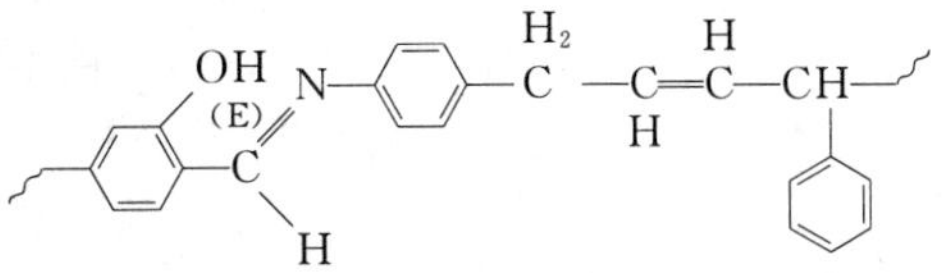
含硫卡巴腙结构型	此类光致变色高分子中最典型的是由对(甲基丙烯酰胺基)苯基汞二硫腙络合物与苯乙烯、甲基丙烯酸甲酯、丙烯酸丁酯和丙烯酰胺等不饱和单体的共聚物，如： 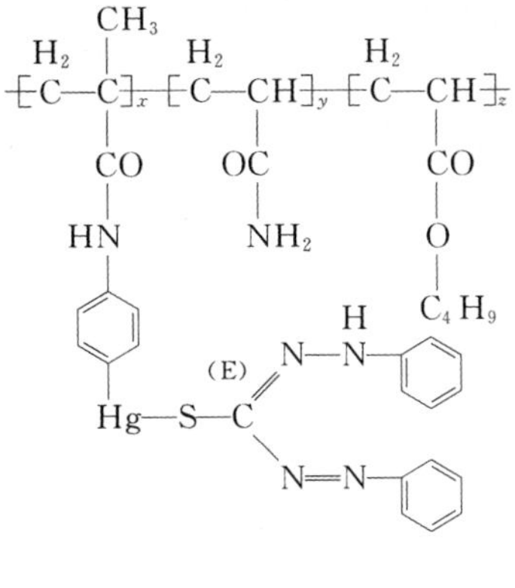

续表

结构类型	代表品种
偶氮苯型	此类光致变色高分子包括各种含偶氮苯结构的高聚物，如： $\sim NH—CH(CH_2CH_2—C(=O)—NH—C_6H_4—N=N—C_6H_5)—C(=O)—NH—CH(CH_2CH_2COOH)—C(=O)\sim$
聚联吡啶型	此类光致变色高分子是一些含 $\left[-\overset{+}{N}(X^-)—C_5H_4—C_5H_4—\overset{+}{N}(X^-)—R- \right]_n$ 结构的高聚物，如： $\left[-\overset{+}{N}(Cl^-)—C_5H_4—C_5H_4—\overset{+}{N}(Cl^-)-[(CH_2)_4O]_x- \right]_n$
含茚二酮结构型	此类光致变色高分子是一些含茚二酮结构单元的高聚物，如： $-[CH_2—CH]_n-$，侧基 $—O—C(=O)—$（茚二酮环，$CH—C_6H_5$）
含噻嗪结构型	此类光致变色高分子主要是经噻嗪衍生物接枝的N—羟甲基丙烯酰胺/丙烯酰胺共聚物，如： $-[CH_2—CH]_x-[CH_2—CH]_y-$；侧基 $—O—C(=O)—NH—CH_2—N(R_1)—$（含S—Cl的噻嗪环）$—N(R_2)(R_3)$ 与 $—O—CONH_2$
含螺结构型	此类光致变色高分子主要有螺苯并吡喃、螺噁嗪等，如： $-[C(CH_3)—CH_2]_x-[C(CH_3)—CH_2]_y-$；侧基 $O=C—O—CH_2—CH_2—N$（螺吡喃，CH_3，CH_3，NO_2）与 $O=C—O—CH_3$

主链或侧链含有光致变色基团的本征型光致变色高聚物可直接作为光致变色高分子材料使用。除此之外，光致变色高分子材料也可通过物理掺杂方法制备，即将光致变色化合物与作为基材的高分子化合物共同混制得到具有光致变色特性的高分子材料。

光致变色材料因为其独特性质，在市场上应用得越来越广泛，目前主要应用于以下五大方面。

（1）民生应用领域。

光致变色服装、纺织品、服饰品等已进入成熟应用。光致变色油墨、涂料、装饰材料等已成功开发出多个品种。光致变色眼镜、光致变色儿童玩具、光笔无尘黑板、光致变色树脂塑料薄膜等光致变色塑料制品也已面向市场。

（2）光信息存储材料。

光致变色材料是双稳态材料，光照射前后都是稳定的，用一种光照射后可以把信息存储进去，用另一种光照射后又可以把信息调取出来，存储信息量大、性能稳定，可用于制 R-CD 光盘、光致变色计算机。它比电子计算机存储信息量大，集成度更高，计算速度更快（可提高 2～3 个数量级），结构更简单，且不会发热，是非常热门的高新技术项目。

（3）自显影感光胶片和全息摄影材料。

利用光致变色材料对光辐射敏感的特性，可以制备非银特殊感光胶片。这种感光胶片经过特定波长的光照射可显影，用另一波长的光照射可将记录信息全部擦除，这既解决了银盐的毒性问题，又可反复使用，省去了胶片反复加工处理过程。利用光致变色材料制备全息胶片，不但可省去胶片加工繁杂的处理过程，还具有解像力高、信噪比更高等优点。

（4）防伪识别技术。

光致变色材料可用于贵重商品防伪识别技术。独有光致变色材料用于贵重商品防伪识别技术，可直观地进行双重防伪识别，光照下防伪标记变色，既可以大众防伪识别，又可以仪器测试识别，用紫外可见光谱仪测其独有的吸收波长，可辨别真伪。

（5）军事隐蔽伪装材料。

光致变色材料既可应用在固定的建筑物、国防和军事目标隐蔽伪装材料方面，把这些目标利用光致变色材料颜色变化，使它们融入大自然中隐蔽、伪装起来，卫星等侦察手段不易发现它的“庐山真面目”；又可以用该材料隐蔽和伪装活动的军事目标、人、武器装备、运输工具等，把这些目标利用光致变色材料颜色变化，使它们和大自然融为一体，使卫星等侦察手段不易分辨真伪，达到防御的目的。

3）光敏涂料

光敏涂料是基于光化学反应的感光高分子材料。

涂料是一种可借助一定的施工方法涂覆在物体表面上，经固化形成连续性涂膜对被涂物体起到保护、装饰和其他特殊作用的材料，其根据固化方式不同可以分成热固化涂料、光固化涂料等。常规涂料是涂层材料溶解在溶剂（通常为有机溶剂）中使用，涂刷后溶剂挥发，留下涂层。由于溶剂的挥发会造成环境污染，甚至带来危险，同时溶剂挥发需要一定能量和温度及一定时间，因此这类涂料的固化时间长，能量消耗大。比较新型的双组分涂料是将两种聚合单体和引发剂等分开储存，在使用时混合，涂覆后通过两组分之间的聚合或交联反应固化。

光敏涂料则是以可发生光聚合反应的光聚合单体或预聚物为主要成分的光固化涂料。双组分涂料和光敏涂料虽然都是基于聚合或交联反应，但是与双组分涂料不同，光敏涂料是聚合或交联组分直接混合在一起的，在常温、无光照条件下是稳定的。光敏涂料内含有光敏成分或结构，利用光作为引发剂引发聚合或者交联反应，从而达到光固化目的。光敏涂料和传统的自然干燥或热固化涂料相比，具有固化速度快（可瞬时固化）、无须加热（耗能少、无须高温烘烤）、无溶剂挥发（污染少）等特点，便于组织自动化涂覆生产线流水作业，从而提高生产效率和经济效益。光敏涂料不仅可以广泛应用于木材、金属表面的保护和装饰以及印刷工业等领域，逐步替代常规涂料，还在光学器件、液晶显示器和电子器件的封装、光纤外涂层等有特殊要求的应用领域里得到了日益广泛的应用。

（1）光敏涂料的结构及组成。

在光敏涂料中，预聚物经聚合或交联反应后成为涂层的主体，决定涂料的基本力学性能。作为光敏涂料的预聚物应该具有能进一步发生光聚合或光交联反应的能力，因此必须带有可聚合基团。预聚物通常为分子量较小的低聚物，或者为可溶性线型聚合物。为了使光敏涂料具有一定黏度和合适的熔点，预聚物相对分子质量一般要求在 1000～5000 之间。常用于光敏涂料的预聚物主要有以下几类。

① 环氧树脂型低聚物。

带有环氧结构的低聚物是比较常见的光敏涂料预聚物。在环氧树脂型预聚物中，每个分子中至少有两个环氧基可以进行开环聚合。环氧树脂的特点是黏结力强且耐腐蚀。环氧树脂中的 C—C 键和 C—O 键的键能较大，因此具有较好的稳定性，它的高饱和性使其具有良好的柔顺性。下面是典型的可用于光敏涂料的环氧树脂结构式：

$$\underset{\text{(环氧)}}{H_2C\text{—}CH}\text{—}CH_2\text{—}\left[O\text{—}C_6H_4\text{—}C(CH_3)_2\text{—}C_6H_4\text{—}O\text{—}H_2C\text{—}CH(OH)\text{—}CH_2\right]_n^{*}\text{—}O\text{—}C_6H_4\text{—}C(CH_3)_2\text{—}C_6H_4\text{—}O\text{—}CH_2\text{—}\underset{\text{(环氧)}}{CH\text{—}CH_2}$$

为了增加树脂中不饱和基团的数量，以增加光聚合能力，常在光敏环氧树脂中引入丙烯酸酯或甲基丙烯酸酯，以引入适量的双键作为光交联的活性点，光固化后可形成三维立体结构，涂料性能更好。

合成方法主要有三种。第一种方法是丙烯酸或甲基丙烯酸与环氧树脂发生酯化反应生成环氧树脂的丙烯酸酯衍生物，其分子内含有多个可聚合双键。第二种方法是由丙烯酸羟烷基酯、马来酸酐或其他酸酐等中间体与环氧树脂反应制备具有碳碳双键的酯型预聚体。第三种方法是由双羧基化合物的单酯，如富马酸单酯，与环氧树脂反应生成聚酯引入双键，提供光交联反应活性点。

$$\text{—}C_6H_4\text{—}O\text{—}H_2C\text{—}\underset{\text{(环氧)}}{CH\text{—}CH_2} \xrightarrow{CH_2=CHCOOH} \text{—}C_6H_4\text{—}O\text{—}H_2C\text{—}CH(OH)\text{—}CH_2\text{—}O\text{—}C(=O)\text{—}CH=CH_2$$

$$\xrightarrow{CH_2=CHCOOH} \text{—}C_6H_4\text{—}O\text{—}H_2C\text{—}CH(O\text{—}C(=O)\text{—}CH=CH_2)\text{—}CH_2\text{—}O\text{—}C(=O)\text{—}CH=CH_2$$

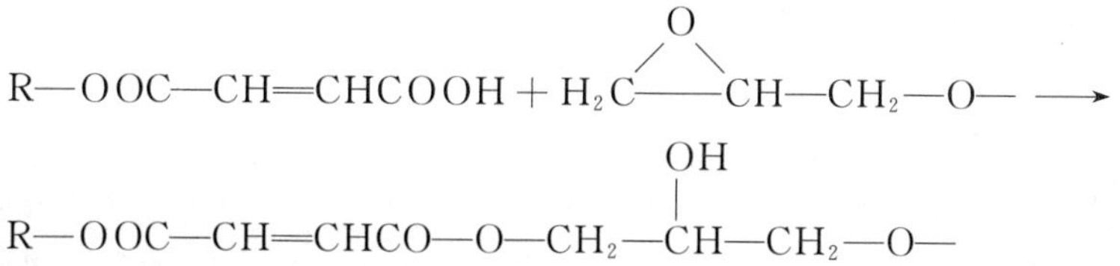

$$R—OOC—CH{=}CHCOOH + H_2C\overset{O}{\frown}CH—CH_2—O— \longrightarrow$$

$$R—OOC—CH{=}CHCO—O—CH_2—\underset{}{\overset{OH}{|}}{CH}—CH_2—O—$$

② 不饱和聚酯。

由于带有不饱和键的聚酯与烯类单体在紫外光引发下可以发生加成共聚反应，形成交联网络结构，完成光固化过程，所以其可以作为紫外光敏涂料预聚体。聚酯型光敏涂料具有坚韧、硬度高和耐溶剂性好的特点。为了降低光敏涂料的黏度，提高固化和使用性能，常在光敏涂料中加入烯烃作为稀释剂。用于光敏涂料的线型不饱和聚酯一般由二元酸与二元醇缩合生成酯键而成。为了增加光交联活性，需要引入不饱和基团，因此聚合原料中常包含有马来酸酐、甲基马来酸酐和富马酸等不饱和羧基衍生物。一种典型的不饱和聚酯是由1,2-丙二醇、邻苯二甲酸酐和马来酸酐缩聚而成。

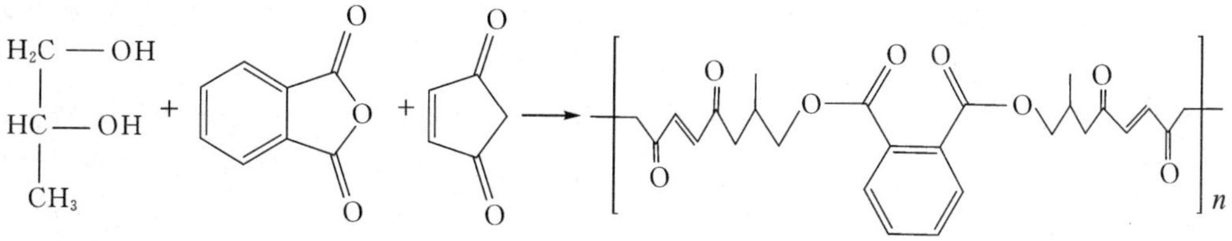

$$H_2C—OH,\ HC—OH,\ CH_3 + \text{(邻苯二甲酸酐)} + \text{(马来酸酐)} \longrightarrow [\cdots]_n$$

③ 聚氨酯。

具有一定不饱和度的聚氨酯也是常用的光敏涂料原料。它具有黏结力强、耐磨和坚韧的特点，但其受到日光中紫外线的照射后容易泛黄。用于光敏涂料的聚氨酯一般是通过含羟基的丙烯酸或甲基丙烯酸与多元异氰酸酯反应制备。例如，首先由己二酸与己二醇反应制备具有羟基端基的聚酯，该聚酯再依次与甲基苯二异氰酸酯和丙烯酸羟基乙酯反应得到制备光敏涂料的聚氨酯树脂。

④ 聚醚。

作为光敏涂料的聚醚一般由环氧化合物与多元醇缩聚而成，分子中游离的羟基作为光交联的活性点，供光交联固化使用。聚醚属于低黏度涂料，其价格也较低。

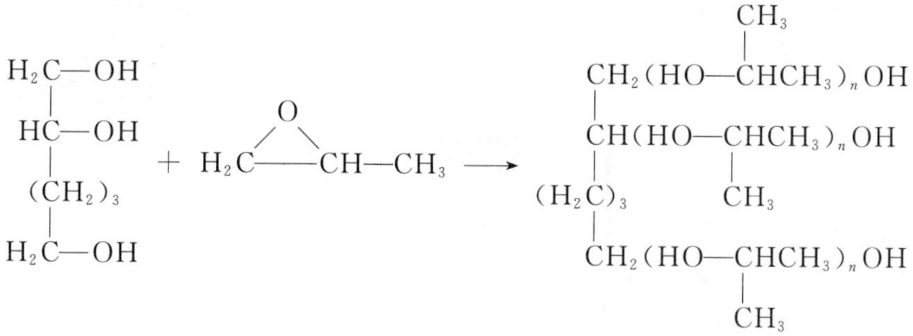

$$\begin{array}{l}H_2C—OH\\ HC—OH\\ (CH_2)_3\\ H_2C—OH\end{array} + H_2C\overset{O}{\frown}CH—CH_3 \longrightarrow \begin{array}{l}CH_2(HO—CH(CH_3))_nOH\\ CH(HO—CH(CH_3))_nOH\\ (H_2C)_3\\ CH_2(HO—CH(CH_3))_nOH\end{array}$$

除了可以进一步聚合成膜的预聚物这一主要成分外，光敏涂料的基本组成中还有交联剂、稀释剂、光敏剂或光引发剂、热阻聚剂和调色颜料。交联剂的作用是使线型预聚物发生交联构成网状结构而固化，并对固化过程和涂层的性质产生影响；稀释剂仅起到调节涂料涂刷性质的作用；光敏剂或光引发剂能够提高光固化速度，调节感光范围；热阻聚剂防止涂料体系发生热聚合或热交联反应；调色颜料用来改变涂层外观。

(2) 光敏涂料的固化反应及影响因素。

与常规涂料相比,光敏涂料最重要的特征是固化过程在光的参与下完成,即光聚合反应和光交联反应是固化的主要条件。影响涂层光固化的主要因素有光源、光引发剂或光敏剂、环境条件等。

① 光源。

光源的选择参数包括波长、功率和光照时间等。光的波长即光源发出的光的颜色,选择光的波长时要参照光引发剂和光敏剂的种类。光的波长要与光引发剂或者光敏剂的光敏感区(吸光范围)相匹配。对于大多数光引发剂而言,使用紫外光作为光源比较普遍。光源的功率与固化的速度关系密切,提高功率可以加快固化速度。光照时间取决于涂层的固化速度和厚度。多数光敏涂料的固化时间较短,一般在几秒至几十秒之间完成。

② 光引发剂与光敏剂。

当某物质吸收适当波长和强度的光后,可以发生光物理反应至某一激发态,若该激发态的激发能大于该化合物中某一键断裂所需的能量,该化学键断裂,生成自由基或者离子,成为光聚合反应的活性种子,则这种物质称为光引发剂,凡是具备上述功能的化合物均可以用作光引发剂。光引发剂通常是具有发色团的有机羰基化合物、过氧化物、偶氮化物、硫化物、卤化物等,如安息香、偶氮二异丁腈、硫醇、硫醚等。

当某物质吸收光能发生光物理过程至某一激发态后,发生分子间或分子内能量转移,将能量转移给另一个分子,使其发生化学反应,产生自由基作为聚合反应的活性种子,则这种物质称为光敏剂。光敏剂必须具有稳定的三线激发态,其激发能与被敏化物质要匹配。常见的光敏化剂多为芳香酮类化合物,如苯乙酮和二甲苯酮等。

光敏剂和光引发剂的选择要根据所用光源和涂料的种类综合考虑。如果使用的是光引发剂,由于光引发剂在光固化反应中要参与反应并被消耗,因此光引发剂要达到一定加入量才能保证反应完全。光敏剂在固化反应中只承担能量转移功能,不存在消耗问题。一般情况下,随着光敏剂浓度的增加,固化速度会有所加快。部分光敏涂料中使用的光引发剂和光敏剂的种类与性能参见表 2-1-2 和表 2-1-3。

③ 环境条件。

环境会对光聚合过程产生一定影响。由于空气中的氧气有阻聚作用,因此惰性环境有利于固化反应。此外,还要考虑环境对采用光源的吸收作用,特别是采用紫外光时尤应注意。温度对固化速度和固化程度都有影响,通常较高的温度固化速度较快,提高固化程度也需要适当的温度保证。

总之,由于光敏涂料具有固化速度高,固化过程产生的挥发性物质少,操作环境安全等特点而受到日益广泛的关注和使用,但其价格和成本较高是阻碍光敏涂料广泛应用的主要因素之一。

4) 光致抗蚀剂

光致抗蚀剂(又称光刻胶)是一种在光加工工艺中对加工材料表面起临时选择性保护作用的涂料,也是基于光化学反应的感光高分子材料。光加工工艺是指在被加工材料表面涂覆保护用光刻胶,并根据加工要求对保护用光刻胶进行选择性光化学处理,使部分区域的保护用光刻胶溶解性发生变化,然后用适当溶剂溶解脱除,再用腐蚀加工方法对脱保护处进行加工。光加工工艺已经成为微加工领域的主要方法。如制造集成电路时,需要除去半导体硅表面氧化层中的许多地方,以实施掺杂处理等后续工艺,而另一些地方则需要保留。目前,除去氧化层的方法主要是化学腐蚀方法,即在腐蚀过程中,为了使需保留的地方不受影响,常用抗腐蚀的材料把它保护起来。

集成电路生产工艺通常将一类感光性树脂涂在氧化层上作为抗腐蚀层，用照相法使部分区域的感光树脂发生光化学反应，并脱保护。根据事先设计的图案通过掩膜曝光和显影、感光等方法使树脂发生化学反应，感光树脂的溶解性能在短时间内发生显著变化，用溶剂溶去可溶部分，不溶部分留在氧化层表面，并在化学腐蚀阶段对氧化层起保护作用。具有这种性能的感光树脂称为光致抗蚀剂或者光刻胶。随着集成电路工业和激光照排制版等光加工工艺的发展，光加工工艺对光致抗蚀剂的需求越来越大，对其性能也提出了更高的要求。

光致抗蚀剂可以根据光照后溶解度变化的不同分为负性光致抗蚀剂和正性光致抗蚀剂。负性光致抗蚀剂的性能与前面介绍过的光敏涂料相似，光照使涂层发生光交联反应（称为曝光过程），使光致抗蚀剂的溶解度下降，而该涂层在溶解过程（称为显影过程）中被保留下来，并在化学腐蚀过程（称为刻蚀过程）中保护氧化层。正性光致抗蚀剂的性能正好相反，光刻胶被光照后发生光降解反应，使光刻胶的溶解度增加，光照射部分在显影过程中被除去，其所覆盖部分在刻蚀过程中被腐蚀掉。图 2-1-2 所示是光刻工艺中光致抗蚀剂的作用原理。

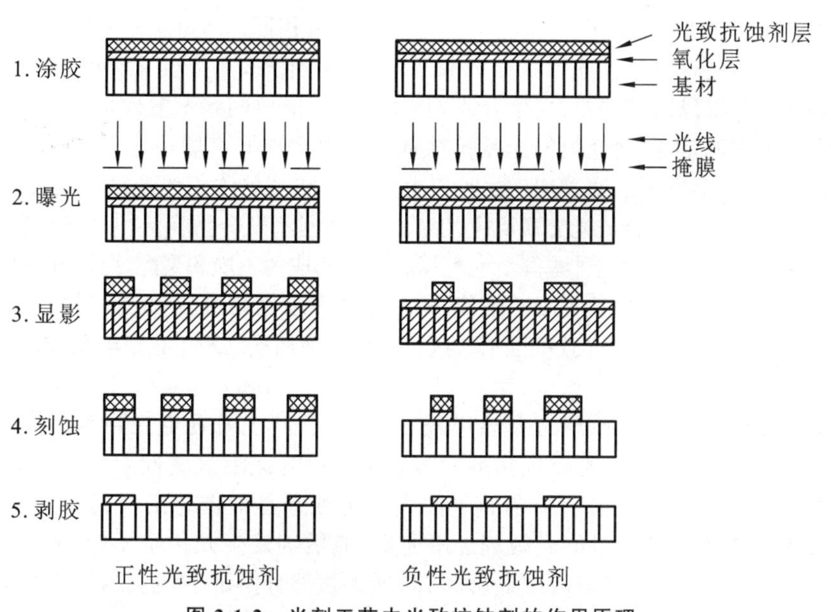

图 2-1-2　光刻工艺中光致抗蚀剂的作用原理

根据采用光的波长和种类不同，光致抗蚀剂还可以进一步分成可见光致抗蚀剂、紫外光致抗蚀剂、放射线光致抗蚀剂、电子束光致抗蚀剂和离子束光致抗蚀剂等。光刻工艺不仅可应用于印刷电路板和集成电路的制作，还可用于印刷制版业，根据不同工艺过程可以制备印刷用凸版和平版。下面分别介绍负性光致抗蚀剂和正性光致抗蚀剂的种类和作用原理。

（1）负性光致抗蚀剂。

负性光致抗蚀剂的作用原理是利用光致抗蚀剂在光照作用下发生光聚合或光交联反应，使生成的聚合物溶解度大幅度下降，溶剂在显影阶段时不能溶解而留在被保护层表面。与光敏涂料相同，这一类材料主要包括分子链中含有不饱和键或可聚合活性点的可溶性聚合物。如聚乙烯醇与肉桂酸酰氯通过酯化反应得到可溶胶聚乙烯醇肉桂酸酯，其在光照下打开双键，并在交联剂作用下生成不溶性光致抗蚀剂。它的制备反应和作用原理可用下面的反应式表示。

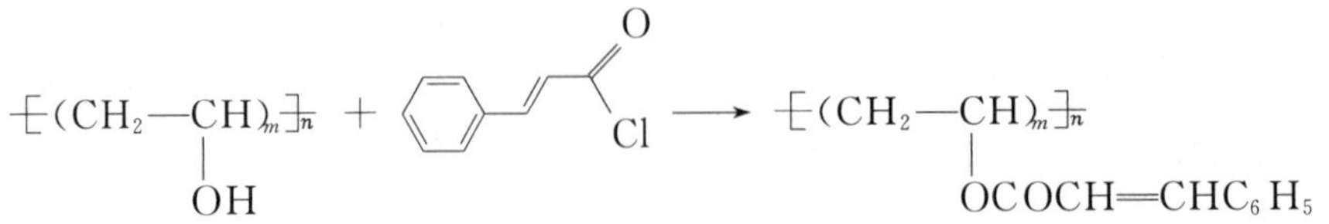

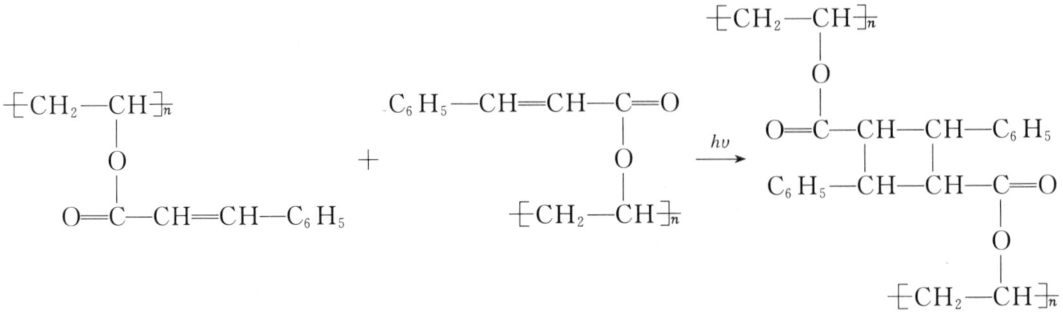

$$\left[\!-(CH_2-\underset{\underset{OH}{|}}{CH})_m-\right]_n + C_6H_5-CH=CH-\overset{O}{\overset{\|}{C}}-Cl \longrightarrow \left[\!-(CH_2-\underset{\underset{OCOCH=CHC_6H_5}{|}}{CH})_m-\right]_n$$

$$\left[\!-CH_2-\underset{\underset{O=C-CH=CH-C_6H_5}{|}}{\underset{O}{\underset{|}{CH}}}-\right]_n + \overset{C_6H_5-CH=CH-C=O}{\underset{\left[-CH_2-CH-\right]_n}{\overset{|}{\underset{|}{O}}}} \xrightarrow{h\upsilon} \begin{array}{c} \left[-CH_2-CH-\right]_n \\ | \\ O \\ | \\ O=C-CH-CH-C_6H_5 \\ \quad\;\;|\quad\;\;| \\ C_6H_5-CH-CH-C=O \\ | \\ O \\ | \\ \left[-CH_2-CH-\right]_n \end{array}$$

其他类型的负性光致抗蚀剂还包括聚乙烯醇肉桂酸乙酯、聚对亚苯基二丙烯酸酯、聚乙烯醇肉桂亚醋酸酯、聚乙烯醇（N-乙酸乙酯）氨基甲酸酯-肉桂亚醋酸酯、肉桂酸与环氧树脂形成的酯类和环化橡胶等，其作用原理与上述过程基本相同。

还有一类比较特殊的负性光致抗蚀剂由二元预聚物组成，其特点是两种预聚体（一般由线型预聚物和交联剂组成）共同参与光聚合或光交联反应，形成网状不溶性保护膜。不同于前面介绍的光致抗蚀剂的是，前面介绍的光致抗蚀剂的光聚合或光交联反应仅发生在同种预聚物之间，这类光致抗蚀剂也可以通过加入两种以上的多功能基单体与线型聚合物混合制备，胶体受到光照时，其内发生光聚合或光交联反应，生成不溶性网状聚合物膜保护硅氧化层。如由顺丁烯二酸与乙二醇、二甘醇或者三甘醇等二元醇反应缩聚而成的不饱和聚酯，可以和单体苯乙烯、丙烯酸酯，或其他双功能基单体（例如二乙烯苯、N，N-亚甲基双丙烯酰胺、双丙烯酸乙二醇酯），以及安息香光引发剂等配制成负性光致抗蚀剂。这类光致抗蚀剂现已用于集成电路和印刷制版工艺。

（2）正性光致抗蚀剂。

正性光致抗蚀剂的作用原理与上述过程正好相反，其主要发生光降解反应或其他类型的光化学反应，反应的结果是光致抗蚀剂的溶解性能提升或溶解属性发生改变，从而使曝光部分在随后的显影过程被除去。早期的正性光致抗蚀剂是酸催化酚醛树脂制成的，其作用原理是当在树脂中加入一定量的光敏剂经曝光后，光敏剂发生光化学反应，光致抗蚀剂从油溶性转变为水溶性，在碱性水溶液中显影时，受到光照部分溶解，对被保护层失去保护作用。这种正性光致抗蚀剂的主要优点是在显影时可以使用水溶液替代有机溶剂，在安全性和经济性方面具有一定优势。但是，这种光致抗蚀剂对显影工艺要求较高，材料本身价格较高，且光照前后其溶解性变化不如负性光致抗蚀剂，因此其使用范围受到一定限制。例如，连接有邻重氮萘醌结构的线型酚醛树脂（见图 2-1-3）在紫外光照射条件下发生光分解，生成碱水溶性分解产物，因此这种酚醛树脂被认为是典型的正性光致抗蚀剂。

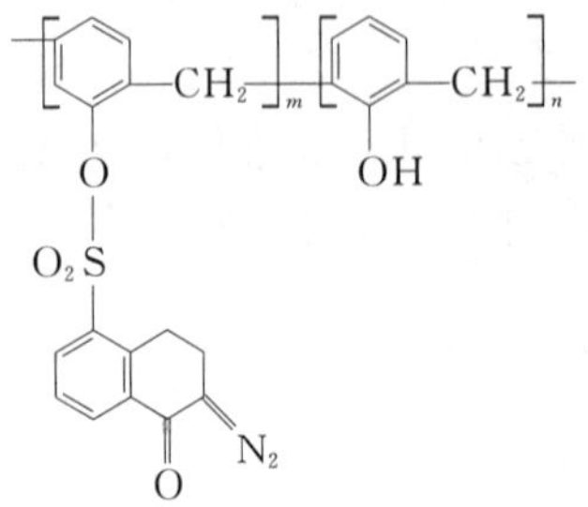

CH_2　m　CH_2　n
O　OH
O_2S
N_2
O

图 2-1-3　连接有邻重氮萘醌结构的线型酚醛树脂的结构示意图

此外，深紫外光致抗蚀剂也是正性光致抗蚀剂，但是其作用原理与酚醛树脂类光致抗蚀剂大不相同。深紫外光的能量较高，它可以使许多不溶性聚合物的某些键发生断裂而发生光降解反应，使其变成相对分子质量较低的可溶性物质，从而在之后的显影工艺中脱保护。由于深紫外光的能量较高，很多化学键可以参与降解反应，因此属于这一类的光致抗蚀剂比较多，其中，聚甲基丙烯酸甲酯是常见的正性光致抗蚀剂。表 2-1-7 中列出了部分深紫外光致抗蚀剂的结构与性质。

表 2-1-7　深紫外光致抗蚀剂的结构与性质

名　　称	结　　构	波长范围/nm	相对灵敏度
聚甲基丙烯酸甲酯	$\left[CH_2-C(CH_3)(COOCH_3) \right]_n$	200～240	1
聚甲基异丙烯酮	$\left[CH_2-C(CH_3)(C(=O)-CH_3) \right]_n$	230～320	5
甲基丙烯酸甲酯-α-甲基丙烯酸丁二酮单肟共聚体	$\left[CH_2-C(CH_3)(COOCH_3)-CH_2-C(CH_3)(COOR) \right]_n$　R 为 $-N=C(CH_3)(COCH_3)$	240～270	30
甲基丙烯酸甲酯-α-甲基丙烯酸丁二酮单肟-甲基丙烯腈共聚体	$\left[CH_2-C(CH_3)(COOCH_3)-CH_2-C(CH_3)(COOR)-CH_2-C(CH_3)(CN) \right]_n$　R 为 $-N=C(CH_3)(COCH_3)$	240～270	85
甲基丙烯酸甲酯-茚满酮共聚体	$\left[CH_2-C(CH_3)(C(=O)OCH_3) \right]$-茚满酮单元（$CH_2$，$C=O$）$]_n$	230～300	35
甲基丙烯酸甲酯-对甲氧苯基异丙基酮共聚体	$\left[CH_2-C(CH_3)(COOCH_3)-CH_2-C(CH_3)(C(=O)-C_6H_4-OCH_3) \right]_n$	220～360	166

深紫外光刻技术不仅有上述光敏材料来源广泛、适用范围广的特点，还由于深紫外光波长短、光绕射的程度小，其光刻精度可以大幅度提高，但深紫外光刻技术也存在着对使用的光学

材料要求高(必须能透过深紫外光,且要排除对紫外线有吸收作用的空气),设备复杂的缺点。

5) 光能转换高分子材料

许多感光高分子材料在受到光照时可吸收和储存光能,如果这些被吸收和储存的光能能够以其他的能量形式释放出来,这些材料即可用于光能转换装置。

太阳能是最重要的、洁净的和可再生的能源,太阳光照引起的光激发反应可以使某些感光高分子材料发生物理、化学变化,跃迁到高能量的激发态,激发态分子在特定条件下自动回到低能态并释放能量,从而实现太阳能向其他能量形式的转换。利用感光高分子材料制成的光能转换装置可以将太阳能转换成热能、化学能、电能、机械能等几种常见能源。例如,用某些光敏高分子材料制成的多层表面修饰电极在光照作用下可以直接产生光电流;在特定高分子催化剂作用下,光照可以将溶液中的氢质子转化成可作为燃料的氢气,以化学能的形式储存;光照后生成的化学能态较高的高聚物分子,可通过放出热量回到低能态。

目前,功能高分子材料在太阳能转换过程中的应用是研究的热点,主要研究方向有以下3个方面:第一,功能高分子材料作为光敏剂和猝灭剂在光电子转移反应中将水分解为富有能量的氢气和氧气,将太阳能转变成化学能,利用太阳能进行光水解反应,制备清洁能源氢气和氧气;第二,利用功能高分子材料直接或者间接参与的光互变异构反应储存太阳能,制备太阳能化学蓄能器;第三,以功能高分子材料为基本材料制备有机太阳能光电池,制备有机光电池。下面分别介绍功能高分子材料在上述3个方面的应用。

(1) 功能高分子材料在太阳能水分解反应中的应用。

将太阳能转化为化学能,产生便于使用和储存的燃料是太阳能利用的重要方面,其中,最简单的方法是通过光分解作用将水分解成氢气和氧气。水分子是氢气和氧气燃烧(氧化还原反应)的产物,由于氢气和氧气在燃烧过程中放出大量能量,因此燃烧产物水是处在低能态的物质。如果能够利用光能将其再分解成富有能量的氢气和氧气,即可实现太阳能到化学能的转化和利用。由于氢气和氧气燃烧过程无污染,因此这种太阳能利用方法尤其被人们重视。

利用太阳能分解水实现太阳能向化学能的转换,主要是利用有光敏剂、激发态猝灭剂和催化剂存在的前提条件下,在水中发生的光电子转移反应,其基本原理可以用下式表示:

$$S \longrightarrow S^*$$

$$S^* + R \longrightarrow S^+ + R^-$$

其中,S表示光敏剂,它吸收太阳光后跃迁到激发态 S^*,随后与激发态猝灭剂R作用发生电子转移反应,电子从激发态光敏剂 S^* 转移至激发态猝灭剂R,产生正、负离子。在催化剂作用下,水中的正、负离子分别同水分子发生氧化还原反应,产生氢气和氧气,而正、负离子恢复成基态光敏剂和淬灭剂。回到基态的光敏剂吸收太阳光后再进行下一个循环,不断将水分解成氢气和氧气。

在上述反应中,作为还原催化剂的氧化还原电势应在−0.41 V以下,作为氧化催化剂的氧化还原电势应在0.82 V以上。在光能向化学能转换的过程中,首先要解决的问题是如何防止已经离子化的光敏剂和猝灭剂离子重新结合,使吸收的光能充分发挥作用。使用功能高分子聚合物使反应体系成为多相体系可以克服这方面的问题。

在水的多电子转移光解反应中,含贵金属的化合物是最常见的催化剂,其中含N,N-二甲基-4,4-联吡啶盐的聚合物(MV^{2+})作为电子接受体(猝灭剂,$E'=-0.44$ V),而2,2-联吡啶合钌络合物[$Ru(bPy)_3{}^{2+}$]作为电子给予体(光敏剂,$E'=1.27$ V)。猝灭剂和光敏剂的结构示意图如图2-1-4所示。

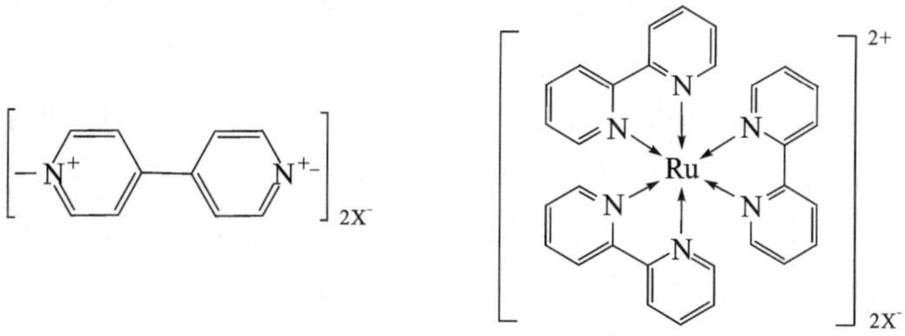

MV^{2+}猝灭剂　　　　Ru(bPy)$_3^{2+}$光敏剂

图 2-1-4　参与水解反应的光敏剂和猝灭剂的结构示意图

光敏剂和猝灭剂的高分子化可以通过将含有上述结构的单体与其他单体共聚，或利用接枝反应将其键合到高分子骨架上。如果得到的聚合物结构合适，高分子化后的光敏剂的光物理性能和光化学性能基本保持不变。这种络合型光敏剂在水中的最大吸收波长是 452 nm，接近太阳光的最大值 500 nm，消光系数为 1.4×10^4，还原电极电位($Ru^{3+/2+}$)E'为 1.27 V，高于水的还原电极电位。在太阳光作用下，$Ru(bPy)_3^{2+}$ 被激发，与 MV^{2+} 迅速发生电子转移反应。

若水中加有乙二胺四乙酸(EDTA)分子，EDTA 将还原光电子反应生成的 $Ru(bPy)_3^{3+}$ 离子，使 $Ru(bPy)_3^{2+}$ 离子再生，MV^{+*} 在铂催化剂存在下将电子再转移给 H^+，自身被回复，回复后的光敏剂与猝灭剂可再次进行光电子转移反应，如此循环反应，不断消耗光能，产生氢气和氧气，并将光能以化学能的方式储存起来。在整个光能向化学能转换的过程中，主要消耗 EDTA 和水分子，光敏剂和猝灭剂几乎没有消耗，整个装置可以连续运行。

(2) 利用在光照射下分子发生互变异构现象储存太阳能。

利用光互变异构现象转化和储存太阳能是太阳能利用的另一个重要方面，其主要依据是在光能作用下，通过互变异构现象合成高能量的、含有张力环的化合物来储存太阳能。目前，研究最多的是降冰片二烯(NBD)与四环烷烃之间的光互变异构现象。降冰片二烯在有光敏剂存在下吸收光能，双键打开，构成含有两个高张力三元环和一个四元环的富有能量的四环烷烃。四环烷烃是热力学不稳定结构，其在催化剂作用下可以回复到降冰片二烯结构，并放出大量热能。四环烷烃的光互变异构现象如下：

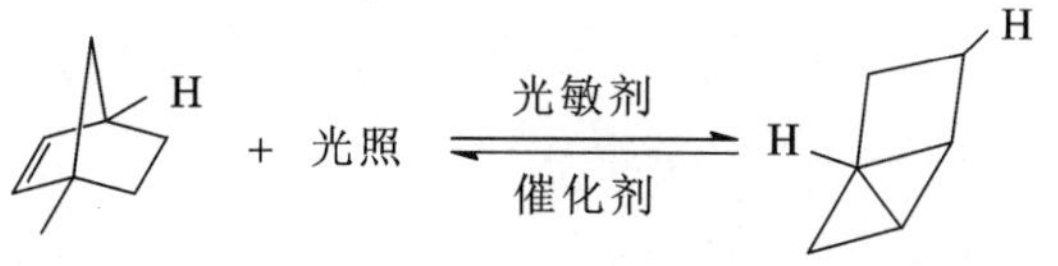

降冰片二烯 + 光照 ⇌(光敏剂 / 催化剂) 四环烷烃

在可见光照射下，降冰片二烯发生光化学反应生成四环烷烃是吸热反应，储存能量；在催化剂作用下，四环烷烃回复到降冰片二烯是放热反应，储存的能量得到释放，因此，上述过程是一个可逆循环过程。在上述可逆循环过程中，光照充足时可将光能以化学能形式储存起来，在需要时通过加入催化剂使储存的化学能以热能的方式释放。可以设想，如果催化剂能够通过高分子化使之固化，使放热反应成为多相催化反应，能量释放过程将可以很容易通过催化剂的加入和退出得以控制。在此类光能转换装置中，需用到两种重要的功能高分子材料。

① 高分子光敏剂。

光敏剂是指那些能够有效吸收光能，并且能将所获能量高效地传递给被敏化物质的材料。为了实现上述目的，光敏剂应具有合适的吸收光谱和足够的消光系数，以保证对光的有效吸收;光敏剂的三线态能量应高于被敏化物质的三线态能量;光敏剂应具有较高的系间窜跃量子效率和足够的三线态寿命。能够满足上述要求的化合物主要是一些芳香酮类和安息香醚类化合物,如苯甲酮、安息香二甲醚等。经过高分子化处理的光敏剂与聚合物的相容性提高,其稳定性增加,主要用于光化学反应催化、光敏涂料和光刻胶的敏化剂中。

光敏剂在太阳光的激发下吸收光能后,会跃迁到单线激发态,然后转化成寿命较长的三线激发态,再活化其他分子(如降冰片二烯)且本身回复到基态,并准备下一个光激发过程。其作用机理如下:

光敏剂+光照→单线激发态→三线激发态

三线激发态+反应分子→光敏剂+反应分子激发态

光互变异构现象太阳能利用过程中使用的光敏剂包括以下两种结构:

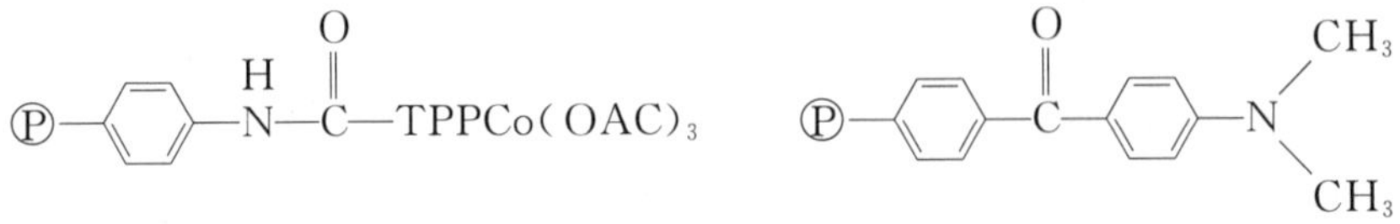

Ⓟ—C₆H₄—NH—C(=O)—TPPCo(OAC)$_3$　　Ⓟ—C₆H₄—C(=O)—C₆H₄—N(CH$_3$)$_2$

其中,Ⓟ表示聚合物,TPP表示磷酸三苯酯。

② 高分子光催化剂。

从上面的介绍可知,在四环烷烃回复到降冰片二烯的放热反应中,也需要催化剂参与。上述放热反应对催化剂有如下要求:一定的化学稳定性,不产生不利的副反应;有足够的活性,使放热反应在短时间内完成;对环境的适应性要好,有较长的使用寿命;催化剂最好自成一相,容易与反应体系分离,使放热过程得到有效控制。

由于在上述太阳能转换反应中催化剂与光敏剂必须分开使用,所以采用不溶性的高分子化的催化剂和光敏剂是必要的。图2-1-5中给出了3种可达到上述目的的高分子催化剂结构。

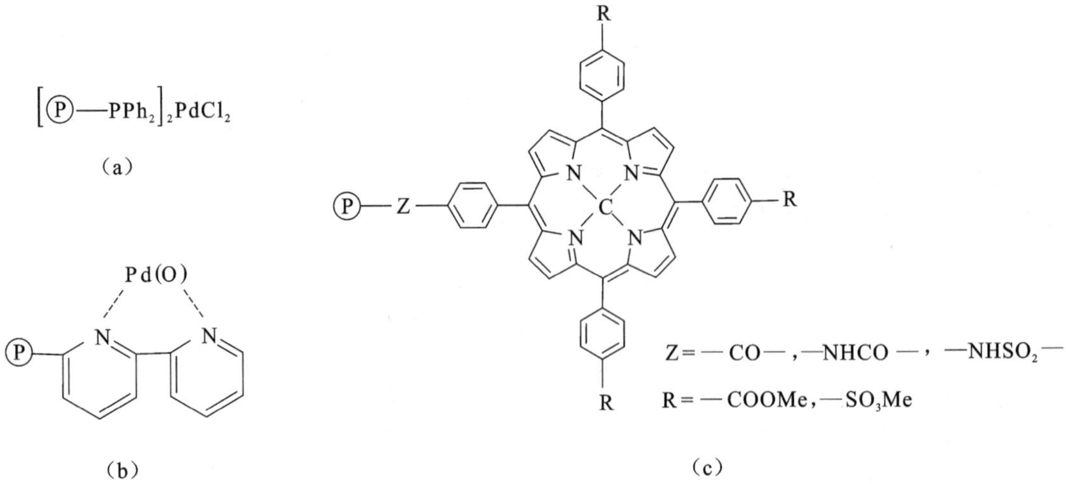

[Ⓟ—PPh$_2$]$_2$PdCl$_2$

(a)

Pd(O)

Ⓟ—(2,2'-联吡啶, N…Pd(O)…N)

(b)

Ⓟ—Z—C₆H₄—(卟啉, N, N, C, N, N; 三个 —C₆H₄—R)

Z=—CO—,—NHCO—,—NHSO$_2$—

R=—COOMe,—SO$_3$Me

(c)

图2-1-5　使四环烷烃回复到降冰片二烯的3种高分子催化剂结构

(3)功能高分子材料在太阳能电池方面的应用。

太阳能电池是利用光电材料吸收光能后发生光电子转移反应,并利用材料的单向导电性将正、负电荷分离,从而使电子转移过程在外电路中完成,产生必要的电动势和电流的光电转换装置。第一块现代意义上的太阳电池是贝尔实验室于1954年完成的单晶硅太阳能电池,转换效率为4.5%,经过半个多世纪的发展,单晶硅太阳能电池转换效率取得了长足进步,实现了实验室转换效率25%的成绩。学者们通常从效率和成本来考虑,认为太阳能电池经历了 3 个发展阶段:第一阶段即单晶硅电池及砷化镓电池,其昂贵的价格限制了其应用范围,并且单晶硅材料在提纯制备过程中需要高能耗,且带来严重污染,不符合环保概念;第二阶段即薄膜太阳能电池,以多晶硅,非晶硅和无机化合物半导体硫化镉、铜铟硫、铜铟镓硒等为代表,第二阶段太阳能电池具有一定价格优势,但材料、集成等方面仍有许多基础科学问题亟待解决,且由于其转换效率不高、毒性大、材料来源稀缺等,限制了其大规模应用;第三阶段即新型太阳能电池,第三阶段太阳能电池没有明确的概念,目前主要指染料敏化太阳能电池和有机聚合物太阳能电池,同时包含叠层太阳能电池、量子点太阳能电池及其他尚处于概念和初步试验阶段的碰撞离化太阳能电池等新型太阳能电池。第三阶段太阳能电池是从 20 世纪 90 年代发展起来的,具有成本低、重量轻、超薄、柔性等特点,适宜广泛制备。

有机聚合物太阳能电池通常由正、负电极及其具有光活性的薄层所组成,光活性薄层是由给体和受体组成的异体结构。聚合物太阳能电池光伏效应示意图如图 2-1-6 所示。

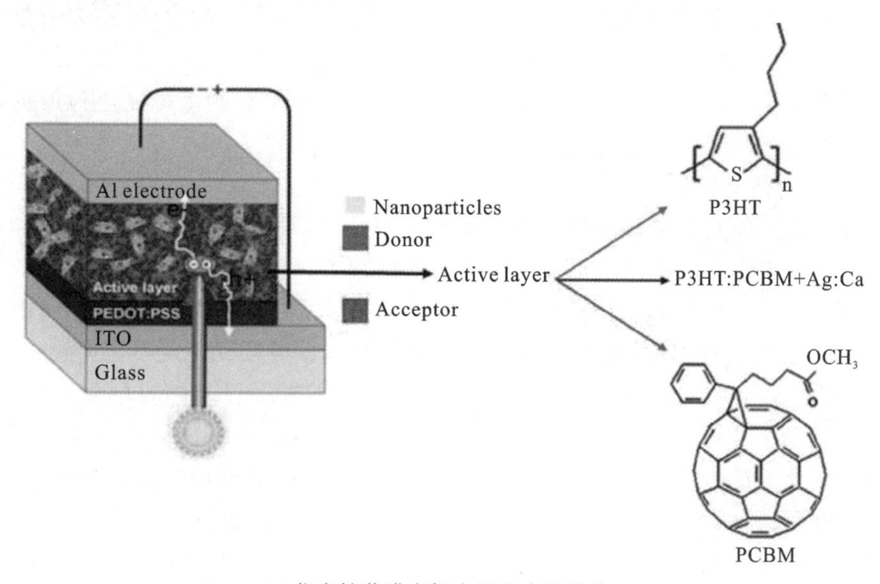

(a) 代表性薄膜有机太阳能电池结构

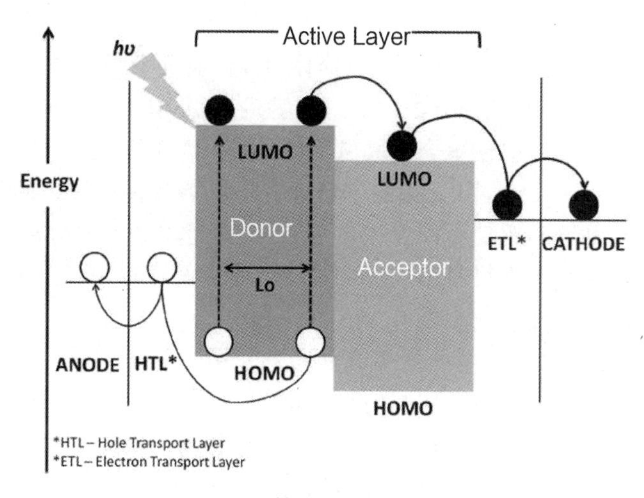

(b) 光子转化为电子示意图

图 2-1-6　聚合物太阳能电池光伏效应示意图

当光透过ITO（氧化铟锡）电极照射到活性层上时，活性层中的共轭聚合物给体（donor）吸收光子产生激子（电子-空穴对），激子迁移到聚合物给体、受体（acceptor）界面处，激子中的电子在此处转移给电子受体PCBM（C_{60} 的可溶性衍生物）的LUMO（最低空分子轨道或最低未占分子轨道）能级，空穴保留在聚合物给体的HOMO（最高占据分子轨道）能级上，从而实现光生电荷分离，然后在电池内部势场（其大小正比于两电极的功函数之差，反比于器件活性层的厚度）的作用下，被分离的空穴沿着共轭聚合物给体形成的通道传输到阳极，而电子则沿着受体形成的通道传输到阴极。空穴和电子分别被相应的阳极和阴极收集以后形成光电流和光电压，即产生光伏效应。

根据上述原理，有机聚合物太阳能电池工作过程可以分为以下6个步骤：①吸收入射光子产生激子；②激子向给体/受体界面扩散；③激子在给体界面上发生分离，电子转移给电负性的受体分子，并在给体HOMO能级上留下空穴；④激子在受体界面上发生分离，电子转移给电负性的受体分子，并在给体HOMO能级上留下空穴；⑤光生电子、空穴分别向阴极、阳极传输；⑥电子、空穴分别被阴极、阳极收集，产生光电流。

组成具有光活性的薄层的给体和受体材料是构成有机聚合物太阳能电池的关键，给体与受体材料的选择在光伏器件的设计中起着举足轻重的作用。

① 聚合物给体光伏材料。

共轭聚合物给体光伏材料应具有宽光谱和强吸收、高纯度、高空穴迁移率，同时具有良好的溶解度与成膜性。这些因素直接决定着给体材料能够在光伏器件中产生高效率。

在早期（1995—2004年）聚合物太阳能电池研究中，烷氧基取代的PPV（MEH-PPV、MDMO-PPV）占据主导地位，基于其与PCBM体系的本体异质结电池的效率为2%～3%。但由于其吸收光谱和空穴迁移率均不如结构规整的P3HT（3-己基噻吩的聚合物），后来逐渐被P3HT代替。直至今日，P3HT仍然是使用最广泛的常规聚合物给体光伏材料，基于P3HT-PCBM体系的电池效率可以达到4%～5%，但是它的2.0 eV宽带隙，使得它对太阳光谱的利用有限；另外，由于P3HT相对较高的HOMO能级，使得基于P3HT-PCBM电池的开路电压局限在0.60～0.65 V的范围内，同时可能潜在触发光伏器件在空气中的不稳定性。为了在一个更宽的范围内捕获太阳能量，窄带隙、宽光谱吸收共轭聚合物成为聚合物给体材料的研究热点。

在同一个高分子主链上交替排列富电子给体（D）和缺电子受体（A）的分子设计方法被认为是发展窄带隙聚合物最有效的方法。通过交替的D-A单元，聚合物的带隙可以被有效降低。在减少聚合物带隙时，应使聚合物具有深的HOMO能级，适宜的LUMO能级（至少高于受体LUMO能级0.3 eV），因为深的HOMO能级能够获得较大的开路电压，适宜的LUMO能级能够提供足够的驱动力以发生电荷转移，促进电子空穴分离。在设计新的聚合物给体光伏材料时，应综合考虑材料结构、吸收波长、带隙及迁移率等多种因素。

② 聚合物受体光伏材料。

有机聚合物太阳能电池中使用的受体光伏材料主要是可溶性 C_{60} 衍生物PCBM，此外还包括共轭聚合物受体材料和无机半导体纳米晶受体材料。$PC_{60}BM$、$PC_{71}BM$ 自聚合物太阳能电池发展以来，就是最具代表性的受体材料，其具有高的电子亲和势和电子迁移率，主要功能是使共轭聚合物给体的激子电荷分离，接受电子并传输电子。正如之前所讨论，为制备高效率的光伏器件，较低的给体受体LUMO能量水平差值（0.3 eV）是必要的，因此对 C_{60} 的化学修饰使LUMO能级上移一直是研究工作者们的努力方向，遗憾的是早期的努力只能使LUMO发生少量的上移（小于100 meV）。直至2008年，Lenes等对富勒烯进行双加成，成功将其 LUMO 能级上移 100 meV；2010 年，中国科学院李永舫课题组将茚与富勒烯双加成，进一步将其 LUMO 能级上移近 200 meV，并实现基于此富勒烯衍生物(ICBA)与 P3HT 光伏器件高达 5.44%的能量转换效率。

由于聚合物受体材料与纳米晶受体材料存在相分离，以及能级匹配等问题，目前基于它们为受体的电池效率还比较低，与聚合物富勒烯体系电池效率还有不小的差距。

从电池性能的几个基本因素考虑，要获得高效率聚合物电池，除了形貌、界面上的优化，开发具有深 HOMO 能级的窄带隙(1.2～1.7 eV)聚合物给体光伏材料已是大势所趋，一系列新型聚合物被成功合成，并取得了不错的光伏表现。2009 年，PTB7 的应用，使光伏器件能量转换效率首次突破 7%。在聚合物受体光伏材料方面，最成功的就是 ICBA 的开发，目前利用 ICBA 和新型聚合物的叠层电池能量转换效率已达到 10.6%。

在太阳能电池制作过程中，以聚合物代替无机材料可以充分发挥有机高分子材料柔性好、制作容易、材料来源广泛及成本低的优势，对大规模利用太阳能，提供廉价电能具有重要意义。目前，以有机材料制备太阳能电池的研究仅是开始，还有很多技术问题需要探索和解决，其使用寿命和能量转换效率都不能和发展成熟的无机硅太阳能电池相比。聚合物型太阳能电池能否发展成为具有实用意义的产品，甚至将来能否替代无机材料成为太阳能利用的主要工具，还有待于进一步的研究与探索。

2.1.3 导光高分子材料

导光高分子材料是指能高效传输光波的有机高分子光学材料。导光材料过去以玻璃为主，玻璃虽然导光性能很好，且坚固不易变形，但质量重、易碎、成型加工耗能大、不易精确成型，表面精度要靠研磨、抛光等复杂的工艺才能实现。有机高分子导光材料则不然，它相对密度小、易成型，并可加工成各种所需形状，可制成极薄的薄膜，与玻璃相比，其有优良的抗冲性能，且成本低廉。有机高分子导光材料的这些特点无疑顺应了今天光电子时代对光学器件和光电元件轻量化、小型化、低成本化的要求，因此高分子导光材料日益受到重视。目前，它已和玻璃、光学晶体一起并称为三大光学基本材料。

应用较早且为人们所熟悉的导光有机高分子材料有 PC、PS、PMMA 等，因其能够高效传输可见光(透明)，由它制成的各种各样的光学材料及制品，如透明包装、安全玻璃、树脂镜片及各种光学器件等，遍及国民经济及生活的各个领域。

1. 导光材料性能要求及对策

透明性是导光光学材料的最基本要求。光波通过材料(介质)时的损失包括 3 个部分：表面反射、介质吸收和介质散射。

高分子导光材料的表面反射一般较小，如 PMMA 的反射率仅为 3.5%。为提高透光率，可以在材料表面镀上一层增透膜(减反射膜)。

介质吸收取决于材料的化学结构，饱和单键对可见光的吸收较小，不饱和双键则吸收较多。大部分导光高分子材料均为饱和结构，因而对紫外光、可见光的透光性与光学玻璃相近，但在近红外以上的长波区域会出现 C—H 键等化学键的振动吸收，因此有机高分子导光材料更适宜高频短波的传输。

介质散射取决于材料内部结构的均一性，分子量分布不均匀、聚集态结构不均匀(晶态与无定型结构共存)都将导致光散射。要得到透光性好的导光高分子材料，必须采取相应的措施获得均一的无定型结构，或采取微晶化方法减小结晶使结晶区域的尺寸小于拟传输光波的波长。

折射率也是导光高分子材料的性能指标之一。通常情况下,在透镜等光学元件的设计中,材料的折射率越高,制成的透镜就越薄,曲率也可降低,而校正色差则要求用两组具有不同色散系数的材料进行组合。高分子导光材料的折射率通常在1.5左右,要提高材料的折射率,往往要求介质具有较大的极化率和较小的分子体积。一般可以通过引入一些原子(Cl、Br、I、S、P等)、砜、芳香稠环、重金属离子等来提高材料的折射率。为减小色散,可以引入脂环、Br、I、S、P、SO_2等基团、元素或化合物,也可以引入La、Ta、Ba、Cd、Th、Ca、Ti、Zr、Nb等金属元素。需要注意的是,引入苯环及稠环、Pb、Bi、Tl、Hg等虽然可提高折射率,但是也会使色散增加。

导光材料一般要求没有双折射。双折射与材料的分子结构和分子取向有关。聚碳酸酯、聚苯乙烯等带有芳环结构的物质双折射较大,各向异性的材料也有较大的双折射。采用共混或共聚的方法可以抵消二组分的表观双折射,通过调节成型条件降低分子取向程度,也可在一定程度上降低双折射。

2. 导光高分子材料性能特点

导光高分子材料与光学玻璃相比有很多优点,最重要的是高分子材料成型方便、易于加工、成本低,因此能够制造一般用玻璃不能或很难制造的光学元件,如菲涅尔透镜、非球面透镜等;另外,导光高分子材料还可以实现光学元件和其他结构件(镜、框)的模内组装,其成本仅为玻璃制品的3%~10%。高分子材料抗冲击强度比玻璃大10倍以上,不易破碎,其相对密度仅为0.83~1.46,因此其制品尤为轻巧。导光高分子材料的透光率与玻璃相近,特别是在近紫外线到近红外线(0.3~2 μm)区域,透光率可达92%。导光高分子材料的折射率和色散系数的范围不及玻璃宽,但基本能满足一般光学要求。

导光高分子材料也不可避免地存在某些局限性。例如,其性能受温度的影响较大,折射率随温度的变化梯度约为2×10^{-4} ℃,热膨胀系数约为玻璃的10倍,导热性、耐热性差,受热易变形。导光高分子材料往往都是无定形的结构,硬度低,耐磨性较差,机械强度不高。此外,导光高分子材料或多或少都有一点吸湿性,极性材料的吸湿性更加严重,吸湿或脱湿过程会使材料膨胀或收缩,导致折射率和曲率发生变化。为了克服这些缺点,人们采用了多种方法加以改进,如在表面涂覆有机硅涂层或使材料内部交联以提高材料的硬度,采用减少极性基团的方法使其吸湿性降低等,但处理的结果往往又会使其他性能发生变化,因而需视具体应用场合加以考虑。尽管如此,导光高分子材料仍是一种优良的透光材料。

3. 导光高分子材料主要品种及应用

目前,应用较为广泛的导光高分子材料有以下品种。

1) 聚甲基丙烯酸甲酯(PMMA)

聚甲基丙烯酸甲酯,俗称有机玻璃,是刚性硬质无色透明材料,透光率高达92%,不仅优于其他透明塑料,还比普通无机玻璃高10%以上,可透过大部分紫外线和部分红外线,也能透过X射线和γ射线,其薄片可透过α射线、β射线,但吸收中子线。

聚甲基丙烯酸甲酯成型性好,抗张、抗冲等机械强度较高,但表面硬度较低,容易被擦伤。其主要应用于照相机的取景器、对焦屏,电视和计算机中的各种透镜组,投影仪与信号灯中的菲涅尔透镜,人工晶状体,眼镜,光盘等。聚甲基丙烯酸甲酯对光的吸收率很小,光全反射临界角为42°12′。若制品表面光滑时,只要其弯角不超过47°50′,无论折转几次,光线都可以从一端传入并全部从另一端导出,制品表面无光线泄露;若制品表面刻有线条或花纹,光线又能从这些地方反射出来。根据这一特性,聚甲基丙烯酸甲酯可用于制备光纤和带有可发光图案的装饰品。

2）聚苯乙烯(PS)

聚苯乙烯的透光率为88%～92%，折光率介于1.576和1.618之间，无毒无味，能自由着色，耐辐射。聚苯乙烯的加工性特别优良，其成本仅为聚甲基丙烯酸甲酯的一半，是最廉价的光学塑料，广泛应用于轻工和一般工业装饰、照明及指示、玩具等领域。由于其折射率高，因此可与其他光学塑料一起组成消色差透镜。聚苯乙烯材质较脆，耐候性、耐热性差，受阳光照射易变黄，高温下易软化。

3）聚碳酸酯(PC)

聚碳酸酯通常呈非晶结构，纯净聚碳酸酯无色透明，具有良好的透光性，透光率为85%～90%，折光率介于1.585和1.587之间。聚碳酸酯的透光能力与光线的波长、制件厚度及表面光洁度有关。厚度为2 mm的聚碳酸酯薄板的可见光透过率可达90%。聚碳酸酯的透光率和折光率与聚苯乙烯相近，但耐热性优于聚苯乙烯，抗冲强度高，延展性好。聚碳酸酯的表面硬度较低，耐磨性也不太好，表面容易磨毛而影响其透光率。

聚碳酸酯对红外光、可见光和紫外光等低能长波光线一般都有良好的稳定性。但是，当受波长290 nm附近的紫外光作用时，会因光氧老化而变黄，强度降低甚至发生龟裂或降解，所以室外用的聚碳酸酯薄制品通常需加入紫外线吸收剂等光稳定剂。

聚碳酸酯属于加工性能较好的热塑性工程塑料，机械强度高、耐热性好，且具有良好的化学稳定性。聚碳酸酯制品广泛应用于汽车、建筑、纺织、电子、电器、光学、照明、办公机械、医疗器械、包装、运动器材、日用百货、食品药品等领域，以及航空、航天、电子计算机、信息存储等工程技术领域。但由于其加工温度高、熔体黏度高，制品中易残余内应力，产品多以各种设备的灯罩、透明盖板、防护玻璃等一般透明零件为主，较少应用于光学零件。

4）聚双烯丙基二甘醇碳酸酯(CR-39)

聚双烯丙基二甘醇碳酸酯是由二甘醇与光气反应制得的双烯丙基二甘醇碳酸酯单体聚合而成。由于单体含两个不饱和的乙烯基，得到的聚合物具有分子间交联结构，属热固性塑料。聚双烯丙基二甘醇碳酸酯通常采用浇注成型，制件可采用加工玻璃的方法进行研磨和抛光。聚双烯丙基二甘醇碳酸酯透光率约为92%，折光率为1.498，是比较理想的眼镜镜片材料，适于做各种眼镜镜片及防毒面具和各种防护面罩的视窗。

5）环氧树脂

高分子量的环氧树脂通常带有一定的颜色，因而作为光学材料应用的多为相对分子质量低的环氧树脂。环氧树脂透光率为92%，折射率为1.572，不易生霉、起雾，易染色，可用于制作优质的滤光片。

6）聚4-甲基戊烯-1(TPX)

聚4-甲基戊烯-1是为数不多的结晶性高分子光学材料。这种聚合物可结晶，但其晶区分子排列虽然有序但并不紧密，晶区密度和非晶区密度几乎相等，因而具有透明性。

除此之外，其他一些共聚物作为具有较好综合性能的光学塑料，近年来发展较快，如苯乙烯/丙烯酸酯共聚物、苯乙烯/丙烯腈共聚物、苯乙烯交联的聚苯醚砜、丙烯酸酯/丁二烯/苯乙烯共聚物等。

4. 导光高分子材料的典型应用——光纤

透光有机高分子材料不仅能够高效传输可见光(透明)，而且能够高效传输其他波段的光(透光)。因而，作为功能高分子材料的透光有机高分子材料，不仅可用作各种透明材料，还可作为某些特殊波段光波的传输介质。利用透光高分子材料的透光特性，成功开发的导光纤维(简称光纤)就是其中之一。

光纤通信是以光波作为信息载体,以光纤作为传输媒介的一种通信方式。20 世纪 60 年代,激光的出现为光通信提供了一种理想的载波源。有人通过计算发现,用波长为 3 μm 的激光作载波传输信息,如果它的信息容量全都发挥出来,一束激光就能同时传送 100 亿路电话或 1000 万套电视节目。激光通信的信息容量如此之大,自然引起了人们极大的关注。以激光为载波源的光通信其技术关键之一就是信道——传光介质的研究开发。1951 年发明了玻璃光纤,1956 年实现了玻璃光纤商品化。20 世纪 70 年代,低损耗石英光纤制造成功。1964 年,美国杜邦公司首先成功开发了由导光高分子材料制成的塑料光纤,并于 1966 年以 Crofon 品牌实现了商品化。之后,美国、日本等国的其他公司也相继对塑料光纤进行研制和生产,塑料光纤逐渐得到了应用。在人类已进入信息时代的今天,光纤早已成为现代技术不可缺少的重要材料。

利用光纤构成的光缆进行激光通信不仅可以大幅度提高信息传输容量,还具有保密性好、不受干扰、体积小、质量轻等优点,还可节省有色金属和能源。

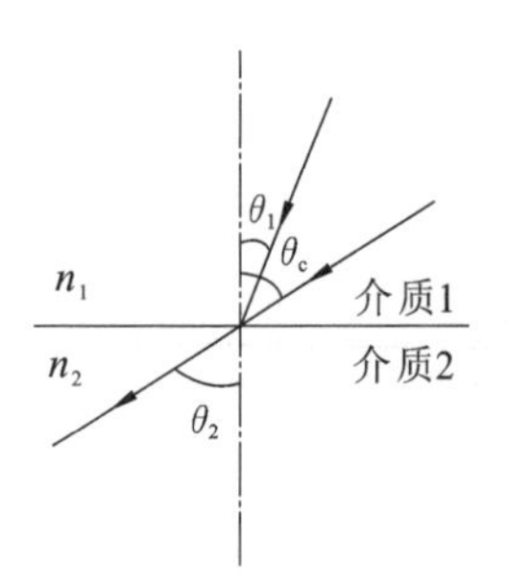

图 2-1-7 光的折射与全反射

光纤是根据光线从高折光率的光学密介质射入低折光率的光学疏介质时,光线在界面向光学密介质内反射的光内反射原理制成的。根据光折射定律,在不同介质的界面上,当光的入射角的正弦值($\sin\theta_1$)与两种介质的折光率之比(n_2/n_1)相等时,折射角 $\theta_2=\pi/2$,入射角 θ_1 达临界角 θ_c(见图 2-1-7),此时光线在介质 1 内全内反射。

光在光纤中传播的基本原理就是使光在高、低折光率介质界面通过全内反射而独立、高效地传输,因此,光纤通常由高折光率的纤芯和低折光率的皮层所组成,且为了保护光纤不受损伤,其最外面通常还加有一层护套层。塑料光纤中高折光率的纤芯和低折光率的较薄的皮层均为透光高分子材料,为避免光纤损伤,护套层多为有柔软硅芯的硬塑料。光纤的直径范围为 $10\sim10^3$ μm。

根据光纤内部结构及折射率的分布情况不同,光纤有折射率突变型和折射率渐变型两种。折射率突变型光纤的皮与芯之间有明显界面的包层结构,折光率沿径向分布呈阶跃式,光线在光纤内以锯齿形折线向前传输,又称阶跃型光纤;折射率渐变型光纤制造时,皮层材料由表及里向纤芯内部逐渐渗透扩散,皮与芯之间无明显界面,折光率分布呈梯度式,光线在光纤中以反复汇聚和发散的波浪形曲线向前传输,又称梯度型或自聚焦型光纤。

光纤的成型方法依其结构类型而异。折射率突变型光纤采用管-棒法和熔融纺丝法两种成型工艺。前者是把棒状芯材插入管状皮层中,然后在炉中边熔融边拉伸成纤;后者是采用复合挤出工艺,利用复合挤出机头,使管融的芯材和皮层材料分别从中心和外圈挤出,在出口处使皮层和芯材贴合,经拉伸成包层型光纤。折射率渐变型光纤有离子交换法、共混法和单体扩散聚合法三种成型制造方法,这三种方法均可以获得折光率沿径向有一定分布的塑料光纤。

用于光纤制造的透明塑料要求其在拉伸时不产生双折射和偏光,因此,有机玻璃和聚苯乙烯是最早用于制造塑料光纤的材料。由于聚苯乙烯耐光老化性能较差,所以限制了以聚苯乙烯为纤芯、有机玻璃为皮层的塑料光纤的应用。目前应用较多的是以有机玻璃为纤芯、以含氟透明树脂为皮层的塑料光纤,含氟树脂主要有含多氟烷基侧链的聚甲基丙烯酸酯类(折光率介于 1.36 和 1.40 之间)和偏氟乙烯-四氟乙烯共聚物(折光率介于 1.39 和 1.42 之间)。制造塑料光纤的其他材料还有聚碳酸酯、α-甲基苯乙烯-甲基丙烯酸甲酯共聚物、甲基丙烯酸酯(1～6 个碳)的共聚物和含氟 30%以上的含多氟甲基丙烯酸酯共聚物等。传统护套层材料以尼龙为主,目前采用液晶高分子包覆光纤,因其改善了光纤柔性,提高了模量和尺寸稳定性,降低了线膨胀系数和传输损耗。

2.1.4 非线性光学高分子材料

非线性光学高分子材料是指那些光学性质依赖于入射光强度的材料。它们能通过外加电场、磁场、力场作用,或直接利用光波本身电磁场,对入射光波的强度、频率和相位进行调制,是一类新兴的用于光电子技术领域的光敏功能高分子材料。非线性光学高分子材料主要用于制作光电技术中对光信号进行处理的各种器件,如利用非线性光学高分子材料的变频和光折变功能,尤其是二倍频和三倍频能力,可将其应用于光学开关、光调制器、倍频器、限幅器、放大器制造等领域。

在激光出现之前,光学研究的是弱光束在介质中的传播规律。光与物质相互作用产生大量的光学现象,如透射、反射、折射、干涉和衍射等现象,它们仅与入射光的波长相关,而与光强无关,满足波的线性叠加原理,用数学形式表示时呈线性关系。研究此类光学现象的科学称为传统光学或线性光学。非线性光学的研究始于激光出现之后,人们在激光研究中发现,介质在强相干光作用下,那些在传统光学中被认为与光强无关的光学效应或参量几乎都与光强紧密相关。1961 年,美国密执安大学的弗朗肯(Franken)等人利用红宝石激光器首次进行了二次谐波产生的非线性光学实验。随后,布鲁姆伯根(Bloembergen)等人于 1962 年对光学混频进行了理论阐述,揭示了光波非线性作用的原理,奠定了非线性光学的理论基础。此后,非线性光学这一学科得到了飞速发展,时至今日,它几乎在所有科学领域有所应用。

众所周知,光在介质中的传播过程就是光与物质相互作用的过程。这样一个动态过程可以视为两个过程,即光的辐射过程和介质对光的响应过程。如果介质对光的响应呈线性关系,其光学现象属于线性光学范畴,在这个范畴内,光在介质中的传播满足独立传播原理和线性叠加原理。如果介质对光的响应呈非线性关系,其光学现象属于非线性光学范畴,此时,光在介质中传播会产生新的频率,不同频率的光波之间会产生耦合,独立传播原理和线性叠加原理不再成立。这是由于当高能量的激光在介质中传播时,电磁场与介质中的带电离子发生相互作用。束缚较弱的价电子被强光电场所极化,其极化强度取决于介质的分子极化率。强光极大的电场强度首先使介质中的离子电场分布发生畸变,导致电偶极矩不再与光波场线性相关,从而在介质内感应出非线性效应;介质在产生反作用时又将非线性地改变该光电磁场,使出射光的相位、频率、振幅等传输特性发生改变,变化的强度是入射光强度的函数。这就是非线性光学效应,研究这种现象的科学就是非线性光学。

非线性光学的主要研究内容可概括为以下两个方面:一方面是发现新的非线性光学现象,揭示它们的机理和规律,发展非线性光学新技术和新材料;另一方面则是把非线性光学效应与技术应用到各有关领域,主要表现在激光频率的转换和光信号的处理与调控等方面。

非线性光学性质也被称为强光作用下的光学性质,主要是因为这些性质只有在激光这样的强相干光作用下才能表现出来。随着激光技术的发展和广泛应用,光电子技术已经成为重要的高新技术,包括光通信、光信息处理、光信息存储、全息技术、光计算机等。但激光器本身只能提供有限波长的高强度相干光源,如果要对激光束进行调频、调幅、调相和调偏等调制操作,就必须依靠某些物质特殊的非线性光学效应来完成。具有非线性光学性质的材料包括有机和无机晶体材料、有序排列的高分子材料、有机金属配合物等。某些有序排列的高分子材料，如某些高分子液晶、高分子 LB 膜（转移到固态基质上的单分子膜）、SA 膜（自组装膜）等都是重要的高分子非线性光学材料。

非线性光学有机高分子材料将具有高非线性光学性质的有机生色分子或基团与光学品质好的聚合物基体结合起来，从而得到好的非线性光学性能和优良的光学品质。非线性光学有机高分子材料的结构特点使其具有许多独特的性质，如分子结构多变性、材料形态多样性、可加工及可成型性等，为其进行分子设计和材料工程提供了有利条件。当然，与无机材料相比，有机高分子材料在热、光和化学稳定性方面存在着明显的不足。因此，这是一类受到高度重视、极富潜力，但又存在广泛争议的材料。非线性光学有机高分子材料的设计、开发及其应用研究是目前非线性光学领域的研究热点之一。

1. 非线性光学材料的定义和性质

非线性光学是现代光学的一个分支，是相对传统的线性光学而言的，非线性光学研究的是介质在强相干光作用下产生的非线性光学效应及其应用。前面给出的非线性光学性质的定义仅是一种宏观的定性描述。

当光在介质中传播时，光作用于介质的各种效应都来源于介质在光场中的极化。通常认为，极化强度 P 与光波电场强度 E 的一次方成正比，即 $P=\chi E$。它是各种线性光学效应的来源，其中比例系数 χ 为介质的极化率。事实上，只有弱光束在介质中传播时，确定介质光学性质的极化率是与光强无关的常量，介质的极化强度才与光波的电场强度成正比，光波叠加时遵守线性叠加原理。而对于强光（例如电场强度可与原子内部的库仑场相比拟的激光）在介质中的传播过程，反映介质性质的极化强度等物理量不仅与电场强度 E 的一次方有关，而且还决定于 E 的更高幂次项，此时介质产生了非线性极化，从而导致线性光学中不明显的许多新现象——非线性光学效应。其宏观上的偶极矩 μ 和极化强度 P 可以用下面的表达式表述：

$$\mu=\mu_0+\alpha E+\beta E^2+\gamma E^3+\cdots \tag{2-1-2}$$

$$P=P_0+\chi^{(1)}E+\varepsilon_0\chi^{(2)}E^2+\varepsilon_0\chi^{(3)}E^3+\cdots \tag{2-1-3}$$

式中：μ_0——分子的固有偶极矩；

μ——材料在光频电场 E 下的偶极矩；

P——材料在电场 E 下的极化强度；

α、β、γ——材料的第一级、第二级和第三级超极化率，也分别被称为一阶非线性系数、二阶非线性系数和三阶非线性系数；

$\chi^{(1)}$、$\chi^{(2)}$、$\chi^{(3)}$——材料的第一阶、第二阶和第三阶电极化率。

只有当系数 β、γ 数值明显时，才能称其具有非线性光学性质。在分子中只有价电子发生不对称偏离时才具有超极化性，从而表现出非线性光学性质。

由此可见，非线性光学材料的准确描述应基于以下前提：首先，介质的非线性光学性质只有在强光下才能体现，强光的定义是其光频电场强度远大于 10^5 V/cm，只有激光才能满足此项要求；其次，由于激光是一种强电磁波，在其强光频电场作用下，任何物质都要发生光极化，其极化度可以在分子水平上和宏观材料的整体水平上进行描述；再次，上述偶极矩和极化率均是矢量，是每个分子的偶极矩和极化率叠加的结果；最后，由于系数 β 和 $\chi^{(2)}$ 均为二阶张量，如果分子或组成的晶体具有对称中心，则两者均为零，没有非线性光学效应。

因此，作为非线性光学材料，不仅仅对分子结构有所要求，而且为了不使分子偶极矩互相抵消，特殊的分子有序排列也是非常重要的，这也是很多高分子液晶技术、高分子 LB 膜和

SA 膜成型等分子有序化技术受到非线性光学研究者关注的主要原因。而且,很多看上去应该是非线性的材料也都具有非线性光学性质,但非线性系数太小或者互相抵消则不能作为非线性光学材料。

一种良好的非线性光学材料应是易极化的,在工作波长易实现相位匹配,具有高的损伤阈值,良好的透过能力,耐热性和化学稳定性好,适于进行各种机械、光学加工,易于生产,价格便宜等优点。

目前研究较多的是二阶非线性光学材料和三阶非线性光学材料。

2. 二阶非线性光学材料

具有明显第二级超极化率 β 的材料称为二阶非线性光学材料,因其包含双光子间的相互作用而具有二次效应,即加倍提高光频率的倍频效应和光折射率发生变化的电光效应。

二阶非线性光学高分子材料的结构中都含有可不对称极化的结构,即在分子中含有吸电子部分和供电子部分。为了使分子偶极矩能够相互叠加,从而达到宏观偶极矩最大,需要将分子进行头尾相接的有序排列。分子有序排列的方法有极化法和分子自组装法。极化法是在聚合物分子有一定旋转自由度的情况下,施加强静电场,使分子偶极矩取向,然后用降低温度或交联的方法将取向固定。分子自组装法是利用分子间力,通过自主成型技术或 LB 膜技术使分子形成有序排列的 SA 膜或 LB 膜。二阶非线性光学高分子材料还要求材料具有非中心对称性,具有分子对称中心或者中心对称的晶体,第二级超极化率 β 将被平均为零。

最简单的二阶非线性光学高分子材料是所谓的主宾聚合物体系,即将具有非线性光学性质的小分子直接加入聚合物基体中,将聚合物体系升温至玻璃化转变温度之上,施加强静电场使分子取向,然后将混合体系的温度快速降至其玻璃化转变温度之下使取向固定。主宾聚合物体系最大的特点是制备方法简便。但是由于受到主体相容性的限制,客体的含量不可能很高,因此宏观二阶非线性系数不高。由于在高温下取向的衰退,热稳定性也是一个不容忽视的问题。采用交联方法可以减小取向松弛,提高热稳定性。交联方法有热交联和光交联。主宾聚合物体系对聚合物的要求是具有良好的成膜性和透明性,目前使用最多的是聚甲基丙烯酸甲酯和聚苯乙烯,聚乙烯醇、聚醚、环氧树脂等也有使用。客体的选择除了考虑分子的 β 值外,其与主体的相容性也是必须考虑的重要因素。

为了克服宏观二阶非线性系数不高的问题,可以通过高分子化的方法将具有非线性光学性质的化学结构直接引入高分子骨架,制成侧链型或主链型聚合物,然后通过极化的方法得到极化聚合物。采用这种方法可以大幅度提高生色团的密度,从而增强材料的宏观非线性光学性能,其中,侧链型聚合物使用的较多,而主链型聚合物由于极化困难,虽然具有热稳定性好的优点,但使用得比较少。

上述非线性光学高分子材料的制备,通常采用含有生色团的单体,通过聚合反应得到非线性光学聚合物。其中,重氮偶合法是利用环氧树脂中的苯环与偶氮苯进行重氮化反应,得到具有成膜性能好的环氧树脂主链和非线性光学性能好的偶氮苯侧链的非线性光学高分子材料的方法。得到的非线性光学聚合物中的生色团具有不同的共轭长度,如单偶氮苯、双偶氮苯和三偶氮苯等,还包括不同吸电基团,如硝基、二氰乙烯基、三氰乙烯基等,其中三氰乙烯基是已知最强的吸电子基团。

除了上述的极化聚合物之外,分子有序排列的 SA 膜和 LB 膜也是重要的非线性光学材料的结构形式,这两种膜是分子高度有序化的结构。制备 LB 膜型非线性光学材料时,需要在非线性光学分子结构一侧引入亲水基团,另一侧引入亲油基团,以适应 LB 膜制备的需要。

目前,在 LB 膜型材料中使用较多的非线性光学分子包括其结构 β 值很高但不容易得到非中心对称晶体的化合物。

3. 三阶非线性光学材料

具有较大第三阶电极化率 $\chi^{(3)}$ 或者三阶非线性系数 γ 的材料称为三阶非线性光学材料。由于 $\chi^{(n)}$ 随着 n 的增大以 10^6 的比例减小,所以三阶非线性系数一般都比较小。要观察到三阶非线性光学现象,除了需要较强的激光照射(提供高的光电场强度 E)外,材料具有较大的三阶非线性系数也是必要的。实验和理论研究均表明,具有大共轭电子体系是三阶非线性光学材料的必备条件,且三阶非线性系数随着共轭体系的增大而增大。在可见光范围内,$\chi^{(3)}$ 与 π 电子共轭长度的 6 次方成正比,长链线型共轭聚合物的 $\chi^{(3)}$ 反比于 π 电子轨道能隙的 6 次方,因此具有较长共轭长度和较小能隙的 π 电子共轭型聚合物一般具有较大的三阶非线性系数。

三阶非线性光学材料具有许多特殊的性质,如三次谐波(THG)、简并四波混频(DFWM)、光学 Kerr 效应和光自聚焦等。在光通信、光计算机和光能转换等方面具有广泛的应用前景。应当指出,根据目前的测量技术和手段,测定方式不同,得到的 $\chi^{(3)}$ 值并不相同,所用的测量波长、脉冲条件、激光能量、材料状态等都会对 $\chi^{(3)}$ 值的测定产生影响。此外,发生共振时的 $\chi^{(3)}$ 值比非共振时的 $\chi^{(3)}$ 值甚至要高几个数量级,所以对三阶非线性系数进行绝对比较是困难的。例如,对同一个非线性光学材料进行测量,采用测定四波混频得到的 $\chi^{(3)}$ 值偏高,采用测定三次谐波得到的 $\chi^{(3)}$ 值偏低。下面是几种常见的三阶非线性光学高分子材料。

1) 聚乙炔类

聚乙炔是最早合成的电子导电聚合物,是线型长链共轭聚合物,具有较高的三阶非线性光学性质,π 电子能隙在 1.8 eV 左右。全反式聚乙炔的 $\chi^{(3)}$ 值一般要比顺式异构体大至少一个数量级,其在共振状态下 $\chi^{(3)}$ 值在 10^{-7} esu 左右,在非共振状态下 $\chi^{(3)}$ 值在 10^{-9} ～10^{-8} esu 之间。但是,由于聚乙炔晶体膜的质量较差,在主链中存在大量无序状态,并且化学稳定性不好,所以限制了其作为非线性光学材料被应用。因此,对聚乙炔进行改性是当前非线性材料研究工作的一个热点。

2) 聚二乙炔(PDA)类

聚二乙炔是迄今为止研究最广泛的一类共轭聚合物三阶非线性光学材料,其单体结构式为 $R_1—C≡C—C≡C—R_2$。通常情况下,R_1 和 R_2 为同一取代基,其共轭的碳链骨架提供了材料的三阶非线性光学特性。通过选择合适的取代基,可以溶于特定溶剂制成晶体薄膜或制成 LB 膜。聚二乙炔衍生物的 $\chi^{(3)}$ 值在 10^{-10}～10^{-8} esu 之间。研究表明,取代基不仅对材料的溶解性和结晶性有重要影响,对其非线性光学性质的影响也不可忽视。目前,研究最多的该类材料是对甲苯磺酸酯取代物(PTS)。1976 年,Stauteret 等人发现含对甲苯磺酸基团取代基的聚二乙炔(PDA-PTS)晶体具有很明显的三阶非线性光学特性,因此,此类共轭聚合物就成为非线性光学材料研究的热点之一。

3) 聚亚芳香基和聚亚芳香基乙炔类

该类材料中比较重要的是聚噻吩类、聚亚苯基乙炔类和聚噻吩乙炔类。这类聚合物具有优异的环境稳定性和突出的力学性能,如烷基取代的聚噻吩具有与聚二炔类相当的非线性光学性质,但是其稳定性和可加工性要好得多,聚吡咯衍生物也具有类似的性质。聚亚苯基乙炔的 $\chi^{(3)}$ 值在 10^{-10}～10^{-9} esu 之间,但响应时间稍长。聚苯胺的 $\chi^{(3)}$ 值在 10^{-10} esu 左右，其特点是受环境 pH 值的影响比较大。

4）梯形聚合物类

梯形聚合物是一类高强度线型 π 共轭聚合物，其特点是具有刚性棒状分子构型以及很强的分子间力，因此，这类聚合物力学性能优异，常作为重要的工程材料。此外，这类聚合物也是重要的主链热致液晶高分子，由于环的稠合作用，其可以保持理想的电子共振作用。这类材料的 $\chi^{(3)}$ 值的非共振区在 $10^{-11}\sim10^{-10}$ esu 之间，共振区在 $10^{-9}\sim10^{-8}$ esu 之间。稳定性好是这类材料最突出的特点。

5）σ 共轭聚合物类

σ 共轭聚合物类主要指聚硅烷和聚锗烷。由于这类聚合物的主链只含有硅原子或锗原子，沿着聚合物主链表现出源于 σ 电子共轭的电光性质。它们的非共振 $\chi^{(3)}$ 值在 $10^{-12}\sim10^{-11}$ esu 之间，三阶非线性系数比较小。这类材料的最大特点是在可见光区具有良好的透明性，可以溶解于多种普通溶剂而易于制备高质量的光学薄膜。

6）富勒烯类

富勒烯类光学材料有 C_{60}、C_{70} 等，其分子有大量的共轭双键，属于三维立体结构共轭电子体系，具有较快的响应速度和较明显的非线性光学特性，稳定性好，其 $\chi^{(3)}$ 值在 $10^{-12}\sim10^{-10}$ esu 之间，被认为是一种很有前途的新型非线性光学材料。

7）酞菁类化合物

在非聚合物的有机三阶非线性光学物质中，酞菁类化合物、金属酞菁及其衍生物是由众多电子的有机配体和金属组成的，属于大环状共轭电子体系，包括有金属中心离子和没有金属中心离子两种衍生物，是一类高度共轭的配合物。它们的特殊结构导致了其具有大的光学非线性系数（其 $\chi^{(3)}$ 值在 10^{-9} esu 左右）和快光电响应，还有良好的化学稳定性和热稳定性，故成为很有发展前途的有机三阶非线性光学材料。

8）其他光学材料

其他光学材料还有希夫碱类、偶氮类和苯并噻唑类等。

4. 非线性光学材料的应用及发展前景

非线性光学是研究各类系统中非线性光学现象共同规律的一门交叉科学，其研究对激光技术、光电子技术、通信与信息处理、光谱学等学科的发展及物质结构分析等都有重要意义。例如：利用各种非线性晶体做成电光开关以及实现激光的调制；利用二次及三次谐波的产生、二阶及三阶光学和频与差频，实现激光频率的转换，获得短至紫外线、真空紫外线，长至远红外线的各种激光；利用光学参量振荡，实现激光频率的调谐；利用一些非线性光学效应中输出光束所具有的位相共轭特征，进行光学信息处理、改善成像质量和光束质量；利用折射率随光强变化的性质做成非线性标准器具和各种双稳器件；利用一束光来控制另一信号光束传输的所谓“全光信息处理”；利用各种非线性光学效应，特别是共振非线性光学效应及各种瞬态相干光学效应，研究物质的高激发态、高分辨率光谱及物质内部能量的转移过程等。

非线性光学材料的发展主要经历了无机晶体和有机材料两类。早期的无机晶体材料，尽管综合物理化学性能较好，即易生长大尺寸单晶、化学稳定性高、光学均匀性好、可相位匹配等，但是无机晶体材料的极化使晶格畸变产生极化，造成其响应时间长、非线性光学系数不够高，所以目前实际应用的无机非线性光学晶体并不多。有机材料响应时间快，具有较高的非线性系数，然而也存在由于共轭吸收而导致的透明性差的问题，且有机材料物理化学性质不如无机晶体稳定，在加工过程中容易变形。由于非线性光学高分子材料分子链以共价键连接，化学稳定性好，结构可变性强，可制成如膜、片、纤维等各种形式，因此其被认为是最有前景的非线性光学材料。非线性光学有机高分子材料的设计、开发及其应用研究是目前在非线性光学领域的研究热点之一。

作为一门新的研究领域，非线性光学使得信息的光处理和光计算有望得以实现。近年来对二阶非线性光学有机高分子材料的研究已较为广泛和深入，特别是在高速电光调制方面的应用，而三阶非线性光学有机高分子材料也在某些方面显示出了应用前景，如光双稳、光开关和光限幅等。非线性聚合物研究的最终目的是实现其在光电子技术方向的应用，如电调制器、光开关及变频器等方面的应用。要实现这一目标，还需在提高极化聚合物非线性光学系数，改善其稳定性（极化取向的热与时间稳定性），降低光传播损耗，提高通光质量等方面做一步研究。

尽管非线性光学材料的研究一直在进行，但其进展与实用化器件的要求还存在较大的差距，可以说非线性光学材料的应用领域十分广阔，但要将其潜在的应用价值变为现实，还需在理论和技术两方面做进一步研究，特别是要致力于在探讨非线性光学材料微观结构和机理的基础上，通过分子设计，合成新型的非线性光学材料，并进行新工艺技术的探索，以提高材料的非线性光学性能。同时，应尽可能地减小其光学损耗，并通过各种方法解决材料的稳定性问题。

2.2 电功能高分子材料

电功能高分子材料，也称电活性高分子材料，主要包括导电高分子材料、高分子驻极体材料、高分子电致变色材料、高分子电致发光材料、高分子介电材料、高分子电极修饰材料等。

物质按电学性能分类可分为绝缘体、半导体、导体和超导体四类。高分子材料通常属于绝缘体的范畴，但在科学家于 1973 年发现四硫富瓦烯-7,7,8,8-四氰二次甲基苯醌（TTF-TCNQ）电荷转移复合物具有超导涨落现象之后，这一传统观念就被打破了。1977 年，美国化学家麦克·迪尔米德（Mac Diarmid）、物理学家黑格（Heeger）和日本化学家白川英树（Shirakawa）首次发现掺杂碘的聚乙炔薄膜由银灰色转变为具有金属光泽的金黄色，其电学性能也由绝缘体（电导率为 10^{-9} S·cm^{-1}）转变为金属导体（电导率为 10^{3} S·cm^{-1}）。这一发现打破了有机聚合物不能作为导电材料的传统观念，导电高聚物迅速发展成为世界范围内化学、电化学、固体物理与半导体物理等学科的研究热点，且上述三位科学家也因在导电高分子材料领域的卓越贡献分享了 2000 年度的诺贝尔化学奖。如今，电功能高分子材料的研究十分活跃，有机高分子材料已在电子和光电子等领域获得广泛应用，前人预言的“有机电子”工业态势已然呈现。有机高分子材料从绝缘性能最好的聚四氟乙烯（其电导率与绝缘材料石英相当）到导电性能最好的本征导电聚合物聚乙炔（其电导率接近良导体金属铜），其电导率跨度达到 20 多个数量级。导电聚合物的电导率可以在绝缘体-半导体-导体（电导率在 10^{-9}～10^{5} S·cm^{-1}）较宽的范围里变化，这是目前其他材料无法比拟的。电功能高分子材料已经成为功能高分子材料中的重要一员。

2.2.1 电功能高分子材料导电机理及功能特性

从导电的定义可知，当材料两端施加电场后，材料内部在电场作用下产生程度不等的定向迁移电流，从而产生导电现象。其中，承载定向迁移电流的物质称为载流子。载流子可以是电子、空穴、阴离子或阳离子中的任何一种。当载流子主要为电子或空穴时，称为电子导电体，如金属材料；而当载流子主要为阴离子或阳离子时，称为离子导电体。

导电高分子材料也称导电聚合物，是指在具有明显聚合物特征的材料两端加上一定电压时，有明显电流流过的材料。导电高分子材料根据材料的组成可以分成复合型导电高分子材料和本征型导电高分子材料两大类，后者也被称为结构型导电高分子材料。复合型导电高分子材料是由普通高分子结构材料与金属或碳等导电材料，通过分散、层合、梯度、表面镀层等方式复合构成，其导电作用主要通过其中的导电材料来完成，高分子连续相主要起支撑作用。本征型导电高分子材料内部不含其他导电性物质，完全由导电性高分子本身构成。由于其高分子本身具备传输电荷的能力，导电性能和支撑作用均由高分子本身承担，因此被称为结构型导电高分子材料。这种导电聚合物如果按其结构特征和导电机理还可以进一步分成以下三类：载流子为自由电子的电子导电聚合物，载流子为能在聚合物分子间迁移的正、负离子的离子导电聚合物，以氧化还原反应为电子转移机理的氧化还原型导电聚合物。

由于不同导电聚合物的结构不同，因此，它们各自的导电机理也有较大差别。

聚合物通过与其他导电材料，如导电粉体或导电纤维，复合制备的复合型聚合物材料具有很好的导电能力，其导电机理是分散相在基体材料中构成导电通路，其导电能力主要与导电材料的性质、粒度、化学稳定性、宏观形状等有关。这种复合型导电聚合物包括导电塑料、导电橡胶、导电涂料和导电黏合剂等。这种复合型导电聚合物还具有正温度系数特性，其作为加热器件时还具有自控温特点，是理想的低温加热材料和廉价的电路保护材料。这类导电高分子材料加工制作相对简单，且成本较低，已经在众多领域获得广泛应用。

本征型导电高分子材料一般是由具有共轭 π 键的高分子经化学或电化学“掺杂”使其由绝缘体转变为导体的一类高分子材料。电子导电型聚合物的共同结构特征是分子内有大的线性共轭 π 电子体系，给作为载流子的自由电子提供离域迁移的条件。聚合物中的载流子主要是可以在线性共轭 π 电子体系中迁移的电子，经过掺杂后能带差降低，电阻率接近常规金属材料。电子导电聚合物除了具有良好的导电性能，在特殊领域获得应用之外，还具有电致发光和电致变色性质，是重要的功能高分子聚合物。此外，由于掺杂过程具有控制其导电性质的作用，因此本征型导电高分子材料还是具有重大潜力的有机半导体材料。当聚合物中具有离子型载流子时，即在导电高分子结构中，除了具有高分子链外，还含有由“掺杂”而引入的一价对阴离子（p 型掺杂）或对阳离子（n 型掺杂），利用聚合物材料的黏弹性和溶剂化作用，这种离子型载流子在电场作用下可以定向迁移，从而构成离子导电材料。离子导电型聚合物的分子通常具有亲水性，且柔性好，在一定温度条件下有类似液体的性质，允许体积相对较大的正负离子在电场作用下在聚合物中迁移而导电。这是一种重要的固体电解质材料，也称为聚合物离子导体。与常规液态电解质材料相比，由于具有加工容易、使用寿命长、占用体积小、不会发生泄露等特点，应用于很多电化学器件制备中。

在施加电压的情况下，电功能高分子材料的反应与常规金属导电材料有所不同。除电导率等导电性差异之外，电功能高分子材料还可以表现出不同的功能特性，电功能高分子材料的导电性质及功能特性主要体现在以下几方面。

（1）导电能力。

复合型导电高分子材料和具有线性共轭结构的本征型导电高分子材料的导电规律在一定范围内基本符合欧姆定律，即施加的电压与产生的电流成线性正比关系，这类导电材料称为电阻型导电材料。

（2）热敏性。

当升高材料温度，导电能力升高，电阻值随之下降，具备这种性质的高分子材料称为负温度系数（negative temperature coefficient，NTC）导电材料。具有线性共轭结构的本征型导电高分子材料和半导体材料属于这一类材料。当材料温度升高，导电能力下降，即电阻值升高时，具备这种性质的材料称为正温度系数（positive temperature coefficient，PTC）导电材料，金属和复合型导电高分子材料属于这一类材料。

（3）压敏性。

对于复合型导电高分子材料来说，其导电作用主要依靠导电填料在连续相中形成导电网络来完成，如果外力的施加能够导致材料形状或密度发生变化，必然会造成导电网络的变化，从而引起电阻率的变化，尤其是用橡胶作为连续相时，变化更加明显。利用复合型导电高分子材料的这种性质，可以将其制备成各种压力传感器和自动控制装置。

（4）电致变色性。

当施加特定电压后，材料分子内部结构发生变化，因而造成材料对光吸收波长的变化，表现为材料本身颜色发生变化，这种性质称为电致变色性。许多具有线性共轭结构的本征型导电高分子材料具有这种性质。这种材料可以应用于智能窗制作等领域。

（5）电致发光性。

当对材料施加一定电压，材料本身会发出红外光、可见光或紫外光时，称其具有电致发光性（区别于电热发光）。某些具有线性共轭结构的本征型导电高分子材料具备上述性质。这种材料发出的光不仅与材料和器件的结构有关，还与施加的外界条件有关。可以用来研究制备发光器件和图像显示装置。

（6）掺杂导电性。

具有线性共轭结构的本征型导电高分子材料在本征态（即中性态）时基本处在绝缘状态，即不导电；但是当采用氧化试剂或还原试剂进行化学掺杂，或者采用电化学或光化学掺杂时，通常其电导率能够增加 5～10 个数量级，立刻进入导体范围。利用该材料的上述性质，可以将其制备成有机开关器件。

此外，导电高分子材料的导电性质还赋予其诸如抗静电、电磁波屏蔽、雷达波吸收等特殊性质，使其在众多领域中获得应用。

2.2.2 复合型导电高分子材料

1. 复合型导电高分子材料的结构

复合型导电高分子材料是指以典型高分子材料为基体，与各种导电性物质，如碳系材料、金属、金属氧化物、结构型导电高分子等，通过某种方法复合构成的具有导电能力的材料。复合方法可以是分散复合、层积复合、表面复合或梯度复合等方法，材料结构及性能视复合方法而异。其中，分散复合方法是将导电材料粉末通过混合的方法均匀地分布在聚合物基体中，导电粉末粒子之间构成导电通路实现导电性能；层积复合方法是将导电材料独立构成连续层，同时与聚合物基体复合成一体，导电性能的实现仅由导电层来完成，聚合物在复合材料中实现结构性能；表面复合多是采用蒸镀的方法将导电材料复合到聚合物基体表面，构成导电通路；梯度复合则是通过将导电相与聚合物相互相逐渐过渡的方式复合在一起的一种新型复合方法。在上述四种复合方法中，分散复合方法最为常用，可以制备常见的导电塑料、导电橡胶、导电涂料和导电黏合剂等。

1）分散复合结构

分散复合型导电高分子材料通常选用物理性能适宜的高分子材料作为连续相的基体材料，导电性粉末、纤维等材料采用化学或物理方法均匀分散在基体材料中作为分散相构成。当复合型导电高分子材料中分散相浓度达到一定数值后，导电粒子或纤维之间相互接近构成导电通路。当材料两端施加电压时，作为载流子的电子在导电通路中定向运动构成电流。这种导电高分子材料的导电性能与导电添加材料的性质、粒度、分散情况，以及聚合物基体的状态有关。一般情况下，复合型导电高分子材料的电导率随着导电材料填充量的增加，导电粒子粒度的减小及分散度的增加而增加。此外，导电材料的导电性能还与其形状有关，比如采用导电纤维作为填充料，由于其具有较大的长径比和接触面积，因此在同样的填充量下更容易形成导电通路，导电能力更强。分散复合型导电高分子材料通常是非各向异性的，即电导率在各个取向上基本一致。

2）层积复合结构

在这种复合型导电高分子材料中，导电层独立存在并与同样独立存在的聚合物基体层复合。导电层可以是金属箔或金属网，也可以是两面覆盖聚合物的基体材料。这种复合型导电高分子材料中，导电介质层直接构成导电通路，因此其导电性能不受聚合物基体材料性质的影响。但是，这种复合型导电高分子材料的导电性能具有各向异性，即仅在特定方向上具有导电性能，通常作为电磁屏蔽材料使用。

3）表面复合结构

表面复合材料通常是由一种物质附着在另外一种物质表面构成的。对于表面复合型导电高分子材料而言，广义上的表面复合既可以将高分子材料复合到导电体的表面，也可以将导电材料复合在高分子材料表面，其导电能力仅与导电层的性质有关。基于习惯和使用方面的要求，表面复合型导电高分子材料仅指后者，即将导电材料复合到高分子材料表面后形成的复合材料。表面复合型导电高分子材料使用的复合方法包括金属熔射、塑料电镀、真空蒸镀、金属箔贴面等，其通常作为静电屏蔽、表面修饰和装饰等材料使用。

4）梯度聚合物类

这类材料的性质在前文中有详细叙述，此处不再赘述。

2. 复合型导电高分子材料的组成

复合型导电高分子材料主要由高分子基体材料、导电填充材料和助剂等构成，其中，前两项是主要构成部分。

1）高分子基体材料

高分子基体材料作为复合型导电高分子材料的连续相和黏结体起两方面的作用，即发挥基体材料的物理化学性质和固定导电分散材料。一般来说，绝大多数的常见高分子材料都能作为复合型导电高分子材料的基体材料。高分子材料与导电材料的相容性和目标复合材料的使用性能是选择基体材料需要考虑的主要因素。如聚乙烯等塑性材料可以作为导电塑料的基体材料，环氧树脂等可以作为导电涂料和导电黏合剂的基体材料，氯丁橡胶、硅橡胶等可以作为导电橡胶的基体材料，以上这些导电材料分别利用了这些基体材料的热塑性、黏结性和弹性等性质。此外，高分子材料的结晶度、聚合度、交联度等性质也会对导电性能或者加工性能产生影响。一般认为，结晶度高有利于电导率的提高，交联度提高有利于导电稳定性的增加。基体材料的热学性能则影响着复合型导电高分子材料的某些特殊性能，如温度敏感性质和压力敏感性质。

2）导电填充材料

目前常用的导电填充材料主要有碳系材料、金属材料、金属氧化物和本征型导电聚合物四种，其中，碳系材料包括炭黑、石墨、碳纤维等。炭黑是目前导电聚合物制备过程中使用最多的添加材料，这是因为炭黑的密度低，导电性能适中，且价格低廉、规格品种多、化学稳定性好、加工工艺简单。聚合物-炭黑复合体系的电阻率稍低于聚合物-金属复合体系，一般在10 Ω·cm左右，其缺点是产品颜色受到添加材料本色的影响，不能用于制备浅色产品。作为分散体系的添加材料，主要是使用炭黑粉体，且炭黑粉体的粒度越小、比表面积越大，越容易分散，形成导电网络的能力越强，从而导电能力越高。超细炭黑粉体的导电性能最好，被称为超导炭黑。炭黑表面的化学结构对其导电性能影响较大，因为表面碳原子与氧作用，会生成多种含氧官能团，增大接触电阻，降低其导电能力，因此，在复合前需要对其进行适当处理，其中保护气氛下的高温处理是常用方法之一。由于石墨常含有杂质，所以其电导率相对较低，且密度比炭黑大，直接作为导电复合物填料的情况比较少见，一般需要经过加工处理之后方可使用。但是，最近的研究结果表明，采用石墨粉体与高密度聚乙烯复合，得到了具有良好导电性能，并且具有很高正温度系数的温度敏感功能材料。碳纤维是另外一种常用的碳系导电填充材料，其导电性能好，抗腐蚀，添加量小，且对形成的复合材料有机械增强作用。由于碳系导电填充材料具有自身聚集效应，提高碳系导电填充材料在聚合物中的分散性是经常需要考虑的工艺问题。

就添加材料本身的导电性质而言，采用金属导电填充材料对于提高复合物的导电性能是有利的，常用金属导电填充材料包括银、金、镍、铜、不锈钢等，特别是采用银粉或金粉时，可以获得电阻率仅为 10^{-4} Ω·cm的高导电复合材料。镍的电导率和稳定性居中，铜的电导率高，但是容易氧化，因此会影响导电材料的稳定性和使用寿命。金属导电填充材料价格高、密度大是其明显的缺点，且金属添加材料的临界浓度比较高（一般在50%左右），制备复合材料时用量比较大，往往会对形成的复合材料的力学性能产生不利影响，并增加制成的复合材料的密度。金属导电填充材料与高分子材料的相容性较差，密度的差距也比较大，对复合材料的稳定性影响很大。此外，采用银和金等贵金属作为导电填充物时，会增加产品的成本。目前，克服上述缺点的主要方法是改添加金属粉料为金属纤维，这样更容易在较低浓度下在连续相中形成导电网络，大幅度降低金属用量；或者将其包覆在其他填充材料表面构成颗粒状复合型填料，可以在不影响导电和稳定性的同时，减少金属用量，降低成本。导电填充材料也可以用纤维形态，常见的有不锈钢纤维和黄铜纤维等。导电纤维添加型复合材料不仅可以获得良好的导电性能，还能大幅度改善材料的力学性，但是这种复合材料的加工难度较高，导电性短纤维使用得较多。另外，还有一些金属氧化物也具有一定导电能力，也是理想的导电填充材料，目前常用的主要有氧化锡、氧化钛、氧化钒、氧化锌等。金属氧化物的突出特点是无色或色浅，能够制备无色透明或者浅色导电复合材料。以氧化物晶须作为导电填充材料还可以大幅度减少填充材料的用量，降低成本。电阻率相对较高是金属氧化物添加材料的主要缺点。结构型导电高分子材料是自身具有导电能力的一类聚合物，采用共混方法与其他常规聚合物复合制备导电高分子材料是最近开始研究的课题，密度小和相容性好是其主要优点。采用本征型导电高分子材料作为导电填充材料是一个新的研究趋势，例如导电聚吡咯与聚丙烯或聚丙烯酸复合物的制备，导电聚苯胺复合物的制备等。本征型导电高分子材料的具体内容将在下一节讲述。常见的复合型导电高分子材料的导电填充材料及其性能如表2-2-1所示。

表 2-2-1 常见的复合型导电高分子材料的导电填充材料及其性能

项目	填充物种类	复合物电阻率/(Ω·cm)	性质特点
碳系材料	炭黑	$10^0 \sim 10^2$	成本低、密度小、呈黑色,影响产品外观颜色
	处理石墨	$10^2 \sim 10^4$	成本低,但杂质多,电阻率高,呈黑色
	碳纤维		高强、高模,抗腐蚀,添加量小
金属填料	金	10^{-4}	耐腐蚀、导电性好,但成本昂贵、密度大
	银	10^{-5}	耐腐蚀、导电性优异,但成本高、密度大
	镍	10^{-3}	稳定性、成本和导电性能居中,密度较大
	铜	10^{-4}	导电性能较好,成本较低,但易氧化
	不锈钢	$10^{-2} \sim 10^2$	主要使用不锈钢丝,导电能力一般,成本较低
金属氧化物	氧化锌	10	稳定性好、颜色浅、电阻率较高
	氧化锡	10	
导电聚合物	聚吡咯	1～10	密度小、相容性好、电阻率较高
	聚噻吩	1～10	

3. 复合型导电高分子材料的应用

复合型导电高分子材料具有质量轻、易成型、导电性与制品可一次完成、电阻可调节($10^{-3} \sim 10^{10}$ Ω·cm)、总成本低等优点。近年来,复合型导电高分子材料在能源、纺织、轻工、电子、宇航等领域获得了广泛的应用,可广泛用于防静电材料、导电涂料、电路板、压敏元件、感温元件、电磁波屏蔽材料、半导体薄膜等的制作。

复合型导电塑料经常作为电磁屏蔽材料用来防止计算机、通信设备受电磁干扰,或作为抗静电材料用于电子器件的外包装和防火、防爆场合,且加工工艺简单。导电黏合剂可黏结引线、导电元件,在电磁屏蔽领域可填充狭缝、永久性凹槽、黏结屏蔽窗等。作为导电体使用的涂料种类有混合式集成电路、印刷线路板、键盘开关涂料,船舶防污导电涂料,辐射屏蔽涂料,抗静电涂料等,还可作为电致变色涂层、光电导涂层等。导电橡胶材料广泛用于制作橡胶开关、接点橡胶、压力传感器和电磁波屏蔽材料等,成为支撑高科技产品基础的重要功能材料。

利用复合材料的导电性将电能转化为热能,可用于住宅及工业、农业建筑物的取暖,且加热均匀。在塑料表面涂覆导电涂料可以有效防止表面静电累积,防止材料表面吸附灰尘、产生火花放电,可应用于防火、防爆场合。此外,还可应用在车辆、船舶、飞机的挡风玻璃上,防止其起雾、结冰,保持其透明度,以及用于寒冷地区的输油管、舰船、屋顶和道路,以防结冰。

另外,导电涂料应用于海洋防腐、防污和航空、军事领域的研究报道也逐渐增多。

2.2.3 本征型导电高分子材料

本身具有导电能力的高分子材料被称为本征型导电高分子材料。根据载流子的属性和导电形式划分,本征型导电高分子材料分为电子导电高分子材料、离子导电高分子材料和氧化还原型导电高分子材料。

1. 电子导电高分子材料

电子导电高分子材料是三种本征型导电高分子材料中种类最多、研究最早的一类导电材料。关于这一类导电材料的导电机理和结构特征已经有了较成熟的理论和深入的研究，但是有机材料的复杂性和有机电子导电材料的巨大应用前景，仍促使众多科学家潜心于这一领域的理论和应用研究。同时，分析和检测仪器及技术手段的发展，也使这一领域的理论不断地得到修改和完善。

1）电子导电高分子材料导电机理

与金属导体不同，有机高分子材料以分子形态存在。根据定义，在电子导电高分子材料的导电过程中，载流子是聚合物中的自由电子或空穴，导电过程需要载流子在电场作用下能够在聚合物内做定向迁移形成电流。聚合物内部具有有定向迁移能力的自由电子或空穴是聚合物导电的关键。

在有机化合物中，电子以下面四种形式存在。

（1）内层电子。

这种电子一般处于紧靠原子核的原子内层，受到原子核的强力束缚，一般不参与化学反应，在正常电场作用下没有移动能力。

（2）σ 价电子。

σ 价电子能够参与化学反应。在形成化学键过程中，起关键作用的是外层电子，包括 σ 价电子和非成键电子。在分子中，σ 价电子是成键电子，一般处于两个成键原子中间，构成 σ 键。σ 键键能较高，电子离域性很小，所以 σ 价电子被称为定域电子，其对材料的导电性能贡献很小。

（3）n 电子。

这种电子被称为非成键外层电子，通常与杂原子（O、N、S、P 等）结合在一起，在化学反应中具有重要意义。当其孤立存在时也没有离域性，对导电能力贡献也很小。

（4）π 价电子。

两个成键原子中 p 电子相互重叠后产生 π 键，构成 π 键的电子称为 π 价电子。当 π 价电子孤立存在时，这种电子具有有限离域性，电子可在两个原子之间较大范围内移动。当两个 π 键通过一个 σ 键连接时，π 价电子可以在两个 π 键之间移动，这种分子结构称为共轭 π 键。具有共轭结构的 π 价电子的移动性将大幅度增强，此时 π 价电子在电场作用下可以在局部做定向移动。随着 π 价电子共轭体系的增大，其离域性会显著增加。

电子导电高分子材料的特征是分子内含有大的 π 价电子共轭体系。随着 π 价电子共轭体系的增大，离域性增强，当共轭结构达到足够大时，聚合物可提供电子或空穴等载流子。在电场的作用下，载流子可以沿聚合物链做定向运动，从而使高分子材料导电，所以说高分子材料成为导体的必要条件是应有能使其内部某些电子或空穴具有跨键离域移动能力的大 π 键共轭结构。目前已知的电子导电高分子材料中，除了早期发现的聚乙炔外，大多为芳香单环、多环及杂环的线型共聚或均聚物，结构单元之间形成共轭型连接，如聚苯、聚吡咯、聚噻吩、聚苯胺和聚苯乙炔等。

虽然具有共轭结构的 π 价电子的聚合物具有导电性，但根据电导率数值判断，这类高分子聚合物还不能被称为导体，因为其导电能力仍处于半导体材料范围。原因在于：纯净的或未“掺杂”的聚合物分子中各 π 键分子轨道之间还存在着一定的能级差；而在电场作用下，电子在聚合物内部迁移必须跨越这一能级差，这一能级差的存在使得 π 价电子还不能在共轭聚合物中完全地自由跨键移动。有机化学和半导体科学分别利用分子轨道理论和半导体能带理论来解释能级差。

分子轨道理论认为:在聚合物链状结构中,每一结构单元—CH—中的碳原子外层有4个价电子,其中有3个电子构成3个sp^3杂化轨道,分别与氢原子和相邻的碳原子形成σ键,剩下一个p电子,即每一个—CH—结构单元p电子轨道中只有一个电子,如图2-2-1所示。由图2-2-1可知,这是一个半充满能带,是非稳定态。因为根据分子轨道理论,每个轨道上只有填充两个自旋相反的电子才能处于稳定态,所以相邻的p电子趋向于互相重叠形成一个成键轨道π和一个空轨道π^*,由于它们的能级不同,使原有p电子能带分裂为一个全充满带和一个空带,如图2-2-2所示。两个能带之间存在较大的能级差,p电子只有越过这个能级差才能进行导电,能级差的大小决定了共轭聚合物的导电能力高低,正是这个能级差的存在决定了聚合物不是一个良导体而是半导体。

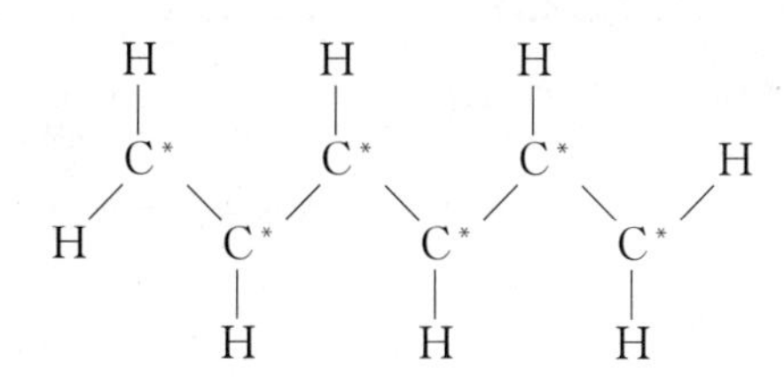

图 2-2-1 聚合物(聚乙炔)碳链结构示意图

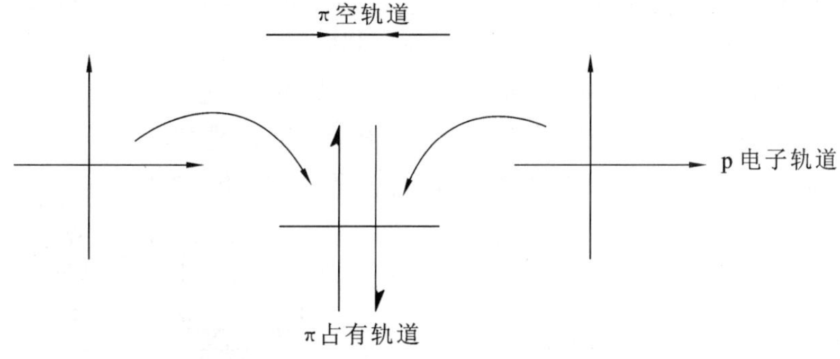

图 2-2-2 分子共轭体系中能级分裂示意图

这就是电子导电高分子材料领域著名的Peierls过渡理论。这一理论已经得到了实践证实,线型共轭聚合物中相邻的—CH—基团彼此相向移动,形成了长、短键交替排列的结构,称为Peierls畸变。相邻的两个键的键长和键能是存在差别的,即有能带分裂。Peierls理论不仅解释了线型共轭聚合物的导电现象和导电能力,还为探讨提高聚合物导电能力的方法,以及研发导电高分子材料奠定了理论基础。

半导体能带理论则从另一个角度给出了类似解释。在半导体能带理论中,主要考虑电子与晶格之间的相互作用。绝缘体中电子能量表现为连续的分布,形成价带(填充轨道)和导带(最低空轨道),价带和导带之间存在能隙E_g,如图2-2-3所示。

E_g表示激发一个电子从价带到导带的$\pi \rightarrow \pi^*$跃迁必需的能量。基态中的电子只有取得不小于E_g的能量才能跃迁到导带,成为可迁移的自由电子,从而导电。金属中价带仅被电子填充一半,Fermi能级(金属基态中最高被填充轨道的能量)位于其顶部,在高于绝对零度的温度下,Fermi能级的电子易进入空轨道,从而进行导电。结合Peierls过渡理论,具有共轭大π键结构的聚合物,在理想状态下,电子在整个主链或共轭链段上离域,单体的分子轨道相互作用,最高占有轨道形成价带,最低空轨道形成导带。在不考虑热运动及光跃迁时,价带层完全充满,导带层全空,价带层与导带层之间存在能隙E_g,两个能带之间的能级差形成了电子移动的阻力,其大小决定了共轭聚合物导电能力的高低。

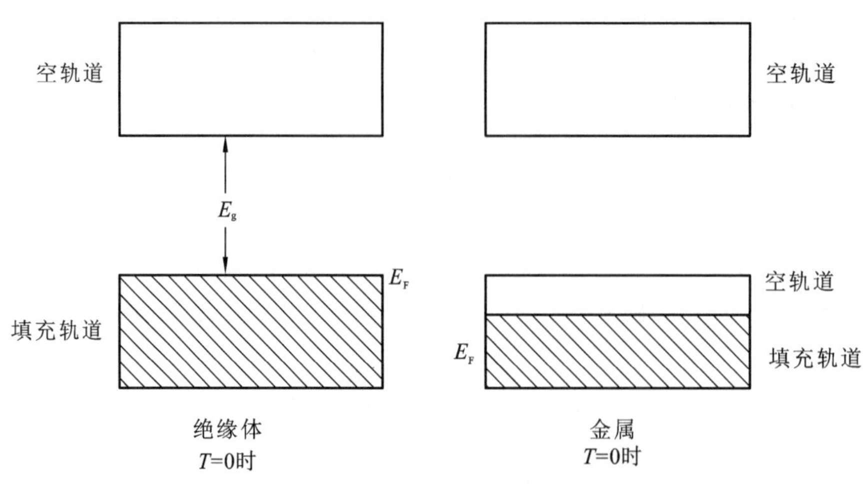

图 2-2-3　绝缘体和金属中的能带示意图

虽然具有线性共轭结构的高分子材料具有一定的导电能力，但在本征态（即中性态）时导电能力很弱，基本处于绝缘状态，无法导电。当采用氧化试剂或还原试剂进行化学掺杂，或者采用电化学或光化学掺杂后，其电导率通常能够增加 5～10 个数量级，立刻进入导体范围。

根据能带理论可知，如果部分填充能带区，就可以导电，因此减少价带中的电子（p 型掺杂）或向空带中注入电子（n 型掺杂），都可以实现能带的部分填充，从而产生导电现象。因此，掺杂是提高共轭聚合物电导率的重要方法，其能带模式如图 2-2-4 所示。

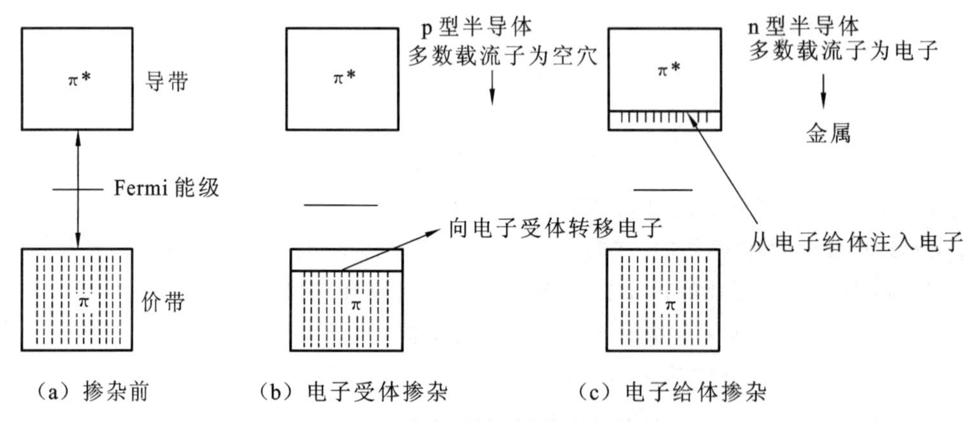

图 2-2-4　掺杂引起的能带变化示意图

图 2-2-4(a)中，导带是空的，E_g 值比较大，在常温下难以将电子从价带激发到导带，表现出绝缘性；图 2-2-4(b)中，由于减少了价带中的电子，使价带成为导带，从而表现出导电性；图 2-2-4(c)中，向导带中注入电子，导带中有了自由电子而产生导电现象。

掺杂过程相当于把价带中一些能量较高的电子氧化掉，从而产生空穴（阳离子自由基）。与经典能带理论不同，阳离子自由基并不完全离域，只是在邻近的聚合物片段上实现离域化，其能量介于价带层与导带层之间。由于阳离子自由基以极化周围介质的方式来稳定自己，因此也称为极化子。如果对共轭链进行重掺杂，则可能在极化子的基础上形成双极化子（离子自由基）或双极子带（双离子）。极化子和双极化子可通过双键迁移沿共轭链传递，从而使聚合物导电。

级差 E_g 决定了共轭聚合物的导电能力高低。通过计算聚合物的离子化势、带宽和带隙，发现离子化势越低，带宽越大，带隙越窄，聚合物的共轭性越好。理论研究结果表明，导电高分子主链共轭性越好，越有利于 π 价电子的离域，增加载流子的迁移率，提供导电通路，从而提高电导率。

2）电子导电高分子材料的应用

（1）电极材料。

电极在电化学过程中起着导电体和半电池反应物的双重作用，即具有给出电子和得到电子的氧化还原作用。与无机电极材料相比，在电容量一定时，由电子导电聚合物作为电极材料构成的电池重量要轻得多，电压特性也好。它的这一优势对于以航空航天及电动汽车为应用对象的特种可充电电池（二次电池）的研制来说，意义十分明显。导电聚合物可以进行 n 型掺杂，因而具有还原性质，可以作为电池的负极材料；也可以进行 p 型掺杂，因而具有氧化性质，可以作为电池的正极材料。用高分子材料制备电池电极不仅原料来源广泛，而且质量轻，且不污染环境。目前，以导电聚合物为电极材料的二次电池主要有三种结构类型：①进行 n 型掺杂，作为电池的负极材料；②进行 p 型掺杂，作为电池的正极材料；③电池中的负极和正极都由不同氧化态的导电聚合材料构成。

作为电极材料，虽然经掺杂的聚乙炔的电导率值已经超过 10^5 S・cm^{-1}，但由于其稳定性较差，在 300 ℃时发生分解，而在常温条件下可与空气发生缓慢反应而失去导电性，因此，以聚乙炔为电极材料的电池应做成气密型，而以聚吡咯为材料制作的电极则可以在很大程度上克服聚乙炔的上述缺点。聚噻吩虽然有与聚吡咯相近的环境稳定性和电化学性质，但是它的自放电速率相当高，所以影响了该类电池的储藏性能。除此之外，聚苯胺、聚苯、聚咔唑、聚喹啉等也可以作为电极材料。特别是聚苯胺，它既适用于有机电解质溶液，也可以用于水性电解质溶液，同时，它还具有较高的库仑效率和稳定性，因此它既可以作为正极材料，也可以作为负极材料。电子导电高分子材料与离子导电高分子材料相结合，后者作为电池中的电解质，可以彻底地消除电池中的液体物质，做成全塑料固态电池。这一技术将使电池的结构发生根本性变化。

（2）隐形材料。

随着技术的进步，军事目标的隐身技术受到前所未有的重视，因此寻找吸收率高、频带宽、密度小、耐高温及化学结构稳定的新型吸波材料是隐形技术研究的重要内容。电子导电高分子材料是新一代隐形吸波材料研究的重要对象之一。电子导电高分子材料的导电性可以在相当宽的范围内调节，即在不同的电导率下呈现出不同的吸波性能。另外，电子导电高分子材料的密度小，可使隐形物体质量减轻，在飞机等装备上的使用意义重大。研究表明，电子导电高分子材料能较好地吸收微波，其最大衰减常数和介电常数随电导率的增加而增加。电子导电高分子材料的吸波原理为电损耗型，即在一定的电导率范围内，其最小反射率随电导率的增加而减小。例如，将聚乙炔作为吸波材料，2 mm 厚的薄膜对频率为 35 GHz 的微波的吸收率达 90%。聚吡咯、聚苯胺、聚噻吩在 0～20 GHz 频率范围均有较好的吸波性能。

（3）电致变色材料。

电致变色是指材料的光吸收特性在施加的电场作用下发生可逆改变，即当施加电场时，材料的光吸收波长发生变化；去掉电场，材料的光吸收波长又能够完全恢复的性质。电致变色材料在外观性能上则表现为颜色的变化。由于电子导电高分子材料的 π 价电子能级与可见光谱能量重叠，并且共轭分子的光吸收系数比较大，且电子导电高分子材料在电场作用下发生电化学反应使其氧化态发生变化,因此在氧化还原反应发生的同时,电子导电高分子材料的颜色在可见光区会发生明显改变。由此建立电压和颜色的对应关系,达到以电压控制电子导电高分子材料的颜色的目的。许多电子导电高分子材料都有这种电致变色功能。聚吡咯、聚噻吩和聚苯胺是显色性和稳定性均较好的电致变色材料。

有些电子导电高分子材料还是多色电致变色材料,即在电场控制下能够显示两种以上的颜色。例如,在导电玻璃电极表面制备一层由聚苯胺构成的电子导电高分子材料,其颜色在 0~1.5 V 的电压范围内可以发生变化,光谱变化区在可见光区。电子导电高分子材料经由电极氧化,颜色先后从黄色经绿色、蓝色、紫色转变到棕色,完成颜色转换的时间小于 100 ms,最大显示次数可达 10 万次。这种显示装置的缺点在于:当驱动电压撤除后,其往往表现出记忆效应,它们的应用前景取决于能否提高聚合物的使用寿命和缩短显示转换时间。

除以上纯电子导电高分子材料可以作为电致变色材料外,若将发色团接枝到电子导电高分子材料骨架上,则构成另一类电致变色材料。在这类材料中,电致变色的是连接在电子导电高分子材料骨架的发色团,而导电性的高分子材料骨架主要起在发色团与电极之间传递电子的作用。这类发色团中最常见的为 1,1'-二取代的 4,4'-联吡啶盐结构单元。它是由两个吡啶环相连构成一个共轭电子体系,它处于基态时带有两个正电荷的阳离子,且可以被可逆地还原成一价阳离子自由基或进一步还原成中性产物,其中,生成的一价阳离子自由基有极强的颜色反应。它的光谱吸收范围则取决于联吡啶环上有无取代基,以及取代基的种类及性质,或取决于由于取代基的引进而发生改变的两个吡啶环的特定空间结构关系。例如,将 2,2'-联吡啶和 4,4'-联吡啶通过碳链与吡咯的氮原子相连构成单体,用电化学法在导电玻璃(二氧化锡)电极上形成导电高分子材料膜,该导电高分子材料膜表现出非常好的电显示性能。联吡啶盐的最大优点是灵敏度非常高,在 10^{-6} 级浓度时就有很强的颜色反应。

电子导电高分子材料制备的显示装置,其色密度与在电极表面形成的膜厚度和膜材料的种类有关系。当给定膜材料和膜厚度时,色密度还与注入的电荷量成正比。目前,电致变色导电高分子材料主要应用于智能窗的研究。

(4) 电致发光材料。

电致发光也称为电致荧光,是指材料在电场作用下可以发出可见光的性质。电致发光材料具有在电场作用下,注入的电子和空穴在材料内部复合成高能态的激子,处在高能态的激子回到低能态时又能够将能量以光能形式发出的性质。电子导电高分子材料的导带与价带之间的能量差在可见光的能量范围内,光吸收系数非常高,因此是理想的电致发光材料。与无机电致发光材料相比,有机电致发光材料具有成本低廉、可加工性能好、机械稳定性良好、操作电压低和品种多样的优点。电子导电高分子材料作为电致发光器件制备原料时,使用最多的有聚对亚苯基乙烯(PPV)及其衍生物、聚烷基噻吩及其衍生物等,其中,PPV 及其衍生物是目前国际上研究和使用得最多且效果最好的一类聚合物。为了提高发光效率和改变发光颜色,可以在高分子材料中添加小分子染料,这种方法可以确保在发光颜色的选择上具有较大的灵活性。

(5) 化学反应催化剂。

由于被 p 型掺杂的电子导电高分子材料具有电子接受体功能,被 n 型掺杂的电子导电高分子材料具有电子给予体的功能,因此导电高分子材料还具有氧化还原催化功能,该性能在分析化学、催化和化学敏感器的制作方面得到了应用。例如,将导电高分子材料固化到电极表面可以制成表面修饰电极,在电化学反应中可以作为电催化材料和作为化学敏感器应用于分析化学和自动控制。此外,导电高分子材料的光化学特性使其在光化学催化方面也有相关的应用。

(6) 有机电子器件材料。

电子导电高分子材料在掺杂态和非掺杂态的电导率有 7 个数量级以上的差别，而掺杂态可以通过电极很容易地加以控制。利用电子导电高分子材料的这一特性可以制备有机分子开关器件。这种有机分子开关具有无触点特征，安全且高速，适于在精密控制电路中使用。同时，将上述有机电子开关结构进行适当组合，还可以构成更为复杂的分子电子器件。利用导电高分子材料在不同氧化态下截然不同的导电性能，通过电压控制加在两电极之间的导电高分子材料的氧化态从而控制其导电性能，可以制成分子开关三极管模型装置。将不同导电性能的电子导电高分子材料在微型电极表面进行多层复合，是制作有机分子二极管、三极管及简单的逻辑电路的另外一种思路，将会成为研究电子导电高分子材料的一个重要方向。

(7) 超级电容器用材料。

电子导电高分子材料进行电化学掺杂时，掺杂后的材料分别具有还原性或氧化性(即给出电子或者接受电子)，在接入外电路后，则表现为充电和放电过程，类似于电容器的性质。由于电子导电高分子材料的充电容量远高于普通电容器，接近常见的化学电池，因此，由电子导电高分子材料构成的这种电能存储与转换装置被称为超级电容器。这种电容器与常规二次电池相比，具有充电速度快，放电电流大的优点；与常规电容器相比具有电容量大得多，电压-时间曲线好的优势。超级电容器与常规二次电池的组合，可以克服其固有缺点，获得较好的综合效果，特别是用于电动汽车或者双动力汽车，可以达到缩短充电时间(将刹车动能迅速存储)、大电流放电(起步加速快)的效果。这是当前能量存储领域的一个研究热点。

对于多数导电高分子材料来说，其在非掺杂状态电导率相对较低，而在掺杂状态下化学稳定性较差，在空气中使用将很快失去导电性能；导电高分子材料溶解性一般很差，不溶、不熔是其固有特征，用常规高分子材料加工方法加工存在一定难度，因此，其作为电力输送材料在综合性能方面与现有金属导电材料相比还有较大差距。在作为抗静电材料和屏蔽材料方面，导电高分子材料又有一定竞争力，但是与复合型导电高分子材料相比又在价格方面缺乏竞争力，因此在这方面的大规模应用开发还有待于上述性能的改进。

2. 离子导电高分子材料

离子导电过程是在外加电场驱动力作用下，由一种负载电荷的微粒——离子的定向移动来实现的导电过程。离子是一种带有电荷的化学物质，其根据化学结构，可以分为有机离子和无机离子；根据所带电荷的不同，可以分为正离子和负离子；根据单个离子所带电荷的数量，还可以分为单电荷离子和多电荷离子。离子是一种化学性质非常活泼的微粒，可以发生多种化学反应和物理效应。具有这种可以在外力驱动下相对移动的离子的物体称为离子导电体，而具有这种性质的高分子材料称为离子导电高分子材料。离子的体积比电子大得多，因此这种载流子不能在固体的晶格间自由移动，离子在液态中较易以扩散的方式定向移动，所以日常见到的大多数离子导电介质是液态的或具有液态物质的某些性质。另外，离子可以带正电荷也可以带负电荷，正、负电荷在电场作用下的移动方向是相反的，而且各种离子由于体积、化学性质各不相同，表现出的物理及化学性能也千差万别。

1) 离子导电的特征和反应过程

与电子相比，离子的体积要大得多，因此体积因素是影响离子导电能力的主要因素之一。离子导电必须具备两个条件，首先是具有独立存在的正、负离子，而不是离子对，只有独立存在的正、负离子才能受到电场力的作用；其次是离子可以自由移动。离子的“巨大”体积使其在固体晶格间的相对移动几乎是不可能的。常规的离子导体一般是指含有独立正、负离子的电解质溶液。如果在外力(如液体两端外加电压)作用下,溶液中带有正、负电荷的离子能够定向移动,就会在液体中产生电流,这一过程就是液体离子导电过程。具有这种能力的液体称为离子导电液体,其中的正、负离子通常是由离子型化合物——盐解离后形成的,因此离子导电液体也称为液体电解质。由极性分子构成的液体,因为其分子可以自由运动和旋转,能够使溶剂分子带有较多与离子相反电荷的一端朝向离子而另一端背向离子,构成所谓的溶剂合离子。溶剂合离子是阻止正、负离子由于静电引力而复合成离子对或生成化合物的重要条件,其中,水是最常用的极性溶剂,以水为溶剂的溶剂化离子称为水合离子。

一般将有电参量参与的化学过程称为电化学过程。电化学过程可以根据其能量转换过程的不同分为两大类,一类是参与其中的物质将化学能转变成电能的电化学过程,另一类是由外界加入电能,通过电化学反应产生化学能的电化学过程。前者的主要例证为各种各样的电池,电池在使用过程中将储存的化学能转变为电能输出,电活性物质由高能态转变成低能态;后者常被称为电解过程,用来生产一些电化工产品,如低能态的氯化钠水溶液被电解后生成高能态的氯气和氢氧化钠,二次电池的充电过程也属于此类电化学过程。在电极表面,电活性物质与电极发生氧化反应或还原反应,该化学反应被称为电化学反应。发生氧化反应的电极称为阳极,如铜失去电子氧化成阳离子;发生还原反应的电极称为阴极,比如铜离子得到一个电子还原成铜。在电场作用下,阳极附近生成的阳离子在两电极间电解质中通过扩散运动移向阴极;而在阴极附近生成的阴离子则通过电解质移向阳极,以保证电极附近溶液的电中性。在电化学过程中,电子和离子都参与电荷转移过程。电子通过电化学装置中的电极和外部电路进行传递,在电化学装置的内部——即两个电极之间,离子的传输则由电解质来完成,因此可以说,若没有电解质的参与,任何电化学过程都不能发生。

能承受电化学过程的反应装置称为电化学反应装置。电化学反应装置是电化学反应的环境,电化学反应装置不同,将对电化学反应产生不同影响,这种影响有时是决定性的。当电化学反应装置中只能发生化学能转变为电能的电化学过程,该装置称为原电池或一次电池。比如常见的干电池及燃料电池(在电池放电过程中可以不断地补充化学燃料),是一种纯粹的化学能到电能的转换装置。当在电化学反应装置中只能由电能转换为化学能时,该电化学过程便称为电解,电化学反应装置称为电解池,如常见的电镀、电合成装置,都是化学物质的生产装置。如果两种电化学过程都可以在同一装置中发生,这种电化学反应装置便称为二次电池。当发生电能转换成化学能的过程时,称为该装置的充电过程;反之,发生化学能转换成电能的过程时,称为该装置的放电过程。这种电化学反应装置是一种电化学能量储存与转换装置,比如常见的镍镉电池和铅蓄电池即属于此类。值得注意的是,在这种装置中,当处于不同反应过程时,两个电极起着不同作用(见图 2-2-5)。

以铅蓄电池为例,当电池处在放电过程时,在电池负极上发生的电化学反应是氧化反应,电极起阳极作用,反应式如下。

$$Pb + SO_4^{2-} \longrightarrow PbSO_4 + 2e^-$$

在电池正极上发生的电化学反应是还原反应,电极起阴极作用,反应式如下。

$$PbO_2 + 4H^+ + SO_4^{2-} + 2e^- \longrightarrow PbSO_4 + 2H_2O$$

而在充电过程中,则发生以下相反的化学反应。

$$PbSO_4 + 2e^- \longrightarrow Pb + SO_4^{2-}$$

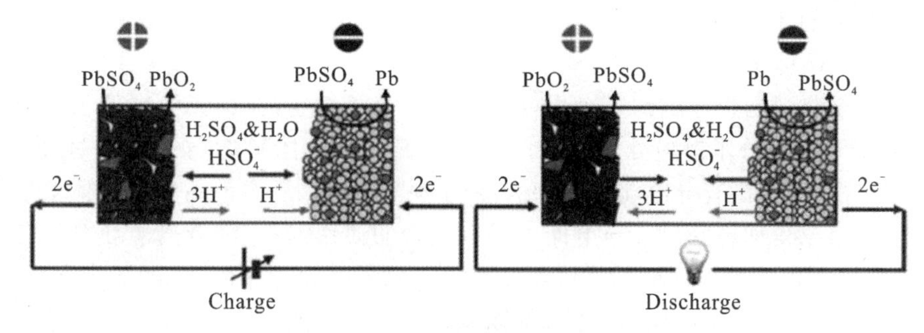

图 2-2-5　电化学充放电装置示意图(箭头方向为电流方向)

$$PbSO_4 + 2H_2O \longrightarrow PbO_2 + 4H^+ + SO_4^{2-} + 2e^-$$

除上述列举的电化学反应装置之外，还有许多其他的电化学反应装置，包括各种化学敏感器、电化学分析仪器等。

2）离子导电机理

离子导电高分子材料是以正、负离子为载流子的导电高分子材料。离子导电过程是在外加电场的作用下，由离子载流子的定向移动来实现的。大多数离子导电介质是液态的，因为离子在液态中较易以扩散的方式定向移动，所以作为离子导体必须具备两个条件，即具有可定向移动的离子和有溶剂化能力。

（1）非晶区扩散传导离子导电。

无论是线型、分枝型高分子材料，还是网状高分子材料，都不存在完整的晶体结构，基本属于非晶态或半晶态。离子导电高分子材料的导电方式主要属于非晶区扩散传导离子导电，即非晶区传输过程。如同玻璃等无机非晶态物质一样，非晶态的高分子材料也有一个玻璃化转变温度 T_g。在 T_g 以下时，高分子材料主要呈固体性质，处在冻结状态，离子不能在高分子材料中做扩散运动，几乎没有导电能力；在 T_g 以上时，高分子材料的物理性质发生显著变化（类似于高黏度的液体），有一定的流动性，高分子材料中含有的小分子离子在电场作用下做一定程度的定向扩散运动而具有导电性，并且，随着温度的提高，高分子材料的流变性等性质愈显突出，离子导电能力也得到提高，但其机械强度有所下降。

（2）自由体积导电。

虽然在 T_g 以上时高分子材料呈现某种程度的“液体”性质，但是高分子材料分子的巨大体积和分子间力，使高分子材料中的离子仍不能像在液体中一样做自由扩散运动，高分子材料本身呈现的仅仅是某种黏弹性，而不是液体的流动性。自由体积理论认为，在一定温度下，高分子材料分子要发生一定幅度的振动，其振动能量足以抗衡来自周围的静压力，并在分子周围建立起一个小的空间来满足分子振动的需要，振动所形成的这个小空间被称为自由体积 V_f。当振动能量足够大时，自由体积会超过离子本身体积 V，可能会互换位置而发生移动。如果施加电场力，离子将会定向运动，从而产生电流。根据统计计算可知，自由体积超过离子体积的概率 P 可表示为：

$$P = \exp(-V/V_f) \tag{2-2-1}$$

自由体积理论揭示了高分子材料在 T_g 以上时，分子的热振动在高分子材料内部创造了一些小空间，使得在高分子材料大分子间存在的小体积物质（分子、离子或原子）的扩散运动成为可能。自由体积越大，越有利于离子的扩散，离子导电能力越强。

3）离子导电高分子材料导电能力的影响因素

离子导电高分子材料导电能力的大小与其自身的结构和性质有关，而且其导电能力也会受到所处环境的变化的影响。

(1) 高分子材料 T_g 的影响。

决定高分子材料能否导电的一个重要因素是高分子材料的 T_g。温度低于高分子材料的 T_g 时，高分子材料分子链段处于冻结状态，不能产生自由体积，离子不能通过分子链段的热运动进行扩散，离子没有导电能力，因此高分子材料的 T_g 是作为高分子固体电解质使用的下限温度。要取得理想的离子导电能力并有合理的使用温度，降低离子导电高分子材料的 T_g 是关键。采用共聚方法降低材料的玻璃化转变温度和结晶性能，包括无规共聚、嵌段共聚和接枝共聚，使分子的规整度下降，用以减少分子间作用力，有利于离子的迁移。高分子材料化学的研究结果表明，通过非极性单体和极性单体的共聚反应可以得到双相高分子材料，达到既提高其离子导电性能，又不减弱其力学性能的目的。

(2) 高分子材料溶剂化能力的影响。

高分子材料对离子的溶剂化能力决定着正、负离子能否解离并独立存在，这也是影响其离子导电能力的重要因素之一。像聚硅氧烷这样 T_g 仅为 −80 ℃的聚合物，而其离子电导能力却很低的原因就是其对离子的溶剂化能力过低，无法使盐解离成正、负离子，因此，设法提高聚合物的溶剂化能力是制备高性能离子导电高分子材料的重要研究内容。溶剂化能力一般可以用介电常数衡量，即介电常数大的聚合物溶剂化能力强。另外，加入介电常数大的增塑剂，如碳酸乙烯酯和碳酸丙烯酯等，还可以加大盐的解离，增加有效载流子的数量。

(3) 其他因素的影响。

高分子材料分子量的大小、分子的聚合程度等内在因素，以及温度、湿度和压力等外在因素也会对离子导电高分子材料的电学性能产生一定影响。

其中温度的影响比较显著，是影响高分子材料离子导电性能的重要环境因素。当离子导电高分子材料处于其 T_g 以下时，没有离子导电能力，高分子材料不能作为电解质使用。在此温度以上，离子导电能力随着温度的提高而增大，这是因为温度提高，分子的热振动加剧，可以使自由体积增大，给离子的定向运动提供了更大的活动空间。但如前所述，随着温度的提高，高分子材料的力学性能也随之下降，会降低其实用性，两者必须兼顾。根据实验结果及作为固态电解质使用这一条件可知，其使用温度应以高于该高分子材料玻璃化转变温度 100 ℃为宜。

此外，离子在水的作用下很容易解离为自由基离子，因此在水、气存在的条件下，聚合物电解质中载流子的浓度可以大幅度增加，电导率也随之大幅度增加，即含水量越高，电导率也越高。但由于不同的体系中含水量不同，因此在非绝对无水的环境下对聚电解质的导电特性进行研究时，将产生较大的误差，各种体系间也难以进行相互比较。

4) 离子导电高分子材料的应用

离子导电高分子材料最主要的应用领域是在各种电化学器件中替代液体或半固体电解质使用，虽然目前生产的多数聚合物基固体电解质的电导率还达不到液体电解质的水平，但是由于聚合物基固体电解质的机械强度较好，可以制成厚度小但面积较大的薄膜，因此由这种材料制成的电化学反应装置的结构常数可以达到很大的数值，使两电极间的绝对电导率值与液体电解质相近，完全可以满足实际需要。

(1) 在全固态和全塑电池中的应用。

全固态电池是指其电极、电解质等全部部件均由固体材料制成的电池，全固态电池由于彻底消除了腐蚀性液体，因此质量轻、体积小、寿命长是其最大的特点。全塑电池是将电池的阴极、阳极、电解质和外封装材料全部塑料化(高分子化),大幅度减轻质量和对环境的污染程度,是高性能电池的发展方向。在上述两类电池中,都可以利用导电高分子材料的良好力学性能和易于加工性质,将电极和电解质全部加工成膜状,然后一次叠合组装成目标形状。膜状的聚合物电解质具有电导率高(厚度小)、承载电流大(面积大)、单位能量体积小(用量小)等特点。还可以很容易地制备成超薄、超小电池。目前离子导电聚合物已经在锂离子电池等高容量、小体积电池制造中得以应用。

(2) 在高性能电解电容器中的应用。

电解电容器是大容量、小体积的电子器件。将其中的液体电解质换成高分子电解质,可以大幅度提高器件的使用寿命(没有挥发性物质)和增大电容容量(可以大幅度缩小电极间距离)。同时,还可以提高器件的稳定性,从而达到提高整个电子设备稳定性的目的。

(3) 在化学敏感器研究方面的应用。

很多化学敏感器的工作原理是电化学反应,在这类器件制备过程中,采用聚合物电解质替代液体电解质有利于器件的微型化和可靠性的提高。采用离子导电聚合物作为固体电解质已经在二氧化碳敏感器、湿度敏感器等敏感器制备中获得应用。

(4) 在新型电显示器件方面的应用。

电致变色和电致发光高分子材料是当前开发研究的新一代显示材料,以这些材料制成的显示装置的一个共同特点是依靠电化学过程。聚合物电解质本身的一系列特点使其特别适合在上述领域中使用。目前聚合物电解质已经在电致变色智能窗、电致发光聚合物电池等场合获得应用。

3. 氧化还原型导电高分子材料

氧化还原型导电高分子材料的侧链上常带有可进行可逆氧化还原反应的活性基团,或聚合物骨架本身也具有可逆氧化还原能力。当聚合物的两端接有测定电极时,在电极电势的作用下,聚合物内的电活性基团之间可发生可逆的氧化还原反应,在反应过程中伴随着电子定向转移过程的发生。如果在电极之间施加电压,促使电子转移的方向一致,聚合物中将会有电流通过,即产生导电现象。

氧化还原型高分子材料的导电机理是当电极电位达到聚合物中电活性基团的还原电位(或氧化电位)时,靠近电极的活性基团首先被还原(或氧化),从电极得到(或失去)一个电子,生成的还原态(或氧化态)基团可以通过类似的氧化反应(或还原反应)将得到的电子再传给相邻的基团(或得到相邻基团传过来的电子),自己则等待下一次还原(或氧化)反应。如此重复,直至将电子传送到另一侧电极,从而完成电子的定向转移。

从严格意义上来讲,氧化还原型导电高分子材料不应算作导电体,因为该高分子材料并不遵循导体的导电法则,因为它们的电压-电流曲线是非线性的,高分子材料除了在氧化还原基团特定的电位范围内有导电现象以外,在其他情况下都是绝缘体。

氧化还原型导电高分子材料的主要用途是作为各种用途的电极材料,特别是作为一些有特殊用途的电极修饰材料,由此得到的表面修饰电极广泛用于分析化学、合成反应和催化过程,以及太阳能利用,分子微电子器件、有机光电显示器件的制备等方面。

2.2.4 材料导电性的表征

材料的导电性能通常是指材料在电场作用下传导载流子的能力。导电能力的评价采用电导或电阻为物理量纲进行表述,其测定方法通常是在材料两端施加一定电压 V,测量材料中定向流过的电流 I,根据欧姆定律获得材料的导电性能指标。

根据欧姆定律可知,当对试样两端加上直流电压 V 时,若流经试样的电流为 I,则试样的电阻 R 为:

$$R=\frac{V}{I} \tag{2-2-2}$$

电阻的倒数称为电导,用 G 表示为:

$$G=\frac{I}{V} \tag{2-2-3}$$

电阻和电导的大小不仅与物质的导电性能有关,还与试样的面积 S、厚度 d 有关。实验表明,试样的电阻与试样的截面积成反比,与厚度成正比,表示为:

$$R=\rho\frac{d}{S} \tag{2-2-4}$$

同样,对电导则有:

$$G=\sigma\frac{S}{d} \tag{2-2-5}$$

式中:ρ——电阻率,$\Omega\cdot m$;

σ——电导率,$S\cdot m^{-1}$。

显然,电阻率和电导率都不再与材料的尺寸有关,而只取决于材料的性质,因此是物质的本征参数,都可用来作为表征材料导电性的尺度。在讨论材料的导电性时,更习惯采用电导率 σ 来表示,与电阻率相反,电导率数值越大,材料的导电性能越好。根据材料电导率的大小,通常将其人为地划分为导体、半导体和绝缘体。材料的 σ 值大于 $10^2\ S\cdot m^{-1}$ 时,通常被认为是导体;材料的 σ 值为 $10^{-8}\sim10^2\ S\cdot m^{-1}$ 时,可以认为是半导体;材料的 σ 值小于 $10^{-8}\ S\cdot m^{-1}$ 时,可以称为绝缘体。上述规定只有相对意义,并不是绝对的。

材料的导电性是由物质内部存在的带电粒子的移动引起的。这些带电粒子可以是正、负离子,也可以是电子或空穴,统称为载流子。载流子在外加电场作用下沿电场方向运动,就形成电流。由此可见,材料导电性的好坏,与物质所含的载流子数目及其运动速度有关。

假定在一截面积为 S、长为 l 的长方体中,载流子的浓度(单位体积中载流子数目)为 N,每个载流子所带的电荷量为 q。载流子在外加电场 E 作用下,沿电场方向的运动速度(迁移速度)为 v,则单位时间流过长方体的电流 I 为:

$$I=NqvS \tag{2-2-6}$$

而载流子的迁移速度 v 通常与外加电场强度 E 成正比,即:

$$v=\mu E \tag{2-2-7}$$

式中,比例常数 μ 为载流子的迁移率,是单位场强下载流子的迁移速度,单位为 $m^2\cdot V^{-1}\cdot s^{-1}$。

则电导率可以表示为:

$$\sigma=\sum_{i=1}^{n}N_iq_i\mu_i \tag{2-2-8}$$

由此可见,载流子浓度和迁移率是表征材料导电性的微观物理量。

2.2.5 高分子驻极体材料

1. 高分子驻极体的定义

驻极体是指通过电场或电荷注入方式将绝缘体极化,在极化条件消失后能半永久性储存空间电荷或极化电荷,具有宏观电矩的电介质材料。具有这种性质的高分子材料被称为高分子驻极体。

高分子材料在外加电场作用下都会表现出一定的极化性质。所谓极化性质，是指材料中的电荷(包括束缚电荷和自由电荷)在外加电场的作用下重新分布的性质。这种电荷重新分布的过程就是极化过程，极化性质是物质的普遍性质。对于大多数高分子材料来说，这种极化性质往往随着外加电场的施加而产生，同时也随着外加电场的撤消而消失，即材料的极化过程与外加电场密切相关。在撤消外加电场的情况下，如果高分子材料的极化状态能够保持较长时间，这种高分子材料就是高分子驻极体。高分子驻极体的性质与高分子材料的极化性质相关，也与高分子材料的导电性质相关。高分子驻极体的荷电状态和结构如图 2-2-6 所示。

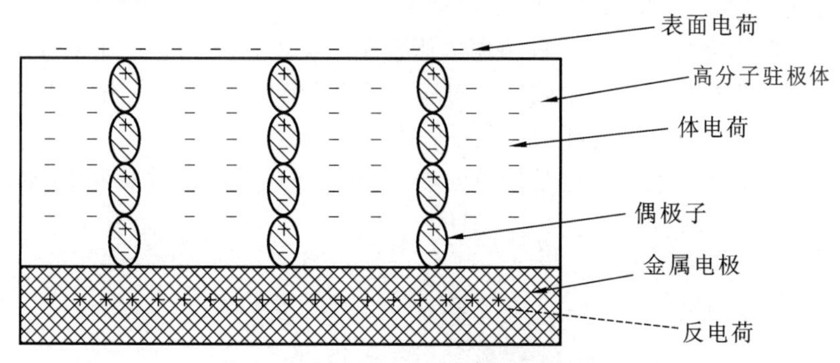

图 2-2-6　高分子驻极体的荷电状态和结构

驻极体中的电荷，可以是单极性的实电荷，也可以是偶极子极化的极化电荷。实电荷是通过注入载流子的方式获得的。例如，聚乙烯、聚丙烯等没有极性基团的聚合物，借助电子或离子注入技术而储存的电荷为实电荷。实电荷可以保留在高分子材料的表面而被称为表面电荷，也可以穿过材料表层进入材料内部而被称为空间电荷或体电荷。这种高分子驻极体需要材料本身具有很强的绝缘性能，或材料内部具有保持电荷的特殊结构，这样储存的电荷才能够保持足够长的时间而不消失。极化电荷是在电场作用下，材料本身发生极化，偶极子发生有序排列，造成材料内部电荷分离，在材料表面产生的剩余电荷。带有强极性键的高分子材料(如聚对苯二甲酸乙二醇酯、聚偏氟乙烯等)，通过极化则形成极化电荷。这种高分子驻极体需要分子内部具有比较大的偶极矩，并且偶极矩在电场作用下能够定向排列形成极化电荷。保持这种极化状态需要材料能够在使用状态下将其锁定，因此，多数极化型高分子驻极体处于结晶或半结晶状态。在一定条件下，极化的同时也可注入载流子而同时具有实电荷。

由于其空间电荷分布的不均匀性，或宏观电矩的存在，高分子驻极体一般表现出压电特性，即机械能与电能转换；具有热电特性，即热能与电能转换；有些也具有铁电特性，即自发极化性质。这些特殊性质使其在生产实践中具有很大的应用潜力，因此受到人们的广泛重视，特别是在敏感器制造等领域获得越来越多的应用。另外，高分子驻极体具有储存电荷能力强，频率响应范围宽，容易制成柔性薄膜等性质，具有很大的发展潜力。

2. 高分子驻极体的压电性

极性高分子材料可以构成极化型驻极体。这类高分子材料中，如果应力或应变能够使其极化强度发生改变，就会显示压电特性。在极化型高分子驻极体中存在着发生取向极化的偶极子，当材料受到压力引起驻极体收缩时，外电极更接近偶极子极化电荷，可以在电极上感应出更多电荷，表现出压电应变效应，其特点是电流方向沿着极化方向流动，诱导电荷增加量正比于材料受到的压力。对于半晶态的聚合物薄膜而言，如果沿平行于聚合物链方向拉伸，再沿着垂直于拉伸方向及薄膜平面方向极化取向，则可以获得偶极子垂直于分子取向的准晶态聚合物。这类结晶性高分子驻极体可能表现出一些异常效应，因此，可以说物质的压电特性是指当物体受到一个应力时，材料发生形变，在材料表面能够诱导产生电荷 Q，从而改变其极化状态的性质。材料的压电性是一个可逆过程，是指这些材料受到外力作用时产生电荷，该电荷可以被测量或输出；反之，材料受到电压作用会产生形变，该形变可以产生机械功。一般认为，某些极化物质受到外力作用发生形变时，会导致材料两端产生符号相反的束缚电荷变化，表现为材料两端电压发生变化；反之，若在材料两端施加电压时，由于极化强度发生变化，材料会发生形变。物质的压电性是一种能够在电能和机械能之间进行能量转换的特性，其中，施加外力使材料两端电压发生变化的性质称为正压电效应；施加电压使材料发生形变的性质称为逆压电效应。对压电常数更准确的描述应该是，材料应力、应变与其极化和电场强度之间相互作用关系的一种度量。

压电性是电介质力学性质与电学性质的耦合，常用下面几种常数来表征，即

$$d=\left(\frac{\partial D}{\partial T}\right)_E=\left(\frac{\partial S}{\partial E}\right)_T \tag{2-2-9}$$

$$g=-\left(\frac{\partial E}{\partial T}\right)_E=\left(\frac{\partial S}{\partial D}\right)_T \tag{2-2-10}$$

$$K=d/\sqrt{\varepsilon/\xi} \tag{2-2-11}$$

式中：T、S、E、D——分别表示应力、应变、电场及电位移；

ε 和 ξ——分别为介电常数和弹性柔顺系数；

d、g、K——分别为压电应变常数、压电电压常数和机电耦合常数。

通常用 d 判定压电材料的压电性大小，即描述作为驱动材料运动和振动的能力；用 g 推断机械能转变为电能时的效果，即描述作为传感器材料在低应力下可产生高的电压信号的能力，也常被称为传感器常数；用 K 表示压电体的机械能和电能耦合程度，即压电材料的能量转换效率是衡量压电性强弱的重要物理量。此外，常见的常数还有压电应力常数、压电劲度常数等。

目前，压电性较强的高分子材料除了聚偏氟乙烯（PVDF）及其共聚物，如偏氟乙烯与三氟乙烯共聚物（VDF/TrFE））之外，还有偏氰乙烯与醋酸乙烯酯的非晶态共聚物（VDCN/VAC）、聚氟乙烯（PVF）、聚氯乙烯（PVC）、聚-γ-甲基-L-谷氨酸酯（PMLG）、聚脲、聚碳酸酯（PC）和尼龙 11 等。

3. 高分子驻极体的热电性

热电性是指材料由于自身温度的变化能够引起其极化状态的变化，从而导致材料表面的电荷发生变化，最终表现为材料两端电压发生改变的特性。和压电性能一样，该变化可以被定量测定，且这种变化是可逆的，即材料在受到电压作用时（表面电荷增加），材料温度会发生变化。热电性是一种热敏性质，用热电系数 P 表示。

热电性是指材料的极化状态随着温度的变化而改变，极化强度的改变使束缚电荷失去平衡，多余的电荷被释放出来的现象，因此也称为热释电效应。其中，随着温度的改变，材料极化状态发生改变，导致材料两端电压发生变化，称为正热电效应；而当对材料施加电压，材料温度发生变化时，称为逆热电效应。此外，热电效应还可以分成一次热电效应和二次热电效应。一次热电效应是指在恒定应变条件下极化强度随温度的变化规律，而二次热电效应

则指样品的热膨胀引起的压电效应。

当极性高分子材料中存在自发取向或者处在冻结状态的取向偶极子(即材料处在极化型驻极体状态),一般都会表现出热电性。极化型高分子驻极体若受到温度的明显影响,偶极子的热运动幅度与温度成正比,热运动幅度一般反比于聚合物电介质取向极化强度,因此,温度的变化直接引起极化强度的变化。

高分子驻极体的热电效应已经被发现很多年了,人们对其理解也更加深入。目前,人们发现的具有热电性的高分子驻极体包括非晶态聚合物、半晶态聚合物和液晶型聚合物驻极体。

4. 高分子驻极体的应用

严格来讲,很多材料都具有压电性和热电性,但由于大多数材料的压电常数和热电常数太小而没有应用价值。只有那些压电常数比较大的,且具有应用价值的材料才被称为压电体;同样,具有较大热电常数的材料被称为热电体。

(1) 在换能器件方面的应用。

利用聚合物压电的横向压电效应,可制成扬声器、耳机、扩音器、话筒等音响设备,也可用于弦振动的测量。例如,用厚 30 μm、直径 10 mm 的 PVDF 压电膜作为话筒中的振膜,灵敏度达 70 dB,静电容量为 700 pF,信噪比比静电型的好。利用聚合物压电的纵向压电效应则可制成超声换能器和水声换能器。例如,利用 PVDF 压电膜与水的声阻抗相接近且柔韧性好的特点,能制成大面积的薄膜和为数众多的阵列传感点,可用于检测潜艇、鱼群或进行水下地球物理探测,也可用于液体或固体中超声波的接收和发射。

(2) 在热敏器件方面的应用。

根据驻极体的热电效应,当温度发生变化时,驻极体材料的极化状态将发生改变,材料两端的电压随之发生变化,两者之间的变化存在确定相关性,因此可以作为温度敏感器材料。某些高分子驻极体热电性非常明显,以聚偏氟乙烯为例,当温度变化 1 ℃时,其能产生约 10 V 的电压信号;因此其测定温度的灵敏度非常高,甚至可以测出百万分之一摄氏度的微弱温度变化。利用它的这一原理,可以将其用作红外辐射光探测器、火灾报警器、非接触式高精度温度计和热光导摄像管等设备中的敏感材料。

(3) 在生物医学领域的应用。

驻极体材料是人工器官材料的最重要研究对象之一,如用作人体病理器官代用品的套管、血管、肺气管、心脏瓣膜、人工骨骼、皮肤、牙齿填料,甚至整个心脏系统。以驻极体材料制作人工器官代用品,极化后植入体内的局部器官代用品(如多孔聚四氟乙烯)与体内连接相应人体器官的部件结合,经过一段时间的生长后,透过这类人工代用品的多孔处生长成微血管,结合位置彼此交融,攀缘成网并互相渗透,成为人体不可分割的一部分。这类人工代用品有望或已经用作人工血管、肺气管、人工插导管、心脏瓣膜、牙齿填料等材料。聚乙烯与聚四氟乙烯复合材料可制作人工髋关节。牛软骨提取的胶原加凝固剂在聚四氟乙烯驻极体上成膜可以作为人工皮肤使用。此外,聚偏氟乙烯的声阻抗与人体匹配度高,因此,这种材料制备的医用仪器可用来测量人体的心声、心动、心律、脉搏、体温、pH 值、血压、电流、呼吸等一系列数据。

(4) 在双压电晶片方面的应用。

将两片压电薄膜反相黏合,当一方拉伸时,另一方压缩。例如,聚偏氟乙烯双压电晶片能比无机双压电晶片产生更大的位移量,在同压应力情况下的输出电压是锆钛酸铅制造的压力传感器的 7 倍左右,因此,其可用来制成无接点开关、振动传感器、压力检测器等。

（5）在净化空气方面的应用。

将驻极体制作成多孔状或无纺布形式，利用静电吸附原理可吸附多种有害物质，可以作为空气净化材料。例如，用聚丙烯驻极体纤维制成的卷烟过滤嘴代替醋酸纤维过滤嘴或丙纶纤维过滤嘴，过滤效率提高 100%～120%，能捕获烟气中 40%～60%的焦油。研究表明，驻极体过滤材料对于吸附细微颗粒性污染物非常有效，是很有发展前途的气体净化材料。以驻极体材料制成的织物还具有特殊的保健功能，有望用于功能型服装。

除上面介绍的应用领域以外，高分子驻极体还广泛用于地震检测、大气污染检测、引爆装置检测、地下爆破检测、机械振动和撞击检测等检测装置，以及干扰装置、信息传感器、电能电源、助听器、计算机和通信系统中的延迟线等方面，是一种具有广阔发展前景的多功能材料。

2.2.6 电致发光高分子材料

当对某些物质施加电压参量时，受电物质能够将电能直接转换成光的形式发出的现象，称为电致发光现象。具有这种功能的材料被称为电致发光材料，它们是一类具有电-光能量转换特性的物质。材料电致发光特性指标包括发光波长（发光颜色）、发光效率（量子效率或能量转换效率）、受激特征（激发电压）等，这些特性与材料的分子结构、器件的组成结构以及物理化学性质有密切关系。

电致发光现象的发现已经有相当长的历史。早在 20 世纪初，人们就发现了 SiC 晶体在电场作用下的发光现象，并在此基础上开发出了各种无机半导体电致发光器件。20 世纪 60 年代，人们发现非晶态的有机材料也具有电致发光特性。1987 年，Eastman Kodak 公司的研究人员指出，结合现代薄膜沉积技术研制成功的双层结构有机电致发光模型装置，在相对较低的偏压下获得了比较理想的发光效率。1990 年，剑桥大学的科研人员首次使用聚苯撑乙烯作为发光材料制成了聚合物电致发光器件，开创了电致发光高分子材料研究的新局面。至此，有机薄膜，特别是聚合物薄膜型电致发光器件成为研究的主流。与有机小分子发光材料相比，高分子发光材料工作时不会有晶体析出，来源广泛，同时可根据其用途的不同进行分子设计。高分子材料的电子结构、发光颜色可以通过化学修饰的方法进行调整。此外，电致发光高分子材料具有良好的机械加工性能，其成膜性和稳定性好，可以制成可折叠和卷曲的柔性器件，且器件的启动电压较低、亮度与发光效率普遍较高。这些优点使高分子材料成为具有良好商业前景的电致发光材料。经过几十年的发展，电致发光高分子材料和器件的性能指标不断得到改进和提高，现在广泛研究并常用的电致发光高分子材料主要有聚苯撑乙烯类（PPV）、聚芴类（PF）、聚噻吩类（PT）、聚对苯类（PPP）、聚乙炔类（PA）和聚蒽（PA）及它们的衍生物等。

1. 电致发光机理

关于有机材料的电致发光机理，人们仍然是沿用无机半导体的一些理论来解释。

在材料的两端分别注入电子和空穴。空穴的注入通过阳极反应完成，利用正电极电势将分子成键轨道中的一个价电子拉出（阳离子化），形成 HOMO（最高占据分子轨道）中缺一个电子的空穴分子，该空穴可以在电场力作用下沿着电场方向向负极迁移。电子的注入通过阴极反应完成，在负电极电势作用下在分子的 LUMO（最低未占分子轨道）中添加一个电子，形成多一个电子的分子。该电子由于处在导带，在电场力作用下可以沿着电场方向向正极迁移。经过电荷注入，在材料两侧积累大量带有负电荷和正电荷的分子，构成载流子。载流子受到电极产生的电场力作用，将向反电极相向迁移，这种迁移即电荷传输过程。

在阳极注入的空穴和在阴极注入的电子经过相向迁移后，将在电致发光材料中相遇并发生复合过程。两者相遇时，带负电荷分子导带中的电子有机会进入带正电荷分子中的LUMO轨道（反键轨道），或其HOMO轨道（成键轨道）中的一个电子交换到带正电荷分子缺一个电子的成键轨道中，这两种过程其电子交换效果都是产生了一个在成键轨道和反键轨道中分别拥有一个电子的中性分子。由于这种分子在结构上与光激发产生的激发态分子相同，因此被称为激子，即处在激发态能级上的电子与处在价带中的空穴通过静电作用结合在一起的高能态中性粒子，形成的激子具有电致发光材料分子的光学属性。

和光致发光过程中产生的激发态分子一样，复合过程中产生的激子处在高能态，处在LUMO中的电子具有进入缺一个电子、能量较低的HOMO的趋势。当该过程发生时，多余的能量会以辐射的方式给出，即表现为辐射发光。发出光的波长（颜色）取决于激子中反键轨道与成键轨道的能级差，即具有产生激子分子自身的光学性质。发光强度与形成激子的密度及激子发生辐射的量子效率等因素有关。

2. 电致发光高分子材料的应用

由于有机电致发光器件具有主动发光，且亮度更高、质量更轻、厚度更薄、响应速度更快、对比度更好、视角更宽、能耗更低的优势，因此其给传统的显示材料带来了很大挑战，显示出非常好的发展势头，世界各国都将其作为重要新型材料研究开发。目前，有机电致发光器件主要应用于平面照明，如仪器仪表的背景照明、广告照明等大面积显示照明等；矩阵型信息显示器件，如计算机、电视、广告牌、仪器仪表的数据显示窗等场合。例如，日本的Pioneer Electronics公司在1997年向市场推出了有机电致发光汽车通信系统，在1998年的美国国际平板显示会上展出了无源矩阵驱动的有机电致发光显示屏。美国的Eastman Kodak公司与其合作伙伴日本的Sanyo公司采用半导体硅薄膜晶体管驱动的有机显示器件，在2000年实现了全彩色有机电致发光显示。目前，移动电话的显示屏、数码相机的取景器、笔记本电脑显示器、壁挂式电视机等领域都在研究开发有机电致发光型替代品。许多国外的大公司将研究与开发重点都放在了高分子平板显示技术的开发上，在未来发光与显示产业中，高分子平板显示材料与技术将是平板显示领域的主要发展方向。

尽管世界上许多国家或地区的研究机构和公司投入巨资致力于高分子平板显示器件的研究与开发，但其产业化的进程仍远低于人们的期望，其主要原因在于这些发光材料寿命短、效率低等方面的问题没有真正得到解决。无论在高效、稳定的电致发光材料制备、提效，还是在彩色化实现方案、驱动技术、电路、大面积成膜技术等方面都仍然存在较多的问题。解决器件效率低、稳定性差、性能衰减、寿命短的问题是目前电致发光高分子材料大规模走向产业化的关键。

2.2.7 电致变色高分子材料

电致变色是指材料的吸收光谱在外加电场或电流作用下产生可逆变化的现象。这种现象的实质是一种电化学氧化还原反应，材料的化学结构在电场作用下发生改变，其最大吸收波长或吸收系数在可见区域发生了较大变化，其颜色表现出可逆变化的特点。电致变色材料就是指在电场作用下可见光区颜色发生显著变化的材料，其变化既可以是从透明状态到显色状态，又可以是从一种颜色转变成另一种颜色，且表现出的颜色实质上是对透射光或反射光的选择性吸收造成的。

电致变色材料在实际应用中，要求其在电场力作用下，吸收光谱变化范围要在可见光范围（即对应波长为350～800 nm之间），而且有比较大的消光系数改变，这样才能获得明显的颜色改变。同时,为了满足电致变色过程中电荷传输方面的要求,电致变色材料还要具有良好的离子导电性和电子导电性。从应用角度分析,电致变色材料应该具有较高的对比度、变色效率和循环寿命,较低的本底颜色深度,较快的反应速度等综合性质。

电致变色高分子材料可以根据结构类型划分为四种类型,即主链共轭型导电高分子材料,如聚吡咯、聚噻吩、聚苯胺及其衍生物;侧链带有电致变色结构的高分子材料,如聚甲基丙烯酸乙基联吡啶;高分子化的金属络合物,如4,4',4",4'''-四氨酞菁镥、四(2-羟基-苯氧基)酞菁钴等;共混型电致变色高分子材料,如氧化钨和聚吡咯或聚苯胺。

光作为一种能量、信息的载体,已经成为当代高技术领域中的重要角色,对光的有效控制、调整技术也已经是人们关注的重要研究课题。电致变色材料的特点及优势促使各种电致变色器件的研制和开发迅速发展。电致变色材料最早凭借其电控颜色改变用于新型信息显示器件的制作,如机械指示仪表盘、记分牌、广告牌、车站等公共场所大屏幕显示等。与其他类型器件(如液晶显示器件)相比,电致变色材料具有无视盲角、对比度高、易实现灰度控制、驱动电压低、色彩丰富的特点;而且加工工艺上直接采用大规模集成电路驱动,易实现超大平面显示。采用电致变色材料可以制作主动型智能窗,以及用于建筑物和交通工具,不但能节省能源,而且可使室内光线柔和、环境舒适,具有经济价值与生态意义。例如,德国于2002年成功研制出应用在汽车智能变色玻璃窗上的导电高分子PEDOT/PPS(聚3,4-乙烯基二氧噻吩/聚苯乙烯磺酸盐)电致变色涂层,呈现蓝色、绿色、灰色等不同颜色,并首先在奔驰高档车上使用。由于电致变色材料具有开路记忆功能,因此可用于储存信息。在电致变色器件中设置一反射层,通过电致变色层的光选择性吸收特性,调节反射光线,可以制成无眩反光镜,用于制作汽车的后视镜,可避免强光刺激,从而增加交通的安全性。

近年来出现的导电高分子CPs电致变色材料,由于对中红外线和远红外线具有固有的红外发射特性,可制备成新型红外发射器件。它比半导体红外发射材料(如WO_3、Ge单晶)和器件具有更多优异性能,并可作为微型航天飞行器上的热敏红外传导功能材料使用以及用作战场上红外伪装材料而对抗夜间可视武器装备。例如,美国陆军将导电高分子PEDOT/PSS电致变色材料应用在士兵服装上,使敌方在夜间不能探测发现。同时,根据舰船、坦克、车辆在不同环境下的伪装要求而采用导电高分子PAn/PDPA(聚苯胺/聚二苯胺)电致变色材料,使武器装备表面涂层既可呈现不同的可见光迷彩伪装颜色,又可利用红外线发射频率不同的特点而达到夜间和白天红外线伪装的目的。

此外,高分子电致变色材料在变色镜、高分辨率光电摄像器材、光电化学能转换和储存器、电子束金属版印刷技术等高新产品、技术中也获得了应用。当然,目前电致变色高分子材料还有许多问题需要解决,如化学稳定性、颜色变化响应速度、使用寿命等问题。无论如何,随着研究的深入,电致变色材料特别是电致变色高分子材料的应用前景是非常乐观的。

2.3 磁功能高分子材料

2.3.1 概述

人类最早使用的磁性材料是天然磁石制成的,后来开始利用磁铁矿烧结成磁性材料。指南针作为中国引以为豪的四大发明之一,其中的关键就是磁性材料。剥去磁现象神秘的面纱,并对其进行研究的磁科学创始人当数吉尔伯特(Willian Gilbert,1544—1603年,英国),后经安培(André-Marie Ampère,1775—1836年,法国)、奥斯特(Hans Christian Oersted,1777—1851年,丹麦)、法拉第(Michael Faraday,1791—1867年,英国)等人开创性的发现和发明,初步奠定了磁学科学的基础。1900—1930年,先后确立了金属电子论、顺磁性理论、分子磁场、磁畴概念、X射线衍射分析、原子磁矩、电子自旋、铁磁性体理论、电子显微等相关的理论。与此同时,各种分析手段也先后问世,在此基础上形成了完整的磁学科学体系。在此后的几十年间,出现了种类繁多的磁性材料。

确切地讲,磁性材料是指具有可利用的磁学性质的材料,其按功能可分为以下几大类:①易被外磁场磁化的磁芯材料;②可产生持续磁场的永磁材料;③通过变化磁化方向进行信息记录的磁记录材料;④通过光或热使磁化方向发生变化来进行记录与再生的光、热磁记录材料;⑤在磁场作用下电阻发生变化的磁致电阻材料;⑥因磁化使尺寸发生变化的磁致伸缩材料;⑦形状可以自由变化的磁性流体等。

利用磁性材料上述功能,可以制作变压器、马达、扬声器、磁致伸缩振子、记录介质、各类传感器、阻尼器、打印机、磁场发生器、电磁波吸收体等多种多样的磁性器件。在上述器件组成的设备中,除了机器人、计算机、工作母机等产业机械外,汽车、音响设备、电视机、录像/音机、电话、洗衣机、吸尘器、电子钟表、电冰箱、空调器、电饭锅等应用器具也不胜枚举。纵观近年来的磁性材料发展,在非晶态磁性材料、稀土永磁化合物、超磁致伸缩材料、巨磁电阻等新材料相继被发现的同时,由于组织的微细化、晶体学方位控制、薄膜化、超晶格等新技术的开发,其性能也显著提高,这不仅对电子、信息产品特性的飞跃提高做出了重大贡献,还成为新产品开发的原动力。目前,磁性材料已成为支持并促进社会发展的关键材料之一,是国民经济、国防工业的重要支柱与基础,是信息存储、处理与传输领域中不可或缺的组成部分。信息化发展的总趋势是向小、轻、薄及多功能方向进行,因而要求磁性材料向高性能、新功能方向发展。

磁性材料经历了晶态、非晶态、纳米微晶态、纳米微粒与纳米结构材料等发展阶段。传统的磁性材料一般经过高温冶炼、烧结而成,其密度大,质硬而脆,烧结过程材料的变形程度大,难以制成形状复杂、尺寸精度高的制品,且成品率较低。随着高分子科学的发展,磁功能高分子材料也越来越引起人们的注意。为了克服加工性能上的困难,人们设法把磁粉混炼或填充到合成橡胶和塑料中,制成复合型高分子磁性材料。一般的有机化合物,其组成原子之间以电子对形成共价键,因此不显示磁性(即反磁性)。常见的高分子化合物和磁性材料虽然有很多重要的关系,例如磁带、磁盘、橡胶磁石等,但在这些材料中,高分子化合物只是作为磁性金属的分散基材而被利用。

与有机化合物不显示磁性的固有概念相反,有机磁性材料作为一种全新的磁石诞生,其研究涉及的范围很广,既有以过渡金属离子为自旋源的络合物,也有以有机自由基为配基的复合体,以及纯有机自由基分子等。磁性材料的磁性主要来自电子的自旋。物质具有磁性需要两个条件:①电子间交换积分大于零是充分条件;②原子具有固有磁矩是必要条件。因此,制造强磁体高分子的关键是制备电子数为奇数,至少有一个不成对电子的分子,再利用聚合、结晶、氢键、掺杂等手段,加强其分子间的作用力,使分子有序排列,自旋有序取向。

有机磁性材料结构种类多样,可用化学方法合成,可得到磁性能与机械、光、电等性能结合的综合性能,具有磁损耗小、质轻、柔韧性好、加工性能优越等优点,在超高频装置、高密度存储材料、吸波材料、微电子工业和航天航空等需要轻质磁性材料的领域有很广阔的应用前景。

2.3.2 磁功能高分子材料的分类及制备方法

1. 磁功能高分子材料的分类

磁功能高分子材料是一种能够记录声、光、电等信息并能将其重新释放的功能高分子材料，是现代科学技术的重要基础材料之一，也称为磁性高分子材料。磁功能高分子材料通常可分为结构型磁性高分子材料和复合型磁性高分子材料两类。

1）结构型磁性高分子材料

结构型磁性高分子材料是本身含有稳定自由基，并具有铁磁相互作用的有机高分子材料，或高分子进行掺杂后具有磁性的复合材料的总称。这类材料密度小、电阻率高，其强磁性与传统无机磁性材料很不相同，具有重要的理论意义和广阔的应用前景。

结构型磁性高分子材料具有复合型磁性高分子材料不可比拟的优点，如磁性能随温度的变化很小、结构多样性、磁损耗低、磁性衰减不明显、易于加工成型及低密度等特点。正是这些优异特点，使得结构型磁性高分子材料作为光电磁器件材料等一些新型功能材料的应用研究成为一大热点。

磁性材料的磁性主要来自电子自旋，但在有机分子中，电子往往成对出现，每对电子自旋方向相反，因而不显示静磁性，表现出抗磁性效应，因此，以碳为主的有机化合物虽然约有500万种，但其中呈顺磁性的却很少。要想制备分子的（而不是原子的）磁性高分子材料，必须遵循以下设计准则：①含未成对电子的分子间能产生铁磁相互作用，达到自旋有序化是获得铁磁性高分子材料的充分和必要条件；②分子中应有高自旋态的苯基，含 N、NO、O、CN、S 等自由基体系或基态为三线态 4π 电子的环戊二烯基阳离子或苯基双阳离子等；③含 3d 电子的 Fe、Co、Ni、Mn、Cr、Ru、Os、V、Ti 等双金属有机高分子络合物是顺磁体，若使两个金属离子间结合一个不含未成对电子的有机基团，则可引起磁性离子 M1、M2 间的超交换作用而获得铁磁体；④按电荷转移模式设计的对称取代二茂金属（Fe、Co、Ni）及其稠环高分子化合物醌，与受体 TCNE（四氰基乙烯）、TCNQ（7，7，8，8-四氰基对二次甲基苯醌）、DDQ（二氯二氰基苯醌）、TCNQF4（四氟代 TCNQ）等作用可生成电荷转移盐铁磁体，但受体 A 必须能接受供体 D 的一个电子，并形成“D+A—D+A—”交替排列的有序结构。

结构型磁性高分子材料主要包括二炔烃类衍生物的聚合物、聚合物的配位化合物、共轭的高自旋聚合物、含杂环的聚合物自由基等。目前，国际上结构型磁性化合物的研究集中在四种化合物类型：纯有机磁性高分子化合物（不含金属原子）、大 π 键体系的化合物、电荷转移复合物类、磁性聚合物-金属配合物。

（1）纯有机磁性高分子化合物。

所谓纯有机磁体，是指含 C、N、O、S 和 H 的合成磁性材料。这种磁性来源于 s 轨道和 p 轨道电子自旋的长程有序，是科学上的一个挑战，在理论和实践上都受到关注。1987 年，Ovchinnikovl A. A. 等报道了低维纯有机磁体聚 1，4-双（2，2，6，6-四甲基-4-羟基-1-氧自由基哌啶）丁二炔（简称聚 BIPO），聚 BIPO 的饱和磁化强度 M_s=0.0224 emu/g，居里温度 T_c 超过分解温度（分解温度 T_d=250～310 ℃）。通过改变聚合条件可在一定范围内改变纯有机材料的磁性，其性能可从超顺磁性转变至铁磁性。此外，该实验首次证明仅含 C、H、N、O 等 s 轨道和 p 轨道的高分子化合物具有磁性。

俄罗斯圣彼德堡物理研究所 Makarova T. 等人在 *Nature* 杂志报道了一个在室温条件下工作的有机铁磁体，这种材料由螺旋碳分子组成，如果这项成果能在更便宜的有机材料中实现，将改变磁性记忆材料制造业的历史。这一发现进一步激发了科学家对有机铁磁体的研究兴趣。

Zaidi N. A. 等用聚苯胺(PANI)和 7,7,8,8-四氰基对二次甲基苯醌(TCNQ)合成了一种新型的 PANICNQ 聚合物。这种聚合物呈亚磁性和铁磁性,居里温度可达 350 K,最大饱和磁场强度达 0.1 J/(T·kg),它的磁性有序随时间增加而增加,需要几个月才能完成。该成果使纯有机磁性高分子化合物的研究从理论性向实用性迈出了巨大的一步,也许在不久的将来,科学家们就能研制出可以大范围应用的纯有机磁性高分子化合物。

(2) 大 π 键体系的化合物。

π 键共轭体系的电子自旋交换空间相互作用比小分子级别的有机自由基的空间相互作用强得多。合成 π 键共轭的大分子有望成为能在较高温度,甚至在室温条件下具有良好磁性能的新型有机磁体。

Rajca A. 合成了低温下具有很大磁矩和磁有序的 π 键共轭大分子,此大分子由具有高交联密度和不同自旋量子数(S)的自由基模块交替连接,且大环的自旋量子数 $S=2$,交联键的自旋量子数 $S=1/2$。模型之间的铁磁性或反铁磁性交换耦合都会使这种网络具有很大的 S 值。在高度交联的聚合物中,有效磁矩相关的平均自旋量子数 S 值约为 5000,并且这类聚合物在温度低于 10 K 时及在很小的外加磁场下会缓慢地重新排列。这种有机聚合物的磁性只有在温度低于 10 K 的无氧环境中才比较稳定,因而距离实用化还有一定的距离,但该成果有望实现日本理论化学家 N. Mataga 在 1968 年提出的有可能研制出有机聚合物磁体且在室温条件下稳定存在的全部预言。

由富勒烯发展起来的有机磁体也颇引人关注。1991 年,Allemand 等人发现第一个软铁磁性聚合物(C_{60}TADE0.86),其中 TDAE 为 4-二甲氨基乙烯,这一软铁磁性聚合物的居里温度 $T_c=1611$ K,且磁化强度与温度关系在居里温度以下同传统铁磁体不同。

(3) 电荷转移复合物。

电荷转移复合物是研究得最多的一类有机磁体,是基于电子给体和电子受体之间的电荷相互作用达到长程有序的。电荷转移复合物一般是顺磁性的,且居里温度较低,合成的有机金属磁性化合物大多也只是低温下的铁磁体。这是电荷转移复合物中的自旋与自旋之间的磁性不够强,不能克服原子或离子的热运动影响所致。

(4) 磁性聚合物-金属配合物。

聚合物-金属配合物是一种含有高分子配体的金属络合物,其中心金属离子被巨大的高分子链所包围,被广泛应用于催化、电学、光学等领域。值得关注的是,含有过渡金属或稀土金属的聚合物-金属配合物由于所含金属 3d 轨道或 4f 轨道中的未成对电子而具有净磁矩;同时高分子链的有序延伸可能为金属离子提供新的排列方式,因而具有成为有机铁磁体的潜力。与纯有机磁性高分子化合物相比,磁性聚合物-金属配合物的合成相对容易,自旋量子数大(单个金属原子或离子即有若干未成对电子),且化学性质稳定。然而,在磁性聚合物-金属配合物中,金属离子被体积较大的高分子所包围,金属离子间的直接相互作用较小,络合物的化学结构及纯度也并不十分明确,溶解性也通常较差。按与金属作用的高分子结构的不同,可以将磁性聚合物-金属配合物分为以下几种:①含 M(salen)结构的磁性聚合物-金属配合物;②含二茂金属的聚合物-金属配合物;③含联噻唑结构的磁性聚合物-金属配合物;④含邻菲罗啉结构的磁性聚合物-金属配合物。

虽然磁性聚合物-金属配合物尚处于研究阶段,但有可能对相关科技领域产生重大影响。由于聚合物-金属配合物本身的限制,其磁性目前无法与传统的无机磁体相当,但其有望发挥有机高分子的优点,在一些特殊场合依然有竞争力。

2）复合型磁性高分子材料

复合型磁性高分子材料是由高分子材料和磁性材料按不同方法复合而成的磁性树脂基复合材料，可分为黏结磁铁、磁性高分子微球和磁性离子交换树脂等。

（1）黏结磁铁。

黏结磁铁是采用一定工艺将永磁粉末与橡胶或塑料类高聚物等黏结剂混合，并加入配合剂制成所需形状的。按所用胶黏剂的不同，黏结磁铁分为橡胶型和合成树脂型两种；根据黏结磁粉来源，黏结磁铁分为黏结铁氧体永磁体、黏结稀土永磁体等；按最终成形状态，黏结磁铁分为柔性磁体和刚性磁体；按照磁特性不同，黏结磁铁分为各向同性黏结磁体和各向异性黏结磁体。

① 磁性橡胶。

磁性橡胶是20世纪90年代被开发出来的一种新型高分子复合材料。它将磁性材料颗粒填充到橡胶中，再用传统的橡胶加工方法进行加工成型。与传统的磁性材料相比，磁性橡胶具有密度小、可挠性好、抗腐蚀性好、保磁力强、易加工成型等优点，为获得较高磁性，需选择能混入大量磁粉且不失去可挠性的橡胶，目前多采用天然橡胶、丁腈橡胶、丁基橡胶、氯丁橡胶等。磁性橡胶的磁性完全由磁粉决定。

根据所添加磁粉的不同，磁性橡胶可以分为软磁磁性橡胶与永磁磁性橡胶。

软磁磁性橡胶中所添加的磁粉主要为软磁磁粉，主要有铁粉、钴粉、Fe_3O_4粉，以及镍锌铁氧体、锰锌铁氧体等软磁铁氧体磁粉。

永磁磁性橡胶中所添加的磁性材料主要有：金属永磁材料，包括铝镍钴（Al-Ni-Co）和铁铬钴（Fe-Cr-Co）两类；永磁铁氧体材料，以Fe_2O_3为主要组元的强磁场力复合氧化物；稀土系永磁材料，以铁族元素为主要元素的金属间化合物，包括$SmCo_5$、Sm_2Co_{17}和Nd-Fe-B系永磁合金。永磁磁性材料具有较高的剩余磁感应强度B_r、较高的矫顽力H_c和较大的最大磁能积BH_{max}。

② 磁性塑料。

磁性塑料就是指复合型磁性高分子材料中以塑料为黏结剂的磁性体，俗称塑料磁铁。这类磁性材料是国外首先研制成功的新型复合塑料，它兼具塑料和磁性材料的特性，尽管磁性不如传统的烧结磁铁或铸造永磁铁强，但其机械加工性能好，能充分利用塑料易成型、生产效率高的优点，可成型形状复杂的制品，且尺寸比较精确。

磁性塑料根据磁性填料的不同，可以分为铁氧体类、稀土类和纳米晶磁性合金类；根据不同方向磁性能的差异，又可以分为各向同性和各向异性磁性塑料。磁性塑料的性能主要取决于磁粉材料，并与所用的合成树脂、磁粉的填充率及其成型方法有密切的关系。

填充铁氧体类磁粉制作的磁性塑料属于铁氧体类磁性塑料，目前大多数磁性塑料为铁氧体类。这类磁性塑料所用的铁氧体磁粉一般为钡铁氧体（$BaO \cdot 6Fe_2O_3$）和锶铁氧体（$SrO \cdot 6Fe_2O_3$），但以使用单畴粒子半径大、磁各向异性常数大的锶铁氧体磁粉为佳。磁粉粒子呈六角板状，垂直于六角面的C轴方向为南北方向，其平均粒径为1～1.5 μm。目前，常用磁性塑料的磁粉含量为80%～90%，所用合成树脂有聚酰胺（PA）（最常用的PA基体是PA6、PA12、PA66等）、聚苯硫醚（PPS）、聚乙烯（PE）、聚丙烯（PP）、聚氯乙烯（PVC）、聚对苯二甲酸丁二醇酯（PBT）、乙烯-乙酸乙烯共聚物（EVA）等热塑性树脂和环氧树脂（EP）、酚醛树脂（PF）等热固性树脂。生产中要求所用的树脂在加热时的流动性和热稳定性好，其制品的力学性能优良。

填充稀土类磁粉制作的磁性塑料属于稀土类磁性塑料。目前，这类磁性塑料产量不大，如美国的稀土类磁性塑料约占整个磁性塑料总量的10%,日本约占1.4%,其主要受价格和资源的影响。稀土类磁性塑料有热塑性和热固性之分。热塑性磁性塑料作黏结剂的合成树脂有PA、PE、EVA等;热固性磁性塑料使用液态双组分EP或PF作黏结剂。使用的稀土类合金磁粉有两种类型:1对5型(稀土元素与过渡元素的组成比例为1∶5)和2对17型,1对5型主要为$SmCo_5$,2对17型主要为$Sm_2(Co、Fe、Cu、M)_{17}$(M=Zr、Hf、Nb、Ni、Mn等)。

纳米晶磁性合金一般是指尺寸为1~15 nm的磁性粒子,由于其具有居里温度高、高频特性好等优点,所以在近十年来得到广泛应用。纳米晶磁性合金分为纳米晶软磁合金和纳米晶永磁合金。

(2) 磁性高分子微球。

磁性高分子微球是指将无机磁性粒子与有机高分子材料通过一定的方式结合,形成的一种复合微球。因为其不仅具有无机磁性粒子的优异磁性能,在外加磁场的作用下可便捷的完成定向运动,还具备有机高分子材料的优异特性,可通过共聚或者表面改性等方式在磁球表面连接上种类各异、含量丰富的活性功能基团(如氨基、羧基、羟基、醛基等),以便与亲和素、抗体等生物活性基团结合,因此在细胞分离、靶向给药、免疫检测等生物医学领域有着十分广泛的应用。自20世纪70年代以来,科研学者对磁性高分子微球的制备机理及应用进行了大量的研究。

磁性高分子微球由无机磁性材料与有机高分子材料共同构成,并通过适当方法使两者结合形成特殊结构的新型微球。磁性物质与高分子材料的连接主要是依靠范德华力、氢键、分子间静电力及配位键等作用力。高分子材料包括苯乙烯共聚物、聚酯类、聚酰胺、聚吡咯、聚苯胺等合成高分子材料,以及脂肪、蛋白质和多糖等天然高分子材料。无机磁性材料多为Fe、Co、Ni等金属钠米粒子或其氧化物,由于Co、Ni元素具有潜在的生物毒性,而铁的氧化物毒性低且易得,因此被广泛应用于各个领域,其中Fe_3O_4最为突出。磁性高分子微球按其结构可以分为以下五种类型,如图2-3-1所示。

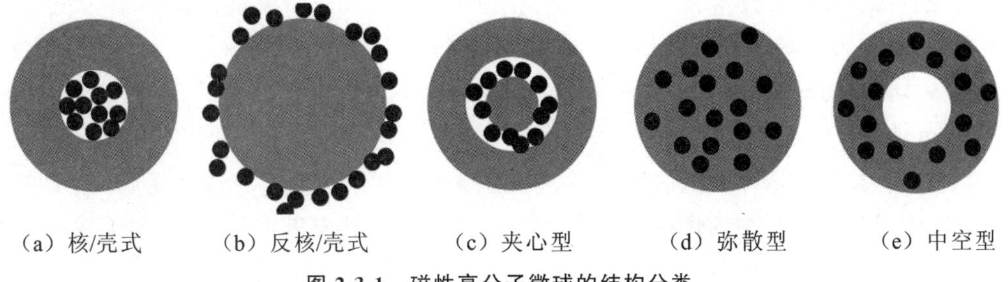

图2-3-1 磁性高分子微球的结构分类

① 核/壳式(M/P)结构。

以无机磁性粒子(如金属铁及金属铁的氧化物等)为核,聚合物材料为壳层的核/壳式结构。此类结构又分成两种:一种是以单一纳米磁粒子为核的,另一种是以磁粒子聚集体为核的。这种M/P型高分子微球主要是采用单体聚合的方法制备而成。

② 反核/壳式(P/M)结构。

以聚合物胶粒为核,无机磁性粒子吸附在其表面而形成壳层的核/壳式结构,将其命名为反核/壳式结构。这种P/M型复合结构大体有两种制备方法,即聚合物表面层层自组装法和聚合物表面原位还原磁粒子的方法。

③ 夹心型(P/M/P)结构。

内外两层均为聚合物材料，中间夹层为无机磁性粒子的结构，称为夹心型结构。这种P/M/P型结构由内到外需要进行三步制备过程。由于步骤烦琐，所以报道也比较少。

④ 弥散型(dispersed-M/P)结构。

磁性颗粒呈弥散状分布在聚合物胶粒的基体中而形成的磁性复合微球，即弥散型结构。这种结构的磁性高分子微球多数由分散、悬浮或细乳液聚合方法制备而成。

⑤ 中空型结构(hollow structure)。

以聚合物支撑，中间为空心结构，磁性纳米粒子分布在聚合物壳的内壁或包埋在聚合物壳层中的复合微球。通常以聚合物微球为中心核模板，在外面沉积吸附磁性纳米粒子后，再通过刻蚀或溶解的方法将中心模板去掉，从而得到以磁性纳米粒子为主的中空微球。也有研究报道采用胶束模板制备中空微球，省去了后续镂空的步骤，使制备过程更为简单。

(3) 磁性离子交换树脂。

磁性离子交换(MIEX)树脂是澳大利亚 Orica 公司开发的主要用于去除水中溶解性有机物(DOM)的新型树脂，MIEX 工艺在澳大利亚和美国等发达国家已经使用多年，MIEX 树脂是以聚丙烯为母体的季胺型离子交换树脂。首先，氯离子作为可交换离子能与水中带负电的物质进行离子交换，这种磁性离子交换树脂的粒径为 150～180 μm，是传统树脂粒径的 1/3～1/2，具有较大的比表面积，能使其迅速吸附水中的有机物，从而进行离子交换反应，来提高树脂再生反应速率，同时树脂较小的粒径和质量，对水体中悬浮颗粒的吸附性较差，悬浮物对树脂的影响较小；其次，在制备树脂时加入 Fe_2O_3 等磁性物质，树脂珠粒由于磁性引力相互吸引迅速聚集成较大的颗粒，依靠重力沉降到池底，磁性加速了沉降分离，提高了处理效率，因此解决了树脂因不易沉降而随水流流失的问题。同时，这种磁性离子交换树脂属交联聚甲基丙烯酸型树脂，耐有机物污染，并且有较好的耐腐蚀和耐磨损性能。

MIEX 树脂主要通过离子交换作用和微粒吸附作用去除污染物，主要用于给水做预处理，能有效降低水中溶解性有机物的含量，小分子有机物比大分子有机物更易进入粒子内部而被优先去除。MIEX 技术和一般的离子交换技术不同，MIEX 树脂带有磁性，动力学反应速率高，能有效去除水中的天然有机物等微污染物。

2. 磁功能高分子材料的制备方法

1) 磁性橡胶

制备磁性橡胶需选择合适的橡胶基底。需结合实际的应用环境选择橡胶，除了考虑橡胶本身的耐臭氧、耐油、耐老化等特性外，还需要考虑橡胶本身的力学性能、加工性能和磁粉容量。

根据磁性橡胶的应用需要，选择合适的磁粉类型、颗粒尺寸及添加量。磁粉的性能与添加量决定着磁性橡胶的磁性能。在添加量少的情况下，磁粉含量越高，剩余磁感应强度越高，而矫顽力基本不变。磁粉添加量的增加导致磁性橡胶力学性能下降。不同橡胶的极限磁粉填充量如表 2-3-1 所示。

表 2-3-1　每 100 份不同橡胶的极限磁粉填充量(%，质量分数)

橡胶类型	天然橡胶(NR)	丁基橡胶(IIR)	氯丁橡胶(CR)	丁腈橡胶(NBR)	氯磺化聚乙烯橡胶(CSM)
填充量/份	2 200	2 600	1 400	1 800	1 600

磁性橡胶的制备工艺与普通橡胶的制备工艺类似，但多了磁粉加入和充磁的过程，主要分为塑炼、混炼、硫化、充磁等工艺。磁粉加入橡胶的过程中，磁粉需均匀分布于橡胶基体

内，磁粉的团聚将引起磁性橡胶力学性能和阻尼性能的下降。充磁工艺是使磁性橡胶中磁粉磁化的过程，充磁过程中，磁场需足够大。

磁粉的加入方法主要有机械加入法、溶（乳）液法和反应法三种。机械加入法即在混炼时将磁粉与橡胶混合，通过两辊机等设备多次混炼，达到磁粉均匀分散的目的；该方法操作简单，但对于尺寸较小的磁粉不适用。溶（乳）液法是将橡胶做成溶液或乳液，将磁粉均匀添加进去，分散于液体中再固化的过程；该方法效果好，但工艺较为复杂。反应法是采用带有活性端基的低分子量液体橡胶与磁粉混合，再通过端基发生反应生成大分子的过程；该方法效果最好，但操作不易控制。

橡胶的磁化即磁粉在外加磁场作用下，磁粉的磁矩按平行方向排列的过程。磁化质量将直接关系到产品的性能。充磁可以在硫化前、硫化中或者硫化后进行。硫化前充磁可以使磁粉发生取向排列，但在硫化过程中橡胶会发生形变，因此此法只适用于磁粉含量较高的磁性橡胶。在硫化的过程中施加一定的磁场，可以提高磁性橡胶的磁性能。在硫化初期，胶料处于热流动状态，磁粉在外磁场作用下容易发生转动而形成一定取向，在硫化结束后具有较高的磁性能。硫化结束后，橡胶分子间的网络结构已经形成，限制了磁粉的转向，因此硫化后充磁效果一般。充磁可以在室温条件下进行。

2）磁性塑料

塑料磁体的制备与普通塑料制品的制备类似，可以通过注射、挤出、压制和压延等成型方法制成所需形状的制品，其制备工艺流程如图 2-3-2 所示。

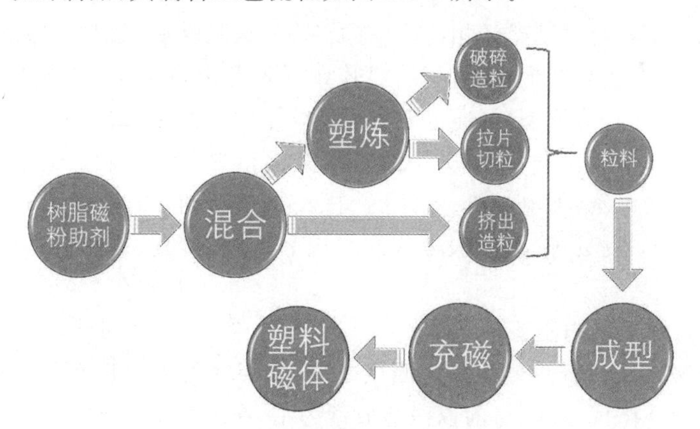

图 2-3-2　塑料磁体制备工艺流程

不管用哪种成型方法制备塑料磁体，都需要经过混合、塑炼工序。混合的目的是使树脂、磁粉及助剂等组分所形成的多相不均态转变为多相均态体系的混合料。混合工序可以通过捏合机或高速混合器来完成。为使混合料进一步均匀混合并使其塑化，需要将混合料通过双辊塑炼机混炼，混合料通过两辊间的剪切摩擦力和热的作用，进一步塑化均匀。混炼塑化后的片状料，可直接通过造粒机或破碎机制成颗粒料；也可以将混合后的粉状料直接送入挤出机，通过挤出机螺杆的旋转和机筒外加热，将混合料均匀塑化成熔体，挤出成型为粒状料。粒状料可以作为各种塑料成型的原料来使用。

根据制品的形状、要求、用途和现有设备情况，塑料磁体的制备可以通过注射、挤出、压制和压延等成型方法制成所需形状的制品。例如，小型电动机、传感器及行程开关等零部件采用注射成型法生产，冷藏车和电冰箱及冷柜的密封条多用挤出成型法来制备，而板、片状制品多选用压制成型或挤出成型法生产。

与烧结磁铁相同的是,磁性塑料也有各向同性和各向异性之分。各向同性磁性塑料的磁粉为无规则排列,各向异性磁性塑料的磁粉则为定向排列。在相同材料及配比条件下,各向同性磁性塑料的磁性仅为各向异性磁性塑料的1/3～1/2。研究表明,磁粉经过偶联剂处理,可显著改善磁性塑料的加工性能和力学性能;增加磁粉填充率在一定范围内有利于提高磁性能;选择在高温下熔体黏度低的树脂及通过助剂降低黏度是提高定向度而获得强磁性体的有效途径。

通过各种成型方法生产的各向同性塑料磁体磁性能较低,为提高其制品的磁性能,需进行充磁。也就是在塑料磁体成型时,通过使用特殊结构的模具并施加磁场,当混合料处于熔融状态、磁性粒子能够自由转动时,在外磁场作用下,磁性粒子便按磁场方向取向,冷却、固化后即得到磁性能较高的各向异性塑料磁体。

(1) 铁氧体类磁性塑料的制备。

铁氧体类磁性塑料的生产方法是将选定的磁粉与树脂、增塑剂、稳定剂、润滑剂等混合后,在混炼机中加热、加压和混炼,待混炼物冷却后,制成一定大小的颗粒料,再用压制、挤出或注塑成型方法成型制品,最后经过二次加工,在磁场中使其磁化。磁性塑料的成型不同于一般塑料,因其熔体黏度高,要求注射机的注射压力高、锁模力大、螺杆扭矩大,一般采用专用的磁性塑料注塑成型机。由于高填充率及制品的磁性能等要求,在加工工艺上有许多特殊要求。实验证明,加工工艺对磁性塑料各种性能的影响非常大,应准确设立工艺参数。

铁氧体类磁性塑料与烧结磁铁相比,具有质量轻、柔韧性好、成型后收缩小、制品设计灵活的特点,可制成薄壁或复杂形状的制品,可连续成型并批量生产,可加入嵌件而不需后加工,可进行双色成型和整体成型,可通过变更磁粉含量来控制磁性能,有极好的化学稳定性。其缺点是磁性较稀土类磁性塑料差,如果大量填充磁粉则会影响制品的强度。铁氧体类磁性塑料主要用于家用电器(如电视机、录像机、电冰箱、洗衣机、吸尘器、扬声器等)的零部件、日用品(如钟表、文具、玩具等)及一般工业技术用品(用于传真、复印机、遥控设备、传感器、计算机附件等)等。

(2) 稀土类磁性塑料的制备。

由于稀土类磁性塑料有热塑性和热固性之分,加工制备方法也有所不同。热塑性磁性塑料可采用挤出或注塑成型法,目前以注塑成型为主,在磁场中成型制品。注塑成型法存在的缺点是,虽然使用高性能的稀土类磁粉,但磁能积却比较低,这是由于物料的熔体黏度随着磁粉填充率的增加而增大,使其流动性降低,因此不能过高地提高磁粉含量。热固性磁性塑料的成型方法有两种:一是涂布法,其特点是制品的强度高,但树脂用量较多,磁性能低,最大磁能积约为119 kT·A/m;二是浸渍法,其特点是磁粉填充率高达98%,因而磁性能高,最大磁能积为135 kT·A/m,缺点是制品的强度有所下降。

稀土类磁性塑料与烧结型稀土类钴磁铁相比,虽然在磁性和耐热性方面较差,但其成型性能和力学性能优良,组装及使用方便,废品率低,这是烧结磁铁所无法比拟的。稀土类磁性塑料的磁性能虽然不如稀土类烧结磁铁,但优于铁氧体类烧结磁铁,其强度、耐热性能和磁性能均优于铁氧体类磁性塑料。用于制作精密电动机及仪表零部件的磁性塑料,要求其剩余磁通密度为0.4～0.45 T、最大磁能积为31.9～33.8 kT·A/m时才能使用,而铁氧体类磁性塑料的最大磁能积仅为3.2～3.4 kT·A/m,稀土类磁性塑料较之高10倍,但稀土类磁性塑料的成本较高,价格较贵(比稀土类金属磁铁稍低)。目前,各国都把降低成本并提高性能作为主要研究课题。

稀土类磁性塑料的加工性能较出色，可以满足电子工业对电子电气元件小型化、轻量化、高精密化和低成本的要求，稀土类磁性塑料正是为适应这样的要求而研制并工业化生产的。其可应用于小型精密电动机、步进电动机、小型发电机、通信设备传感器、继电器、仪器仪表、音响设备等领域，应用范围十分广阔，将成为今后磁性塑料发展的方向。

(3) 纳米晶磁类磁性塑料的制备。

将纳米晶软磁粉与塑料混合可以制备纳米晶磁类磁性功能材料，目前已经制得了众多功能材料，如磁屏蔽材料、吸波隐身材料和高磁导率铁芯材料等。近年来，随着纳米晶复合交换耦合永磁体的开发成功，可用其制备综合性能优异的黏结永磁材料，从而成为黏结磁体的一个非常重要的发展方向。

3) 磁性高分子微球的制备

制备磁性高分子微球的方法多种多样，从早期的简单乳化交联法到随后的原位合成法再到常规单体聚合法(乳液聚合、分散聚合等)及活性聚合法(如基团转移聚合等)。磁性微球的核心部位是磁核，也称磁性颗粒，它赋予微球磁功能。当颗粒尺寸介于 1～100 nm 时，便形成表面可修饰且具有超顺磁性的磁性纳米颗粒。对于包含超顺磁性纳米粒子的微球来说，其制备方法从磁粒子和聚合物合成先后的角度可以划分成磁粒子和聚合物组合法、单体聚合法、磁性纳米粒子原位生成法几种类型。

(1) 磁粒子和聚合物组合法。

磁粒子和聚合物组合法是指分别制备磁性纳米粒子和聚合物，然后通过以下四种方法来实现两种组分复合的方法，这四种方法分别是：①聚合物长链分子包埋磁性纳米粒子，简称包埋法；②聚合物微球溶胀吸收磁性纳米颗粒；③溶剂挥发法；④磁性纳米粒子在聚合物微球表面层层组装法，简称层层自组法。

包埋法是制备磁性高分子复合微球应用最早的一类方法，它是将无机磁性粒子分散于高分子溶液中，通过雾化、絮凝、沉积、蒸发等手段得到磁性高分子复合微球。包埋法是制备磁性高分子复合微球的历史过程中迈出的第一步，其优点是方法简单且易于操作。但是，由于此法是有机高分子直接在无机磁性粒子表面沉积，所以制得的复合微球的粒径分布较宽，粒径大小不易控制，且形状不规则，因此其在应用时受到了很大的限制。

聚合物微球溶胀吸收磁性纳米颗粒的方法是 Ugelstad 首创，该方法开辟了单分散磁性高分子微球的里程碑，并用该方法开发了系列商业化产品，其商标名便是著名的 Dynabeads，该产品已成功地应用于微生物学、分子生物学、免疫学等诸多领域。

溶剂挥发法是预先制备含有磁性粒子和聚合物两组分的均一油相，将其分散在水相中形成悬浮液，之后在高温条件下长时间挥发磁性粒子和聚合物的共溶剂，最终得到磁性高分子微球。

层层自组装法主要用以制备反核/壳型磁性高分子复合微球，它是以高分子微球为模板，磁性纳米粒子在其表面进行多层吸附得到反核/壳型高分子复合微球。通常，为了达到电荷交替出现的目的，往往引入聚电解质，从而达到磁粒子多次沉积的目的。这种方法的优点在于，表层的磁性粒子的厚度可以通过循环吸附的次数来调控，得到的复合微球的均一性很好。

(2) 单体聚合法。

单体聚合法是在已制备得到的无机磁性纳米粒子和有机单体存在的条件下，根据不同的聚合方式加入引发剂、表面活性剂、稳定剂(包括超分散剂、明胶)等物质聚合得到磁性复合微球。单体聚合法主要包括悬浮聚合、分散聚合、乳液聚合、微乳液聚合及细乳液聚合等方法。采用单体聚合法的优点在于，可以制备核/壳型、反核/壳型、夹心型、弥散型和中空型共五种磁性聚合物的复合结构，而且近年来人们还利用原子转移自由基聚合法(ATRP)，成功地制得尺寸在几十纳米左右、以单颗磁性粒子为核的复合微粒。

悬浮聚合的机理与本体聚合相同，每一个微小的液滴就是一个本体聚合的小单元，磁性粒子、单体和引发剂在悬浮稳定剂存在的条件下，被分散在体系中形成聚合场所。在一定的温度下，引发剂使一种或几种单体在磁性粒子表面引发均聚或共聚反应，将磁性粒子包裹在聚合物里面。根据单体的亲水/亲油性不同，聚合体系又分为反相悬浮聚合和正相悬浮聚合。

在传统的高分子聚合过程中，分散聚合相对于悬浮聚合来讲，所得聚合物微球的尺寸较小，一般为 1～20 μm，且分散体系大多数为水相体系。这就启发人们采用分散聚合法制备水基磁性高分子复合微球，不仅能制备出比悬浮聚合尺寸小的产品，而且得到的磁性微球可直接分散在水相体系中，有利于后续生物分离过程的进行。从反应机理来讲，分散聚合是在反应开始前，将单体、引发剂和分散剂均溶解在介质中，随着反应的进行，当聚合物链达到临界值时便会从介质中沉淀分离出来，并借助于分散剂稳定在介质中。

细乳液聚合是一种由乳液聚合发展而来的聚合体系。人们发现，乳液体系中单体液滴的尺寸很小时，可以在液滴中发生成核作用形成乳胶粒。细乳液被用来制备磁性高分子微球的研究起步稍晚。当人们发现，悬浮聚合和分散聚合得到的磁性高分子微球粒径较大、粒径分布较宽，且磁物质的含量也始终难以突破 30%（质量分数）时，就开始寻求新的途径。细乳液由于其分散相液滴的尺寸一般在 50～500 nm 的范围，所以在制备小粒径磁性高分子微球方面占有优势。

以上悬浮聚合法、分散聚合法和细乳液聚合法由于聚合机理比较有利于制备有机/无机复合微球，故成为制备磁性高分子微球中应用较多的方法。但除此之外，也有人尝试其他聚合方法，如乳液聚合法、反相微乳液聚合法、原子转移自由基聚合法（ATRP）等。就乳液聚合而言，传统的胶束成核或者低聚物成核机理都不适合于磁性高分子复合微球的制备，所以需要将磁性粒子表面修饰上可参与反应或者与单体具有很好相容性的表面修饰剂。乳液聚合制备磁性高分子复合微球的优点是得到的产物粒径单分散性好，缺点是磁性物质的含量很低；微乳液聚合法主要是针对水溶性单体和磁性粒子复合而采用的一种方法，和乳液聚合相同，这种方法制备的微球 Fe_3O_4 含量也难以提高；原子转移自由基聚合法为制备单粒子包覆且结构为核/壳型的磁性聚合物纳米复合粒子开辟了一个新途径。表 2-3-2 为几种制备聚合物磁性微球的单体聚合法之比较。

表 2-3-2　几种制备聚合物磁性微球的单体聚合法之比较

聚合方法	悬浮聚合	分散聚合	乳液聚合	反相微乳液聚合	细乳液聚合
单体存在场所	颗粒、介质	颗粒、介质	单体珠滴、乳胶粒、胶束	胶束	分散液滴
磁性粒子存在场所	悬浮液滴	颗粒、介质	介质	胶束	分散液滴
引发剂存在场所	颗粒	介质、颗粒	介质		分散液滴
分散剂	需要	需要	不需要	不需要	不需要
乳化剂	不需要	不需要	需要	需要	需要
超疏水剂	可有可无	不需要	不需要	不需要	需要
粒径范围	1～1000 μm	1～20 μm	60～500 nm	60～300 nm，1～5 μm	5～500 nm
粒径单分散性	不好	较好	好	不好	较好
磁含量（质量分数）	<17%	<25%	<10%	<25%	>45%

（3）磁性粒子原位生成法。

20 世纪 90 年代初期，Ugelstad 等人用原位法制备磁性高分子微球，有效地解决了单体聚合法存在的问题。该方法是先制备单分散的致密或多孔的高分子微球，此微球含有可与铁盐形成配位键或离子键的基团，然后采用不同的方法在高分子微球表面或者内部，实施原位还原，将铁离子变为 Fe_3O_4 纳米颗粒，从而制备出磁性复合微球。此法制备出的磁性复合微球的优点是分散性好，Fe_3O_4 含量高；缺点是微球的尺寸一般在 500 nm 以上，多数为微米级。

此外，制备磁性高分子微球还有一些其他的方法，如自由基聚合法、溶剂挥发法、喷雾法、高压静电法和表面印迹技术等。

为了得到高磁响应性、生物分离稳定性好的磁性复合微球，人们主要从两方面提高微球性能：一是提高 Fe_3O_4 含量，对应于复合微球的高磁响应；二是单分散性，对应于复合微球的生物分离稳定性。目前制备磁性高分子微球的方法越来越趋向以小尺寸、单分散、强磁性及易功能化和生物相容性为目标。

4）磁性离子交换树脂

磁性离子交换树脂是用聚合物黏稠溶液与极细的磁性材料（如 γ-Fe_2O_3）混合，在选定的介质中经过机械分散，悬浮交联成为微小的球状磁体。包埋材料若是功能性聚合物，则可得磁性离子交换树脂；如果是惰性的高分子材料，还需要经过化学改性或接枝聚合使之具有离子交换功能。除此之外，也可以用单体或预聚体在磁粉表面聚合成型。

5）磁性聚合物膜

磁性聚合物膜的磁性来源于无机磁性物。制造无机磁性填料-聚合物复合膜的比较成熟的物理方法有真空沉积、离子镀、溅射等方法，化学方法有共混、电镀、化学镀、液相外延等方法，近年来还发展了离子交换-化学沉积、仿生合成、模板合成等方法。

2.3.3 磁功能高分子材料的特点和应用

1. 磁功能高分子材料的性能特点

由于有机磁性高分子材料既属于有机高分子材料又属于磁性材料，对这类材料的研究属于交叉学科，人们对这类新型材料的研究和认识尚不够深入，因此尽管许多专家及学者已对其进行了多方面的测量、试验和分析、研究，但对其特性的认识仍不系统、不准确、不全面。根据现已了解到的一些测试数据和文献报道可以初步归纳出其性能特点如下。

（1）该材料是采用高分子化工工艺制成的，如高分子再加上二茂铁的络合物，相对分子质量高达数千。有机物的主要构成元素是碳、氢、氮，结构和化学性能十分稳定。将磁粉加工制成磁性元件，不需烧结，只需热压成型，加工方便，且元件属塑性软磁产品，不产生因高温烧结而导致的尺寸偏差，且机械特性好，可进行车、铣、锯、钻等机械加工，抗震、抗冲击性好。

（2）从磁性能看，该材料属于软磁材料。其本征磁特性参数：比磁化强度为 20～27 $A \cdot m^2/kg$，剩余磁化强度为 2.91 $A \cdot m^2/kg$，矫顽力为 4.9 kA/m；应用磁特性参数：初始磁导率 μ_i（在 1000 MHz 时）为 3～6，比磁损耗 $\tan\delta/\mu_i$（在 1000 MHz 时）为 2.7×10^{-3}；低损耗适用频率范围为 200～3500 MHz。

（3）介电特性较好。电阻率不小于 10^{10} $\Omega \cdot cm$，在 1～1000 MHz 下，复数介电常数的实部 ε' 为 8.2～8.3，虚部 ε'' 为 0.21～0.22。

（4）温度适应性好。适应温度宽，为 1.5～450 K；由于有机高分子材料的结构非常稳定，所以磁性能随温度的变化很小，温度变化率 $\Delta\mu/\mu_i$ 在 −55～15 ℃间为 −0.4%，在 55～

125 ℃间为1.4%，直到有机高分子材料分解（220 ℃左右）破坏时磁性才立即消失，几乎无渐变过程，研究者暂时将此温度称作此种材料的居里温度。耐热冲击性好，在−45 ℃、20 ℃及125 ℃间循环升降温及从−45 ℃到100 ℃剧烈温度冲击下磁棒无异常。

（5）其他物理特性有密度低，磁粉（为纳米级微粉）密度为0.33 g/cm³，磁片或磁环密度为1.05～2.05 g/cm³，抗辐射，抗老化等。

目前，对有机磁性高分子材料的分子结构和产生磁性的机理尚不清楚。有关专家估计，二茂金属有机磁性高分子材料的磁性可能是源于磁性金属离子的有序排列。

2. 磁功能高分子材料的应用

1）磁性橡胶的应用

磁性橡胶用途相当广泛。随着科技的不断进步，磁性橡胶的应用也呈现日新月异的变化，在密封条、密封圈等零部件及电磁屏蔽、减震等领域得到广泛的应用，如用于电冰箱密封条、计算机存储及记忆装置、电磁屏蔽装置、电视音响、教具、玩具及医疗器械等。

把磁性粉末材料掺入橡胶和塑料等高聚合物中制成的磁性材料不易碎裂且加工性能好、柔软性好、质量轻、分子结构变化多样，是无机材料无法取代的，如德国大陆轮胎公司推出主要由磁化轮胎、胎侧扭矩传感器和车载电子控制系统三部分组成的智能轮胎。其关键技术是将磁粉混入轮胎侧胶料制成磁性橡胶条，并通过胎侧扭矩传感器从旋转的轮胎胎侧磁性胶条上采集信号，传输到驾驶室内的车载电脑转换为数据，来进行汽车的动态控制，这有利于驾驶员缩短制动距离，在弯道和各种不良路面上更好地控制车辆。非轮胎磁性橡胶制品在汽车上的应用也非常广泛，如汽车防抱死制动系统（ABS）轮毂轴承用多极磁性编码器，车用无刷直流微电机定子或转子磁极、磁性橡胶燃油管等。

2）磁性塑料的应用

作为复合型磁性高分子材料——磁性塑料，其在国外已经形成工业化生产规模，国内也在相继开发、研制和生产此类新技术新材料。随着电子工业的扩大和发展，机电产品小型化、轻量化、高精度化已经变成必然趋势，同时小型电动机、钟表等方面的磁应用也正在出现。铁氧体塑料磁体主要用于家用电器和日用品（如电冰箱、冷藏库的密封件），作为磁性元件用于电动机、电子仪器仪表、音响器械及磁疗等领域。稀土类塑料磁体，可应用于小型精密电动机、自动控制所用的步进电动机、通信设备的传感器、微型扬声器耳机、流量计、行程开关及微型电机等领域。

磁性塑料卷材是一种厚度为0.5～2 mm、幅宽为350～950 mm的柔性强磁性复合材料，其通过在合成树脂中添加铁氧体磁粉，再经过混合、塑炼、压延及充磁等多道工序而制成。制品质地柔软、表面光滑且具有强磁性，具有其他产品无法替代的优良性能和特点，即制品尺寸精度高；采用塑料加工方法生产，生产效率高；冲击性能好，柔性较佳；质量较轻；节省能源。磁性塑料卷材大量用于文教、微电机、造船工业及金属结构容器加工行业。其用于绘图板及装饰用板条时，直接经济效益十分可观。

磁性泡沫塑料综合了磁性塑料和泡沫塑料的性能特点，是一种新型功能性材料。其主要特点为质量轻，无毒、无异味，耐老化；易进行黏结、切割和热成型等二次加工；制品脆性小、磁性稳定；易于装配，有利于电磁设备的小型化、轻量化、精密化和高性能化；部分磁性泡沫塑料具有导电性和金属特性；具有较高的弹性和韧性。磁性泡沫塑料吸波效果好、力学性能优良、加工工艺稳定可靠、结构和组分容易控制，并且对电磁波的吸收显示出了很强的设计适应性。在电子工业中，可用于小型精密电动机、步进电动机、小型发电机、通信设备传感器、继电器、音响设备等。在电动机及转动机械中，可用于微电动机及玩具电动机中的定子和转子、磁轴承等。在活性污泥的处理过程中，将纳米磁性粒子与PU等塑料载体混合后形成的磁性泡沫塑料放入活性污泥中，可以保持其中微生物生长和死亡的动态平衡，同时提高污水处理效率，阻止污泥体积膨胀。目前，磁性泡沫塑料的研究与应用在我国尚处于初级阶段，但可以预见，磁性泡沫塑料的开发与应用将大幅度提高我国军工设备和民用产品的实用性能，具有广阔的应用前景。

磁性塑料今后的发展方向，主要有以下几个方面：①在利用磁体的吸附、弹斥等方面，有磁性轴、磁性指示器和磁铁滚子等；②在旋转机器等方面，有步进电动机、无铁芯电动机和小型发电机等；③在音响设备应用方面，有膜型扩大器、电子蜂鸣器和耳机受话器等；④在磁疗保健方面，有各种磁化杯、梳、缶、鞋和各种日用品、保健品；⑤在其他方面，有磁铁传感器、限制开关和液面极化感应器等。

3）磁性高分子微球的应用

磁性高分子微球作为新型的磁性高分子复合材料，其独特的性质主要体现在：①比表面积效应，即表面效应与体积效应，随着微球的细化，其粒径达到微米级甚至纳米级时，比表面积激增，促使微球官能团密度变大，选择吸收能力增强，进而缩短吸附平衡的时间，提高其稳定性；②磁效应，当有外加磁场的存在时，该性质使微球易分离，并可定向流动；③生物相容性，微球外层的多糖、蛋白质等安全无毒的高分子材料，可在人体内降解；④表面功能基团，磁性高分子微球具有—OH、—COOH、—SH等功能基团，可连接免疫蛋白、生物酶等生物活性物质。

磁性高分子微球不仅具有无机磁性颗粒的超顺磁性，可以利用外加磁场的作用完成定向运动，同时又具有高分子材料的生物相容性和功能基特性，这使得其在细胞分离、磁性靶向给药、固定化酶、食品安全检测、污水处理等方面得到了广泛的应用。

（1）细胞分离。

细胞的标记和分离是磁性高分子微球最早的应用之一，其主要原理是在磁性微球表面连接单克隆抗体，形成免疫磁珠，利用抗体与目标细胞表面的抗原发生特异性结合，在外加磁场的磁力作用下，连接了磁性微球的细胞便可进行定向移动，从而实现细胞分离。此种方法与传统的细胞分离方法相比，具有分离速度快、分离纯度高、分选方式灵活（正选法、负选法）、分离细胞量大、操作步骤简单、易于获得无菌细胞等优点。

（2）磁性靶向给药。

磁性靶向给药的基本原理是将磁性高分子微球作为特定药物的载体，口服或注射入体内，利用外加磁场的磁力作用引导磁球至病变区域后释放。由于磁球是与药物同时进入人体的，所以用于磁性靶向给药的磁性高分子微球必须满足可降解、粒径小于1.5 μm以便均匀分布的同时不阻塞血管，具有最大的生物相容性和最小的抗原性等特点。由于磁性靶向给药大幅度提高了用药效率，并且降低甚至避免了药物对其他正常组织的毒副作用，目前已得到广泛的应用。

（3）固定化酶。

生物酶由于具有十分高的催化反应活性，并且酶催化物有非常好的专一性，而成为诸多领域理想的催化剂，但由于生物酶无法人工合成，而提取过程也十分复杂，造成了生物酶的成本非常高。磁性高分子微球进行酶的固定化很好地解决了这一难题，一方面磁性微球的优良特性保证了酶的存放稳定性和操作稳定性，同时提高了酶的使用效率，可连续生产，而磁性微球也可反复利用，大幅度降低了成本。

4) 磁性离子交换树脂的应用

磁性离子交换树脂主要用于水处理领域。溶解性有机物(DOC)是水源水中最为常见的天然有机物,MIEX 树脂对 DOC 的去除能力较强,MIEX 树脂对原水中的 DOC 的去除率约为 40%~70%,比任何形式的单体工艺的去除效果都要好;MIEX 树脂在去除水中的天然有机物的同时,对无机阴离子(Br^-、SO_4^{2-} 和 NO^{3-} 等)也有一定的去除效果,无机阴离子的去除效果取决于树脂投加量;水中的溶解性有机物是消毒副产物的前体物,MIEX 树脂能降低水中 DOC 的浓度,有效控制消毒副产物的生成;MIEX 树脂对地表水和污水中广泛存在的微量污染物也有一定的去除能力,包括杀虫剂、天然或合成的人工激素及活性药理产品等。

MIEX 树脂可以像混凝剂和活性炭粉末一样投加到水处理过程中,它的磁性特征可以促使其加速聚集成大颗粒沉淀,作为预处理工艺用于去除 DOC。由于它对浊度、颗粒物和微生物没有去除能力,所以在水处理中不能单独使用,常和其他水处理工艺联用提高出水水质。MIEX 树脂与混凝剂联用,能够有效地去除浊度和部分有机物;MIEX 树脂与臭氧联用能有效去除原水中的 DOC 和 Br^-,明显改善出水水质;在活性炭之前使用 MIEX 树脂预处理,MIEX 树脂可以去除高分子量的有机物,从而减少高分子量有机物对活性炭的堵塞现象;MIEX 树脂对低分子量的有机物有着很好的去除效果,所以和膜联用能够降低膜污染,增加出水量。

5) 磁性聚合物膜的应用

事实上,大部分磁性材料在应用时多以薄膜形式出现。磁性塑料薄膜既具有磁记录、磁分离、吸波、缩波等磁特性,又具备质量轻、柔韧性好、加工性能优异等高分子特性,可将其用作高磁记录密度的磁膜、分离膜、电磁屏蔽膜,从而在功能性记忆材料、膜分离材料、隐身材料、微波通信材料等多种军用、民用领域得到广泛应用。

早期的无机磁性填料——聚合物复合膜的应用,主要是将超细铁氧体磁粉和聚合物基体复合,再涂覆在聚酯薄膜上形成记录用磁带。随着人们对尖端膜材料、先进成膜技术的发展,对膜结构的控制,以及对膜的物理、化学行为的深入研究,将膜作为提供特异的反应场、信息传递场、能量转化场等特异功能场的功能材料的研究和应用增多。利用聚合物膜特殊的机械、电子、光学、磁学特性,可将其用于发光二极管、抗蚀保护层、膜传感器、导电膜、非线性光学器件及气体分离膜等。

根据磁性高分子材料特有的优异性能,它将广泛用于以下几方面。①高存储信息的新一代记忆材料。利用磁性高分子材料可以成膜等特点,在亚分子水平上形成均质的高分子磁膜,可大幅度提高磁记录密度,以开发高存储信息的光盘和磁带等功能性记忆材料。②轻质、宽带微波吸收剂。磁性高分子材料与导电材料复合可制成电、磁双损型轻质、宽带微波吸收剂,将在航天、电磁屏蔽和隐形材料等方面获得重要用途。③磁控传感器的开发。利用磁场变化控制温度、溶剂和气体等的传感器件以及受光、热控制的新型电磁流体的开发是磁性高分子材料重要的应用方向。④生物体中的药物定向输送。低密度可任意加工的磁性高分子材料的诞生,可实现生物体中的药物定向输送,大幅度提高疗效,并有可能引起医疗事业的一场变革。⑤低磁损高频、微波通信器件的开发。

随着人们对磁性理论和高分子材料研究的深入,将合成出更多具有实用价值的磁功能高分子材料,这些有机磁功能高分子材料的应用将在航天、航空、军工、信息、超导等领域引发一系列重大的技术革新。

思考题

(1) 感光高分子材料有哪几种类型？其光响应机理各是什么？

(2) 举例说明几种重要的感光高分子材料，并说明应用领域。

(3) 导光高分子材料有哪些主要品种？其主要应用于哪些领域？

(4) 什么是非线性光学材料？代表性非线性高分子光学材料有哪些？其主要应用于哪些领域？

(5) 什么是导电高分子材料？导电高分子材料具有什么性质，有哪些种类？

(6) 什么是复合型导电高分子材料？复合型导电高分子材料有哪几种结构？其主要应用在哪些方面？

(7) 什么是本征型导电高分子材料？本征型导电高分子材料有几种类型？其导电机理分别是什么？其主要应用于哪些方面？

(8) 什么是高分子驻极体？其具有哪些性质？主要应用于哪些方面？

(9) 什么是电致发光高分子材料？其主要应用于哪些领域？

(10) 什么是电致变色高分子材料？其主要应用在哪些领域？

(11) 什么是磁功能高分子材料？其分类情况如何？

(12) 磁性高分子微球的制备方法有哪些？简述其主要特点及应用情况。

(13) 简述磁性塑料的成型工艺及制备方法。

第3章 生物医用功能材料

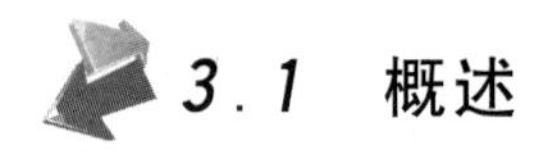

3.1 概述

3.1.1 医用高分子材料的概念及其发展简史

伴随着时代的进步和社会的发展，人类的生命现象及其健康问题越来越受到关注和重视，从而诞生了生命科学等一些新兴学科，且呈现出蓬勃发展的趋势。生命科学是 21 世纪备受关注的新型学科，而与人类健康休戚相关的生物医学在生命科学中占有相当重要的地位。生物医用材料是生物医学的分支之一，是由生物、医学、化学和材料学等学科交叉形成的边缘学科，而医用高分子材料则是生物医用材料中的重要组成部分，主要用于人工器官、外科修复、理疗康复、诊断检查、患疾治疗等医疗领域。

医用高分子材料是在高分子材料科学不断向医学和生命科学渗透，且高分子材料广泛应用于医学领域的过程中逐步发展起来的一大类功能高分子材料。医用高分子材料的研究至今已有六十多年的历史。1949 年，美国首先发表了医用高分子材料的展望性论文，首次介绍了利用聚甲基丙烯酸甲酯作为人的头盖骨和关节，利用聚酰胺纤维作为手术缝合线的临床应用情况。如今，医用高分子材料的研究，已形成了一门介于现代医学和高分子材料科学之间的新兴边缘学科。

众所周知，生物体是有机高分子存在的最基本形式，有机高分子是生命的基础。动物体与植物体组成中最重要的物质——蛋白质、肌肉、纤维素、淀粉、生物酶和果胶等都是高分子化合物，因此可以说，生物界是天然高分子的巨大产地。高分子化合物在生物界的普遍存在决定了它们在医学领域中的特殊地位。在各种材料中，高分子材料的分子结构、化学组成和理化性质与生物体组织最为接近，因此最有可能用作医用材料。

国际标准化组织（ISO）法国会议专门定义的“生物材料”就是生物医用材料，它是指“以医疗为目的，用于与组织接触以形成功能的无生命的材料”。

随着经济的发展、人民生活水平的提高及人口老龄化程度的加剧，社会对包括生物医用高分子材料在内的生物材料的需求正在高速增加。以直接植入或与生理系统结合使用的高技术生物医用材料及其制品为例，其世界市场年增长率达 15%～20%，2002 年销售额达 500 亿美元，2007 年已逾 1 000 亿美元，占整个医疗器械市场的 40%以上，已成长为世界经济的一个支柱性产业。国内的生物医用高分子材料研究始于 20 世纪 70 年代初，由北京大学冯新德院士、南开大学何炳林院士开创。40 年来，特别是近 10 年来，在国家自然科学基金、“973 计划”、“863 计划”、国家科技支撑计划的大力支持下，我国不仅形成了一批从事生物医用高分子材料研发的科技创新团队，而且取得了举世瞩目的进展，在药物控制释放、基因传递、诊断、组织工程和血液相容材料等方面产生了重要的国际影响，并已形成了相当规模的生物医用高分子材料及其制品的产业。

医用高分子材料发展的动力来自医学领域的客观需求。当人体器官或组织因疾病或外伤受到损坏时，迫切需要器官移植，然而人体自身的器官（如少量皮肤）只在很少的情况下可以满足需要。采用同种异体移植或异种移植，往往具有排异反应，严重时可导致移植失败。在此情况下，人们自然设想到利用其他材料修复或替代受损器官或组织。早在公元前3500年，埃及人就用棉花纤维、马鬃缝合伤口，墨西哥印第安人用木片修补受伤的颅骨。公元前500年，中国和埃及的墓葬中发现有假牙、假鼻和假耳。进入20世纪，高分子科学迅速发展，新的合成高分子材料不断出现，为医学领域提供了更多的选择余地。1936年发明了有机玻璃（PMMA）后，很快就用于制作假牙和补牙，至今仍在使用。1943年，赛璐珞（硝酸纤维素制成）薄膜开始用于血液透析。1949年，美国首先发表了医用高分子材料的展望性论文，第一次介绍了利用PMMA作为人的头盖骨、关节和股骨，利用聚酰胺纤维作为手术缝合线的临床应用情况。20世纪50年代，有机硅聚合物被用于医学领域，使人工器官的应用范围大幅度扩大，包括器官替代和美容等方面。此后，一大批人工器官，如人工尿道（1950年）、人工血管（1951年）、人工食道（1951年）、人工心脏瓣膜（1952年）、人工心肺（1953年）、人工关节（1954年）、人工肝脏（1958年）等均在20世纪50年代试用于临床。进入20世纪60年代，医用高分子材料开始进入一个崭新的发展时期——医用高分子材料的专门设计与合成。

20世纪60年代以前，医用高分子材料的选用主要是根据特定需求从已有的材料中筛选出合适的加以应用。由于这些材料不是专门为生物医学目的设计和合成的，因此在应用中出现了许多问题，如凝血问题、炎症反应与组织病变问题、补体激活与免疫反应问题等。人们由此意识到，必须针对医学应用的特殊需要，设计合成专用的医用高分子材料。美国国家心肺血液研究所在这方面做了开创性的工作，他们发展了血液相容性高分子材料，用于与血液接触的人工器官制造，如人工心脏等。从20世纪70年代始，高分子材料学家和医学家积极开展合作研究，使医用高分子材料快速发展起来，并不断取得成果。20世纪80年代，发达国家的医用高分子材料产业化速度加快，基本形成了一个崭新的生物材料产业。近50年来，高分子材料已经越来越多地应用于医学领域，造福于人类。聚酯纤维用作人工血管和食道植入体内，替代病变或失去功能的血管和食道；有机玻璃用作人工骨骼、人工关节，使患者恢复正常的生活与工作能力；中空纤维状渗透膜用于人工肾脏，挽救了不少肾功能衰竭患者的生命；硅橡胶、聚氨酯等材料制成的人工心脏瓣膜，经手术置换后，可使严重心脏病患者获得新生；用高分子材料制成的人造血液，给身患血癌绝症的病人带来希望；人造玻璃体、人造皮肤、人工肝脏、人工肺等一大批人工器官的研制成功，大幅度促进了现代医学的发展。

生物医用高分子材料作为一门边缘学科，融合了高分子化学、高分子物理、生物化学、合成材料工艺学、病理学、药理学、解剖学和临床医学等多方面的知识，还涉及许多工程学问题，如各种医疗器械的设计、制造等。上述学科的相互交融与渗透，对医用高分子材料提出了越来越严格且复杂的多功能要求，促使生物医用高分子材料的品种越来越丰富，性能越来越完善，功能越来越齐全。高分子材料虽然不是万能的，不可能指望它解决一切医学问题，但通过分子设计的途径，合成出具有生物医学功能的理想生物医用高分子材料的前景是十分广阔的。有人预计，在21世纪，医用高分子材料将进入一个全新的时代。除了大脑之外，人体的所有部位和脏器都可用高分子材料来取代。仿生人也将比想象中更快地来到世上。生物医用高分子材料的发展，对于战胜危害人类的疾病，保障人类身体健康，探索人类生命的奥秘，无疑具有极其重大的意义。因此，如何快速发展新型的多功能医用高分子材料，已成为医学、药物学和化学工作者共同关心的问题。

美国于1958年成立了美国人工器官学会，1975年又成立了以高分子材料研究为中心的医用材料协会，并出版了《医用材料研究》杂志。1962年，日本人工器官学会也宣告成立。1977年，“国际人工器官学会”成立，并在东京举行了第一次学术讨论会。英国成立的“药用与生物用材料联合会”和“生物工程协会”也将研究重点放在医用高分子和药用高分子的开发研究上。所有这些活动，都充分显示了生物医用高分子材料研究领域的异常活跃和生物医用高分子材料发展的远大前景。

经过多年的艰苦努力，目前用高分子材料制成的人工器官中，比较成功的有人工血管、人工食道、人工尿道、人工心脏瓣膜、人工关节、人造骨骼、整形材料等。已取得重大研究成果但尚需不断完善的有人工肾脏、人工心脏、人工肺、人工胰脏、人工眼球、人造血液等。另有一些功能较为复杂的器官，如人工肝脏、人工胃、人工子宫等，则正处于大力研究开发之中。从应用情况看，人工器官的功能开始从部分取代向完全取代发展，从短时间应用向长时期应用发展，从大型向小型化发展，从体外应用向体内植入发展，人工器官的种类从与生命密切相关的部位向人工感觉器官、人工肢体发展。

在生物医用高分子材料的发展过程中，遇到的一个巨大难题是材料的抗血栓问题。当生物医用高分子材料用于人工器官植入体内时，必然要与血液接触。由于人体的自然保护性反应将产生排异现象，其中之一即为在材料与肌体接触表面产生凝血（即血栓），结果将造成手术失败，严重的还会造成生命危险。对高分子材料的抗血栓性研究，是广大科研工作者极为重视的问题，并投入了大量的人力、物力和财力，但至今尚未制得可完全抗血栓的高分子材料。这个问题将是今后医用高分子材料研究中的首要课题。

我国生物医用高分子材料的研究总体上起步于改革开放以后。虽然自 20 世纪 70 年代开始，我国许多高校和科研部门的科学工作者就已涉足生物医用高分子材料研究的主要前沿领域，也做出了具有相当水平的研究工作，但在临床推广和产业化的进程方面却举步艰难，远落后于国外生物医用材料的发展。生物医用高分子材料及其制品在国民经济中所占的市场份额还相当低。20 世纪 80 年代以来，我国的医用高分子材料研究获得持续发展。进入 20 世纪 90 年代，生物材料得到国家自然科学基金重大项目和“863 计划”的重点资助，一大批基础研究成果和实用技术涌现出来，使得我国的生物材料研究水平接近并在部分领域达到国际先进水平。特别是从 1995 年开始，我国的生物医学材料的研究与开发开始有了相当大的发展，在生物医学材料的基础研究方面，做出了一些具有较高水平创新性的研究成果，引起了国际同行的瞩目。例如，在硬组织修复材料和血液灌流吸附材料方面已实现产业化；在药物控制释放体系的研究中，医用生物降解材料的研究与开发方面已有了较大突破。一些新型的医用生物降解材料及用其控制释放的药物新剂型的开发已分别处于实验室研究、动物试验和临床试验阶段。这些成果对我国医学材料和医药工业的发展起到了推动作用。目前，我国的生物医用高分子材料产业正在孕育之中，一批生物材料和器件（器官）正在实现产业化。

3.1.2 生物医用高分子材料的分类

生物医用高分子材料是一门较年轻的学科，发展历史不长，至今对其定义尚不十分明确。另外，由于生物医用高分子材料是由多学科参与的交叉学科，根据不同学科领域的习惯出现了不同的分类方式，如根据来源、应用目的、活体组织对材料的影响等。这些分类方法和各种医用高分子材料的名称目前还处于混合使用状态，尚无统一的标准。

世界著名医用高分子专家、日本的樱井靖久将生物医用高分子材料分成如下的六大类。

(1) 与生物体组织不直接接触的材料。

这类材料用于制造那些虽然在医疗卫生部门使用，但是不直接与生物体组织接触的医疗器械和用品，如药剂容器、输血用血浆袋、输血输液用具、注射器、化验室用品（试剂瓶、培养瓶、便痰采样器、血球计量器等)、手术室用品(手术器械、手术衣、面罩、刷子、托盘等)、麻醉用品(蛇腹管、蛇腹袋等)。

(2) 与皮肤、黏膜接触的材料。

用这类材料制造的医疗器械和用品,需与人体的皮肤和黏膜接触,但不与人体内部组织、血液、体液接触,因此要求无毒、无刺激,有一定的机械强度。用这类材料制造的物品有手术用手套、麻醉用品(吸氧管、口罩、气管插管等)、诊疗用品(洗眼用具,耳镜,压舌片,灌肠用具,肠、胃、食道窥镜导管和探头,肛门镜,导尿管等)、绷带、橡皮膏等。此外,人体整容修复材料,如假肢、假耳、假眼、假鼻等,也可归入这一类。

(3) 与人体组织短期接触的材料。

这类材料大多用来制造在手术中暂时使用或暂时替代病变器官的人工脏器,如人造血管、人工心脏、人工肺、人工肾脏渗析膜、人造皮肤等。这类材料在使用中需与肌体组织或血液接触,故一般要求有较好的生物体适应性和抗血栓性。

(4) 长期植入体内的材料。

用这类材料制造的人工脏器,一经植入人体内,将伴随人的终生,不再取出,因此要求有非常优异的生物体适应性和抗血栓性,并有较高的机械强度和稳定的化学、物理性质。用这类材料制备的人工脏器有:脑积水症髓液引流管、人造血管、人工瓣膜、人工气管、人工尿道、人造骨骼、人工关节、手术缝合线、组织黏合剂等。

(5) 药用高分子材料。

这类高分子包括大分子化的药物和药物高分子。前者指将传统的小分子药物大分子化,如聚青霉素;后者则指本身就有药理功能的高分子,如阴离子聚合物型的干扰素诱发剂。

(6)医疗诊断用高分子材料。

将可检测的生物活性物质固载于功能高分子材料表面,这样的高分子材料便可以应用于疾病的检测、诊断。高分子材料应用于临床检测具有诸多优点,如高灵敏度、快速、简便、多样化等。随着高分子科学的发展和新型功能高分子材料的开发,高分子材料在临床检测诊断领域的应用日益广泛,如诊断用微球、诊断用磁性微球和诊断用生物传感器等。

除此之外,还有多种常用的分类方法,简述如下。

1) 按材料的来源分类

按材料的来源分类,医用高分子材料分为以下三类。

(1) 天然医用高分子材料。

如胶原、明胶、丝蛋白、角质蛋白、纤维素、黏多糖、甲壳素及其衍生物等。

(2) 人工合成医用高分子材料。

如聚氨酯、硅橡胶、聚酯等。

(3) 天然生物组织与器官。

天然生物组织用于器官移植已有多年历史,至今仍是重要的危重疾病治疗手段。天然生物组织包括:取自患者自体的组织(例如采用自身隐静脉作为冠状动脉搭桥术的血管替代物),取自其他人的同种异体组织(例如利用尸体角膜治疗患者的角膜疾病),来自其他动物的异种同类组织(例如采用猪的心脏瓣膜代替人的心脏瓣膜以治疗心脏病)。

2) 按材料与活体组织的相互作用关系分类

采用该分类方式,有助于研究不同类型高分子材料与生物体作用时的共性。

(1) 生物惰性高分子材料。

在体内不降解、不变性、不会引起长期组织反应的高分子材料,适合长期植入体内。

（2）生物活性高分子材料。

其原意是指植入材料能够与周围组织发生相互作用，一般指有益的作用。如在金属植入体表面喷涂羟基磷灰石，植入体内后，其表层能够与周围骨组织很好地相互作用，以增加植入体与周围骨组织结合的牢固性。但目前尚有一种广义的解释，是指对肌体组织、细胞等具有生物活性的材料，除了生物活性植入体之外，还包括高分子药物、诊断试剂、高分子修饰的生物大分子治疗剂等。

（3）生物吸收高分子材料。

这类材料又称为生物降解高分子材料。这类材料在人体内逐渐降解，其降解产物可以被肌体吸收代谢，或通过排泄系统排出体外，对人体健康没有影响，如用聚乳酸制成的体内手术缝合线、体内黏合剂等。

3）按生物医学用途分类

采用此分类方法，便于比较不同结构的生物材料对各种治疗目的的适用性。

（1）硬组织相容性高分子材料。

这类材料主要包括用于骨科、齿科的高分子材料，要求具有与替代组织类似的机械性能，同时能够与周围组织牢固结合在一起。

（2）软组织相容性高分子材料。

这类材料主要用于软组织的替代与修复，往往要求材料具有适当的强度和弹性，不会引起严重的组织病变。

（3）血液相容性高分子材料。

这类材料用于制作与血液接触的人工器官或器械，要求不引起凝血、溶血等生理反应，与活性组织有良好的互相适应性。

（4）高分子药物和药物控释高分子材料。

这类材料是指本身具有药理活性或辅助其他药物发挥作用的高分子材料，随制剂不同而有不同的具体要求，但都必须无毒副作用、无抗原、不会引起免疫反应。根据经典的观点，高分子药物甚至药物控释高分子材料不包含在医用高分子材料范畴之内。随着该领域的快速发展，这一观念也在改变之中。

4）按与肌体组织接触的关系分类

这种分类方法是按材料与肌体接触的部位和时间长短进行分类的，便于对使用范围类似的不同材料与制品进行统一、标准的安全性评价。

（1）长期植入材料。

这类材料是指植入体内并在体内存在一定时间的材料，如人造血管、人工关节、人工晶状体等。

（2）短期植入（接触）材料。

这类材料是指短时期内与体内组织或体液接触的材料，如血液、体液体外循环的管路和器件（透析器、心肺机等）。

（3）体内体外连通使用的材料。

这类材料是指使用中部分在体内而部分在体外的器件，如心脏起搏器的导线、各种插管等。

（4）与体表接触材料及一次性使用医疗用品材料。

如指套、手套、吸痰管、阴道窥镜等。

上述各种分类方法基本上全面地反映了生物医用高分子材料的全貌，各有优点与不足，且略显烦琐。

目前，在实际应用中，更实用的分类方法是仅将生物医用高分子材料分为两大类。

一类是直接用于治疗人体某一病变组织、替代人体某一部位或某一脏器、修补人体某一缺陷的材料，如用作人工管道（血管、食道、肠道、尿道等）、人造玻璃体（眼球）、人工脏器（心脏、肾脏、肺、胰脏等）、人造皮肤、手术缝合用线、组织黏合剂、整容材料（假耳、假眼、假鼻、假肢等）的材料。

另一类则是用来制造医疗器械、用品的材料，如注射器、手术钳、血浆袋等。这类材料用来为医疗事业服务，但本身并不具备治疗疾病和替代人体器官的功能，因此不属生物医用高分子材料的范畴。至于高分子药物，国内通常将其单独列为一类功能性高分子材料，故不在生物医用高分子材料范围内讨论。

本章所讨论和介绍的，限于直接用于治疗人体病变组织，替代人体病变器官，修补人体缺陷的生物医用高分子材料。

3.1.3 生物医用高分子材料的基本要求

生物医用高分子材料是一类特殊用途的材料。它们在使用过程中，常需与生物肌体、血液、体液等接触，有些还需长期植入体内。由于生物医用高分子材料与人们的健康密切相关，因此对进入临床使用阶段的生物医用高分子材料具有严格的要求，要求具有十分优良的特性。归纳起来，具备了以下八个方面性能的材料，可以考虑用作生物医用高分子材料。

1. 在化学上是惰性的，不会因与体液接触而发生反应

众所周知，人体是一个十分复杂的环境，各部位的性质差别很大。如肠液是碱性的，而血液在正常状态下是微碱性的。血液和体液中含有大量的 Na^+、K^+、Ca^{2+}、Mg^{2+}、Cl^-、HCO_3^-、$PO_4{}^{3-}$ 和 SO_4^{2-} 等离子，以及 O_2、CO_2、H_2O、类脂质、类固醇、蛋白质和各种生物酶等物质。在这样复杂的环境中，长期工作在人体内的高分子材料必须具有优良的化学稳定性，否则在使用过程中，不仅材料本身性能不断发生变化，影响使用寿命，且新产生的物质可能对人体产生危害。如聚烯烃类聚合物在人体内生物酶的作用下，易发生主链断裂反应，产生自由基，对人体有不良影响。

人体环境对高分子材料的作用，主要有以下形式：

（1）体液引起聚合物的降解、交联和相变化；

（2）体内的自由基引起高分子材料的氧化降解反应；

（3）生物酶引起的聚合物分解反应；

（4）在体液作用下，高分子材料中的添加剂溶出，引起性质的变化；

（5）血液、体液中小分子的类脂质、类固醇及脂肪等物质渗入高分子材料，使材料增塑，强度下降。

因此，在选择材料时，必须考虑上述因素。例如，聚酰胺、聚氨酯中的酰胺基团、氨基甲酸酯基团都是极易水解的基团，故在人体内易降解而失去强度。而硅橡胶、聚乙烯、聚四氟乙烯等材料分子中无可降解基团，故稳定性相对较好。聚氨酯经嵌段改性后，化学稳定性也有所提高。

值得指出的是，对生物医用高分子材料来说，在某些情况下，"老化"并不一定都是贬义的，有时甚至还有其积极意义。如作为医用黏合剂用于组织黏合，或作为医用手术缝合线时，在发挥了相应的效用后，反倒不希望它们有太好的化学稳定性，而是希望它们尽快地被组织所分解、吸收或者迅速排出体外。在这种情况下，对材料的附加要求是在分解过程中，不应产生对人体有害的中间产物或副产物。

2. 对人体组织不会引起炎症或异物反应

有些高分子材料本身对人体有害,不能用作医用材料;有些高分子材料本身对人体组织并无不良影响,但在合成时不可避免地会残留一些单体,或使用一些添加剂,当材料植入人体后,这些单体和添加剂会缓慢地从内部迁移到表面,从而对周围组织产生作用,引起炎症或组织畸变,严重的可引起全身性反应。

外物植入体内引起的组织反应大致有四种情况。

(1) 急性局部反应。

如局部炎症、坏死、异物排斥反应形成血栓等。

(2) 慢性局部反应。

如局部炎症、肉芽增生、组织增生、钙沉积、组织粘连、溃疡、致癌、形成血栓等。

(3) 急性全身性反应。

如急性毒性感染、发热、神经麻痹、循环障碍等。

(4) 慢性全身性反应。

如慢性中毒、脏器功能障碍、组织畸变等。

因此,生物医用高分子材料在制备过程中要经过仔细纯化,材料的配方组成和添加剂的品种、规格要严格控制,成型加工的工艺条件、环境及包装材料的选用也要严格保证。另外,高分子材料在植入人体之前,必须通过体内试片埋植法进行生物体试验,确保万无一失。

3. 不会致癌

现代医学理论认为,人体致癌的原因是正常细胞发生了变异。当这些变异细胞以极其迅速的速度增长并扩散时,就形成了癌。引起细胞变异的因素是多方面的,有化学因素、物理因素和生物因素。当医用高分子材料植入人体后,高分子材料本身的性质,如化学组成、交联度、相对分子质量及其分布、分子链构象、聚集态结构、高分子材料中所含的杂质、残留单体、添加剂都可能与致癌因素有关。但研究表明,在排除了小分子渗出物的影响之外,与其他材料相比,高分子材料本身并没有更多的致癌可能性。

4. 具有良好的血液相容性,不会在材料表面凝血

人体的血液在表皮受到损伤时会自动凝固,这种血液凝固的现象称为凝血。这是一种生物体的自然保护性反应,否则,一旦皮肤受伤即流血不止,生命将受到威胁,因此凝血现象是生物进化和自然选择的结果。高分子材料与血液接触时,也会产生血栓。因为当异物与血液接触时,血液流动状态发生变化,情况与表面损伤类似,因此也将在材料表面凝血而产生血栓。

当高分子材料用于人工脏器植入人体后,必然要长时间与体内的血液接触,因此,医用高分子材料与血液的相容性是所有性能中最重要的。

血液相容性是指材料在体内与血液接触后不发生凝血、溶血现象,不形成血栓。发生凝血现象会造成严重的生理破坏作用,是医用高分子材料特别是植入式高分子材料必须防止的现象。生物体的凝血是一个非常复杂的生物过程,属于生物体内的一种自我保护机制。一般认为凝血机理是材料与血液接触后,首先蛋白质、脂质吸附在材料表面,其中部分化学结构由于吸附产生构象变化,释放出凝血因子,导致血液内部各成分的相互作用,特别是血小板作用导致凝血。这些相互作用包括血细胞凝血因子的活化,导致纤维蛋白凝胶的形成,进而吸附血小板并发生形变放出第三因子,第三因子凝血体系的活化产生凝血反应。吸附后的凝血酶、纤维蛋白在材料表面交织成网状，与血小板、红细胞等形成血栓。显然，血液相容性只与材料的表面性质有关，而与材料内部的结构无关。

研究表明，具有如下表面性质的材料表现出血液相容性。

(1) 具有较低界面能的材料。

它们吸附蛋白质的能力较低，因此具有抗凝血作用。

(2) 表面具有亲水或疏水性。

具有强亲水性和强亲脂性界面的材料都有较高血液相容性，具有亲水和亲脂交替嵌段共聚的材料有更好的血液相容性。

(3) 具有负电荷界面的材料。

例如，在材料中引入阴离子基团或用电荷注入方式使界面带有负电荷，都可以提高抗凝血作用。

(4) 通过表面改性在材料表面附着一层抗凝血物质。

例如，用抗凝血的肝素吸附在材料表面，可以有效地提高材料抗凝血效果。

高分子材料的血液相容性问题是一个十分活跃的研究课题，世界各国都有大量科学家在潜心研究，进展也颇为显著。但至今尚未制得一种能完全抗血栓的高分子材料。这一问题的彻底解决还有待于各国科学家的共同努力。

5. 长期植入体内，机械强度不会减小

许多人工脏器一旦植入体内，将长期存留，有些甚至会伴随人们的一生，因此要求植入体内的高分子材料在极其复杂的人体环境中，不会很快失去原有的机械强度。

事实上，在长期的使用过程中，高分子材料受到各种因素的影响，其性能不可能永远保持不变。现仅希望变化尽可能少一些，或者说其寿命尽可能长一些。这就要求在选择材料时，尽可能全面地考察人体环境对材料所可能造成的各种影响。一般来说，化学稳定性好的、不含易降解基团的高分子材料，机械稳定性也比较好。如聚酰胺的酰胺基团在酸性和碱性条件下都容易降解，因此将其用来制作人体各种部件时，均会在短期内损失其机械强度，故一般不适宜选作植入材料。表3-1-1是一些高分子材料以纤维形式植入狗的动脉后其机械强度的损失情况。

表3-1-1　高分子材料在狗体内的机械稳定性

材料名称	植入天数	机械强度损失/(%)	材料名称	植入天数	机械强度损失/(%)
尼龙-6	761	74.6	聚丙烯酸酯	670	1.0
	1073	80.7	聚四氟乙烯	677	5.3
涤纶树脂	780	11.4			

有时，高分子材料植入人体后，要承受一定的负荷和恒定的动态应力。如作为关节材料，既要承受负荷，又需要在动态条件下工作，因此存在着因研磨而引起的磨损问题。材料的机械性能降低，不仅会使材料本身被破坏，失去使用功能，且聚合物碎粒植床式插入周围组织，还会引起周围组织的炎症和病变。

6. 能经受必要的清洁消毒措施而不产生变性

高分子材料在植入体内之前，都要经过严格的灭菌消毒。目前，灭菌处理一般有蒸汽灭菌、化学灭菌和 γ 射线灭菌三种方法，国内大多采用前两种方法。因此在选择材料时，要考虑其耐受性。

(1) 蒸汽灭菌。

蒸汽灭菌一般是在压力灭菌器中进行的,温度可达 120～140 ℃。软化点较低的聚合物在此温度下将发生变形,故不能选用。

(2) 化学灭菌。

化学灭菌采用灭菌剂灭菌,常用的灭菌剂有环氧乙烷、烷基(芳基)季铵盐(如新洁尔灭)、碘化合物(如碘附)、甲醛、戊二醛、过氧乙酸等。它们的优点是可以低温消毒,材料在消毒过程中不存在变形问题,但新产生的问题是容易与高分子材料发生副反应。例如,环氧乙烷易与聚氯乙烯反应生成氯乙醇,含有活泼氢原子的聚合物(如酚醛树脂、氨基树脂)可被环氧乙烷羟乙基化等。除了化学反应外,还有一些高分子材料表面易吸附灭菌剂。被吸附的灭菌剂在人体内释放是相当危险的,可引起溶血、细胞中毒和组织炎症,严重时可引起全身性反应。例如,实验观察到,聚合物表面吸附 30 μg/g 环氧乙烷,可造成狗的溶血速度增加一倍。因此,临床应用时,必须除去一切灭菌剂后才能植入体内。

(3) γ 射线灭菌。

γ 射线灭菌的特点是穿透力强,灭菌效果好,并可自动化、连续化操作,可靠性好。但由于辐射能量大,对聚合物材料的性能会有较大影响,通常使其机械强度下降。具有灭菌作用的 γ 射线剂量为 2～3 mrad。这种剂量的 γ 射线足以使许多聚合物的强度受到影响。例如,聚丙烯只能耐 3 mrad 的射线剂量,硅橡胶、氯丁橡胶只能耐 10 mrad 以下的射线剂量。耐辐射较好的聚合物有聚乙烯、丁苯橡胶、天然橡胶等,均可耐 100 mrad 的射线剂量;聚氨酯则可耐 500 mrad 以上。

7. 易于加工成需要的复杂形状

人工脏器往往形状复杂,因此用于人工脏器的高分子材料应具有优良的成形性能,否则,即使各项性能都满足医用高分子材料的要求,却无法加工成所需的形状,仍然是无法应用的。

8. 易于功能化

功能基团对于大部分医用高分子材料的性能及其临床应用都具有重要的意义。通常,功能基团要具备高活性、较强的生物质活性结合能力。

除了对医用高分子材料本身具有严格的要求之外,还要防止在医用高分子材料生产、加工过程中引入对人体有害的物质。应严格控制用于合成医用高分子材料的原料的纯度,不能带入有害杂质,尤其是重金属含量不能超标。加工助剂必须符合医用标准。生产环境应当具有适宜的洁净级别,符合国家有关标准。

与其他高分子材料相比,对医用高分子材料的要求是非常严格的。对于不同用途的医用高分子材料,往往还有一些具体要求。在医用高分子材料进入临床应用之前,必须对材料本身的物理化学性能、机械性能和材料与生物体及人体的相互适应性进行全面评价,经政府管理部门批准才能进入临床应用阶段。

3.2 高分子材料的生物相容性

高分子材料的生物相容性是指高分子材料与生物体之间相互作用的结果,以及生物体对这种作用结果的忍受程度,是生命组织对非生命材料产生合乎要求反应的一种性能。高分子材料与生物体之间的作用是相互的。高分子材料对生物体的作用,是指引起的人体组织反应(炎症反应、细胞黏附、细胞增殖、细胞质的转变)、血液反应(蛋白黏附、血栓、溶血)和免疫反应(体液免疫反应、细胞免疫反应、补体系统激活)等反应。若存在不良反应,则说明高分子材料生物相容性欠缺或者不好。同时,生物体也会对高分子材料的物理化学性能产生一定的影响。

与人体接触的高分子材料,若存在生物不相容性,会对人体产生不良的毒副作用。高分子材料的毒性大小,也就是生物的不相容性,可能由以下三方面因素引起。

(1) 高分子材料的溶(渗)出物引起的毒性。

在高分子材料制备过程中加入的化学物质,如引发剂、稳定剂等,以及未聚合的单体(单体100%聚合是十分困难的)和低聚物等,尽管在高分子材料中的残留很少,但是当材料进入人体内,会慢慢溶(渗)出,对人体产生一系列的副作用。例如,聚氯乙烯中残留的氯乙烯有致癌作用,并有麻醉作用,会引起皮肤血管收缩而产生疼痛;甲基丙烯酸甲酯进入人体循环,会引起肺功能障碍;乙烯和苯乙烯单体对皮肤和黏膜有刺激作用等。

(2) 材料降解的中间产物或最终产物产生的毒性。

高分子材料在使用过程中会发生降解,最终分解产物或分解的中间产物可能有毒性。例如,聚己内酯、聚乳酸等酯类材料在降解过程中,会造成局部酸性过高,产生无菌性炎症。高分子材料生物降解对人体组织反应的影响取决于降解速度、产物的毒性、降解的持续时间等因素。

(3) 材料在合成及加工过程中带来的细菌或病毒污染。

作为与血液接触的高分子材料,植入体内诱发并形成血栓是限制其临床应用的主要原因,而作为组织工程材料,细胞在材料表面不能很好地黏附、铺展和生长成为生物医用高分子材料应用的主要障碍。由于血栓的形成和细胞黏附主要发生在材料表面,为了使高分子材料具有良好的血液相容性和细胞亲和性,需要对材料表面进行改性。研究表明,材料表面的成分、结构、表面形貌、表面的能量状态、亲/疏水性、表面电荷、表面的导电特征等均会影响材料与生物体间的相互作用,从而影响材料的生物相容性。

高分子材料的生物相容性主要是指组织相容性和血液相容性,而后者是最主要且研究得最多的课题。下面分两节对这两方面内容加以论述。

3.2.1 高分子材料的组织相容性

组织相容性是指生物体与高分子材料相接触时,生物体组织不产生炎症、排异反应,高分子材料不发生钙沉着等的性质。组织相容性功能高分子材料的合成设计主要是基于其疏水性和亲水性,包括微相分离结构的高分子合成设计以及它们的表面改性,尤其是细胞黏附增殖材料在近些年的研究应用中有较大进展。

聚硅氧烷及其共聚物是制备人工肺、人造血管甚至人工心脏的重要材料,也可用作人工乳房填充材料等。八甲基环四硅氧烷经开环聚合反应可制得聚二甲基硅氧烷,反应式如下:

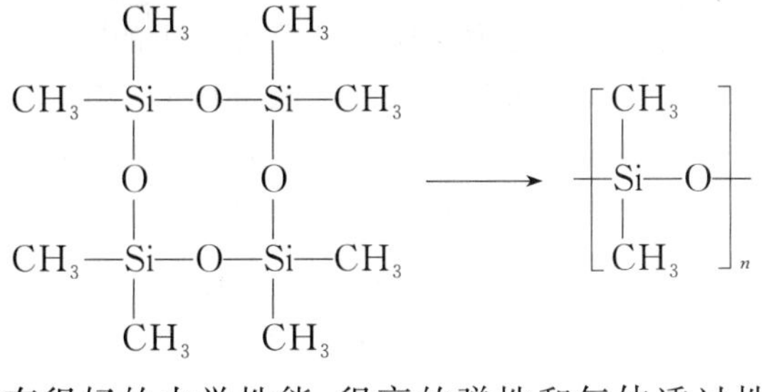

$$
\begin{array}{ccccc}
 & CH_3 & & CH_3 & \\
 & | & & | & \\
CH_3- & Si & -O- & Si & -CH_3 \\
 & | & & | & \\
 & O & & O & \\
 & | & & | & \\
CH_3- & Si & -O- & Si & -CH_3 \\
 & | & & | & \\
 & CH_3 & & CH_3 &
\end{array}
\longrightarrow
\left[\begin{array}{c} CH_3 \\ | \\ -Si-O- \\ | \\ CH_3 \end{array} \right]_n
$$

聚二甲基硅氧烷具有很好的力学性能、很高的弹性和气体透过性,与其他单体共聚,可以得到微相分离的材料,以提高其抗凝血性能。其存在的问题是长期植入后的异物反应,在长期动态下应用时其机械性能不能满足要求,吸收脂肪后导致龟裂等。

综合性能比较好的材料是具有图 3-2-1 所示结构的嵌段共聚聚氨酯类高分子。

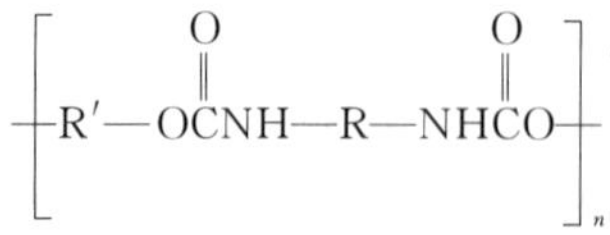

$$\left[R'-O\overset{\overset{\displaystyle O}{\|}}{C}NH-R-NH\overset{\overset{\displaystyle O}{\|}}{C}O \right]_n$$

图 3-2-1　嵌段共聚聚氨酯

其中,聚氨酯是由二元醇与二异氰酸酯经逐步聚合反应得到的聚合物;R 可以是芳香族或脂肪族基团,由二异氰酸酯决定;R′可以是聚醚、聚酯、聚硅氧烷或其他聚合物。它们不仅亲水性及强度好,还能随心所欲地使材料带有电荷,而带净负电荷的聚离子复合物是公认的微相分离材料,具有很好的血液相容性,可以作为人工肺、人造血管、人工肾脏和血液净化用的材料。

在组织相容性中,组织细胞在材料上的黏附增殖有着重要意义。烧伤患者的植皮是一项颇为重要的工作,将患者的表皮细胞散播在组织相容性高分子材料上,然后使表皮细胞在适宜的条件下繁衍增殖于其上,可以得到无排异性的着床型人工皮肤。研究者将表皮细胞散播在骨胶原——软骨素硫酸酯多孔海绵状膜上,经增殖连片,外层用有机硅膜包裹,植皮后取下有机硅膜。这种植皮材料,包括伪内膜形成材料这类高分子材料与活体组织的杂化材料,是相当好的组织相容性材料。与此相反,白内障手术后植入的人工晶体应组织相容性好,且能排斥纤维细胞在晶面上的黏着和增殖,以免白内障复发。

1. 高分子材料植入对组织反应的影响

高分子材料植入人体后,对组织反应的影响因素包括材料本身的结构和性质(如微相结构、亲水性、疏水性、带电荷性等),材料中可渗出的化学成分(如残留单体、杂质、低聚物、添加剂等),降解或代谢产物等。此外,植入材料的几何形状也可能引起组织反应。

1) 材料中溶(渗)出的化学成分对组织反应的影响

材料中逐渐溶(渗)出的各种化学成分(如添加剂、杂质、单体、低聚物及降解产物等)会导致不同类型的组织反应(如炎症反应)。组织反应的严重程度与溶(渗)出物的毒性、浓度、总量、溶(渗)出速率和持续时间等密切相关。一般而言,溶(渗)出物毒性越大,溶(渗)出量越多,引起的炎症反应越强。例如,聚氨酯和聚氯乙烯中可能存在的残余单体有较强的毒性,溶(渗)出后会引起人体严重的炎症反应;而硅橡胶、聚丙烯、聚四氟乙烯等高分子的毒性溶(渗)出物通常较少,植入人体后表现的炎症反应较轻。如果溶(渗)出物的持续溶(渗)出时间较长,则可能发展成慢性炎症反应,例如某些被人体分解吸收较慢的生物吸收性高分子材料易引起慢性无菌性炎症。

2) 高分子材料的生物降解对组织反应的影响

高分子材料生物降解对人体组织反应的影响取决于高分子材料的降解速度、产物的毒性、降解的持续时间等因素。降解速度慢且降解产物毒性小的高分子材料,一般不会引起明显的组织反应;若高分子材料降解速度快但降解产物毒性大,可能导致严重的急性或慢性炎症反应。而某些虽然降解产物毒性小但降解速度较快的高分子材料,则也可能引起慢性的炎症反应,并一直持续到降解完成。如有报道指出,采用聚酯材料作为人工喉管修补材料时出现慢性炎症的情况。

3) 材料物理形态等因素对组织反应的影响

除了上述高分子材料的化学结构以及溶(渗)出物引起组织反应之外,材料的物理形态如大小、形状、孔度、表面平滑度等因素也会影响组织反应。另外，试验动物的种属差异、材料植入生物体的位置等生物学因素及植入技术等人为因素也是不容忽视的。一般来说，植入材料的体积越大、表面越平滑，造成的组织反应越严重。植入材料与生物组织之间的相对运动，也会引发较严重的组织反应。

有资料表明：植入材料的形状对组织反应有较大的影响。有人曾对不同形状的材料植入小白鼠体内出现肿瘤的情况进行过统计，发现当植入材料为大体积薄片时，出现肿瘤的可能性比在薄片上穿大孔时高出一倍左右。而当植入材料为海绵状、纤维状和粉末状时，组织细胞可围绕它们生长，不会由于营养和氧气不足而变异，因此致癌危险性较小，几乎不产生肿瘤（见表 3-2-1）。研究认为，大体积薄片易致癌的原因可能是由于材料的植入使植入物周围的细胞代谢受到干扰和阻碍，营养和氧气供应不充分，以及长期受到异物刺激而使细胞异常分化、产生变异所致。由此可见，当向人体植入高分子材料时，除考虑材料的物理、化学性质外还应充分考虑其形状因素。

表 3-2-1　不同形状的材料对产生肿瘤的影响（周期为两年）

材料	形状				
	薄片	大空薄片	海绵状	纤维状	粉末状
玻璃	33.3	18	0	0	0
赛璐珞	23	19	0	0	0
涤纶树脂	18	8	0	0	0
尼龙	42	7	1	0	0
聚四氟乙烯	20	5	0	0	0
聚苯乙烯	28	10	0	1	0
聚氨酯	33	11	1	1	0
聚氯乙烯	24	0	2	0	0
硅橡胶	41	16	0	0	0

2. 高分子材料在体内的表面钙化现象

高分子材料在植入人体后，经过一段时间的使用，会出现钙化合物在材料表面沉积的现象，即钙化现象。钙化现象往往是导致高分子材料在人体内应用失效的原因之一。试验证明，钙化现象不仅是胶原生物材料的特征，一些高分子水溶胶，如甲基丙烯酸羟乙酯在植入大鼠、仓鼠、荷兰猪的皮下后也发现有钙化现象。用等离子体发射光谱法分析钙化沉积层的元素组成时发现，钙化层中以钙、磷两种元素为主，钙磷比为 1.61～1.69，平均值 1.66，与羟基磷灰石的钙磷比 1.67 几乎相同，此外还含有少量的锌和镁。这表明，钙化现象是高分子材料植入动物体内后，对肌体组织造成刺激，促使肌体的新陈代谢加速的结果。

影响高分子材料表面钙化的因素很多，包括生物因素（如物种、年龄、激素水平、血清磷酸盐水平、脂质、蛋白质吸附、局部血流动力、凝血等）和材料因素（亲水性、疏水性、表面缺陷）等。一般而言，材料植入时，被植入的个体越年轻，材料表面越可能发生钙化。多孔材料的钙化情况比无孔材料要严重。

3. 高分子材料的致癌性

虽然目前尚无足够的证据说明高分子材料的植入会引起人体内的病症，但许多动物试验研究表明，当高分子材料植入鼠体内时，只要植入的材料是固体材料且面积大于1 cm^2，无论材料的种类（高分子、金属或陶瓷）、形状（膜、片或板状）及材料本身是否具有化学致癌性，均有可能导致癌症的发生。这种现象称为固体致癌性或异物致癌性。

根据癌症的发生率和潜伏期，高分子材料对大鼠的致癌性可分为三类。

(1) 能释放出小分子致癌物的高分子材料，发生率高，潜伏期短。

(2) 本身具有癌症原性的高分子材料，发生率较高，潜伏期不定。

(3) 只是作为简单异物的高分子材料，发生率低，潜伏期长。

显然只有第3类高分子材料才有可能进行临床应用。研究发现，异物致癌性与慢性炎症反应、纤维化特别是纤维包膜厚度密切相关。例如当在大鼠体内植入高分子材料后，如果前3～12个月内形成的纤维包膜厚度大于0.2 mm，经过一定的潜伏期后通常会出现癌症；低于此值时，癌症很少发生。因此可推定，0.2 mm可能是诱发鼠体癌症的临界纤维包膜厚度。

对于具有生物相容性的高分子材料是否适合于医用或药用，不仅取决于高分子材料本身，还与制备、加工过程有着密切的关系。因此要配套以严格的手段来表征材料的生物相容性，这就包括细胞的毒性试验，动物急性和长期毒性试验，致突变、致畸（生物毒性）和致癌试验，材料的稳定性试验，刺激性试验，热源试验等；如果是生物可降解材料，就需要有动物体内、体外降解试验，降解周期试验，降解最终产物（也包括中间产物）试验及降解机理试验；如果是与皮肤接触的材料，还需要做致敏性试验；如果与血液接触，还需要做溶血和血液相容性试验等。

3.2.2 高分子材料的血液相容性

血液相容性所包括的内容很广，但是最主要的是指高分子材料与血液相接触时，不引起凝血及血小板黏着凝聚，没有破坏血液中有形成分的溶血现象，即不引起凝血和溶血。普通材料与生物体内的血液接触时，在1～2 min内就会在材料表面形成血栓。血栓的形成与血浆蛋白质、凝血因子、血小板等多种血液成分有关，是一种复杂的反应。一般认为，材料表面与血液接触后，首先是蛋白质和脂质吸附在材料表面上，这些分子发生构象上的变化，导致血液中各成分的相互作用，而产生块状血栓。形成血栓后，像人工心脏、人工肾脏、人工肝脏、人造血管等与血液长期接触的人造器件就无法正常工作。

材料的血液相容性是一个非常重要且难以攻克的世界性难题。目前，国外有很多的研究所和高校研究组正进行着大量相关的研究工作，如华盛顿大学生物工程系和化学工程系的多个研究小组在此领域表现非常活跃，我国北京大学、南京大学、浙江大学、南开大学、武汉大学、四川大学、中国医学科学院等单位都相继开展了相关研究。为了提高血液相容性，学者们对凝血机理做了大量的研究。学者们认为，控制材料表面吸附的蛋白质层的组成及其性质是提高血液相容性的重要途径，材料表面吸附蛋白质层的过程与材料表面的性质直接相关。显然，材料或装置的表面设计和表面修饰成为改变其表面性质的重要手段。

1. 高分子材料的凝血机理

1) 血栓的形成

通常，当人体的表皮受到损伤时，流出的血液会自动凝固，形成血栓。实际上，血液在受到下列因素影响时，都可能发生血栓：①血管壁特性与状态发生变化；②血液的性质发生变化；③血液的流动状态发生变化。

现代医学研究证明，关于血液的循环，人体内存在两个对立系统，一个是促使血小板生成和血液凝固的凝血系统；另一个是由肝素、抗凝血酶及促使纤维蛋白凝胶降解的纤溶酶等组成的抗凝血系统。当高分子材料植入体内与血液接触的时候，血液的流动状态和血管壁状态都将发生变化，凝血系统开始发挥作用，因此也会形成血栓。血栓的形成机理十分复杂，一般认为，异物与血液接触时，首先将吸附血浆内蛋白质，然后黏附血小板，继而血小板被破坏，放出血小板因子，在异物表面凝血，产生血栓。此外，红细胞的黏附引起溶血，促凝血酶原活化等，也都是形成血栓的原因（见图 3-2-2）。

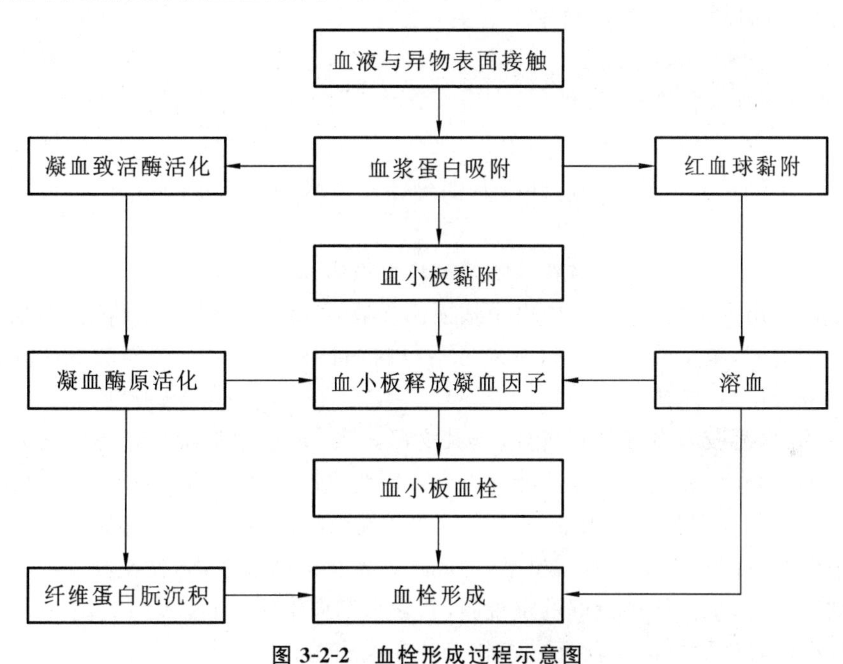

图 3-2-2　血栓形成过程示意图

2）影响血小板在材料表面黏附的因素

从以上讨论可知，血小板在材料表面的黏附、释放和聚集是造成血栓的最直接的原因，因此，研究者对血小板在材料表面的吸附情况进行了大量的研究，总结出了不少有意义的结论，归纳起来有以下几方面。

（1）血小板的黏附与材料表面能有关。

实验发现，血小板难以黏附于表面能较低的有机硅聚合物，而易黏附于尼龙、玻璃等高能表面上。此外，在聚甲基丙烯酸-β-羟乙酯、表面接枝聚乙烯醇、主链和侧链中含有聚乙二醇结构的亲水性材料表面上，血小板的黏附量都比较少。这些材料由于容易被水介质润湿而具有较小的表面能。因此，有理由认为，低表面能材料具有较好的抗血栓性。

也有观点认为，血小板的黏附与两相界面自由能有更为直接的关系。界面自由能越小，材料表面越不活泼，则与血液接触时，与血液中各成分的相互作用力也越小，故造成血栓的可能性就较小。材料表面的自由能不易测定，实验中常通过测定临界表面张力来解决。临界表面张力是指材料与液体完全浸润时的表面张力。大量实验事实表明，除聚四氟乙烯外，临界表面张力小的材料，血小板都不易黏附（见表 3-2-2）。

表 3-2-2 材料表面张力与血小板黏附量的关系

材 料	临界表面张力/Pa	血小板黏附量/(%)	
		人血浸渍 3 min	狗血循环 1 min
尼龙-66	11.6	56	37
聚四氟乙烯	2.9	30	5.4
聚甲基硅氧烷	2.2	7.3	4.5
聚氨酯	2.0	1.8	0.2

(2) 血小板的黏附与材料的含水率有关。

有些高分子材料与水接触后能形成高含水状态(含水 20%~90%)的水凝胶。在水凝胶中,由于含水量增加而使高分子材料的实质部分减少,因此,高分子材料植入人体后,与血液的接触机会也减少,相应地,血小板黏附数减少。实验证明,丙烯酰胺、甲基丙烯酸-β-羟乙酯和带有聚乙二醇侧基的甲基丙烯酸酯与其他单体共聚或接枝共聚的水凝胶,都具有较好的抗血栓性。

但另一方面,根据与高分子材料接触的循环血液中血小板的行为发现,高含水率会激发血小板因子的放出和活化,使血液中血小板损伤并显著减少。因此,在血液中增加了微小血栓。这一事实说明,单从血小板黏附量来考察材料的抗血栓性是不全面的。这方面的规律尚不清楚,还有待进一步研究。

一般认为,水凝胶与血液的相容性,与其交联密度、亲水性基团数量等因素有关。含亲水基团太多的聚合物,往往抗血栓性能并不好。因为水凝胶表面不仅对血小板黏附能力小,而且对蛋白质和其他细胞的吸附能力均较弱。在流动的血液中,聚合物的亲水基团会因为其吸附的成分被“冲走”而重新暴露出来,形成永不惰化的活性表面,使血液中血小板不断受到损坏。研究认为,抗血栓性较好的水凝胶,其含水率应维持在 65%~75%。

(3) 血小板的黏附与材料表面的疏水-亲水平衡有关。

综合上述讨论不难看出,无论是疏水性聚合物还是亲水性聚合物,都可在一定程度上具有抗血栓性。进一步的研究表明,材料的抗血栓性,并不简单取决于其疏水性或亲水性,而是取决于它们的平衡值。一个亲水-疏水性调节得较合适的聚合物,往往具有足够的吸附力吸附蛋白质,形成一层惰性层,从而减少血小板在其上层的黏附。例如,甲基丙烯酸-β-羟乙酯与甲基丙烯酸乙酯的共聚物比单纯的聚甲基丙烯酸-β-羟乙酯对血液的破坏性要小。甲基丙烯酸乙酯与甲基丙烯酸的共聚物也比单纯的聚甲基丙烯酸对血液的破坏性要小。用作人工心脏材料的聚醚型聚氨酯的微相分离的结构,也是为达到这一目的而设计的。

(4) 血小板的黏附与材料表面的电荷性质有关。

人体中正常血管的内壁是带负电荷的,血小板、血球等的表面也是带负电荷的,由于同性相斥,血液在血管中不会凝固。因此,对于带适当负电荷的材料表面来说,血小板难于黏附,有利于材料的抗血栓性。但也有实验事实表明,血小板中的凝血因子在负电荷表面容易活化。因此,若电荷密度太大,容易损伤血小板,反而形成血栓。

(5) 血小板的黏附与材料表面的光滑程度有关。

由于凝血效应与血液的流动状态有关,血液流经的表面上有任何障碍都会改变其流动状态,因此,材料表面的平整度将严重影响材料的抗血栓性。据研究,材料表面若具有 3 μm 以上的凹凸不平的区域,就会在该区域形成血栓。由此可见,将材料表面尽可能处理得光滑,以减少血小板、细胞成分在表面上的黏附和聚集，是减少血栓形成可能性的有效措施之一。

2. 抗凝血高分子材料的设计与合成

当高分子材料植入人体以后，细胞膜表面的受体会积极地寻找与之相接触的材料表面所能提供的信号，以区别所接触材料为本体或者异体，因此，材料表面的性质直接关系到材料是否被生物体认可，即是否具有生物相容性。未经表面改性的生物医用高分子材料的表面，在被生物体认可方面都存在着一定的问题。所以，生物医用高分子材料，特别是抗凝血性高分子材料的设计与合成的关键就在于材料的表面设计和表面修饰。生物材料表面的改性也就理所当然地成为生物高分子材料研究的长久性课题。

提高材料的生物相容性是一个最终和总体的目标。虽然通过表面改性来提高生物相容性的方法和手段是多种多样的，但是总体可以将其分为两大类："钝化"表面的方法和生物"活化"表面的方法。

"钝化"表面的方法是通过表面改性来形成生物惰性的表面，阻抗蛋白质和生物分子等的非特异性作用，从而避免激活生物体中的一些不利反应，有效地抗感染和抗凝血。为了形成生物的惰性表面，研究者在材料表面形貌、亲疏水性、带电荷的表面性质和化学结构等方面进行了大量的研究，采用了多种聚合物，如聚丙烯酸羟乙酯、磷脂、壳聚糖为代表的多糖、甜菜碱衍生物和聚乙二醇等，对其表面进行了修饰以达到阻抗非特异性蛋白质和细胞的黏附的目的。其中，聚乙二醇是迄今为止排斥非特异性蛋白质和细胞的最为有效的聚合物，逐渐成为增加基质表面亲水性和抵抗蛋白质非特异性吸附的中心物质。人们从聚乙二醇的链长、密度和形态等不同因素研究了各种改性的表面对蛋白质吸附的影响，研究表明，聚乙二醇在基质表面的密度是影响蛋白质吸附的重要因素。需要说明的是聚乙二醇在抵抗蛋白质非特异性吸附方面具有很多优点，但由于大部分基质是疏水性的，聚乙二醇与这些基质的结合能力很差，所以聚乙二醇的直接物理吸附效率很低。

"活化"表面法即通过表面改性来形成被生物体认可的生物活性表面。生物系统的准确与精巧令人为之折服，并可从中得到启迪。同样，高分子学者对生物材料的设计和研究必须学习和研究生物系统，遵循生命运动规律，模仿并适应生命系统的运作模式。生物活性表面的制备正是通过对生物体的不断了解而提出的研究思想。

由于生物体可以精确控制生物分子之间的特异性识别作用，而材料-生物环境界面的非特异性作用正是材料生物相容性不好的原因所在。所以，为了提高生物相容性就要赋予生物材料表面对生物分子特异性识别的功能，即在阻止非特殊相互作用的同时提供能让生物分子识别和特殊作用的位点，即"活化"表面。生物材料的表面生物化修饰是以生物大分子中特定的官能团为依据，在生物高分子材料的表面引入相应的官能团，将材料对液体成分的无规则吸附转变为选择性吸附。通过这种途径可以提高生物材料的许多生物学功能，其中包括凝血性、与抗体结合的活性及对生长因子和细胞的黏附性等。利用生物学原理将蛋白质、生长因子、酶和多肽等生物活性物质固定在材料的表面，通过表面修饰构建新一代的生物活性材料。这也是生物材料研究发展的主要方向之一。

一般来讲，抗凝血高分子材料的设计和合成，概括起来有以下几种方法。

1）*高分子材料的肝素化或者离子化*

众所周知，聚离子络合物具有良好的抗凝血性能。肝素（见图 3-2-3）是一种聚阴离子，是一种防止凝血的多糖类聚合物。

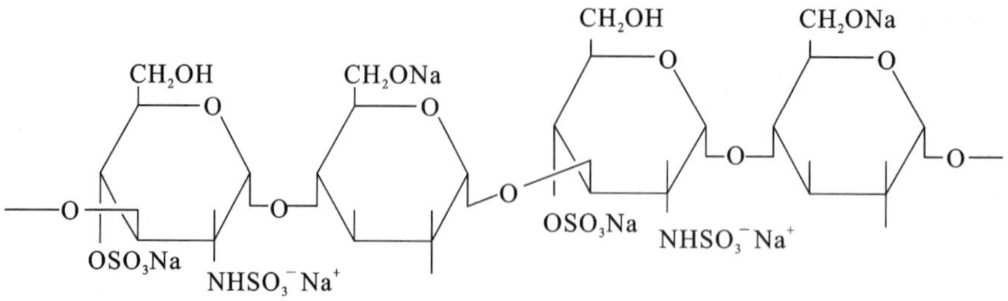

图 3-2-3　肝素的结构式

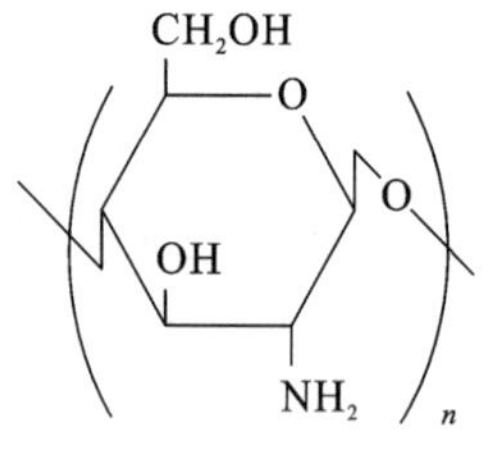

图 3-2-4　甲壳素的结构式

从图 3-2-3 所示的结构式可以看出，该聚合物具有—$NHSO_3^-$ 基团，是一种阴离子。人工合成该聚合物十分困难。因此，人们就想办法从自然界中找替代物。例如，虾壳、螃蟹壳等都含有甲壳质，经过氢氧化钠溶液处理，可以得到甲壳素(见图 3-2-4)。

甲壳素经过硫酸磺化，可以得到类似于肝素的聚阴离子，同样能够起抗凝血作用。

通常认为，肝素的抗凝血机理是催化和增加抗凝血酶Ⅲ(ATⅢ)与凝血酶的结合而防止凝血。其作用机理总体来说有三种解释：一是肝素和凝血酶结合，使凝血酶的构象发生变化，易与 ATⅢ结合，形成 ATⅢ/肝素-凝血酶聚合物；二是 ATⅢ和凝血酶同时结合到肝素上；三是肝素仅与 ATⅢ结合，诱导其构象发生变化，使其易与凝血酶形成凝血酶/ATⅢ络合物，使凝血酶完全丧失参与凝血的能力。最后一种机理广泛被人们所接受，另外两种机理也能够解释某些现象。

将肝素连接到高分子材料的表面，肝素在使用过程中慢慢地释放，能明显提高抗血栓性。连接的方法有物理吸附法和化学反应法两种。物理吸附法结合得不太牢固，但是可以保持其构象；化学反应法使得肝素在高分子材料表面上稳定，但不容易保持其构象。当用物理吸附法吸附肝素时，高分子材料表面应该具有阳离子基团。例如，通过下式所示反应，可以使材料表面具有季铵基团，再与带阴离子的肝素结合。

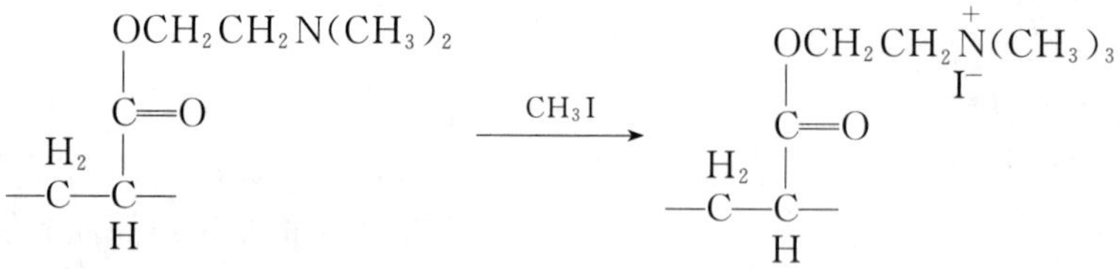

$$-\overset{H_2}{C}-\underset{H}{C}(-C(=O)-OCH_2CH_2N(CH_3)_2)- \xrightarrow{CH_3I} -\overset{H_2}{C}-\underset{H}{C}(-C(=O)-OCH_2CH_2\overset{+}{N}(CH_3)_3\,I^-)-$$

2) 制备具有微相分离结构的高分子材料

研究发现，具有微相分离结构的高分子材料对血液相容性有十分重要的作用，而它们基本上是嵌段共聚物和接枝共聚物。

(1) 嵌段共聚物。

两个不相容的均聚物制成两嵌段或多嵌段共聚物会发生微相分离。例如，通过以下反应(见图 3-2-5)可得到线形聚芳醚砜-聚醚氨酯嵌段共聚物，当软、硬段的质量比为 0.44～1.08 时，得到的产物为浅黄透明无定形高分子弹性体，经过 140 ℃处理后，出现部分结晶。聚砜链段的引入促使相分离产生，醚砜氨醚硬段形成球形微区，分散在聚醚软段形成的连续相中，微区最大直径为 100～120 nm，大多数为 30～50 nm。

$$m\,OCN-Ar-NH\underset{\|}{\overset{}{C}}-O(R'O)_x-\underset{\|}{C}NH-Ar-NCO\ +$$
$$\qquad\qquad\quad O \qquad\qquad\quad O$$

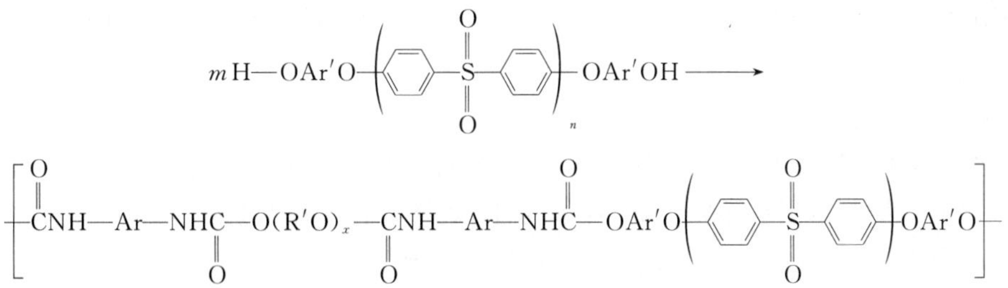

$$m\,\text{H}-\text{OAr}'\text{O}\left(-\text{C}_6\text{H}_4-\text{SO}_2-\text{C}_6\text{H}_4-\right)_n\text{OAr}'\text{OH}\longrightarrow$$

$$\left[-\overset{\overset{\text{O}}{\|}}{\text{C}}\text{NH}-\text{Ar}-\text{NH}\underset{\underset{\text{O}}{\|}}{\overset{\overset{\text{O}}{\|}}{\text{C}}}-\text{O}(\text{R}'\text{O})_x-\underset{\underset{\text{O}}{\|}}{\text{C}}\text{NH}-\text{Ar}-\text{NH}\overset{\overset{\text{O}}{\|}}{\text{C}}-\text{OAr}'\text{O}\left(-\text{C}_6\text{H}_4-\underset{\underset{\text{O}}{\|}}{\overset{\overset{\text{O}}{\|}}{\text{S}}}-\text{C}_6\text{H}_4-\right)\text{OAr}'\text{O}-\right]$$

式中：

$$\text{Ar}=\ -\text{C}_6\text{H}_4-\underset{\text{CH}_3}{\overset{\text{CH}_3}{\text{C}}}-\text{C}_6\text{H}_4-\ ,\quad -\text{C}_6\text{H}_4-\text{SO}_2-\text{C}_6\text{H}_4-$$

$$\text{Ar}'=\ \underset{\text{TDI-2,4}}{-\text{C}_6\text{H}_3(-)-\text{CH}_3}\ ,\quad \underset{\text{ODI}}{-\text{C}_6\text{H}_4-\text{O}-\text{C}_6\text{H}_4-}\ ,\quad \underset{\text{MDI}}{-\text{C}_6\text{H}_4-\text{CH}_2-\text{C}_6\text{H}_4-}$$

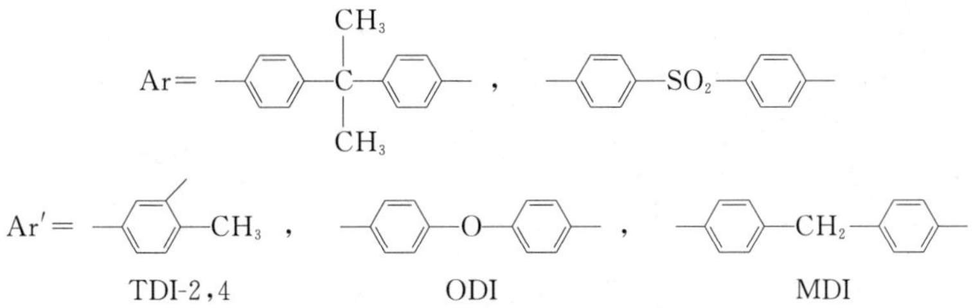

图 3-2-5　芳醚砜-醚氨酯嵌段共聚反应式

作为血液相容性材料，更好的是亲水和疏水链段形成的嵌段共聚物。例如，亲水的聚甲基丙烯酸羟乙酯和疏水的聚苯乙烯形成的 ABA 三嵌段共聚物，结构式如图 3-2-6 所示。当甲基丙烯酸羟乙酯在共聚物中的摩尔分数为 0.608 时，共聚物呈亲水性和疏水性相间的层状结构。此时，聚合物上黏附的血小板最少，且黏附的血小板几乎不发生变形和凝聚，这说明适宜的微相分离不仅可以抑制血小板的黏附，还能抑制血小板的变形、活化和凝聚。

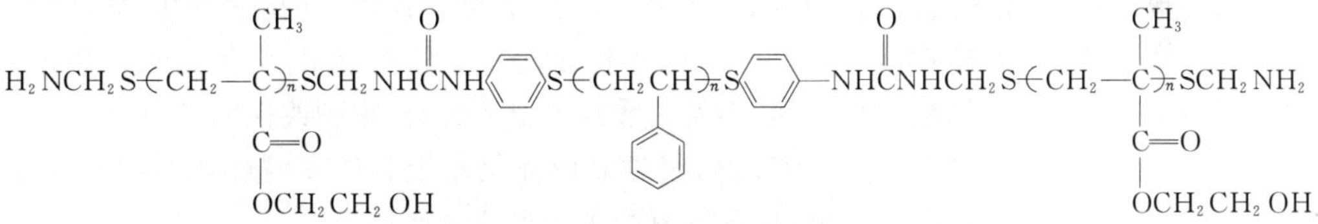

$$\text{H}_2\text{NCH}_2\text{S}\left(\text{CH}_2-\underset{\underset{\text{OCH}_2\text{CH}_2\text{OH}}{\text{C}=\text{O}}}{\overset{\text{CH}_3}{\text{C}}}\right)_n\text{SCH}_2\text{NH}\overset{\overset{\text{O}}{\|}}{\text{C}}\text{NH}-\text{C}_6\text{H}_4-\text{S}\left(\text{CH}_2\underset{\text{C}_6\text{H}_5}{\text{CH}}\right)_n\text{S}-\text{C}_6\text{H}_4-\text{NH}\overset{\overset{\text{O}}{\|}}{\text{C}}\text{NHCH}_2\text{S}\left(\text{CH}_2-\underset{\underset{\text{OCH}_2\text{CH}_2\text{OH}}{\text{C}=\text{O}}}{\overset{\text{CH}_3}{\text{C}}}\right)_n\text{SCH}_2\text{NH}_2$$

图 3-2-6　聚甲基丙烯酸羟乙酯和聚苯乙烯形成的 ABA 三嵌段共聚物

在具有微相分离结构的高分子材料中，研究得最多的是聚氨酯嵌段共聚物，即由软段和硬段组成的多嵌段共聚物。其中，软段一般为聚醚、聚丁二烯、聚二甲基硅氧烷等，形成连续相；硬段包含脲基和氨基甲酸酯基，形成分散相。其结构式一般如图 3-2-7 所示。

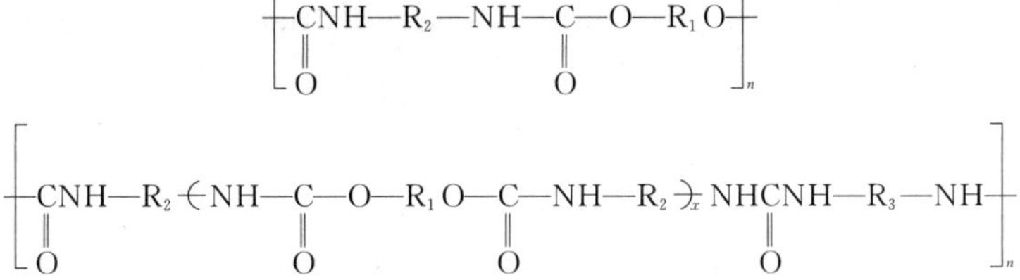

$$\left[-\underset{\underset{\text{O}}{\|}}{\text{C}}\text{NH}-\text{R}_2-\text{NH}-\underset{\underset{\text{O}}{\|}}{\text{C}}-\text{O}-\text{R}_1\text{O}-\right]_n$$

$$\left[-\underset{\underset{\text{O}}{\|}}{\text{C}}\text{NH}-\text{R}_2\left(\text{NH}-\underset{\underset{\text{O}}{\|}}{\text{C}}-\text{O}-\text{R}_1\text{O}-\underset{\underset{\text{O}}{\|}}{\text{C}}-\text{NH}-\text{R}_2\right)_x\text{NH}\underset{\underset{\text{O}}{\|}}{\text{C}}\text{NH}-\text{R}_3-\text{NH}-\right]_n$$

图 3-2-7　聚氨酯嵌段共聚物的结构式

聚氨酯的制备，是通过聚醚或者聚酯二元醇与异氰酸酯反应得到预聚物，再加入二元胺或者二元醇进一步扩链制得。

属于这一类的产品有美国的 Ethicon 公司和 Avcothane 等人推荐的 Biomer 等产品，其优良的性能与聚合物的化学组成、聚集态结构有关。现在，人们把它的优良性能归纳为材料内的微相分离和微区结构。小角 X 射线衍射谱图证明，Biomer 中硬链段和软链段的微区大小分别为 1～9 nm 和 1.1～2.0 nm。

（2）接枝聚合物。

在疏水性聚合物链上，接枝亲水性的聚合物，可以形成微相分离的材料。例如，聚乙烯醇缩丁醛是疏水性材料，聚乙烯醇在缩丁醛反应中，始终会有羟基未反应，因此可以利用该羟基，在 Ce^{4+} 存在下，引发丙烯酰胺进行接枝聚合反应（见图 3-2-8），得到微相分离的接枝共聚物。

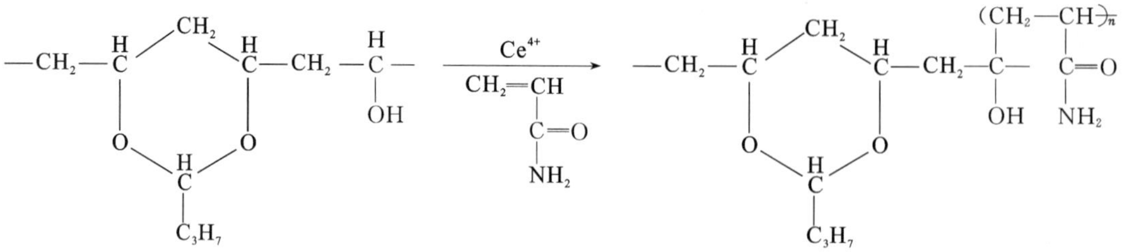

$$-CH_2-\underset{}{CH}(\text{O-CH}(C_3H_7)\text{-O})CH-CH_2-CH(OH)- \xrightarrow[CH_2=CH-C(=O)NH_2]{Ce^{4+}} -CH_2-CH(\text{O-CH}(C_3H_7)\text{-O})CH-CH_2-C(OH)(-\!\!\!-(CH_2-CH(C(=O)NH_2))_n)-$$

图 3-2-8　聚乙烯醇缩丁醛接枝丙烯酰胺

3）高分子材料的表面接枝改性

提高材料的抗凝血性能的另一个重要手段是对材料的表面进行接枝改性，将具有抗凝血性的天然和化学合成的化合物接枝到高分子材料表面。例如，聚氧化乙烯具有非常好的抗凝血性能，将相对分子质量为 100 000 的聚氧化乙烯涂在玻璃板上，能够防止狂犬病毒在玻璃板上的吸附；将相对分子质量为 8 000 的聚氧化乙烯添加到凝血酶的溶液中，可以防止凝血酶在玻璃板上的吸附。

接枝方法包括物理方法（等离子体法、高能辐射法、紫外光法等）和化学方法（偶联法、臭氧化法等）。该方法一般是在准备要接枝的聚合物表面先生成自由基，引发亲水性单体，如乙烯基吡咯烷酮、乙酸乙烯酯、丙烯酰胺和丙烯酸羟乙酯等聚合，得到改性的聚合物。

图 3-2-9 所示为在聚醚氨酯表面改性，用臭氧使环氧乙烷和环氧丙烷共聚物中叔碳原子上形成自由基，引发丙烯酰胺聚合，在聚醚氨酯表面形成亲水层。

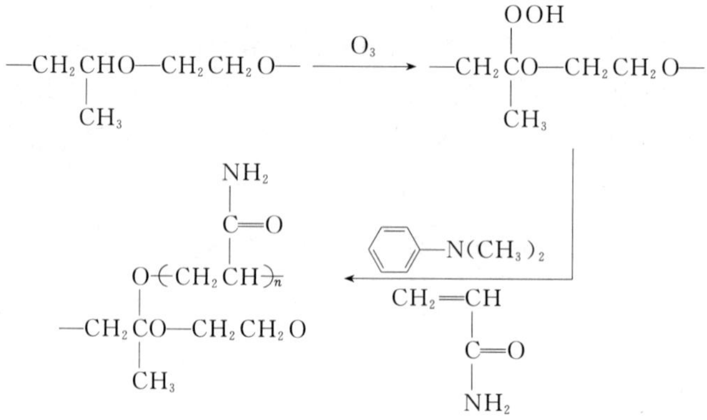

$$-CH_2CH(CH_3)O-CH_2CH_2O- \xrightarrow{O_3} -CH_2C(OOH)(CH_3)O-CH_2CH_2O-$$

$$\xrightarrow[CH_2=CH-C(=O)NH_2]{C_6H_5-N(CH_3)_2} -CH_2C(CH_3)(O\!-\!(CH_2CH(C(=O)NH_2))_n)O-CH_2CH_2O$$

图 3-2-9　聚醚氨酯表面接枝改性

4）高分子材料表面伪内膜化

人造血管材料的内皮化表面主要是指伪内膜化表面或内皮细胞和高分子的杂化表面。

伪内膜化表面是当材料与血液接触时，在两者界面上会先形成一层稳定的红色血栓膜，成分为血浆蛋白质、血小板、纤维蛋白、白细胞等，进而有成纤维细胞及内皮细胞在此膜上生长形成了一种结构与血管壁类同的内膜。目前，表皮伪内膜的聚四氟乙烯人造血管已在临床上得到应用。值得注意的是，人造血管的伪内膜如果过厚，营养将供给不上，细胞会坏死脱落，使得裸露的部分发生凝血。为此进行了大量研究来控制伪内膜的厚度。如多孔性的聚四氟乙烯浸入水溶性的聚乙烯醇中，在表面形成多孔性亲水膜，减少对血浆蛋白的吸附。人造血管壁形成的伪内膜并非真正意义上的血管内膜，由于形成的蛋白质层的成分和厚度无法得到很好的控制，目前尽管采取了一些改进措施，但人造血管壁上这层伪内膜还是没有达到和移植部位有效相容的效果。

材料表面内皮化是抗凝血研究的新动向。由于人体内皮细胞组成的血管内壁是目前知道的唯一的血液相容性物质，因此人们仿照人体血管，使内皮细胞和高分子材料杂化，即在材料表面培养内皮细胞，使其最终生长出一层内皮。这对材料的血液相容性的改善，尤其是小口径人造血管的血液相容性的改善，将是一个极理想的途径。但这种表面的稳定性还存在问题，实验证明，利用促进内皮细胞黏附的物质如纤维蛋白、纤维蛋白原或抗内皮细胞抗体是一种使内皮细胞和人工合成材料稳定结合的有效途径。

3.3 生物惰性高分子材料

生物惰性高分子材料是指在生物环境下呈现化学和物理惰性的高分子材料，即材料不对生物体产生不良刺激和反应，同时材料自身在生物环境下不发生化学和物理变化（不老化、不降解、不干裂、不溶解），使材料能够在预期时间内保持使用功能。

3.3.1 对生物惰性高分子材料的基本要求

生物惰性高分子材料在医学领域主要作为体内植入材料，如人工骨材料、骨关节材料及器官修复材料等；其次是用于制造人造组织和人造器官；此外，也用于与生物组织和体液有密切接触的外用医疗器械的制造。医用生物惰性高分子材料是直接或间接长期与人体组织相接触的材料，与人体组织接触紧密，接触时间长，因此对其质量有相当高的要求。一般来说，作为医用高分子材料，不论是内置材料还是外用材料，都有以下几点要求。

（1）对人体无刺激作用，无过敏反应，不致癌、致畸。

（2）具有良好的组织相容性，不会对接触的人体组织引起炎症或排异反应。

（3）良好的血液相容性。当材料与血液接触时，不会引起血液的凝固而形成血栓，也不引起溶血现象。

（4）具有相当的化学稳定性，保证在使用的生物环境下不发生老化、分解而失去使用功能。

医用生物惰性高分子材料除了满足上述基本条件外，根据不同的使用目的，还有一些特殊要求：用作人造瓣膜和人造心脏的材料，要求不引起血栓；用作人造血管的材料必须有微小的网眼；用作人造肾脏的渗析膜要能透过尿素而不透过血清蛋白等。

3.3.2 主要的生物惰性高分子材料

1. 医用有机硅高分子

有机硅高分子包括聚硅氧烷和聚硅烷两大类，在生物医学领域获得广泛应用的主要是前者。

硅橡胶是高分子量聚硅氧烷（相对分子质量在 148 000 以上）的交联体。随着硅原子上所连有机基团的不同，硅橡胶分为二甲基硅橡胶、甲基乙烯基硅橡胶、甲基苯基硅橡胶、氟硅橡胶和氰硅橡胶等。通过直接聚合得到的有机硅高聚物称为有机硅生胶，其弹性低、力学强度差，不能直接应用，必须加入白炭黑、二氧化硅或二氧化钛等补强剂，有机过氧化物（过氧化二苯甲酰等）硫化剂，以及其他辅料和助剂进行混炼、成形、热处理熟化得到硅橡胶。

硅橡胶具有无毒、无污染，不引起凝血，不致癌、致敏、致畸等性质，具有良好的生物相容性，其化学稳定性好，可以耐受严格的消毒条件。硅橡胶制品长期植入体内不会丧失弹性和拉伸强度。硅橡胶可以根据需要加工成管道、片材、薄膜及其他形状复杂的构件。

目前有机硅材料作为人体医用材料，应用可大体归纳为下列几个方面。

（1）长期埋藏于人体内作为器官或组织代用品。

① 人造球型二尖瓣。

以金属作外框，内嵌硅橡胶球的球状人造瓣植入人体内 20 年仍能正常工作。硅橡胶对主动脉出口狭窄者极为适应，已用于心脏起搏器的包封。

② 脑积水引流装置和人造硬脑膜。

脑积水引流装置主要用于治疗俗称“大头病”的绝症，可取得十分理想的医疗效果。聚酯增强的硅橡胶可以用作人造硬脑膜。

③ 人工角膜和人工晶体。

用硅橡胶制成的人工角膜和人工晶体已普遍用来治疗视网膜脱落和各种类型的角膜病。

④ 整形外科材料。

30 年来，硅橡胶在整形外科上已用于制作人造鼻、人造耳、人造眼眶、人造上下颌、人造乳房等，还用以填补有缺陷的面庞。在骨科方面，人造关节经 100 万次弯曲试验没有折断。用硅橡胶修复和治疗耳咽管的损伤，效果很好。硅橡胶也用于修补和治疗膀胱、尿道和胆囊损伤。

⑤ 肝腹水引流。

硅橡胶制品用于从腹腔内将腹水通过管道阀门经过颈内静脉引入上腔静脉，使腹水回流吸收，以达到消退腹水的目的。

（2）短期留置于人体某个部位，起到相关作用。

① 医用硅橡胶管。

此类应用包括腹膜透析管、静脉插管、动静脉瘘管、导液管、肠瘘内堵片等。如动、静脉透析管，用来治疗急、慢性肾功能衰竭和急性药物中毒，为挽救病人的生命争取时间，还为开展肾移植奠定良好的基础。

② 有机硅消泡剂和药剂。

有机硅材料用于治疗胃溃疡、胃出血和消化不良。有机硅消泡剂还用于抢救急性肺水肿，如用于抢救因心脏病刺激性气体中毒的肺水肿患者。此外，有机硅消泡剂可缓解消化不良和肝炎患者的腹胀、减轻呼吸道病人的咳嗽等症状。服用硅油消泡剂可使胃部 X 光片成像清晰，有利于诊断治疗。另外，硅油水乳剂与毛果碱等配成的药剂有助于治疗青光眼。硅油通过增补关节滑液细胞可防止关节炎恶化。医用有机硅抗凝血剂也解决了医疗上血液输送的凝固问题。

③ 接触眼镜。

硅橡胶制成的接触眼镜在很多地方已批准使用，与其他接触眼镜相比，其特点是几乎可以完全透过氧气，有更稳定的光学性能，易于加工。

（3）作为药物载体留置于体内，长期发挥药效。

硅橡胶胶囊通过其囊壁缓慢扩散药剂，可作为渐渐释放各种抗生素、菌苗和麻醉剂等的供应库，利用药物能透过硅橡胶从而有效地控制其释放量和缓慢扩散的原理，长期发挥药效。例如治疗心绞痛的硝酸甘油酯，经过精确计算释放剂量制得的贴剂敷在皮肤上，能使吸收药物的剂量 24 h 保持稳定，有较好的治疗效果。相比于长期口服该药物造成肝功能减退，通过皮肤吸收缓释药物是很好的解决方法。还有一种是植入缓释剂型，如可再充注的输药泵和硅橡胶长效避孕环等。

(4) 作为医疗器械上的关键性组成部件。

可用于人工心肺机输血泵管、膜式人工肺、胎儿吸引器头和人工血液循环装置等。

(5) 作为保护皮肤涂层。

各种聚硅氧烷油膏可用以保护皮肤，防晒并抵抗海水的侵蚀，而且在治疗烧伤和各种皮肤病(如皮炎、干裂、湿疹、儿童发疹和褥疮等)方面都有良好的效果。

自 20 世纪 50 年代末首次成功使用有机硅引流管以来，有机硅不但已成为制造一般医疗器械的重要材料，而且还是各种医用植入体的重要组成部分。它可用于人工气管、人工晶体、人工心脏阀、各种整形植入体和指关节植入体等。现今，任何一家医院都离不开有机硅制成的医疗器材。

2. 聚氨酯

聚氨酯(也称为聚氨基甲酸酯)，是指在分子主链上含有氨基甲酸酯基团的一类聚合物。聚氨酯材料品种多样，性能各异，既有疏水型树脂，也有水溶性聚合物，可以制成软、硬泡沫，弹性体，塑性体，黏合剂，涂料等多种形式。聚氨酯一般由二异氰酸酯和多元醇通过缩合反应制备。根据多元醇含羟基数目不同，可以得到线型聚合物(由双羟基醇制备)或交联聚合物(由三元以上羟基醇制备)，前者是热塑性聚合物，后者是热固性聚合物。根据所用羟基化合物不同，分为聚酯型和聚醚型两种，其中，聚醚型是弹性体，作为医用生物惰性材料的主要是后者。

医用聚氨酯大多是嵌段聚醚型聚氨酯，由分子两端带有羟基的聚醚与二异氰酸酯缩聚，制备成低分子量的带有异氰酸酯末端的预聚体，再与低分子量的二元醇或二元胺通过扩链反应得到嵌段聚合物。这种嵌段聚合物的主链由软段和硬段交替组成，软段一般由聚醚、聚硅氧烷或聚二烯烃等构成；硬段由聚氨基甲酸酯(与二元醇反应)或聚脲(与二元胺反应)构成。

自 20 世纪 50 年代聚氨酯首次应用于生物医学领域以来，已有 60 余年的历史。医用聚氨酯具有良好的生物相容性、优异的力学性能、易成形加工和性能可控等优点，使其在医学上的用途日益广泛。近年来，随着科技的进步和研究水平的提高，新的医用聚氨酯材料不断涌现，性能也不断完善。医用聚氨酯主要用于人工心脏及心脏辅助装置、人造血管、矫形绷带、黏合剂、人工皮肤、药物载体等。

1) 聚氨酯人工心脏及心脏辅助装置

人工心脏及其辅助装置可应用于心肌梗死、外伤、心脏手术后发生低心排血量综合征而不能脱离体外循环的患者，以及心脏移植前暂时代替自然心脏的功能，作为心脏移植的桥梁过渡。人工心脏及心脏辅助装置对材料的性能要求是多方面的：①不引起血栓；②不破坏血液细胞成分；③不改变血浆蛋白，不破坏生物酶；④不释放电解质；⑤不引起有害的免疫反应；⑥不损害邻近组织，不致癌；⑦不产生毒素与变态反应；⑧具优异的耐屈挠性。临床实践证明，聚氨酯弹性体在血液相容性、生物相容性、耐久性等方面均优于天然橡胶、硅橡胶、烯烃橡胶，成为国内外研制人工心脏及其辅助装置的首选材料。国内外主要研制单位有美国犹他大学(浇注型聚氨酯心室)、广州中山大学中山医学院(聚醚型聚氨酯弹性体反搏、助搏气囊）、成都科技大学（反搏气囊、血管、血泵等）。

过去制备人工心脏大多采用 PTMG（聚丁二醇）为软段与 MDI（4,4-二苯基甲烷二异氰酸酯）反应生成预聚物，然后以小分子二醇或二胺为扩链剂来合成。鉴于芳香族聚氨酯降解产物可能会产生对人体有害的芳胺，目前主要使用脂肪族聚醚型聚氨酯。为进一步提高聚氨酯材料表面的抗凝血性能，国内外对聚氨酯改性做了大量的研究，一般是在分子链上接枝硅和维生素等以进一步改善其生物相容性，也有研究在聚氨酯表面加附各种细胞黏附因子（如胶原、纤维粘连蛋白和白蛋白），使聚氨酯表面更加生物化，还有研究使用单层碳纳米管改性聚氨酯以提高其生物稳定性。美国 Kontron 公司已合成出由 90％聚氨酯和 10％聚二甲基硅氧烷（PDMS）构成的嵌段共聚物，由其制成的主动脉内气囊、人工心脏及心脏辅助装置、导管、血管等医用器件，临床应用时表现出较好的血液相容性和抗血栓能力。英国医疗装置生产商 AorTech 国际公司采用聚氨酯-硅烷嵌段共聚物 Elast-Eon 材料制造新型人工心脏阀门，以提高生物相容性。空军军医大学西京医院心血管外科与中国医学科学院、山西省化工研究所合作，将硅原子引入聚氨酯硬段，实现对聚氨酯硬段改性。

2）人造血管

聚氨酯是一种弹性良好的高分子材料，小径微孔聚氨酯血管具有良好的血液相容性和与天然血管相匹配的顺应性，可大幅度减少新内膜增生。此外，合理的孔径和孔隙率的设计能增强内皮细胞在支架上的黏附、长入和铺展，加速内皮细胞化过程。第一个关于生物稳定聚氨酯人造血管的专利是 Corvita 公司的聚碳酸酯型聚氨酯（商品名为 Corethane TM），这种聚氨酯植入人体或动物体内时间可达 3 年，完全通过了人造血管的性能测试。

3）矫形绷带

对骨折患者来说，进行石膏绷带外固定几乎是必不可少的治疗措施。相比于石膏绷带笨重、不透气、不透 X 射线、遇水溶解、固化时间长等缺陷，采用聚氨酯弹性体材料制作的弹性绷带具有操作简便、使用卫生、固化速度快、质量轻、层薄、透气性好、可塑性大、耐水浸、透 X 射线、不易使皮肤发炎等特点，正逐步取代传统的石膏绷带，被广泛用于创伤骨科治疗和矫形治疗。医疗聚氨酯矫形绷带自 2001 年引入中国市场，经过几年的临床使用，发现其是使用方便且性能优良的一种外固定材料。目前，国外 90％骨折病人都选用医疗聚氨酯矫形绷带固定，而我国使用医疗聚氨酯矫形绷带固定的骨折病人还不到十分之一，因此医疗聚氨酯矫形绷带将是我国未来几年内增长潜力最大的一种骨科耗材。韩国公司产品 PRIME 高分子绷带和夹板是由多层经聚氨酯、聚酯浸透的高分子纤维构成，具有黏结性好，固化速度快，固化后强度大且质量轻等优点。

4）医用黏合剂

通过在聚氨酯主链上引入亲水的聚乙二醇嵌段来赋予亲水性的聚氨酯压敏胶具有优良的黏结性能及反复揭贴性，具有良好的药物、皮肤相容性及良好的药物控释性能。美国研制成功的新型医用聚氨酯压敏黏合胶，是由聚醚多元醇、聚酯多元醇或两者的混合物与甲苯二异氰酸酯反应制成的。该黏合剂可用于制备医疗领域中自黏薄膜结构，尤其用于吻合器械、创伤橡皮膏、创伤包敷料及纱布绷带等。

5）人工皮肤

人工皮肤是皮肤再生前的临时替代膜和保护膜，要求具有黏弹性、柔顺性、细菌不透过性、水蒸气透过性等。弹性较好的聚氨酯泡沫可制作人工皮肤。其优点是透气性好，能促使表皮加速生长，可防止伤口水分和无机盐的流失，并阻止外界细菌介入，防止感染。

6）假肢

采用聚醚型聚氨酯-脲弹性体共聚物或聚醚型聚氨酯制造的人体假肢和人体组织有很好的相容性。如聚酯-MDI发泡所制得的聚氨酯海绵弹性体可制作假肢；水发泡聚氨酯弹性体可制作假肢护套，其耐磨性能超过乳胶护套；微孔弹性体可制作上肢肢体。

7）敷料

传统敷料（如纱布、棉花等）易粘连伤口、滋生细菌，更换时易带来二次创伤。作为创面覆盖物的创伤敷料，除了要求有良好的生物相容性外，还要求具有良好的吸液、保液透湿和隔菌功能，既要避免积液，又要保持适当湿润的创面小气候，防止结痂，以利于创面的愈合，同时还要能起到隔菌作用，以防止创面的感染。随着科学技术的发展，各种新型敷料不断出现，其中重要的一种就是聚氨酯敷料。聚氨酯敷料采用双层复合材料，内层为与创面接触的亲水性聚氨酯软泡沫，可以吸收创面的渗出液和载药，外层为改性的聚氨酯弹性体薄膜，具有透湿和隔菌功能，力学性能能满足敷料的使用要求。亲水性聚氨酯是由亲水性聚乙二醇与异氰酸酯在交联剂、催化剂存在下反应制得。该材料能满足敷料对材料的生物相容性的要求，而且也能大幅度改善传统聚氨酯材料的功能，是一种具有良好应用前景的新型敷料用材料。

8）药物缓释载体材料

由于传统的给药方式使得药物成分在体内迅速吸收，往往会引起不可接受的副作用，导致不充分的治疗效果，因此，为了避免传统常规制剂给药频繁所出现的“峰谷”现象，提高临床用药安全性与有效性，一种良好的药物缓释辅料的应用在临床上具有很好的实际意义。研究表明，各种方法合成制备的不同结构的聚氨酯微胶囊、水凝胶在药物缓释应用上具有良好效果。

3. 聚丙烯酸酯及其衍生物

丙烯酸酯树脂是一类高分子材料，包括各种丙烯酸酯、甲基丙烯酸酯或取代丙烯酸酯经均聚或共聚而合成的树脂。在医疗上常见的有：聚甲基丙烯酸甲酯（PMMA），俗称有机玻璃；聚甲基丙烯酸羟乙酯（PHEMA），为亲水性有机玻璃；聚氰基丙烯酸酯等。近年来，随着丙烯酸酯树脂改性与复合材料技术进展，其应用领域不断扩大，成为医用制品领域应用广泛的材料之一。早在1949年，美国就将PMMA临床应用于人的头盖骨和关节修补。如今PMMA约占到医用高分子材料总体用量的10%。医学上常用作颅骨修补材料、人工骨、人工关节、胸腔填充材料、人工关节骨黏固剂，特别是在假牙、牙托的应用中更为广泛。

（1）作为骨固化剂。

骨固化剂也称为骨水泥，用于骨折的固定和黏合。这是一种以聚甲基丙烯酸甲酯为主要成分，常温下自固化的高分子材料，多用于骨组织与金属或高分子聚合物制造的人工器官、各种关节的黏结，可用于骨转移性肿瘤病理性骨折的填充固定。

（2）作为牙科材料。

芳香族双甲基丙烯酸酯具有较高的强度，可以作为牙齿修复材料，无论因龋齿或外伤造成的牙缺损，均可用此材料进行修补。其压缩强度为200～220 MPa，静弯曲强度70～90 MPa。氟化聚丙烯酸酯可以作为牙釉质黏合剂，用于正畸托槽的黏结，松动牙固定，冠桥装戴，变色牙、畸形牙贴面及用作防龋涂料等。含有功能单体的丙烯酸酯类混合物可以作为牙本质黏合剂。功能单体为含有亲水基团的丙烯酸酯，固化后可获得10～18 MPa的黏结力。由于聚甲基丙烯酸甲酯强度好、颜色可调、无毒、易加工制作和黏结固定，还可以作为制作假牙的主要材料。

（3）作为眼科角膜接触镜片（隐形眼镜）材料。

老式的硬接触式眼镜是用聚甲基丙烯酸甲酯制作，目前常用的软接触性眼镜用聚甲基丙烯酸羟乙酯水凝胶制作，也可以用乙烯基吡咯烷酮-甲基丙烯酸甲酯（PNVP-MMA）共聚物来制作，且吸水率更高。含有机硅单体的三元共聚透氧性水凝胶软接触镜，含水率为52%，透氧性提高4倍，可连续佩戴一周以上且无刺激症状。

（4）作为人体组织黏合剂。

由α-氰基丙烯酸甲酯、甲苯二异氰酸酯、丁酯橡胶三种组分组成的材料可以作为组织黏合剂，用于手术过程中组织补强、固定、堵漏等操作。这种组织黏合剂对人体组织的黏结速度快，黏结力强，成膜坚韧且富有弹性。临床应用病例包括脑动脉瘤手术补强、脑脊液堵漏、肿瘤术后封闭额窦、颅内外血管吻合及气管吻合等医疗手术，均取得了良好疗效。

（5）作为烧伤敷料。

由吸水性聚甲基丙烯酸羟乙酯粉和聚醚液配合可以组成烧伤敷料，在创面上直接形成敷料膜，用于治疗烧伤。这种敷料薄膜透明，有渗透性，可塑性好，质地柔软，患者可活动自由，并可与抗生素协同使用，有抑制微生物生长的作用，适用于中、小面积烧伤，为烧伤创面处理提供了一种新的治疗方法。

（6）作为介入疗法栓塞剂材料。

血管栓塞术是介入疗法的重要组成部分，在心脑血管疾病，肝、肺、肾肿瘤治疗等许多领域已经发挥了重要作用。聚甲基丙烯酸羟乙酯栓塞剂是一种球状微粒，又称微球栓子。用特制注射器将其注入癌变组织的血管中，吸收血液中水分而溶胀，堵塞血管，切断癌细脑的营养供应使其枯死，达到治疗目的。

此外，碳纤维增强PMMA复合材料的弯曲强度、断裂模量及其抗冲击性能均优于人体颅骨材料，对患者实施颅骨缺损修复后起到重要的防护作用。PMMA还是目前用于制作人工肾透析膜的主要高分子材料品种之一。用PMMA制成纳米微囊可代替氢氧化铝作疫苗的吸附剂，也能促进产生良好的抗体。由于这种疫苗纳米微囊抗原颗粒小，有较高的亲水性，易被水润湿，因此有利于抗体的产生。

近年来，各种医用聚丙烯酸酯的研究开发和临床使用取得了很大进展，随着生物医学的发展，医用聚丙烯酸酯的医疗用途将会更加广泛。

4. 聚四氟乙烯

聚四氟乙烯（PTFE）是一种全氟代的聚烯烃，为四氟乙烯单体的均聚物。该熔体黏度极高，需用类似于粉末冶金方法才能加工成型。其耐热性好，化学惰性，具有自润滑性和不黏性，不易被组织液所润湿。其可用于制作人造血管、人工心脏瓣膜的底环、阻塞球、缝合环包布、人工肺的气体交换膜，植入人体的修补片材等，且其泡沫材料已被用作骨的替代品。它可作为经皮固定装置和体外循环机的氧合膜，也可作为心血管用导管导引钢丝的表面涂层及植入体内的电学装置的导线绝缘涂层等。此外，作为组织修复材料，聚四氟乙烯还可以用于疝气修复，食道、气管重建，牙槽脊增高，下颌骨重建，人工骨骼制造和耳内鼓室成型等方面。

3.4 生物吸收性高分子材料

随着医学和材料科学的发展，人们希望材料植入人体内后只是起到暂时替代作用，随着组织或器官的再生而逐渐降解吸收，以最大限度地减少高分子材料对机体的长期影响。例如，外科手术缝合时需要的手术线、器官损伤后的修补材料、体内植入药剂的赋型缓释材料等。如果这些材料不能被生物降解，当伤口愈合、骨痂生成、器官修复之后，或药物释放完毕后，上述材料就必须再次用手术的方式取出，给患者增加痛苦。可生物降解高分子材料作为生物体内非永久性植入材料，在完成预定医疗功能之后被机体分解吸收，分解产物参加机体的正常代谢而被排出体外，这样就可以大幅度减轻患者的痛苦，简化医疗程序。因此，可生物降解材料的研究与开发引起人们的广泛关注，在近几十年来获得了快速发展。

3.4.1 设计生物吸收性高分子材料的基本原理

1. 生物降解性和生物吸收性

生物吸收性高分子材料在体液的作用下要完成两个步骤，即降解和吸收。降解过程往往涉及主链的断裂，使相对分子质量降低。在一般情况下，由 C—C 键形成的聚烯烃材料在体内难以降解。只有某些具有特殊结构的高分子材料才能被某些酶所降解。作为医用高分子材料，要求其降解产物(单体、低聚体或碎片)对人体无毒、无副作用。高分子材料在体内最常见的降解反应为水解反应，包括酶催化水解和非酶催化水解。能够通过酶专一性反应降解的高分子称为酶催化降解高分子；而通过与水或体液接触发生水解的高分子称为非酶催化降解高分子。从严格意义上讲，只有酶催化降解才称得上生物降解，但在实际应用中一般将这两种降解统称为生物降解。吸收过程是生物体为了摄取营养或排泄废物(通过肾脏、汗腺或消化道)所进行的正常生理过程。高分子材料在体内降解以后，进入生物体的代谢循环，这就要求生物吸收性高分子应当是正常代谢物或其衍生物通过可水解键连接起来的。

2. 生物吸收性高分子材料的分解和吸收速度

人体中不同组织不同器官的愈合速度是不同的。例如，表皮组织的愈合需要 3～10 d，膜组织的痊愈需要 15～30 d，内脏器官的恢复需要 1～2 个月，硬组织(如骨骼)的痊愈一般需要 2～3 个月，较大器官的再生需要半年以上等。因此，用于生物组织治疗的生物吸收性高分子材料，其分解和吸收速度必须与组织愈合速度同步。对于植入人体内的生物吸收性高分子材料来说，在组织或器官完全愈合之前，必须保持适当的机械性能和功能；而在机体组织痊愈之后，植入的高分子材料应尽快降解并被吸收，以减少材料存在产生的副作用。然而，大多数高分子材料只是缓慢降解，在失去功能之后还会作为废品存在于体内相当长的时间。

影响生物吸收性高分子材料吸收速度的因素主要有主链和侧链的化学结构、疏水-亲水平衡、分子量、聚集态结构、结晶度、表面积、物理形状等。其中，主链结构和聚集态结构对降解吸收速度的影响较大。

酶催化降解和非酶催化降解的结构与降解速度的关系不同。非酶催化降解的降解速度主要由主链结构(键型)决定。主链上含有易水解基团如酸酐、酯基、碳酸酯等的高分子，通常有较快的降解速度。而对于酶催化降解高分子如聚酰胺、聚酯、糖苷等，其降解速度主要与酶和待裂解键的亲和性有关。酶与待裂解键的亲和性越好，越容易相互作用，则降解越容易发生，而与化学键类型关系不大。此外，由于相对分子质量低的聚合物的溶解或溶胀性能优于相对分子质量高的聚合物，因此对于同种高分子材料来说，相对分子质量越大，降解速度越慢。亲水性强的高分子能够吸收水、催化剂或酶，一般有较快的降解速度。特别是含有羟基、羧基的生物吸收性高分子，不仅因为其较强的亲水性，还由于其本身的自催化作用，所以比较容易降解。相反，在主链或侧链含有疏水长链烷基或芳基的高分子，降解性能往往较差。

在固态下，高分子链的聚集态可分为结晶态、玻璃态、高弹态。如果高分子材料的化学结构相同，那么不同聚集态的降解速度有如下顺序：高弹态＞玻璃态＞结晶态。显然，聚集态结构越有序，分子链之间排列越紧密，则降解速度越慢。

为了控制高分子的生物降解性能和吸收性能，在设计生物吸收性高分子材料时，应当综合考虑上述因素，例如可通过化学修饰控制化学结构，通过加工过程控制高分子的聚集态结构等。

3.4.2 天然生物吸收性高分子材料

天然生物吸收性高分子材料是指采用天然高分子作为原料，经过加工改造后得到的半人工合成高分子材料。纯天然高分子材料大多成分复杂多变，性能和结构不能满足实际临床要求，所以一般都要经过分离、纯化、衍生化和功能化等过程才能作为医用高分子材料使用。这类材料由于原料来源天然，因此多数都可以被不同类型的酶所催化降解，且生物相容性都比较好。已经在临床医学上获得应用的、最具代表性的天然生物吸收性高分子材料是蛋白质和多糖。这些生物高分子主要是在酶的作用下降解，生成的降解产物氨基酸、糖等化合物可参与体内新陈代谢，并作为营养物质被机体吸收利用。从可吸收性的角度讲，这两类材料是最理想的生物吸收性高分子材料。白蛋白、葡聚糖和羟乙基淀粉在水中是可溶的，临床作为血容量扩充剂或人工血浆的增稠剂。胶原、壳聚糖等在生理条件下是不溶的，因此可作为植入材料在临床应用。下面简单介绍一些重要的天然生物吸收性高分子材料。

1. 胶原

胶原是构成人体组织的最基本的蛋白质类物质，基本单位为原胶原蛋白，至今已经鉴别出 13 种胶原，其中，Ⅰ型、Ⅱ型、Ⅲ型、Ⅴ型和Ⅺ型胶原为成纤维胶原，Ⅰ型胶原在动物体内含量最多。牛和猪的肌腱、生皮、骨骼是生产胶原的主要原料。用各种物种和机体组织制备的胶原差异很小，即在结构上呈现高度的相似性。最基本的胶原结构为由三条相对分子质量大约为 10^5 的 α-肽链相互拧成的三股螺旋绳状结构，直径为 1～1.5 nm，长约 300 nm，每条肽链都具有左手螺旋二级结构，其一级结构即氨基酸序列为—Gly—X—Y—，其中，X 主要为脯氨酸，Y 为其他氨基酸，如谷氨酸、羟脯氨酸、赖氨酸、瓜氨酸和丝氨酸等。胶原本身为中性蛋白质，小的短链肽（称为端肽）位于胶原分子的两端，且不参与构成三股螺旋绳状结构。研究证明，端肽是免疫原性识别点，可通过酶解将其除去。除去端肽的胶原称为不全胶原，可用作生物医学材料。

在天然组织中的胶原是与其他组分混合在一起的，在分离纯化胶原的工艺中需要将这些杂质除去，同时应尽可能保持胶原的结构，避免胶原降解，以保持较高的机械性能。由不同种类的动物分离出来的胶原结构极其相似。胶原分散体具有再生特性，可以将其加工成不同形状的制品应用于临床试验。胶原凝胶用作创伤敷料，胶原粉末用于止血剂和药物释放系统，纺丝纤维用作人造血管、人工皮、人工肌腱和外科缝线，胶原薄膜用于角膜、药物释放系统和组织引导再生材料，胶原管用于人造血管、人工胆管和管状器官，胶原空心纤维用于血液透析膜和人工肺膜，胶原海绵用于创伤敷料和止血剂等。但在应用前，胶原必须交联，以控制其物理性质和生物可吸收性。戊二醛和环氧化合物是常用的交联剂，残留的戊二醛会引起毒性反应，因此必须注意使交联反应完全。胶原交联以后，酶降解速度显著下降。

胶原与人体组织相容性好，不易引起抗体产生，植入人体后无刺激性，无毒性反应，能促进细胞增殖，加快创口愈合速度并具有可降解性，可被人体吸收，降解产物也无毒、无副作用，已被广泛应用于生物医用材料和生化试剂。

1）创口止血或促进其愈合

胶原海绵可以在弥散出血的部位吸血膨胀，增大组织压力，并能够促进血小板的聚集，从而进一步加快止血。动物试验证实，创伤表面覆盖胶原膜可以促进成纤维细胞和上皮细胞的增殖和迁移，增加胶原在伤口处的沉积，减少伤口收缩，从而促进真皮和表皮的再生，促进创伤愈合。有研究者将金属基质蛋白酶抑制物和抗生素结合于胶原微粒中，并将其作为创伤敷料，可以观察到创口的抗蛋白酶溶解能力和抗感染能力明显增强。

2）组织工程材料

（1）骨组织工程。

胶原海绵多孔疏松的结构与人小梁骨的组织结构相似，故其应用于骨组织工程的研究较多。胶原本身由于具有骨介入活性而用作骨替代物。研究结果表明，脱盐骨胶原与羟基磷灰石复合后是一种非常好的骨介入材料，可用作骨替代材料。也有学者将人骨髓干细胞种植于胶原海绵上，发现细胞黏附、生长、增殖良好，分化出软骨细胞和成骨细胞，并可见软骨基质形成。

（2）牙齿组织工程。

将牙髓干细胞种植到结合有牙本质基质蛋白的胶原支架上，体外培养后置于根管治疗所致根分叉穿孔处，6 周后即可见新诱导形成的牙髓组织。

（3）血管组织工程。

经过改性和稳定化处理的胶原生物导管可用于心血管导管的置换。与合成生物医用材料制备的装置相比，胶原基装置还具有感染性低、宿主组织能向装置中渗入生长而不需要高密度孔型结构，以及与天然血管在物理性质上匹配性较好等优点。利用胶原与聚氨酯复合，已成功制备出人工食管，在聚氨酯管内壁上涂覆海绵状胶原，植入体内后通过诱导自身食管组织爬行再生与生物材料降解相匹配，4 周后即可取出聚氨酯内管，最终新生食管完全替代人工食管。孔隙连通的多孔胶原海绵支架可以诱导血管的新生。近来研究表明，将肝素或血管内皮细胞生长因子结合于胶原海绵上，比单纯应用胶原海绵能更有效地促进血管的新生。胶原膜制成的组织工程血管替代物具有足够的弹性并可以促进血管再生。

（4）皮肤组织工程。

胶原用于皮肤组织工程的研究主要集中在胶原膜上。有研究表明人皮肤成纤维细胞在胶原膜、壳聚糖膜和酶解纤维素膜上均生长良好，彼此间无显著差异，但角化细胞在胶原膜上的生长状况要明显优于其他材料。

（5）视觉器官组织工程。

磁场作用可使胶原纤维平行排列，从而制备成一种半透明的角膜基质样薄膜，角化细胞在材料的表面及内部会沿着胶原纤维的排列方向呈线性生长。另有研究表明，在厚度为 10 μm 左右的胶原薄片上培养细胞，可使其充分扩散成一个平面，从而为治疗角膜和年龄相关的黄斑性病变提供可能。

3）药物载体材料

采用胶原蛋白作为主料，可以制备水凝胶、脂质体、包衣片、微胶囊、纳米微球等缓释药物制剂和靶向药物制剂，可以有效提高药物的利用率，降低毒副作用，延长药物作用时间。

4）充填材料

由于胶原的生物相容性良好，在体内可以降解成无毒的天然产物，近年来越来越多地被用作整形美容治疗的充填材料。可溶性胶原纯化后可利用其在体温条件下溶解度下降的特点，制成注射胶原。胶原产品在体内可形成与天然胶原纤维相似的纤维结构，并与宿主细胞和其他结缔组织成分保持正常的相互作用，修复组织缺陷。这种方法对软组织的扩增和恢复，特别是对矫正各种皮肤断面缺陷非常有用，还可用于食管括约肌与声带的修复、牙周方面的治疗等。有研究者将胶原膜用于鼻整形术中，所选患者均为鼻部皮肤较薄，或需要骨和软骨移植的患者。一年后复查发现，患者鼻形态良好，鼻背皮肤厚度足够，颜色外观良好。注射型胶原凝胶被用于面部除皱技术，初期效果明显，但是 9 个月以后的长期效果并不稳定。

2. 明胶

明胶是动物皮、骨等结缔组织胶原蛋白的水解产物，通常由动物的骨骼或皮肤经过蒸煮、过滤、蒸发干燥后获得。明胶在冷水中溶胀而不溶解，但可溶于热水中形成黏稠溶液，冷却后冻成凝胶状态。纯化的医用级明胶比胶原成本低，在机械强度要求较低的情况下可以替代胶原用于生物医学领域。

用上述方法得到的明胶为粗制品，含有较多杂质。用于医用材料时，需进行纯化精制。工业上常采用三种工艺制取纯化明胶，即酸提取工艺、碱提取工艺及高压蒸汽提取工艺。在这些工艺中，均包括从原材料中除去非胶原杂质、将纯化的胶原转变为明胶、明胶的回收干燥三个步骤。酸提取工艺适用于从猪皮胶原和骨胶原制备食用明胶和医用明胶，用 3%～5%的无机酸（盐酸、硫酸、磷酸等）浸泡原料 10～30 h 后，洗去过量酸，即得到纯化明胶。碱提取工艺是采用饱和石灰水将粗明胶浸泡数月，洗涤中和后再蒸煮提取，由此可得到高质量的明胶。高压蒸汽提取工艺是为了使处于骨组织内部（羟基磷灰石包裹之中）的胶原发生部分水解，变成可溶性形式，以便在较低温度提取时能够溶解出来。

明胶可以制成多种医用制品，如膜、管等。由于明胶溶于热水，在 60～80 ℃水浴中可以制备浓度为 5%～20%的溶液，如果要得到 25%～35%的浓溶液，需要将水加热至 90～100 ℃。为了使制品具有适当的机械性能，可加入甘油或山梨糖醇作为增塑剂。用戊二醛和环氧化合物作为交联剂，可以延长降解吸收时间。

3. 纤维蛋白

纤维蛋白主要来源于血浆蛋白，因此具有明显的血液和组织相容性，无毒、无副作用和其他不良影响。其作为止血剂、创伤愈合剂和可降解生物材料，在临床上已经应用很久。它的主要生理功能为止血，也可明显促进创伤的愈合，还可作为一种骨架，促进细胞的生长，并具有一定的杀菌作用。

纤维蛋白是纤维蛋白原的聚合产物，即纤维蛋白原在生理条件下凝固而成的一种材料。而纤维蛋白原是一种血浆蛋白质，存在于动物体的血液中。人和牛的纤维蛋白原相对分子质量在 330 000～340 000 之间，两者之间的氨基酸组成差别很小。纤维蛋白原由三对肽链构成，每条肽链的相对分子质量在 47 000～63 500 之间。除了氨基酸之外，纤维蛋白原还含有糖基。纤维蛋白原在人体内的主要功能是参与凝血过程，其机理是它首先在凝血因子蛋白酶的作用下裂解 Arg-Gly 键，除去带电荷的纤维蛋白肽，失去纤维蛋白肽的部分聚合形成纤维蛋白。这种聚合反应可在尿素溶液中发生逆转。如果再有血浆因子的参与，使一条肽链上谷氨酰胺的 γ-碳基酰化毗邻肽链上赖氨酸的 ε-氨基，则形成交联的不溶性纤维蛋白。

纤维蛋白的制取采用在血浆或富含纤维蛋白原的血浆组分中加入氯化钙的方法，激活其中的凝血因子，就可使纤维蛋白原转化为不溶性的纤维蛋白。不溶性的纤维蛋白通过洗涤、干燥和粉碎，得到纤维蛋白粉。若将不溶性的纤维蛋白打成泡沫，再进行冷冻干燥，可制备纤维蛋白飞沫。将不溶性纤维蛋白加压脱水，可以制备纤维蛋白膜。不溶性的纤维蛋白在 170 ℃以下是稳定的，能够耐受 150 ℃、2 h 的加热处理以降低免疫性。

纤维蛋白具有良好的生物相容性，具有止血、促进组织愈合等功能，在生物医学领域有着重要用途。采用纤维蛋白粉或压缩成形的植入体进行体内植入实验，无论动物实验还是临床试验均未出现发热或严重炎症反应等不良反应，周围组织反应与其他生物吸收性高分子材料相似。纤维蛋白的降解包括酶降解和细胞吞噬两种过程，降解产物可以被机体完全吸收，降解速度随产品不同为几天到几个月不等。通过交联和改变其聚集状态是控制其降解速度的重要手段。

目前，人的纤维蛋白或经热处理后的牛纤维蛋白已用于临床试验。纤维蛋白原的就地凝固特性，可用作眼科手术的组织黏合剂，肺切除后胸腔填充物和外科手术中的止血剂；纤维蛋白粉可用作止血剂，可以与抗生素共用，用来充填慢性骨炎和骨髓炎手术后的骨缺损；纤维蛋白海绵可用作止血剂、扁平瘢的治疗药物和唾液腺外科手术后的填充物；纤维蛋白组织代用品（商品名 Bioplast），主要用于关节成形术、视网膜脱离治疗、眼外科治疗、肝脏止血及疝气修复等；纤维蛋白薄膜，用于神经外科，替代硬脑膜和保护末梢神经缝线；用于烧伤治疗，消除颌面窦和口腔间的穿孔。

4. 甲壳素与壳聚糖

甲壳素又名几丁质、甲壳质、壳多糖等，是由 β-(1,4)-2-乙酰氨基-2-脱氧-D-葡萄糖（N-乙酰-D-葡萄糖胺）组成的线型多糖（见图 3-2-4），广泛存在于甲壳纲动物如蟹、虾及真菌中，其资源丰富，是自然界第二大有机物质，产量仅次于纤维素。壳聚糖是甲壳素最重要的衍生物，是甲壳素部分或全部脱乙酰基的产物，由甲壳素在浓度为 40%～50%的氢氧化钠水溶液中于 110～120 ℃水解 2～4 h 得到，其结构如图 3-4-1 所示。

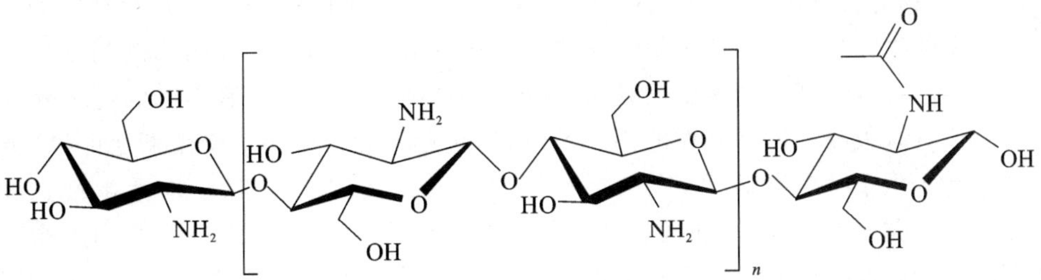

图 3-4-1　壳聚糖的化学结构

甲壳素及其衍生物均具有生物可降解性，生物相容性好，可加快伤口愈合，无口服毒性，对血清中的中分子量物质具有高透过性，对血清蛋白质等血液成分的吸附能力很大，具有消炎、止血、镇痛和抑菌等性能。这些生物学特性使得甲壳素及其衍生物在医药领域获得广泛的应用。

（1）医用敷料。

甲壳素和壳聚糖制成的医用敷料包括无纺布、纱布、绷带、止血棉、医用纤维、胶粘带、薄膜等，主要用于治疗烧伤或烫伤病人。该类敷料可以减轻伤口疼痛；具有极好的氧渗透性，可防止伤口缺氧；能吸收水分，通过体内酶自然降解，降解产生 N-乙酰葡糖胺，可大幅度提高伤口的愈合速度，治疗大面积烧伤、烫伤效果良好。

（2）吸收性手术缝合线。

研究表明，甲壳素对烷基锂、消化酶及受感染的尿等的抵抗力比聚乳酸和羊肠要好。另外，甲壳素纤维的强度能满足手术操作的需要，线性柔软便于打结，无毒性，可加速伤口愈合。因此，甲壳素纤维缝合线是理想的吸收性手术缝合线。该类缝合线在国外已进入实用阶段，如日本 Yunichika 公司是较早出售可降解的甲壳素手术缝合线的公司之一。据报道，东华大学甲壳素研究课题组研制出的甲壳素手术缝合线经临床应用，效果良好，未发现过敏、刺激、炎症现象，并具有消炎、促进伤口愈合和愈合后伤口平滑、无疤痕等优点。

利用高质量的甲壳素为原料制成的手术缝合线能被组织降解吸收，患者无须忍受拆线痛苦，且这种线比肠衣线更易于缝合和打结，对外科医师来说极为方便。另外，甲壳素手术缝合线还能加速伤口愈合。因此，甲壳素手术缝合线完全可以替代肠衣手术缝合线，可广泛应用于各种外科手术。

(3) 人造皮肤。

有研究报道，用甲壳素纤维制作人工皮肤，医治烫伤、烧伤的效果非常好。其方法是先用血清蛋白质对甲壳素微细纤维进行处理以提高其吸附性，然后用水作分散剂、聚乙烯醇作黏合剂制成无纺布，切块后灭菌即可备用。这种材料密着性好，便于表皮细胞长入；具有镇痛止血功能；可促进伤口愈合，且愈合不发生粘连。另外，还可以用这种材料作基体来大量培养表皮细胞，将这种载有表皮细胞的无纺布贴于深度烧伤、创伤表面，一旦甲壳素纤维分解，就形成完整的新生真皮。这类人工皮肤在国外已实现商品化，并在整形外科手术中获得了一定的应用。日本厚生劳动省于 1988 年颁布了同意用壳聚糖无纺布作为皮肤替代物的条例。我国研究者以壳聚糖、角元乙酸盐为主，添加中草药有效成分及天然原料成功研制了甲壳素人造皮肤。

(4) 在药物制剂领域的应用。

作为天然大分子，甲壳素及其衍生物还具有抗菌、抗肿瘤、抗凝血、抗酸、抗溃疡活性，可阻止或减弱药物对胃肠道的刺激性等，并且在酸性条件下可形成水凝胶，具有黏膜吸附的特性，这些优良的生物特性与物理化学性质决定了甲壳素及其衍生物在药物制剂领域有着广泛的应用前景。例如，基于壳聚糖及其衍生物在不同酸性环境中具有不同的药物释放速率的特性，制成具有吸收部位特异性的消化道制剂，可起到靶向作用。壳聚糖还能以“被动机制”选择性地蓄积于肿瘤组织，可用作抗肿瘤药物的靶向载体。实验证明，水溶性壳聚糖衍生物（如丁二酰壳聚糖）能够增加病灶区血管壁对药物的通透性，有利于药物向肿瘤组织渗透，从而使药物有选择性地分布于癌变部位，降低对正常组织的毒副作用；同时还能够延缓药物在体内的降解速度，提高药效，现已成为当前抗肿瘤药物研究领域的热点。壳聚糖及其衍生物具有黏膜吸附的特性，可延长药物在消化道内的滞留时间，延缓药物的释放，提高药物的生物利用度。动物试验表明，壳聚糖吸水后可形成凝胶状物质黏附于消化道表面，这不但加快所携带药物的吸收，且药物清除率也明显下降。此外，由于壳聚糖携带大量的氨基，具有一定的抗酸性，可抑制质子向黏膜的扩散，因此还可以起到保护胃肠黏膜的作用，临床上可用于治疗胃炎及胃溃疡等。

(5) 眼科材料。

甲壳素及其衍生物均有很强的亲水性，可在酸性介质中膨胀形成胶体黏稠物质而阻止药物扩散及溶出，由此可制成缓释微球、缓释片等。甲壳素经化学改性及修饰后形成的几丁糖，具有良好的成膜性，可作为片剂、颗粒剂的包衣材料。几丁糖还具有作为眼用黏弹剂的理化特性，临床结果验证几丁糖与透明质酸钠在眼内反应相似，有作为眼内黏弹剂的良好应用前景。

(6) 作为人造器官制作材料。

用各种甲壳质为主要材料制备的透析过滤膜、中空纤维、医用吸附剂、集束纤维等可用于各种人工器官，如人工肝脏、人工肾脏、人造骨骼、人造血管等的制造过程。甲壳质硫酸酯制备的透析膜具有很好的抗凝血作用，可以用于人工肾脏制造或者血液透析设备。壳聚糖中空纤维和过滤膜对小分子化合物透过率很高，但是不易透过 K^+、Na^+、Cl^- 等无机离子以及蛋白质等生物大分子，因此非常适于人工肾脏的制备。将肝素固定在壳聚糖上制作的吸附剂，可以选择性吸附血液中的胆固醇。甲壳质型人工肾脏的功能已经非常接近天然肾脏。

5. 透明质酸与硫酸软骨素

黏多糖是指一系列含氮的多糖，主要存在于软骨、腱等结缔组织中，构成组织间质。各种腺体分泌出来起润滑作用的黏液也多含黏多糖。其代表性物质有透明质酸、硫酸软骨素等。

透明质酸是一种天然聚阴离子黏多糖，由 D-葡萄糖醛酸和 D-N-乙酰氨基葡萄糖以 β-1,4 糖苷键和 β-1,3 糖苷键交替连接而成。透明质酸几乎存在于所有的哺乳动物体中，通常以盐的形式存在；在人体内分布广泛，例如在眼玻璃体、关节液、脐带和皮肤中均存在较高浓度的透明质酸，肺、肾脏、大脑和肌肉组织里也发现有透明质酸的存在。人体中在不断地合成和代谢透明质酸。透明质酸在生物体中具有多种生理和机械功能，如保持水分、调节渗透压、维持组织形态、屏障扩散、润滑关节、缓冲应力等。更为重要的是，透明质酸能够被特定的细胞受体如 CD44 识别，从而调控细胞的黏附、生长和分化，调控免疫反应、血管化和愈合等生理过程。在具有上述重要生理功能的同时，透明质酸由于在人体中是天然存在的，还具有良好的生物相容性、生物降解性和非免疫原性，因此在医学领域具有重要和广泛的应用。

硫酸软骨素是由双糖单位组成的聚合物，一般含有 50～70 个双糖单位。根据双糖单位的不同又分为 A、B、C、D、E、F 等种类。硫酸软骨素广泛分布于人和一些动物如猪、牛、羊、鱼等的软骨、脐带、血管壁等组织中，国内主要从猪、牛、羊等动物的鼻中骨、喉骨和气管等软骨组织中提取，也可从鸡和鲨鱼软骨中得到。硫酸软骨素可大量吸收滑膜中的 Na^+ 促进骨质增长，使破坏的软骨恢复正常。硫酸软骨素与 D-葡萄糖及 D-半乳糖联合治疗关节炎，可减轻症状。硫酸软骨素具有抑制吞噬细胞活性、抑制补体活性的免疫抑制作用，可以减少药物在内耳组织中与毛细胞及其他组织细胞的结合，减少毛细胞的损伤，现已成为防治链霉素副作用的有效药物。动脉壁中的硫酸软骨素蛋白多糖(CSPGs)变异体与低密度脂蛋白产生特异亲和，调节巨噬细胞周围胆固醇的聚集，并通过调节免疫球蛋白及其淀粉样物质，减少局部胆固醇的沉积，而起到调脂、降脂和抗动脉粥样硬化的作用。此外，硫酸软骨素具有缓和的抗凝血、神经元的保护和修复、加速伤口愈合、抗肿瘤、抗 HIV 活性、调节或抑制黏附、抑制肾结石早期形成、抑制人白细胞弹性蛋白酶活性等药理作用。

3.4.3 人工合成可生物降解高分子材料

随着现代医疗事业的快速发展，纵然天然可生物降解高分子材料具有生物相容性和生物活性良好等许多优点，但是毕竟来源有限，远不能满足需求，因此，人工合成的生物吸收性高分子材料有了快速发展的时间和空间。近年来，生物吸收性合成高分子材料的研究进展相当快速，以聚 α-羟基酸酯及其改性产物为代表的一大批脂肪族聚酯型生物吸收性高分子材料已在临床上得到广泛的应用。

根据在生物体内的降解反应机制，人工合成可生物降解高分子材料可以分成酶降解高分子材料和化学降解高分子材料。人工合成可生物降解高分子材料主要是化学降解类型，是指结构内含有可水解结构的缩合型高分子，降解过程一般不需要酶的参与。目前使用最多的是一些聚酯类、聚酸酐类、聚磷嗪等。这些高分子材料能够在体温条件下在生物体内顺利降解,产生的降解产物是水溶性的,且对人体无害。降解后的小分子能够通过肾脏丝球体细胞膜所代谢,或作为生物体内的营养物质,如水或葡萄糖等参与代谢过程。

1. 聚酯类聚合物

聚酯是目前生物降解性聚合物研究中的主要类型。这类聚合物主链的各个结构单元通过易水解的酯键连接而成,主链柔顺,因而易被自然界中的多种微生物或动植物体内的酶分解、代谢,最终形成二氧化碳和水。目前已实现工业化生产的主要代表品种有聚乳酸(PLA)、聚己内酯(PCL)、聚琥珀酸丁二酯(PBS)和聚乙醇酸(PGA)等。聚酯的化学合成方法主要包括缩合聚合法及开环聚合法。缩合聚合法是指具有不同官能团如羟基、羧基的单体之间,通过脱水酯化得到聚酯的过程。该法所得聚酯的相对分子质量较低。开环聚合是指交酯或环内酯类单体通过开环聚合得到聚酯的过程,所得的聚酯相对分子质量可达几十万。聚酯类聚合物中研究得比较多的是聚乳酸。下面就聚乳酸作为可生物降解高分子材料在医学领域的应用进行介绍。

(1) 外科手术材料。

聚乳酸手术缝合线具有较强的抗张强度,能有效控制聚合物的降解速率,可随着伤口的愈合自动缓慢降解。1962 年,美国 Cyanamid 公司用聚乳酸制成了性能非常好的可吸收缝合线。20 世纪 70 年代,商品名为 Dexon 的聚(L-丙交酯-乙交酯)(PLGA)医用缝合线就已投放市场,但其亲水性强,降解速率太快。1975 年,一种聚乳酸-乙醇酸聚合物 PLGA-vicryl 类型(LA/GA=10/90)的手术缝合线投放市场,也倍受医师青睐。目前,国内各大医院也在使用从国外进口的优异的聚乳酸缝合线。现在的研究主要集中在合成高分子量聚乳酸,改进缝合线加工工艺,合成光学活性聚合物。半结晶的聚 D-乳酸(PDLA)、聚 L-乳酸(PLLA)相比无定型聚 D,L-乳酸(PDLLA),具有较高的机械强度、较大的拉伸比及较低的收缩率,更适合于生产手术缝合线。缝合线的多功能化,如在缝合线中掺入抗炎药来抑制局部炎症及异物排斥反应也在研究中。

(2) 牙科材料。

聚乳酸复合物可以作为引导组织工程材料植入手术后的牙周组织内以排斥上皮细胞移动,使牙周组织得到支撑,同时具有促进牙周缺损部位骨形成的作用,也可以用作拔牙后的空间填充材料,能够填入空洞以帮助伤口尽快治愈。

(3) 眼科植入材料。

视网膜脱落是严重的致盲性眼病,手术治疗中通常采用在眼巩膜表面植入填充物解决。传统填充物采用硅橡胶和硅橡胶海绵制成,由于其不可生物降解,常引起不同程度的异物反应。利用聚乳酸的生物降解性及良好的生物相容性,将其作为填充材料,则可解决异物反应问题,可用于制作眼内药物缓释系统,治疗白内障、青光眼等各种眼科疾病。

(4) 骨科固定材料。

聚乳酸具有很高的模量和拉伸强度、较低的断裂伸长率,非常适于用作骨科固定材料,无须二次手术取出。目前,国内外在骨科固定材料方面都有可喜的成就。研究表明,利用氨基藻酸盐改性聚乳酸,使聚合物具有细胞能够识别的活性基团,用于促进细胞的增长,进而促进软骨组织的增长。在聚乳酸中加入少量的 β-磷酸三钙,得到一种新的性能优异的复合骨折内固定材料,这种聚乳酸复合材料在具有足够力学性能的基础上控制降解与愈合时间,从而解决聚乳酸吸收时间过长并可能引发炎症的问题。

(5) 组织工程支架材料。

聚乳酸可作为组织工程支架材料,早期应用是通过在材料上培养组织细胞,使细胞逐渐生长成组织和器官，与此同时，聚乳酸缓慢降解并最终被肌体吸收。目前，对培养软骨、皮肤、神经、血管和肝脏等的研究已经取得一定的进展。

（6）药物控释材料。

药物的时间控制释放体系使药物通过扩散等方式在一定时间内，以一定速率释放到环境中。据研究报道，末端没有修饰的聚乳酸比末端修饰的聚乳酸有更小的突释效应和更大的释放率，所以可以通过选择药物与聚乳酸的结合方式控制药物快速释放或缓慢持续释放，以满足药物达到血药浓度的要求。同时，用聚乳酸制成的药物微球可以将药物活性成分有选择地输送到生物体的指定部位，并在该处分解使药物缓慢释放，达到定向控制释放药物目的，因此可以用于制备各种药用胶囊、微粒、包衣、植入片等制剂。

除聚乳酸外，将不同官能团（如酰胺基、醚键、氨基甲酸酯基等）引入到聚酯的主链上，通过控制官能团的种类与数量，可达到改善聚酯的性能（如力学性能、亲水性等）与降解速度的目的。这类聚合物一般都是通过酯键的水解达到降解效果。例如向疏水性的聚酯主链中引入亲水性醚键，可以达到改善聚酯的亲水性的效果，研究较多的是将聚乙二醇（PEG）引入到聚酯主链上。

近年来，关于脂肪族聚酰胺酯的研究报道较多。这是一种新型的可生物降解高分子材料，分子链中的酯键赋予了聚合物良好的降解性能，同时酰胺键的存在又提高了聚酯的力学性能，并使加工性能得到改善。大量研究结果表明，聚酰胺酯中含有酰胺-酰胺和酯基-酰胺两种氢键，聚合物的降解主要发生在酯键上，酯键的断裂可导致酯基-酰胺氢键的分解，并且含酯链段越多，降解越快。可生物降解酰胺聚酯共聚物因其具有优良的物理力学性能和加工性能，而在生物医学材料和环境友好型材料领域有着广泛的应用前景。通过研究得到降解性能与物理性能俱佳的可生物降解聚合物是聚酰胺酯研究的热点。

2. 聚原酸酯类

原酸是指在一个碳原子上面同时具有三个羟基的化合物。由于三个羟基的协同作用，酸性明显，所以归并于酸类。原酸酯实质上是原酸与醇缩合生成的特殊醚型化合物。聚原酸酯是一类具有非均相降解机制的合成高分子材料，特别适合于作为药物缓释制剂材料，可以实现药物的恒定速率释放。由于其主链上具有酸敏感的原酯键，通过加入酸性或碱性赋形剂就可以控制其药物释放行为。目前应用于医学领域的聚原酸酯主要有三类。第一类是利用二乙氧基四氢呋喃和乙二醇进行原酯化反应制备的，其商品名为 Alzamer，在体内降解后释放出 γ-羟基丁酸。这类聚原酸酯主要作为药物控制释放载体，也可以用作烧伤部位的处理材料。第二类是通过双烯酮与二元醇反应形成的缩醛型聚合物，反应在酸性条件下进行。第三类是通过 1,2,6-己三醇与甲基原酸酯进行酯交换反应制备，反应需要在无水条件下进行。产物为疏水型，呈半固态，主要作为缓释药物的制剂材料。当加入三元醇时可以得到交联型聚合物。聚原酸酯在体内的降解过程中都有酸生成，因此，其具有自催化性质，降解速度会自动加快。

3. 其他类型的聚合物

还有一些生物降解材料是将不稳定的官能团，如碳酸酯基、氨基酸酯基、酸酐基等，引入到其分子主链或侧链上，通过不稳定基团的分解以达到降解的目的。

1）脂肪族聚碳酸酯

脂肪族聚碳酸酯（PC）具有生物降解性和生物相容性，降解后生成二氧化碳和中性二元醇（或酚）。聚碳酸酯一般通过环状碳酸酯单体的开环聚合得到。通常用于开环聚合物的单体有五元环碳酸酯、六元环碳酸酯、七元环碳酸酯及七元以上大环碳酸酯。聚三亚甲基碳酸酯（PTMC）是最常见的，同时也是最为广泛的可生物降解脂肪族碳酸酯，它是通过环状的三亚甲基碳酸酯（TMC）开环聚合得到。侧链含有功能化基团的生物降解脂肪族聚碳酸酯是近年来研究的重点和热点之一，可以方便地引入抗体、多肽类药物等生物活性物质，且可根据需要对聚合物进行改性。

脂肪族聚碳酸酯由于可在生理条件下降解，在生物医学领域特别适合于制作一些需暂时性存在于体内的植入物。目前，在临床医学上最成功的应用是作为生物可吸收手术缝合线，即由三亚甲基碳酸酯和乙交酯（GA）共聚得到的含有大约 33% TMC 的 Poly（GA-co-TMC）。聚三亚甲基碳酸酯在体温条件下有一定的弹性，亲水性和吸水率低，溶解性能好，在体内降解速率很慢，这些性质正好弥补了聚乙醇酸作为手术缝合线的高结晶性、难溶解性、降解速率较快、机械性能在体内消耗较快等不足。Poly（GA-co-TMC）具有良好的弹性，并且在体内维持强度的时间比聚乙醇酸长，因此已被广泛用作生物可吸收手术缝合线，商品名为 Maxon。

此外，脂肪族聚碳酸酯由于具有生物降解性、生物相容性、表面溶蚀性能及多功能性等特点，是一种优良的药物载体材料。例如，将肿瘤细胞靶向性物质磺胺嘧啶接入侧基含有羟基的聚碳酸酯载体基质上，可以得到肿瘤细胞靶向性聚合物载体，从而在磺胺嘧啶的靶向作用下进行肿瘤靶向给药，最终起到定位浓集、减少毒性的作用。再者，脂肪族聚碳酸酯在降解过程中不会产生酸性物质，可避免局部由于 pH 值较低而引起炎症反应，可用作组织工程材料。通过将聚碳酸酯与其他物质（如己内酯、乙交酯等）进行共聚改性，得到的共聚物具有良好的生物相容性、低毒性和渗透性，通过合理调整单体比例，可得到降解速率合适、既柔软又有一定强度的聚合产物，从而用于可降解性神经导管的制备，以取代临床常用的导管材料——硅胶管，避免二次手术取管，减轻患者的负担和痛苦。

2）聚膦腈

聚膦腈是主链上 N、P 原子以交替的单双键排列而成，侧基由有机基团与磷原子相连组成的无机-有机高分子，这类聚合物将无机、有机分子紧密地结合起来，从而表现出传统聚合物无法比拟的优越性。

由于聚膦腈高分子的性能受其磷原子上连有的两个侧基基团的影响特别大，因而通过引入不同的侧基基团可以制备不同性能的各种功能聚膦腈高分子。例如，聚膦腈高分子可以是水溶性或非水溶性的，易被水降解的，塑料、玻璃或高分子电解质。聚膦腈结构的多样性导致性质的多功能性，侧链的各种有机取代物赋予膦腈聚合物新奇、优良的特性，应用前景十分广阔，如用于燃料电池、组织工程、药物传递、聚合物囊泡等。其中，以水解敏感的有机基团（如氨基酸酯基、咪唑基等）作为取代基，可以得到能够生物降解的聚合物，其降解产物通常为无毒的磷酸盐、氨和相应的侧基，可以通过侧链的设计得到不同降解速率的材料。

可生物降解聚膦腈的合成一般是采用先通过热开环聚合得到聚二氯膦腈（PDCP），然后再用易水解的侧基取代聚二氯膦腈上的氯原子的方法。然而，由于聚膦腈的研究成本较高，在很大程度上该降解材料的发展具有局限性，且聚膦腈的降解速度一般较慢，难以满足各种活性药物释放动力学的要求，一般采用与可生物降解的聚酯或聚酸酐共混的方法克服聚膦腈存在的缺陷。通过结构改造得到的疏水性聚膦腈可以制备聚膦腈膜包埋缓释药物，或与药物混合打片制备植入型或微球静脉型缓释剂。亲水型聚膦腈主要作为水凝胶型释药基质。聚膦腈类生物可降解高分子材料是非常有发展前途的药用高分子材料。

3）聚氨基酸

氨基酸是生物功能大分子蛋白质的基本组成单位，是构成动物营养所需蛋白质的基本物质。选用一种或多种氨基酸合成聚合物能在体内酶的作用下降解为氨基酸，生物相容性好，且安全无毒，聚氨基酸的研究现已得到广泛的关注。采用天冬氨酸、谷氨酸、赖氨酸、丙氨酸、苯丙氨酸等制备的聚氨基酸是一类毒性低，生物相容性好，容易被机体吸收、代谢的生物降解高分子，在医药领域如药物控释、人造皮肤等方面具有广泛的应用。目前，聚氨基酸作为药物载体的研究主要集中在聚氨基酸-药物偶联物、聚氨基酸复合载体、氨基酸共聚物等方面。聚氨基酸与药物通过化学键形成偶联物，在体内酸性环境及酶的作用下化学键断裂释放药物，达到缓释、靶向的作用，并且可以降低药物的毒性；聚氨基酸与其他高分子材料形成复合载体以克服单一材料的不足以及实现新的功能；氨基酸共聚物也可形成两亲性材料作为药物载体，以提高药物溶解性能，延长体内循环时间和实现靶向目的。

4）聚酸酐

聚酸酐是单体通过酸酐键相连的聚合物，酸酐键具有水不稳定性，能水解成羧酸。酸酐键对水的敏感性使得主链上化学组成可在相当大的范围内变化，且不失其降解性，可在分子主链上引入新的官能团，如阿司匹林活性成分水杨酸、酰胺键、酯键等。目前，聚酸酐的合成普遍采用真空熔融缩聚法。首先是将二元酸与过量乙酸酐反应生成二酸的预聚物；其次通过二酸预聚熔融缩聚，真空脱去乙酸酐而得到高聚物。目前有关聚酸酐的研究主要集中在合成具有良好降解性能和加工性能的聚酸酐上。聚酸酐高分子化之后水解速度大幅度下降，但是相对于其他类型的可生物降解高分子材料，其降解速度仍然是较快的。聚酸酐属于非均相降解材料，降解机制为酸酐基团的随机、非酶性水解，因此，特别适合于制备药物均衡释放控制材料。作为混合型药物释放体系，其药物释放速度正比于高分子材料的表面积和降解速率，可以通过改变药物在高分子内部的浓度和高分子药物的外表面积进行调节，高分子药物的外表面积很容易通过改变微球的直径来控制。

根据原料的结构不同，常见的聚酸酐有脂肪族聚酸酐、芳香族聚酸酐、聚酯酸酐和交联型聚酸酐等。虽然种类繁多，但是在药物缓释方面应用的主要是聚1,3-双(对羧基苯氧基)丙烷-癸二酸、聚芥酸二聚体-癸二酸、聚富马酸-癸二酸等，这些聚酸酐在氯仿、二氯甲烷等溶剂中溶解度较好，熔点也比较低，易于加工成形，且具有良好的机械强度和韧性。

3.5 医疗诊断用高分子材料

对疾病的正确诊断是有效治疗的基础，尽早诊断或预警可能挽救生命，尤其对于恶性肿瘤更是如此。20世纪70年代以来，医学诊断技术可谓突飞猛进，随着现代医学技术的发展，许多灵敏性高、特异性强的临床检测手段不断出现。快速、准确、费用低廉是技术和手段的发展目标，高分子材料具有价廉、可功能化的特点，将可检测的生物活性物质固载于功能高分子材料表面，这样的高分子材料便可应用于疾病的检测、诊断。高分子材料在临床检测诊断领域具有诸多优点，如灵敏度高，检测速度快，使用方法简便，可小型化、家用化、多样化等。目前，诊断用微球、诊断用磁性微球和诊断用生物传感器等已经得到了广泛的研究和应用。

3.5.1 诊断用微球

高分子微球具有一些其他材料不可比拟的特点，如高分子微球的体积小，因而加快了微球反应时间，使得检测快速、灵敏；高分子微球比表面积大，如 1 g 直径 0.1 mm 的高分子微球的总表面积达到 60 m^2，如此大的表面积使微球易于进行化学反应，易于吸附和解吸，光散射性好等；高分子微球能稳定分散，易控制成单分散性，保证了检测结果的可靠性和可重复性；生物相容性能良好；易于表面化学改性，使得各种生物活性物质均能很好地固定在微球表面；易于分离和提纯等，因此在生物和医学领域中具有广泛应用的前景。

诊断用微球的制备主要包括载体的合成和活性物质的固定。微球载体通常以微球单体和含反应性基团的功能单体共聚制备，为保证微球的高效性，微球须满足比表面积大以及力学性能、稳定性较好等要求，功能基团则要求活性高，对生物活性物质有较强的结合能力，因此微球载体的单体早期常选用苯乙烯，后选用乙烯基吡啶、丙烯酸酯、丙烯酰胺及其衍生物作为单体，但目前应用较多的仍为苯乙烯。

高分子微球在医疗诊断中的应用主要有以下几个方面。

1. 免疫载体

将抗体或抗原通过物理吸附或化学键合的方法固载于微球表面可以制成基于微球的定量或定性检测试剂，能够检测体液中对应的抗体或抗原。利用此方法来诊断疾病具有简便、快速、灵敏等特点，因而已在临床化学分析上展示出了强大的效能，并已得到广泛应用。

基于微球的定量或定性检测一般都是建立在抗原（Ag）和抗体（Ab）特异性反应的基础上，直接观察抗体抗原比较困难，当抗原抗体的浓度较大时，就可能在抗原抗体接触反应后出现沉淀，如果浓度不够它们的结合就不易看到。因此如用粒径较大的颗粒作载体，当抗原抗体结合时，就使许多颗粒聚集起来，这样观察就比较容易。抗原或抗体被吸附或键连到微球载体上后，把微球与含有对应反应物的样品（血清，尿样等）混合，这些“敏感”的微球就起着放大抗原抗体之间特异性反应的作用。

基于微球的免疫检测技术最早可以追溯到 1956 年 Singer 和 Plotz 发明的乳液凝集测试（Latex Agglutination Tests，LAT），该测试用于类风湿因子的检测，1957 年他们又发明了怀孕检测，从此之后，LAT 应用于超过 100 种传染病毒的检测，出现了一系列从简单到比较复杂的测试方法。如聚苯乙烯胶乳用于乙型肝炎、血吸虫病、类风湿、梅毒等的检测诊断。Yamashiki 等采用胶乳凝聚法快速检测乙型肝炎表面抗原，其最小检测极限是 15 ng/mL，灵敏度是反向被动血细胞凝聚法的三倍，且不需昂贵的设备。乳液凝集测试就是利用抗体（抗原）间特异性的反应及胶体粒子的凝集来进行检测，具有检测快速、价格便宜的特点。

测定凝集反应的方法主要有以下几种。

① 载玻片法：这是一种定性的检测方法，简单易行。在载玻片上，将待测样本（血清、尿、唾液）和乳液诊断试剂混合后放置数分钟，观察乳液微球是否发生凝集来进行判断。

② 微滴定板法：这是一种半定量的方法。将样本进行倍比稀释，根据乳液凝集的结果来进行判断。

③ 浊度滴定法：随着凝聚颗粒的生成，浊度增加，以此来推算出抗原的浓度。

④ 测定凝聚物沉淀面积进行定量计算。

采用乳胶粒子进行临床检测，要求只发生特异性凝聚反应，因此乳胶粒子必须具有以下特点：①粒子尺寸尽可能均匀；②粒子具有高比表面积，亲和结合容量高；③适当的乳液分散稳定性；④粒子必须适于抗体分子的固定，并对其他蛋白无吸附。可见免疫检测所需乳胶粒子的特点与高分子微球的特点相一致，因而高分子微球是免疫检测的优良载体材料。

以聚苯乙烯为基材的疏水性微球是最早被用于临床诊断的免疫微球，由于其疏水性强，抗体的疏水部位会被牢固地吸附在微球表面，可不采用化学方法固定。但是疏水性表面会产生非特异性吸附，为了抑制抗体以外的蛋白质吸附，在固定抗体后必须用白蛋白、聚乙二醇等亲水性高分子等进一步修饰微球的疏水性表面。因此，近年来人们开始采用亲水性较强微球作为抗体的载体，如聚 2-羟乙基甲基丙烯酸酯、聚甲基丙烯酸缩水甘油酯微球等。这时抗体不能利用疏水相互作用来固定，而必须采用化学共价结合的方法固定。Kondo 等采用羧基化的聚(苯乙烯丙烯酰胺)固定抗体后详细研究了影响凝集速度的因素，发现随着抗体固定量的增加，凝集速度加快，溶液的粒子强度为 0.1，pH 值为 7 时，凝集速度最快。另外除了抗原和抗体之间的引力以外，抗体固定化微球之间的静电引力，抗原之间的静电引力均会影响凝集速度。近年来人们还发展了一种表面由亲水性微区和疏水性微区交替组成的微球，疏水性微区用于吸附抗体，裸露的亲水性微区可以避免实际使用时其他杂蛋白的吸附。

2. DNA 诊断

高分子微球固定 DNA、配位体或激素类等生物活性组分后，能用于各种生物特性的诊断。如能够在癌症初期检测出基因的异常情况，对于恶性肿瘤的治疗极为重要。如 *Kras* 基因突变常发生在胰腺癌、直肠癌和肺癌的初期。

带单链 DNA 的高分子微球能捕捉与它相应的 DNA 或 RNA。Tsunezuka 等将 tymine20mer 固定在高分子微球上，并成功地从 RNA 混合物中提取出 m-RNA。也有研究表明固定了 20-merDNA 的微球对于互补 DNA 有很好的选择性，因而可以确定带有与 DNA 突变体互补 DNA 的高分子微球能用于突变 DNA 的检测。虽然目前用高分子微球来诊断 DNA 的研究仍存在一些问题，但可以确定未来此方法来检测 DNA 必将取代目前临床使用的 PCR 方法。

目前用高分子微球来诊断 DNA 的研究重点主要有：设计适合的高分子微球携带 DNA；选择适当的 DNA 链长来固定；选择适当的模式固定 DNA；找出最适合的测试方法和测试条件。

3. 血液检测

心脏的血液输出和局部的血液流动情况是确定氧气输送量和组织耗氧量的重要指标，因此，对其进行检测具有很大的必要性。可以使用放射标记的高分子微球进行检测。使用标记的微球进行检测是 Rudloph 和 Heymann 最早在 1967 年发明的方法。通常血流检测使用的标记微球的直径在 10～40 μm 之间，与红细胞的大小相当。

由于安全性问题，后来又发展出彩色标记、荧光标记、磁性标记等无放射性的标记与检测方法。如直径 15mm 的彩色聚苯乙烯微球被用于局部血液流动情况的检测，通过光谱法测定血液中染料的浓度来确定血液流动情况，这一方法价格比放射性标记的微球方法便宜，同时不存在安全问题。另外还有研究将含有 Ag 和 Ba 或其他重金属的荧光微球用于局部血流情况的检测，如 Schlensak 等采用荧光微球，研究了动脉灌注法在心脏分流手术中的影响，认为此方法并不能有效地抑制肺部的局部缺血问题；尽管血管的栓塞在大多数时候都是有害的，但其也可以被加以利用，可以利用其减少手术中血液的流失量，提高安全系数。

利用特异性亲和作用，微球还可以用于其他疾病的诊断。如利用某些细胞(如巨噬细胞）对具有某种特定结构的异物的吞噬作用来测定细胞的功能。Wagner 等发现颗粒状白细胞对聚苯乙烯微球和表面用血清蛋白覆盖的 PS 微球具有不同的吞噬能力，其中 PS 微球较容易被吞噬，从而可通过比较细胞对不同微球异物的吞噬能力来判断该细胞功能正常与否。结合有一定生物活性分子的高分子微球对某些病毒具有很高的识别及亲和能力，利用这种特性，就可以分离除去一些较难用药物清除的病毒。Akashi 等利用功能性高分子微球脱除 HIV-1 病毒（Human Immunodeficiency Virus-1，又称艾滋病病毒），发现脱除率可达 97%。脱除的方法是首先在微球表面引人带有羧基的高分子链，进而通过缩合反应把伴刀豆球蛋白 A（Concanavalin A）固定到微球表面。利用 HIV-1 病毒表面的活性基与伴刀豆球蛋白 A 发生凝聚反应，离心分离除去沉淀物，达到脱除病毒的目的。

3.5.2 诊断用磁性粒子

磁性高分子微球是指通过适当的方法使有机高分子与无机磁性物质结合起来形成的具有一定磁性及特殊结构的微球。因磁性高分子微球同时兼具普通高分子微球的众多特性和磁性纳米材料的磁响应特性，不但能通过共聚及表面改性等方法赋予其表面功能基团（如—OH、—COOH、—CHO、—NH_2 和—SH 等），还能在外加磁场作用下，方便迅速地分离基团，因此以磁性高分子微球作为一种新型的功能材料，特别是以其为固相载体的磁分离技术在临床诊断、免疫分析、靶向药物、细胞标记、细胞分离、基因测序、酶的固定化及生物芯片技术等领域有广泛的应用前景。

磁性高分子微球按照其结构的不同可以分为三大类：①壳核结构，高分子材料作为核，磁性材料作为壳层。②核壳结构，磁性材料为核，高分子材料组成壳层。③壳核壳结构，外层和内层为高分子材料，中间为磁性材料。用作载体的磁性微球主要是后两种，其中核壳结构为最多。通过选择不同的原料和制备方法，可得到不同粒径、品型和磁响应特性的磁粒子核，再根据需要，可制备出以高分子材料为壳层，大小从纳米到微米不等的磁性微球。磁性微载体表面常带有化学功能的基团，如—OH、—NH_2、—COOH 和—$CONH_2$ 等，使得磁性微载体几乎可以偶联任何具有生物活性的蛋白质。常用的高分子材料有聚酰亚胺、聚乙烯醇、多糖（纤维素、琼脂糖、葡聚糖、壳聚糖等）和牛血清白蛋白等。免疫配基通过功能基团结合到磁性微载体上形成免疫磁性微球。免疫配基一般包括抗原、抗体或凝集素等，配基具有生物专一性的特点，而且载体和微球与配基结合不能影响或改变配基原有的生物学特性，以保证微球的特殊识别功能。

目前商品化的磁性高分子微球的代表是挪威 Dynal 公司开发的 Dynabeads 系列产品。该产品已被成功地应用于微生物免疫学、分子生物学和癌症研究等领域。

1. 磁性高分子微球的制备方法

磁性高分子微球根据不同的结构类型具有不同的制备方法，就高分子包覆磁性无机粒子类微球而言，目前通常采用以下三种方法来制备，即包埋法、单体聚合法和原位法，其中单体聚合法与一般的高分子微球的制备方法相同，可细分为悬浮聚合法、乳液聚合法、细乳液聚合法、微乳液聚合法和分散聚合法等。

1）包埋法

包埋法是将磁性粒子分散于高分子溶液中，通过雾化、絮凝、沉积、蒸发等方法得到内部包有一定量磁性粒子的高分子微球。该法得到的磁性高分子微球，其磁性微粒与大分子之间主要是通过范德华力、氢键、螯合作用以及功能基间的共价键相结合。常用的包埋材料有纤维素、尼龙、磷脂、聚酰胺、聚丙烯酰胺、硅烷等。如 Bahar 等将悬浮有 Fe_3O_4 粒子的聚苯乙烯氯仿溶液倒入水中，搅拌，乳化，然后蒸发出溶剂，得到磁性聚苯乙烯微球。

这种方法的优点是简单，但得到的微球粒径分布宽，形状不规则，粒径不均匀，壳层中难免混有溶剂、乳化剂或沉淀剂，用于免疫检测或细胞分离等领域时，微球的生物相容性将受到影响。同时该方法仅限于某些可溶或可熔的高分子，而且需要额外的分离设备和能源消耗。

2）单体聚合法

由于包埋法存在诸多缺陷，因而一些可得到性能更加优良的微球的单体聚合方法应运而生，并逐步取代了包埋法。单体聚合法是在磁性粒子和有机单体存在的情况下，根据不同的聚合方式加入不同的助剂来聚合制备磁性高分子微球的方法。制备一般高分子微球的常规方法均被尝试于磁性高分子微球的制备，这里不再具体阐述各种方法，仅举例加以说明。

Margel 等利用悬浮聚合的方法，制得了粒径在 0.03～80 pm 的聚丙烯醛类磁性微球，并对其表面醛基、羧基及双键含量进行了测定。Daniel 等首先均化含有乳化剂的水相和分散有磁粉、油溶性引发剂和单体的油相，然后引发聚合反应，此方法被称为微悬浮聚合法，得到了粒径在 0.05～10 μm 的憎水交联高分子微球，其中磁性粒子倾向于迁移至微球的四周。悬浮聚合法得到的磁性高分子微球粒径分布较宽，因此目前研究较多的为乳液聚合法和分散聚合法。

乳液聚合法中能够得到粒径分布单一、表面“清洁”微球的无皂乳液聚合法是应用和研究得最多的。Yanase 等在磁流体存在的条件下，不加表面活性剂，制得了磁性聚苯乙烯微球并讨论了表面活性剂、引发剂、单体和添加剂（$CaCl_2$ 和荧光染料）等对聚合反应和微球特征的影响。Kondo 等采用两步无皂乳液聚合法制备出了热敏性的聚苯乙烯/N-异丙基酰胺/甲基丙烯酸［P(St/NIPAM/MAA)］磁性微球。Yanase 等制备的磁性聚苯乙烯微球表面缺少功能基，而 Kondo 等采用的两步法较复杂，因此 Hwee 等采用一步无皂乳液聚合技术，在磁流体存在的条件下，合成出平均粒径 30 mm 的磁性高分子微球，并对平均粒径及粒径分布、表面羧基含量、磁含量、酸碱稳定性进行了测定，发现用丙烯酸钠代替甲基丙烯酸不但能提高磁性微球的单分散性，还能提高其表面羧基含量。

分散聚合法是一种新的聚合方法，尤其是在制备单分散高分子微球方面具有独特功效，因而在磁性微球的制备方面被广泛应用。Daniel 采用分散聚合法，在磁流体存在的条件下，以乙醇/水为分散介质，以聚乙烯醇(PVP-K30)为分散剂和稳定剂，进行甲基丙烯酸缩水甘油酯(GMA)分散聚合，合成出了粒径比较均匀、磁响应性较强的高分子磁性微球。

单体聚合法成功的关键在于确保单体的聚合反应在磁性粒子表面顺利进行。由于磁性粒子是亲水性的，所以亲水性单体(如多糖化合物)容易在磁性粒子表面进行聚合，而对于亲油性单体(如苯乙烯、甲基丙烯酸甲酯)，聚合反应难以在磁性粒子表面进行。因此需要对磁性粒子进行预处理或适当改变聚合体系的有机相组成。

3)原位法

Ugelstad 等发明了一种与众不同的制备磁性高分子微球的方法——原位法，该方法首先制得单分散的致密或多孔高分子微球，此球根据不同的需要含有可能与铁盐形成配位键或离子键的基团(如 N 基团、环氧基、羟基、羧基、磺酸基等)。然后可根据高分子微球所具有的不同功能基团以不同的方法来制备磁性高分子微球。如含氨基或羧基时，可直接加入适合比例的二价或三价铁盐溶液，使聚合物在铁盐溶液中溶胀、渗透，升高 pH 值，可得到铁的氢氧化物，最后升温至适当的温度，即可得到含有 Fe_3O_4 磁性微粒的高分子微球。

Ugelstad 等用该方法开发了 Dynabeads 系列产品，该产品已成功应用于微生物学、分子生物学和免疫学等诸多领域。

原位法和其他方法比较，具有以下的优点：在磁化过程中，单分散高分子微球的粒径和粒径分布不变，所得磁性高分子微球也就具有良好的单分散性；磁性粒子在整个高分子微球中均匀分布，且浓度相同，从而使磁性微球在磁场下具有一致的磁响应性；可以制备各种粒径的致密或多孔的磁性高分子微球，且可制备出磁含量大于 30%的高磁含量微球。

2. 磁性高分子微球的表面功能化

磁性高分子微球是有机高分子和无机磁性物质的复合体，它兼有有机高分子微球的诸多表面功能性和磁性物质的磁响应性。要利用其表面的功能性，必须使磁性微球表面带上所希望的功能基团。

一般来说，磁性高分子微球的表面功能化有两种方法：单体共聚法及表面处理法。如 Kondo 等采用苯乙烯和 N-异丙基丙烯酰胺共聚制备含羧基的热敏性磁性高分子微球，这种单体共聚法制备磁性高分子微球简单易行，但是采用该方法得到的功能基团只有小部分位于微球表面，而大部分被包埋在微球内部。而采用磺化、硝化、氯甲基化及辐射等后处理方法，可以有效提高表面功能基浓度。

其中最常用的表面基团是羧基和氨基，这主要是因为经过长时间储存这两种功能基仍然十分稳定；目前对这两种基团偶联的化学方法进行了广泛的研究，对于每种基团均有多种偶联方法可以选择；蛋白质分子均含有端羧基和氨基，因此能确保蛋白质能够偶联到带有羧基和氨基的微球表面上。

3. 磁性微球在医疗诊断中的应用

1）免疫检测

在免疫检测中，磁性高分子微球表面上偶联的抗体（或抗原）可与环境中特异性抗原（或抗体）结合，形成抗原抗体复合物，在外加磁场作用下，使特异性抗原（或抗体）与其他物质分离，这种分离方法克服了放射免疫测定（RIA）和传统酶联免疫测定方法的缺点，具有灵敏度高、检测速度快、特异性高、重复性好等优点，更重要的是，该方法可将待检测物质分离出来，是免疫检测方法的革命性发展。

沈荣森等在磁性聚丙烯醛微球表面直接固定抗体，用于甲状腺素、甲状腺球蛋白等的放射性免疫检测分析，非特异性结合低、重复性好。为了提高抗体的纯化效率，使用具有较大比表面积的亚微米级磁性高分子微球是一个很好的选择，Kondo 等采用含聚异丙基丙烯酰胺的亚微米级磁性微球作为载体，表面偶联抗原，利用其加热絮凝效应和磁场作用力的联合驱动，对血清中的抗体进行了分离。

磁性高分子微球在外加磁场的作用下能快速富集，有助于缩短检测时间，提高检测效率。Thertz 等利用这种特性，构建了一种三明治夹心结构，利用超顺磁纳米粒子标记的单克隆 TSH 表面病毒抗体来检测 TSH，研究发现，施加外磁场可大大提高检测的灵敏度，使之达到 0. 02 pg/mL，比未加磁场的情况提高了整整 100 倍。

目前磁性免疫检测技术已经成为免疫分析的重要方法之一，许多免疫检测试剂及自动化免疫检测系统都已经商业化。如瑞士 Serono 公司首先应用纤维素包裹 Fe_3O_4 的磁性微球偶联上羊抗－异硫氰酸荧光磺(FITC)抗体，建立了磁性均相酶联免疫分析系统，并推出了系列产品，此磁性微粒的直径约为 1 μm，大大增加了载体的表面积，缩短了反应时间，试剂的有效期从 1 个月提高到 12 个月，同时检测的灵敏度和准确率达到了放射性免疫测试方法的水平。免疫磁性微球可以简单快速地从血液或者骨髓中富集、清除癌细胞，广泛地应用于疾病检测、癌症治疗和自身骨髓移植(ABMT)中，还被用于从母体外周血中分离胎儿细胞进行无创性产前诊断。

2)核酸检测

随着 PCR、RT-PCR 等分子生物学技术的突飞猛进，通过对 PCR 产物进行测序分析，可以了解基因组的结构特点、DNA 的突变和基因多态性等，但方法比较复杂，而免疫磁性微球借助亲和素-生物素系统与非蛋白质(如各种 DNA、RNA 大分子)结合直接进行扩增，所以近年来免疫磁性微球在分子生物学中的应用越来越广泛。

对于大量测序工作(例如人类基因组计划)一般需将模板纯化、测序反应、产品分离和检测等操作步骤一体化。Mhlen 和 Rolfs 等用磁性高分子微球作固相载体对 DNA 测序工作的半自动化和全自动化进行了尝试，Rolfs 的测序系统每周的分析能力可达 30000～40000 个碱基对。另外含有单链 DNA 的磁性微球可用来分离纯化 DNA 和 RNA。含有双链识别序列的磁性微球，只需通过三次吸附-解吸循环，在不到 1 h 的时间内，即可从酵母原始溶液中得到均匀的核因子。另外人们还将 PCR、磁性分离、样品处理等连续操作自动化，以用于临床检验和大规模的测序工作。

3.5.3 高分子材料在诊断用生物传感器中的应用

生物传感器是近几十年内发展起来的一种新的传感器技术。生物传感器是一个非常活跃的研究和工程技术领域，它与生物信息学、生物芯片、生物控制论、仿生学、生物计算机等学科一起，处在生命科学和信息科学的交叉领域。在 20 世纪 60 年代，Clark 等首先实现了使用 pH 或氧电极来检测酶解保或葡萄糖的产物，这也标志着生物传感器的诞生，到 80 年代生物传感器研究领域已基本形成。其标志性事件是：1985 年《生物传感器》国际刊物在英国创刊；1987 年生物传感器经典著作在牛津出版社出版；1990 年首届世界生物传感器学术大会在新加坡召开，并且确定以后每隔两年召开一次。一般生物传感器由生物识别元件(感受器)、信号转换器(换能器)与信号检测元件(检测器)三大部分组成。

作识别元件的生物分子包括酶-底物、酶-辅酶、抗原-抗体、激素-受体、DNA 双螺旋拆分的分子等，它们的一方固定化后都可能作为分子识别元件来选择性地测量另一方。除了生物大分子以外，还可以用细胞器、细胞、组织、微生物等具有识别环境中某些成分功能的元件来作识别元件。甚至可以用人工合成的受体分子与传感器结合来测定微生物、细胞和相关的生物分子。

另外检测的指标包含电化学(电位测定、电导测定、阻抗测定)、光学(光致发光、共振表面等离子体)、机械(杠杆、压电反应)、热(热敏电阻)或者电(离子或者酶场效应晶体管)等。

分子识别是生物传感器的理论基础，具有识别能力的生物分子为生物功能物质，其识别能力具有很高的选择性，犹如钥匙和锁的关系一样，一把钥匙只能打开一把锁，因此所制备的生物传感器同样具有很高的选择性，可以从不经前处理的样品中，直接测定出欲测的物质。例如葡萄糖氧化酶能从多种糖分子的混合溶液中，高选择性地识别出葡萄糖，并把它迅速地氧化为葡萄糖酸。这种葡萄糖氧化酶即称为生物功能物质。到目前为止，已经发现的具有分子识别能力的生物分子有酶、抗原和抗体、结合蛋白质、植物凝血素和激素受体等。它们一般都溶于水，本身不稳定，需要固定在各种载体上，才能延长其活性；而将生物功能物质包藏或吸附于某些高分子材料或无机材料上就可制备成生物识别元件（感受器），这是生物传感器的研究和开发的最重要工作。

目前固定化载体一般是高分子材料，高分子材料按来源可分为天然高分子和合成高分子。其中天然高分子材料有琼脂糖凝胶、脂质体及纤维素等，合成高分子材料有聚甲基丙烯酸衍生物、聚砜、聚吡咯及聚酰胺等。合成高分子材料由于其合成的灵活性、结构的预设性以及性质的多样性，在生物传感器的发展中具有举足轻重的地位。中国生物传感器研究始于 20 世纪 80 年代初，从事生物传感器研究的科研机构有中国科学院微生物研究所、中国科学院生物化学与细胞生物学研究所生化所、中国科学院上海微系统与信息技术研究所、中国科学院武汉病毒研究所、华东理工大学和山东省科学院生物研究所等单位，直至今日，这些单位仍在生物传感器领域进行着创新研究和开发。

3.6 医用高分子材料的发展方向

医用高分子材料已有 60 多年的发展历史，其应用已渗透到整个医学领域，取得的成果十分显著。但距离随心所欲地使用高分子材料及人工脏器来置换人体的病变脏器尚远，因此还应更深入地研究探索。就目前来说，医用高分子材料将在以下几个方面进行深入研究。

1. 人工脏器的生物功能化、小型化、体植化

人工器官是医用高分子材料的主要发展方向。目前，用高分子材料制成的人工器官已植入人体的有人工肾脏、人工血管、人工心脏瓣膜、人工关节、人工骨骼、整形材料等。应用的高分子材料主要有 PVC、ABS、PP、硅橡胶、含氟聚合物等。正在研究的有人工心脏、人工肺、人工胰脏、人造血、人工眼球等。目前使用的人工脏器，大多数只有“效应器”的功能，即人工脏器必须与有功能缺陷的生物体共同协作，才能保持体内平衡。

研究的方向是使人工脏器永久性地植入体内，完全取代病变的脏器。这就要求高分子材料本身具有生物功能，因此制备具有人体各部天然组织的物理力学性质和生物学性质的生物医用材料，达到高分子的生物功能化和生物智能化，是医用高分子材料发展的重要方向。

2. 高抗血栓性材料的研制

迄今为止，尚无一种医用高分子材料具有完全抗血栓的性能，许多人工脏器的植换手术就是因为无法解决凝血问题而归于失败。因此，尽快解决医用高分子材料的抗血栓性问题，已成为医用高分子材料发展的一个关键性问题，受到各国科学家的高度重视。

除了设计、制备性能优异的新材料外，还可通过对传统材料进行表面化学处理、表面物理改性和生物改性提高材料性能。材料表面改性是生物材料研究的永久性课题。如在选用合成高分子材料制造人造器官时，可以用共聚的方法，把两种以上的高分子合成在一起，使材料分子中的亲水基团稀稀落落地分布于各处，呈微观体均匀结构状态，这样可以大幅度提高抗血栓功能。

3. 发展新型医用高分子材料

迄今为止,医用高分子材料中的大部分限于已工业化的高分子材料,这显然不能适应和满足十分复杂的人体各器官的功能要求,因此发展适合医学领域特殊要求的新型、专用高分子材料,已成为广大化学家和医学专家的共识。可喜的是,研究开发混合型人工脏器,即将生物酶和生物细胞固定在合成高分子材料上,制取有生物活性的人工脏器的工作,已经取得了相当大的成就,预计在不久的将来可得到广泛的应用。

4. 医用高分子材料的临床应用推广

高分子材料在医学领域的应用虽已取得了很大的成就,但很多尚处于实验阶段,如何将已取得的成果迅速推广到临床应用阶段,以拯救更多患者的生命,显然需要高分子材料界与医学界的通力协作。

总之,在更加关爱人类自身健康的21世纪,医用高分子材料的研究对保障人体健康、促进人类文明的发展具有重要的现实意义。生物医用材料的未来发展必将是从简单地使用到有目的地设计合成,获得生命体需要的具有良好生物相容性和生物功能性的材料。

高新技术的注入将极大地增强医用高分子材料产业的活力。常规医学材料的应用中所面临的人工关节失效出现磨损碎屑问题,心血管器件的抗凝血问题,材料的降解机制问题,评价材料和植入体长期安全性、可靠性的方法和模型等问题有望得到解决。同发达国家相比,我国的医用高分子材料相关产业的规模以及研究开发的水平都还有较大的差距。

思 考 题

(1) 为什么要发展医用高分子材料?它对现代医学有什么意义?

(2) 为什么在各种材料中,高分子材料最有可能用作医用材料?

(3) 医用高分子材料有哪些分类方法?对医用高分子材料的基本要求有哪些?

(4) 什么是高分子材料的生物相容性?生物相容性包括哪些方面?

(5) 什么是血栓现象?血栓在生命活动中有什么作用?

(6) 为什么高分子材料植入人体内会出现血栓现象?目前有哪些提高材料血液相容性的方法?

(7) 什么是生物吸收性高分子材料?生物吸收性高分子材料一般应具有什么样的化学结构?

(8) 有哪些影响生物吸收性高分子材料吸收速度的因素?哪些因素的影响最大?

(9) 化学合成的生物吸收性高分子材料主要有哪几类?

(10) 为什么聚醚型聚氨酯被广泛用作人工心血管材料?哪些结构因素使它们有良好的血液相容性?

(11) 医疗诊断用高分子制品有哪些?

(12) 生物活性物质固定在高分子微球载体上的主要方法是什么?

(13) 简述制备磁性高分子微球的主要方法。

第4章 智能高分子材料

4.1 概述

材料是人类生活和生产的基础，一般将其划分为结构材料和功能材料两大类。对结构材料来说，主要要求的是其机械强度；功能材料则侧重于其特有的功能。智能材料不同于传统的结构材料和功能材料，它模糊了两者之间的界限，并加上了信息科学的内容，实现了结构功能化和功能智能化。材料的智能化代表了材料科学发展的最新方向。

4.1.1 智能材料

1. 智能材料的概念

1989 年 3 月，在日本筑波科学城召开了关于智能材料的国际研讨会，日本学者高木俊宜在这次会议上做了关于智能材料(intelligent materials)概念的演讲，至此，智能材料的概念正式形成。智能材料的研究主要是依照仿生学方法，以获得具有类似生物材料的结构及功能的"活"材料系统为目标。该系统是能够感知环境变化，并实时地改变自身的一种或多种性能参数，以适应环境变化，并可根据期望做出自我调整的复合材料或材料的复合；它是同时具有感知功能即信号感受功能(传感器功能)、自己判断并做出结论的功能(情报信息处理功能)和自己发出指令并行动的功能(执行机构功能)的材料。

智能材料的三大基本要素是感知、反馈、响应。智能材料的概念如图 4-1-1 所示。

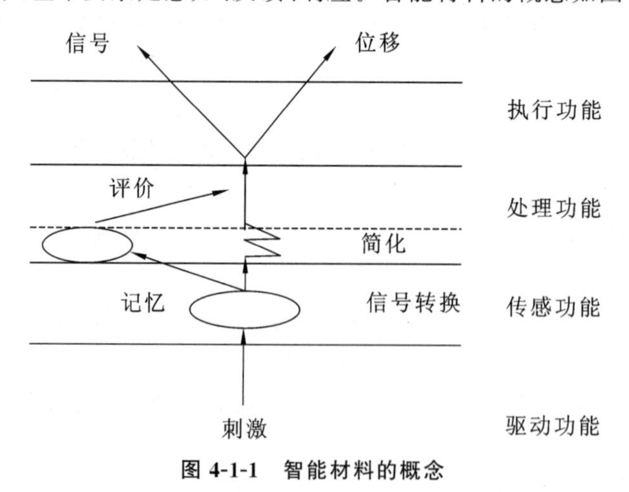

图 4-1-1　智能材料的概念

这是由日本高木俊宜教授将信息科学融合于材料物性和功能而提出的材料新概念，它是受集成电路技术启迪而构思的三维组件模式的融合型材料，是于不同层次结构上予以自检测(传感功能)、自判断、自结论(处理功能)和自指令、执行(执行功能)所设计出的新材料。而细胞为生物体材料的基础，它本身就集传感、处理和执行三种功能于一体，故细胞即可作为智能材料的蓝本。

智能材料是一门新兴起的多学科交叉的综合科学。20 世纪 80 年代末，随着材料技术和大规模集成电路技术的进步，美国军方首先提出了智能材料与结构的设想和概念，随后展开了大规模的研究。鉴于智能材料的研究与开发孕育着新理论和新材料，涉及科学技术的振兴，故受到多方关注。

从工程角度来看，智能材料是将仿生命功能的材料融合于基体材料中，使制成的构件具有人们期望的智能功能；从解剖学角度来看，智能材料相当于一个由骨骼、神经、肌肉和大脑组成的系统。这其中，基体材料相当于人体的骨骼，融合于基体材料中的传感元件相当于神经系统，具有感官功能的驱动元件相当于人体的肌肉，处理和控制系统可视为人的大脑，它根据从传感元件得到的信息经分析判断后指挥驱动元件动作，实现自诊断、自修复、自适应等功能（见图 4-1-2）。

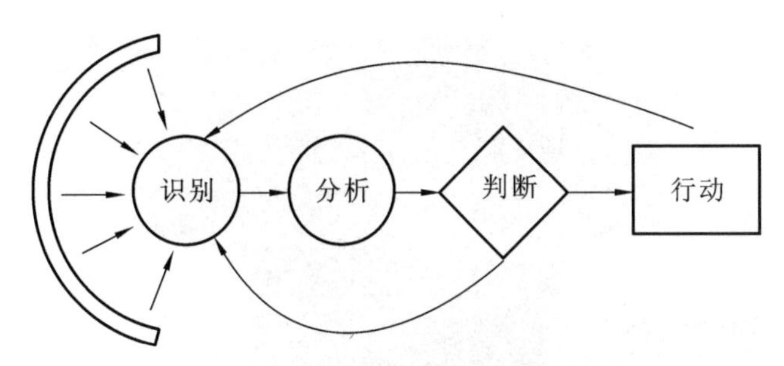

图 4-1-2　智能材料响应系统

具体来讲，智能材料（系统）应具有或部分具有下列智能功能和生命特征。

（1）传感功能。

能感知自身所处的环境与条件，如负载、应力、应变、振动、热、光、电、磁、核辐射等的强度及其变化。

（2）反馈功能。

可通过传感网络对系统输入与输出信息进行对比，并将其结果提供给控制系统。

（3）信息识别与积累功能。

能识别传感网络得到的各类信息并将其积累。

（4）响应功能。

能根据外界环境和内部条件的变化适时、动态地做出相应的反应，并采取必要行动。

（5）自诊断能力。

能通过分析比较系统目前的状况与过去的情况，对诸如系统故障与判断失误等问题进行自诊断并予以校正。

（6）自修复能力。

能通过自繁殖、自生长、原位复合等再生机制来修补某些局部损伤或破坏。

（7）自适应能力。

对不断变化的外部环境和条件能及时地自动调整自身结构和功能，并相应地改变自己的状态和行为，从而使材料系统始终以一种优化方式对外界变化做出恰如其分的响应。

智能材料有时又称为机敏材料，但二者并非完全相同，前者（日本多用）具有智慧和智力，有思考和推理的本领，或具有敏捷的体会、解释和正确决定的本领；后者（美国多用）具有或显示出思维的机灵和感受的敏捷性，即具有计算能力、敏捷快速有效的能动性和有生气的活度。有些学者认为二者有层次上的区别，即机敏材料只能做出简单线性的响应，但智能材料可根据环境条件的变化程度做出非线性的响应，使材料与之适应以达到最佳的效果，可以说在机敏材料的自诊断能力、自适应能力和自愈合能力的基础上增加了自决策功能，体现具有智能的高级形式，二者在现研究阶段联系多于区别。

设计智能材料（系统）的思路主要有两种：一是材料的多功能复合；二是材料的仿生设计。飞机能像鸟一样灵活地飞翔，鱼雷能像鱼一样游向目标，机器人能像人类一样敏捷地完成多种复杂运动，诸如此类来源于自然界的灵感和想象构成了人们研究智能材料结构的智慧源泉，而现代科学技术的发展和需求又给这项研究打下了坚实的基础。

图 4-1-3 所示的智能服饰是以纺织品作为基底，采用不同方式与传感材料或元件结合，制成的适应各类可穿戴设备需求的柔性传感器件。这类传感器在满足传感器物理机械性能的基础上，也保持了织物的手感以及柔韧性，部分甚至可以洗涤，使其在智能服装及可穿戴设备上的应用前景更为广泛。

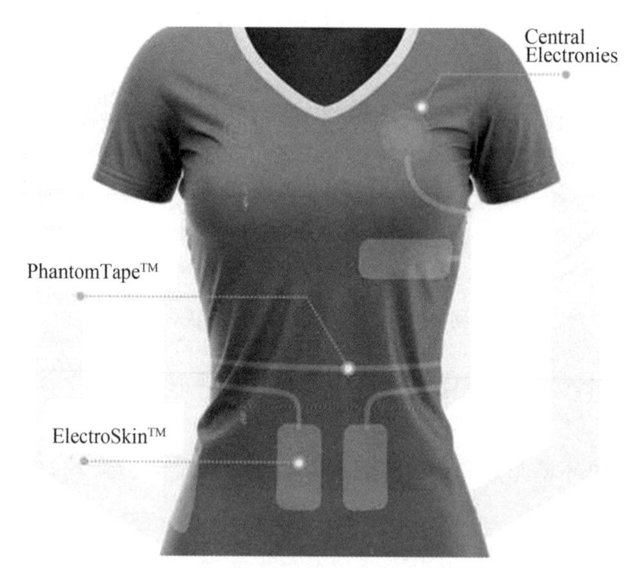

图 4-1-3　智能服饰

2. 智能材料的分类

智能材料一般由基体材料、敏感材料、驱动材料和信息处理器四部分组成，涉及的材料种类很多且在不断扩大。智能材料由于视角和目的的不同，有多种分类方法。智能材料通常按功能可分为光导纤维，形状记忆合金，压电、电流变体和电（磁）致伸缩材料等；按来源来可分为金属系智能材料、无机非金属系智能材料和高分子系智能材料。

金属系智能材料目前所研究开发的主要有形状记忆合金和形状记忆复合材料两大类；无机非金属系智能材料在电流变体、压电陶瓷、光致变色和电致变色材料等方面发展较快；高分子系智能材料的范围很广泛，有高分子凝胶、智能高分子膜材、智能型药物释放体系和智能高分子基复合材料等。

（1）金属系智能材料。

可以通过在 1 μm 尺寸的微小空穴内埋入一种断裂时能产生声波的物质来检测裂纹，判断材料结构本身的寿命和预告异常现象，并利用材料中埋入的另一种能在应力作用下产生相变的物质，依靠受裂纹部位的应力作用所产生的相变来抑制和自动修复裂纹，或者利用材料中所含的成分自动析出来填充间隙实施自我修复。有人进行过用声发射传感器（AE 传感器）检测铝合金内嵌入的硼离子断裂时的声波的研究。另外，分散于钼内的粒子的相变可在裂纹尖端产生应力缓和，从而显著提高材料断裂韧性值。日本等国家正在研究使金属材料具有如下功能，即当材料发生变形裂纹等损伤和性能恶化时，借助颜色、声音、电信号等信息检知这些现象的自我诊断功能，以及利用由应力引起的相变使应力集中缓和的自我修复功能。

(2) 无机非金属系智能材料。

智能陶瓷具有很多特殊的功能,它能像有生命的物质,例如人的五官那样感知客观世界,并且这类陶瓷还可能动地对外做功、发射声波、辐射电磁波和热能,以及促进化学反应和改变颜色等,对外做出类似有生命物质的智慧反应。很多智能陶瓷具有自修复和候补保护功能,使材料能抵抗环境的突然变化。部分稳定氧化锆的抑制开裂就是一个很好的例子,它的四方-单斜相变能自动在裂纹起始处产生压应力来终止裂纹扩展。在纤维补强的复合材料中,部分纤维断裂释放能量,从而避免材料整体进一步断裂。陶瓷变阻器和正温度系数热敏电阻是智能陶瓷,在高电压雷击时,氧化锌变阻器可失去电阻,使雷击电流旁路入地。该电阻的有些功能,如候补保护可自动恢复。变阻器的非线性特征也是一种自修复能力的表现,使材料能重复使用。变阻器的电阻-电压特性,具有很显著的非线性效应,因而能作为候补保护元件。电致变色现象是指材料在电场作用下而引起的一种颜色变化,这种变化是可逆的且连续可调。利用电致变色材料的这种性质构造的玻璃窗具有对通过的光和热的动态可调性,这种玻璃装置称为智能窗。颜色的连续可调意味着透过率、吸收率及反射率三者比例关系的可调。智能混凝土和智能建材等在工程和建设中有着更广泛的应用。

(3) 高分子系智能材料。

高分子凝胶为高分子在溶剂中的三维网络,其大分子主链或侧链上有离子的解离性、极性和疏水基团,类似于生物体组织。它可因溶剂种类、盐浓度、pH 值、温度的不同及电刺激和光照射的不同而产生体积变化,这种变化基于分子水平(分子结构)、高分子水平结构和形态的变化到大分子间水平(大分子间相互作用)、可动离子压力及熵的变化的刺激响应性。智能高分子材料作为生物医用材料,其应用前景明确,如用它制成药物释放体系的载体材料,则这类智能高分子材料可依据病灶所引起的化学物质或物理量的变化,自反馈并控制药物释放的通断特性。如血糖浓度响应的胰岛素释放体系,可有效地把糖尿病患者的血糖浓度维持在正常水平,这是利用多价羟基与硼酸基的可逆键合作为对葡萄糖敏感的传感部分。高分子膜材料具有物质渗透和分离功能,现正以生物膜的模型研究开发刺激响应性多肽膜,利用可逆的构象及分子聚集体变化,制成稳定性优异的膜材。这类膜材对物质的渗透速率可随钙离子的浓度、pH 值及电场刺激而变化,这类研究集中于增大响应敏感度和改善其通断控制等。

4.1.2 智能高分子材料

1. 智能高分子材料的概念

智能高分子材料指的是以高聚物为基体或有高聚物参与的智能材料。

1960 年,英国科学家查里斯贝(Charlesby)在其所著的《原子辐射与聚合物》一书中,对辐射交联后的聚乙烯所具有的记忆效应现象进行了描述,但在当时和其后相当一段时间里,人们热衷于金属及其合金的记忆效应的研究,而对聚合物的记忆效应没有给予足够的重视。直至 20 世纪 70 年代中期,美国国家航空航天局(NASA)考虑到其在航空航天领域的潜在应用价值,对不同牌号的聚乙烯辐射交联后的记忆特性又进行了细致的研究,证实了辐射交联聚乙烯的形状记忆性能,才再次引起人们的关注。发展至今天,此类聚合物已经成为集形状记忆性及多种功能于一身的高智能材料。

智能高分子材料是指高分子材料在不同程度上能够感知或监测环境变化,并能进行自我诊断及做出结论,最终实现指令或进行指令执行功能的新型材料。智能高分子材料是通过分子设计和有机合成的方法使有机材料本身具有类似生物体的高级功能,如自修与自增殖能力、认识与鉴别能力、刺激响应与环境应变能力等,从而使无生命的有机材料变得似乎有了"感觉"和"知觉"。智能高分子材料是智能材料的一个重要的组成部分,现已成为高分子材料的重要发展方向之一。

2. 智能高分子材料的分类

智能高分子材料的品种多、范围广,智能凝胶、智能膜、智能纤维和智能黏合剂等均属于智能高分子材料的范畴。智能高分子材料主要类别及应用如表 4-1-1 所示。

表 4-1-1　智能高分子材料类别及应用

类　　别	应　　用
记忆功能高分子材料	应力记忆材料
	形状记忆材料:热致感应型、光致感应型
	体积记忆材料
	色泽记忆材料
智能高分子凝胶	溶胀及体积相变化
	刺激响应
	化学机械系统
	人工肌肉
智能药物释放体系	智能药物释放体系
	生物传导响应体系:靶向药物、结合药物
智能表面与界面	表面与界面功能与性能的设计
	表面、界面的响应
	高分子表面响应行为的控制
	智能涂料、自愈合高分子材料
	表面环境响应生物材料
	智能黏结物
	电流变流体
智能高分子膜	选择透过膜材
	传感膜材
	仿生膜材
	人工肺
智能微球 MS	刺激响应性乳液:变色、转光、蓄能
	MS 复合体
智能纤维织物	随人心情变化的织物
	蓄能保暖、凉爽服
	警示服与特种服装

续表

类别	应用
智能橡胶材料、弹性材料	热收缩管
	自增强体系
智能高分子复合材料	自愈合、自应变、自停断、自动修补剂混凝土
	减震、速造、速筑材料
	形状记忆合金与复合功能器件

3. 智能高分子材料的研究内容

智能高分子材料的研究内容主要包括材料的种类、智能方向、协调控制及应用领域等。目前，智能高分子材料已受到各方关注，国际上有关智能材料的研究重点集中在生物智能高分子材料与关键工程结构件高分子材料的智能化两大方面。具体的研究热点也很多，主要包括机敏材料、机敏传感器、机敏执行器，以及智能控制理论与关键共性技术、智能结构数学与力学、智能结构设计理论与方法、智能材料系统与结构的应用等。

由于高分子材料与具有传感、处理和执行功能的生物体有着极其相似的化学结构，较适合制造智能材料并组成系统，向生物体功能逼近，因此其研究和开发尤其受到关注。由于它具有反馈功能，与仿生和信息密切相关，其先进的设计思想被誉为材料科学史上的一大飞跃。

4. 智能高分子材料的应用与发展

1）具有形状记忆功能的高分子材料

形状记忆高分子材料就是在一定条件下被赋予一定的形状(起始态)，当外部条件发生变化时，它可相应地改变形状并将其固定(变形态)，当外部环境条件恢复，它便可逆地恢复至起始态，从而完成"记忆起始态→固定变形态→恢复起始态"的循环。

形状记忆高分子材料是利用结晶或半结晶高分子材料经过辐射交联或化学交联后具有记忆效应的原理而制造的一类新型智能高分子材料，应用广泛，如在医用器材中应用形状记忆树脂来固定创伤部位可以代替传统的石膏绷扎，还可使用具有生物降解性的形状记忆高分子材料制作医用组合缝合器材、血管阻塞防止器、止血钳等，还可在航空工业中被用于机翼的振动控制。近几年来，我国已先后开发出石油化工、通信光缆等领域所用热缩制品及天然气、市政工程供水及其他管道接头焊口和弯头密封与防腐的辐射交联聚乙烯热缩片。特殊工艺制成的聚全氟乙丙烯(FEP)热收缩管是一种新型的热收缩材料，具有较强的机械强度，能长期在宽泛的温度范围内使用，并有优异的电气性、耐化学腐蚀性。

2）智能高分子凝胶

高分子凝胶是指三维高分子网络与溶剂组成的体系，其网络的交联结构使它不溶解而保持一定的形状；因凝胶结构中含有亲溶剂性基团，使它可被溶剂溶胀而达到平衡体积。高分子凝胶的刺激响应性包括物理刺激(如热、光、电场、磁场、力场、电子射线和 X 射线)响应性和化学刺激(如 pH 值、各种化学物质和生物物质)响应性。当外部环境的 pH 值、离子强度、温度、光照、电场和化学物质变化时，凝胶的体积也会相应地变化，有时出现相的转变和体积急剧膨胀(数百倍变化)等，并且这种变化是可逆的、不连续的。随着智能高分子材料的深入研究，发展具有多重响应功能的"杂交型"智能高分子材料已成为这一领域的重要发展方向。

日本理化学研究所的研究人员开发了一种新型水凝胶，能够像人造肌肉一样随着温度的变化不断收缩或伸展。他们还将这种聚合物材料设计成L形，使之能够随着温度的反复升高而慢慢前行。这种水凝胶聚合物的网格结构能够保存大量水分，这也使其能随着环境条件（例如电压、热和酸度）的变化膨胀和收缩。这种特性其实也类似植物的细胞，它们也能据外界环境的变化来改变细胞中的水量，以此来改变形状。

有些凝胶的溶胀行为会因特定物质（如糖类）的刺激而产生突变。如利用多价羟基与硼酸基的可逆键合作为对葡萄糖敏感的传感部分，制备糖响应胰岛素释放体系的载体，即以它为载体负载胰岛素，表面用半透膜包覆。这样，在此体系中，聚合物配合物的物性随葡萄糖浓度而变化可得到高响应性，这种药物释放系统既可传感葡萄糖浓度信息做出判断又可执行药物释放，从而有效地维持糖尿病患者血糖浓度处于正常水平。另外，从对人体细胞无毒性、无抗原性且有分解性的支链淀粉出发，用疏水性的胆固醇（$C_{27}H_{45}OH$）取代此亲水性的多糖部分，赋予其与其他物质形成配合物的功能，它和癌细胞相容而癌细胞可作为此疏水多糖的感受器，因而此疏水支链淀粉和抗癌药物复合，则可能成为识别癌细胞的抗癌药剂，且不影响正常细胞。此外，利用凝胶网络孔可以预先控制的特性，可改进化学层析和电泳分离技术，也可用于制作工业过滤的新型材料。在医学和仿生学上，其可制成眼球中的人造玻璃体和角膜。

3）高分子薄膜

高分子薄膜在智能方面研究较多的是选择性渗透、选择性吸附和分离等性能。高分子膜的智能化是通过膜的组成、结构和形态的变化来实现的。

现在研究的智能高分子膜主要是起到“化学阀”的作用。对智能高分子膜的研究主要集中在敏感性凝胶膜、敏感性接枝膜及液晶膜等方面。如壳聚糖、丝素蛋白合金膜在不同的pH值缓冲溶液中或不同浓度的Al^{3+}溶液中交替溶胀、收缩的行为具有良好的重复可逆性，符合作为人造肌肉的条件；而控制异丙醇-水体系中添加Al^{3+}的浓度，可以控制配合物膜的溶胀，进而控制膜的自由体积，以达到作为化学阀门控制膜的渗透蒸发通量的目的。生物分子具有特殊的识别能力，如酶对底物、抗体对抗原、外源凝集素对糖及核酸对互补链段等。若将生物分子或复杂的生物系统与高分子膜杂化，既有利于延长生物材料的活性寿命又能获得良好的选择性。LB膜是与生物膜的脂质双层结构非常相似的有序分子组合体，官能化高分子LB膜可获得非线性光学特征、光学记忆、光电交换、选择性传质和传感等功能，日本已成功地研制了人工视网膜，模拟鼻嗅觉功能的味觉LB膜也正在研究之中。

4）液晶聚合物

液晶聚合物通过熔融或溶解呈液晶状态，包括经成形加工将液晶规则地配置在主链或末端而形成优良的分子排列结构的主链型液晶；通过电场或磁场作用而控制分子排列的侧链型液晶；通过引入含有抑制成分的液晶化合物而具有不对称识别性能和强感应性的化学活性液晶等。在电场或磁场中，液晶基元发生诱导取向，光学性质也出现变化，因此液晶同电磁和光学功能密切相关。

以硝基苯并吡啶为发色基团的侧链液晶聚硅烷，在光照和温度的影响下可逆地显示红色、青色和黄色。含偶氮苯（侧基）的侧链液晶聚乙烯在光照作用下，偶氮苯发生异构化，聚合物由液晶态转变为各向同性液体。迅速冷却至玻璃化温度以下，宽度为2 μm的图形条能维持一年，可用于全息摄影。

5）高分子复合材料

智能高分子材料在工业建筑、航空、医药领域的应用越来越广泛。复合材料大都用做传感器元件，具有自愈合、自应变等功能。

美国的一个建筑学家用玻璃纤维和聚丙烯制造的自愈纤维，作为混凝土开裂时的“自动修补剂”埋入混凝土中，当混凝土开裂时，它也随之开裂，填充在纤维中的修补剂便从中流出填充在开裂处，使混凝土自行愈合。人工合成的智能性复合材料还可以自动检测材料的静力和动力，控制不希望出现的动态特性。根据载荷-应变-电阻的相互关系，碳纤、玻纤增强塑料可预测应力，具有自诊断性，可自动检测材料的动力和静力，在允许范围内比较测定结果，经过筛选确定适当的响应，控制不希望出现的动态特性。被动控制模式仅能传输传感器所感受到的信息（如位移、应变、温度、压力和加速度等），结构简单而低级，其结构本身和电子设备的功能是相互独立的。美国两家航空公司已在合作研制智能飞机蒙皮，他们把微传感器、微处理器、微型天线、发射器、接收器等植入用导电复合材料制造的飞机的蒙皮中，实现电子设备和飞机机体一体化。这种飞机蒙皮即使在空战中局部负伤也能自动修复，保证飞机安全返航。

6）超分子聚合物

超分子化学是研究由两个以上分子通过分子间作用力的叠加与协调组装起来的复杂、有序的超分子集合体。它可视为底物和受体的匹配，与锁和钥匙的关系对应。超分子的自组装过程是严格按照一定的信息和规则系统进行的（见图 4-1-4）。这些信息和规则是底物和受体通过分子识别过程发现和执行的。生命的奥秘就在于存在超分子结构。

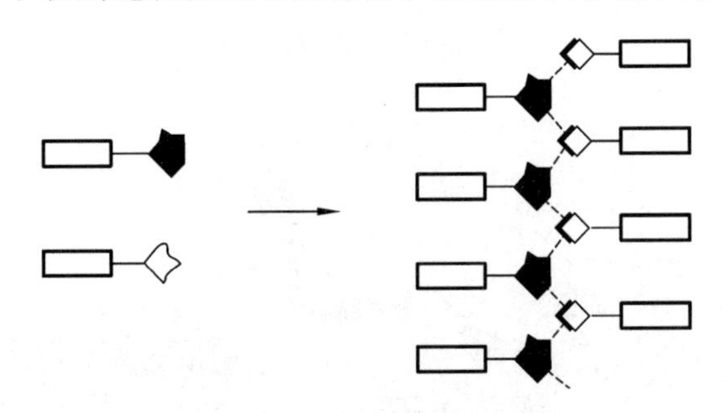

图 4-1-4　超分子的自组装过程

超分子结构适用于超分子元件，如微反应器、能量或离子载体和分子器件等。这种元件利用光子、电子、质子、离子和分子对信号或情报进行检测、贮存、增幅和传递。利用超分子结构进行模板反应时，还可实现分子的自复制功能。

7）本征导电聚合物（ICP）

本征导电聚合物（ICP）的结构主要以共轭双键为主链，如聚乙炔、聚吡咯、聚苯胺等。ICP 分子链有高度取向，电导率和其他物性具有显著的各向异性，伴随氧化-还原反应，ICP 经掺杂可成为导体。利用 ICP 的可逆性掺杂，可制成智能 DDS 和可鉴别气味的人造鼻；利用掺杂过程中 ICP 吸收光谱的变化和记忆信息存储，可制成调节颜色和透光率的智能窗。

8）热敏透光材料

热敏聚合物共混物利用部分相容共混物（聚苯乙烯、氧化聚丙烯）溶解度曲线的温度依赖性，温度低时两者相容，在某温度以上相容性丧失，使光散射而白浊化，由散射中性尺寸调控光散射程度。一旦温度下降，材料由白浊化转变成可逆，这是一个可逆过程。

水凝胶系统的热敏透光原理是赋予其“开关”温度 T_s，在其温度以下凝胶网络透明，温度升至 T_s 以上，则形成散光的微粒（见图 4-1-5）。据此，可在水凝胶所包络的大量水中溶解另一个聚合物，使其与网络相容。此处由单体、交联剂在热敏聚合物存在的情况下，通过紫

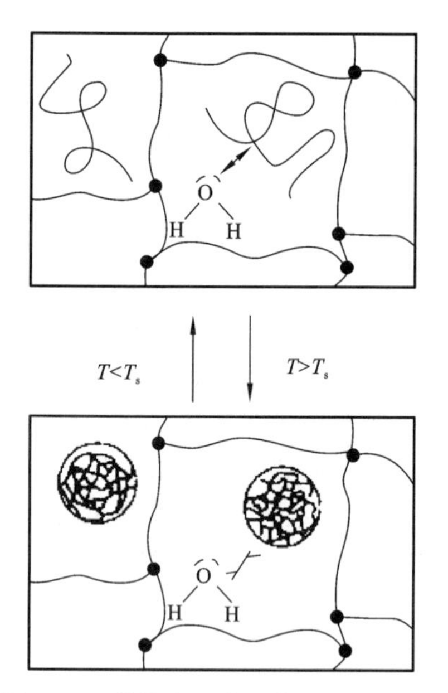

图 4-1-5 热敏水凝胶系统的可逆“开关”

外辐射凝胶化制备热敏凝胶。聚合物对水亲和使其水合；加热至特定的开关温度 T_s，此热敏聚合物脱水合，不溶于水而沉淀，在水分散体系中相分离产生微离子成为光散射中心。此体系对水的溶解特性的唯一温度依赖性完全可逆。

9）智能织物

香港中文大学（深圳）理工学院朱世平和张祺团队提出了“可逆单向导湿二极管”的概念，即利用两种具有相反刺激响应特性的温敏高分子通过单面喷涂-原位交联的方法整理到棉织物的正反两面，构建具有双面协同性能的智能织物，实现温度变化下可逆的单向导湿与热对流调节（见图 4-1-6）。高温（40 ℃）时，织物内层疏水外层亲水，汗液通过不对称表面能梯度快速由内向外传输并在外层铺展，加速蒸发，与传统棉织物相比，蒸发速率提高 50%，温度降低 1.2～2.3 ℃。而在低温（10 ℃）时，织物内层亲水外层疏水，同时内层高分子吸湿膨胀导致孔隙降低，减缓对流传热，使湿度和热量保持在体侧，比较棉织物包裹时有更好的防骤冷效果（延长 120 秒冷却时间，最高 3.3 ℃保暖效果）。

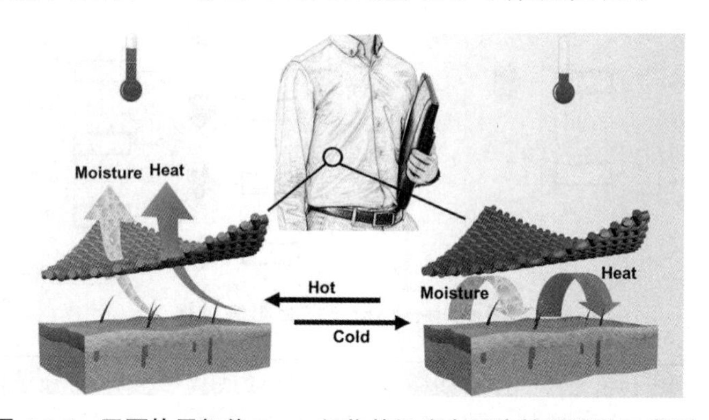

图 4-1-6 双面协同智能 Janus 织物的温度自适应控湿调温示意图

该团队将整理有 LCST 型高分子聚 2-(2-甲氧基乙氧基)甲基丙烯酸乙酯（PMEO2MA）的一面作为织物内层（靠近皮肤的一层），将整理了 UCST 型高分子聚磺基甜菜碱（PDMAPS）的一面作为外层。值得注意的是，两种高分子具有相近的相转变温度（26～27 ℃），且具有较好的生物相容性。此外，在单面喷涂高分子之前，织物进行了双键硅烷偶联剂的预处理，一方面使织物基底疏水化防止汗液在织物内部滞留，另一方面引入的双键与后续的高分子原位交联形成共价结合，提高整理剂牢度。该方法（见图 4-1-7）为设计环境适应性控湿调温织物提供了新思路，同时在基于纺织品的智能膜材料领域也具有潜在应用价值。

从人类发展的历史来看，每一种重要材料的发现和利用，都会把人类支配和改造自然的能力提高到一个新水平，给社会生产力和人类生活带来巨大变化。智能高分子材料在结构上具有复杂性和多样性，可以通过分子结构、聚集态结构、共混、复合、界面、表面甚至外观结构等诸多方面的综合利用实现其智能化。尽管给各种材料赋予智能化功能的研究刚刚起步，但这一研究的成功将会产生极大的波及效果，特别是将来可能左右航空、宇航、原子能等

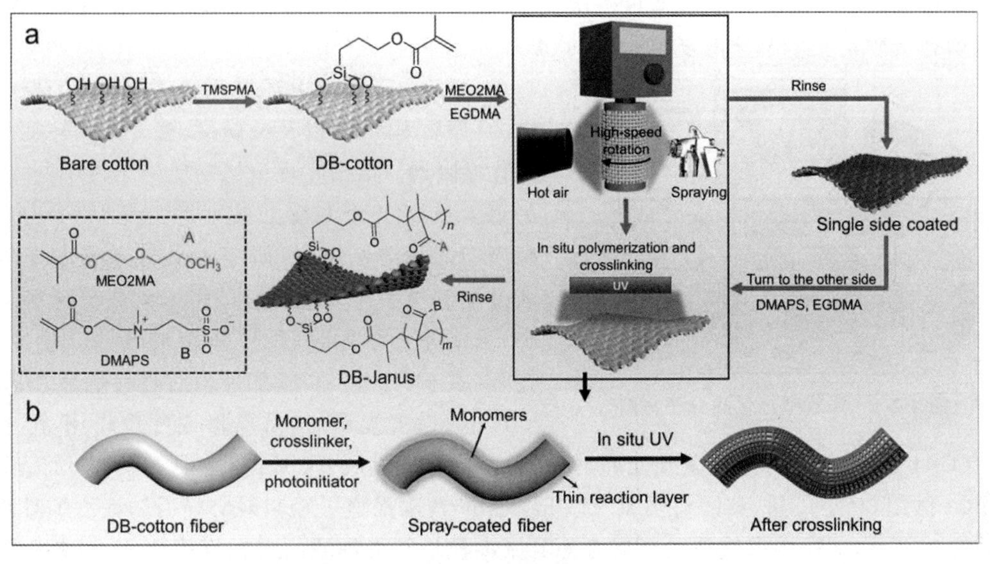

图 4-1-7　智能 Janus 织物的合成方法

尖端产业的发展。

智能高分子材料的研究开发已经取得了一定的进展，但其稳定性及加工制备技术仍有待提高。聚合物合成方法的改进、结构修饰与分子设计成为寻求高性能智能高分子材料首先要解决的问题。在分子水平上研究高分子的光、电、磁等行为，揭示分子结构和光、电、磁特性的关系将促进新一代的智能高分子材料的出现。将来智能高分子材料将向模糊高分子材料发展。

智能高分子材料的研究是一个多学科交叉的研究领域，对其研究开发需要多学科协同进行，我们期待着这一领域的全面发展。

4.2　形状记忆高分子材料

形状记忆材料包括形状记忆合金（SMA）、形状记忆陶瓷（SMC）和形状记忆高分子（SMP）。自 1964 年发现 Ni-Ti 合金的形状记忆功能以来，记忆材料便以其独特的性能引起世界的广泛关注，但金属材料成本高且加工难。自 1981 年发现热致形状记忆高分子交联聚乙烯以来，形状记忆高分子材料作为功能材料的一个分支受到广泛关注。目前，已发现的记忆材料有应力记忆材料、形状记忆材料、体积记忆材料、色泽记忆材料和温度记忆材料等。

4.2.1　形状记忆高分子材料概述

材料的性能是其自身的组成与结构特征在外部环境中的具体反映。高分子材料的性能易受外部环境中物理、化学因素的影响，这是其应用中的不利因素。但是以积极的态度利用这种敏感易变的特点，就可变不利因素为有利因素，可通过热、化学、机械、光、电、磁等外加刺激，触发材料做出响应，从而改变材料的技术参数，即形状、位置、应变、硬度、频率、摩擦和动态或静态特征等。

形状记忆高分子材料（Shape Memory Polymer，SMP），就是在一定条件下被赋予一定的形状（起始态），当外部条件发生变化时，它可相应地改变形状，并将其固定（变形态）。如果外部环境以特定的方式和规律再一次发生变化，它便可逆地恢复至起始态，至此，完成“记忆起始态→固定变形态→恢复起始态”的循环。

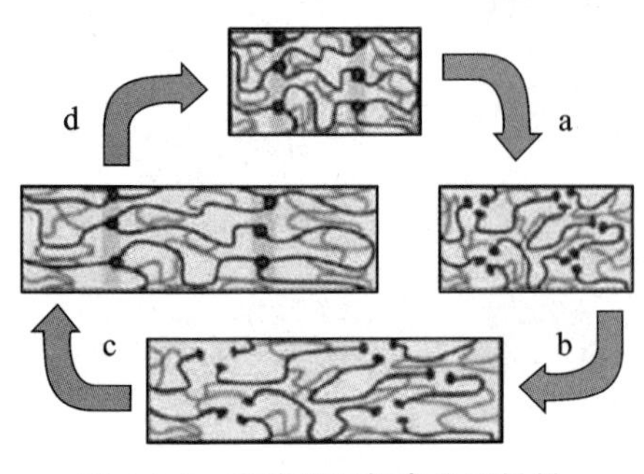

图 4-2-1 光致型记忆高分子材料

促使 SMP 完成上述循环的外部因素有热、光、电、声等物理因素，以及酸碱度、螯合和相转变反应等化学因素。依据实现记忆功能的条件不同，可分为感温型、感光型和感酸碱型等。图 4-2-1 为一种感光型形状记忆材料，研究人员将金属和配体间通过配位作用作为“连接点”引入到高分子基体当中，当紫外光照射时，配位作用被破坏，“连接点”打开(图 4-2-1 中 a)；施加外力对材料赋形(图 4-2-1 中 b)；撤去光源后，重新形成配位作用，形变被固定(图 4-2-1 中 c)；再次经紫外光照射后，材料形状发生回复(图 4-2-1 中 d)。

20 世纪 60 年代初，英国科学家 A. Charlesby 首次报道了经辐射交联后的聚乙烯具有记忆效应。其后，美国国家航空航天局考虑到其在航空航天领域的潜在应用价值，对聚乙烯辐射交联后的记忆特性进行了研究。70 年代末到 80 年代初，美国 RDI 公司(Radiation Dynamics Inc.)进一步将交联聚烯烃类形状记忆聚合物商品化，应用于电线电缆、管道的接续与防护，至今 F 系列战斗机、Boeing 飞机上的电线仍在广泛使用这类记忆材料。近年来，又先后发现了聚降冰片烯、反式聚异戊二烯、苯乙烯-丁二烯共聚物、聚氨酯、聚酯等聚合物也具有明显的形状记忆效应。由于形状记忆材料具有优异的性能，诸如形状记忆效应、高回复形变、良好的抗震性和适应性，以及易以线、颗粒或纤维的形式与其他材料结合形成复合材料等，使其越来越受到重视。此外，SMP 与纺织材料具有相容性，在纺织、服装及医疗护理产品中具有潜在应用优势。

4.2.2 形状记忆原理及特性

SMP 的形状记忆功能由其特殊内部结构所决定。在其内部存在着互相结合成网状的架桥，架桥的存在使高分子链间不发生滑动。通常认为，这类形状记忆聚合物可看作是两相结构，即由在形状记忆过程中保持固定形状的固定相(或硬链段)和随温度变化并能可逆地固化、软化的可逆相(或软链段)组成。可逆相一般为物理交联结构，通常在形状记忆过程中表现为软链段结晶态、玻璃态与熔化态的可逆转换；固定相则包括物理交联结构或化学交联结构，在形状记忆过程中其聚集态结构保持不变，一般为玻璃态、结晶态或两者的混合体。因此，该类聚合物的形状记忆机理可以解释为：当温度上升到软链段的熔点或使其处于高弹态时，软链段的微观布朗运动加剧，易产生形变，但硬链段仍处于玻璃态或结晶态，阻止分子链滑移，抵抗形变，施以外力使其定型；当温度降低到软链段玻璃态时，其形变被冻结固定下来，提高温度，可以回复至其原始形状。也可以认为：形状记忆高分子就是在聚合物软链段软化点温度表现为高弹态，人为地在高弹态变化过程中引入温度下降或上升等因素，使得高分子材料发生从高弹态到玻璃态转化的过程。

按形状恢复的形式，形状记忆效应分为三类：①加热时恢复高温相形状，冷却时不恢复低温相形状，称为不可逆形状记忆效应或单程形状记忆效应；②加热时恢复高温相形状，冷却时恢复低温相形状，即通过温度升降自发可逆地恢复高、低温相形状，称为可逆形状记忆效应或双程形状记忆效应；③加热时恢复高温相形状，冷却时变为形状相同而取向相反的高温相形状的现象称为全程记忆效应。

聚合物产生记忆效应的真正原因还需从结构上进行分析。由于柔性高分子材料的长链结构,分子链的长度与直径相差非常悬殊,链柔软而易于互相缠结,而且每个分子链的长短不一,要形成规整的完全晶体结构是很困难的。高聚物的这些结构特点,决定了大多数高聚物的宏观结构均是结晶与无定型两种状态的共存体系,如 PE、PP 等。高聚物未经交联时,一旦加热温度超过其结晶熔点,就表现为暂时的流动性质,观察不出记忆特性;高聚物经交联后,原来的线性结构变成三维网状结构,加热到其熔点以上时,不再熔化,而是在很宽的温度范围内表现出弹性体的性质(见图 4-2-2)。

在玻璃化温度 T_g 以下的 A 段为玻璃态,在这个状态,分子链的运动是冻结的,表现不出记忆效应。当 T 升高到 T_g 以上时,运动单元得以解冻,开始运动,受力时,链段很快伸展开来,外力去除后,又可恢复原状,此即所谓的高弹形变。由链段运动所产生的高弹形变是高分子材料具有记忆效应的先决条件。其次,高弹形变是靠大分子构象的改变来实现的,当构象的改变跟不上应力变化的速度时,则将出现滞后现象(见图 4-2-3)。

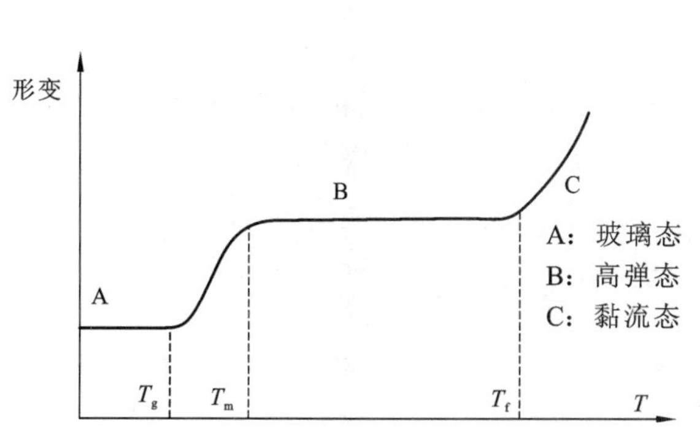

图 4-2-2 聚合物的形变与温度的关系

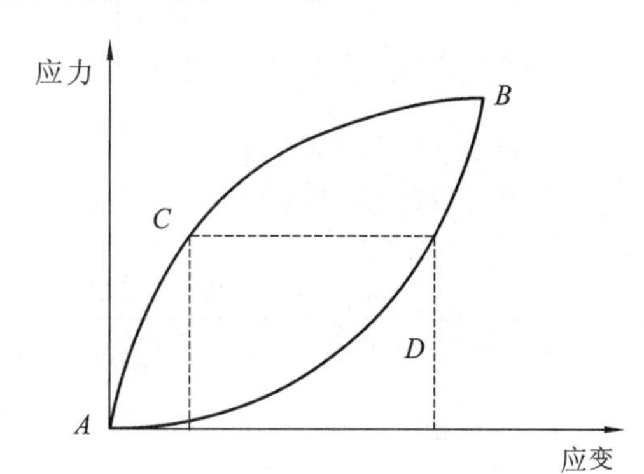

图 4-2-3 聚合物的应力应变曲线

当拉伸时,应力与应变沿 ACB 路线,回缩时沿 BDA 路线而非原路线。也就是说,形变常常落后于应力的变化,当应力达到最大值时,形变尚未达到最大值,当应力变小时,形变才达到最大值,来得及将形变有效地冻结起来。如果将一个赋形的高分子材料加热到高弹态,并施加应力使高弹态产生形变,在该应力尚未达到平衡时,使用骤冷方法使高分子链结晶或变到玻璃态,这尚未完成的可逆形变必然以内应力的形式被冻结在大分子链中。如果将高分子材料再加热到高弹态,这时结晶部分熔化,高分子链段运动重又出现,那么未完成的可逆形变将要在内应力的驱使下完成,在宏观上就导致材料自动恢复到原来的状态,这就是形状记忆效应的本质。形状记忆过程如图 4-2-4 所示,可逆相可以是产生结晶与结晶熔融可逆变化的部分结晶相,或发生玻璃态与橡胶态可逆转变的相结构。

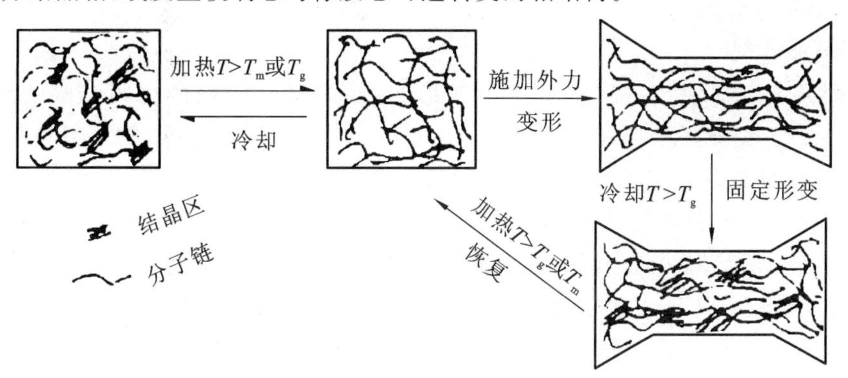

图 4-2-4 形状记忆效应示意图

由以上的讨论可知，形状记忆聚合物必须具有这样一些条件：①聚合物材料本身应具有结晶和无定型的两相结构，且两相结构的比例应适当；②在 T_g 或 T_m 以上的较宽温度范围内呈现高弹态，并具有一定的强度，以利于变形；③在较宽的环境温度条件下表现为玻璃态，保证在储存状态下冻结应力不会释放。

SMP 与其他功能材料相比，具有六大特点：①形变量大，使用方便；②原料充足，品种多，形状记忆回复温度范围宽；③质量轻、易着色、可印刷、易包装和运输；④加工容易，易制成结构复杂的异型品，能耗低；⑤价格便宜，仅是金属形状记忆合金的 1%；⑥耐腐蚀，电绝缘性和保温效果好。SMP 在常温范围内具有塑料的性质，即形状稳定性；而在一定的温度下即所谓的记忆温度下，具有橡胶的特性，表现为材料的可变性和形状恢复性。此外，SMP 还具有以下特点：①形变量较高、赋形容易，形状记忆聚氨酯形变量高于 400%；②形状响应温度便于调整，某些材料还可以通过化学方法调整；③形状恢复应力一般均比较低，在 9.81～29.4 MPa；④重复形变次数可达 10^4 数量级，而 SMA 仅稍高于 5 000 次，故 SMA 的耐疲劳性不理想。

4.2.3 形状记忆高分子的分类

根据固定相的结构特征，SMP 分为热固性和热塑性两类。根据材料回复原理，SMP 则可分为热致感应型、电致感应型、光致感应型、化学感应型等，具体如表 4-2-1 所示。

表 4-2-1 根据回复原理划分的功能材料分类表

类型（根据回复机理）	回复特性
热致感应型形状记忆高分子	在室温以上变形，并能在室温固定形变且可长期存放，当再升温至某一特定响应温度时，制件能很快回复初始形状的聚合物
电致感应型形状记忆高分子	热致感应型形状记忆高分子与具有导电性能物质（如导电炭黑、金属粉末及导电高分子等）复合而成的材料，通过电流产生的热量使体系升温，形状回复；既具有导电性能，又具有良好的形状记忆功能
光致感应型形状记忆高分子	某些特定的光致变色基团（PCG）引入高分子链，在紫外光照射下，PCG 发生光异构化反应，使分子链的状态发生显著变化，材料在宏观上表现为光致形变；光照停止，PCG 发生可逆的光异构化反应，分子链状态回复
化学感应型形状记忆高分子	利用材料周围介质性质的变化来激发材料变形及回复。常见的化学感应方式有 pH 值变化、平衡离子置换、螯合反应、相转变反应和氧化还原反应等

1. 热致感应型

目前研究最多并使用的主要是热敏型形状记忆高分子材料，也叫热收缩材料（heat shrinking material or heat recoverable material）。这类形状记忆高聚物一般是将已赋形的高分子材料（交联或具有多相结构）加热到一定的温度，并施加外力使其变形，在变形状态下冷却，冻结应力，当再加热到一定温度时，材料的应力释放，并自动恢复到原来的赋形状态。关于热致感应型形状记忆高分子的形状记忆机理，普遍认为与 T_g 有关。当热致感应型形状记忆高分子处于 T_g 以下时，高分子链段被冻结，固定相和可逆相也均处于冻结状态，此时，高分子聚合物处于玻璃态；当温度高于 T_g 时，链段开始运动，高分子聚合物对应处于高弹态，此时在外力的作用下，材料发生形变，之后温度下降，材料被冷却，但在冷却过程中保持外力的存在以维持材料形状，则分子链段被冻结即可逆相处于被冻结状态。因此，材料被赋予的形状被保留了下来。一旦温度再次达到 T_g 以上时，材料的链段则被解冻且其运动逐渐恢复，在固定相的作用下，材料形状也恢复到初始形状。热致感应型形状记忆高分子形状记忆与恢复过程如图 4-2-5 所示。

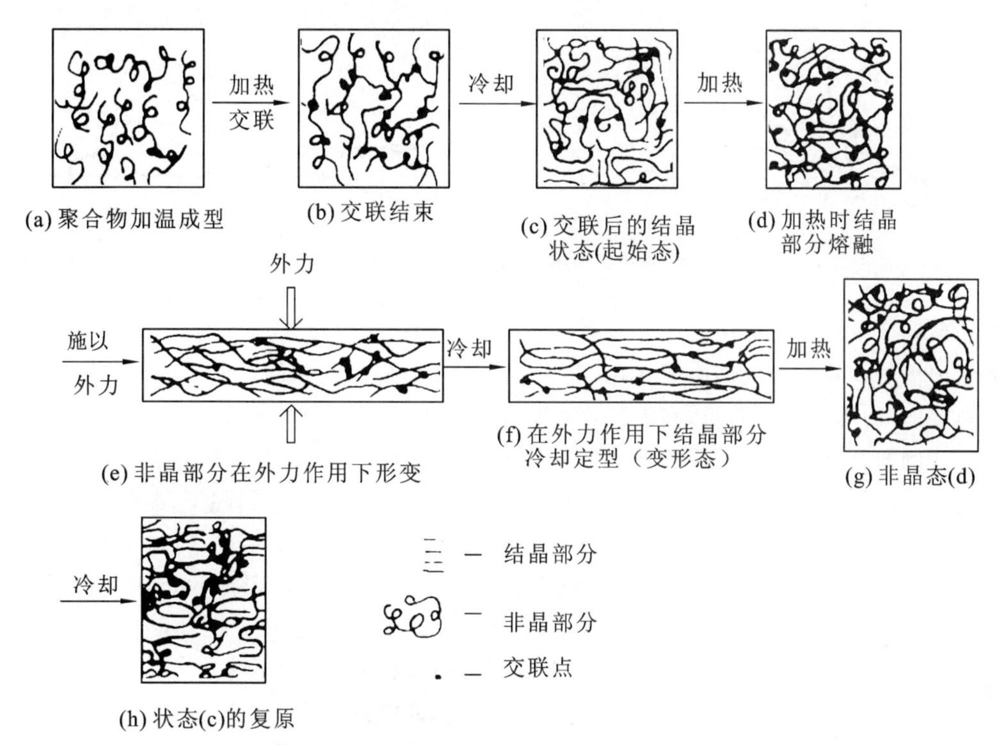

图 4-2-5　热塑性 SMP 形状记忆理论模型示意

将粉末状或颗粒状树脂加热熔化时，可逆相和固定相均处于软化状态，将其注入模具等设备中成形、冷却成为希望的形状，得到起始态。在此过程中，高分子链以物理交联的方式形成固定相和可逆相。当加热至适当的温度如 T_g 时，可逆相分子链的微观布朗运动加剧，而固定相仍处于固化状态，其分子链被束缚，材料由玻璃态转化为橡胶态。此时，以一定的加工方法可使橡胶态的 SMP 在外力作用下变形。在外力保持下冷却，可逆相固化。解除外力后就可得到稳定的新形状，即变形态。此时的形状由可逆相维持，其分子链沿外力方向取向、冻结，而固定相处于高应力形变状态。当变形态被加热至形状恢复温度如 T_g 时，可逆相软化而固定相保持固化。可逆相分子链运动复活，在固定相的恢复应力作用下解除取向，并逐步达到热力学平衡状态，即宏观上表现为材料恢复原状。

热致感应型形状记忆高分子材料集塑料和橡胶的特性于一体，使其产生塑料-橡胶形态转变的因素是温度。橡胶弹性必要条件是：形变时分子间不产生滑移，链单元是柔性的，且各个链段能自由内旋转，形变是可逆的。塑料是在一定的条件下，可塑制成形的材料，在室温下，形状保持不变，其高分子形态为玻璃态或结晶态。图 4-2-6 所示为热固性高分子材料，材料是由高分子的均聚物或共聚物组成，通过化学交联使其具有网形结构，其玻璃化温度或结晶态的熔点高于室温，在室温时，材料呈塑料特性。同理，当温度升至结晶熔点时，结晶态消失或玻璃态转为橡胶态，在外力的作用下，材料的伸长导致分子链的空间排布有了方向性，使分子链不得不顺着外力场的方向舒展开来，当这种变形至所期望形状时，将材料冷却，可逆相进入玻璃态或结晶态,分子链被冻结,材料硬化成为稳定的固形体;另一方面,由于交联,阻止了分子间的滑移,当变形后的固形体再被加热至橡胶态时,热运动力图使分子链无序化,以便回复到卷曲状态,这就形成了回缩力,变形后的固形体恢复至原来的形状,即表现为该材料具有记忆性。

图 4-2-6　热固性形状记忆高分子材料

高聚物产生形状记忆功能主要是通过物理方法和化学手段来实现的。物理方法是对具备形状记忆基本特征的成型高聚物在 T_g 或 T_m 以上,施加外力,使其产生形变,然后低温下冷却固定形变,当再次升温时,高聚物在内应力的驱使下自动回复到原始形状,形成形状记忆效应。例如有形状记忆效应的聚对苯二甲酸乙二醇酯热收缩膜,就是对成型的聚酯进行再次热处理,用外力进行拉伸,使分子链充分舒展,然后在低温下冷却固型,制得可在再次加热时恢复原来形状的热收缩膜。高聚物产生形状记忆功能的化学手段指:对于具有可逆相的高聚物,通过高能射线辐射或交联剂使分子链间发生化学交联,形成固定相,高聚物由此产生形状记忆功能。通过辐射交联的方法使高分子材料产生形状记忆功能的技术应用较早,也比较广泛。化学交联剂常用于形状记忆凝胶的制备上,如 Yoshihito Osada 等人用亚甲基双丙烯酰胺作交联剂,将丙烯酸十八醇酯与丙烯酸交联共聚,合成了具有形状记忆功能的共聚高分子凝胶。近些年,国内外采用物理方法或化学交联手段,相继研制开发出一系列热敏型 SMP,如聚降冰片烯、反式聚异戊二烯、苯乙烯-丁二烯共聚物、聚乙烯、乙烯-醋酸乙烯共聚物、聚四氟乙烯和聚氯乙烯等聚烯烃类形状记忆材料;4,4'-二苯甲烷二异氰酸酯/聚己内酯/1,4 丁二醇,4,4'-二苯甲烷二异氰酸酯/聚四氢呋喃/1,4 丁二醇,4,4'-二苯甲烷二异氰酸酯/聚己二酸丁二醇酯二元醇/三羟甲基丙烷等聚氨酯类嵌段形状记忆材料;聚对苯二甲酸乙二醇酯、聚己内酯和聚乳酸等聚酯类形状记忆材料。

热致感应型形状记忆高分子材料,由于其记忆功能及不同记忆材料所具有不同记忆温度的物性,在很多方面都极具价值,其已被广泛用于医疗卫生、体育、环保、建筑、包装、汽车等领域。如其制作的温控材料,它的特点是在软化点可随意赋形,冷后变硬成坚固形体,即可作为模型,也可起固定作用;利用形状记忆性回收电子产品的新思路,设计将电子产品的许多紧固件(如螺钉、螺纹套管、夹子等)改用形状记忆材料,它们可以通过加热的方法自行脱落,形成智能自动拆卸,这使电子废弃物可重新回收利用,节约成本,且减少了电子废弃物对环境的污染,这不但环保且符合国家循环经济发展战略;此外还有通过加温处理使汽车外壳、机壳和建筑物某些部件可自动除去凹痕的制品;同时人们还萌生了用形状记忆高分子材料制造机器人四肢的想法,设想用跳跃来代替机器人现在步履蹒跚的行走方式。

热致感应型形状记忆高分子材料以其独特的优点在众多领域都极具使用价值,具有广泛的应用前景。但尚存在一些不足,还应该提高形状记忆性能和综合性能,开发更多的品种,在完善热致感应型 SMP 的过程中,同时研究实用的光致感应型和化学感应型等,以满足不同的应用需求。未来的研究应向以下方向努力:①提高响应速度、形变恢复力、力学强度、耐高温性、耐疲劳性和化学耐久性等；②同通用塑料相比，要降低成本、提高其加工性能；③满足对形状回复温度的系列化要求，且提高回复精度；④向研究其双向记忆及全方位记忆等性能发展。在保持形状记忆功能的前提下，充分运用分子设计原理和材料的改性技术，努力提高综合性能，赋予或提高性能优异的聚合物形状记忆功能，从而开发出更多新型功能材料，并拓宽其应用领域，已成为应用研究和理论研究的重要课题。

2. 光致感应型

光致感应型形状记忆高分子材料，是将某些特定的光致变色基团引入高分子主链或侧链中，当受到光照射时，光致变色基团发生光异构化反应，使分子链的状态发生显著变化，该类材料在宏观上表现为光致形变；光照停止时，光致变色基团发生可逆的光异构化反应，分子链的状态回复，材料也回复其初始形状。高分子材料通过光致感应发生的可逆形变与化学物质引起的形变不同，它无须与化学物质直接接触或发生物质交换，只要外部供给非接触性的能量，就能控制其形状。该类高分子材料的制备具有非接触性、瞬时性、精确性和清洁性等特点。研究发现，通过光的刺激可以改变许多聚合物材料的特定性质，如收缩、弯曲以及体积的改变，这些形状的改变通常是可逆的。常见的光致感应型形状记忆高分子有 A、B、C、D 四类。A 类：光反应性分子，如肉桂基类高分子；B 类：光异构化化合物，如偶氮类、苯并螺吡喃类高分子；C 类：三苯甲烷类化合物；D 类：金属-配体超分子类化合物。A 类、C 类和 D 类形状记忆高分子材料中的分子开关是通过可逆交联点实现的，这种交联点是在外界条件控制下能够实现交联/解交联的分子或基团。而对于 B 类中的偶氮化合物是通过偶氮键的顺反异构使键长和键角改变导致宏观上的形变来实现分子开关的。光致感应型形状记忆高分子材料可以分为光化学反应型和光热效应型。

1）光化学反应型

光化学反应型是将具有光化学反应特性的官能团或分子作为分子开关引入聚合物网络而制成的光致感应型形状记忆高分子材料。其分子开关也叫可逆交联点，在光致型记忆材料中，通过外界光源控制分子开关的交联/解交联来实现材料形状的记忆/回复。

Kumpfer 等人研制出具有明显光控定点记忆效应的光化学反应型形状记忆材料（见图 4-2-7），可以通过定点照射来实现有选择性地打开被赋形后的立方体盒子的各个面。

Lendlein 小组最早在这方面开展了相关研究工作，他们通过两种不同的方式将肉桂酸基团（CA）引入高分子网络，制备了两种结构的光致感应型形状记忆高分子，并分别研究了其记忆行为。第一种是通过自由基共聚方法将 CA 接枝到丙烯酸酯类共聚物网络的侧链上，获得了接枝型结构的光致感应型形状记忆高分子材料。将该材料制成薄膜后，在外力作用下赋形，同时用波长大于 260 nm 光在材料两边照射，两个 CA 分子生成二聚体，发生交联，形状被固定（赋形）；当用波长小于 260 nm 光照射时，CA 二聚体结构被破坏，发生解交联，材料形状回复到初始状态（见图 4-2-8）。第二种是通过掺入的方法将四臂星型 CA 大分子单体（20%，质量分数）引入丙烯酸酯类共聚物的网络中，获得了半互穿网络型结构的光致感应型形状记忆高分子材料。当用波长大于 260 nm 光在该材料的一边照射时，由于光的照射深度有限，被照射一侧的 CA 发生交联，导致该侧材料发生收缩，而未照射的一侧保持不变，使得整个材料发生卷曲；当用波长小于 260 nm 光照射时，材料形状回复。他们对光照变形过程中材料的温度进行了实时监测，发现在光致变形过程中，材料本身的温度没有发生变化，证明了材料的形状记忆行为是由外界光源控制的，而不是由温度的变化控制的。在此基础上，Wu 等人利用 CA 基团构筑了光致可生物降解的形状记忆高分子材料，他们通过两步加成的方法制备了嵌段结构的聚氨酯，聚合物分子结构以可结晶的聚左旋乳酸（PLLA）作为硬段，无定形的聚己内酯（PCL）作为软段，侧链含有能够实现光控可逆交联/解交联的肉桂酰胺基团（BHECA）。在室温条件下，用 365 nm 和 254 nm 波长光源交替照射，通过 CA 基团可逆的环加成和断裂反应，实现材料的赋形和回复（见图 4-2-8）。紫外光照下聚氨酯的形状记忆行为如图 4-2-9 所示。研究发现，该材料的固定率随着 CA 基团含量的增加而升高，回复率随 PLLA 含量的增加而升高，当 CA 含量为 20%（质量分数）时，固定率达到 50%，当 PLLA 含量为 50%（质量分数）时，回复率可达到 95%。随后，Wu 等人对所制备的光致感应型形状记忆高分子材料生物降解性开展深入研究得知，在 37 ℃下，聚氨酯在磷酸盐缓冲溶液中聚合物质量损失率达到 12%～25%，这足以说明此材料发生了显著的生物降解现象。由于其能够自动发生生物降解排出体外，可降低对机体的损伤程度，因此该材料可在生物医学中加以应用。

金属和配体之间的光控配位作用也可应用于构筑光致感应型记忆材料。制备方法是将金属和配体间配位作用的“连接点”引入高分子基体中。材料经紫外光照射后，配位作用被破坏，金属与配体间的连接点处于开启状态，借助外力的作用对材料赋予一定的形状，当停止紫外光照射后，可重新形成配位作用，材料的形变被固定，若再次实施紫外光照射后，材料形状就会恢复到原样。通过在顶点与棱角部位照射，可以将盒子的各个面打开到不同的程度。上述材料的各个功能都是在光诱导的交联与解交联模式下实现的。此外，光致构型变化的分子和基团也常被用来构筑形状记忆分子。

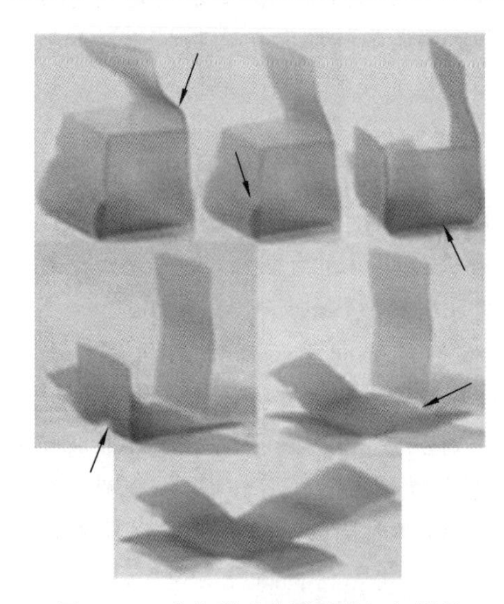

图 4-2-7　光化学反应型形状记忆材料

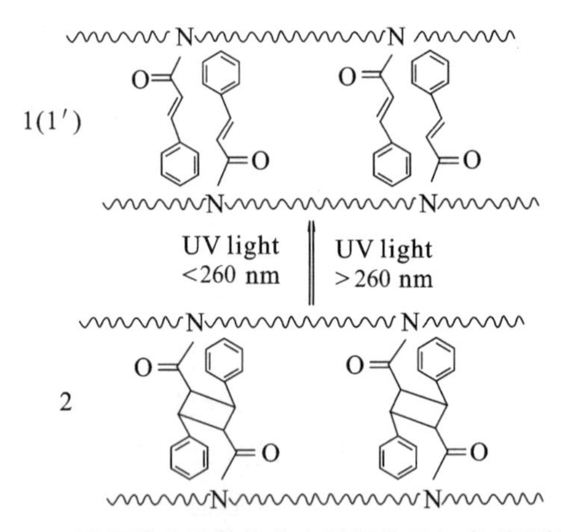

图 4-2-8　聚氨酯分子结构中光诱导的环加成/断裂反应

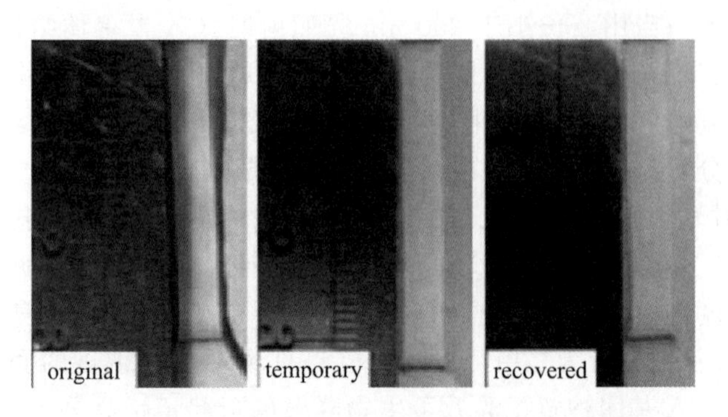

图 4-2-9　紫外光照下聚氨酯材料的形状记忆行为

俞燕蕾小组用光致顺反异构的偶氮苯作为介晶基元制备液晶弹性体，在紫外光照射下，偶氮苯转变为顺式结构，使得液晶弹性体从向列相转变为各向同相结构，宏观表现为材料的弯曲；当用可见光照射时，材料结构从各向同相转变为各向列相，宏观表现为材料的形变发生回复。他们巧妙地利用薄膜材料表面和内部对于紫外光吸收量的不同而导致的不对称收缩，首次实现了三维弯曲运动。该类材料是一种非常重要的软制动材料，通过合理分子设计，制备具有不同结构的光致液晶弹性体，可以实现材料在多个波段的光致形状记忆效应。这使得该类材料在人工肌肉领域展示了广阔的应用前景。White 等人也对该材料进行了研究，他们通过光引发聚合将偶氮苯单体引入液晶高分子网络，制备光致感应型记忆材料。在外力作用下对材料赋形，同时用 442 nm 激光照射，材料形状被固定。用圆偏振光照射时，材料形状发生回复。这一回复过程可用于推动物体的运动，实现光能向机械能的直接转变。

王思乾课题组开发了一种新型超支化光热多形记忆性能高分子材料。在分子结构设计上，利用二元醇的羟基在聚合过程中同羧基的酯化缩合反应和肉桂酸基团的共轭双键加成反应活性不同，通过改变反应时间，制备出不同支化度的超支化高分子弹性体。该聚合物是在高温无溶剂的本体聚合条件下制得的。鉴于该材料的热记忆性能和光反应性能，该课题组接着研究了其光和热双刺激记忆效能。在温度高于 T_g 时形状 B 进一步被扭转成螺旋状 C，冷却到室温得到稳定的该形状。螺旋状 C 在 70 ℃热刺激下非常完美地回复到光记忆的形状 D(见图 4-2-10)。

2) 光热效应型

基于热致感应型形状记忆高分子材料(TSMP)，加入一定的材料增加光的吸收或热的传导，将吸收的光能转化为热能，再诱导高分子材料发生形变，可间接实现光致型形状记忆特性。因此，其本质上也可以说是属于热致型形状记忆材料。将油墨涂布到已被赋形的聚苯乙烯材料表面，当用红外光照射时，油墨吸收红外光并转化为热能，当聚苯乙烯达到一定温度时，发生形状回复，从而实现从二维到三维的自动折叠，其自折叠效果如图 4-2-11 所示。

Vaia 等人最早将具有光热效应的材料引入高分子体系，制备光致感应型形状记忆高分子材料。他们用碳纳米管填充热塑性弹性体制备高分子复合材料，经红外光照射后，碳纳米管将光能转变成热能，诱导材料发生形状回复。碳纳米颗粒(炭黑)具有很强的光热效应，研究者也用其构筑记忆材料。Leng 等人将炭黑引入聚苯乙烯基体中制备红外光响应的形状记忆高分子复合材料。未加入炭黑的高分子基体只能对红外光谱中特定波长的光进行吸收，而当将炭黑加入其中后，材料的吸收性能较之前得到了明显的增强，由此也说明了炭黑对增强红外光的吸收性能方面具有一定的促进作用，从而实现材料形状的快速回复。通过开展深入研究得知在红外光照射下，复合体系的高分子材料的记忆恢复速率明显强于单纯体系的高分子基体材料，这些研究足以说明炭黑的加入一方面可增加材料对红外光的吸收强度，另一方面也有助于基体材料的迅速回复。该小组还将光纤引入聚苯乙烯基体中形成光致感应型记忆高分子，主要是利用中红外激光照射，光纤将光能转化成热能从而实现材料形状的快速回复。照射时间的不同会影响材料的恢复性能，一般照射十二秒左右，材料已能回到原样。中红外激光的优点是对机体的损害小，但其穿透力较强，使得光纤/聚苯乙烯复合材料可用于生物体内，如作为医用材料用于血管中清除血栓等。

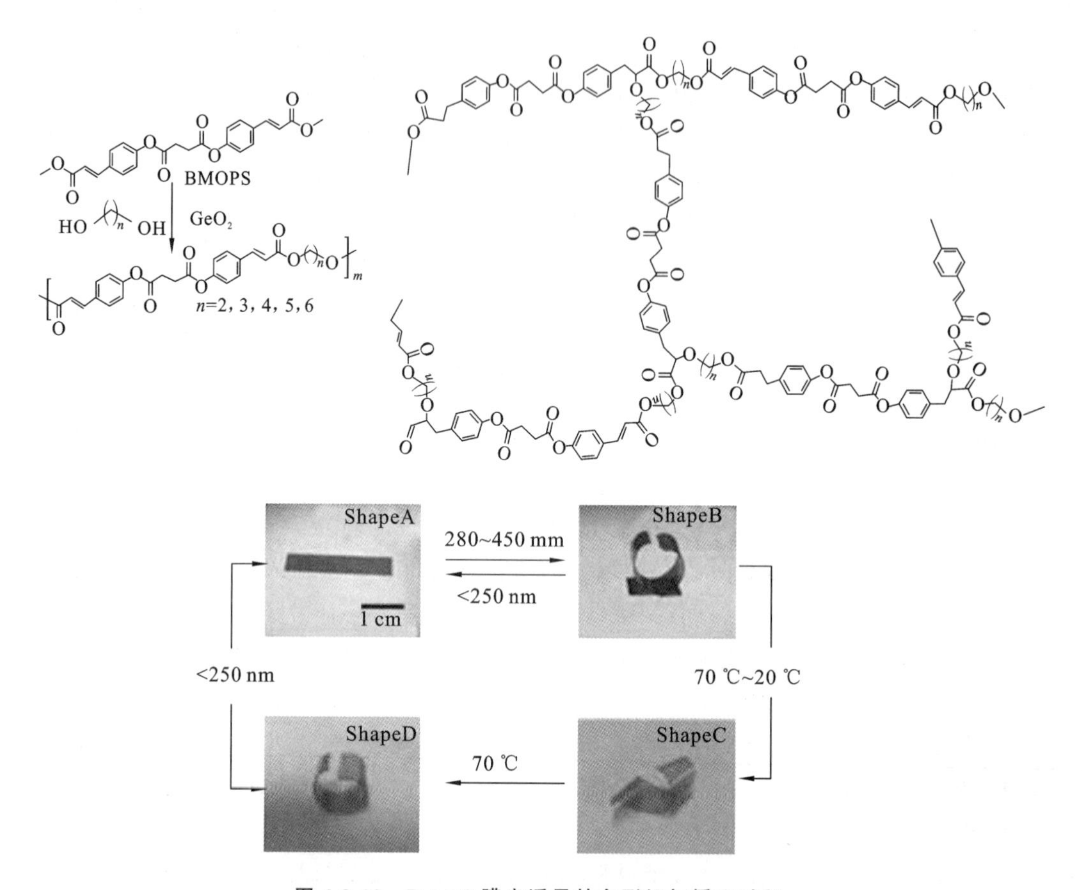

图 4-2-10　Poly2C 膜光诱导的多形记忆循环过程

图 4-2-11　各种形状的材料在光照下的自折叠行为

作为近年来研究热点之一的金纳米材料，也具有典型的光热效应。金纳米粒子作为一种重要的光热纳米材料也被用来制备光致记忆材料。在2009年，Hirbar等人将金纳米棒引入到聚丙烯酸叔丁酯和聚氨酯体系制备形状记忆高分子复合材料。其工作原理是金纳米棒具有较强的光吸收能力，并将所吸收的光能转化成热能，使得体系温度达到一定程度后，促使材料的形状得以迅速回复。经过实验得知金纳米材料具有良好的生物相容性，而且不会产生生物毒性，在生物学领域中有着广阔的应用前景。随着科学的进步，该类材料已实现了物体从二维结构到三维结构的自折叠过程。Xia和Zhao等用PCL低聚物与六亚甲基二异氰酸酯(HMDI)反应制备聚氨酯，然后将PCL修饰的金纳米粒子加入其中，获得有机/无机杂化材料。材料赋形后用532 nm激光照射，由于表面等离子体共振效应，金纳米粒子吸收光能并将其转化成热能，诱导材料发生形状回复。后有科学家引入金纳米棒，制备的材料不会增加材料的生物毒性，在生物医学领域中显示出诱人的应用前景。

利用光照效应制造可控启闭阀和药物的“光缓释剂”，用光致感应型形状记忆高分子材料制备了血管支架、血管中血栓清除的医用材料等，以及可以用线性偏振光精确控制弯曲方向的多畴LCE膜等高分子薄膜。目前该类材料的应用研究还处于探索阶段，相关研究工作报道较少，仅有研究者对其在生物医学领域的应用进行了初步模拟研究。Baer等人用光致型形状记忆高分子材料制备了血管支架，并进行了体外模拟实验，考察其在模拟血管中的形状记忆行为。实验发现，当模拟血管中的液体不断流动时，由于热量损失，支架形状不能完全回复；当液体不流动时，光照6 s后，即可实现快速回复。该体系可通过选择不同的制备条件，如基材类型、光敏材料的种类、材料的密度、材料的玻璃化温度等，来制备适用于不同场合的支架材料。

随着科技发展浪潮不断推进，光致感应型形状记忆形状高分子材料在更多领域中得到了应用，但由于对该材料的研究报道还较少，有些地方还缺少一定的理论数据支撑，因此对其开展更深入的研究还很关键。随着光致感应型形状记忆高分子材料的功能越来越强大，研究者也对其进行了深入的研究，当前所遇到的难题是材料的固定率以及回复率仍处于极低水平，这种现象也制约着材料的广泛使用。此外，现有的光致感应型形状记忆高分子材料种类还很有限，还需从更深层次开展研究，以使其在未来有更广阔的应用前景。

3. 化学感应型

化学感应型形状记忆高分子就是某些高分子材料在化学物质的作用下，也表现出形状记忆现象。常见的化学感应方式有pH值变化、平衡离子置换、螯合反应、相转变和氧化还原反应等。

1) pH值变化

用PVA交联的聚丙烯酸纤维浸泡于盐酸溶液中，氢离子间的相互排斥使分子链扩展，纤维伸长。当向该体系中加入等当量的NaOH时，则发生酸碱中和反应，分子链状态复原，纤维收缩，直至恢复原长。另外，pH值响应性高分子水凝胶因其在pH值条件改变的情况下能够发生尺寸响应，产生溶胀度的变化及形状变化，因而可运用于分离材料、化学机械、药物缓释及酶固定材料等各方面。有人以聚丙烯腈纤维为原料制备了pH值响应性高分子水凝胶，研究了其在不同pH值条件下的力学性能和pH值响应性能，并对其力学性能和pH值响应性过程中的离子扩散行为建立了相应的数学模型，得到了与实验数据基本吻合的理论结果。在力学性能部分，实验测定了水凝胶的应力-应变行为、负荷下的响应性能和蠕变性能。实验结果发现，pH值响应性高分子水凝胶的力学性能符合一般橡胶体的弹性规律，却受到pH值的约束，在酸性条件下表现为“大形变，小模量”，而碱性条件下则表现为“小形变，大模量”的特点。在建模过程中，首先对橡胶的弹性理论进行探讨，结合橡胶大形变时链段运动受阻的特点，提出了运用等效自由旋转链的处理方法，对橡胶状态方程进行了非高斯链修正，得到了更符合实际情况的理论曲线。然后，结合水凝胶的力学性能还会受到溶胀度影响的特点，建立了相应的模型。在水凝胶的 pH 值响应性能部分，实验测定了水凝胶的静态 pH 值响应性能，负载下水凝胶的循环 pH 值特性，以及盐效应对其的影响，同时测定了 pH 值响应性过程中 H^+ 与 OH^- 在水凝胶内部的扩散动力学过程。静态 pH 值响应实验表明，水凝胶的 pH 值响应速度和伸缩程度在酸性条件明显好于碱性条件；而循环 pH 值响应结果显示，从酸性条件到碱性条件的 pH 值响应与从碱性条件到酸性条件的 pH 值响应也存在不同的形式；盐效应的研究则发现高离子浓度能对水凝胶的响应产生作用。由于水凝胶响应过程中外部离子向内部网络扩散时，外部离子浓度将逐渐降低，同时扩散进网络中的 H^+ 或 OH^- 与网络中的 OH^- 或 H^+ 存在化学反应。

现已成功设计并合成了一种含有 β-环糊精和二乙烯三胺基团的聚丙烯酸（PAA）水凝胶。这种 PAA 水凝胶表现出明显的 pH 值敏感形状记忆行为。当 pH 值为 11.5 时，β-CD 与 DETA 包合，材料中同时含有固定交联点与 β-CD-DETA 两种交联点，材料坚硬不易塑形。但是，当 β-CD 与 DETA 的包合随 pH 值变化产生解包合后，β-CD 与 DETA 交联点消失，体系中只存在固定交联点，材料因此变得柔软富有弹性。施加以外力将其塑形，并保持外力将材料转移到 pH 值为 11.5 的水溶液中，β-CD 与 DETA 重新发生包合，此时撤去外力，大量 β-CD 与 DETA 交联点的重新出现使得材料的弹性消失，形变被固定下来，材料的形状被称为暂时形状。此时，若再调整 pH 值为 4，那么解包合作用再次发生，在回弹力的作用下，形变回复，材料回到塑形之前的状态。实验证实：这种 PAA 水凝胶的形状固定率可以达到 80%，回复率为 45%。

2）平衡离子置换

聚丙烯酸纤维中羧酸阴离子的平衡离子发生置换时，可导致高分子材料的形状记忆效应。聚丙烯酸纤维在恒定外力作用下，提高钡离子的浓度，即钡离子置换钠离子时，纤维收缩；提高钠离子的浓度，即钠离子置换钡离子时，纤维伸长，据此有望实现纤维形状的可逆形变。

现可以利用一步法以聚乙二醇二丙烯酸酯（PEGDA）为交联剂，1-乙烯基咪唑和丙烯腈为单体共聚合成一种偶极-偶极增强水凝胶。该水凝胶的力学强度在微量锌离子溶液中显著提高，进一步研究发现凝胶和少量金属离子的络合作用能够固定住临时形状，去除离子可使凝胶恢复原始形状，从而实现形状记忆功能，且这种记忆特性是可重复的。此外，该水凝胶有良好的细胞相容性，细胞能在该水凝胶上很好地生长。将长有细胞的水凝胶平片卷成管状，然后放置在 5 mmol/L 锌离子培养基中固定形状，放入细胞培养基中培养一段时间后，打开管状凝胶支架发现，细胞仍能很好地黏附在凝胶上并保持正常形态。这种包含在凝胶中的咪唑环配体和微量锌离子的络合-解络合策略提供了一种制备形状记忆凝胶的简单且普遍的方法，并且由于其形状记忆过程对细胞没有大的伤害，很有希望作为一种可植入组织工程支架应用于生物领域。

3）螯合反应

侧链上含有配位基的高分子同过渡金属的离子形成螯合物时，也可引起材料形状的可逆变化。经过磷酸酰化处理的 PVA 薄膜在水溶液中浸润后加入二价铜离子则生成铜螯合物，薄膜收缩。当向此薄膜中引入二价铜离子的强螯合剂如 EDTA、乙二胺四乙酸时，PVA 的铜螯合物离解，并生成 EDTA 铜螯合物，薄膜可恢复原状。

4）相转变反应

蛋白质在各种盐类物质的存在下，因高次结构被破坏而收缩，当高次结构再生时则可恢复原长。把蛋白质纤维如明胶浸入铜氨溶液中，晶态结构转变为非晶态结构，纤维可收缩20％；若把收缩的纤维浸入浓度较低的酸性溶液，晶态结构再生，纤维便恢复原长。同中和反应和螯合反应相比，相转变反应引起的形变及其回复，不仅速度快，可逆程度还高，可望用作等温条件下的形状记忆材料。目前，化学感应型SMP尚未得到正式应用，国外已有人建议用于蛋白质或酶的分离膜、“化学发动机”等特殊领域。

4. 电致感应型

电致感应型形状记忆高分子是一种向热致型形状记忆高分子基体中加入适量导电性物质，经物理或化学方法使其均匀分散，导电填料间相互接触形成导电网络，当通过电流产生的热量使温度升高至 T_g 以上时，致使其产生形状记忆或回复的形状记忆材料。由于电致感应型形状记忆高分子具有导电、产热方便、易于远程驱动、热传导快等优点，因此在较多领域有着广阔的应用前景。

按照添加导电性物质种类的不同，电致感应型形状记忆高分子可以分为碳质填料填充形状记忆高分子材料和金属填料填充形状记忆高分子材料。常用的金属填料有Au，Ag，Cu等。金属填料的添加可提高电致感应型形状记忆高分子的导电性，但同时也使其具有价格贵、易氧化、分布不均以及对材料力学性能有不利影响等缺点。相对于金属填充物而言，碳质填料则显示出较大的优势。常见的碳质填料包括炭黑、碳纳米管、碳纤维等。目前，制备电致感应型形状记忆高分子材料时大多以炭黑作为填充剂，其具有生产成本低、导电性好、化学性质稳定、易于加工等优势。而碳纳米管由于具有优异的力学性能和导电性能，也受到越来越多的关注。此外，以碳纤维作为填充剂的SMP也具有优良的力学性能。

4.2.4 主要的形状记忆高分子材料

形状记忆高分子根据材料成分组成，又可分为聚乳酸、纤维素、聚氨酯、聚酯、反式聚异戊二烯等类型。

1. 形状记忆聚乳酸

聚乳酸类高分子由于其结构简单，制备条件容易实现，性能优异，所以成为可生物降解形状记忆高分子中研究最为广泛的材料。又因其良好的生物相容性和降解性能，能够用于体内并可分解成小分子而被排出体外，故又可作为一种典型的生物医用材料。

根据材料组分可将这类材料分为只含有聚乳酸的单组分聚合材料、基于聚乳酸的共聚物材料及聚乳酸与无机材料形成的复合材料三大类。

聚乳酸根据光学活性不同，分为左旋聚乳酸(PLLA)、右旋聚乳酸(PDLA)、消旋聚乳酸(PDLLA)三种。在形状记忆高分子中，研究最多的是PLLA和PDLLA，PLLA是半结晶型聚合物，特点是模量高。PDLLA是无定形聚合物，其强度和模量相对较低。对不同相对分子质量的PDLLA研究发现，高相对分子质量的PDLLA玻璃化转变温度大约为55 ℃左右，在玻璃化温度以上5～10 ℃的范围内很容易赋形，在60 ℃左右即可较快地实现形状回复。鲁玺丽等人对PLLA的形状记忆性能进行了研究，他们用PLLA制备长条状样品，在65 ℃时对样品进行赋形，外力作用下使其变形为螺旋状，然后冷却至室温，形状被固定。当赋形后的样品被加热到70 ℃时，经过22 s回复到原来的形状；而如果被加热到80 ℃，只需要15 s即可完全回复。研究还发现，PLLA的形状回复率随分子量的增加而增加。可能是因为随着分子量的增加，聚合物结晶度逐渐减小，晶粒尺寸也减小，微晶体均匀分布在非晶相之中，易于形成更为有效的交联，所以记忆回复率增大。

聚乳酸类形状记忆高分子材料在医学领域中显示了重要的应用潜力，目前研究较多的是将其用于药物控制释放的载体材料、手术缝合线、器官和组织的替代材料等方面。Wischke等人制备了基于聚乳酸的聚氨酯形状记忆高分子材料，并将其作为药物载体，用于药物的控制释放，其工作过程如图4-2-12所示。将该材料的初始形状加工成“打开”的形式，负载药物后，将其赋形为“关闭”的形式，然后通过微创手术植入病灶部位。在体温作用下，记忆材料逐渐“打开”，药物逐渐释放。药物释放完成后，载体材料在体内逐渐被降解而排出体外，无须二次手术将其取出，具有操作简单、应用方便的特点。

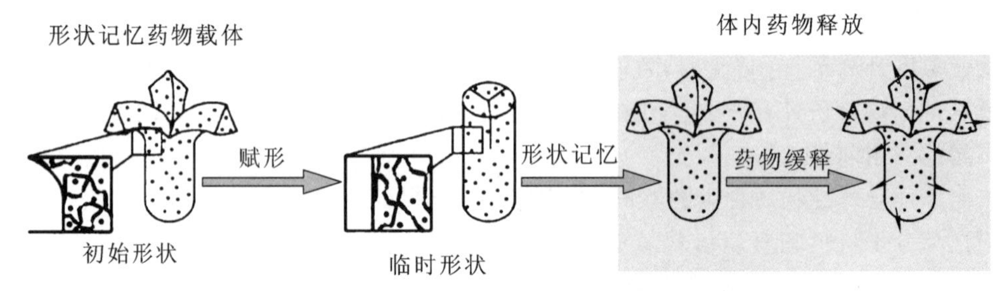

图4-2-12　形状记忆高分子药物控释载体工作机理

Lendlein等人合成了基于聚乳酸的嵌段共聚物，并用其制备了可生物降解的手术缝合线，当加热到一定温度时，材料自动收缩成为拉紧的打结状态，从而自动将伤口缝合（见图4-2-13）。待伤口愈合后，该材料又可被人体吸收，不需要二次手术进行拆线，简化了治疗过程，减少了病人的痛苦。

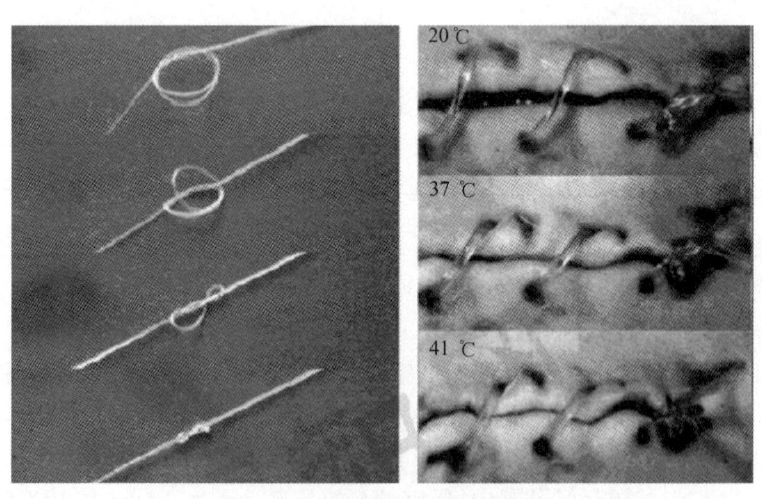

图4-2-13　形状记忆手术缝合线

聚乳酸类材料不仅具有形状记忆特性，还具有良好的生物相容性和可降解性能，但是目前的研究仍处于起步阶段，要达到临床应用的条件，还需要对其力学性能、转变温度、固定率、回复率等进行深入、系统研究。对其记忆机理的研究及复合体系中各组分之间的相互作用对记忆性能影响的研究尚不深入。目前该类材料的重复记忆性能、形状回复率、回复速率和固定率都还不是很高，随着应用要求的提高，研究和开发记忆性能优异、力学性能高的聚乳酸类高分子材料也是一个重要的领域。

2. 形状记忆纤维

热致感应型形状记忆纤维可以根据环境温度和新陈代谢速度调节自身的蓬松(卷曲)程度,用其制作的衣服面料手感滑润,穿着舒适;用于服装保温衬层,可以实现热阻的自由调节;用于消防或防烫服装,可减少伤亡。在此生产技术基础上,合成出的形状记忆纤维与普通天然纤维及合成纤维进行混纺,制成具有形状记忆功能的纱线和织物,然后织成服装面料。这种面料在较高环境温度下能够记忆并回复织物的原有形状,形成散热疏水的通道,因而人们在高温环境下穿着这种面料的智能服装,会感到很舒适。形状记忆纤维应用于纺织行业,纺织成的服装面料穿着舒适且透气性好;料理简便,不用熨烫,温水洗涤就能去除褶皱,自然回复到变形前的状态。因而形状记忆纤维的研究近些年来受到广泛重视,其应用前景也十分广阔。

为了形象说明纤维的形状记忆特性,我们做成平板模型来观察其形状变化后的回复过程。以这种纤维为研究对象,严格按照纺丝配方要求,将原液铺成模板,做成六面体模型。在 55 ℃左右对其实施外力使其产生形变,将平板样品折成正方体,然后置于低温下冷却固定这一形状。将固型后的样品置于环境温度为 55 ℃的热台上,观察其形状变化,用数码相机照下其形变回复过程(见图 4-2-14)。

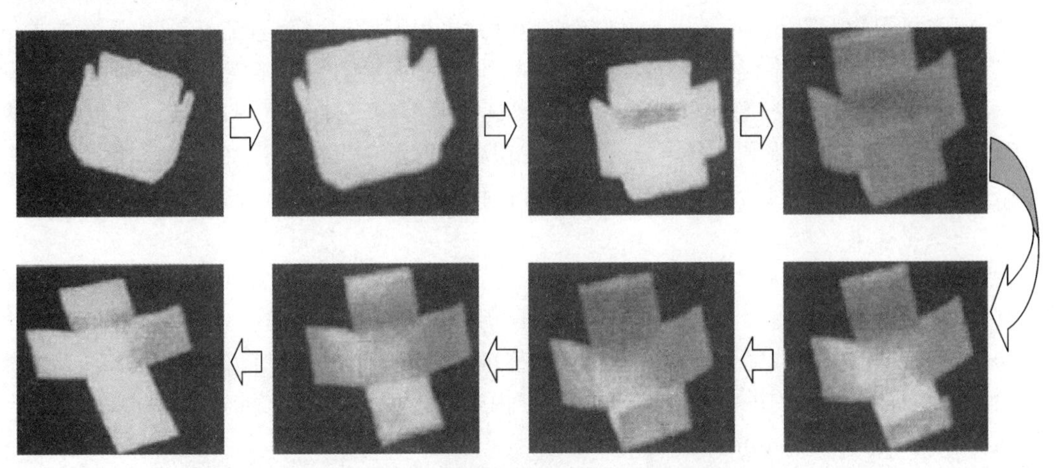

图 4-2-14 原液模板的形状记忆回复过程

模型从立方体型回复到初始状态的平板型,大约用了 40 s 左右。从图 4-2-14 中能看到,这个回复过程是循序渐进完成的:前十几秒钟,立体模型的各个侧面在热台上微微张开;随着时间的延长,各个侧面开始复苏,张口不断扩大,从第三幅图到第六幅图的变化过程只用了不到 20 s 的时间;之后侧面的舒展速度开始减慢下来,各个侧面也基本全部伸直开来,模型大体又回复到平板状。

1)纤维纺制

国内外用 SMP 材料纺制形状记忆纤维的成形技术相对还比较少。一些高分子材料,往往一经交联后形成了网络结构,线性流动能力就大大降低,所以大多数聚合物虽能通过交联手段制成 SMP,但不能进一步用来纺丝。日本在 20 世纪 90 年代,用直接纺丝方法合成了聚酯和聚氨酯两种形状记忆功能纤维。香港理工大学已用形状记忆聚氨酯纺制出了纤维,制成了一种形状记忆功能纺织物。这种织物有别于普通布料,它不但可经指定温度的热水洗涤后回复原状,而且具有保留衣服褶痕、表面平滑度以及回复凹凸位原状等的特性。

由于丙烯酸十八酯(SA)与丙烯酸(AA)经共聚交联后具有形状记忆特性,天津工业大学采用 SA 与 AA 先合成共聚物 P(SA-co-AA),然后与聚乙烯醇混合配制纺丝原液,将初生纤维在凝固浴中交联,使之产生形状记忆功能。图 4-2-15 是研制的纤维产品变形后,原有形状回复过程。整个形状回复约需 40 s,响应温度约为 55℃,纤维的手感及强度都基本达到了要求。

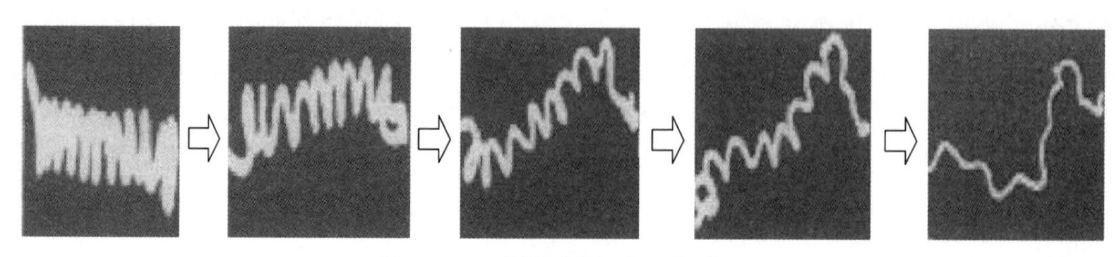

图 4-2-15 纤维形状记忆回复过程

2)混纺技术

形状记忆纤维的混纺技术是指先将形状记忆高聚物纺成纤维后,再与普通天然纤维及合成纤维进行混纺,制成具有形状记忆功能的纱线和织物,然后织成服装面料。这种混纺技术在日本研究及应用相对较成功。如 Kazuyki 等于 1992 年研究出用形状记忆聚酯纤维制成形状记忆机织物和针织物,又于 1997 年成功研究出用形状记忆聚氨酯纤维进行单纺或与没有形状记忆特性的纤维混纺,纺成形状记忆机织纱及机织物。日本三菱重工业公司开发出一种名为 DiaPlex 的聚氨酯纤维织物,利用聚氨酯的形状记忆特性,和其他纤维混合制成了具有形状记忆功能的服装面料。这种面料在较高环境温度下能够记忆并回复织物的原有形状,形成散热疏水的通道,在高温环境下穿着这种面料的智能服装,会感到很舒适。

3)后整理技术

通常纺织面料的形状记忆特性是通过纤维的后交联整理技术来实现的。对形状记忆纤维研究较早的国家是日本。1993 年以日本东洋纺织公司为首的棉纺企业,开发出高含棉比率(50 %)的防皱、免烫性优良纤维制品加工(整理)技术。他们对剪裁缝制前的坯布,通过用甲醛、超软桃面和双作用整理技术,在棉纤维内部系非晶区内架上高分子桥键,使纤维互相交联,形成了对原有形状的记忆能力。

我国的科研工作者近些年也成功开发了棉纤维形状记忆后整理技术,如韦昌青等研制出一种理想的低甲醛免烫整理剂(NDW)整理方法;陈益人等用乙二醛和淀粉或水解淀粉混合液对棉织物进行免烫整理实验,取得了较为理想的免烫效果;王学杰等研制出 BTCA 免烫整理方法,用自行合成的丁烷四酸配制无甲醛整理剂加工全棉免烫衬衫,综合整理效果达到二羟甲基二羟基乙烯脲树脂的水平,而且完全消除甲醛的危害,价格也与二羟甲基二羟基乙烯脲树脂相当;顾东民等研制的 NC-98 无甲醛整理剂,是一种新型的羧酸型免烫整理剂,其通过化学反应手段,使非晶区内的纤维分子链间产生交联,在纤维分子链间建立联桥,从而达到免烫效果。

同时我国还成功研究出真丝形状记忆整理技术,如青岛丝织厂合成的 H117 树脂整理技术、上海工程技术大学赵国均合成了三甘醇缩水甘油醚整理剂、杭州市化工研究院合成了环氧整理剂、杭州英仑化学助剂有限公司采用复合醇作起始剂,开发成功真丝绸环氧整理剂 EDF-EDF-808 整理技术等。此外,国外的 Hyung Minchin 等的乙二醛对丝绸交联抗皱整理可行性的探索及梅土英等的蛋白质整理剂整理真丝绸的工艺条件的研究,也取得了较大成功。

形状记忆纤维的研究及应用还存在一些问题,如生产工艺难以控制、形变回复力小、回复精度较低、形状记忆能力维持时间短且为单向记忆等,因此形状记忆纤维的研究开发还有很大潜力。一方面要大力发展形状记忆纤维的直接生产技术，即尽量一次成形合成出具有形状记忆功能的纤维，这样既可降低生产成本，又可减少中间环节所产生的副作用。有些成形纤维经甲醛等试剂处理后产生了形状记忆功能，但同时也使纤维含有少量的毒性物质。另一方面，在研究中要努力提高形状记忆纤维的形变回复能力及尺寸稳定性，使纤维能够长久地保持形状记忆功能，这是使形状记忆纤维走向工业化，开辟新纺织市场的必由之路。

3. 形状记忆聚氨酯

聚氨酯是在大分子主链上含有氨基甲酸酯基结构单元的高分子化合物的总称。根据形状记忆聚合物在宏观上应满足的条件(见表 4-2-2)，形状记忆聚合物分子结构必须具备以下条件：①由柔性的高分子链组成；②有交联结构(化学或物理交联)；③具有在室温以上的某一特定温度下，分子运动被冻结或受到限制的结构；④橡胶状分子具有如“挂钩”那样作用的结构；⑤具有玻璃化转变温度；⑥在变形温度下的热历程(微晶熔解)使结构产生或消失。

表 4-2-2　形状记忆聚合物在宏观上应满足的条件

条　件	机　理
易成形	热塑性
易变形	弹性体(弹性变形)
变形能固定	玻璃化转变(冻结高分子运动)或结晶化
具有恢复温度	玻璃化转变(解冻)或熔解
恢复容易	橡胶弹性

凡能满足以上构成条件的聚氨酯，即可称为形状记忆聚氨酯，反之，则是普通聚氨酯。两者主要区别如下：①形状回复能力方面，形状记忆聚氨酯具有良好的形状可回复性，而普通聚氨酯则不具备此性能；②在相结构上，形状记忆聚氨酯具有组成一定的可逆相和固定相，而普通聚氨酯则不具备；③在链结构上，构成形状记忆聚氨酯的软段和硬段的含量能准确控制，而普通聚氨酯则无法控制，使得两者在性能上产生差异。

聚氨酯通常由多异氰酸酯与多羟基化合物(聚醚或聚酯)通过逐步加成聚合反应而制得，对于形状记忆聚氨酯，由于其性能的要求，所用多异氰酸酯为二异氰酸酯，所用多元醇为低聚物二元醇，所用扩链剂多为小分子二元醇。一般而言，使用二异氰酸酯与二羟基化合物反应，可制得线形聚氨酯，而使用二异氰酸酯与三羟基或四羟基化合物反应，则制得体型产物。但形状记忆聚氨酯对其原料组分均有一定的要求：①软链段与硬链段的相分离必须足够充分，相分离程度越高，形状记忆特性越好；②硬链段含量适当，能起到交联点的作用；③软链段应有一定结晶度。所用聚醚或聚酯的分子链应尽量规整，其相对分子质量至少在 2 000 以上。

形状记忆聚氨酯是一种多嵌段共聚物，在室温条件下可以定形或直接冷却定形，再加热到转变温度以上时又可立即回复原来的形状，并可通过调节各组分的组成和配比得到具有不同记忆温度的材料。形状记忆聚氨酯具有良好的生物相容性和力学性能，可通过调节各组分的组成和配比，得到具有不同 T_g(玻璃化转变温度)的材料。其中 T_g 在室温范围内，具有形状记忆功能的聚氨酯称为室温形状记忆聚氨酯，它更具实际功用。多数聚合物的形状记忆温度远离室温，或者虽然形状记忆温度在室温附近，但形状记忆功能却较差。一系列研究结果表明，室温形状记忆聚氨酯在室温范围内具有较好的形状记忆功能。

首例形状记忆聚氨酯由日本三菱重工业公司开发成功，该聚合物以软段（非结晶部分）作可逆相，硬段（结晶部分）作物理交联点（固定相），软段的 T_g 为形状恢复温度（−30～70 ℃），通过原料种类的选择和配比调节 T_g，即可得到不同响应温度的形状记忆聚氨酯。分子链为直链结构，具有热塑性，可通过注射、挤出和吹塑等方法加工。该形状记忆聚合物还具有质轻价廉、着色容易、形变量大（最高可达 400%）及重复形变效果好等特性。日本 Mitsubishi 公司开发了综合性能优异的形状记忆聚氨酯，室温模量与高弹模量比值可达到 200，与通常的形状记忆高分子材料相比，具有极高的湿热稳定性与减震性能。日本三洋化成公司开发了一类液态聚氨酯，除加工成片材及薄膜外，还可注射加工成各种形状，将变形后的制品加热至 40～90 ℃，可回复到原来的形状。谭松林等人在聚氨酯体系中引入结晶性软段（聚己内酯），得到了具有热致形状记忆效应的多嵌段聚氨酯材料，而且其形状记忆行为与体系的化学组成、软段的结晶性、相态结构等有密切的联系。韩国的 B. K. Kim 等分别用无定型的软段相和结晶的软段相作为可转变相制备了若干种热致形状记忆聚氨酯，制备出了具有优良湿气渗透性的形状记忆聚氨酯。南京大学通过引入化学交联、调节软段组成和软硬段比例已研制出形状记忆温度为 37 ℃的体温形状记忆聚氨酯。

通过对形状记忆聚氨酯膜透湿性与温度关系的研究可以看到，形状记忆聚氨酯膜的透湿性可以随着外界温度的改变而改变。形状记忆聚氨酯微孔膜可以通过控制聚氨酯溶液的凝固条件得到；或在溶液中预先加入水溶性的无机盐微粒（如氯化钠等），成膜后用水洗去无机盐，制备聚氨酯微孔膜为功能层的防水透湿织物。该织物膜的孔径尺寸介于水滴最小直径和水汽的直径之间，使得水蒸气可以顺利通过该膜而水滴却无法通过，从而达到防水目的；另一方面，膜的孔径尺寸可随温度自动调节而达到透湿的目的。随着温度的升高，尤其是当温度高于 T_g 或 T_m 时，高聚物的自由体积与温度成线性增加；当温度升高到软段熔点温度以上时，软段的布朗运动加剧，使得大分子之间的孔隙能够让水汽分子透过，高聚物扩散能力增强，从而增加了高聚物的透湿气性；在低温条件下（温度低于软段的玻璃化转变或熔点温度），软段的玻璃态束缚了软段的自由运动，从而增加了对小分子渗透的阻碍，保证了低温条件下的低透湿性。而由于分子之间的孔隙远远小于水分子的直径，因此在任何温度下形状记忆膜都无法让水分子透过，从而达到了防水的目的。聚氨酯薄膜与外界环境相一致的透湿性，实现了织物的智能化，犹如人体皮肤一样，能随着外界温湿度的改变而调节。将其应用于纺织上，可以制成运动服、鞋子、卫生巾、包装材料等，合理设置其透湿性温度突变的范围，可以使其在各种条件下使用，始终保持良好的舒适度。

形状记忆聚氨酯具有良好的力学性能、热膨胀性、透湿性、阻尼性能及光学性能，使其在许多方面都有较广泛的应用。其记忆温度具有可调节性，根据需要可在−30～90 ℃的范围内进行调节，利用这一功能可开发出不同的智能材料。但从现状来看，还存在一些不足，如形状记忆不具双向性、形状回复力较弱及回复形状的温度不够精确等，例如在纺织品的实际使用中，如何实现在人体温度范围内，控制形状记忆行为及其透气机理（即控制分子之间的间距依体温变化，从而实现透气调温功能）还有待于进一步的研究。

4. 形状记忆聚酯

聚酯是大分子主链上含有羰基酯键的一类聚合物。脂肪族或芳香族的多元羧酸（如偏苯三甲酸）或其酯（如间苯二甲酸二丙烯醇酯）与多元醇（如乙二醇、丁二醇、三羟甲基丙烯、季戊四醇）或羟基封端的聚醚（如聚乙二醇）反应可形成具有嵌段结构的聚酯。这种聚酯用过氧化物交联或辐射交联后可获得形状记忆功能。通过调整羧酸和多元醇的比例，可制得具有不同感应温度的形状记忆聚酯。这类形状记忆聚合物具有耐热性和耐化学药品性能(但耐热性能不是很好)。这种产品可作为管件的接头,还可用作商品的热收缩包装材料,主要是利用其透明性好、热收缩温度低、易加工等特点。目前研究较为广泛的聚酯有聚对苯二甲酸乙二酯、聚己内酯和聚乳酸等。

聚酯结晶度高、熔点高、溶解度低,是第一个被全合成并在临床应用的可降解缝合线材料。由于其具亲水性,且降解速度快,在植入体内2至4周后就失去力学强度,因而制备了降解速度快和亲水性适中的羟基乙酸及羟基丙酸的共聚物聚酯并用于药物释放系统。Couarraze等人将米非司酮(mifepristone)负载到PLGA中,考虑到降解和扩散因素,深入研究了它的药物释放特征,并提出了新的释放模型。研究表明增加PLGA中的乙交酯含量,释放速率增加,此外酸性药物由于能离解出氢离子,所以能促进聚合物的降解,同时促进药物的释放。

5. 形状记忆反式聚异戊二烯

聚异戊二烯的结构(见图4-2-16),分为顺式1,4结合和反式1,4结合、1,2结合、3,4结合的乙烯基型,其中反式结合率接近100%。

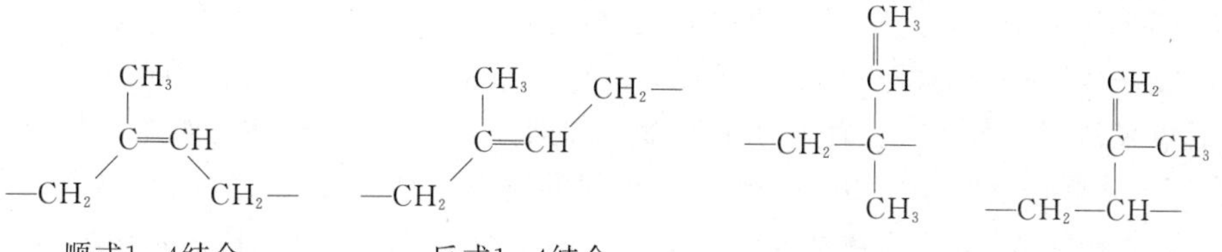

$$-CH_2-C(CH_3)=CH-CH_2-$$
顺式1,4结合

$$-CH_2-C(CH_3)=CH-CH_2-$$
反式1,4结合

$$-CH_2-C(CH_3)(CH=CH_2)-$$
1,2结合

$$-CH_2-CH(C(CH_3)=CH_2)-$$
3,4结合

图4-2-16 聚异戊二烯结构类型

反式聚异戊二烯(TPI)是一种热塑性弹性体,是结晶型聚合物,结晶度为40%,熔点为67 ℃,结构规整紧密,容易结晶形成一种球形的超结晶结构,具有高度的链规整性,以用硫黄或过氧化物交联得到的网络结构为固定相,以能进行熔化和结晶可逆变化的部分结晶相为可逆相。在低交联度下,DTA曲线上残留35 ℃的结晶熔融峰,在室温中保持约40%的结晶度,局部并存高次结构,成为形状记忆材料。未经交联的反式聚异戊二烯为结晶的热塑性聚合物,没有形状记忆效应。但反式聚异戊二烯分子链中含有双键结构,可以使它们像天然橡胶一样进行配合和硫化。经硫黄或过氧化物交联得到的具有化学交联结构的反式聚异戊二烯,表现出明显的形状记忆效应。其形状记忆效果与回复温度可以通过控制配比、硫化程度及添加物来调节。

TPI具有诸多优点:①可在较低的温度条件下成形加工;②常温条件下的硬度、模量和断裂强度高;③具有热熔解黏合性,自黏附力大;④用硫黄、过氧化物能交联,并可与其他的二烯类橡胶共硫化。

TPI形变速度快、回复力大、回复精度高,可通过压延、挤出、注塑等工艺加工成形;T_g为35 ℃,接近人体温度,室温条件下为硬质,适于制作人用织物制品;强度高,有减震作用;具有较好的耐湿气性和滑动性,但耐热性和耐气候性差。除聚降冰片烯外,降冰片烯与其烷基化、烷氧基化、羧酸衍生物等共聚得到的无定形或半结晶共聚物也有形状记忆功能。TPI的力学性质受其结晶性支配,是具有很高弹性的二烯类聚合物。可通过加硫或加过氧化物交联,或与其他二烯类橡胶共硫化。硫化后TPI的机械性能变化不大,这可能是因为TPI即使在硫化后其力学性质仍受结晶性的支配,形状记忆TPI就是利用这两种特性研制成的。交联得到的网络结构为固定相,能进行熔化和结晶可逆变化的部分结晶相为可逆相。

形状记忆TPI可作为夹层覆盖和内衬材料用于原来装配时操作困难的场合,借助于改变材料的形状使安装易于进行，组装完毕后加热，使材料恢复原状。利用TPI特性还可制作火警报警器，即将TPI加热拉伸后冷却，将拉成的杆固定，杆端装一金属片，然后装入火灾报警器温度传感装置的电路内。当发生火灾，环境温度过分升高时，形状记忆TPI杆收缩，前端的金属片即可接通报警电路。TPI在日常生活中还有多处有趣的应用，如用于制作携带式餐具，即事先按容器的形状用TPI预先成型，并在热水中二次成型为片状。使用时，只需放入热水中，就可回复原形可供使用。此外可将形状记忆TPI交联成狗、鱼、花等形状，然后加热软化使之变形为圆片或球状并冷却固化。当用温水或热空气加热时，就会出现动物或植物生动的形状，非常有趣。用形状记忆TPI制作的缓冲器、汽车保护罩等保护装置，即使受冲击变形，只需通过温水加热就可恢复其原状。如能有效地利用以上特点，其用途必将进一步扩大。

6. 其他类型的形状记忆高分子

(1) 交联聚乙烯(XLPE)。

聚乙烯树脂是最早获得实际应用的形状记忆高分子材料。

该树脂采用电子辐射交联或添加过氧化物如过氧化二异丙苯(DCP)的交联方法，使大分子链间交联成网作为一次成型的固定相，而以可结晶和熔化的部分作为可逆相。其特点为交联后的聚乙烯在耐热性、力学性能和物理性能方面有明显改善。如热收缩管可给予200%以上的膨胀(延伸)；并且由于交联，分子间的键合力增大，阻碍了结晶，从而提高了聚乙烯的耐常温收缩性、耐应力龟裂性和透明性。如果在交联的同时保持一定结晶度，可制造热致感应型形状记忆材料，其特点是在温度高于软化点时具有橡胶的特性，即拉伸变形可回复；而未经交联的聚乙烯在温度高于软化点(熔点)时完全软化，成为一种黏性流体。Ota等人用辐射交联法制得热致感应型形状记忆XLPE。据报道，聚乙烯和交联剂(LDPE用异丙过氧化物，HDPE用特丁基过氧化物)在一定温度条件下混合造粒和成型，然后在高温条件下进行化学交联，可制得热致型形状记忆材料。另外，在过氧化物存在下，聚乙烯与乙烯基三乙氧基硅烷接枝共聚，形成接枝共聚物，将接枝共聚物和含有机锡催化剂的聚乙烯(95/5)混炼造粒，即可得到具有形状记忆功能的XLPE。

(2) 聚乙烯-醋酸乙烯酯共聚物(EVA)。

EVA是由非极性、结晶性的乙烯单体和强极性、非结晶性的醋酸乙烯单体VAM在引发剂的存在下经高压本体聚合而成的热塑性树脂。研究发现聚乙烯晶体的熔点随VAM单体量的增加成线性下降，玻璃化温度也降低，韧性增加。李凤奎等人采用两步法制备EVA记忆材料，首先将交联剂DCP均匀加入EVA中，然后逐步升温使其交联。形状回复研究结果表明只有具有足够交联度(凝胶量大于30%)才可显示出典型的形状记忆功能，即具有良好的回复率和回复速率。而交联度受以下因素影响：DCP的用量、反应时间的长短和反应温度的高低。王诗任等人证明当交联剂DCP用量在0.5%时，EVA具有优异的形状记忆功能，这时的回复率可达到95%以上，固定率也可达95%以上，形变量可达400%以上，形变回复速度很快，70 s内基本回复原状。通过对记忆特性的进一步研究发现，材料的形状回复温度基本对应于材料的熔融温度，回复过程实质是链段的松弛过程，具有明显的时间依赖性。

(3) 聚乙烯基甲基醚(PVME)。

日本纤维高分子材料研究所用C射线照射PVME的水溶液，得到交联的PVME形状记忆聚合物。这种PVME凝胶具有无数的小空穴，在冷水中膨胀吸水，加热到37 ℃以上就收缩，吐出里面所包含的水分，10 s内体积变化可达10倍以上。由于反复循环性强，可考虑用作人工肌肉及通过温度开闭空穴而作为化学制浆。

(4) 聚乙烯醇(PVA)。

日本信州大学开发了变形量高达200%～300%的形状记忆PVA。PVA的固定相为化学交联结构,可逆相为由氢键等次价键力形成的微结晶等。通过控制交联剂的用量可控制交联点,而氢键可在不同方向形成物理交联点。该材料具有高弹性、高含水率、耐热性优异的特点,有望在生物材料、人工器官等领域开辟用途。

(5) 聚环氧乙烷-对苯二甲酸乙烯酯共聚物(EOET)。

EOET是由聚环氧乙烷(PEO)和聚对苯二甲酸乙烯酯(PET)得到的嵌段聚合物。最早是在1945年由Coleman合成,当时的目的是降低PET的结晶度和增强其亲水性以改善染色效果。后来人们通过对样品伸缩率的测定发现EOET共聚物还具有热致感应形状记忆效应。在EOET共聚物中,固定相为PET硬段,可逆相为PEO软段。

(6) 聚乙烯/尼龙-6接枝聚合物。

将聚乙烯和尼龙混合,尼龙含量约为5%～20%(质量分数),反应后测试样品具有良好的形状记忆效应。聚乙烯在室温下具有高的结晶率,尼龙起着物理交联的作用。

4.2.5 形状记忆高分子材料的应用

1. 智能服装

形状记忆高分子材料易于在预定温度下被激发,特别是形状记忆聚氨酯,因其结构、性能易于控制,形状记忆温度选择范围宽(－30～70 ℃)等优点,在纺织服装等方面有较多应用。

形状记忆高分子材料既可以纺丝以赋予纱线记忆功能(如日本开发的聚氨酯弹性纤维Diaplex),也可以作为织物涂层剂进行织物的功能性涂层,还可以作为整理剂对织物进行形状记忆整理。目前应用在纺织领域尤其是用于对服饰性能具有特殊要求的常规纺织产品上,如用于形状保持性要求较高的衬衣领口袖口部位,用于上衣肘部和裤子膝盖部位,经反复拉伸变形后可回复形状,避免棉布衣服的洗后易褶皱,满足牛仔布的定型与弹性要求,用其制作的裤腰或腹带使用变形伸长后经过形变回复,又可回复到原来的长度。形状记忆高分子克服了针织物保形性差的缺点,当服装使用产生变形后,在服装上涂上一层形状记忆高分子,只要环境温度上升到变形回复温度以上就可回复到定形时的形状。织物上涂覆聚氨酯涂层或在上面压一层形状记忆聚氨酯膜,可以起到调节体温的作用,主要是通过其透湿性来控制体温,还可发挥防水透气的作用。具体来说,目前在纺织应用主要有以下两个方面。

一是利用形状记忆聚氨酯的透气性受温度控制这一特点,在响应温度范围附近其透气性有明显改变,将响应温度设定为室温,则涂层织物能起到低温(低于响应温度)时低透气性的保暖作用和高温(高于响应温度)时高透气性的散热作用。由于薄膜的孔径远小于水滴平均直径,可起到防水效果,从而使织物在各种温度条件下都能保持良好的穿着舒适性。据日本三菱重工业公司报道,采用形状记忆聚氨酯涂层的织物Azekura不仅可以防水透气,且其透气性可以通过体温加以控制,达到调节体温的作用。其作用机理在于聚氨酯的分子间隔会随体温的升高或降低而扩张或收缩,正如人体皮肤一样能根据体温张开或闭合毛孔,起到调温保暖的作用,从而改善织物对穿着环境的适应性及舒适度。

二是利用聚合物的形状记忆回复功能,以此类织物纱线或经形状记忆整理的织物制成的服装将具有不同于传统意义的防皱功能。当此类服装具有足够强的形状记忆功能,则此类服装在常温下的褶皱可以通过温度的升高来回复原来形状,从而消除折痕。甚至可以将响应温度设计在室温或人体温度范围，这样可以即刻消除形成的褶皱。日本 Kobayashi 及 Kayashi 等曾报道，利用形状记忆高分子粉末对织物进行涂层整理，经整理的织物能在常温或高温条件下回复褶皱痕迹，具有良好的形状记忆效果。

2. 医用方面

形状记忆高分子因其质轻、易于成形、形状回复温度便于调整，在医疗装备领域得到了广泛的应用。

首先，可以利用形状记忆聚合物的记忆特性，制作外科医疗器械或介入诊疗（介入诊断及治疗）器材。其次，利用具有低温形状记忆特性的聚合物，如聚氨酯、聚异戊二烯、聚降冰片烯等，可以制备矫形外科器械或创伤部位的固定材料，比如用来代替传统石膏绷带的材料（见图 4-2-17）。其方法是将形状记忆高分子材料加工成创伤部位形状，用热水或热吹风使其软化，施加外力变形为易于装配形状，冷却后装配到创伤部位，再加热便可恢复原状起固定作用，同样加热软化后变形，取下也十分方便。

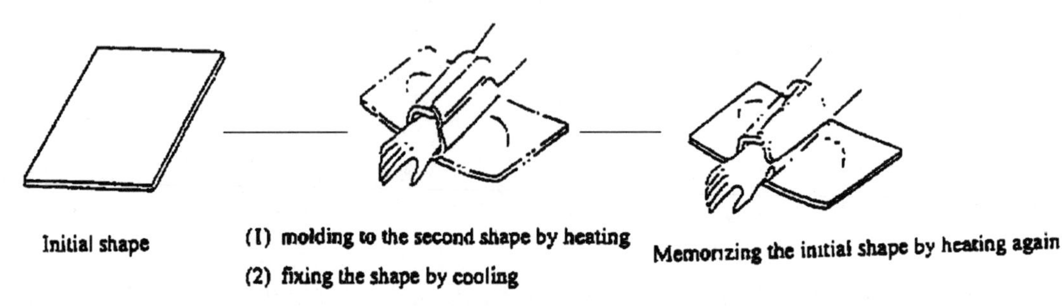

图 4-2-17 形状记忆材料用作固定创伤部位的器材

特别是一些形状记忆高分子材料兼有生物相容性和生物降解特性等优点，可用于骨折的内固定，将二次成形后的聚乳酸制件放入带有裂纹的骨髓腔内，对其进行加热使材料回复至原始的形状，使其变得较厚，从而可以和断裂的骨缝间形成一体使其紧密接触而不会滑移，这样就可以起到固定的作用。此外，形状记忆材料还可用作血管封闭材料，制作止血钳、医用组织缝合器材等。SMP 微创医疗器械具有高效、快捷、彻底、无毒副作用等优点；对细胞的生长没有抑制作用的 SMP 组织工程支架（见图 4-2-18）、血液透析器、人工肌肉和器官等均显示了潜在的应用前景。

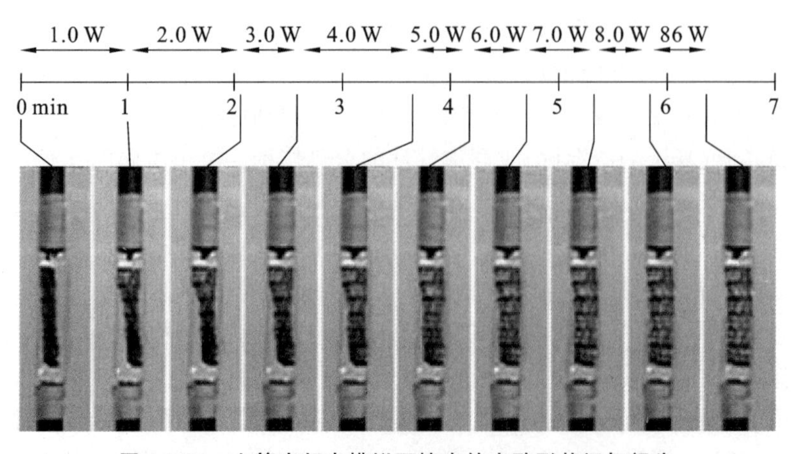

图 4-2-18 血管支架在模拟环境中的光致形状记忆行为

聚氨酯(PU)材料的微相分离结构使其具有比其他高分子材料更好的生物相容性(包括血液相容性和组织相容性),在形状记忆温度附近损耗角正切 tanδ 变得很大,约为 1,与人体皮肤的 tanδ 非常相近,与人体接触或植入体内时会感到自然且舒适;同时它具有优异的耐疲劳性、耐磨性、高弹性和高强度,因而被广泛用于生物医学材料领域,如制作骨科牙科矫形器、绷带、人造血管、介入诊疗导管及用于药物缓释系统等。

3. 包装材料

当前,常用的材料有形状记忆 PE 薄膜、聚酯薄膜等,在包装材料方面,形状记忆聚合物具有可轻易地制成任何形状包装薄膜的特点,给生产和生活带来了方便。在日常的生产中,应用外包装材料的一般流程是,先使形状记忆性高分子材料产生一个初始的模型,然后将材料包在要包装的产品外面,然后经过加热使其变形、压缩在产品的外面,如应用形状记忆聚合物薄膜对高档服装、书籍、药品、电池等进行封装,都可轻松实现。

4. 军事方面

形状记忆高分子材料对于军事方面的贡献也十分明显。

在前期制造方面,由于其快速回复能力,可以在很短的时间内完成对零部件的连接、整合,为战争赢得极宝贵先机。在对装备恢复方面,可以将记忆前的材料制造得较为规则,使用面积较小的部件,单一运输时可以减缩空间,从而提高运输效率,极大地提高了战场的再生能力。在军事方面的成熟应用主要在以下方面:其一是变形机翼;其二是自动展开结构;其三是冷眠结构。其中,冷眠结构的原型设计试验采用日本三菱重工的科学家开发的形状记忆聚氨酯,这种结构可用于各种天线、软着陆垫、太阳能帆板、着陆机器人的轮子甚至飞行器的桁架等。这种结构在发射前制作成冷眠状态,发射进入太空后利用太阳能加热展开到预先设定的状态(记忆效应)。这种结构质量轻,体积小,属于新一代航天结构。

5. 工业方面

机械领域开发的热致形状记忆封隔器,工作原理如图 4-2-19 所示,是通过热膨胀来实现的。热致形状记忆封隔器较吸水吸油自膨胀封隔器具有更多的优势,如不受介质制约,仅靠热量就可激活;变形速度快;变形温度可设计性强等。

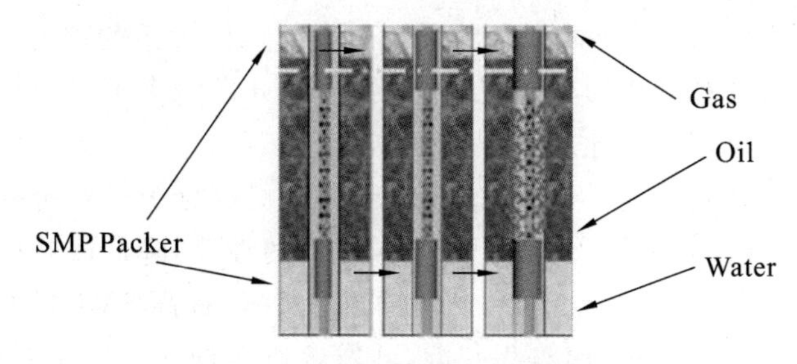

图 4-2-19　热致形状记忆封隔器

6. 自动拆卸电子器件

利用形状记忆聚氨酯制造的液晶显示器支架,可以将互联网通信产品上的液晶显示器(LDC)等一些小的电子产品清洁地、无破坏地、快速地剥离下来,这称之为智能材料自动拆卸(Active Disassembly Using Smart Material)技术。Chiodo J. D. 等对这项技术作了可行性研究,Nokia 公司已经将其试用在电话产品上。对于废弃电子设备的拆除和剥离,也可以考虑将某些连接材料用形状记忆聚氨酯代替,在工作温度下具有特殊形状和一定的力学机械性能,在某一温度下,又可软化回复到初始形状,完成自动拆除(self-dismantling)任务。

7. 温度感应器

S. Hayashi 对形状记忆聚氨酯和一般的 TSMP 的热机械性能做了分析比较,发现在形状记忆温度上,后者的体积膨胀十分明显,膨胀系数之比为 5∶1 至 10∶1,而前者只是在所研究的范围内缓慢膨胀。利用此性质,可将其作为温度感应器,用于火灾报警器的热敏元件,并且其电绝缘性好、耐腐蚀。

4.2.6 形状记忆高分子的发展趋势

作为一种智能材料,SMP 材料具有优良的形状记忆性能,在品种开发、应用等方面都取得了很大的进展。但尚存在着许多不足之处,如形变回复力小、回复精度不高且为单向记忆等,此外一个明显的不足就是它的刚度比较低。低刚度意味着有约束时产生的回复力小。这一缺陷影响了 SMP 材料在主动控制、智能结构方面更进一步的应用。通常的做法是在 SMP 材料中加入增强材料克服刚度较低的弱点以获得较大的回复力,如加入长纤维、短纤维乃至纳米颗粒来增加 SMP 材料的刚度。

另外,智能材料的发展给传统材料的设计观念带来了很大的突破,设计、合成具有新型结构和功能的材料,是智能材料领域发展的必然趋势。如利用网络结构上的特殊设计,优化了形状记忆性能,提高了形状记忆材料的综合性能,为其实际应用打下了坚实的基础。因此,通过分子结构设计以得到预期结构和性能的形状记忆高分子材料成为现实。总之,在保持形状记忆功能的前提下,充分运用分子设计原理和材料的改性技术,努力提高其综合性能或赋予性能优异的聚合物以形状记忆功能,从而开发出更多品种的新型功能化材料,并拓宽其应用领域,已成为应用研究和理论研究的重要课题。

相比于国外研究进展而言,我国在形状记忆材料方面的研究还相对较落后,形状记忆材料仍存在一些不足之处亟待解决,在材料的结构设计和研制方面,仍处于借鉴美国、日本等研究成果的阶段,因而结构设计成为形状记忆高分子材料研究的重点之一。为得到理想的形状记忆高分子材料,人们不仅要提高材料的形状记忆性能和综合性能,开发更多的品种以满足不同的应用要求,还要加强对形状记忆高分子材料内部结构的研究,加深对嵌段聚合物、聚合物凝胶、交联聚合物的结构设计、结构与性能之间的关系的理解,尽快建立起一些完善的理论或模型,为设计和合成形状记忆聚合物,以及开发更多不同的结构、性能的新型高分子形状记忆材料,提供理论指导。

从目前来看,应用开发远落后于研究,随着形状记忆高分子材料研究技术的发展,研究方向主要集中于以下方面:①进一步改进高分子材料的性能,降低成本;②在保持形状记忆功能的前提下,充分运用分子设计技术和材料的改性技术,提高 SMP 的综合性能;③将成本较高的形状记忆树脂与廉价的通用树脂共混,开发兼有多种效用的新型形状记忆高分子材料,或者将通用的工程树脂开发为形状记忆树脂,使其成为既具有工程技术性能又具有特异形状记忆功能的高分子材料;④把高温侧和低温侧的单向形状记忆性巧妙地组合起来,开发双向性形状记忆树脂及多重可逆性形状记忆复合高分子材料。

形状记忆高分子材料具有独特的优点,但也应该看到在开发应用上仍存有的不足:①同通用塑料相比,它价格较高;②尚不能满足对形状回复温度的不同要求,且形状回复精度低;③力学强度和化学耐久性、耐油性、耐热性、耐药品性等性能不够理想;④只能在加热时从某种形状回复原始形状,在冷却时却不能回复到加热前的状态,即其记忆功能是单向的,没有双向性记忆和全方位记忆等性能；⑤形状记忆树脂的可加工性要比原树脂差。

因此，欲得到理想的形状记忆高分子材料，还应该提高形状记忆性能和综合性能，开发更多的品种。

4.3 智能高分子凝胶

高分子凝胶是自然界中普遍存在着的一种物质形态，生物机体的许多部分就是由凝胶构成的，比如眼球。美国麻省理工学院田中丰一及其同事在研究因吸收了大量溶剂而溶胀的聚丙烯凝胶时，发现一块透明凝胶在冷却过程中内部会逐渐雾化模糊，直至完全不透明，温度恢复时凝胶又恢复透明状态，这一相转变现象的发现开辟了一个全新的研究领域。1949年，Katchalsky首次发现了对pH值有收缩响应的高分子凝胶，并制成了pH值和离子强度驱动的机械系统，直接把化学能转换成机械能。1978年，Tanaka发现部分离子化聚丙烯酰胺凝胶在水、酮混合溶剂中，可以发生不连续的体积相转变。1984年，Tanaka又发现了聚N-异丙基丙烯酰胺(PNIPAM)在32 ℃左右存在体积相变，即呈现下临界析相温度(lower critical solution temperature，LCST)和温度依赖特性，当环境温度升至临界析相温度时，聚合物从溶液析出，产生相分离，并认为这种相转变的推动力是亲水性和疏水性相互作用的平衡。随后的研究陆续发现温度、溶剂的组成、pH值、离子强度等因素均可诱发非连续的体积相转变，并指出了凝胶对刺激响应的多样性。基于Tanaka等人的开创性研究，智能高分子凝胶研究已成为高分子科学研究的热点之一。

4.3.1 智能高分子凝胶的概念

智能高分子凝胶是由具有三维交联网络结构的聚合物与低分子介质共同组成的多元体系，可随环境的变化而产生可逆的、非连续的体积变化。智能高分子凝胶其大分子主链或侧链上含有离子解离性、极性或疏水性基团，对溶剂组分、温度、pH值、光、电场、磁场等的变化能产生可逆的、不连续(或连续)的体积变化，有时能膨胀达到几十倍乃至几百倍、几千倍。当凝胶受到外界刺激时，凝胶网络内的链段有较大的构象变化，呈现溶胀相或收缩相，因此凝胶系统发生相应的形变。一旦外界刺激消失，凝胶系统又自动回复到内能较低的稳定状态。所以，可以通过控制高分子凝胶网络的微观结构与形态，来影响其溶胀或伸缩性能，从而使凝胶对外界刺激做出灵敏的响应，表现出智能特性。

4.3.2 高分子凝胶的体积相转变

根据高分子凝胶溶胀及退溶胀的渗透压公式，渗透压由高分子链与溶剂的相互作用、高分子链的橡胶弹性和高分子凝胶内外离子浓度差产生。当渗透压达到平衡时，高分子凝胶呈平衡状态。温度、pH值、无机盐的浓度、溶剂的性质对溶胀平衡都有影响，在一定的外界条件刺激下，凝胶会因为溶液性质的微小变化而引起极大的体积变化，即所谓的凝胶体积相转变，这就是智能高分子凝胶对外界刺激做出响应的依据。

早在数十年前，Flory和Stockmayer就研究了电解质凝胶的溶胀现象，1980年，Tanaka等人发现了凝胶的体积相转变现象，促进了该领域的发展。凝胶体系的性质，由相互作用参数决定，凡是可以改变这一参数的变化因素皆可能影响水凝胶的体积相转变。相互作用参数主要取决于高分子链的化学结构、水相组成和温度。高分子网链的电荷密度主要取决于每一网链上的离子基团的数目及其电离能力即离解常数pK_0、pH值和水中反离子的浓度。

网络的交联密度主要取决于交联剂的用量。下面选择主要因素讨论。

1. 由温度引起的体积相转变

1980年，Tanaka等人报道了不带电荷的聚N-异丙基丙烯酰胺凝胶在纯水中于33.2 ℃发生体积相转变的现象（见图4-3-1），溶胀体积能缩小30%，溶胀度随温度升高而减小。此后人们对PNIPAM凝胶的体积相转变从理论和实验上进行了系统研究。

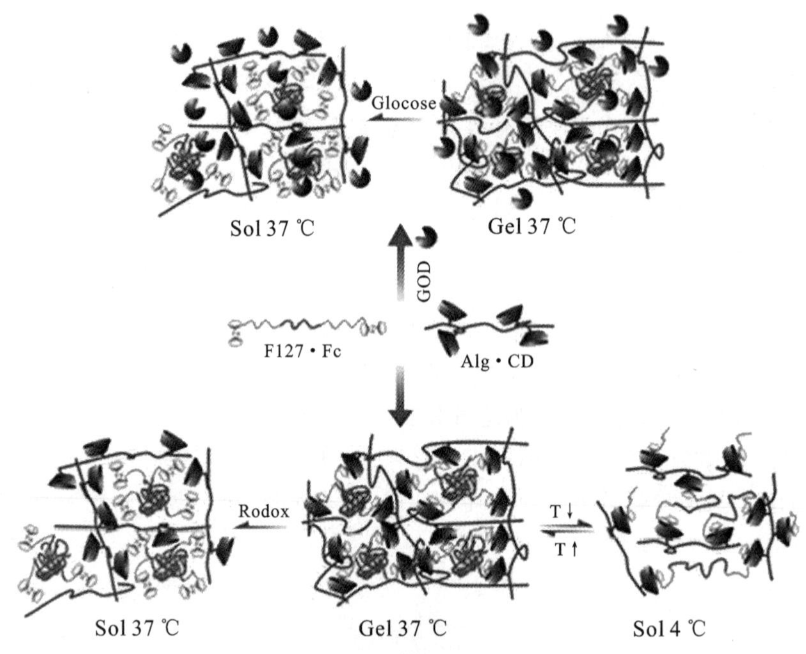

图4-3-1　电解质凝胶的溶胀现象

造成体积相转变的主要原因是聚丙烯酰胺侧链异丙基的疏水性和高分子网络间氢键的突然增强。如图4-3-2所示带有疏水性侧链的聚丙烯酰胺具有下临界溶解温度（LCST），当体系温度低于LCST时，N取代疏水性侧链与水分子有强烈的氢键作用，表现为亲水性，高分子链因水合而伸展，聚合物水凝胶吸水溶胀；反之，当体系温度高于LCST时，疏水性侧链与水分子间的氢键作用急剧减弱，侧链间则发生疏水缔合，高分子链收缩，水凝胶则脱水收缩。上述现象是由于水分子和PNIPAM疏水基团间氢键的形成和解离所致，水分子与PNIPAM疏水基团间由氢键形成五边形结构，该结构在低温条件下稳定，而在高温条件下不稳定。

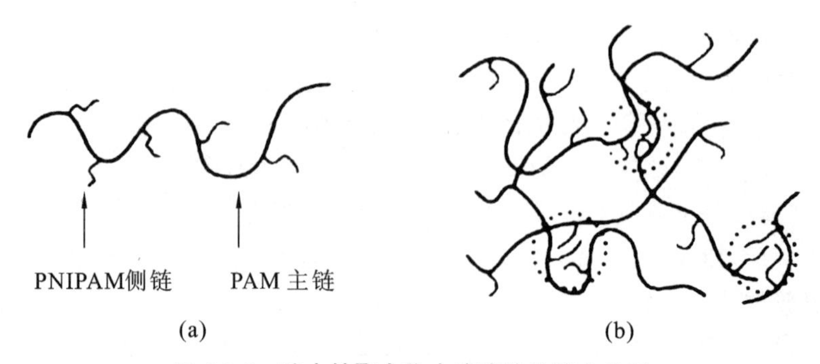

图4-3-2　疏水性聚合物水溶液的热缔合机理

(a) T < LCST，链具有疏水性，主链水溶性使链伸展；(b) T > LCST，疏水侧链缔合，链收缩

水凝胶的相转变温度与高分子侧链的结构有关。疏水性侧基的空间体积越大，水凝胶的疏水性越强，相转变温度越低。相同碳原子数的取代基，如 N-取代丙基（环丙基、异丙基和正丙基），相转变温度也随其体积的增大而降低（见表 4-3-1），N-异丙基丙烯酰胺与不同亲水性单体（丙烯腈、甲基丙烯酸羟丙酯、丙烯酰胺、甲基丙烯酸等）的共聚物水凝胶的相转变温度随共聚单体的亲水性的增强而增高。

表 4-3-1　N 取代的疏水性侧基结构与水凝胶的 LCST 和剪切模量的关系

水凝胶类型	N 取代基	LCST/℃	剪切模量，25 ℃/kPa
PNEAM	乙基	59	7.5
PNIPAM	异丙基	33	9.0
PNDEAM	二乙基	30	12.5
PNNPAM	正丙基	23	24.8
PRAM	哌啶基	17	—

2. 由 pH 值引起的体积相转变

最初，人们发现 pH 值的变化可引起部分水解聚丙烯酰胺凝胶发生体积相转变，此后，含离子水凝胶的 pH 值敏感性机理及其与网络结构的关系等问题日益受到关注。异丙基丙烯酰胺和丙烯酸共聚交联凝胶在不同 pH 值溶液中的体积相转变有不同的行为，当 pH 值小于 7.0 时凝胶的体积随温度的变化呈显著的非连续性，当 pH 值为 7.0 时基本上呈非连续性，但当 pH 大于 7.5 时则呈连续性。pH 大于 7.5 时，异丙基丙烯酰胺上的疏水基团的相互作用不能克服羧酸钠基团电离而增加的反离子渗透压，因此凝胶的体积变化由非连续性向连续性转变。凝胶体系中的离子强度对弱电解质凝胶的体积相转变有很大影响。在凝胶体系中添加盐的金属阳离子，高价态阳离子的浓度必定要低于低价态的浓度，因为凝胶内部要保持电中性。由此可知，这会导致渗透压减小，引起体积收缩。生物体肌肉的收缩也与体内的 Ca^{2+} 离子浓度有关。

3. 由光电引起的体积相转变

由光、电控制体积相转变的光敏凝胶或电控凝胶的应用前景非常乐观。

光引发体积相转变主要有两种途径，一种是紫外线使凝胶离子化；另一种是可见光引起凝胶局部温度变化。没有光照时凝胶体积随温度升高而连续收缩，一旦受到光照，光能被吸收，导致凝胶局部的温度升高，引起体积的不连续变化。这两种途径都有一个共同特点，就是当温度控制在 PNIPAM 相变温度时，随着光的照射或遮断，可以控制凝胶体积发生不连续的变化。

由电场引起凝胶体积相转变的机理至今仍不清楚，有人认为是反离子在电场作用下，在凝胶内部迁移，于是造成不同部位的 pH 值不同，从而导致溶胀或收缩。

4. 由生化反应引起的体积相转变

有些凝胶的溶胀行为会因植入的特定物质的刺激在热敏凝胶的相转变温度附近发生突变。这类特定物质有生理活性酶、受体或细胞等，它们能使凝胶在反应介质中立刻发生体积变化。若将这些物质置于凝胶外的介质中，则需要持续较长时间凝胶才开始做出体积响应。这是因为植入的物质会迅速改变凝胶内部及其周围局部溶液的组成（尽管溶液总体的组成在宏观上还没有变化），足以改变凝胶的溶胀条件并引起体积变化。这些研究结果预示，通过凝胶的体积相转变，可以将化学反应产生的化学能转换成机械能输出。

4.3.3 高分子凝胶的溶胀

溶胀作用是指干的弹性凝胶吸收液体并使自身体积胀大的作用，一般可分为无限溶胀与有限溶胀两类。无限溶胀如阿拉伯树胶和鸡蛋白在水中或生橡胶在苯中的溶胀；有限溶胀如纤维在水中或硫化橡胶在有机液中的溶胀，仅限于溶胀，并不形成溶液。

高分子凝胶明显的溶胀过程可分三个阶段：阶段Ⅰ是诱导期，指自加溶剂至迅速膨胀所经历的时期，它的终点由显著溶胀前后两条曲线切线的交点而定；阶段Ⅱ是迅速溶胀期，始于阶段Ⅰ，终点由膨胀速率显著减慢前后两曲线切线的交点而定；紧接阶段Ⅱ的是平衡溶胀期。高精度连续方式下所测的溶胀度数值反映交联大分子溶胀的动力学过程，对于揭示高分子凝胶溶胀及溶胀动力学规律指导可控性能的材料合成具有实际意义。统计意义上的溶胀过程的经验特征函数可以作为溶胀动力学过程的表征模型和定量计算的依据。

交联高分子凝胶溶胀度定义为

$$Q=(m-m_0)/m_0 \tag{4-3-1}$$

式中：Q——溶胀度，g/g；

m——试样达到溶胀平衡时的质量，g；

m_0——试样溶胀前的质量，g。

溶胀平衡实质是交联网络与溶剂的热力学平衡，因而这种平衡是动态的，会随着温度的改变而改变，即平衡态下的溶胀度 Q_b 是温度 T 的函数：$Q_b=f(T)$。而同一温度下的溶胀度（Q_{bT}）又是时间 t 的函数：$Q_{bT}=\psi(t)$。因而，测定装置必须能方便地获取 T 和 t 连续变化时的 Q_b 和 Q_{bT} 值。

对于高分子凝胶而言，其关键的应用性能在于其体积对环境因素的响应性，比如以靶向给药为目标的药物载体凝胶对人体不同部位的 pH 值有精准的体积相变响应性，许多情形下对环境温度有响应性等。

高分子凝胶体积变化是其中大分子链构象变化的宏观表现，通过研究高分子凝胶的溶胀行为可以揭示微观的相互作用状态与高分子链构象之间的关系。以 AIBN 为引发剂，在甲基丙烯酸甲酯（MMA）/丙烯酸丁酯（BA）/丙烯酸（AA）/十二烷基硫酸钠（SDS）/二甲基丙烯酸乙二醇脂（EGDMA）/H_2O 反相及双连续相微乳液体系制备聚合物凝胶的基础上，考察聚合物凝胶的溶胀动力学、循环溶胀行为及平衡溶胀性能。将干凝胶反复放入 pH 值为 12.5 和 pH 值为 2 的水溶液中，测量凝胶质量随时间的变化，结果表明该高分子凝胶具有良好的可逆溶胀性能。初始阶段，消溶胀速率远大于溶胀速率，且消溶胀阶段主要由均匀收缩阶段和平台阶段组成。纵观整个循环溶胀过程，该高分子凝胶均处于不均匀变化状态，这可能是由凝胶内部收缩不均匀导致的内部应力引起的，另外与疏水作用、氢键、离子化作用等分子间力也有关系。将不同水相分率和交联剂浓度的干凝胶放入 pH 值为 12.5 的水溶液中溶胀至平衡，高分子凝胶的平衡溶胀率随交联剂浓度的增大而减小，随水相分率的增加而增大，且水相分率越大，溶胀率增大的趋势越显著。但是，当交联剂用量变为原来的 1/3 时，不同水相分率的微乳液聚合物凝胶的平衡溶胀率并没有增大到原来的 3 倍，这与聚合物凝胶本身的结构有密切关系，因为平衡溶胀率取决于凝胶的交联密度、凝胶内部孔隙率及共聚物凝胶的化学组成等诸多因素。

有人曾设计制备了以苯硼酸为基元的葡萄糖敏感水凝胶。这类水凝胶的溶胀度能随葡萄糖浓度的改变而改变，可望应用于胰岛素可控释放和葡萄糖传感器等领域。可见，充分利用高分子凝胶溶胀的动力学原理可能获得卓越的成就。

4.3.4 高分子凝胶的分类及主要类型

高分子凝胶按来源分为天然凝胶和合成凝胶;按高分子网络所含液体分为水凝胶和有机凝胶;按高分子的交联方式分为化学凝胶和物理凝胶。根据环境响应因素的多少,可将智能高分子凝胶分为单一响应智能凝胶、双重或多重响应智能凝胶;根据响应条件不同,单一响应智能凝胶又可分为温度响应型凝胶、pH 值响应型凝胶、电场响应型凝胶、光响应型凝胶、磁场响应型凝胶等;双重或多重响应智能凝胶可分为 pH 值-温度响应型凝胶,热-光响应型凝胶,pH 值-离子强度响应型凝胶等。

其中水凝胶占比的比例较多,按照凝胶交联类型,又可分物理交联型水凝胶和化学交联型水凝胶。物理交联型水凝胶是指由于分子缠结和离子、氢键、疏水相互作用的存在而形成的网络结构。体系中物理交联点可以通过多种方式产生,如离子间的相互作用、疏水相互作用、结晶及氢键作用等,物理交联点是形成物理交联水凝胶的条件之一。化学交联型水凝胶是运用传统合成的方法或光聚合、辐射聚合等技术引发共聚或缩聚反应产生共价键而形成的共价交联网络。

1. 物理响应性智能高分子凝胶

1) 电场响应型

网络上带有正电荷的凝胶,在电场作用下,水分从阳极或阴极放出。如果将在电场下收缩的凝胶放入水中,则会膨胀至原来的大小。电场响应型智能凝胶(又称电敏性智能凝胶)由于外加电场的大小易于控制,因此相对其他类型响应凝胶更易于控制。凝胶的这种电收缩效应,实际上反映了将电能转换为机械能的过程。由于高分子凝胶中包含连续相的液体介质起到凝胶网络膨胀的作用,因此可以把高分子凝胶作为一种具有外场响应的流变体材料。没有电场时,凝胶与表面活性剂的相互作用是等方向性的,因此,整个凝胶做均一的收缩。然而,在电场下,带正电荷的表面活性剂分子向阴极运动,途中遇到带负电荷的凝胶后被吸附在它的表面,中和凝胶的负离子,从而使面向阴极的凝胶表面收缩。吸附在面向阴极的凝胶表面的表面活性剂分子,则在电场下脱离凝胶而向阴极运动,使得这个凝胶表面产生膨胀。凝胶的膨胀和收缩由于上下不对称,从而产生弯曲。当变换电场方向时,原来被吸附在表面的表面活性剂分子脱离凝胶,在相反方向的表面上吸附,因此,凝胶向相反方向弯曲。如果把一个外电场响应型凝胶置于外电场中时,会存在两种相互作用,分别是外电场-粒子间的相互作用以及粒子-粒子间的相互作用。如果外电场不是均匀的即存在一定的梯度时,那么外电场-粒子间的相互作用占主导地位,粒子会受到介电泳力或磁力的作用,结果粒子就会聚集到外场较强的区域。由于聚合物网络的交联作用,这种介电泳力或磁力作用就会引起分子结构的变化,并最终可以导致材料在宏观上的形变。这种外电场响应型凝胶可以随外场变化发生弯曲与伸直(见图 4-3-3),且具有快速的响应速度,不会损坏凝胶的网络结构。

以由高分子电解质构成的水凝胶为例,在电场中,凝胶的电收缩现象是由水分子的电渗透效果造成的。在外电场下高分子链上的离子与其对离子,受到相反方向的静电力的作用。由于高分子离子被固定在网络上不能自由移动,因而对离子周围的水分子也随着对离子一起移动。在电极附近,对离子因电化学反应而变成中性,水分子从而从凝胶中释放出来,使凝胶脱水收缩。大部分电场驱动的高分子凝胶都是含有离子的水体系,因此无法完全排除电极上的电解。由化学交联形成的聚乙烯醇-二甲亚砜(PVA-DMSO)凝胶有望能解决这一

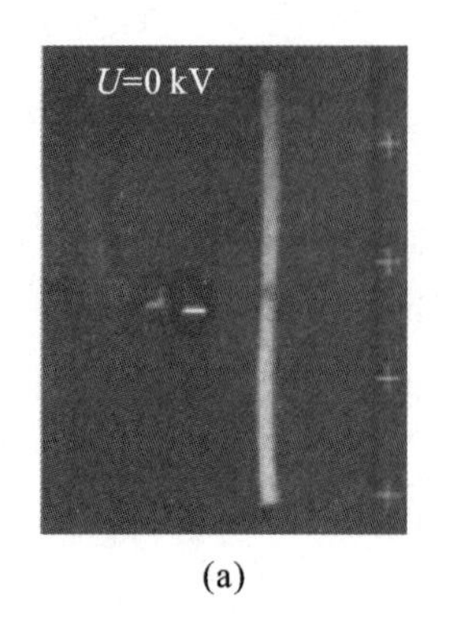

(a)

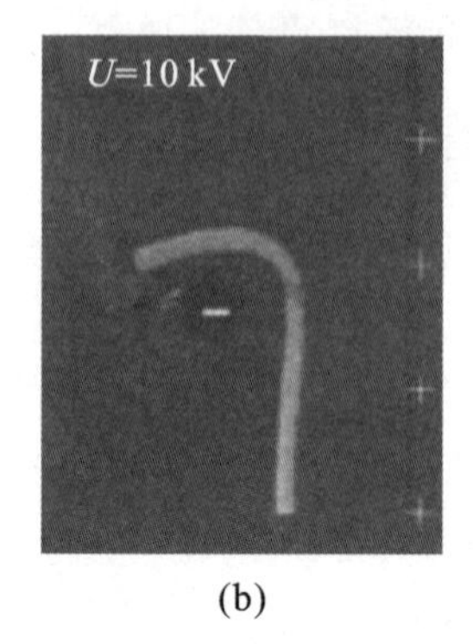

(b)

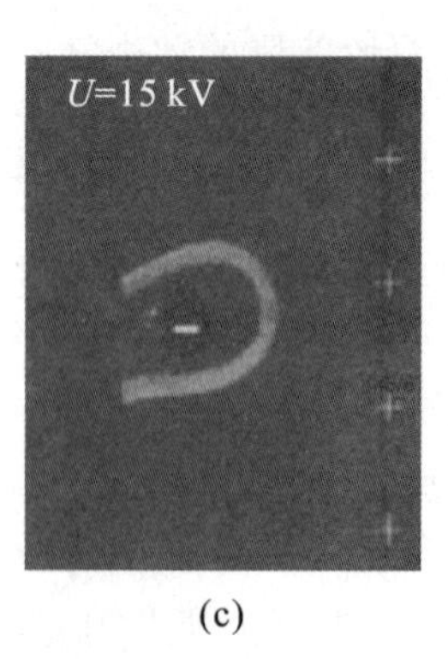

(c)

图 4-3-3　分散有二氧化钛粒子的 PDMS 凝胶在电场梯度下发生弯曲

问题，PVA-DMSO 凝胶聚合物基体和溶剂的诱导率较大，加上电场时的响应性依赖于交联密度。为了得到交联密度低的凝胶，人们采用在物理交联上施加化学交联的处理方法。采用这种方法能够得到溶剂含量达 98%以上的 PVA-DMSO 凝胶。当在该凝胶上加上电场（2.5 kV/m）后，凝胶在电场方向上大幅度收缩，而在电场垂直方向上伸展，收缩率达 8%左右，收缩完所需平均速度为 300 μm/0.28 s。如果是 90%形变的话，可以在 0.1 s 内完成。切断电场后也在大致相同的时间内恢复到原先的状态。Hamlen 等人将聚乙烯醇-聚丙烯酸凝胶（PVA-PAA）放在 1%NaCl 溶液中，采用铂电极电解 NaCl 水溶液引起 pH 值变化，导致 PVA-PAA 发生伸缩变形，这是首次研究凝胶在电场中的变化。由聚电解质构成的高分子凝胶，在直流电场的作用下均会发生凝胶的电收缩现象，如果凝胶是电中性的，则不会发生电收缩现象。高分子凝胶的电收缩现象是可逆的，如果将在电场下收缩的凝胶放入溶剂中，它就会溶胀成原来的大小。这些具有外场响应性的凝胶可用来开发一些新型的驱动器、传感器及可控的运输器件等。

2）*磁场响应型*

对磁场感应的智能高分子凝胶由高分子三维网络和磁性流体构成。利用磁性流体的磁性及磁性流体与高分子链的相互作用，使高分子凝胶在外加磁场的作用下发生膨胀和收缩。当水状磁性流体被封闭在高分子凝胶内时，表现出沿磁场方向伸缩的行为。通过调节磁性流体的含量、交联密度等因素，可以得到对磁刺激十分灵敏的智能高分子凝胶。对于因电场驱动而溶胀的凝胶，电极有必要与凝胶牢固连接，但为了将这样的材料应用于将来的微型机械，非接触的驱动源也是必不可少的，利用磁场驱动可以解决这一问题。

M. Zrinyi 利用 PVA 凝胶和磁溶胶，制成了具有磁响应特性的智能高分子凝胶。该研究将自制的 Fe_3O_4 磁溶胶封闭在化学交联的 PVA 凝胶中，研究了这种凝胶在非均磁场中的形状变化。通过适当地调整磁场的梯度，可以使凝胶做出各种各样的动作，如伸长、收缩、弯曲变形等。磁溶胶中磁性微球的大小、浓度和 PVA 凝胶的交联度对其性能有很大的影响。当把胶体粒子分散于凝胶等弹性体中时，通过施加外场可以使凝胶中的胶体粒子发生取向，从而使凝胶由各向同性转变成各向异性，例如，把四氧化三铁胶体粒子与二氧化钛胶体粒子分散于 PDMS 中，施加一定强度的电场磁场可以使 PDMS 中的粒子发生取向，其示意图和机理如图 4-3-4 所示。

Satarkar 等将磁性纳米粒子 Fe_3O_4 负载到聚 N－异丙基丙烯酰胺水凝胶中，获得具有温度/磁场双重敏感性水凝胶，然后用维生素 B_{12} 为模型药物在磁场条件下试验，发现水凝胶中的磁性纳米颗粒会产生热量，热效应使周围的凝胶基质温度升高，从而导致水凝胶体积

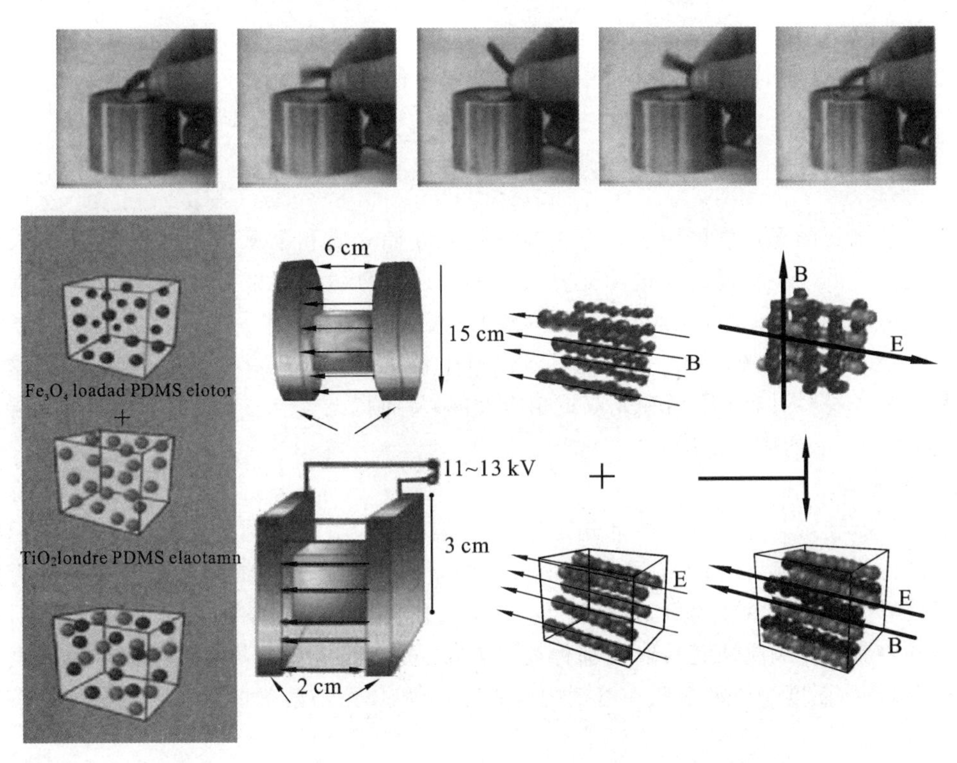

图 4-3-4　复合有磁性粒子的凝胶在电场、磁场的作用下的变化

发生变化，影响维生素 B_{12} 释放速率。Mahdavinia 等将含有磁性硅酸镁锂粒子的海藻酸钠和聚乙烯醇溶液混合，通过氯化钙和冻融循环实现双重交联，也制备出磁响应水凝胶。

3）光响应型

所谓光敏变色也称光致变色，是指凝胶在一定波长光的照射下颜色改变，而在另一种波长的光作用下又会发生可逆变化，恢复到原来的颜色。光致变色过程中，变色现象原因大都是此类材料一旦吸收光，在相应波长光能作用下就会引起电子跃迁而成为激发态，处于激发态分子内或分子间能量转移发生异构化作用，引起分子构型的变化，促使材料内部发生某些物理或化学性质变化，进而产生一定的响应性。光致响应性与此类物质吸收光后的结构变化有关系，如发生互变异构、顺反异构（如偶氮基团的顺反互变）、开环反应（光二聚型感官基团，如肉桂酸酯基）、生成离子、解离成自由基（三苯基甲烷衍生物）或氧化还原反应等，改变大分子链间的距离，从而使凝胶表现出膨胀/收缩现象。在凝胶主链或侧链上引入这些可逆的变色基团，此类聚合物在光的照射下化学结构会发生某种可逆性变化，因而对可见光的吸收也会产生某种改变。具体来说，在光的作用下，偶氮基团可发生反式-顺式光异构化反应、无色三苯基甲烷衍生物发生离解等，高分子凝胶中的离子可逆地进入凝胶内部，使凝胶中渗透压大大增加，外界溶液向凝胶内部扩散，从而发生膨胀形变，表现出溶胀-收缩特性。从外观上看则是产生相应的颜色变化或者用不同波长的光照射时呈现不同的颜色，当光照射停止后，又能够恢复原来的颜色。偶氮苯及其衍生物是一类典型的光致异构体，具有良好的环境稳定性和易与聚合物键合的特点。它在光照条件下会发生可逆顺反异构，改变大分子链间的距离从而使凝胶表现出膨胀/收缩。如图 4-3-5 所示，反式偶氮苯在吸收光后变成顺式偶氮苯，顺式偶氮苯在可见光的照射下又可以回到反式结构。

在这一过程中偶氮苯分子结构从棒状结构变成 V 字形，分子尺寸发生很大的变化，含偶

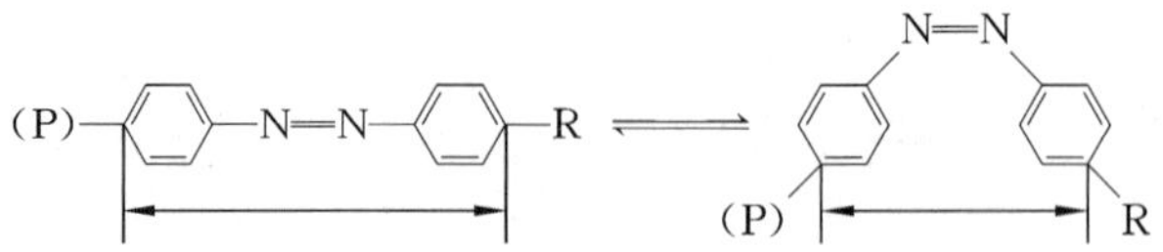

(P)—⟨苯⟩—N=N—⟨苯⟩—R ⇌ (P)—⟨苯⟩—N=N—⟨苯⟩—R

图 4-3-5 偶氮苯型聚合物的光致互变异构反应

氮苯光变色基团的聚合物可用于光电子器件记录存储介质和全息照相等领域,将发展成为具有广泛用途的一类新颖的先进功能材料。例如通过自由基共聚合方法,将侧链含偶氮苯基的丙烯酰胺基偶氮苯单体(AAAB)与丙烯酸(AA)共聚合成了一种新型功能高分子材料P(AA-co-AAAB),使聚合物结构内在具备偶氮生色团的同时也具有亲水性的羧基,这就使得此种高分子材料具有 pH 值和光双重响应性能,从而将光响应与 pH 值响应很好地融为一体,拓宽了其可能的应用范围。

4) 温度响应型

高分子凝胶对温度的响应性可分为三种:升温时凝胶收缩的称为低温溶解型;升温时凝胶溶胀的称为高温溶解型;具有两种相图的凝胶,即升温溶胀,再继续升温收缩的称再回归型。以聚异丙基丙烯酰胺为例,在某温度下,吸水和脱水的变化伴随急剧吸热或放热,这类聚合物的溶胀温度响应性随其取代基种类而异,故可以利用引入共聚单体而调控温度依赖性。根据研究,温度响应型凝胶在溶剂中溶胀时,凝胶体系与溶剂的相互作用决定其溶胀对温度的依赖性。

聚 N-异丙基丙烯酰胺(PNIPAM)是研究最为详细的敏感高分子凝胶,它在低温下能溶解于水中,在低临界相变温度(LCST)32 ℃附近急剧凝聚而析出,转变前后高分子的亲水性、疏水性变化很大,利用分子间相互作用可以对其进行控制。PNIPAM 水溶液在 LCST(32 ℃)附近,可响应很小的温度变化而迅速产生可逆的水合-脱水合变化,聚合物侧链上的异丙基对其在水中的温度敏感及水聚集起着主要作用。当浸渍在水中的交联 PNIPAM 凝胶温度高于 LCST 时,其表面立刻退溶胀,形成致密聚合物皮层。聚 N-异丙基丙烯酰胺凝胶属于低温溶解型,它在较小的温度范围内可表现出明显的亲水性和疏水性变化,其大分子链上存在着亲水性和疏水性基团的平衡,热诱导相变的主要机理就是聚合物释放出了疏水界面上的水,从而引起了聚合物的析出。

Hiroki 等人合成了聚(N,N-二甲基丙烯酰胺-co-丙烯酰胺-co-甲基丙烯酸丁酯)与聚丙烯酸的互穿网络凝胶,这种凝胶具有高温溶胀、低温收缩的温度响应行为。原因是低温时凝胶网络内形成氢键,体积发生收缩,高温时氢键解离,凝胶发生溶胀。

Jeong 等制备了聚乙二醇/聚乳酸共聚物温度响应型凝胶(见图 4-3-6),在高于体温的环境下与蛋白质药物进行混合,注射到机体内,当降到正常体温环境时,该共聚物由溶胶状态转变为凝胶状态,对蛋白质药物具有较好的包覆和缓释效果,因此主要运用于药物控制释放领域。Chen 等先将聚 N－异丙基丙烯酰胺接枝到壳聚糖上,然后再与透明质酸复合交联,制得温度响应型水凝胶。该水凝胶在 30℃左右表现出从溶胶向凝胶相的转变,细胞培养研究表明,此类水凝胶可以作为抗粘连屏障材料,是用于人体腹部手术后的理想医药材料。

对于温度响应型凝胶,当温度升高时,疏水相相互作用增强,使凝胶收缩,而降低温度,疏水相间作用减弱,使凝胶溶胀,即所谓的热缩凝胶。例如,PNIPAM 与甲基丙烯酸钠共聚交联体也是一种性能优良的阴离子型热缩温度响应型水凝胶。其中,丙烯酸钠是阴离子单体,其加入量对凝胶的溶胀比和热收缩敏感温度有明显影响。阴离子单体含量增加,溶胀比增加,热收缩温度提高。所以可以通过控制阴离子单体的加入量来调节溶胀比和热收缩温

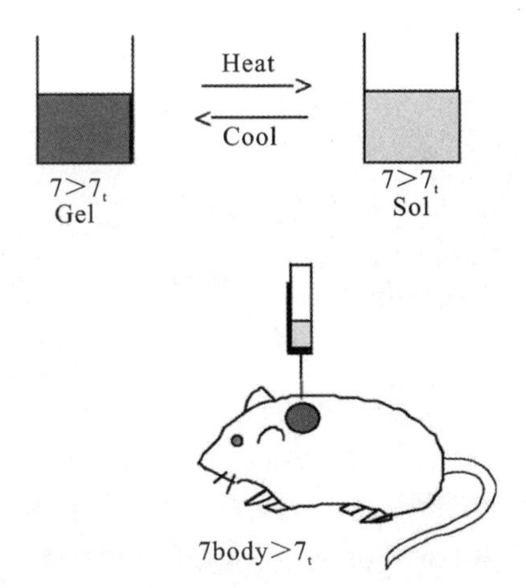

图 4-3-6　聚乙二醇/聚乳酸共聚物温度响应型凝胶特性原理

度。最近报道的以 PNIPAM、丙烯酰胺-2-甲基丙磺酸钠、N-(3-二甲基胺)丙基丙烯酰胺制得的两性水凝胶，其敏感温度随组成的变化在等物质的量比时最低，约为 35 ℃，而只要正离子或负离子的量增加，均会使敏感温度上升。

许多研究表明，聚合物凝胶对刺激响应的速率可由凝胶设计而调整：①采含有悬垂链敏感凝胶，其一端自由，易于收缩；②以微水凝胶来减小其尺度，使它快速响应；③提供水分子通透凝胶的途径。亲水性单体如丙烯酸(AAC)引入 PNIPAM 网络能抑制疏水聚集使退溶胀加速，防止皮层形成。

2. 化学响应性智能高分子凝胶

化学响应性智能高分子凝胶中最具有代表性的一类是 pH 值响应型凝胶。具有 pH 值响应性的凝胶，一般均是通过交联使大分子网络中含有酸性基团(羧酸、磺酸等)和碱性基团(铵盐等)，这些基团在不同的 pH 值及离子强度的溶液中，对其产生响应并离子化，使凝胶带电荷，并使网络中氢键断裂，导致凝胶发生不连续的体积变化。也就是说，当 pH 值发生变化时，水凝胶体积随之变化。如若凝胶含有弱酸性基团，比如羧酸、磺酸等，它的溶胀率将随 pH 值升高而增大；若含有弱碱性基团，则刚好相反。

pH 值响应型凝胶是利用了电荷数随 pH 值变化而变化的高分子制备得到的，是目前研究最为广泛的响应型高分子凝胶之一。其侧链一般是随 pH 值变化而解离程度发生变化的酸或碱，这些基团解离程度的改变，一方面造成凝胶内外离子浓度改变，一方面还破坏凝胶内相关的氢键，使凝胶网络物理交联点减少，造成凝胶网络结构发生变化，从而引起凝胶宏观上的溶胀或退溶胀。Shiro Nishi 和 Tadao Kotaka 制备了聚环氧乙烷与聚丙烯酸互穿网络响应凝胶，在高 pH 值时溶胀、低 pH 值时收缩，机理如图 4-3-7 所示。

Lin 等采用湿相转化法，用多孔壳聚糖 、三聚磷酸钠和硫酸葡聚糖制备具有 pH 值敏感性的聚电解质复合物水凝胶微球，并将其应用到布洛芬的控制释放中。Wang 等用聚电解质壳聚糖和聚丙烯酸，制备了 pH 值敏感的复合水凝胶(见图 4-3-8)，结果表明，用壳聚糖部分代替丙烯酸制备的这种水凝胶不仅具有明显的 pH 值敏感性，而且也可以降低成本。刘炜涛等通过 L-谷氨酸和甲基丙烯酸-2-羟乙酯部分接枝聚合，得到含有双键的聚 L-谷氨酸，进一步与丙烯酸接枝共聚得到 pH 值敏感性水凝胶，这种水凝胶在不同 pH 溶液中溶胀率最大相差 5 倍以上，呈现出明显的 pH 值敏感性。

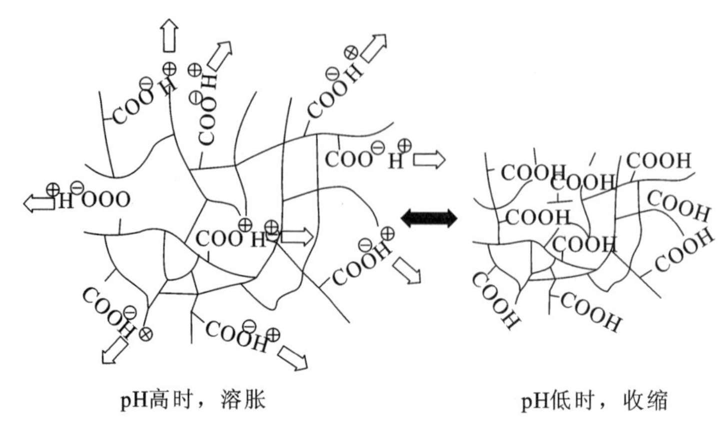

图 4-3-7　pH 值响应型凝胶响应机理

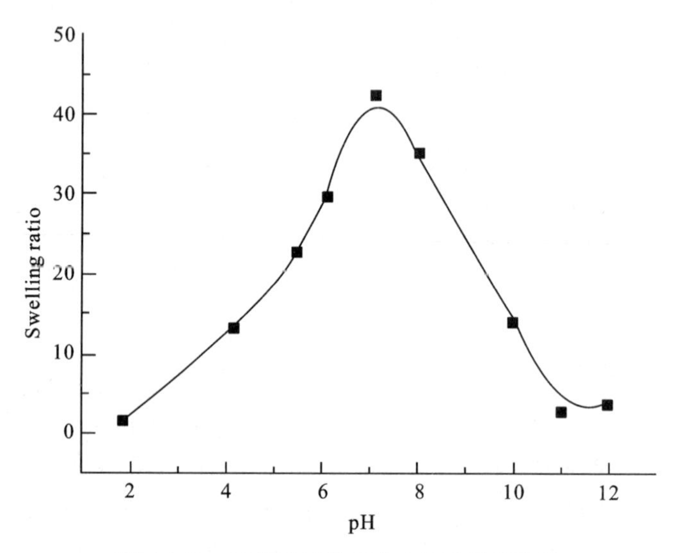

图 4-3-8　pH 值敏感的复合水凝胶的溶胀率

3. 双重或多重响应智能高分子凝胶

以上所述的智能高分子凝胶其环境响应因素只有一个，故称单一响应智能高分子凝胶。随着智能高分子凝胶研究工作的深入，具有双（多）重响应功能的“杂交型”高分子凝胶已成为这一前沿领域的重要发展方向，双（多）重响应智能高分子凝胶根据响应环境因素的不同及多少可分为温度-pH 值响应型凝胶，热-光响应型凝胶，磁性-热响应型凝胶，pH 值-离子强度响应型凝胶，pH 值-光响应型凝胶等。

鉴于温度响应型水凝胶及 pH 值响应型水凝胶的各自不同特点，Hoffman 等人研究了同时具有温度和 pH 值双重响应特性的水凝胶。卓仁禧等利用互穿聚合物网络的方法得到了这种具有双重响应特性的水凝胶，所得水凝胶与传统的温度响应型水凝胶的热缩型溶胀性能恰好相反，属热胀型水凝胶。这种特性对于水凝胶的应用，尤其是在药物的控制释放领域中的应用具有较重要的意义。以 pH 值响应型聚丙烯酸网络为基础，与另一具有温度敏感的聚合物 PNIPAM 构成 IPN 网络，实验结果表明，在酸性条件下，随着温度的升高，水凝胶的溶胀率（SR）也逐渐上升。这是因为在酸性条件下，温度较低时网络中的高分子链中羟基（—COOH）之间存在氢键的作用，使整个网络中的高分子链互相缠绕，变成收缩状态，而随着温度的上升，这种氢键的作用被削弱，缠绕的高分子链逐渐解开后分散到水溶液中，从而导致整个网络的溶胀率也随之上升；另一方面，PNIPAM 网络中的高分子链会因温度上升而疏水作用增强，产生收缩，促使整个水凝胶的溶胀率下降，这两种作用相互抵消，最终 IPN 水凝胶表现为随着温度的上升溶胀率也逐渐上升，形成热胀型温度敏感特性。在弱酸性条件下，水凝胶的 SR 远大于酸性条件下的 SR，这主要是因为弱酸条件下，网络中的高分子链中存在大量的羧酸根（—COO—）。它们之间的静电斥力导致高分子链的扩散，从而大幅度提高了凝胶的 SR。

树状分子由于其非常规整、精致的枝化分子结构，使其易于在树状分子的不同部位修饰有不同的刺激响应性官能团，从而成为构建具有多重外界刺激响应性能智能有机凝胶的材料。有研究表明，修饰有偶氮官能团的聚芳醚型树状分子有机凝胶能够对多重外界刺激产生响应，这类树状分子具有优异的成胶性能，能够在多种极性和非极性有机溶剂及混合溶剂中很好地成胶。这类树状分子在紫外光、可见光的交替照射下，由于偶氮官能团的顺反异构化，导致了溶胶和凝胶的相互转变，超声刺激同样能够诱导溶胶到凝胶的变化。同时意外地发现，这类树状分子凝胶被振荡破坏后形成黏稠的溶胶，静置后快速回复形成橙黄色凝胶，即有触变响应性能，这些刺激响应性能具有很好的重复性。因此，多响应性树状分子凝胶的成功构建为进一步设计更复杂、更智能的物质材料提供了一种新思路。

光响应型高分子凝胶（见图 4-3-9）可以根据影响环境因素的多少分为单一光响应型高分子凝胶、双重光响应型高分子凝胶与多重光响应型高分子凝胶。近年来，对双重响应的凝胶研究较多，含有多种环境敏感特性的复合凝胶已引起越来越多的关注。

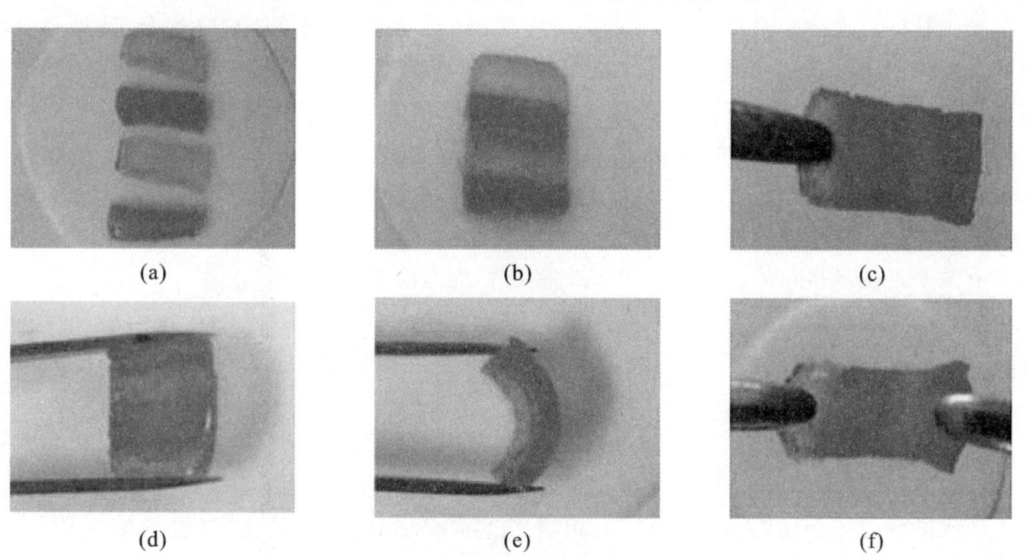

图 4-3-9　光响应型高分子凝胶的变化过程

近年来，多重响应智能高分子凝胶已成为研究热点，如开发的含硒生物医用高分子凝胶材料，研究表明这种含硒高分子的双硒键吸收伽马射线辐照下水中产生的活性氧，引发高分子主链的降解，从而导致凝胶态到溶胶态的转变。这一体系的构建可以为实现多重响应智能材料提供新的可能，并有可能实现临床治疗上化疗与放疗的结合。

利用主链骨架上包含有 CuAAC 三齿配体的配体大分子与过渡金属离子和（或）镧系金属离子构建的金属超分子凝胶显示出优异的多重响应性，同时还具有在室温下不施加外界干预即可反复自修复的功能。这些性质可归功于金属-配体作用力的动态特性，具有广泛的潜在应用。

智能纳米水凝胶是粒径为1～1000 nm、可对外界刺激产生响应的水凝胶粒子。其具有粒径小、比表面积大、表面功能基团可偶联其他具备特殊功能的组分、生物相容性好等特点。生物分子识别响应性水凝胶是模拟生命活动过程中的分子识别现象，能识别特定生物分子而产生刺激响应性的智能高分子材料，用它构筑的智能系统类似于具有反馈和平衡功能的生物系统，在生物工程和生物医学领域有非常可观的应用前景。对能识别特定生物分子（如葡萄糖、酶、抗原、核酸等），产生刺激响应的智能水凝胶进行研究，有助于更好地理解生物分子识别响应性水凝胶的结构和功能。因此智能纳米生物分子识别响应性水凝胶在药物输送与可控释放、医学诊断、生物传感器、微反应器、催化剂载体等领域呈现出良好的应用前景。随着智能材料研究开发工作的深入，制备具有双（多）重响应功能的智能材料已成为这一前沿领域的重要发展方向。

4.3.5 聚合物智能水凝胶的制备

聚合物形成高分子水凝胶必须具备两个条件：高分子本身必须含有亲水的主链或者侧链基团，并且具有适当的交联网络结构，这样才能使得聚合物吸收大量的水分而又不被水溶解。制备高分子水凝胶的起始原料可以是单体、聚合物或单体和聚合物的混合物。一般制备高分子凝胶的单体主要有丙烯酸系列、丙烯酰胺系列等，这些单体形成的聚合物都具有良好的水溶性，交联后凝胶可以很好地溶胀于水中。通过调整使用交联剂的用量可以改变水凝胶的交联程度，达到改善聚合物凝胶性能的目的。

水凝胶的制备方法很多，较常见的高分子凝胶的制备方法有单体交联聚合、预聚体交联聚合及载体的接枝共聚或聚合物互穿网络。水凝胶的制备按照交联方法可分为化学交联和物理交联。化学交联又分辐射交联和化学试剂交联两大类。辐射交联主要利用电子束、γ射线、紫外线等直接辐射溶液，使分子间通过自由基反应而交联在一起；化学试剂交联则是采用交联剂引发或参与分子间化学反应使之交联形成凝胶。物理交联则是通过分子间力（结晶、冻结、缠结、极性吸引等）使大分子间相互交联形成凝胶。

下面是近年来报道的聚乙烯醇（PVA）制备智能水凝胶一些典型实例。

一是戊二醛交联。Ying A. 等人利用戊二醛交联制得了含阴离子聚电解质的高度磷酸化的聚乙烯醇水凝胶，同时实验结果表明聚乙烯醇水凝胶的水吸收性能随着交联度或结晶度的增大而减小，随磷酸化程度的增大而增大。

二是硼酸交联。聚乙烯醇对微量的硼化物，特别是对硼酸、硼砂或者过硼酸盐非常敏感。硼酸可以直接加入聚乙烯醇溶液中，形成可溶性的络合物，这种络合物遇碱即转换为凝胶。台湾的林迎风利用硼酸交联PVA，然后通过磷酸对PVA的酯化，制得了球形PVA水凝胶颗粒。

三是环氧氯丙烷交联。江波等人利用环氧氯丙烷作交联剂，在氢氧化钾溶液中与聚乙烯醇分子反应，制得了吸水量很高、机械强度很好的聚乙烯醇水凝胶。这是由于环氧氯丙烷可以视作双官能团分子，且它在碱性环境中易于与羟基发生反应。

传统的化学交联和辐射交联制得的聚乙烯醇水凝胶虽然强度较高，可是含水率较低。日本的南部昌生首先利用反复冷冻解冻法及真空脱水法制得了高强度、高含水率的聚乙烯醇水凝胶，但是其透明度较差。日本的Hyon等人用水和水溶性有机溶剂，如二甲基亚砜（DMSO）通过冷冻处理得到透光率高的聚乙烯醇水凝胶；他们把聚乙烯醇溶解在二甲基亚砜和水组成的混合溶剂中，在低温条件下冷却该溶液，经过一段时间后，由于二甲基亚砜分子的结晶而形成凝胶，然后用水完全取代凝胶中的DMSO，则得到了具有高伸张强度、高含水率且透明的二甲基亚砜水凝胶。

多重响应智能高分子凝胶，因其结构组成及性能特点不同，制备方法各异。下面以温度-pH值响应型凝胶（又称温度-pH值敏感型凝胶）和磁性-热响应型凝胶（又称磁性-热敏型凝胶）为例给予简单介绍。

1. 温度-pH值敏感型高分子水凝胶

温度-pH值敏感型水凝胶是一种含有对温度敏感性和对pH值敏感性两个部分的亲水性聚合物网络，能够对pH值和温度刺激做出响应。制备此种凝胶的原料（单体或聚合物）通常为两种或两种以上，其中一种单体或聚合物在制成的水凝胶中对温度有响应，而另一种单体或聚合物在制成的水凝胶中对pH值有响应，这也是制备温度-pH值敏感型水凝胶时总的设计原则。制备温度-pH值敏感型凝胶的方法有单体聚合并交联、聚合物交联、接枝共聚、嵌段共聚、互穿聚合物网络（IPN）技术。其中，单体聚合并交联是制备温度-pH值敏感型水凝胶最常用的方法。

制备此类水凝胶的单体有：N-异丙基丙烯酰胺（NIPAM）、丙烯腈（AN），乙基丙烯酰胺（EAAM）、N-乙烯基吡咯烷酮（VP）等，这些单体在聚合后形成的水凝胶中对温度有响应；而另一些单体如丙烯（AAC）、4-戊烯酸（PAC）、甲基丙烯酸二乙氨基乙酯（DEAEMA）等则在聚合后形成的水凝胶中对pH值有响应。单体聚合的方法可以采用自由基聚合法、辐射聚合法、溶液聚合法和乳液聚合法。例如，刘郁杨等人用顺丁烯二酸酐对β-环糊精进行改性，用改性物作反应单体，与N-异丙基丙烯酰胺在水相中通过氧化还原自由基引发聚合，合成出了具有pH值、温度及离子强度敏感性的新型水凝胶。

2. 磁性-热敏型高分子水凝胶

磁性-热敏型高分子水凝胶（又称磁性-温敏水凝胶）是另一类备受关注的双重响应高分子水凝胶，在许多领域尤其是生物医药、生物工程等方面应用广泛。磁性-热敏型高分子水凝胶是由磁性纳米粒子和温敏水凝胶复合而成。磁性纳米粒子在外界磁场作用下可以方便、快速地与介质分离，温度敏感型水凝胶结构中含有一定比例的疏水和亲水基团，周围环境温度发生变化会影响这些基团的亲水和疏水性及大分子链间的相互作用，从而使材料的结构、胶体性质发生变化，并伴随着体积相转变的出现。将磁性纳米粒子和温度敏感型水凝胶在一定条件下复合，得到的材料不仅同时具备磁场和温度双重响应性，拓展其应用范围，也解决了单一的磁性纳米粒子在环境中容易引起聚沉和沉淀以及温度敏感型凝胶自身力学性能低的问题。磁性-热敏型水凝胶的响应性表现在两个方面：一方面是可通过外加的永久磁场将其输送到特定地方；另一方面是利用磁性纳米粒子在交变磁场的作用下可产生热量的特性，使包埋有磁性纳米粒子的温度敏感型水凝胶发生体积相转变。目前，赋予了磁性、温度敏感性双重响应的智能材料已成为当前环境响应型材料的研究热点。

在众多的磁性-热敏凝胶智能材料中，目前研究最多的是具有LCST且与人体温度比较接近的聚N-异丙基丙烯酰胺（PNIPAM）类。其可通过在温敏微凝胶中原位生成磁性纳米粒子的方法制备。原位法首先利用单体聚合制备水凝胶，并同时在其结构中引入能与铁盐形成配位键或离子键的基团，如$—NH_2$，$—COOH$，$—SO_3H$，$—NO_2$等。然后将一定浓度的Fe^{2+}和Fe^{3+}渗透到凝胶内部与上述基团固定，并升高pH值使Fe^{2+}和Fe^{3+}在凝胶网络中形成Fe_3O_4，从而制备双重响应微球。Retama等人首先制备了表面富含羧基的PNIPAM微凝胶，然后在其中原位生成粒径约6 nm的Fe_2O_3纳米粒子微球。内嵌在水凝胶网络中的磁性纳米粒子引起了微球相转变行为的变化，当磁性纳米粒子的量为18%时其LCST有所提高（表现在36～40 ℃之间）；而当磁性纳米粒子的量增加到38%时，几乎观察不到微球的相转变，说明磁性纳米粒子对PNIPAM分子链的运动有阻碍作用。

磁性-温敏水凝胶微胶囊结构稳定，内部的空心能容纳大量的或者大的客体分子，其囊壁渗透性能够随环境温度的变化而改变，尤其适合于药物控制释放系统。磁性粒子组分能够在磁场作用下很快从其分散体系中分离或发生定向移动。因此，磁性-温敏微胶囊在磁靶向控释系统中，实现药物的定位释放，可以达到高效，低副作用的效果。制备微胶囊的一般过程是首先合成由无机物或有机物包覆磁性纳米粒子的核/壳微球，其次在微球表面聚合PNIPAM得到磁性-温敏微球，最后采用化学方法对种子微球部分进行腐蚀，即得到空心磁性-温敏微胶囊。Guo等人首先用改进的Stber方法制备了二氧化硅包覆四氧化三铁粒子，再依次进行表面双键改性和沉淀聚合，最后通过调节NaOH浓度和体系的离子强度实现对SiO_2的选择性定量溶解，从而得到具有可移动磁核的微胶囊；他们还利用磁性-温敏微胶囊的受限空间效应，将荧光素小分子键合到磁核内部，便于在细胞级别上观察微胶囊具体的靶向位置、荧光示踪和标记功能，使得微胶囊更具有智能性。

随着环境响应性聚合物材料越来越引起人们的关注，磁性-温敏水凝胶的开发已成为聚合物材料的重要研究方向之一。虽然目前磁性-温敏水凝胶的前期研究比较多，但要真正应用在临床上，并且集高磁靶向效果、快速温度响应、药物在靶区的可控释放及材料的低毒性和可降解性于一身，仍有一定的难度，对于研究人员来说也具有相当大的挑战。因此磁性-温敏水凝胶的发展方向将主要围绕以下三个关键问题：①实现粒径的均一性，利用单体聚合法制备的水凝胶粒径不一致，应用过程中会出现载药不均匀、影响释放效率等问题；②协调快速响应性与粒径的关系，为了确保微球具有较高的磁响应性，往往以提高粒径为代价，而粒径的提高不仅降低了其在溶液中的悬浮稳定性，还使其比表面积大幅度降低。除此之外，磁响应的提高也势必影响到温度效应和载药率等因素。因此，未来水凝胶制备的目标之一是获得高磁响应性、高比表面积和温度快速响应的微凝胶；③生物相容性问题，目前药物的传送受到体内复杂脉管的阻碍，只能接近皮肤表面附近的组织，未来将要探讨的问题是如何降低材料自身的生物毒性，防止在传送过程中药物渗漏及如何控制药物在病区的释放量及速度。

4.3.6 智能高分子凝胶的应用

智能高分子凝胶已在多个领域展示了其独特的应用。各国科研人员利用智能凝胶在外界刺激下变形、膨胀、收缩的特性开发出执行器、化学阀、传感器、人工触觉系统、药物控制释放系统、化学存储器、分子分离系统等，并在此研究基础上进一步拓展其在表面图案技术、有机技术开发和组织工程等多方面的应用。

表4-3-2中列出了智能聚合物凝胶的一些应用领域，其中有些凝胶产品已进入市场。

表4-3-2 智能凝胶的应用

领　域	用　途
传感器	光、热、pH值和离子选择传感器，免疫检测，生物传感器，断裂传感器，超微传感器
驱动器	人工肌肉

续表

领　域	用　途
显示器	可任何角度观察的热、盐或红外敏感的显示器
光通信	温度和电场敏感光栅，用于光滤波器、光通信控制释放、定位释放
选择分离	稀浆脱水，大分子溶液增稠，膜渗透控制
生物催化	活细胞固定，可逆溶解生物催化剂，反馈控制生物催化剂，强化传质
生物技术	亲和沉淀，两相体系分配，调制色谱，细胞脱附
智能织物	热适应性织物，可逆收缩织物
智能催化剂	温敏反应"开"和"关"的催化系统

下面就几类智能高分子凝胶使用较多的领域做一下介绍。

1. 药物释放系统

智能高分子水凝胶作为一种迅速发展起来的智能高分子材料，已在工农业尤其是药学中的药物控释方面展现出宽广的应用前景。它既具有水凝胶的优良性质，例如与人体血液、体液和组织相接触时，具有良好的生物相容和生物降解性，大多无毒或低毒；同时它又能够感知温度、pH 值等变化，并及时作出响应，从而达到定时、定量、靶向、高效、速效、长效释放药物的目的。它既可用于体外控释，如经皮给药，也可用于内服控释，而作为内服控释药物的智能水凝胶，尤其要求它有更良好的生物降解性。

通常是将药物浸含于凝胶粒子之中，该凝胶粒子在正常的情况下呈收缩状态，形成致密的表面层，使药物保持在粒子内。当凝胶感受到病灶信号（温度、pH 值、离子、生理活性物质）后，凝胶体积膨胀，使包含的药物通过扩散释放出来；当身体恢复正常后，凝胶又恢复到收缩状态，从而抑制了药物的进一步扩散。该药物缓释系统能使体内的药物浓度保持在治疗疾病时所需要的浓度，使药物在指定部位持续而稳定地发挥作用；或者减少药物的用量和给药次数，控制药物的吸收速率和排泄速率，从而维持体内所需要的药物浓度。例如，Shyu 等人使用天然药用材料作交联剂，交联生物可降解性的壳聚糖以使其形成微粒，同时将茚甲新（用于治疗类风湿性关节炎等的消炎镇痛药）包埋于其中，再将壳聚糖微粒与海藻酸钠复合，在凝胶微粒的外面形成一层聚电解质复合膜，这种具有核/壳结构的载药高分子凝胶具有 pH 值敏感性。在酸性条件下，壳聚糖的氨基质子化，静电斥力导致凝胶溶胀，同时聚电解质复合膜被破坏，药物释放；随溶液 pH 值升高，聚电解质复合膜重新形成，药物释放速率减慢或中断。又如我国姚康德等人用戊二醛交联壳聚糖，制得了具有互穿网络结构的 pH 值敏感型聚合物，该聚合物在酸中的溶胀比明显高于在碱中的溶胀比，在酸性溶液中（pH 值为 1.0），释放量随时间增加；在弱碱性溶液中（pH 值为 7.8），开始仅有少量药物从基材表面溶出，以后不再有药物释放。再如利用羟基与硼酸基的可逆键合作为葡萄糖敏感的传感部分，用作血糖浓度响应胰岛素释放体系（见图 4-3-10），即以它为载体负载胰岛素，表面用半透膜包覆，此体系的物性随葡萄糖浓度而变化可得到高响应性。这种药物释放系统既可传感葡萄糖浓度信息作出判断又可执行药物释放，从而可以有效地维持糖尿病患者血糖浓度在正常水平。

此外，将湿纺中的凝胶态纤维浸入抗菌剂溶液中，可使织物起到抗菌防臭的作用。利用凝胶的缓释性作用，这种纤维可以实现既不允许细菌任意繁衍，又不杀死全部细菌，控制皮

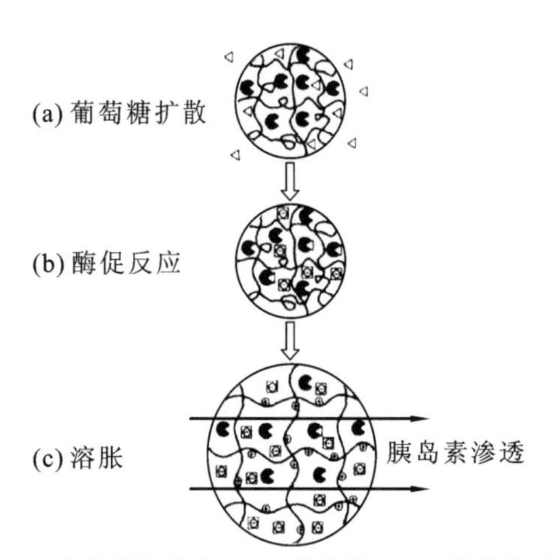

图 4-3-10　响应胰岛素释放体系

肤表面细菌的数量维持在正常水平，这种智能抗菌凝胶纤维可用于制作抗菌鞋垫或医疗卫生用品。

2. 化学机械

利用智能高分子凝胶的溶胀-退溶胀可以实现机械能-化学能之间的转换，为将化学能转化为机械能提供了重要方法，即用智能高分子凝胶制作化学机械材料。如在由聚丙烯酸和水构成的智能高分子凝胶上加上一定质量的负荷，然后通过调节周围溶液的 pH 值或离子强度，使凝胶发生膨胀、收缩，从而将化学能转变为机械能，人们形象地称之为人工肌肉。采用聚乙烯醇和聚丙烯酸的韧性水凝胶，经反复冷冻和解冻制成大孔径结构，其拉伸强度高达 0.5 MPa，具有反复的化学机械性能和高持久性，其动力集度与肌肉为同一数量级。人工爬虫可使凝胶材料做出像动物一样的动作。

3. 智能分离材料

高分子凝胶在分离技术中的应用包括溶剂萃取、液固分离、吸湿-脱湿和膜分离。

溶剂萃取，即高分子凝胶从收缩状态向着溶胀状态转变，可以吸收大量溶剂。

液固分离，即多孔性凝胶随着溶胀吸收周围的溶液，收缩再排出溶液，在吸收过程中，孔径大的固体凝胶外表面被阻挡，实现了液、固相分离。

膜分离，即用凝胶或凝胶膜能进行乙醇水溶液、水、有机剂的浓缩分离。尤其是智能膜分离技术更是得到研究者的重视，根据智能高分子凝胶在某个强度电场之下发生收缩的原理，科学家提出了“化学阀”的设想：在一个圆环之上固定住多孔性质的高分子凝胶薄膜，若产生电场时，膜必定收缩，因为膜边缘固定住了，因此膜边缘上小孔的半径必定增大，所以液体之中的分子和微小离子能够通过；若电场消失，高分子凝胶必定因为溶胀而使孔半径缩小，液体就不会通过。利用控制电场，高分子凝胶膜的孔半径就能得到精确的控制，有选择性地通过粒子，可实现分离物质。例如，Yoshida 等人设计制作了一种温控化学阀，将丙烯酰脯氨酸甲酯与双烯丙基碳酸二甘醇酯共聚，得到聚合物膜，然后将此膜用离子束技术蚀刻得到多孔膜，显微观察发现膜孔道在 0 ℃时完全关闭，30 ℃时完全开放。Osada 等人将丙烯酸与丙烯酸正硬脂酰醇酯共聚得到了一种具有形状记忆功能的温敏水凝胶，这种材料的形状记忆本质在于长链硬脂酰侧链的有序、无序可逆变化，基于这种材料他们设计制作了另一种温控化学阀。Ito 等人将末端带二硫键的聚(L-谷氨酸)接枝到聚碳酸酯膜的孔道结构中，利用这种大分子在低 pH 值时构象收缩，高 pH 值时构象伸展来调控膜的孔道。

具有化学阀功能的膜在物质的检测、分离与纯化、药物释放与传感器等应用领域将会取得实质性的进展，尤其在微量气体的监测与控制、血液的检测与净化、生化物质的响应、人造皮肤与器官等方面的应用有可能取得重大的进展。

4. 感光材料

利用光响应型高分子凝胶材料体积相变特性可以开发凝胶在光开关、光传感器、光调节器等方面的应用。光响应型高分子凝胶材料其功能实现完全由光来控制，无须任何电池、电机及机械的介入，使得材料易被小型化，为微型机器人与微机电系统提供重要的制动部件；

可用于机械作业型、医疗型及军事用途的微型机器人，以及微型阀门、微型泵的研究和开发。渡边晴男利用环境温度随季节变化开发出舒适性节能水凝胶型调光玻璃。此水凝胶由含有疏水基的水溶性高分子、两亲性分子和氯化钠水溶液组成。在低温条件下，水溶两亲性分子以分子水平溶解于水中形成各向同性水溶液，呈无色透明状态；而高温条件下水溶性高分子疏水基和两亲性分子的疏水基相互作用加强，使分子内和分子间形成的交联网络凝胶内存在水分子凝聚区和自由水区，其堆砌密度的差异导致折光率变化使光产生散射，材料转变成白浊遮光状态。在 3 mm 玻璃夹层中填充 0.5 mm 凝胶制得的灵巧窗试验装置，其凝胶浊点为 28 ℃。当温度上升至 32 ℃呈现白浊遮光状态，其遮光起始温度可调，耐久性已经受耐紫外线和耐热性考核。这种玻璃现已进入实际应用阶段。Salehpoor 以双丙烯酰胺为交联剂，将丙烯酸、丙烯酸钠及 2-丙烯酰胺-2-异丁基磺酸共聚得到对外加电场敏感的水凝胶，利用该凝胶的智能性可以加工制作成可调控的光学镜片。由于光响应型高分子凝胶可反复进行溶胀-收缩，还可以应用于光能转变为机械能的执行元件和流量控制阀等方面。此外，光在远程和精确控制上的优越性使得该研究在航空和国防等领域也具有极大的应用潜力。从能源转换的角度出发，利用这类材料的光致形变可以将光能直接转化为机械动力，有望降低能量在多次转换过程中的损耗，提高光能的转化效率。

5. 人工触觉系统

自然界的一些生物(如海参等)的原始器官主要为水凝胶，其能够对外界的接触迅速响应，如柔软的躯体瞬间变得僵硬或部分体壁变为黏性物质。生物体肌肉收缩、松弛的分子机理为肌浆球蛋白和肌动蛋白纤维的互相滑移，肌肉收缩和松弛时，肌浆球蛋白间的纤维(可交联为凝胶状)产生很大的收缩或溶胀。

根据仿生学的原理，可以利用智能高分子凝胶制成人工触觉系统，许多生物体的传感系统(如人的皮肤)是通过压电效应来实现传感的。在由聚电解质构成的凝胶中，同样存在压电效应，采用智能高分子凝胶制成压力传感器就是利用的这一原理。将两块由聚电解质构成的凝胶并排放在一起，并使其中一块发生变形，受力变形的凝胶就会形成新的电离平稳，从而导致两块凝胶间出现离子浓度差而产生电位差。利用此现象，可以制成像手指那样的人工触觉系统。

6. 表面图案技术

表面图案技术刺激响应凝胶的应用正在向各领域扩展。鉴于水凝胶溶胀或收缩时，其表面会产生复杂的图案，美国北得克萨斯大学首先报道了环境响应水凝胶表面图案的调控技术。他们以掩膜将金薄膜方格阵列溅射沉积而印在聚异丙基丙烯酞胺凝胶表面。该阵列的周期可随温度或电场连续变化。此类凝胶表面产生的周期性阵列可作为二维光栅，其狭缝宽度和单位面积狭缝数目能借外界刺激如温度和电场而变化，衍射角也随之改变，这样的凝胶光栅可望用于光纤、传感器及光通信中。将金属阵列置于水凝胶表面为微电极阵列装置的制备提供了新途径，会在离子色谱、酶活性测定和细胞活性监测方面有所应用。研究人员还将聚异丙基丙烯酰胺(PINPAM)凝胶沉积在另一凝胶聚丙烯酰胺(PAAM)表面，室温条件下 PAAM 基材和表面的 PINPAM 均透明；将此试样加热至 310 K，PINPAM 部分变成混浊，而 PAAM 仍保持其透明状态，则在其表面显示图案。控制温度高于或低于 LCST(T_c =307 K)可使图案出现或消失，开关时间约为 10 s。该凝胶显示的图像能由各视角清楚地观察，这优越于只能正面观察的液晶显示技术。

4.3.7 高分子凝胶的前景

在自然现象的启示下,人们日益重视对刺激响应性智能凝胶的研究。生物体的大部分是由柔软而又含有水的物质——凝胶组成的,人工爬虫已经实现了使凝胶材料像动物一样动作。今后,智能高分子凝胶的发展方向是利用仿生学的原理,以自然界中的生物体为蓝本,开发出在功能上接近甚至超过生物体组织的智能高分子凝胶。今后的研究工作重点将是探索新的合成方法,寻求新的合成材料,改进凝胶的机敏性,完善其化学、物理稳定性,提高其使用价值。因此,研究开发出具有快速响应性能的、强度和形状能够适应不同要求的、具有优异生物相容性和可降解性的仿生高分子凝胶将是以后研究的重要方向。智能高分子材料的研究是一个多学科交叉的研究领域,对其研究开发需要多学科协同进行。今后随着科研工作者对材料科学和生命科学研究的深入,相信在不久的将来,人们将会取得更完善的理论,获得种类更多、性能更优的智能高分子凝胶。

4.4 智能药物控释体系

4.4.1 概述

在传统的给药方式中,病人在服用药物(冲剂、药丸或片剂)后,体内的药物浓度在服药后短时间内迅速达到最高值,此时病人体内的药物浓度已明显超过了治疗疾病时所需要的浓度,随着胃中药物的不断消耗,体内药物的浓度才会逐渐下降。多余的药物和药物浓度过高的情况,都会对人体产生副作用,严重时甚至会使人出现中毒症状,因此一种缓释药物系统应运而生。药物的控制释放是一门新兴的交叉学科,就是将药物或其他的活性物质与适当的载体按一定的形式制成制剂,通过某些物理刺激(如温度、光、超声波、微波和磁场等)或化学刺激(如 pH 值、葡萄糖等)作用控制药物释放时间和药量,且能由体外的光、电、磁和热等物理信号遥控体内的刺激响应性药物控释系统,使其向信号集中的特定部位靶向释放(见图 4-4-1)。

与传统给药方式相比,药物缓释系统能使体内的药物浓度保持在治疗疾病时所需要的浓度,使药物在指定部位持续而稳定地发挥作用;或通过减少药物的用量和给药次数,控制药物的吸收速率和排泄速率,从而维持体内所需要的药物浓度,从而解决了药物浓度不稳定的问题,还降低了药物毒性,提高了药物的疗效。

药物释放体系(drug delivery system,DDS)架构一般由 4 个结构单元构成,即药物储存程序、释放程序、能源相和控制单元(见图 4-4-2)。

以智能高分子材料为基础,可使药物释放体系智能化,此体系的特点为集传感、处理及执行功能于一体,需要与否可由药剂本身判断,它可感知疾病所引起的化学物质及物理变化的信号,药剂则依据对此类信号的响应自反馈而释放药物或终止其释放。根据控释药物和疗效的需要,改变 DDS 的 4 个结构单元就能设计出理想的药物释放体系。在高分子控制释放体系中,扩散和释放是控制释放的主要过程。药物需通过网状高分子链间的密度变化进行扩散和渗透,而具备生理活性的物质还需要从药物释放体系中释放出来。智能高分子控释体系有两类:一类是药物包裹在可生物降解的高分子膜内或分散在高分子基材中,药物释放受高分子降解速度的影响;另一类是将药物键合于高分子的大分子链上,通过控制化学键的断裂来调节药物的释放过程。按照体系类型和智能高分子作用机制不同,药物释放分别受扩散、释放或二者同时控制。

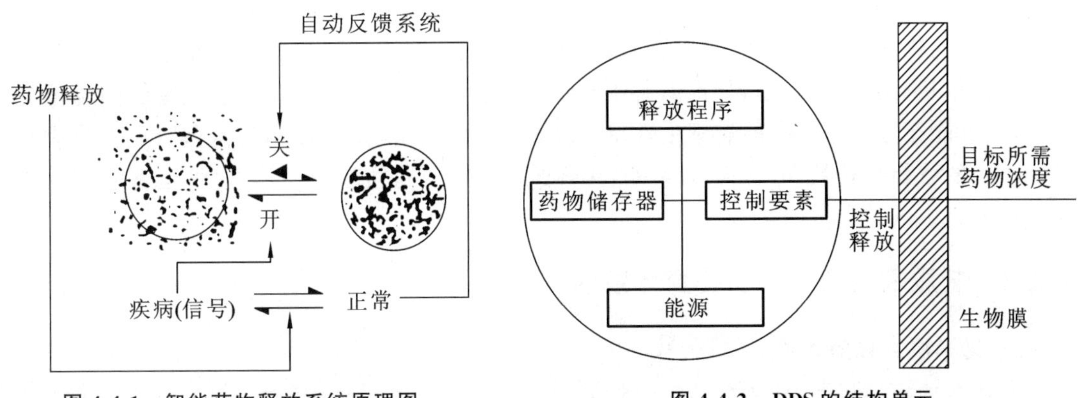

图 4-4-1　智能药物释放系统原理图　　　**图 4-4-2　DDS 的结构单元**

医药工业中，控释的主要目的是将一种活性物质与其载体以比较经济适用的方法结合，从而使释放曲线符合要求。在药物控释过程中通常所涉及的物理过程为扩散过程，这种扩散过程是与许多因素有关的，既与本身的性质有关，又与溶剂在高分子材料中的扩散有关，还与高分子材料所处的状态有关。扩散理论一般分为两类，即 Fick 扩散和非 Fick 扩散。所谓 Fick 扩散，是可以用经典的 Fick 扩散定律描述的一类现象；所谓非 Fick 扩散，有时又称为二型扩散或非正常扩散。一般来说，渗透剂在高分子材料中的扩散引起材料的膨胀至少有三个步骤：①溶剂扩散进入到高分子网状结构；②溶剂化作用使高分子材料膨胀、链松弛；③对可降解材料引起骨架溶解。水作为渗透剂时片状高分子骨架的水摄取量与时间成正比，符合经典的扩散过程，但是对初态为玻璃态的高聚物，链松弛及溶剂化过程对扩散也发挥了重要作用，在整个过程中由于溶剂渗入引起材料的膨胀，使高分子材料的结构重新排布以适应渗透剂分子的扩散。

分子微包囊药物释放体系的药物释放机制不仅与包裹的高分子材料有关，药物释放机制还涉及：聚合物的降解性(a)、通过孔的扩散(b)、从微包囊的表面释放(c)三个方面。(a)同生物降解型微包囊有关，(b)和(c)既存在于生物降解型微包囊，又存在于非生物降解型微包囊的药物释放过程中。包囊中的药物一般是通过溶解扩散过程穿过高分子基体及通过微包囊自身的孔洞两种途径来扩散释放。生物降解型微包囊还与材料的降解有关，此外药物的扩散还与高分子的密度和结晶度有关。粒径较小，包囊的高分子基材密度小，且具有多孔性，则有利于药物的扩散，结晶性高则不利于材料的生物降解。聚合物的相对分子质量、药物与聚合物含量之比、药物的包裹量、微包囊的粒径及粒度分布、微包囊表面性能同样会影响到药物的释放行为。

由此可见，药物载体材料在控释制剂的研究过程中起着非常重要的作用，不同性质的药物载体具有不同的药物释放行为。理想的药物载体应具有很好的生物相容性、生物可降解性、理化及生物稳定性和极低的毒性，且有较高的载药性。目前用作药物载体的材料很多，包括高分子凝胶、聚乳酸(PLA)/乳酸-羟基乙酸(PLGA)、壳聚糖及其衍生物、丝素蛋白等。随着智能高分子材料的研究进展，可从分子水平对药物进行设计和组装，以控制药物活性及药物在体内的作用途径(空间控制)和随时间的变化情况(时间控制)，此类 DDS 将成为未来药物开发的发展方向之一。

智能药物传输系统的研究内容十分丰富，在药学领域具有广阔的应用前景。各种智能药物传输系统实现了药物的定点、定时及定量释放。然而，迄今为止此类给药系统的研究多数仍停留在实验阶段，将其应用于临床还面临着诸多的问题。要实现智能药物传输系统在临床上的大规模应用，还需科技工作者继续努力。随着聚合物合成技术和智能材料的不断发展，智能药物传输系统在药学领域会显现出更大的优势，对于一些临床上难以掌握给药时间和患者依从性较差的药物，如抗高血压药物、降糖药物和降脂药物等可制成智能药物传输系统，使其能充分依据疾病的病理生理特点释放药物，达到与疾病的病理生理特点一致或时间相吻合的智能给药效果，从而提高其生物利用度，降低药物不良反应，这将是智能药物传输系统研究中的重点方向之一。

4.4.2 刺激响应智能药物控释体系的分类

1. 化学控制释放体系

在控制药物释放中，目前最使人感兴趣的是化学控制药物释放体系，这是因为作为这种体系的聚合物基材可在释放环境中降解，当药物释放完毕后，聚合物基材可以完全降解以致消失，在医学上这种体系无须手术将基材从体内取出。药物的释放速率是由聚合物基材的降解反应速率来控制的。此外药物释放体系依据病灶引起的化学物质的变化进行反馈，通过智能材料的溶胀与收缩控制药物释放的开通和阻断，是另一种化学药物控放。例如胰岛素释放体系的响应性是借助多价羟基与硼酸基的可逆键合。对葡萄糖敏感的传感部分是含苯基硼酸的乙烯基吡咯烷酮共聚物。其中硼酸与聚乙烯醇（PVA）的顺式二醇键合，形成结构紧密的高分子配合物。当葡萄糖分子渗入时，苯基硼酸和 PVA 间的配价键被葡萄糖取代，上述大分子间的键解离，溶胀度增大。这种高分子配合物可作为载体用于胰岛素控制释放体系，体系中聚合物配合物的形成、平衡与解离随葡萄糖浓度而变化，也就是说，它能传感葡萄糖浓度信息，从而执行药物释放功能。

2. pH 值敏感型药物控释系统

严格来说，pH 值敏感型药物控释系统属于化学控释体系的一种。这类聚合物网络中具有离子解离基团，网络结构和电荷密度随介质 pH 值而变化，并对渗透压产生影响，同时因为网络中有离子基团，离子强度的变化也引起体积变化。比如高分子水凝胶作为药物载体时，由于被包裹药物的扩散受水凝胶溶胀所控制，因此当外界环境的 pH 值发生变化时，药物扩散受外界的刺激做出相应变化。pH 值敏感型水凝胶药物释放系统特别适合于口服给药，药物经口服后要经历不同的 pH 值环境，即利用胃肠道 pH 值的差异（消化道的 pH 值变化依次是酸性—中性—弱碱性）。药物同时也会与消化酶和消化道的内容物接触，控制药物在特定部位释放。为防止药物在胃中失去活性，将药物包裹在有弱酸性基团的聚合物水凝胶中，在胃中的酸性条件下，水凝胶形成氢键处于收缩状态，封闭在水凝胶内的药物扩散不出，不能与胃酸接触，到达肠道后，环境由酸性变为弱碱性，氢键破裂，水凝胶吸水溶胀，药物就通过溶胀扩散而释放出来。pH 值敏感型水凝胶能保护药物不被破坏，并可控制药物释放，是多肽口服释放体系的适宜载体。

Yao 等人将壳聚糖与明胶用戊二醛共交联构筑杂混聚合物网络，负载十二指肠和胃溃疡药物西咪替丁，当把介质的 pH 值从 1.0 转换至 7.8 时，药物呈脉冲释放。该体系中药物的释放速率可由 HPN 组成及壳聚糖的脱乙酰度调控。Singh 等人将壳聚糖和聚氧化乙烯共混构筑 pH 值敏感半互穿聚合物网络，研究了阿莫西林和甲硝唑释放至无酶模拟胃液和肠液（SGF）中的释放行为。结果表明，在 SGF 中 2 h 内 65%以上的阿莫西林和 59%的甲硝唑由半互穿网络中释放，说明该载体能使抗生素在胃部酸性环境定位释放。Lee 等人将聚组氨酸-聚乙二醇的嵌段共聚物和聚乳酸-聚乙二醇的嵌段共聚物混合制成纳米胶束，并载有多柔比星，通过不断调节聚组氨酸-聚乙二醇和聚乳酸-聚乙二醇的比例，使得多柔比星在pH值为6.6～7.2时集中释放，而且其对乳腺癌MCF-7细胞的杀伤作用比游离的多柔比星更强。

3. 温度敏感型药物控释系统

目前，温度敏感型药物释放体系主要采用温敏性凝胶。这类凝胶大分子链的构象能响应温度刺激而发生形变(溶胀或收缩)，一般可分为高温收缩型和低温收缩型两种。在低温条件下，高温收缩型凝胶在水中溶胀，大分子链因水合而伸展，当升至一定温度时，凝胶发生了急剧的脱水作用，由于疏水性基团的相互吸引，大分子链聚集而收缩；低温收缩型凝胶则正好相反。将此种高分子聚合物作为药物释放的载体材料，则可对环境温度的改变做出应答，从而可进行药物的智能控制释放。

聚N-异丙基丙烯酰胺(PNIPAM)凝胶就是一种温敏型凝胶，属于低温溶胀高温收缩型，其体积相转变发生于32 ℃。而聚丙烯酸(PAAC)和聚N，N-2-二甲基丙烯酰胺(PDMAAM)形成的IPN水凝胶则为低温收缩高温溶胀型。

将疏水性甲基丙烯酸丁酯与异丙基丙烯酰胺共聚，能得到有一定强度的凝胶，这种凝胶的药物释放行为可由温度的变化进行调控。10 ℃时凝胶溶胀，药物通透性高，从而被释放出来；30 ℃时凝胶收缩，释放停止。凝胶的收缩伴随着体积的变化，药物从凝胶表面急剧压出，释放速率呈峰值后形成非通透性皮层，使释放停止。这一表面收缩层的形成对药物的控制释放非常重要。Hsiue等人研究了热敏性聚异丙基丙烯酰胺(PNIPAAM)作为抗青光眼药物的载体材料，用于青光眼病治疗的智能控释系统。他们既用了线形的PNIPAAM水溶液，又用了线形的PNIPAAM和交联的PNIPAAM纳米颗粒的混合物作为载体。发现当温度从室温升至32 ℃时，清亮的PNIPAAM溶液出现浑浊(发生了相转变)，即PNIPAAM水溶液的相转变温度为32 ℃。在室温条件下，药物被夹入缠结的聚合物链中或被封闭在交联的聚合物凝胶内，在较高温度下局部施用后缓慢释放。他们还制备出了包含有肾上腺素的线形PNIPAAM和交联的PNIPAAM纳米级颗粒，测定了体外的药物释放速率和细胞毒性，此两种载体材料都无细胞毒性。由线形PNIPAAM或线形PNIPAAM和交联的PNIPAAM纳米级颗粒的混合物制备的制剂被用于兔子实验，发现具有降低眼内压的作用。这种线形PNIPAAM制剂的降压应答持续时间比传统的滴眼药水要长6倍(持续24 h)。

4. 光敏型药物控释系统

光敏型高分子凝胶可因光辐照而发生体积相转变。紫外光辐射时，凝胶网络中的光敏感基团发生光异构化或光解离，导致基团构象和偶极矩变化而使凝胶溶胀从而控制凝胶内的药物释放。刘晓华等人在PNIPAAm中引入偶氮单体，可使PNIPAAm的相转变温度从31.8 ℃下降到22.0 ℃，用365 nm的紫外光照射30 s可使PNIPAAm和乙基丙烯酸酯类共聚物的相转变温度从27.2 ℃升至29.3 ℃。对含无色三苯基甲烷氰基的聚异丙基丙烯酰胺凝胶溶胀体积变化与温度关系的研究表明：无紫外线辐射时，该凝胶在30 ℃出现连续的体积变化，用紫外线辐射后氰基发生光解离；温度升至32.6 ℃时，体积发生突变，升至35 ℃再降温，在31.5 ℃处发生不连续溶胀，体积增加10倍左右。如果在32 ℃条件下对凝胶进行交替紫外线辐射与去辐射，凝胶发生不连续的溶胀-收缩，其作用类似于开关。这是光敏基团与热敏基团的复合效应，由此可以设计对光和热敏感的智能药物控释系统。

5. 渗透控制释放体系

渗透控制释放体系是一种新颖且非常有用的体系。在渗透控制释放体系中，可溶性药物均匀地分散在聚合物基材中，然后靠饱和药物溶液和环境介质之间的渗透压差向外释放，这种体系可以恒速释放药物，除药物的溶解度外，释放速率与药物的其他性质无关。典型的溶剂渗透控制释放装置有 Nelson-Rose 渗透泵和 Higuchi-Theeuwes 渗透泵（见图 4-4-3）。

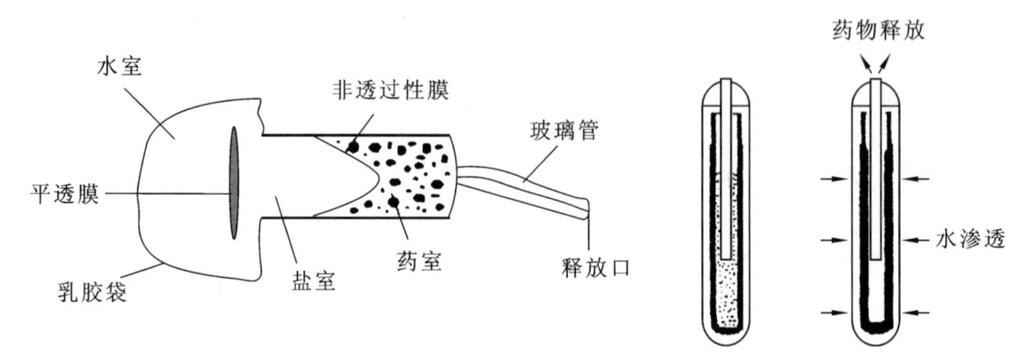

图 4-4-3　Nelson-Rose 渗透泵（左）和 Higuchi-Theeuwes（右）渗透泵示意图

6. 磁控制释放体系

磁控制释放体系是将药物和磁粉均匀分散在聚合物中，当放在释放环境介质中时，药物以通常的方式释放，但若在体系外加一变化的磁场，可加快药物的释放速率。磁控制释放药物体系的释放机理目前尚不清楚，但它可使药物释放速率受外部控制，可用于治疗糖尿病一类的疾病，也可用于生育控制，可按照人的生理周期来改变药物的释放量。

包埋有磁性微粒子的磁场响应型凝胶也可用于药物缓释体系。将铁磁性“种子”材料预埋在凝胶中，当凝胶置于磁场时，铁磁材料被加热而使凝胶的局部温度上升，导致凝胶膨胀或收缩以控制药物的释放。包埋铁磁的方法有两种，一种是将微细镍针状结晶置于预先形成的凝胶中；一种是以聚乙烯醇涂着于微米级镍薄片上，与单体溶液混合后再聚合成凝胶。这两种方法可用于植入型药物释放体系，电源和线圈构成的手表大小的装置产生磁场，使凝胶收缩而释放一定剂量的药物。

7. 力场响应型药物控释系统

力场响应存在于动态力学环境中的骨、血管和肌肉等组织，它们的细胞外基质可视为各种生长因子的贮存器，当受到力学刺激时，就将因子释放至组织中的细胞周围，调控很多生理过程。因此可以利用这一特性构筑力场响应型药物释放体系。血管内皮生长因子（VEGF）能增强新脉管的形成，并使肉芽组织厚度和血管数目增加。Lee 等将 VEGF 负载在 $CaSO_4$ 交联的海藻酸盐水凝胶中，此时 VEGF 可逆地结合在海藻酸盐网络内。无力学刺激时 VEGF 恒速释放，而施加的压缩载荷有 3～6 次交变（10％或 25％应变；2 min 应变和 8 min 松弛）时，释放速率比对照组大 5 倍，其增大倍数可由压缩强度大小调控。在此情况下，没有与网络结合的蛋白质在每次变形后释放出来，使累计释放量随力学信号阶梯增加，释放出来的 VEGF 总量比对照组（没有交变电荷）增加了 2 倍。将负载 VEGF 的水凝胶皮下植入重度免疫缺陷小鼠的背部，并以无负载 VEGF 的水凝胶为对照。植入 14 d 后，负载 VEGF 的水凝胶周围可观察到血管形成，且受力学刺激的负载 VEGF 的水凝胶周围与无力学刺激的水凝胶相比，肉芽组织厚度和脉管生成量均显著增加；而无负载 VEGF 的水凝胶，无论对照物周围有无力学刺激，脉管形成都不明显，这说明力学信号改变了细胞结构与代谢。

8. 电刺激响应型药物控释系统

这是一种通过电化学方法来控制药物释放的体系。可控制药物释放的开关和速率，药物可以物理吸附的形式埋于聚合物载体中，也可以化学接枝的形式载于聚合物中，在通电刺激下，聚合物发生相应变化（化学键断裂、离子态转变为中性状态、凝胶收缩离子交换等）。如药物氨基丁酸和谷氨酸结合在聚苯乙烯的酰胺键上，施加电流后，聚合物与药物间的化学键断裂，释放出药物。目前，关于该体系的研究主要是采用微制造技术开发含有微米尺度泵、阀和流道的活性装置释放液态溶液。美国 Langer 研究组报道了一种控制释放硅芯片，将芯片浸在磷酸缓冲液中，再插入一对标准甘汞参比电极。阳极薄膜覆在充填有固态、液态或凝胶态化学物质的存储器上，因此移除阳极膜会诱发化学物质从存储器释放。当同一个装置中不同的存储器含有两种模型化合物，如 Ca^{2+} 和荧光素钠时，向浸渍于盐水溶液中的相应阳极施加 1.04 V 电压，能使多种化合物从单一芯片独立释放数小时，因此它能在需要时控制释放一种或多种化学物质。Bui 等人研究了载胰岛素的聚甲基丙烯酸甲酯（PMMA）凝胶，该凝胶对胰岛素的释放受电场开/关的控制，具有通断特性，可作为一种不带活动部件的可植入性胰岛素泵的基础物质。

4.4.3 智能药物控释体系展望

药物控释体系在未来药物的研究中将会发挥更大的作用。首先，许多按常规方式服用时有毒性作用的药物，采用控释剂型则是很安全的。其次，由生物技术生产出的新药如多肽、大分子或疫苗很快会被机体所破坏。因此采用控释体系就成为延长这些药物生物活性期的关键所在。

智能药物控释体系未来所面临的挑战之一是研制更好的聚合物材料。医药上所采用的聚合物几乎没有哪一种是为此目的而专门设计的，例如人工心脏上所采用的聚合物最初是用于制作女士腰带的；而用于制作透析管的聚合物最初是用于加工香肠的。之所以选择了这些聚合物是因为它们具有与欲被替代的器官相近的物理特性。但发展更常规的化学方法来合成出用于人体的聚合物是非常重要的。利用天然物质合成并且能降解成天然物质的生物降解性聚合物将是很有用的。

对某些特定的细胞或器官进行的靶向给药也是很重要的。在许多研究中人们将药物包在很小的称作脂质体的脂肪泡中或者将药物与聚合物、抗体、DNA 或多肽结合在一起。这些体系可使药物更易于被某些细胞如癌细胞所吸收，这是一种可大幅度减少全身毒副作用的方法。此外，人们也正在探讨研制可从机体中清除有毒药物或有毒物质的新体系的可能性。

药物制剂的有效性、安全性、合理性和精密性等决定了用药的效果。20 世纪 90 年代以来，药物新剂型与新技术开发已进入了一个新的阶段。可以认为这一阶段的理论发展和工艺研究已趋于成熟，由于疾病的复杂性及药物的多样性，适合于某种疾病和某种药物的给药系统不一定适用于另一种疾病和药物，因此必须发展多种多样的给药系统以适应不同的需要。许多种类的药物已或正在进行着控制释放体系的研究。如各类生长因子，激素类药物，治疗哮喘的药物，抗结核药物，治疗溃疡、龋齿、皮肤病、血液病、胃肠道疾病、急性精神分裂症的药物等等。

作为一门新兴技术，控制药物释放在理论研究和实际操作上尚存在需解决的问题，如加工费用较高、聚合物的最终去向难以预测等。为此，人们希望对药物释放体系进行智能控制，以达到最佳的疗效。控制药物释放技术已引起越来越多相关专业人员的重视，正在形成一个崭新的领域。药物释放是一个交叉学科，未来的发展需要化学、生物学、药学和临床医学等多学科的综合研究。随着药物控释体系研究的日益深入、方法的不断完善，智能药物控释技术在药物控释系统的应用将越来越重要。

4.5 智能高分子膜材料

膜技术是一种高效的流体分离技术，与传统的分离技术(如蒸馏等)相比具有效率高、能耗低、操作简便、对环境无污染等特点，在节能降耗、清洁生产和循环经济中发挥着越来越重要的作用。在膜分离中，膜材料起着关键作用，目前人们对高分子膜材料的研究逐渐从传统商品化膜材料向功能性、智能化膜材料。与传统商品分离膜不同，智能膜中含有可对外界刺激做出可逆反应的基团或链段，从而使膜的结构随外界刺激变化而可逆地改变，导致膜性能(如孔径大小，亲、疏水性等)的改变，从而控制膜的通量，提高膜的选择性。目前，膜材料的智能化已成为当今分离材料领域发展的一个新方向。智能膜在控制释放、化学分离、生物医药、化学传感器、人工脏器、水处理等许多领域具有重要的潜在应用价值。细胞为生物体材料的基础，它本身就集传感、处理和执行三种功能于一体，故细胞即可作为智能高分子膜材料的蓝本。智能高分子膜目前已成为国际上膜学科领域研究的新热点。

智能高分子膜在外界因素的刺激下，其自身的某些物理和化学性质会发生相应的突变，其智能化是通过膜的组成、结构和形态变化来实现的。环境刺激因素有温度、pH 值、溶液组成、离子强度、光强度、电场、应力和磁场等，当这些刺激信号发生变化时，智能高分子膜的自身性质，如相态、形状、光学、力学、电场、表面能、反应速率、渗透速率和识别性能等，随之会发生变化。

4.5.1 智能高分子膜的响应性及其分类

按照智能高分子膜的结构，智能高分子膜可以分为智能高分子凝胶膜和智能高分子开关膜两种(见图 4-5-1)。

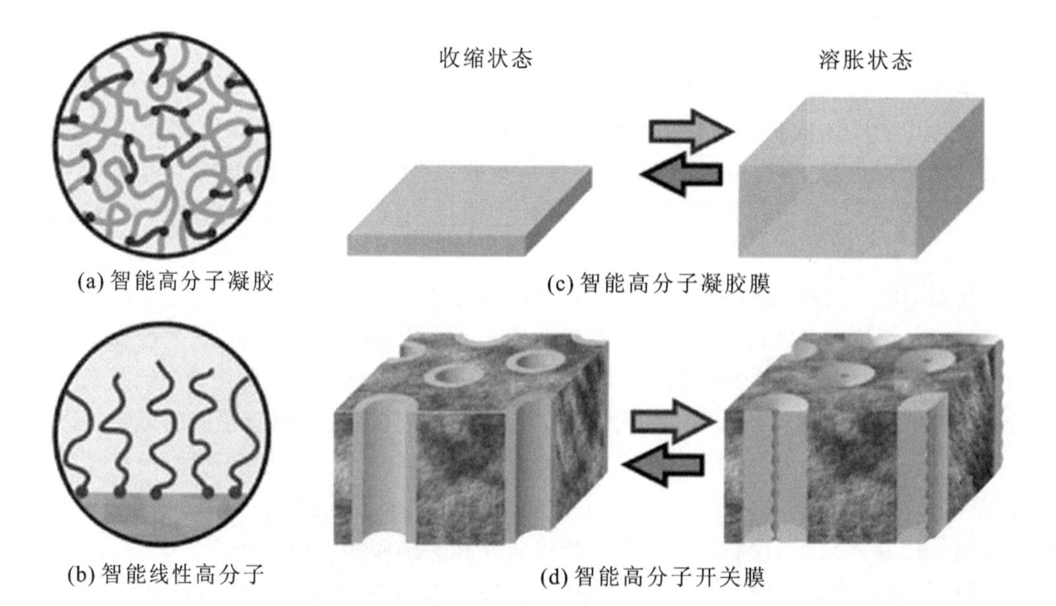

图 4-5-1 环境刺激响应型智能高分子膜

所谓智能高分子凝胶膜就是具有环境刺激响应特性的智能高分子交联而成的均质凝胶膜，它在外界环境刺激的作用下会整体溶胀或收缩，从而改变其渗透特性和选择透过性。高分子凝胶制成的膜能实现可逆变形，也能承受一定的压力。它的智能化是通过膜的组成、结构和形态来实现的。现在研究的智能高分子膜主要是起到化学阀的作用。但是目前，有化学阀功能的高分子膜应用范围还比较窄，尚有赖于新材料领域的开发。智能高分子开关膜则是将智能高分子膜与非刺激响应型基材膜结合而成，并将具有环境刺激响应特性的智能高分子材料采用化学方法或物理方法固定在多孔基材膜上，从而使膜孔大小或膜的渗透性可以根据环境信息的变化而改变，即智能高分子材料在膜孔内起到智能开关的作用。智能高分子材料作为智能开关调节膜孔大小，从而实现渗透特性和选择透过性的变化。

根据智能高分子膜内采用的智能高分子材料对环境刺激响应的特性，可以将智能高分子膜分为温度响应膜、pH 值响应膜、分子识别响应膜、电场响应膜、压力响应膜、光响应膜以及湿敏膜等不同类型。

1. 温度响应膜

温度响应膜是指当高分子膜所处的环境温度发生变化时，膜的孔径大小、渗透速率等随之发生敏锐响应以及突跃性变化的分离膜，表现在膜的透(溶剂)量在某一温度有突发性变化，此时的温度称为最低临界溶液温度(LCST)。因为温度变化自然存在的情况有很多，但是更容易通过人工方法来实现，所以迄今为止，对温度响应膜的研究比较多。聚 N-异丙基丙烯酰胺由于对温度的响应速度快，并且其 LCST 与人体温度接近(约为 32 ℃)，当环境温度上升至膜材料 LCST 以上时，接枝聚合物收缩，膜孔增大，通量增大，截留率降低；当温度降至 LCST 以下时，接枝聚合物溶胀，膜孔缩小，通量降低，截留率增大，从而达到通过调控环境温度来实现膜孔的“开/关”转换的目的，其响应机理如图 4-5-2 所示。这种显著的体积变化与外界温度的改变紧密相关，因此利用这种特性可以制得温度敏感性十分突出的分离膜。

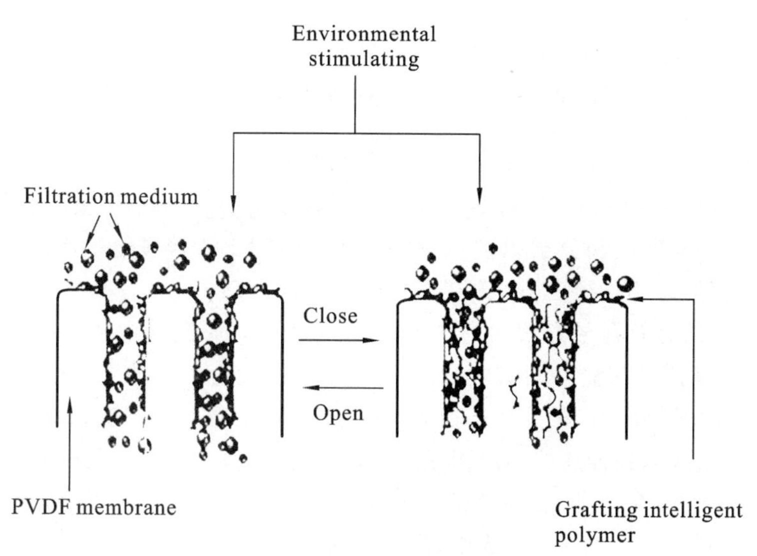

图 4-5-2　温度响应膜的响应机理

2. 分子识别膜

分子识别膜即是响应特异分子的存在或者分子浓度的变化而改变膜性能的一类多功能膜材料，可应用于药物的控制释放、水质的检测与处理、细胞的培养与筛分、手性分子的拆分等诸多领域。分子识别膜响应特异分子的过程是因特异分子与膜上功能材料的基团之间的相互作用而发生的。如 Yamaguchi 等人采用等离子体诱导接枝聚合法将聚(N-异丙基丙烯酰胺-共-苯并-18-冠-6-丙烯酰胺）（poly（*N*-isopropylacrylamide-co-benzo-18-crown-6-acrylamide)poly(NIPAM-co-$B_{18}C_6$Am)）高分子接枝在多孔膜上，制备成具有分子识别功能的智能开关膜，其示意图如图 4-5-3(a)所示。该智能膜的通量明显受溶液中 Pb^{2+}，K^+，Sr^{2+} 或 Ba^{2+} 离子的存在状态所控制。当溶液中没有 $BaCl_2$ 分子存在时，由于膜孔内接枝的 poly(NIPAM-co-$B_{18}C_6$Am)聚合物链呈收缩状态而使膜孔开启，所以通量变大；相反，当环境溶液中有 $BaCl_2$ 分子存在时，膜孔内接枝 的 poly(NIPAM-co-$B_{18}C_6$Am)链呈膨胀状态，于是膜孔关闭，从而导致通量变得很小。该具有 poly (NIPAM-co-$B_{18}C_6$Am)接枝开关的智能膜的分子识别刺激响应特性显示出了良好的可逆性和可重复性，如图 4-5-3(b)所示。

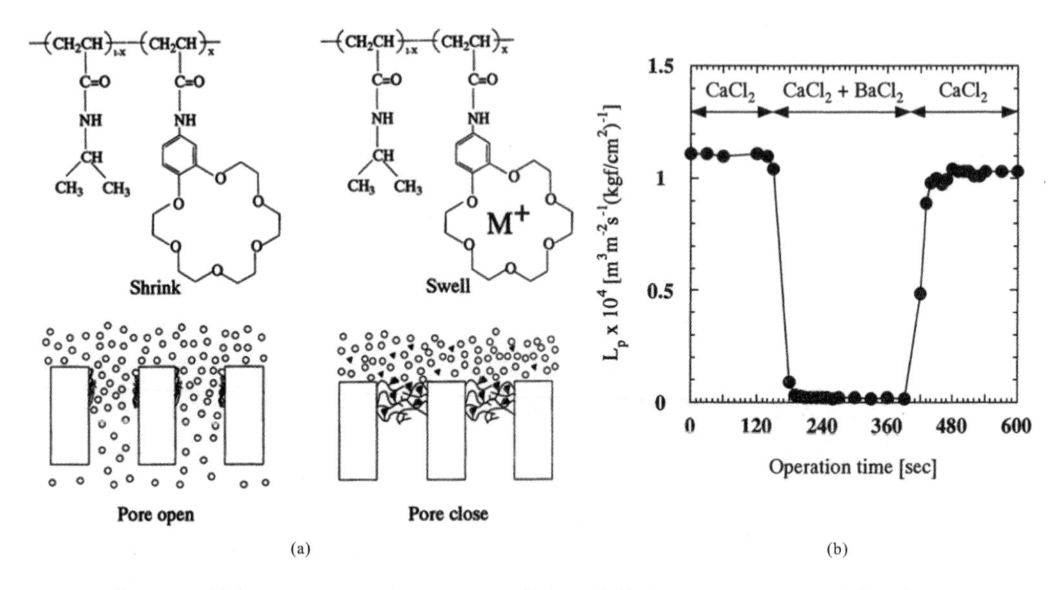

图 4-5-3　具有 Poly(NIPAM-co-$B_{18}C_6$Am)接枝开关的分子识别型智能开关膜示意图和该开关膜的渗透通量随溶液中分子种类的变化

Yang 等人采用等离子体接枝和化学反应相结合的方法得到的聚(N－异丙基丙烯酰胺共聚甲基丙烯酸-2-羟丙基乙二胺基 β-CD)(PNG- ECD-*g*-Nylon-6)接枝膜。制备的智能膜具有良好的温度响应特性和分子识别响应特性。当温度低于接枝链的 LCST，分子链处于伸展状态，使得膜的有效孔径变小，膜孔“关闭”；而当温度高于 LCST 的情况下，分子链处于收缩状态，使得膜的有效孔径变大，膜孔“打开”。当 PNG-ECD 接枝链上的 β-CD 识别了客体分子 8-苯胺-1-萘磺酸铵盐(ANS)之后，高分子接枝链发生了从伸展到收缩的等温构象变化，使膜孔发生从“关”到“开”的变化。而当 β-CD 识别了客体分子 2-萘磺酸(NS)之后，高分子接枝链却发生从收缩到伸展的等温相变过程，也就使得膜孔发生从“开”到“关”的变化，如图 4-5-4 所示。研究结果表明，接枝链中温敏组分与分子识别组分的比例以及接枝率对智能开关膜的分子识别开关特性有较大影响，所以在设计和制备分子识别和温度响应型智能开关膜时，应该优化不同参数以达到优良的开关效果。该研究为进一步设计和制备新型高效特异分子识别分离膜系统提供了基础和理论指导。

3. 电场响应膜

电场响应膜是指膜的特性受电场影响而改变的高分子分离膜。可用于电场响应膜的高分子主要有两类：一类是交联的聚电解质即分子链上带有可离子化基团的凝胶，在此类膜中高分子链上的离子与其对离子在电场下受到相反方向的静电作用，使溶剂中的离子在电场

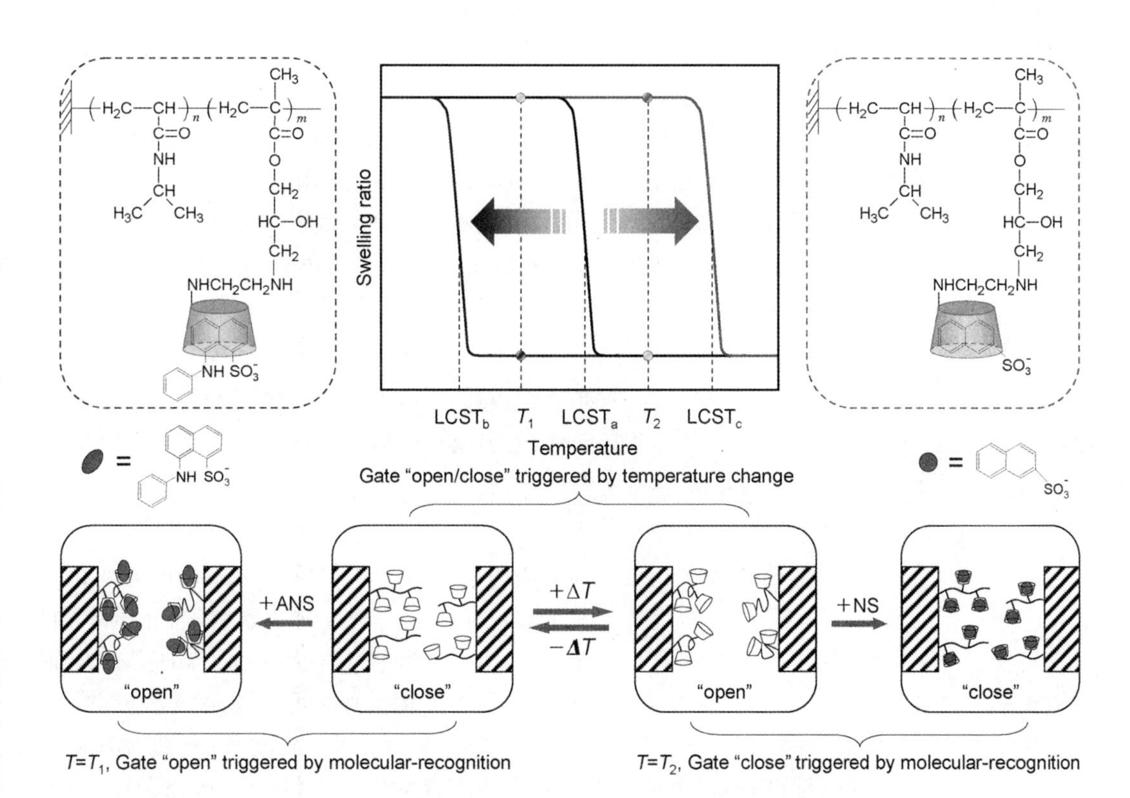

图 4-5-4 基于 β-CD 的分子识别和温度响应型开关膜示意图

的作用下发生迁移，致使凝胶脱水或膨胀，膜孔径也随之发生改变；另一类是导电高分子，如聚噻吩、聚吡咯、聚乙炔等在进行电化学掺杂、去掺杂或化学掺杂时，聚合物的构象会发生变化，从而导致其体积的收缩或膨胀，进而影响膜的孔径大小。

电场响应膜的作用机理是基于导电聚合物的可逆的氧化还原作用、电活性和本征电导率等特性。掺杂着反离子的聚苯胺、聚噻吩、聚吡咯膜是常见的导电聚合物。掺杂的反离子的性质在很大程度上决定着通过聚合物的阴离子和阳离子的量。目前，这种导电聚合膜在矿物离子、蛋白质的选择性分离和药物控制方面应用比较突出。

4. 光敏感膜

光敏感膜是由于光辐射（光刺激）使膜材料发生体积和膜孔径的变化，从而改变膜分离性能的高分子分离膜。在多孔膜基体上通过化学或物理方法固定光敏感型智能高分子，则可以制备成光敏感膜。光敏感型分子通常为偶氮苯及其衍生物、三苯基甲烷衍生物、螺环吡喃及其衍生物和多肽等。

光响应型高分子光敏特性的实现依赖于链段的构象改变和功能性基团。如偶氮苯及其衍生物在紫外光照射下，偶氮苯从反式构象转向顺式；在加热和可见光照射下，偶氮苯回复到反式，这种转变改变了分子尺寸和其偶极矩，最终控制渗透通量。不同的光敏感膜是在分离膜中引进不同的偶氮苯及其衍生物制成的。转换可见光与紫外光的条件，可调节渗透通量，并能重复实施并快速响应。

5. 压力响应膜

压力响应膜是一种新型的功能膜，该膜是依据聚合物共混界面相分离原理和热力学相容理论制备而成的，主要利用了聚合物与无机微粒之间或聚合物与聚合物之间的热力学相容性和物理-机械性能的差异，使其界面与相成型过程中发生分离，制备具有界面微孔结构的新型中空纤维膜，该膜对分离体系压力变化有明显响应。

该类材料由于具有“压力自感知”的分离功能，可通过调控工作压力，改变中空纤维膜孔的孔径和孔隙率，以解决常规中空纤维膜孔道内嵌入式污染物清洗的问题，对提高中空纤维膜的使用寿命、简化清洗流程、降低成套设备运行成本等具有显著作用。目前基于压力响应型聚偏氟乙烯中空纤维膜的成套水处理装置和应用技术，已经成功应用于纺织、化工、食品、电力等行业废水和生活污水处理与回用，年处理各类水体超过 1000×10^4 t，回用率大于80%，年节约用水 800×10^4 t 以上，产生了很好的社会效益和经济效益。

6. 湿敏膜

湿敏膜是近来兴起的新型研究领域，它是在湿度传感的基础上发展而来的。湿敏膜对湿度具有很强的敏感性，当环境湿度发生变化时，由湿敏膜所构成的电阻型湿度传感器的电阻会变化几个数量级，从而表现出膜的湿度敏感性。

7. pH 值响应膜

pH 值响应膜是指膜的体积或膜孔径及其渗透速率能随环境 pH 值、离子强度的变化而变化的分子膜。pH 值响应膜的表面接枝有或带有可离子化的聚合物功能刷，当介质的 pH 值发生变化时，可以接收质子或释放质子，从而表现出 pH 值响应性能。由于 pH 值响应膜材中含有大量易水解或质子化的酸碱基团（如羧基、氨基），因此膜的形状会随着溶液的 pH 值的变化而改变，从而影响膜性能如物质渗透能力。对于阴离子型聚电解质，一般含有官能基团 COOH，例如聚丙烯酸（PAA）、聚甲基丙烯酸（PMAA）等，它们在低 pH 值条件下，—COO—质子化，疏水作用起主导作用，导致含羧基基团的聚合物链卷曲，使微孔膜上的孔径变大，从而有利于渗透介质的通过。在高 pH 值条件下，—COOH 电离成—COO—，使聚合物链上电荷密度增大，聚合物链段上的电荷相互排斥，聚合物链舒展，微孔的孔径变小，渗透介质难以通过，同时由于离子的存在，离子强度的变化也影响膜的性能。

pH 值响应膜是在基材膜上面接枝具有 pH 值响应性的聚电解质开关，从而实现定点定位控制释放及 pH 值响应性分离，在酶的固定、物料分离、化学阀、药物释放等领域具有广阔的应用前景。

8. 特殊响应膜

褚良银等人研制成功了葡萄糖浓度响应型智能膜，它的制备及响应特性如图 4-5-5 所示。首先在多孔膜上接枝羧酸类聚电解质、制备 pH 值响应智能开关膜，然后在羧酸类聚电解质开关链上固定葡糖氧化酶（glucose oxidase，GOD），使得开关膜能够响应葡萄糖浓度的变化。其开关可以根据葡萄糖浓度的变化而开启或关闭，在无葡萄糖、中性 pH 值条件下，羧基解离带负电，接枝物表现伸展构象，从而使得膜孔处于关闭的状态，胰岛素释放速度变慢；反之，当环境葡萄糖浓度升高到一定浓度时，GOD 催化氧化将葡萄糖变成葡萄糖酸，而这使得羧基变得质子化，也减小了静电斥力，接枝物表现收缩构象，导致膜孔处于开放的状态，胰岛素释放速度增大。从而实现了胰岛素浓度随着血糖浓度变化而进行的自调节型智能化控制释放。

4.5.2 智能高分子膜的应用

1. 物质分离

Brenner 等人于 1978 年提出带负电荷的毛细管壁可能会对血清白蛋白和其他聚阴离子的过滤起到静电阻碍作用。Deen 等人于 1980 年用一定量理论模型支持了这一想法。之后

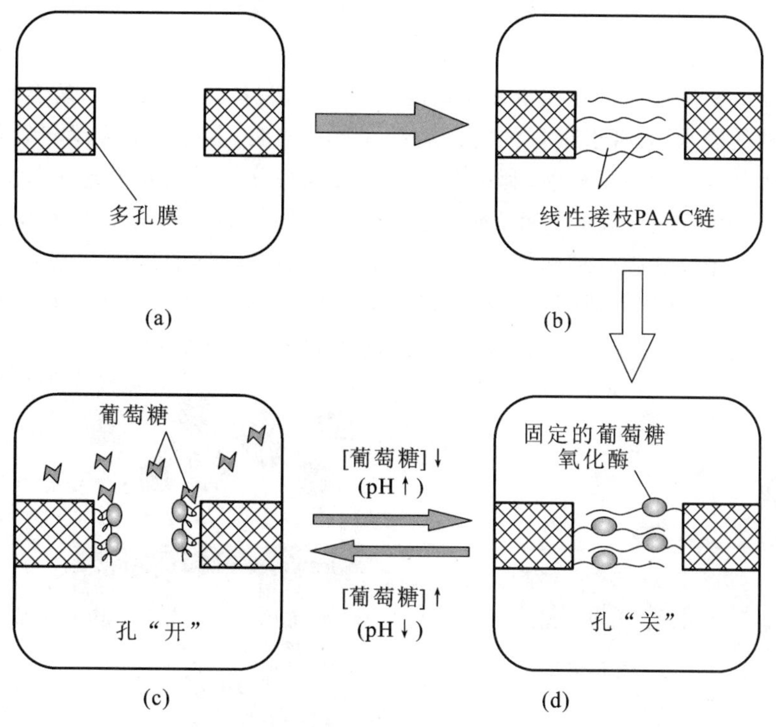

图 4-5-5 葡萄糖浓度响应型膜的制备及其响应原理示意图

Jitsuhara A. 和 Kimura 通过卵清蛋白用阴离子磺化聚砜膜进行超滤实验，证实荷电膜会排斥具有相同电荷的溶质和胶粒，因而不易在表面形成胶层导致膜孔堵塞。Miyama 等人和 Kimura 等人分别用聚丙烯腈的接枝或共聚物和聚砜的衍生物，制成两大类阴、阳离子型超滤膜，并通过控制体系的 pH 值、盐浓度、平衡离子种类和膜的电荷分布等因素，成功地用于蛋白质及分子质量相近的大分子的分离。Y. Ikada 等人将 N-异丙基烯酰胺（NIPAM）及共聚单体接枝于聚偏二氟乙烯（PVDF）膜表面，这种接枝 PVDF 膜如同温控阀门，即温度变化，膜表面接枝链的形态也发生变化，从而有效地控制膜的扩散分离。

2. 水处理

在膜蒸馏处理工业废水的过程中，传统微孔膜表面的疏水基团会因疏水-疏水相互作用与废水中的疏水性污染物结合造成膜污染，而将复合膜用于膜蒸馏处理工业废水，复合膜中亲水层的存在避免了待处理废水与疏水微孔膜的直接接触，由于亲水材料通常含有羟基、羧基、氨基和环氧基等亲水性基团，这些基团极易与氢键结合，与水分子之间的作用力较强，可以在材料表面形成一层水膜，从而抑制油类等疏水性有机物在膜表面的吸附，达到抗污染的效果，有助于延长膜的使用寿命。壳聚糖（CTS）因具有良好的成膜能力和生物相容性，并具有一定的抗菌性能，其表面的氨基、羟基等官能团也可以与水分子形成氢键促进界面水合层的形成，因此常被用于抗污染膜表面的亲水改性材料。美国范德堡大学 Lin 课题组将 CTS 与二氧化硅、全氟辛酸合成的复合悬浮液喷涂在 PVDF 膜表面制备亲水/疏水复合膜，纳米复合材料在膜表面沉积形成的粗糙结构有利于提高膜表面的亲水性，低表面张力的全氟辛酸也可以与壳聚糖形成的水合层发挥协同作用，复合膜用于处理含盐和有机物的页岩油气废水时可以有效抑制污染物在膜表面的吸附。

另一些研究者受自然界中贻贝抗污染而且可以牢固黏附在固体表面的启发，发现这主要是由于贻贝可以分泌多巴胺类物质，其分子结构中含有羟基、氨基等官能团，具有较好的亲水性，且容易在常温条件下发生自聚而黏附在PVDF、PTFE等低表面能材料表面，因此可以通过表面沉积法使多巴胺在膜表面直接发生聚合，制备的亲水/疏水复合膜用于膜蒸馏处理含油含盐的废水，表现出良好的抗污染性。另一方面，多巴胺也可以与氧化石墨烯、聚乙烯亚胺等组分混合配制沉积液，利用多巴胺与其他组分间形成共价键或非共价键的作用将多种功能组分稳定沉积在膜表面，加强对膜表面性质的调控。Chew等使用聚多巴胺和聚乙烯亚胺改性制备复合膜处理模拟油田采出水，膜表面水合层的形成对疏水污染物的附着起到屏障作用，而亲水层中质子化的胺官能团（带正电）可以排斥带正电荷的油水乳液，与水合层协同作用，进一步提高膜的抗污染性能，如图4-5-6所示。

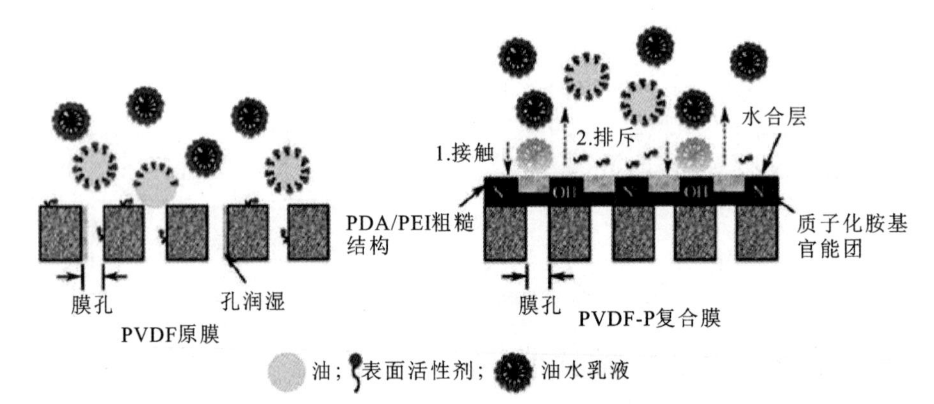

图4-5-6　亲水/疏水复合膜增强抗污染性能的机理

3. 生物医用

Okajima等人将接枝有Poly(NIPAM-co-BCAm)的智能膜用于细胞培养。由于Poly(NIPAM-co-BCAm)能够响应钾离子，当培养的细胞坏死，细胞膜上的钠钾泵失去功能，于是细胞内的钾离子流出，这时Poly(NIPAM-co-BCAm)识别钾离子而膨胀，将坏死细胞从培养的细胞群中自动踢出，从而避免坏死细胞对正常细胞的影响。环境响应性智能膜是基于仿生材料而发展起来的一类新型功能膜，是膜材料今后发展的方向。

思　考　题

(1) 什么是智能高分子材料？智能材料的设计思路有哪些？

(2) 仿生材料的概念是什么？现状及前景如何？

(3) 什么是形状记忆效应？

(4) 简要说明形状记忆高分子材料的记忆机理。

(5) 什么是形状记忆高分子？有哪些特点？和其他形状记忆材料相比有哪些优势？

(6) 形状记忆高分子材料怎样分类？化学感应型SMP有哪几种化学感应方式？

(7) 什么是形状记忆聚氨酯？它与普通聚氨酯有何区别？

(8) SMP的应用领域都有哪些？试举例说明。

(9) 什么是智能高分子凝胶？

(10) 高分子凝胶按照不同的分类方法可以分为哪些类别？

(11) 引起凝胶体积相转变的因素有哪些？高分子凝胶的溶胀分为哪几个阶段？

(12) 高分子凝胶刺激响应性变化的表现是什么？采用智能高分子凝胶的药物释放系统比传统的服药方式有何优势？

(13) 你能想出一项智能高分子凝胶的新的应用吗？

(14) 药物控制释放技术的定义及其优点是什么？

(15) 药物控释体系的原理是什么？有哪些不同刺激信号的药物释放体系？

(16) 什么是智能高分子膜材料？

(17) 温度响应膜是如何控制"开/关"的？

(18) 目前，智能高分子膜都应用在那些方面？今后对于智能高分子膜材料从哪些方面研究？

第5章 高分子液晶材料

高分子液晶材料是一类新型高分子材料，它具有高强度、高模量、耐高温、低膨胀率、低收缩率、耐化学腐蚀的特点，经常用于制作自增强塑料、高强度纤维、板材、薄膜和光导纤维包覆层等，广泛应用于电子器件、航空航天、国防军工、光通信等高新技术领域，以及汽车、机械、化工等国民经济各工业领域的技术改造和产品升级换代方面。正是由于其优异的性能和广阔的应用前景，高分子液晶材料已经成为高分子功能材料研究领域的重要组成部分。作为液晶材料本身和液晶在电子显示器件方面，以及在非线性光学方面的应用早已经被人们熟知。对那些研究较早、相对分子质量较小的液晶材料，称其为小分子液晶。高分子液晶材料虽然也有小分子液晶材料的一些性质和应用，在结构上也存在着密切联系，但是两者在性质和应用方面还是有较大差别的。从结构上分析，高分子液晶材料和小分子液晶材料都具有同样的刚性分子结构和晶相结构，不同点在于小分子液晶材料在外力作用下可以自由旋转，而高分子液晶材料要受到相连接的聚合物骨架的一定束缚。聚合物链的参与使高分子液晶材料具有许多小分子液晶材料所不具备的性质。如主链型高分子液晶材料的超强机械性能，梳状高分子液晶材料在电子和光电子器件方面应用的良好稳定性等都使其成为令人瞩目的新型材料。与常规高分子材料相比，高分子液晶材料的高度有序性赋予其许多非晶态高分子材料所不具备的特殊性质，如非线性光学性质、机械和电学性能等。此外，高分子液晶材料还具有众多尚在研究中和暂时未被认识的性质。高分子液晶材料已经成为功能高分子材料中的重要一员，这是不争的事实。在本章中将介绍高分子液晶材料的发展、结构分类、合成制备和实际应用领域等内容，同时对用于高分子液晶材料研究的一些分析测定方法做简单介绍。

5.1 高分子液晶概述

物质在自然界中通常以固态、液态和气态形式存在，即常说的三相态。在外界条件发生变化时，物质可以在三种相态之间进行转换，即发生所谓的相变。大多数物质发生相变时直接从一种相态转变为另一种相态，中间没有过渡态生成，比如冰受热后从有序的固态晶体直接转变成分子呈无序状态的液体。而某些物质的晶体受热熔融或被溶解后，虽然失去了固态物质的大部分特性，外观呈液态物质的流动性，但是与正常的液态物质不同，可能仍然保留着晶态物质分子的部分有序排列，从而在物理性质上呈现各向异性，形成一种兼有晶体和液体部分性质的过渡性中间相态(mesophases)，这种中间相态被称为液晶态，处于这种状态下的物质称为液晶(liquid crystals)。其主要特征是在一定程度上既类似于晶体，分子呈有序排列；另一方面类似于液体，有一定的流动性。如果将这类液晶分子连接成大分子，或者将它们连接到一个聚合物骨架上，并且仍设法保持其液晶特征，则称这类物质为高分子液晶或聚合物液晶。

液晶这种物质在自然界中早就存在。1888 年奥地利植物学家 Friedrich Reinitzer 第一次科学地描述了液晶态和液晶物质，发现胆甾醇苯甲酸酯在熔融过程中能够形成液晶态。1889 年，由德国科学家 Otto Lehmann 将这种物质命名为液晶。1923 年，D. Vorlander 提出了聚合物液晶(polymer liquid crystals,PLCs)的概念,并在实验中得到了证实。小分子液晶与聚合物液晶的主要差别是后者通过一条聚合物链将液晶分子连接在一起,使其具有高分子性质。近年来聚合物液晶作为功能高分子材料获得广泛重视和发展。

5.1.1 高分子液晶的分类与命名

高分子液晶的分类方法比较复杂,不同领域的科学家出于不同目的有不同的分类方法。简单来说,依据液晶分子链的长短来区分,可以分成单体型液晶和聚合物型液晶,前者属于小分子功能材料,后者属于功能高分子材料。依据液晶分子的结构特征分类,可以分成向列相、近晶相和胆甾醇型液晶。根据形成液晶的过程划分为热致液晶和溶致液晶。在高分子液晶研究中上述三种分类方法都具有重要意义。

1. 高分子液晶的类型

高分子液晶根据其化学结构可分为主链型液晶和侧链型液晶。

长期研究表明,能形成液晶相的物质分子通常都含有一定形状的刚性结构,以利于在液态时仍能依靠分子间力进行有序排列。刚性部分多由芳香和脂肪型环状结构构成,是产生液晶相的主要因素。将这些刚性部分相互连接组成高分子则构成聚合物液晶。根据刚性结构在聚合物分子中的相对位置和连接方式特征,可以将其分成高分子主链型液晶和高分子侧链型液晶,分别表示分子的刚性部分处于主链上和连接于主链的侧链上;有时侧链液晶也称为梳状液晶。

如果再根据刚性部分的形状结合所处位置,主链型液晶还可以进一步分成如下类型:①α 型液晶,也称为纵向型液晶,其特点是刚性部分长轴与分子主链平行;②β 型液晶,也称为垂直型液晶,其分子的刚性部分长轴与分子主链垂直;③γ 型液晶,也称为主链星型液晶,其特点是分子的刚性部分呈十字形;④ζ 型液晶,也可称为盘状液晶,其特点是分子的刚性部分呈圆盘状,根据圆盘部分的特征,还可以进一步分成软盘型液晶、硬盘型液晶和多盘型液晶三类。

高分子侧链型液晶还可以进一步分成以下类别:①ε 型液晶,也称为梳状或 E 型液晶,液晶分子的刚性部分处在分子的侧链上,主链和刚性部分之间由柔性碳链相连;根据侧链的形状还可以进一步分成单梳型液晶、栅状梳型液晶、多重梳型液晶(这种聚合物液晶常有一条柔性好的聚硅氧烷主链);②φ 型液晶,也称为盘梳型液晶,侧链上的刚性部分呈盘状;③κ 型液晶,也称为反梳型液晶,其分子主链为刚性部分,而侧链由柔性链段构成;④θ 型液晶,或称为平行型液晶,刚性部分处在分子的侧链上而且其长轴与分子的主链基本保持平行,根据刚性部分与主链所处的相对位置不同还可以进一步分成单侧平行型液晶和双侧平行型液晶,后者有时也称为双轴液晶。

除了主链和侧链型高分子液晶之外,还有些结构复杂的液晶称为混合液晶。如 λ 型液晶,其中 λ_1 型含有纵向型和垂直型两种刚性部分;λ_2 型含有纵向型和盘型两种刚性部分;λ_3 型含有垂直型和盘型两种刚性部分。

如果在主链和侧链上均含有刚性结构则称为结合型高分子液晶,如 ψ 型液晶,其分子的刚性部分在主链和侧链上都存在;σ 型液晶称为网型液晶,这类液晶通过交联反应得到;ω 型液晶或称为二次曲线型液晶,也曾经叫作角锥形液晶或碗形液晶,这是一种纯三维聚合物液晶,据预测,这种液晶应具有某些特殊的电学性质。

各类聚合物液晶的结构形式见表 5-1-1。

表 5-1-1　高分子液晶分类表

分类符号	结构形式	名　　称
α	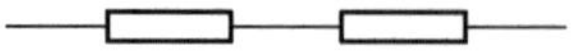	纵向型(longitudinal)
β	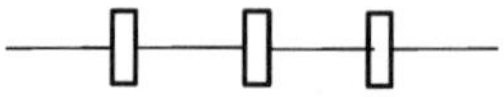	垂直型(orthogonal)
γ	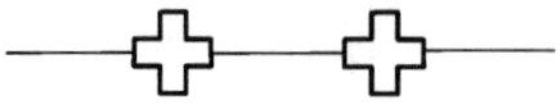	星型(star)
ζ_s	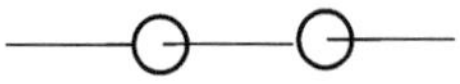	软盘型(soft disc)
ζr	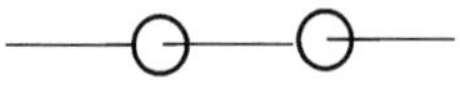	硬盘型(rigid disc)
ζ_m	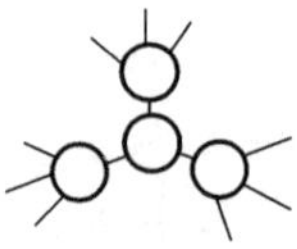	多盘型(multiple disc)
ε_o	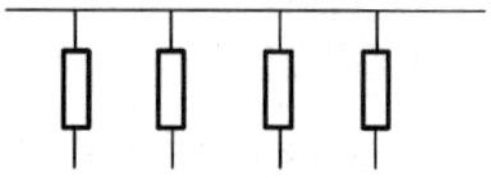	单梳型(one comb)
ε_p	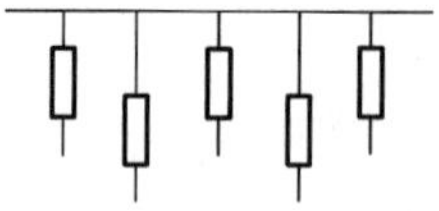	栅状梳型(palisade comb)
ε_d	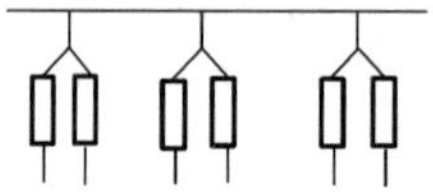	多重梳型(multiple comb)
φ	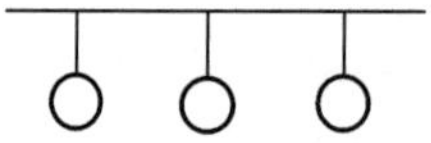	盘梳型(disc comb)
κ	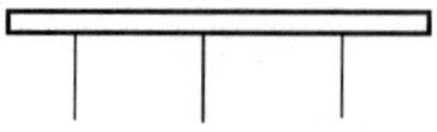	反梳型(inverse comb)
θ_1	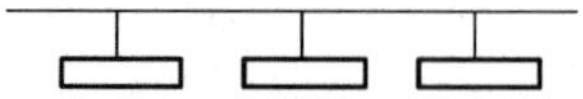	平行型(parallel)
θ_2	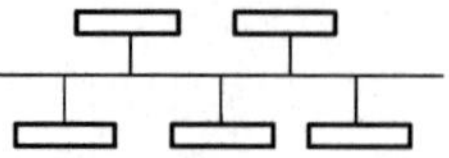	双平行型(biparallel)
λ_1	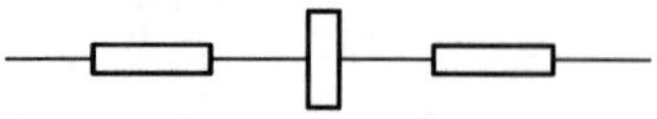	混合型(mixed)
λ_2	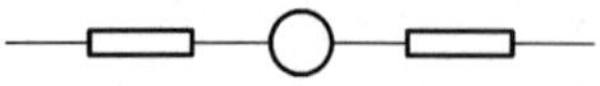	混合型(mixed)
λ_3	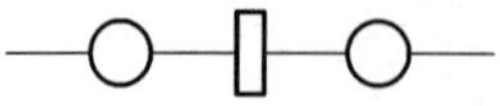	混合型(mixed)

续表

分类符号	结构形式	名　称
ψ_1	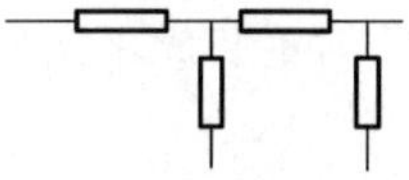	结合型(double)
ψ_2	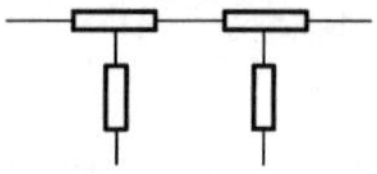	结合型(double)
σ	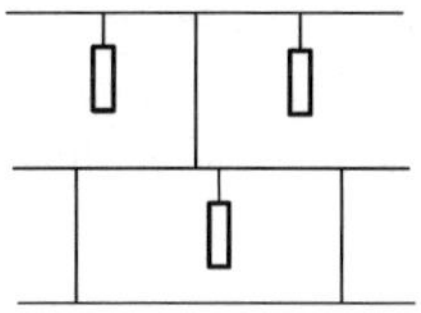	网型(network)
ω	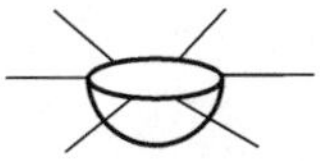	二次曲线型(conic)

2. 高分子液晶的形态

通常液晶材料也按照其晶体形态划分。液晶的形态也称为液晶相态结构，是指液晶分子在形成液晶相时的空间取向和晶体结构。与液晶密切相关的物理化学性质一般都与液晶的晶相结构有关。液晶的晶相结构主要有以下三类。

(1) 向列相液晶(nematic liquid crystal)。

用符号 N 表示。在向列相液晶中，液晶分子刚性部分之间相互平行排列，但是其重心排列无序，只保持着一维有序性。液晶分子在沿其长轴方向可以相对运动，而不影响晶相结构。因此在外力作用下易于沿此方向流动，是三种晶相中流动性最好的一种液晶，其高分子熔融体或高分子溶液的黏度最小。

(2) 近晶相液晶(smectic liquid crystal)。

用符号 S 表示。近晶相液晶在所有液晶中最接近固体结晶结构，并因此而得名。在这类液晶中，分子刚性部分互相平行排列，并构成垂直于分子长轴方向的层状结构。在层内分子可以沿着层面相对运动，保持其流动性。这类液晶具有二维以上有序性。由于层与层之间允许有滑动发生，因此这种液晶在其黏度性质上仍存在着各向异性。

这一类液晶还可以根据晶型的细微差别再分成九个小类。

① S_A 型液晶。

分子中刚性部分的长轴垂直于层面，与晶体的长轴平行，在平面内分子的分布无序。

② S_B 型液晶。

与 S_A 型液晶相比，分子刚性部分的重心在层内呈六角形排列，在一定程度上呈三维有序。

③ S_C 型液晶。

与 S_A 型液晶相比，分子刚性部分的长轴与层面倾斜成一定角度，如果有光学活性则标记为 S_C^*。

④ S_D 型液晶。

呈现出立方对称特性，与塑晶(plastic crystal，一类具有塑性的固态晶体)相似。

⑤ S_E 型液晶。

与 S_B 型液晶相似，不同点是分子刚性部分的重心成正交型排列。

⑥ S_F 型液晶。

从与层面垂直的方向看与 S_B 型液晶相同，呈正六边形，但是分子的刚性部分不与层面垂直，而是朝正六边形的一个边倾斜成一定角度，为单斜晶型。

⑦ S_G 型液晶。

从与层面垂直的方向看与 S_B 型液晶相同，呈正六边形，但分子的刚性部分朝正六边形的一个顶点倾斜成一定角度，为单斜晶型。

⑧ S_H 型液晶。

该类液晶的层内结构与 S_E 型液晶相同，但刚性部分朝六边形的顶点方向倾斜一定角度，晶型与 S_F 型液晶同类。

⑨ S_I 型液晶。

其层内结构与 S_E 型液晶相同，但刚性部分朝六边形的顶点方向倾斜一定角度，晶型相同。

(3) 胆甾醇型液晶(cholesteric liquid crystal)。

由于最初发现的这类液晶分子许多是胆甾醇的衍生物，因此胆甾醇型液晶成了这类液晶的总称。当然，胆甾醇型液晶中也有许多由与胆甾醇分子毫无关系的分子构成。其科学的定义应为：构成液晶的分子基本是扁平型的，依靠端基的相互作用，彼此平行排列成层状结构；与近晶相类似液晶不同，它们的长轴与层面平行而非垂直。此外，在两相邻层之间，由于伸出平面外的化学基团的空间阻碍作用，分子的长轴取向依次规则地旋转一定角度，层层旋转，构成一个螺旋面结构；分子的长轴取向在旋转 360°以后复原，两个取向度相同的最近层间距离称为胆甾醇型液晶的螺距。由于这种螺旋结构具有光学活性，这类液晶可使被其反射的白光发生色散，反射光发生偏转，因而胆甾醇型液晶具有彩虹般的颜色和很高的旋光本领等独特的光学性质。

上述三种晶相结构液晶的结构示意图如图 5-1-1 所示。

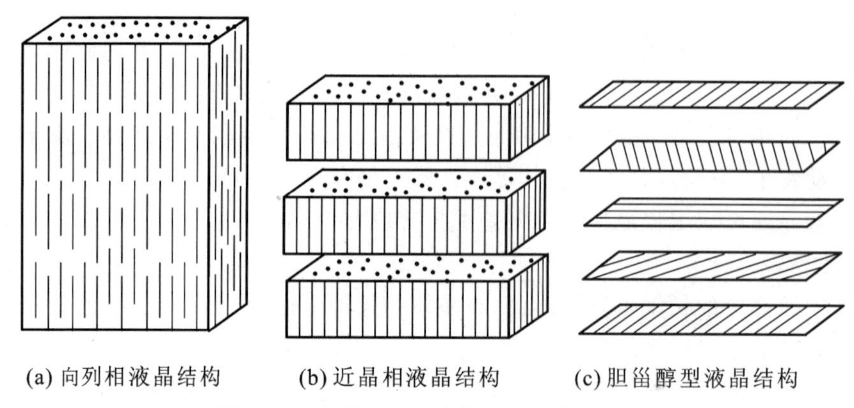

(a) 向列相液晶结构　(b) 近晶相液晶结构　(c) 胆甾醇型液晶结构

图 5-1-1　三种不同形态的液晶结构示意图

构成上面三种液晶的分子的刚性部分均呈长棒形。除了长棒形结构的液晶分子外，另外一类液晶由刚性部分呈盘形的分子形成。在形成的液晶中多个盘形结构叠在一起，形成柱状结构；这些柱状结构再进行一定有序排列形成类似于近晶相液晶。这一类液晶用大写的D加下标表示。其中D_{hd}型液晶表示层平面内柱与柱之间呈六边形排列,分子的刚性部分在柱内排列无序。D_{ho}型液晶与D_{hd}型类似,不同点在于分子的刚性部分在柱内的排列是有序的。D_{rd}表示的液晶,其在层平面内呈正交排列。D_t表示的液晶,其形成的柱结构不与层平面垂直,倾斜成一定角度。盘状分子形成的柱状结构如果仅构成一维有序排列,也可以形成向列相液晶,通常用N_d来表示。

3. 高分子液晶相的形成过程

从本质上来说,液晶并不是一种物质,而是物质的一种介稳相态。由于液晶是介于固相和液相之间的一种中间相态,形成这种相态可以从固态出发,也可以从液态出发。当从固态出发时,形成液态有两种方法可以利用,一种是通过加热熔融液化;另一种是通过加入溶剂溶解形成液体。采用这两种方法都可以在上述转换过程中的某一个阶段形成液晶。根据形成液晶过程的不同,我们可以将其分成热致液晶(thermotropic liquid crystal)和溶致液晶(lyotropic liquid crystal)。前者是三维各向异性的晶体在加热熔融过程中,通过分子的热运动而克服固体的晶格能形成液体,其间当部分晶体特征失去,具有流动性特征的前提下保持一定有序性构成液晶相。后者是分子与溶剂分子相互竞争作用下,溶解能克服晶格能形成两者混溶的溶液态,在溶解过程中分子在一定浓度下仍能保持一定有序性而形成液晶态。这两种液晶相在应用领域和性能方面完全不同。其形成过程如下所示。

热致液晶形成过程:固体$\underset{冷}{\overset{热}{\rightleftharpoons}}$液晶$\underset{冷}{\overset{热}{\rightleftharpoons}}$各向同性液体

溶致液晶的形成过程:固体$\underset{-溶剂}{\overset{+溶剂}{\rightleftharpoons}}$液晶$\underset{-溶剂}{\overset{+溶剂}{\rightleftharpoons}}$各向同性液体

在上述两种液晶形成过程中,可能分成若干阶段,而在不同阶段形成的液晶的晶相结构是不同的。应该指出,液晶分子、液晶态和液晶态固体是三个不同的概念,液晶分子包括高分子液晶,是指具备形成液晶态条件的分子,并不一定处在液晶态。液晶态指的是分子处在固相和液相中间的一种过渡相态,分子同时保持液体的流动性和晶体的有序性。液晶态固体是保留了液晶态时分子堆砌结构的固体,而非液晶态,指的是固体的晶体状态。对上述三个概念的区分非常重要。

5.1.2 高分子液晶材料的分子结构与性质

任何事物的外在性质都与其内在结构特征相联系,液晶材料也不例外。液晶分子的结构特点决定形成液晶态的难易和液晶态的晶相结构,构成液晶形成的内因。而内因又是通过外因起作用的,能否形成和如何形成液晶结构取决于外部条件。下面从高分子液晶的分子结构和外部影响因素两个方面进行分析。

1. 高分子液晶的典型结构

从上述讨论可知,液晶相是某些物质在从固态向液态转换时形成的一种中间相态或者称过渡相态。很显然并不是所有的分子都能形成液晶相,液晶相态的形成必然与分子结构有着内在联系。液晶相态的形成是物质分子结构的外在表现形式,而这种物质的分子结构则是液晶相形成的内在因素。毫无疑问,物质的分子结构在液晶相态的形成过程中起着主要作用,同时也决定着液晶的晶相结构和物理化学性质。

大量研究表明,能够形成液晶相的物质通常在分子结构中具有规整的刚性部分。从外形上看,刚性部分通常近似棒状、片状或盘状,这种形状的分子结构在分子间力作用下有利于保持分子的空间有序性。这是液晶分子在液态下能够维持某种有序排列所必需的结构因素。在高分子液晶中这些刚性部分被柔性链以各种方式连接在一起构成不同类型。在常见的高分子液晶材料中，刚性部分以下式所示的长棒状分子结构为主。

$$R-\bigcirc-X-\bigcirc-R_1$$

这种刚性结构通常由两个环状结构（苯环、脂肪环或者芳香杂环）通过一个刚性结构（X）连接组成。刚性连接部件常见的化学结构 X 包括亚氨基（—C＝N—）、反式偶氮基（—N＝N—）、氧化偶氮基（—NO＝N—）、酯基（—COO—）和反式乙烯基（—C＝C—）等。这个刚性结构能够阻止两个环的旋转，提升分子的规整性。刚性体的端基 R 和 R_1 可以是各种极性或非极性基团，对形成的液晶相态具有一定稳定作用。液晶分子中比较重要结构部件的化学结构在表 5-1-2 中列出。

表 5-1-2　液晶分子中棒状刚性部分的刚性连接部件与取代基

R	X		R_1
C_nH_{2n-1}— C_nH_{2n-1}O— C_nH_{2n-1}OCO—	—⟨苯环⟩— —OCO—⟨苯环⟩—COO— —⟨环己烷环⟩—	—N═N—（N→O） —C(═O)O— —CH═N— —N═N— —CH═CH— —C≡C—	—R —F —Cl —Br —CN —NO —N$(CH_3)_2$

2. 影响聚合物液晶形态与性能的因素

影响聚合物液晶形态与性能的因素包括外在因素和内在因素两部分。

内在因素为分子结构、分子组成和分子间力。在热致液晶中，对晶相和性质影响最大的是分子构型和分子间力。分子中存在刚性部分不仅有利于在固相中形成结晶，还在转变成液相时有利于保持晶体的有序度。分子中刚性部分的规整性越好，越容易使其排列整齐；分子间力增大，也更容易生成稳定的液晶相。分子间力大和分子规整度高虽然有利于液晶形成，但是相转变温度也会因为分子间力的提高而提高，使热致液晶相的形成温度提高，不利于高分子液晶材料的加工和使用。溶致液晶由于是在溶液中形成不存在上述问题。一般来说，刚性体呈棒状，易于生成向列相或近晶相液晶；刚性体呈片状，有利于胆甾醇型或盘状液晶的形成。聚合物骨架、刚性体与聚合物骨架之间柔性链的长度和体积对刚性体的旋转和平移会产生影响，因此也会对液晶的形成和晶相结构产生作用。在聚合物链上或者刚性体上带有不同极性、不同电负性或者具有其他性质的基团，会对高分子液晶材料的电、光、磁等性质产生影响。

液晶相态的形成有赖于外部条件的作用。外在因素主要包括环境温度和环境组成（包括溶剂组成）。对高分子热致液晶来说最主要的外在影响因素是环境温度，足够高的温度能够给分子提供足够的热动能，是使相转变过程发生的必要条件。因此，控制温度是形成液晶态和确定具体晶相结构的主要手段。除此之外，很多分子存在偶极矩和抗磁性，施加一定电场或磁场力对液晶相的形成是必要的。对于溶致液晶，溶剂与液晶分子之间的作用起非常重要的作用，溶剂的结构和极性决定了与液晶分子间亲和力的大小，进而影响液晶分子在溶液中的构象,能直接影响液晶相的形态和稳定性。控制高分子液晶溶液的浓度是控制溶致高分子液晶晶相结构的主要手段。在过去几十年的研究中,科学家已经制备合成了多种高分子液晶材料,并对各种高分子液晶材料的物理化学性质进行了广泛研究。

5.2 高分子液晶材料的特性及应用

总体来说,与其他高分子材料相比,高分子液晶材料具有以下特点。①分子内存在棒状、片状或者盘状的刚性结构,分子间作用力大,容易形成有序堆积结构,因此具有结晶度高、机械性能好、物理化学性质稳定的特点。②在固态和液晶态分子有序排列并构成特定晶相结构(向列相、近晶相和胆甾醇型等),这种分子有序性可以将分子的折射率、偶极矩、磁化率、剪切黏度、旋光性等微观特征宏观化,表现出特殊的光学、电学、磁学和力学效应。③高分子液晶的相态结构受到环境因素(如温度、溶剂、电场、磁场等)的影响显著。调整上述影响因素都可以改变液晶材料的晶相结构,从而改变材料的相关属性。高分子液晶材料的应用研究主要围绕着上述特性展开。众所周知,高分子液晶材料有着良好的热稳定性,优异的介电、光学和机械性能;它的抗化学试剂能力、低燃烧性和极好的尺寸稳定性等都是这些性质的具体表现。高分子液晶的这些性质和应用在前面已经做了部分介绍,在此处着重介绍几种主要的高分子液晶材料及其用途。

5.2.1 液晶高分子纤维

作为纤维材料,要求沿纤维轴方向有尽可能高的抗张强度和模量。理论计算指出,如果组成纤维的聚合物分子具有足够高的相对分子质量并且全部沿着纤维轴向取向,可以获得最大的抗张模量与抗张强度。非液晶高分子纤维中,一般存在晶态-非晶态两相结构,其中的结晶结构一般是由分子链折叠而成的片晶,即使经拉伸也难实现比较完善的轴向取向,纤维中存在较多的结构缺陷和薄弱环节,力学性能较差。而液晶高分子则不同,在适当的条件下,液晶分子有自动沿分子长轴取向的倾向,体系的黏度系数也表现为各向异性,沿分子长轴方向的黏度系数较其他方向小得多,因而很容易在纺丝过程中形成沿纤维轴高度取向的结构(见图 5-2-1),从而获得优异的力学性能。芳纶(Kevlar)是最早开发成功并进行工业化生产的液晶高分子纤维,它的高强度、高模量以及优良的耐热性使它在增强材料、防护服装、防燃、高温过滤等方面发挥着重要作用。

然而,科学的发展是无止境的,在对液晶的理论研究及实践不断进步的基础上,人们更有勇气设计与制造强度和模量更高,甚至接近理论极值的新材料。以 PBZ 和 PBO 为代表的具有杰出力学性能和耐热性的芳杂环高分子的成功研究和开发可以说是科学家挑战自我的胜利,是液晶高分子工程最成功的例子之一。如果说芳纶的发明还有它的偶然性,聚芳杂环液晶高分子的发明则完全是精心计划和周密分子设计的结果。1961 年已经发现的芳杂环高分子聚苯并咪唑(PBI)具有很好的耐热性,但其力学性能一般。随后于 1977 年,美国空军研究实验室推出了高强度、高模量、耐高温的聚苯并噻唑(PBZ)纤维。而几乎与此同时,他们也开展了对聚苯并恶唑(PBO)的研究,可惜的是,美国空军研究实验室没有获得 PBO 的最终胜利,PBO 的先驱 J. F. Wolfe 等也没有亲自取得 PBO 的最后成功。20 世纪 90 年代后 Dow 化学公司与东洋纺公司合作,成功地生产出了液晶 PBO 纤维,并以 Zylon 的商品名推出。Zylon 具有十分优异的性能,具有 2 倍于 Kevlar 的强度和模量,分别达 5.8 GPa 和 300 GPa 左右,热分解温度达 650 ℃,也只有由液晶高分子制得的纤维才能获得如此接近理论极值的性能。

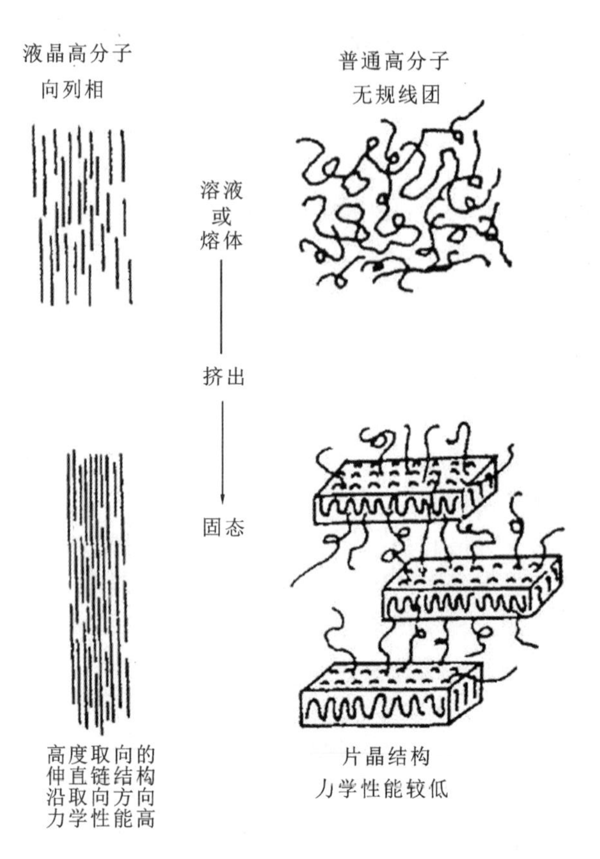

图 5-2-1　液晶高分子的伸直链结构与非液晶高分子的片晶结构示意

5.2.2　热致高分子液晶——塑料

由于芳族聚酰胺和芳杂环液晶高分子都是溶致性的，即不能采取熔融挤出的加工方法，因此在高性能工程塑料领域的应用受到限制。以芳族聚酯液晶高分子为代表的热致高分子液晶正好弥补了溶致高分子液晶的不足。

目前已经实现商品化的热致高分子液晶聚芳酯大体分为 3 种类型，即以 Amoco 公司的 Xylar 和 Sumitomo 公司的 Ekonol 为代表的Ⅰ型，以 Hoechst-Celanese 公司的 Vectra 为代表的Ⅱ型和以 Unitika 公司的 Rodrun LC 5000 为代表的Ⅲ型。Ⅰ型属联苯系列，分子和基本成分为对羟基苯甲酸（HBA）、4，4'-联苯二酚（BP）以及不同比例的对苯二甲酸（PTA）和间苯二甲酸（IPA）；Ⅱ型属萘系列，主要成分是 HBA 和 6-羟基-2-萘酸（HNA）；Ⅲ型为 HBA 与 PET 的共聚产物。Ⅰ型耐热性最好，适合于要求高温性能的场合，但加工比较困难；Ⅲ型热性能差些；Ⅱ型的综合性能较好，耐热性居中。

我国洪定一等研究了 PET/60PHB 共聚酯体系。用 NMR、DSC 等方法对其结构和液晶性进行了分析，结果表明，聚合物 PET/60PHB 是 PET 和 PHB 的无规共聚酯，属向列相热致液晶。加工试验表明，该共聚酯具有优良的加工流动性，其力学性能、耐热性能及电绝缘性均达到或超过了国外同类产品水平，其中拉伸强度超过 600 MPa、热膨胀系数接近于陶瓷的数值，这两项独特性能表明了此液晶共聚酯作为工程塑料所独具的广泛应用前景。

另外国内也有关于液晶聚氨酯弹性体的报道，其主要方法是在多嵌段聚氨酯中引入液晶基元。采用 FTIR、DSC、DMA、WAXS、UV、偏光显微镜以及固体变温高分子 NMR 和溶液 NMR 谱研究其化学结构、两相结构以及氢键对液晶态生成的影响，结果表明大多数聚氨酯样品呈现向列相热致液晶相行为，且大多表现出典型的热塑性弹性体的性质。单轴拉伸分析表明该类液晶聚氨酯存在两种取向机理，样品一般具有良好的机械强度和成膜能力。

高分子液晶，特别是热致主链型液晶具有高模、高强等优异的机械性能，因此特别适合于作为高性能工程材料。比如高分子液晶作为优异的表面连接材料用于将电子元器件直接固定到印刷线路板表面。另外，大直径的高分子液晶棒还是替代建筑用钢筋的材料，与钢筋相比具有质量轻、柔韧性好、耐腐蚀的优点，更重要的是它的极低的膨胀率可以大大减小由温度变化产生的内应力。高分子液晶的低黏度和高强度性质使其作为涂料添加剂也得到应用。加入高分子液晶的涂料黏度下降，因此可以使用更少的溶剂，以减少污染，降低成本。加入高分子液晶后，涂料成膜后的强度也较大增强。

5.2.3 高分子液晶复合材料

高分子液晶复合材料以热致液晶聚合物为增强剂，将其通过适当的方法分散于基体聚合物中，就地形成微纤结构，达到增强基体力学性能的目的。常用来作为增强材料的液晶聚合物有 PET/PHB、Vectra、Xylar、全芳聚酯等。

李锦春用 PET/PHB 与 PP 共混，以 PP-g-MAH(马来酸酐接枝 PP)为相溶剂，制得液晶增强复合材料，其拉伸强度、弯曲弹性模量、断裂伸长均大于纯 PP。Chioa 等人以 Vectra-A900 为增强剂，与 PP 共混，采用 EGMA(乙烯-甲基丙烯酸甲酯-甲基丙烯酸缩水甘油酯)为相溶剂所得体系的力学性能，包括冲击强度均大幅度提高。

液晶聚合物形成微纤结构以及与基体材料良好的界面粘接性对复合材料的增强效果至关重要。后者可通过添加相溶剂加以改善，前者则受多种因素影响，如液晶类型、液晶含量、加工工艺过程等。

陈建定等采用合成的四元液晶共聚酯 BP-LCP 和 BPM-LCP 分别以不同的配比与聚碳酸酯(PC)、聚对苯二甲酸丁二酯(PBT)进行原位复合，对原位复合物的流变性能和微观结构形态进行研究，并且探讨了液晶共聚酯与基体的相匹配关系，对原位复合的效果作了评价。

张宏放等采用 WAXS、DSC 等方法研究了 LC70/PET 原位复合材料的结构和性能，结果表明，当 LC70/PET＜ 20%时，LC70 可起到加速成核作用，LC70 与 PET 部分相容，在较高 LC70 含量下材料的 SEM 观察表明，存在清晰的“皮芯”结构。

近年来，关于高分子液晶通过互穿聚合物网络与基体聚合物分子复合的研究也有不少报道。米军等人采用一种含柔性链段的热致液晶聚酯酰亚胺(TLCPEI)与二苯甲烷双马来酰亚胺(BMI)在一定程度共聚的基础上制得几种半互穿聚合物网络(SIPN)，这是一种液晶聚酯酰亚胺分子复合材料。通过热分析、正交偏光显微分析和断面扫描电镜(SEM)观察，发现两者具有很好的相容性，TLCPEI 均匀分散在交联网络结构中，三维交联网络结构限制了 TLCPEI 的运动，固定了液晶相态织构，加热不发生相分离，制得了具有热固性的高分子复合材料。意大利的 U. Caraso 等人以对苯二甲酸(PTA)为基质，通过自由基聚合在对苯二甲酸基质上复合丙烯腈基可制得交联的液晶网络，并且通过热处理就可获得稳定的宏观取向。

5.2.4 液晶高分子分离材料

有机硅聚合物以其良好的热稳定性和较宽的液态范围作为气液色谱的固定相应用已经有很长历史，如聚二甲基硅烷和聚甲基苯基硅烷分别为著名的 SE 和 OV 系列固定相。当在上述固定相中加入液晶材料后，即成为分子有序排列的固定相。固定相中分子的有序排列对于分离沸点和极性相近而结构不同的混合物有较好的效果，原因是液晶材料的空间排布有序性影响分离过程。

液晶固定相是色谱研究人员重点开发的固定相之一。采用硅氧烷作为骨架的高分子侧链型液晶可以单独作为固定相使用，小分子液晶的高分子化克服了在高温使用条件下小分子液晶的流失现象。高分子液晶作为色谱固定相需要解决的问题包括降低聚合物的玻璃化温度和拓宽液晶态的温度范围等。手性液晶的引入为光学异构体的分离提供了一种很好的分离工具。

随着交联、键合等手段的采用，高分子液晶固定相正广泛应用于毛细管气相色谱、超临界色谱和高效液相色谱中。

5.2.5 高分子液晶信息材料

1. 高分子液晶在电学方面的应用

高分子液晶具有在电场作用下从无序透明态到有序非透明态的转变能力，因此也可以应用到显示器件的制作方面。它是利用向列相液晶在电场作用下的快速相变反应和表现出的光学特点制成的。把透明体放在透明电极之间，当施加电压时，受电场作用的液晶前体迅速发生相变，分子发生有序排列成为液晶态，有序排列部分失去透明性而产生与电极形态相同的图像。根据这一原理可以制成数码显示器、电光学快门、广告牌及电视屏幕等显示器件。

2. 高分子液晶在信息储存介质及光学方面的应用

高分子液晶特别是高分子侧链型液晶是很有前途的非线性光学材料，因为这类高分子具有易在分子中引入具有高值超极化度和非线性光学活性的液晶单元，易在外电场的作用下实现一致取向，且易加工成形等鲜明特点。

中科院化学研究所的谢萍等合成了几种具有液晶态特征的功能梯形聚硅氧烷，包括β-二酮、希夫碱、偶氮3种类型的“鱼骨形”高分子侧链型液晶和相应的络合型高分子液晶以及挂接发色团的非线性光学梯形高分子。此种“鱼骨形”高分子液晶与小分子液晶组成高分子网络液晶型的复合物，表现出有趣的正性或负性两种不同的电光响应行为。非线性光学梯形高分子的极化膜表现出稳定的极化诱导取向。

在信息科学中大有作为的另一类高分子液晶是铁电性高分子液晶，某些含有手性中心的高分子液晶可形成手性近晶相液晶态如 SC^*、SI^*、SF^* 等。这些聚集状态高分子液晶满足铁电性在分子和材料对称性上的要求，都表现有铁电性。铁电性高分子液晶的潜在应用领域包括显示器件、信息传递、热电检测以及非线性光学器件等。

液晶还可应用于光导高分子液晶。光导体是指在光的照射下电导率会显著改变的一类物质。咔唑是一种著名的光导活性物质，咔唑为侧基的高分子因而也具有光导性，例如图5-2-2所示的聚乙烯咔唑、聚3,6-二溴代乙烯咔唑和聚2-乙烯-N-乙烯咔唑等。在暗处，它们是绝缘体，但是在紫外光照射下，它们的导电性会显著增加。聚乙烯咔唑已经用于电子照相和静电复印中，还可以与热塑性薄膜结合用作全息记录材料。

5.2.6 高分子液晶膜

细胞膜是细胞的重要组成部分，它起着把外环境和内环境分隔开的作用。为了让离子能扩散穿过，并让气体进行内外交换，细胞膜应该具有选择的功能。细胞膜是由脂类和蛋白质组成的双层膜。脂类分子由磷脂和甾醇构成且形成双分子层，其化学结构式和溶解特性

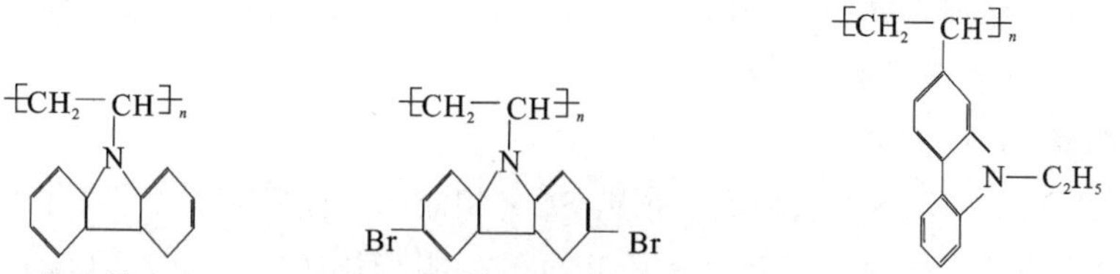

聚乙烯咔唑　　聚3，6-二溴代聚乙烯咔唑　　聚2-乙烯-N-乙烯咔唑

图 5-2-2　含咔唑侧基的侧链高分子

见图 5-2-3，其中 R 和 R′链通常含 14～18 个碳原子。而蛋白质分子被吸附在亲水基团上形成上下两个蛋白质层，这实际上类似近晶相结构。

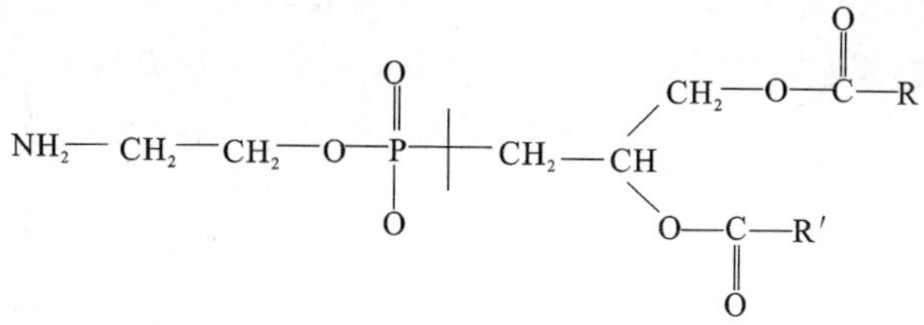

可溶于水的部分　　不溶于水的部分

图 5-2-3　磷脂的化学结构式和溶解特性

此外，细胞膜的重要结构部分——几丁质及细胞核中的 DNA 和 RNA 实质上也是胆甾醇型液晶。

而由高分子与低分子液晶构成的复合膜同样可以具有选择渗透性，从而广泛用于许多工业领域，例如用于制作离子交换膜、氧富集膜、电荷分离膜、脱盐膜、人工肾脏透析膜等。这种功能膜易于制备成较大面积，具有一定强度，有良好的渗透性，而且对电场，甚至对溶液 pH 值有明显响应。

将高分子材料聚碳酸酯(PC)和小分子液晶 4-乙氧基苄叉-4′-对氨基丁苯(EBBA)按 40∶60 混合比制成复合膜，可以用于气体分离。在液晶相，气体的渗透性大大增强，而且更具有选择性。控制加在上述复合膜上的外电场，将改变高分子液晶的排列方向，因而改变气体的透过率。适当设计这类复合膜还可以有效地分离或富集混合气体中的某一成分。高分子液晶冠醚复合膜在紫外线和可见光照射下，金属离子 K^+ 会发生扩散，复合膜的这一奇异功能可以用于人工肾脏和环境保护。

周长忍等用顺丁橡胶、丁苯橡胶及聚乙烯与带有 $CH_2=CH-$ 端基的液晶化合物共混，采用溶液浇铸法成膜，橡胶/液晶复合膜利用 S_2Cl_2 蒸气交联。用体积法测定膜的透气性。着重研究了不同基质材料及不同液晶类型对气体分离性能的影响。结果表明，顺丁橡胶/液晶复合膜的透气系数最高，且分离性能也最好。

5.2.7　液晶材料的其他潜在应用

1. 人工肌肉

Gennes 首先提出液晶弹性体作为人工肌肉的设想：通过温度变化使其发生向列相到各相同性态之间的相变，引起弹性体薄膜沿指向矢方向单轴收缩，因此可以用来模拟肌肉的行为。然而其局限性在于液晶弹性体薄膜自身具有低导热性和导电性，因而对外界刺激响应比较缓慢。对于以上缺陷，可以通过掺杂导热导电物质的方法来提高其响应能力。Shenoy

等报道了在液晶弹性体表面涂覆碳涂层,使用红外二极管激光器产生光吸收,可以大大缩短反应时间,而且弹性体薄膜的机械性能未受影响。

2. 纳米机械

1973年,Shibayer等首先从理论上预料SC*相液晶可能具有铁电性,并于1984年首次合成了具有铁电性的手性液晶聚合物。Vallerien小组采用$10^{-1}\sim10^{9}$ Hz的介电谱研究了网络聚合物和线性材料的铁电性,结果证实了某些具有SC^{*}相的网络确实存在铁电性。Brehmer等合成了第一个毫秒级短开关时间的铁电液晶弹性体。通过铁电液晶弹性体的大的侧向电收缩实现电能转化为机械能,可以改变目前纳米尺寸的制动主要用某种晶体(如石英)和智能陶瓷中的线性压电效应来实现,但是应变却很小(小于0.1%)的状况。Lehmann等报道了铁电液晶弹性体作为薄膜型液晶纳米器件的研究结果,在硅氧烷主链上含手性侧基和交联度为10%的液晶弹性体在115 mV/cm的电场下表现出垂直电场方向收缩率为4%的反压电效应。与过去所用的偏氟乙烯共聚物产生同样数量级的电诱导应变所需的电场强度相比低2个数量级。

3. 人工智能

Yu Yanlei等报道了改变偏振光的波长和方向能使液晶弹性体在不同方向上进行可逆卷缩和舒展的机械效应,液晶弹性体因而可望用于制作微米或纳米尺寸的高速操控器,如微型机器人和光学微型镊子。

4. 形状记忆

Rousseau等报道了近晶C相液晶弹性体的形状记忆效应,与传统形状记忆高分子相比具有回复精度高(99.1%)、在低温(−120 ℃)下仍保持橡胶结构等优点,可在低于室温条件下应用。这种液晶弹性体可以通过不同单体组成复合来控制转变回复温度。

思考题

(1) 向列相、近晶相和胆甾醇型液晶在结构上的主要区别是什么?

(2) 根据定义,热致液晶是指在温度发生变化时发生熔融过程,形成液晶态的物质。而某些高分子溶液在形成液晶相时会受到温度的影响,表现出临界浓度发生变化。那么是否也可以认为它们是热致液晶呢?

(3) 给出根据高分子液晶的结构对溶剂进行选择的主要依据。

(4) 降低主链型高分子液晶分子的规整度可以降低其相变温度,主要原因是降低了分子间作用力。除了本章给出的三种共聚办法外,是否还有其他方式可以降低分子间作用力?

(5) 某种高分子材料在一定情况下既可以形成向列相液晶,也可以形成近晶相液晶。试设计一种试验方法区分此时的液晶结构类型。

(6) 制作压电材料时什么样的液晶结构最为有利?

(7) 某些高分子液晶是制备温度敏感器的关键材料,请问它们利用了高分子液晶的哪些特殊性质?

(8) 热感型信息记忆材料利用了高分子液晶的哪些物理化学性质?

(9) 如何采用高分子液晶固定相进行光学异构体的分离?

(10) 仔细比较小分子液晶和同类高分子液晶在结构上的差别,指出两类液晶材料表现出的物理化学性质都有哪些不同。

第⑥章 吸附功能高分子材料

6.1 概述

吸附功能材料是指对某些特定离子或分子有选择性亲和作用，使两者之间发生暂时性或永久性结合，进而发挥各自功效的材料。吸附功能高分子材料的出现适应了环境改善和高科技发展的需要，是发展最早且最快的一类功能高分子材料。这类功能高分子材料主要包括离子交换树脂、吸附树脂及由其派生或衍化而成的离子交换纤维等高分子材料。此外，高吸液性树脂，包括高吸水性树脂和高吸油性树脂，以其独特的吸附、吸收功能在工业生产和日常生活中发挥了重要的作用。本章主要介绍离子交换树脂和吸附树脂，并简要介绍高吸水性树脂。

离子交换树脂是指具有功能基团的高分子化合物。它具有一般聚合物所没有的特殊功能——离子交换功能，本质上属于反应性聚合物。这是一类最早开发应用的功能高分子材料。根据键合到高分子骨架上的可分离离子基团的性质不同，离子交换树脂可分为阳离子交换树脂和阴离子交换树脂两大类。通常，将能解离出阳离子，并能与外来阳离子进行交换的树脂称作阳离子交换树脂；将能解离出阴离子，并能与外来阴离子进行交换的树脂称作阴离子交换树脂。前者的交换基团为磺酸基、羧酸基等酸性基团，具有交换金属阳离子的功能；后者的交换基团为季铵盐基等碱性基团，具有交换溶液中酸根等阴离子的作用。通过人为地创造适宜条件，如改变浓度差、利用亲和力差别等，可使离子交换树脂中的可交换离子与其他同类型离子进行反复交换，达到浓缩、分离、提纯、净化等目的。离子交换树脂作为一类古老但不乏青春活力的功能高分子材料，在分析化学、有机合成、环境保护等方面有着广泛的用途，在废水净化、海水淡化、海水提铀、回收贵金属等领域均有重要贡献，是目前应用最广泛的工业化功能高分子产品之一。

离子交换树脂是最早出现的功能高分子材料，其历史可追溯到 20 世纪 30 年代。

1935 年，英国的 Adams 和 Holmes 发表了关于酚醛树脂和苯胺甲醛树脂的离子交换性能的研究报告。他们发明的带有磺酸基和氨基的酚醛树脂可以使水不经过蒸馏而脱盐，既简便又节约能源。很快此类离子交换树脂就实现了工业化生产并在水的脱盐中得到了应用。由此开创了离子交换树脂领域，同时也意味着功能高分子材料领域的诞生。

1944 年，D' Alelio 合成了具有优良物理和化学性能的磺化苯乙烯-二乙烯苯共聚物离子交换树脂及交联聚丙烯酸树脂，奠定了现代离子交换树脂的基础。此后，苯乙烯系磺酸型强酸性离子交换树脂、苯乙烯系阴离子交换树脂和弱酸性丙烯酸系离子交换树脂等凝胶型离子交换树脂相继研制成功。

离子交换树脂发展史上另一个里程碑式的重大成果是大孔型树脂的成功开发。20 世纪 50 年代末，包括我国南开大学化学系在内的国内外多家研究机构几乎同时合成出了大孔型离子交换树脂。与凝胶型离子交换树脂相比，大孔型离子交换树脂具有机械强度高、交换速度快和可抗有机污染的优点，因此很快得到广泛的应用。

在此后的几十年里，离子交换树脂在品种、性能、应用等方面得到了进一步的发展，特别是其应用领域得到迅速拓展。除了传统的水的脱盐、软化外，在分离、纯化、脱色、催化等方面也得到广泛的应用。还以离子交换树脂为基础，发展了一些很重要的功能高分子材料，如离子交换纤维、吸附树脂、整合树脂、聚合物固载催化剂、高分子试剂、固定化酶等，使得离子交换树脂这种传统的功能高分子材料应用领域进一步拓展，在人类文明、科技进步和经济发展过程中的作用越来越重要。

吸附树脂是在离子交换树脂基础上发展起来的新型功能高分子的典型代表，是一类具有特殊吸附功能的多孔性、高度交联高分子共聚物，又称为高分子吸附剂。这类高分子材料具有较大的比表面积和适当的孔径，可从气相或溶液中选择吸附某些物质。吸附剂大家并不陌生，活性氧化铝、硅藻土、硅胶、分子筛、活性炭等早已广泛使用。吸附树脂是吸附剂的一个分支，是吸附剂中品种最多、应用最晚的一类。

吸附树脂最早出现于 20 世纪 60 年代，我国于 1980 年以后才开始有工业化规模的生产和应用。由于结构上的多样性，吸附树脂可以根据实际用途进行选择或设计，因此发展了许多有针对性用途的特殊品种。这是其他吸附剂所无法比拟的。也正是出于这种原因，吸附树脂的发展速度很快，新品种、新用途不断出现。目前吸附树脂已成为重要的功能高分子材料类型，应用遍及各个领域，形成了一种独特的吸附分离技术。吸附树脂作为高性能吸附剂对药物提取、分离和脱色，工业废水分离、净化等具有非常重要的意义。吸附树脂及其吸附分离技术在工农业、国防、科研和日常生活的各个领域中的重要性越来越突出。

6.2 离子交换树脂和吸附树脂的结构

6.2.1 离子交换树脂的结构

离子交换树脂是一类带有可离子化基团的三维网状交联聚合物。它有两个基本特征：骨架或载体是交联聚合物，在任何溶剂中都不能使其溶解或熔融；聚合物上所带的功能基可以离子化。

早期的缩聚型离子交换树脂是由块状粉碎而成的无规颗粒，现在所用的离子交换树脂的外形多为球形珠粒状，颗粒直径一般为 0.3～1.2 mm。某些特殊用途的离子交换树脂的粒径可能大于或小于这个范围，如高效离子交换色谱所用的离子交换树脂填料的粒径可小至几微米。

图 6-2-1 是聚苯乙烯型阳离子交换树脂的结构示意图。从图中可见，离子交换树脂由交联的具有三维空间结构的聚合物骨架、连接在骨架上的许多可离子化的功能基团、功能基团上吸附着的可进行交换的离子三部分组成。

功能基团是固定在聚合物网络骨架上的，不能自由移动，由它解离出的离子可自由移动，称为可交换离子。在不同的外界条件下，可交换离子能与周围的其他离子互相交换。聚苯乙烯型阳离子交换树脂上可离子化的功能基团是$—SO_3^- H^+$，它可解离出 H^+，H^+ 可以与环境中的外来阳离子互相交换。根据使用要求，可人为地改变离子交换树脂所处条件，使可交换离子与其他同类型离子进行反复交换，实现系统的浓缩、分离、提纯、净化等。

以上所述是离子交换树脂必备的结构和性能特点。除此之外，实用的离子交换树脂还应具有下列性能：

（1）高机械强度以减少使用过程中的破碎；

（2）高交换容量以获得较高的工作效率；

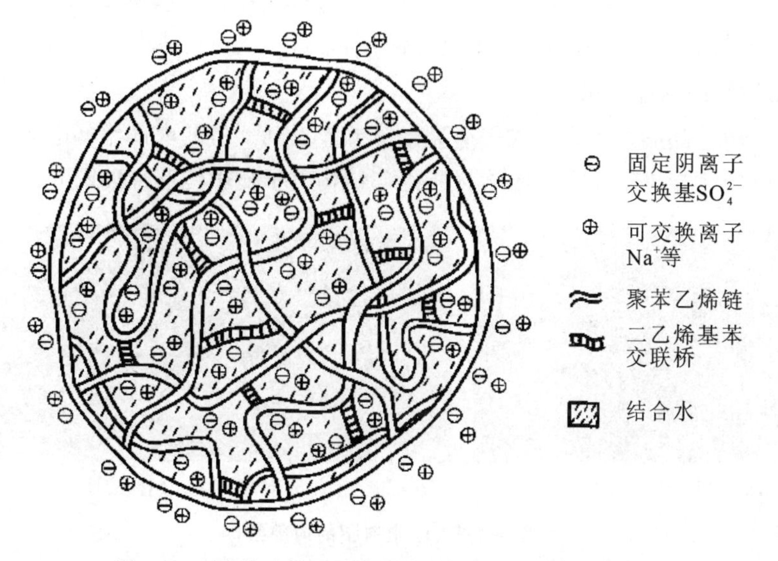

图 6-2-1 聚苯乙烯型阳离子交换树脂的结构示意图

(3) 足够的亲水性以便于水进入树脂内部使功能基团离子化，使水溶液中的离子与树脂上的离子相互接近并交换；

(4) 在水中具有足够大的凝胶孔或大孔结构，以使离子能以适当的速度在其中扩散；

(5) 好的热稳定性和化学稳定性以保证其在使用中不发生降解和结构变化；

(6) 适宜的粒度分布和高渗透稳定性，以保证系统均匀高效。

6.2.2 吸附树脂的结构

1. 吸附树脂的外部形态

吸附树脂的外观形态如图 6-2-2 所示。

图 6-2-2 显微镜下的吸附树脂外观形态

根据使用要求和目前的生产技术水平，吸附树脂一般被制成颗粒直径为 0.3～1.0 mm 的球形珠粒，表面光滑，多为乳白色，有的为浅黄色，也有的为黑色。吸附树脂的颜色对其性能没有影响，但粒径大小会影响其性能。球粒的直径越小，树脂的吸附性能越好。但是粒径太小，会大幅度增加对流体的流动阻力，过滤困难，使用时易流失。粒径分布对吸附性能也有影响，球粒的粒径分布越均匀，树脂的吸附性能越好。但粒径均一的吸附树脂在生产上尚难做到，目前工业化的吸附树脂仍保持着较宽的粒径分布(见图 6-2-2)。

吸附树脂一般有较好的强度，握在手中会感到是坚硬的圆球。密度略大于水，在有机溶剂中出现一定程度的溶胀，体积变大。但晾干后又会收缩，胀得越大，晾干后收缩得越厉害。因此，某些吸附树脂须在含水的条件下进行保存和出售，以免树脂缩孔，使孔径变小。

2. 吸附树脂的内部结构

吸附树脂的外部形态用肉眼或普通显微镜就能看到。但其内部结构必须借助放大数万倍的电子显微镜才能进行观察。吸附树脂内部结构电子显微镜照片如图 6-2-3 所示。

(a) 扫描电子显微镜照片

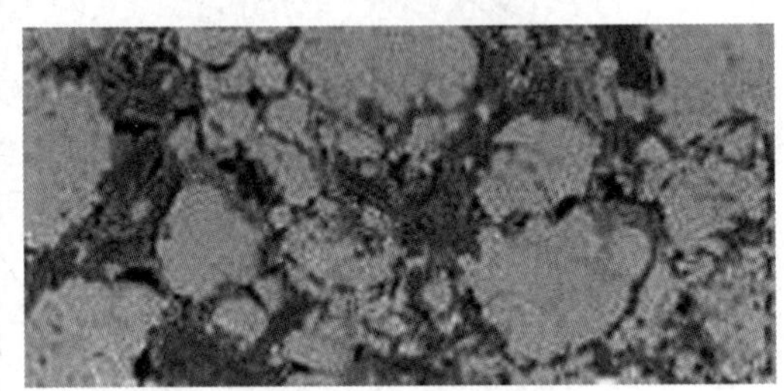

(b) 透射电子显微镜照片

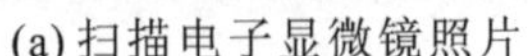

图 6-2-3　吸附树脂的内部结构

图 6-2-3(a)为吸附树脂断面的扫描电子显微镜照片，图 6-2-3(b)为把吸附树脂团切成极薄的薄片，在透射电子显微镜下观察得到的透射电子显微镜照片。由图 6-2-3 可以看出，吸附树脂内部结构由微粒和微孔构成，类似堆砌在一起的“葡萄珠”[图 6-2-3(a)]。“葡萄珠”(微粒)的大小在 0.06～0.5 μm 范围内，有研究表明“葡萄珠”内部还有许多微孔。“葡萄珠”之间有许多形状很不规则的空隙[图 6-2-3(b)中的白色部分]，这实际上是吸附树脂的孔。与实际的葡萄珠堆不同的是，吸附树脂内部的微粒是黏结在一起的[图 6-2-3(b)中的黑色部分]，即树脂是一个连续的整体。

由此可知，吸附树脂外观为球形珠粒，珠粒内部为无数个微球堆集、黏结在一起，微球间留有孔洞，呈多孔结构，就像粉末烧结金属块。正是这种多孔结构赋予了吸附树脂极其优良的吸附性能。

多孔结构的变化自然也会引起其吸附性能的变化，因而研究多孔结构与吸附性能的关系，测定树脂的多孔结构的各项数据，根据需要合成具有特定参数多孔结构的吸附树脂一直是吸附树脂科研和生产领域的重要技术问题。

6.3　离子交换树脂和吸附树脂的分类

6.3.1　离子交换树脂的分类

离子交换树脂的分类方法有很多种，最常用和最重要的分类方法有以下三种。

1. 按功能基团的性质分类

按可离子化功能基团的不同性质，可将离子交换树脂分为阳离子交换树脂和阴离子交换树脂两大类。按可离子化功能基团的酸碱性强弱，阳离子交换树脂可进一步分为强酸型、中酸型和弱酸型三种，例如，$R—SO_3H$ 为强酸型，$R—PO(OH)_2$ 为中酸型，R—COOH 为弱酸型，习惯上将中酸型和弱酸型均归为弱酸型；阴离子交换树脂可进一步分为强碱型和弱碱型两种，例如，$R—NCl_3$ 为强碱型，$R—NH_2$、R—NHR′、R—NHR″为弱碱型。此外，还有螯合树脂、两性树脂、氧化还原树脂等，其中氧化还原树脂实质上是电子交换树脂。

离子交换树脂按功能基团性质分类如表6-3-1所示。

表6-3-1 离子交换树脂按功能基团性质分类

产品分类	功能基团
强酸型	磺酸基($—SO_3H$)
弱酸型	羧酸基($—COOH$),磷酸基($—PO_3H_2$)等
强碱型	季氨基($—\overset{+}{N}(CH_3)_3$),$\left(\begin{array}{l} —\overset{+}{N}—(CH_3)_2 \\ \quad\vert \\ \ CH_2CH_2OH \end{array}\right)$等
弱碱型	伯、仲、叔氨基($—NH_2$,$—NHR$,$—NR_2$)等
螯合型	胺羧基($—CH_2—N(CH_2COOH)_2$)等
两性型	强碱-弱酸($—\overset{+}{N}(CH_3)_3$,$—COOH$)等 弱碱-弱酸($—NH_2$,$—COOH$)等
氧化还原型	硫醇基($—CH_2SH$),对苯二酚基(HO—⟨苯环⟩—OH)等

2. 按树脂的物理结构分类

按树脂的不同物理结构形态,离子交换树脂可分为凝胶型、大孔型和载体型三类,其结构示意如图6-3-1所示。

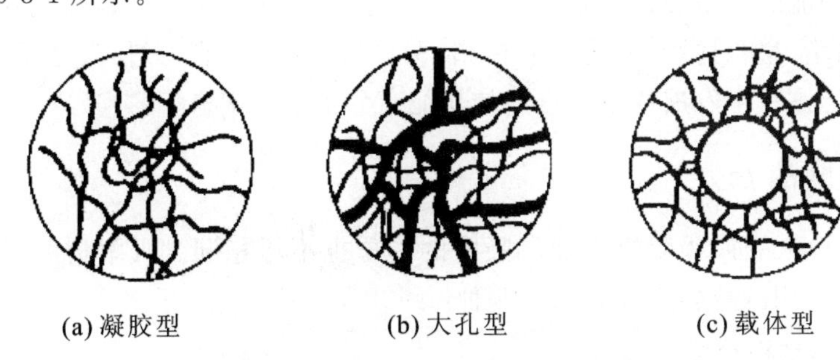

(a) 凝胶型　　(b) 大孔型　　(c) 载体型

图6-3-1 离子交换树脂物理结构模型

1) 凝胶型离子交换树脂

凝胶型离子交换树脂外观透明,具有均相高分子凝胶结构。这种类型的离子交换树脂表面光滑,珠粒内部没有大的毛细孔。吸水可溶胀成凝胶状,凝胶树脂内大分子链段之间的间隙为2~4 nm。一般无机小分子的半径在1 nm以下,因此可自由地从离子交换树脂凝胶内的大分子链间通过。在无水状态下,凝胶型离子交换树脂的分子链紧缩,体积缩小,无机小分子无法通过。所以,这类离子交换树脂在干燥条件下或油类中不具备离子交换功能。

凝胶型离子交换树脂除了有在干态和非水系统中不能使用的缺点外,还存在一个严重的问题,那就是使用中会产生所谓“中毒”现象,即这种树脂在使用了一段时间后,会失去离子交换功能现象。有研究表明,这是由于苯乙烯与二乙烯基苯的共聚特性造成的。在共聚过程中,二乙烯基苯的自聚速率大于与苯乙烯共聚的速率,因此在聚合初期,进入共聚物的二乙烯基苯单体比例较高,而聚合后期,二乙烯基苯单体浓度降低,反应主要为苯乙烯的自聚。结果,球状树脂的交联密度不同,外疏内密。在离子交换树脂使用过程中,体积较大的离子或分子扩散进入树脂内部。而再生时,由于外疏内密的结构,较大的离子或分子会卡在分子间隙中,不易与可移动离子发生交换,最终失去离子交换功能。

2) 大孔型离子交换树脂

大孔型离子交换树脂是在凝胶型离子交换树脂的基础上发展起来的一类内部存在大量毛细孔的离子交换树脂。是针对凝胶型离子交换树脂的局限性开发研制的可在非水体系中起离子交换和吸附作用的离子交换树脂。

大孔型离子交换树脂外观不透明,表面粗糙,为非均相凝胶结构。一般凝胶型离子交换树脂的分子间隙为 2～4 nm,而大孔型离子交换树脂中的毛细孔直径可达几十纳米甚至几千纳米,且无论树脂处于干态或湿态、收缩或溶胀时树脂中的毛细孔都不会消失。由于毛细孔的存在,大孔型离子交换树脂具有很大的比表面积,分子间隙为 2 nm 的离子交换树脂比表面积约为 1 m^2/g,而孔径为 20 nm 的大孔型离子交换树脂的比表面积比其高 3 个数量级,每克可达数千平方米。因此,大孔型离子交换树脂使用寿命和吸附功能明显优于凝胶型离子交换树脂。

3) 载体型离子交换树脂

载体型离子交换树脂是将离子交换树脂包覆在硅胶、玻璃珠等载体表面上制成的复合功能高分子材料。是一类特殊用途离子交换树脂,主要用作液相色谱的固定相,它们可经受液相色谱中流动介质的高压,又具有离子交换功能。

3. 按树脂的特殊功能分类

随着离子交换树脂研究和应用的不断拓展,为了满足某些特殊的需求,现已研制成功各种各样具有特殊功能的离子交换树脂。对这些离子交换树脂常按其所具有的特殊功能分类并命名,有吸附树脂、螯合树脂、氧化还原树脂、两性树脂、固载催化剂、高分子试剂、固定化酶等。其中有些已进一步发展成了很重要的功能高分子分支学科。

6.3.2 吸附树脂的分类

吸附树脂有许多品种,吸附能力和所吸附的物质也不尽相同。吸附树脂目前尚无统一的分类方法,目前常用的分类方法有以下两种。

1. 按树脂化学结构分类

吸附树脂按其化学结构主要是分子极性大小分为以下几类。

(1) 非极性吸附树脂。

非极性吸附树脂一般是指树脂中电荷分布均匀,在分子水平上不存在正、负电荷相对集中的极性基团的树脂。如苯乙烯和二乙烯基苯聚合而成的聚苯乙烯类吸附树脂等。

(2) 中极性吸附树脂。

中极性吸附树脂的分子结构中存在酯基之类的极性基团。

(3) 极性吸附树脂。

极性吸附树脂的分子结构中含有酰胺基、亚砜基、腈基等极性大于酯基的极性基团,该类树脂的极性比中极性吸附树脂强。

(4) 强极性吸附树脂。

强极性吸附树脂分子结构中含有吡啶基、氨基等强极性基团,该类树脂极性很强。

表 6-3-2 为一些吸附树脂代表品种的性能指标表。

表 6-3-2　典型吸附树脂类型、品种及性能指标

类型	品　　牌	生　产　商	结 构 特 征	比表面积/(m^2/g)	孔径/nm
非极性	AmberliteXAD-2	【美】Rohm&Haas	PS	330	4.0
	AmberliteXAD-3	【美】Rohm&Haas	PS	526	4.4
	AmberliteXAD-4	【美】Rohm&Haas	PS	750	5.0
	X-5	南开大学	PS	550	—
	H-103	南开大学	PS	1000	—
	GDX-101	天津试剂二厂	PS	330	—
	有机载体－401	上海试剂一厂	PS	300～400	—
中极性	AmberliteXAD-6	【美】Rohm&Haas	O ‖ —C—O—R—	498	—
	AmberliteXAD-7	【美】Rohm&Haas	O ‖ —C—O—R—	450	8.0
	AmberliteXAD-8	【美】Rohm&Haas	O ‖ —C—O—R—	140	25.0
极性	AmberliteXAD-9	【美】Rohm&Haas	O ‖ —S—	250	8.0
	AmberliteXAD-10	【美】Rohm&Haas	O ‖ —C—NH—	69	35.2
	ADS-15	南开大学	O ‖ —NH—C—NH—	—	—
强极性	AmberliteXAD-11	【美】Rohm&Haas	氧化氮类	170	21.0
	AmberliteXAD-12	【美】Rohm&Haas	氧化氮类	25	130.0
	ADS-7	南开大学	NR_n	200	—

2. 按树脂外观形态分类

根据吸附树脂的外观形态和孔径大小，吸附树脂可分为微孔型（凝胶型）、大孔型、米花型和大网状型等类型，其中以大孔型吸附树脂应用最为普遍。

6.4　离子交换树脂的命名

离子交换树脂虽然开发研究较早，但国际上至今尚无统一的命名标准，各公司多以自己的品牌命名。较著名的离子交换树脂品牌有：美国 Rohm & Haas 公司的 Amberlite 树脂；Dow 化学公司的 Dowex 树脂；日本三菱化学株式会社的 Diaion 树脂；瑞典 Farmacia Finc Chemicals 公司的 Sephadex、Sepharose、Sephacryl 树脂等；德国 Bayer 公司的 Lewatit 树脂等。

我国前石油化学工业部于1977年7月1日正式颁布实施了离子交换树脂的部颁标准《离子交换树脂产品分类、命名及型号》(HG2-884-886-76)。1979年,该标准升级为国家标准《离子交换树脂产品分类命名及型号》(GB/T 1631—1979),现已被《离子交换树脂命名系统和基本规范》(GB/T 1631—2008)代替。

这套标准规定,离子交换树脂的全名由分类名称、骨架(或基团)名称和基本名称排列组成。其基本名称为离子交换树脂。凡分类中属酸性的,在基本名称前加"阳"字;凡分类中属碱性的,在基本名称前加"阴"字。为了区别离子交换树脂产品中同一类中的不同品种,在全名前必须加型号。离子交换树脂的型号由三位阿拉伯数字组成。第一位数字代表产品的分类(按功能基团的性质分类,如表6-4-1所示);第二位数字代表骨架结构(见表6-4-2);第三位数字为顺序号,用于区别树脂中基团、交联剂、致孔剂等的不同,由各生产厂自行掌握和制定。对凝胶型离子交换树脂而言,往往在型号后面用"×"和一个阿拉伯数字相连,表示树脂的交联度(质量百分数),而对大孔型离子交换树脂而言,则在型号前冠以字母"D"。例如,"D113阳离子交换树脂"是水处理应用中用量很大的一种离子交换树脂,从命名规定可知,这是一种大孔型弱酸型聚丙烯酸系阳离子交换树脂;而"001×10阳离子交换树脂"则是指交联度为10%的强酸型聚苯乙烯系阳离子交换树脂。

表6-4-1 离子交换树脂产品分类代号

编号	产品分类	编号	产品分类
0	强酸型	4	螯合型
1	弱酸型	5	两性型
2	强碱型	6	氧化还原型
3	弱碱型		

表6-4-2 离子交换树脂骨架结构代号

编号	骨架结构	编号	骨架结构
0	聚苯乙烯系	4	聚乙烯吡啶系
1	聚丙烯酸系	5	脲醛树脂系
2	酚醛树脂系	6	聚氯乙烯系
3	环氧树脂系		

需要说明的是,我国有些生产厂家在前石油化学工业部颁标准制定前已开始生产离子交换树脂,他们自有一套已经为人们所熟悉和接受的产品编号,因此至今尚未改名。例如上海树脂厂的735树脂,相当于命名规定中的001树脂;724树脂相当于命名规定中的110树脂;717树脂相当于命名规定中的201树脂等。

6.5 离子交换树脂和吸附树脂的制备

功能高分子材料的制备是通过化学或者物理的方法按照材料的设计要求将功能基与高分子骨架相结合,从而实现预定功能的。离子交换树脂和吸附树脂的制备也不例外。从目前采用的制备方法来看，离子交换树脂和吸附树脂的制备主要有两种途径，一是已有高分子材料的功能化，先合成三维网状结构的大分子，然后使之溶胀，再通过化学反应将功能基团连接到大分子上；二是功能小分子材料的高分子化，先将功能基团连接到单体上(或直接采用带有功能基团的单体)，然后再使带有功能基团的单体聚合成网状结构大分子。具体的合成原理及方法视产品类型而异。本节将以几种具有代表性的离子交换树脂和吸附树脂的制备为例，对制备此类功能高分子的基本思路和方法进行介绍。

6.5.1 凝胶型离子交换树脂的制备

1. 强酸型阳离子交换树脂的制备

1) 工艺原理

强酸型阳离子交换树脂绝大多数为聚苯乙烯系骨架，通常采用苯乙烯和二乙烯基苯悬浮聚合制成。

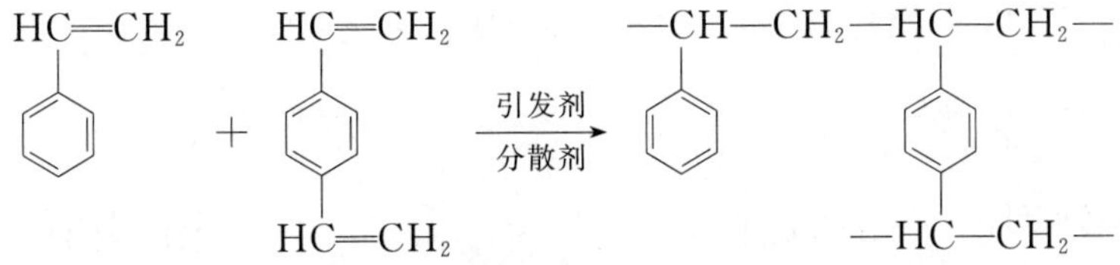

$HC{=}CH_2$(苯环) + $HC{=}CH_2$(苯环)$HC{=}CH_2$ $\xrightarrow[\text{分散剂}]{\text{引发剂}}$ $—CH—CH_2—HC—CH_2—$(交联共聚物，苯环上连接 $—HC—CH_2—$)

由上述反应获得的共聚物(通常称白球)洗净、干燥后，用二氯乙烷或四氯乙烷、甲苯等有机溶剂溶胀，然后用浓硫酸或氯磺酸等磺化。

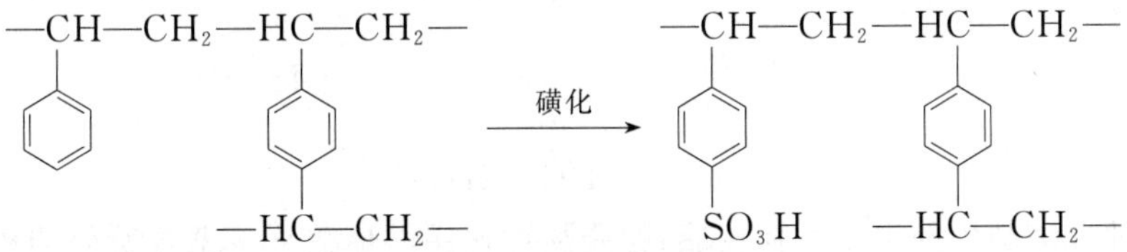

$—CH—CH_2—HC—CH_2—$ $\xrightarrow{\text{磺化}}$ $—CH—CH_2—HC—CH_2—$(苯环上连接 SO_3H；$—HC—CH_2—$)

聚苯乙烯骨架磺化后得到的球状共聚物(通常称黄球)即为含有$-SO_3H$交换基团的离子交换树脂，可自由活动的离子为H^+，称为氢型阳离子交换树脂。

氢型阳离子交换树脂贮存稳定性不好，且有较强的腐蚀性，因此常将它们转化为贮存稳定性较好的Na型树脂。转型反应如下：

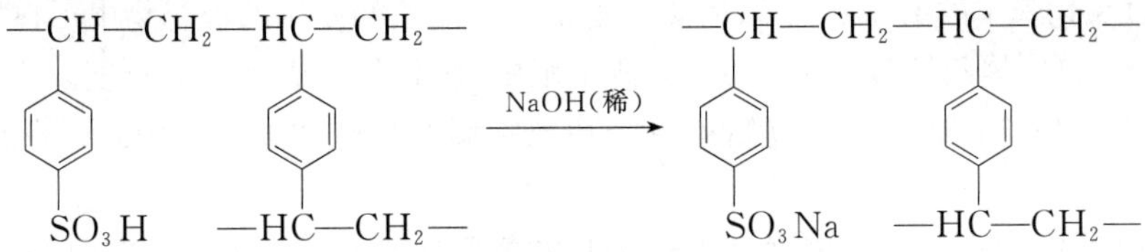

$—CH—CH_2—HC—CH_2—$(苯环上连接 SO_3H；$—HC—CH_2—$) $\xrightarrow{\text{NaOH(稀)}}$ $—CH—CH_2—HC—CH_2—$(苯环上连接 SO_3Na；$—HC—CH_2—$)

2) 工艺实例

将1 g过氧化苯甲酰(BPO)溶于80 g苯乙烯与20 g二乙烯基苯(纯度50%)的混合单体中，在搅拌下加入含有5 g明胶的500 mL去离子水中使之分散至所需的粒度。从70 ℃逐步升温至95 ℃，搅拌反应8～10 h，得球状共聚物。过滤、水洗后于100～120 ℃的温度条件下烘干。

将100 g干燥球状共聚物置于二氯乙烷中溶胀。加入500 g浓硫酸(98%)，于95～100 ℃的温度条件下加热，磺化5～10 h。反应结束后，蒸去溶剂，过剩的硫酸用水慢慢洗去，得氢型阳离子交换树脂。然后用氢氧化钠处理，使之转换成Na型树脂，即得成品。

2. 弱酸型阳离子交换树脂的制备

1）工艺原理

弱酸型阳离子交换树脂大多为聚丙烯酸系骨架，因此可用带有功能基团的单体直接聚合而成。

$$CH_2{=}CH(COOH) + HC{=}CH_2\text{—}C_6H_4\text{—}HC{=}CH_2 \longrightarrow \text{—}CH_2\text{—}CH(COOH)\text{—}CH_2\text{—}HC(C_6H_4)\text{—} \;\; (\text{—}HC\text{—}CH_2\text{—})$$

其中，羧基（$-COOH$）即为交换基团。

由于丙烯酸或甲基丙烯酸的水溶性较大，聚合不易控制，所以实际生产中常采用其酯类单体进行聚合后再进行水解的方法来制备此类离子交换树脂。

$$CH_2{=}C(CH_3)(COOCH_3) + HC{=}CH_2\text{—}C_6H_4\text{—}HC{=}CH_2 \longrightarrow \text{—}CH_2\text{—}C(CH_3)(COOCH_3)\text{—}CH_2\text{—}HC(C_6H_4)\text{—} \;\; (\text{—}HC\text{—}CH_2\text{—}) \xrightarrow[H_2O]{NaOH}$$

$$\text{—}CH_2\text{—}C(CH_3)(COOH)\text{—}CH_2\text{—}HC(C_6H_4)\text{—} \;\; (\text{—}HC\text{—}CH_2\text{—}) + CH_3OH$$

但用这种方法制备的离子交换树脂，树脂酸性比用丙烯酸直接聚合所得的树脂弱，交换容量也较小。

此外，用顺丁烯二酸酐、丙烯腈等与二乙烯基苯共聚，也可制类似的弱酸型阳离子交换树脂。

2）工艺实例

将 1 g 过氧化苯甲酰溶于 90 g 丙烯酸甲酯和 10 g 二乙烯基苯的混合物中。在搅拌下加入含有 0.05%～0.1%聚乙烯醇的 500 mL 去离子水中，使其分散成所需的粒度。于 60 ℃的温度条件下保温反应 5～10 h。反应结束后冷却至室温，过滤、水洗，于 100 ℃的温度条件下干燥。

将干燥过的树脂置于 2 L 浓度为 1 mol/L 的氢氧化钠乙醇溶液中，加热回流约 10 h，然后冷却过滤，用水洗涤数次后，用稀盐酸洗涤一次，再用水洗涤数次，最后在 100 ℃的温度条件下干燥，即得成品。

3. 强碱型阴离子交换树脂的制备

1）工艺原理

强碱型阴离子交换树脂主要以季氨基作为离子交换基团，以聚苯乙烯作为骨架。制备方法是：先使苯乙烯和二乙烯基苯共聚制成聚苯乙烯系共聚物（白球），在路易斯酸如 $ZnCl_2$、$AlCl_3$、$SnCl_4$ 等催化下，用氯甲醚对白球上的苯环进行氯甲基化，得到中间产品（通常称氯球）。

$$\begin{array}{c}—CH_2—CH—CH_2—CH— \\ \quad | \qquad\qquad\quad | \\ \quad C_6H_4 \qquad\quad C_6H_5 \\ \quad | \\ —CH_2—CH— \end{array} \xrightarrow[ZnCl_2]{CH_3OCH_2Cl} \begin{array}{c}—CH_2—CH—CH_2—CH— \\ \quad | \qquad\qquad\quad | \\ \quad C_6H_4 \qquad\quad C_6H_4 \\ \quad | \qquad\qquad\quad | \\ —CH_2—CH— \qquad CH_2Cl \end{array} + CH_3OH$$

然后利用氯球中苯环对位上的氯甲基的活泼氯，定量地与不同种类的氨进行胺基化反应，即可得到不同类型的强碱型阴离子交换树脂。

$$—C_6H_4—CH_2Cl + N(CH_3)_3 \longrightarrow —C_6H_4—CH_2N^+(CH_3)_3Cl^-$$

Ⅰ型强碱型阴离子交换树脂

$$—C_6H_4—CH_2Cl + N(CH_3)_2CH_2CH_2OH \longrightarrow —C_6H_4—CH_2N^+(CH_3)_2(CH_2CH_2OH)Cl^-$$

Ⅱ型强碱型阴离子交换树脂

这两种类型的强碱型阴离子交换树脂性质略有不同。Ⅰ型树脂的碱性很强，对—OH离子的亲和力小。当用 NaOH 再生时，效率很低，但其耐氧化性和热稳定性较好。Ⅱ型树脂引入了带羟基的烷基，利用羟基吸电子的特性，降低了氨基的碱性，再生效率提高，但其耐氧化性和热稳定性相对较差。

这类树脂生产过程中的氯甲基化工序毒性很大，必须注意劳动保护。

2）工艺实例

将 1 g 过氧化苯甲酰溶于 85 g 苯乙烯和 15 g 二乙烯基苯的混合单体中。在搅拌下加入含有 0.05%～0.1%聚乙烯醇的 500 mL 去离子水中，使之分散至所需的粒度。在 80 ℃的温度条件下搅拌反应 5～10 h，得球状共聚物。过滤、水洗后于 100～125 ℃的温度条件下烘干，得白球。

将所得白球在 100 g 二氯乙烷中加热溶胀，冷却后加入 200 g 氯甲醚，50 g 无水 $ZnCl_2$，在 50～55 ℃的温度条件下加热 5 h。冷却后投入 2.5 L 冷水中以分解过剩的氯甲醚，然后过滤、水洗，并于 100 ℃的温度条件下干燥，得氯球。

将 100 g 氯球，加入 500 mL 20%三甲胺水溶液中，在 60 ℃的温度条件下胺化 4 h，冷却、过滤后，用水洗涤数次，用稀盐酸洗涤一次，再用水洗涤数次，干燥后即得Ⅰ型强碱型阴离子交换树脂。若以二甲基乙醇胺水溶液代替三甲胺水溶液进行胺化，则可得Ⅱ型强碱型阴离子交换树脂。

4. 弱碱型阴离子交换树脂的制备

1）工艺原理

用伯胺、仲胺或叔胺对氯球进行胺化，可得弱碱型阴离子交换树脂。但由于制备氯球过程的毒性较大，现在已较少采用这种方法。

现在生产中多利用羧酸类基团与胺类化合物进行酰胺化反应，制备含酰胺基团的弱碱型阴离子交换树脂。例如，将交联的聚丙烯酸甲酯在二乙烯基苯或苯乙酮中溶胀，然后在 130～150 ℃的温度条件下与多乙烯多胺反应，形成多胺树脂，再用甲醛或甲酸进行甲基化反应，即可制得性能良好的叔胺树脂。

$$\text{—CH}_2\text{—CH—(C}_6\text{H}_4\text{)—CH—CH}_2\text{—CH(COOCH}_3\text{)—CH}_2\text{—} \xrightarrow{H_2N(C_2H_4NH)_nH} \text{—CH}_2\text{—CH—(C}_6\text{H}_4\text{)—CH—CH}_2\text{—CH(CONH(C}_2\text{H}_4\text{NH)}_n\text{H)—CH}_2\text{—}$$

$$\xrightarrow{CH_2O} \text{—CH}_2\text{—CH—(C}_6\text{H}_4\text{)—CH—CH}_2\text{—CH(CONH(C}_2\text{H}_4\text{N(CH}_3\text{))}_n\text{CH}_3\text{)—CH}_2\text{—}$$

以上反应方程式中 n 可为 1、2 或 3。n 值不同得到离子交换树脂的交换容量不同。

2) 工艺实例

将 1 g 过氧化苯甲酰溶于 88 g 丙烯酸乙酯和 12 g 二乙烯基苯(纯度 55%)的混合单体中,在搅拌下加入含有 0.1%聚乙烯醇的 240 g 去离子水中,分散成所需的粒度。加热至 75~80 ℃,搅拌聚合 4 h,产物用水洗涤后,在 110 ℃的温度条件下干燥 16 h。

将上述球状共聚物 100 g 与 300 g 二亚乙基三胺混合,在 157~182 ℃的温度条件下反应 5 h。冷却后用水充分洗涤、过滤、干燥,即可得到弱碱型阴离子交换树脂。

6.5.2 大孔型离子交换树脂的制备

1. 工艺原理

大孔型离子交换树脂的制备方法与凝胶型离子交换树脂基本相同,仍以苯乙烯类单体共聚合成三维网状结构的大分子骨架,再将可进行离子交换的功能基团连接到大分子上。大孔型离子交换树脂的制备与凝胶型离子交换树脂制备的主要区别在于骨架大分子的合成。不同之处有二:一是二乙烯基苯含量大幅度增加,一般达 85%以上;二是在制备中加入致孔剂。

成孔方法根据致孔剂不同可分为两大类:一类是使用聚合物的良溶剂,又称溶胀剂(如甲苯等)。制备过程中,共聚物的链节在甲苯中伸展,随交联程度提高,共聚物逐渐固化,聚合物和良溶剂开始出现相分离。聚合完成后,抽提去除溶剂,则在聚合物骨架上留下多孔结构;另一类是使用聚合物的不良溶剂,即聚合物的沉淀剂,但它们可溶解单体(如脂肪醇等),制备过程中,由于它们是单体的溶剂,聚合物的沉淀剂,共聚物分子随聚合过程逐渐卷缩,形成极细小的分子圆球,圆球通过分子链相互连接,圆球之间留有很多孔洞。

一般来说,由聚合物不良溶剂致孔的大孔型树脂比良溶剂致孔的大孔型树脂有较大的孔径和较小的比表面积。通过对两种致孔剂的选择和配合,可以获得各种规格的大孔型树脂。例如,用 100%己烷作致孔剂,产物的比表面积为 90 m^2/g,孔径为 43 nm;而用 15%甲苯和 85%己烷混合物作致孔剂,产物的比表面积提高到 171 m^2/g,孔径降至 13.5 nm。

如果将离子交换功能基团连接在上述大孔型树脂骨架上,即可得到各种规格的大孔型离子交换树脂。

2. 工艺实例

将 0.35 g 过氧化苯甲酰溶于由 29.78 g 苯乙烯、5.3 g 二乙烯基苯(纯度 40%)和 35 g 200#溶剂汽油混合而成的溶液中。在搅拌下加入 170 mL 含有 0.9 g 明胶和数滴 1%次甲基蓝水溶液的去离子水中。继续搅拌并缓慢升温至 40 ℃,使明胶充分溶解。调整搅拌速度使悬浮的液滴大部分分散成所需的粒度。然后以 1~2 ℃/min 的速度升温至 78~80 ℃,维持此温度反应至树脂定型后再保温 2 h。升温到 90 ℃再保温 1 h。然后升温到 95 ℃保温 4 h,得到球状共聚物。将反应物用开水洗涤若干次,直至洗涤水透明清亮为止。然后进行水蒸气蒸馏,直至无油珠蒸出。之后,过滤、晾干、真空干燥;筛分后得到交联度为 6%的苯乙烯-二乙烯苯共聚物。

对共聚物大分子进行磺化或氨基化处理,可得强酸型阳离子交换树脂或强碱型阴离子交换树脂。

6.5.3 吸附树脂的制备

1. 非极性吸附树脂的制备

1) 工艺原理

非极性吸附树脂的制备方法与大孔型树脂分子骨架的合成类似。通常采用二乙烯基苯经自由基悬浮聚合制备。为了使树脂内部具有设计大小和数量的微孔,致孔剂的选择非常关键。

制备吸附树脂的致孔剂一般是与单体互不相溶的惰性溶剂。常用的有汽油、煤油、石蜡等液体烷烃,以及甲苯、脂肪醇、脂肪酸等。将这些溶剂单独或以不同比例混合使用,可在较大范围内调节吸附树脂的孔结构。

吸附树脂聚合完成后,采用合适的溶剂洗涤或水蒸气蒸馏的方法除去致孔剂,即得具有设定孔结构的吸附树脂。

2) 工艺实例

将二乙烯基苯(纯度 50%)、甲苯和 200#溶剂汽油按 1∶1.5∶0.5 的比例混合,再加入 1%过氧化苯甲酰,搅拌使其溶解,此混合物称为油相。在三口瓶中先加入 5 倍于油相体积的去离子水,并在水中加入 10%(质量分数)的明胶,搅拌并加温至 45 ℃,使明胶充分溶解,制成水相。将油相投入水相中,搅拌使油相分散成所需的粒度的液珠。然后加温至 80 ℃保持 2 h,再缓慢升温至 90 ℃保温 4 h,再升温至 95 ℃保温 2 h。聚合结束后,将产物过滤、水洗数次。然后装入玻璃柱中,用乙醇淋洗数次,除去甲苯和汽油,即得到多孔性的吸附树脂。此法制得的吸附树脂比表面积在 600 m^2/g 左右。

按上述类似的方法,将丙烯酸酯类单体与二乙烯基苯或甲基丙烯酸缩水甘油酯进行自由基悬浮共聚,可制得中极性吸附树脂。

2. 极性吸附树脂的制备

极性吸附树脂因所含极性基团不同制备方法也不尽相同。

(1) 含氰基的吸附树脂。

含氰基的吸附树脂可通过二乙烯基苯与丙烯腈的自由基悬浮聚合得到。致孔剂常采用甲苯与汽油的混合物。

(2) 含砜基的吸附树脂。

含砜基的吸附树脂的制备可采用以下方法:先用苯乙烯和二乙烯基苯合成低交联度聚

苯乙烯（交联度小于 5%），然后以二氯亚砜为后交联剂，以无水三氯化铝为催化剂，在 80 ℃下反应 15 h，即制得比表面积在 136 m^2/g 以上的含砜基的吸附树脂。

（3）含酰胺基的吸附树脂。

将含氰基的吸附树脂用乙二胺胺解，或将含仲氨基的交联大孔型聚苯乙烯用乙酸酐酰化，都可得到含酰胺基的吸附树脂。

（4）含氨基的强极性吸附树脂。

含氨基的强极性吸附树脂的制备类似于大孔型强碱性阴离子交换树脂的制备。即先制备大孔型聚苯乙烯交联树脂，然后将其与氯甲醚反应，在树脂中引入氯甲基，再用不同的胺进行胺化，即可得到含不同氨基的吸附树脂。这类树脂的氨基含量必须予以适当控制，否则会因氨基含量过高而使其比表面积大幅度下降。

6.6 其他功能型离子交换树脂及其制备

功能型离子交换树脂指的是为了满足某些特殊需求而开发的具有特殊功能的离子交换树脂。目前已研制成功的功能型离子交换树脂主要有氧化还原树脂、螯合树脂、两性树脂、热再生树脂等。

6.6.1 氧化还原树脂

氧化还原树脂指的是带有电子交换功能基团，能与周围活性物质发生氧化还原反应，进行电子交换的一类树脂，也称电子交换树脂。在交换过程中，树脂失去电子，由原来的还原形式转变为氧化形式，而周围的物质被还原。重要的氧化还原树脂有氢醌类、巯基类、吡啶类、二茂铁类、吩噻嗪类等。

氧化还原树脂的制备方法与其他离子交换树脂类似。可以通过带有氧化还原功能基团的单体聚合制取；也可通过高分子的基团反应，在天然或合成高分子骨架上引入氧化还原功能基团来制取。

1. 氢醌类氧化还原树脂

氢醌类氧化还原树脂的功能基团是易氧化的酚羟基。

$$\text{HO—}\langle\text{苯环}\rangle\text{—OH} \underset{\text{还原}}{\overset{\text{氧化}}{\rightleftharpoons}} \text{O=}\langle\text{醌环}\rangle\text{=O} + 2H^+ + 2e^-$$

此类氧化还原树脂可通过氢醌（对苯二酚）、萘醌、蒽醌等与醛类化合物缩聚得到。

$$\text{HO—C}_6\text{H}_4\text{—OH} + CH_2O \xrightleftharpoons{\text{酸或碱}} \text{—}CH_2\text{—}[\text{C}_6\text{H}_2(OH)_2\text{—}CH_2]_n\text{—}$$

也可通述本身带酚基的乙烯基化合物自聚或共聚得到。

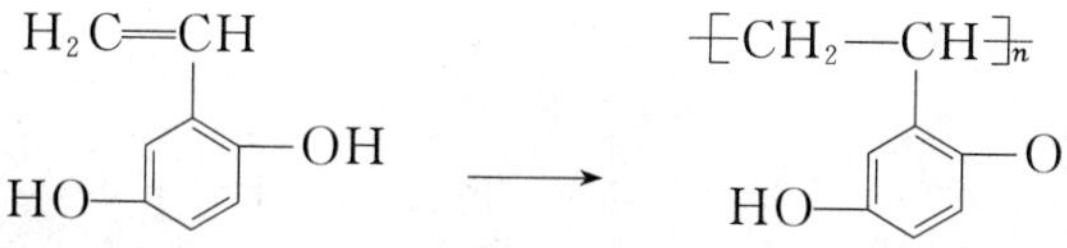

$H_2C{=}CH$ ... OH, HO— $\longrightarrow$ $-[CH_2-CH]_n-$ ... OH, HO—

2. 巯基类氧化还原树脂

巯基类氧化还原树脂的功能基团是易氧化的巯基。

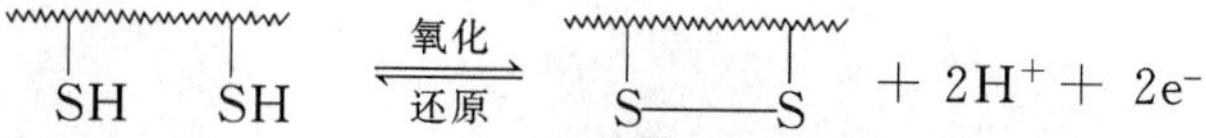

$$\text{SH}\quad\text{SH} \underset{\text{还原}}{\overset{\text{氧化}}{\rightleftharpoons}} \text{S—S} + 2H^+ + 2e^-$$

此类氧化还原树脂可通过在苯乙烯系共聚物骨架上引入巯基得到。制备方法与强碱型阴离子交换树脂类似。先使苯乙烯和二乙烯基苯共聚制成聚苯乙烯系共聚物(白球);白球用甲基氯甲醚进行氯甲基化制得氯球;氯球上的氯甲基与硫氢化钠反应得到含巯基的氧化还原树脂。

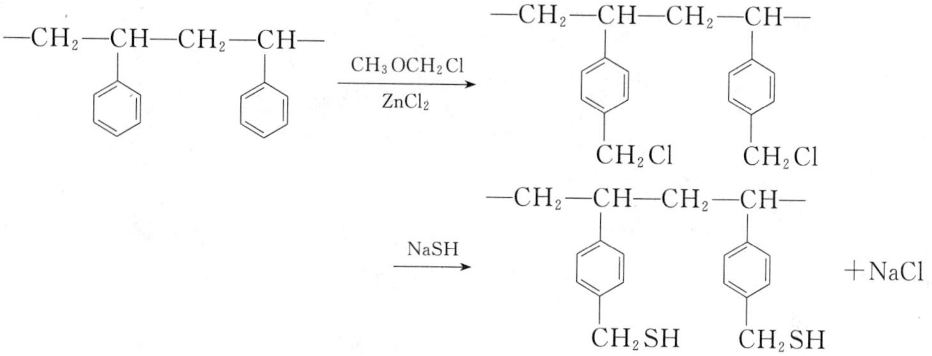

$$-CH_2-CH-CH_2-CH- \xrightarrow[ZnCl_2]{CH_3OCH_2Cl} -CH_2-CH-CH_2-CH-\ (CH_2Cl,\ CH_2Cl)$$

$$\xrightarrow{NaSH} -CH_2-CH-CH_2-CH-\ (CH_2SH,\ CH_2SH) + NaCl$$

3. 吡啶类氧化还原树脂

吡啶类氧化还原树脂的功能基团是吡啶基。

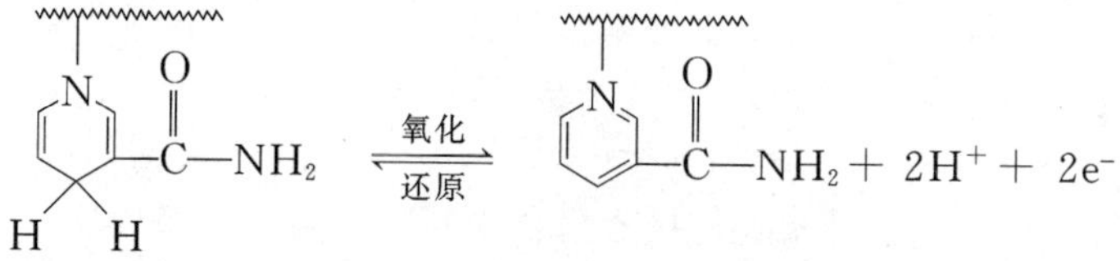

$$\text{N}\ \ \overset{O}{\overset{\|}{C}}-NH_2\ \ (\text{H H}) \underset{\text{还原}}{\overset{\text{氧化}}{\rightleftharpoons}} \text{N}\ \ \overset{O}{\overset{\|}{C}}-NH_2 + 2H^+ + 2e^-$$

此类氧化还原树脂由氯甲基化聚苯乙烯(氯球)与烟酰胺反应得到的。

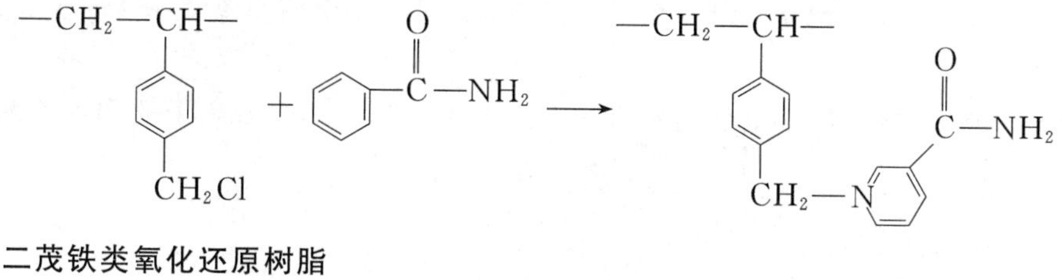

$$-CH_2-CH-\ (CH_2Cl) + \overset{O}{\overset{\|}{C}}-NH_2 \longrightarrow -CH_2-CH-\ (CH_2-N\ \ \overset{O}{\overset{\|}{C}}-NH_2)$$

4. 二茂铁类氧化还原树脂

二茂铁类氧化还原树脂的功能基团是二茂铁基。

二茂铁类化合物是良好的氧化还原剂,将乙烯基引入此类化合物制成带有功能基团的单体,再通过自由基聚合即可得到此类氧化还原树脂。

5. 吩噻嗪类氧化还原树脂

吩噻嗪类氧化还原树脂的功能基团是吩噻嗪基。

吩噻嗪类化合物也有良好的氧化还原性,次甲基蓝变色就是吩噻嗪基氧化还原的结果。

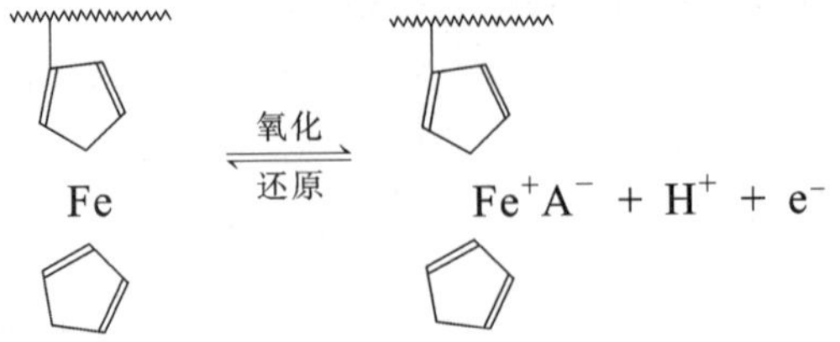

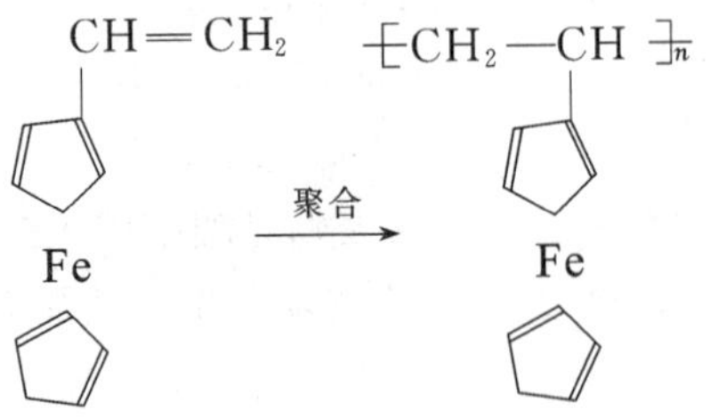

$$\text{Fe} \xrightleftharpoons[\text{还原}]{\text{氧化}} \text{Fe}^{+}\text{A}^{-} + \text{H}^{+} + \text{e}^{-}$$

$$\text{CH}=\text{CH}_2 \quad \text{Fe} \xrightarrow{\text{聚合}} \left[\text{CH}_2-\text{CH}\right]_n \quad \text{Fe}$$

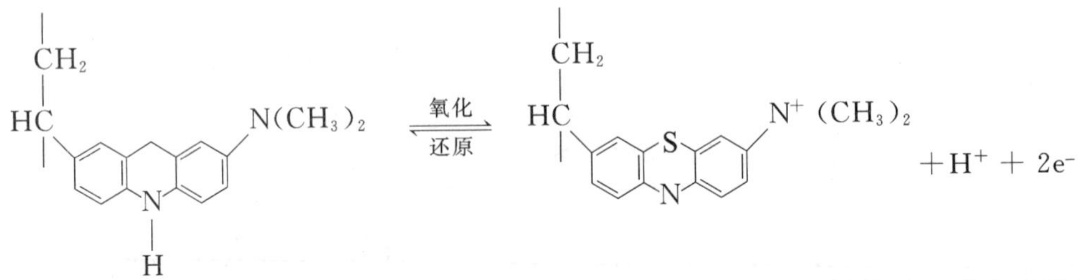

$$\text{CH}_2 \quad \text{HC} \quad \text{N(CH}_3)_2 \quad \text{N} \quad \text{H} \xrightleftharpoons[\text{还原}]{\text{氧化}} \text{CH}_2 \quad \text{HC} \quad \text{S} \quad \text{N}^{+}(\text{CH}_3)_2 \quad \text{N} \quad + \text{H}^{+} + 2\text{e}^{-}$$

吩噻嗪类氧化还原树脂的制备与二茂铁类氧化还原树脂类似，将乙烯基引入吩噻嗪类化合物制成带有功能基团的单体，再通过自由基聚合得到氧化还原树脂。

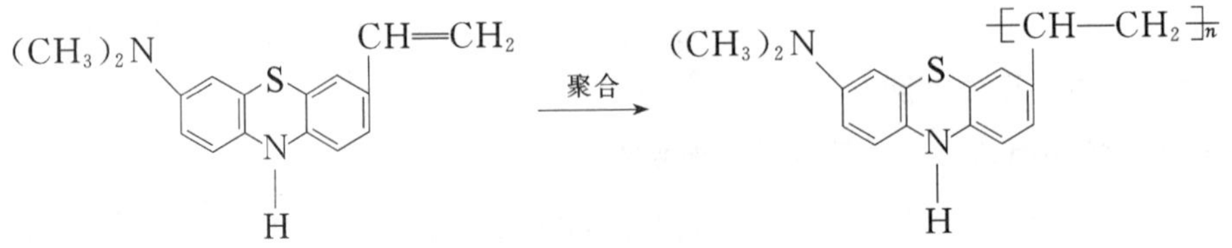

$$(\text{CH}_3)_2\text{N} \quad \text{S} \quad \text{CH}=\text{CH}_2 \quad \text{N} \quad \text{H} \xrightarrow{\text{聚合}} (\text{CH}_3)_2\text{N} \quad \text{S} \quad \left[\text{CH}-\text{CH}_2\right]_n \quad \text{N} \quad \text{H}$$

6.6.2 螯合树脂

螯合树脂指的是在聚合物骨架上连接有络合物基团的离子交换树脂。这些络合物功能基团既有离子键又有配位键，对某些金属离子有特定的结合能力，可以有选择性地螯合金属离子，因此能将这些金属离子与其他金属离子分离开来。螯合树脂主要用于重金属、贵金属的提取分离。

从结构上分类，螯合树脂有侧链型和主链型两类。其分离金属离子的作用原理可简示如下：

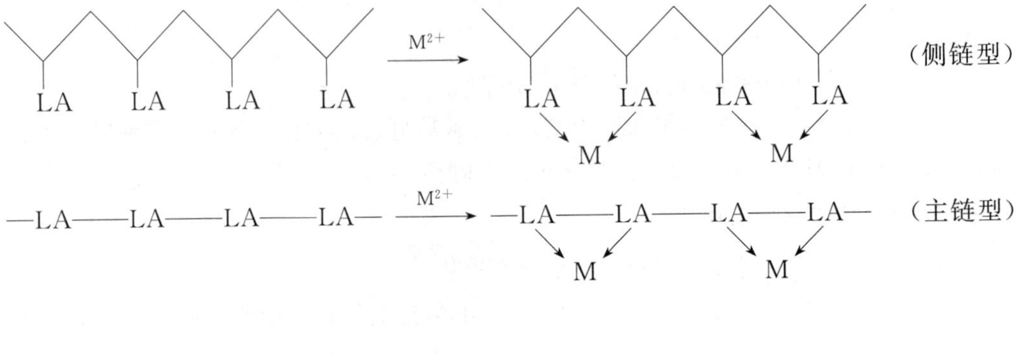

LA LA LA LA $\xrightarrow{M^{2+}}$ LA LA LA LA → M M （侧链型）

—LA——LA——LA——LA— $\xrightarrow{M^{2+}}$ —LA——LA——LA——LA— → M M （主链型）

其中，“LA”为能提供配位键的络合功能基团。

螯合树脂具有特殊的配位中心离子选择分离功能，很有发展前途。已研究成功的有几十种类型，但目前真正实现工业化的产品并不多。下面介绍几个代表品种。

1. 氨基羧酸类(EDTA 类)

乙二胺四乙酸(EDTA)是分析化学中最常用的分析试剂，它能在不同条件下与不同的金属离子络合，具有很好的选择性。氨基羧酸类离子交换树脂就是仿照其结构设计并合成出来的带有“蟹钳”形络合基团的螯合树脂，例如：

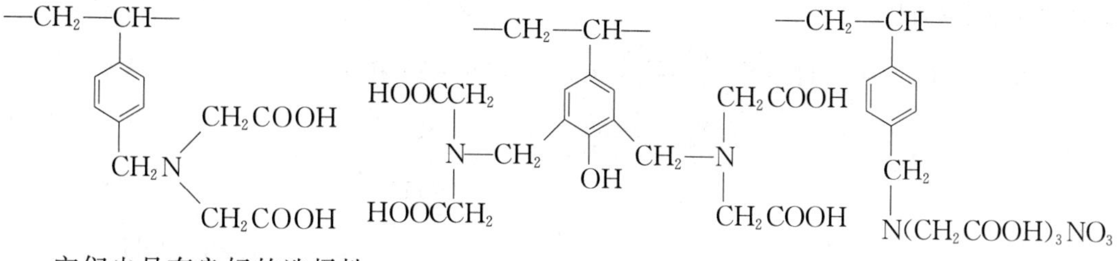

—CH₂—CH— … $CH_2N(CH_2COOH)_2$

—CH₂—CH— … $(HOOCCH_2)_2N—CH_2$ / OH / $CH_2—N(CH_2COOH)_2$

—CH₂—CH— … $CH_2N(CH_2COOH)_3NO_3$

它们也具有良好的选择性。

此类螯合树脂可通过多种途径制得。聚苯乙烯骨架上连有 N,N′-双(乙酸基)甲基的树脂是一种应用十分成功的 EDTA 类螯合树脂，以离子交换树脂制备的中间体氯球(氯甲基化聚苯乙烯)为原料，制备该树脂的几种合成路线如下：

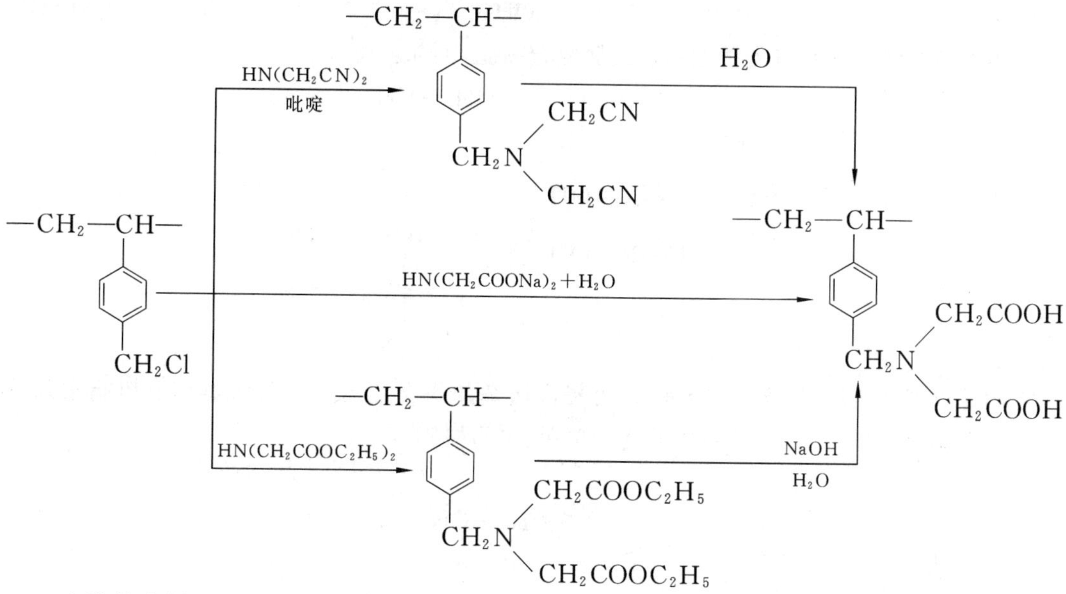

—CH₂—CH— (CH_2Cl) $\xrightarrow[\text{吡啶}]{HN(CH_2CN)_2}$ —CH₂—CH— ($CH_2N(CH_2CN)_2$) $\xrightarrow{H_2O}$ —CH₂—CH— ($CH_2N(CH_2COOH)_2$)

—CH₂—CH— (CH_2Cl) $\xrightarrow{HN(CH_2COONa)_2+H_2O}$ —CH₂—CH— ($CH_2N(CH_2COOH)_2$)

—CH₂—CH— (CH_2Cl) $\xrightarrow{HN(CH_2COOC_2H_5)_2}$ —CH₂—CH— ($CH_2N(CH_2COOC_2H_5)_2$) $\xrightarrow[H_2O]{NaOH}$ —CH₂—CH— ($CH_2N(CH_2COOH)_2$)

这类螯合树脂对铜、汞等金属离子有很好的选择分离性。pH 值为 5 时，对 Cu^{2+} 的最高吸附容量为 0.62 mmol/g，可用 $HClO_4$ 溶液解吸；pH 值为 1.3 时，对 Hg^{2+} 的最高吸附容量为 1.48 mmol/g。

2. 肟类

肟结构中含有氧和氮两种配位原子，肟类化合物能与金属镍(Ni)形成配合物。肟类螯合树脂就是含有肟(R—C═N—OH)结构的高分子螯合剂。此类螯合剂可以与铁、钴、镍等离子络合，得到的螯合物还可以吸附一氧化碳和氧气等气体。

以二肟为功能基团的螯合树脂与 Ni 的络合反应可表示如下：

$$\begin{array}{c} \sim\!\sim \\ C{=}N{-}OH \\ | \\ C{=}N{-}OH \\ | \\ CH_3 \end{array}\quad \begin{array}{c} \sim\!\sim \\ C{=}N{-}OH \\ | \\ C{=}N{-}OH \\ | \\ CH_3 \end{array} + Ni \longrightarrow \text{Ni 螯合物}$$

(配合物中：$OH\cdots O$，$C{=}N \rightarrow Ni \leftarrow N{=}C$，$C{=}N \rightarrow Ni \leftarrow N{=}C$，$O\cdots HO$，两侧 CH_3)

肟类螯合树脂是在树脂骨架中引入肟基团形成的。可以由丙烯醛与羟胺反应肟化制得的丙烯肟聚合得到。

$$CH_2{=}CH{-}\underset{\underset{O}{\|}}{C}{-}H \xrightarrow{H_2NOH\cdot HCl} CH_2{=}CH{-}\underset{\underset{\underset{OH}{|}}{\underset{N}{\|}}}{C}{-}H \longrightarrow \left[CH_2{-}\underset{\underset{\underset{\underset{OH}{|}}{\underset{N}{\|}}}{CH}}{\underset{|}{CH}}\right]_n$$

由乙烯与一氧化碳的共聚物出发，可以得到主链型邻位双肟螯合树脂。

$$-CH_2-CH_2-\underset{\underset{O}{\|}}{C}- \xrightarrow[HCl]{CH_3ONO} -CH_2-CH_2-\underset{\underset{\underset{OH}{|}}{\underset{N}{\|}}}{C}-\underset{\underset{O}{\|}}{C}- \xrightarrow{H_2NOH\cdot HCl} -CH_2-CH_2-\underset{\underset{\underset{OH}{|}}{\underset{N}{\|}}}{C}-\underset{\underset{\underset{OH}{|}}{\underset{N}{\|}}}{C}-$$

用类似方法也可制得支链型邻位二肟螯合树脂，例如：

$$\begin{array}{c} -CH_2-CH- \\ | \\ C{=}N{-}OH \\ | \\ C{=}N{-}OH \\ | \\ CH_3 \end{array}\qquad \begin{array}{c} CH_2-CH- \\ | \\ C_6H_4 \\ | \\ C{=}N{-}OH \\ | \\ C{=}N{-}OH \\ | \\ CH_3 \end{array}$$

肟基近旁带有酮基、氨基、羟基时，可提高肟基的络合能力。因此肟类螯合树脂常以酮肟、酚肟、胺肟等形式出现，吸附性能优于单肟、二肟树脂。

$$\begin{array}{c} -CH_2-CH- \\ | \\ C{=}O \\ | \\ C{=}N{-}OH \\ | \\ CH_3 \end{array}\quad -\underset{\underset{O}{\|}}{C}-\underset{\underset{\underset{OH}{|}}{\underset{N}{\|}}}{C}-C_6H_4- \qquad \begin{array}{c} -CH_2-CH- \\ | \\ C_6H_3(OH){-}CH{=}N{-}OH \end{array}\qquad \begin{array}{c} -CH_2-CH- \\ | \\ C_6H_4 \\ | \\ C{=}N{-}OH \\ | \\ CH_2 \\ | \\ N(CH_2CH_3)_2 \end{array}$$

酮肟　　　　　　　　酚肟　　　　　　　　胺肟

例如，聚苯乙烯系高分子骨架（白球）与邻（2-溴丙酰基）苯酚反应可以得到带有芳香酮结构的高分子，经与羟胺反应肟化后即得酚肟型螯合树脂。

—CH₂—CH— (苯环) + (邻羟基苯基)—C(=O)—CH(Br)—CH₃ $\xrightarrow{-HBr}$ —CH₂—CH—(对亚苯基)—CH(CH₃)—C(=O)—(邻羟基苯基) $\xrightarrow{H_2NOH\cdot HCl}$ —CH₂—CH—(对亚苯基)—CH(CH₃)—C(=N—OH)—(邻羟基苯基)

3. 8-羟基喹啉类

8-羟基喹啉类是有机合成和分析化学中常用的络合物。将其引入高分子骨架中，就可制成具有特殊络合能力的8-羟基喹啉类螯合树脂。8-羟基喹啉类螯合树脂常用品种有：

—CH₂—CH—(5-位连接的8-羟基喹啉) OH，N；

—CH₂—CH—O—(8-羟基喹啉-5-基) OH，N；

—CH₂—(酚环，OH)—CH₂—(8-羟基喹啉)—CH₂— OH，OH，N；

—CH₂—CH—(对亚苯基)—CH₂—(8-羟基喹啉-5-基) OH，N；

—CH₂—CH—(对亚苯基)—N=N—(8-羟基喹啉-5-基) OH，N

这类树脂有许多合成途径，例如如下两种途径。

(1) 用含8-羟基喹啉类的烯类单体聚合。

CH₂=CH—(8-苄氧基喹啉-5-基)（O—CH₂—苯基，N） ⟶ [—CH₂—CH—(8-苄氧基喹啉-5-基)]ₙ ⟶ [—CH₂—CH—(8-羟基喹啉-5-基) OH，N]ₙ

这种树脂能选择吸附多种贵金属离子，如对 Cr^{2+}、Ni^{2+}、Zn^{2+} 等金属离子的吸附容量可高达2.39～2.99 mmol/g。

(2) 在聚苯乙烯系高分子骨架上连接8-羟基喹啉类功能基团。

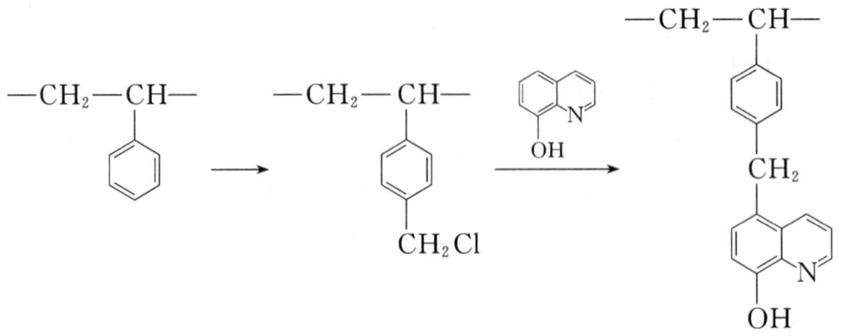

$$-CH_2-CH- \quad \longrightarrow \quad -CH_2-CH-(C_6H_4)-CH_2Cl \quad \xrightarrow{\text{8-羟基喹啉}} \quad -CH_2-CH-(C_6H_4)-CH_2-(\text{8-羟基喹啉基, OH, N})$$

这种树脂对 Hf^{4+}、Zr^{4+}、Co^{2+} 等贵金属离子有特殊的选择吸附作用。

4. 吡咯烷酮类

在聚合物骨架中引入吡咯烷酮基团可得到具有以下结构的吡咯烷酮类螯合树脂。

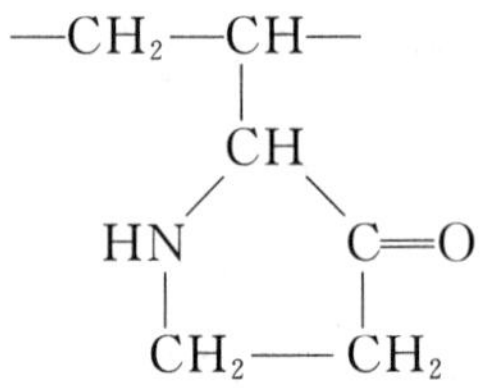

$$-CH_2-CH- \quad | \quad CH(HN-CH_2-CH_2-C{=}O)$$

此类树脂对铀(U)等金属离子有很好的选择分离效果。

5. 聚乙烯基吡啶类

高分子骨架中带有吡啶基团时，对 Cu^{2+}、Ni^{2+}、Zn^{2+} 等金属离子有特殊的络合功能，如果在吡啶氮原于附近带有羧基，其作用更为明显。

常用聚乙烯基吡啶类螯合树脂的结构有以下几种类型：

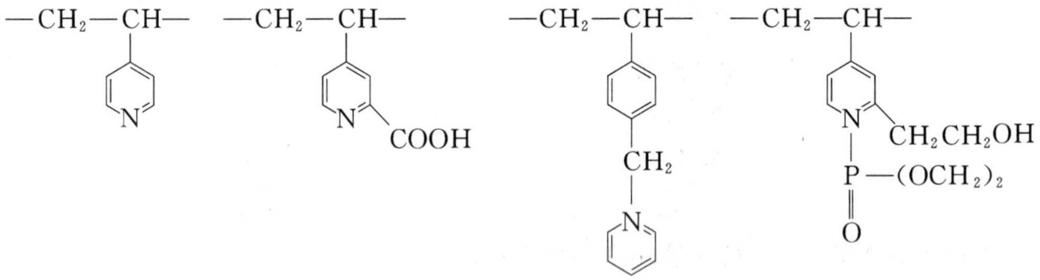

$$-CH_2-CH-(C_5H_4N) \qquad -CH_2-CH-(C_5H_3N)-COOH \qquad -CH_2-CH-(C_6H_4)-CH_2-N(C_5H_5) \qquad -CH_2-CH-(C_5H_3N)(CH_2CH_2OH)-P(=O)-(OCH_2)_2$$

6.6.3 两性树脂

一般的离子交换树脂只能与环境中的一类离子（阴离子或阳离子）进行交换。当溶液中的阴、阳离子均需除去时，如去盐，必须将阴、阳两种离子交换树脂分别使用。再生时，也需要将两种树脂分别用酸、碱处理，导致生产工艺烦琐、复杂。为此，人们研制了将阴、阳离子交换功能基团连接在同一树脂骨架上的两性树脂。

两性树脂中互相靠近的两种功能基团均以共价键连接在聚合物骨架上，呈中和状态。使用时可分别与溶液中的两种离子交换。树脂使用后，只需用大量的水淋洗即可再生，恢复到树脂原来的形式。

两性树脂通常是分别带有阴、阳离子交换基团的两种单体的共聚物，是通过两种单体共聚制得的。

两性树脂不仅可用于分离溶液中的盐类和有机物，还可作为缓冲剂，调节溶液的酸碱性。

现在还开发了一种"蛇笼树脂"。在这类树脂中，含有两种聚合物，其中一种是交联型的，另一种是线型的，后者受前者束缚，无法析出。就像蛇被关在笼篓中，故形象地称为"蛇笼树脂"。在"蛇笼树脂"中，两种聚合物分别带有阴、阳离子交换基团。"蛇笼树脂"实际上是两种离子交换树脂的混合物，既可以是交联的阴离子交换树脂为"笼"，线型的阳离子交换树脂为"蛇"；又可以是交联的阳离子交换树脂为"笼"，线型的阴离子交换树脂为"蛇"。

"蛇笼树脂"的使用特性与两性树脂类似，也可通过水洗而再生。

"蛇笼树脂"通常是先将一种单体进行体型聚合，然后将此体型聚合物在某种溶剂中溶胀，再将另一种单体在此溶胀聚合物中进行聚合制得的，相当于一种伪互穿网络体系。离子阻滞的分离原理和以水作为再生剂赋予"蛇笼树脂"以独特性能。充分利用这些特性及在分子设计中有目的地改变蛇、笼聚合物结构，改变阴、阳离子交换基团及反离子的类型，将可在较大范围内开拓具有良好综合性能的新型离子交换树脂，以适应多方面的分离目标及要求。同时，对于"蛇笼树脂"的微观结构及性能深入表征和探索，对结构与性能关系规律的认识及深化，也在高分子学科的离子交换与吸附的理论研究方面有着重要意义。

6.6.4 热再生树脂

需用酸、碱再生导致生产工艺烦琐是一般离子交换树脂使用受限的主要原因之一。两性树脂虽然可用水再生，但费水、费时，使用仍不够方便。为此，澳大利亚科学家发明了一种能用热水再生的两性树脂——热再生树脂。

这是一种在同一聚合物骨架上同时带有弱酸性和弱碱性离子交换基团的离子交换树脂。这种树脂在室温下能够吸附 NaCl 等盐类，再用 70～80 ℃的热水淋洗或浸泡即可使吸附的盐类脱附，树脂再生。热再生树脂的工作原理如下式所示：

$$\underset{\text{COOH}\quad\text{NR}_2}{\sim\sim\sim\sim} + \text{NaCl} \underset{70\sim80\ ^\circ\text{C}}{\overset{20\sim25\ ^\circ\text{C}}{\rightleftharpoons}} \underset{\text{COONa}\quad \text{N}^+\text{R}_2\text{HCl}^-}{\sim\sim\sim\sim}$$

在室温下，树脂与盐溶液接触，反应向右进行，羧基中的 H^+ 转移到弱碱性的氨基上。羧酸根离子吸附 Na^+，起到阳离子交换基团的作用；弱碱性的氨基与 Cl^- 及从羧基转移来的 H^+ 构成铵盐，起到阴离子交换基团的作用。这种由弱酸和弱碱构成的盐的平衡对热非常敏感。当被加热至 80 ℃左右时，水大量解离(80 ℃时水的解离大约比 25 ℃时高 30 倍)生成的 H^+ 和 OH^- 抑制了树脂的解离，使树脂中功能基团离子交换形成的盐水解，好像添加了酸和碱一样，使平衡向左移动，树脂再生。

热再生树脂的工作原理并不复杂，但对树脂及相关操作的要求却非常严格。其工作过程受树脂骨架类型、结构，功能基团种类、数量、分布情况，离子的亲和力，体系的酸碱度及温度等诸多因素的影响。因此，关于热再生树脂的研究工作还有待进一步深入。近年，热再生树脂在乳酸提取中获得较好的应用。利用热再生树脂在温度较低时可吸附被处理物质，在温度较高时可失去对被处理物质的吸附作用这一特点，采用热再生树脂提取乳酸可完全避免生产工艺带来的二次污染，实现乳酸提取工艺的清洁生产，同时用此类树脂提取有机酸可为生化产品的清洁生产、减少环境污染提供新的思路和解决方案，具有很好的应用前景和现实意义。

6.7 离子交换树脂和吸附树脂的功能

顾名思义，离子交换树脂最主要的功能是离子交换，吸附树脂最主要功能是其优异的吸附性，此外有时还具有催化、脱水等功能。

6.7.1 离子交换功能

离子交换树脂的离子交换功能是靠树脂分子骨架上大量的可离子化功能基团实现的。此时，离子交换树脂相当于多元酸（多元碱），根据功能基团性质不同，它们可通过下列三种类型的反应实现与体系中游离离子的离子交换。

（1）中和反应。

$$R—SO_3H + NaOH \rightleftharpoons R—SO_3Na + H_2O$$
$$R—COOH + NaOH \rightleftharpoons R—COONa + H_2O$$
$$RN(CH_3)_3OH + HCl \rightleftharpoons RN(CH_3)_3Cl + H_2O$$
$$R{\equiv}NHOH + HCl \rightleftharpoons R{\equiv}NHCl + H_2O$$

（2）复分解反应。

$$R—SO_3Na + KCl \rightleftharpoons R—SO_3K + NaCl$$
$$2R—COONa + CaCl_2 \rightleftharpoons (R—COO)_2Ca + 2NaCl$$
$$R—NCl + NaBr \rightleftharpoons R—NBr + NaCl$$
$$2R—NH_3Cl + Na_2SO_4 \rightleftharpoons (R—NH_3)_2SO_4 + 2NaCl$$

（3）中性盐反应。

$$R—SO_3H + NaCl \rightleftharpoons R—SO_3Na + HCl$$
$$R{\equiv}NHOH + NaCl \rightleftharpoons R{\equiv}NHCl + NaOH$$

所有的离子交换树脂都可以通过中和反应和复分解反应进行离子交换，但其交换能力因交换功能基团的性质不同有所差异。只有强酸型阳离子交换树脂和强碱型阴离子交换树脂能通过中性盐反应进行离子交换。

所有离子交换反应均是平衡可逆反应，只要适当调整溶液的离子浓度、pH 值及温度等因素，就可使反应逆向进行。因此，离子交换树脂可以再生。

6.7.2 吸附功能

吸附功能是由树脂固体表面及其上的功能基团实现的。离子交换树脂，无论是凝胶型离子交换树脂、大孔型离子交换树脂，还是吸附树脂，均具有相对大的比表面积。根据表面化学原理，表面具有吸附能力。原则上，任何物质均可被表面所吸附，随表面的性质、表面力场的不同，吸附具有一定的选择性。

离子交换树脂的吸附功能不同于离子交换功能，吸附是物理作用。吸附量的大小和被吸附物质的选择性，取决于诸多因素，其中最主要的因素是比表面积的大小、表面的极性及被吸附物质的极性。离子交换树脂和吸附树脂的吸附能力随树脂比表面积的增大而增大。因此，大孔型离子交换树脂的吸附能力远大于凝胶型离子交换树脂。未连接离子交换基团的大孔型树脂（即非极性吸附树脂）可以从极性溶剂中吸附非极性物质；中性吸附树脂可以从极性或非极性溶剂中吸附弱极性物质；极性吸附树脂可以从非极性溶剂中吸附极性和弱极性物质。吸附树脂也可对气态物质进行选择吸附。

吸附是范德华力的作用，因此是可逆的，可用适当的溶剂或调节至适当的温度使之解吸。

6.7.3 离子交换树脂和吸附树脂的其他功能

除了上述的离子交换和选择吸附等基本功能外，离子交换树脂和吸附树脂还可作为脱水剂、催化剂、催化剂载体、药物载体等使用。

1. 脱水功能

强酸型阳离子交换树脂中的磺酸基($-SO_3H$)是强极性基团,相当于浓硫酸,有很强的吸水性。因此,干燥的强酸型阳离子交换树脂具有脱水功能,可用作有机溶剂的脱水剂。图6-7-1是用强酸型阳离子交换树脂对几种常用有机溶剂进行脱水实验的结果。不难看出,随着有机溶剂中含水量的增加,树脂中的含水量增大。说明干燥的强酸型阳离子交换树脂可以吸附有机溶剂中的水分使之脱水。

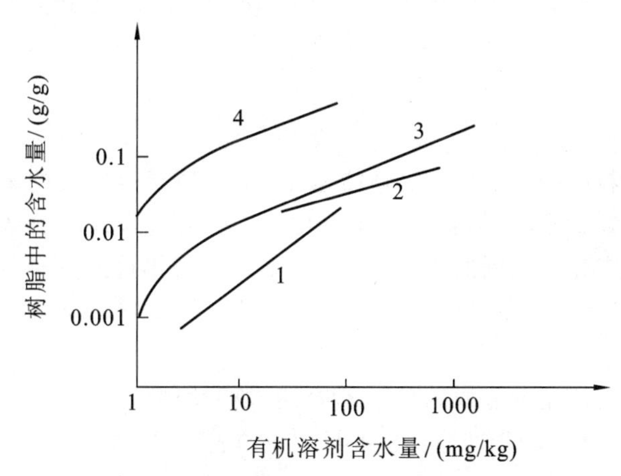

图 6-7-1 离子交换树脂对几种常用有机溶剂的脱水作用

1—氯仿;2—苯;3—三氯乙烯;4—二氯乙烷

2. 催化功能

许多基本有机化学反应和聚合反应以酸、碱为催化剂。离子交换树脂相当于多元酸和多元碱,也可对许多化学反应起催化作用。与低分子酸碱相比,离子交换树脂作催化剂具有易于分离、不腐蚀设备、不污染环境、产品纯度高、后处理简单等优点。如强酸型阳离子交换树脂可用作酯化反应的催化剂。

络合催化剂利用过渡元素原子结构中的d层电子轨道进行配位,形成有催化能力的络合物。螯合树脂类离子交换树脂也能以配价键、离子键或共价键的形式与过渡元素结合,形成络合催化剂起催化作用。这类催化剂已被用于烯、炔的气化反应和环化反应中。

3. 催化剂载体

$AlCl_3$ 等金属卤化物是常用的有机反应催化剂,但直接使用易分解失效。利用大孔型离子交换树脂等吸附树脂的强吸附功能,将金属卤化物催化剂吸附在微孔中,使催化剂在反应过程中逐步释放出来,可以提高催化剂的效率和寿命,此时吸附树脂属于催化剂载体。

4. 药物载体

离子交换树脂由于其离子交换及微孔吸附功能,近年来越来越多地作为药物载体在药物释放控制、药物味道掩蔽领域得到广泛而深入的研究。一般来说,离子交换树脂由于自身化学惰性而作为药物输送载体具有一定的通用性,此外可根据树脂的具体特性,如酸碱性质、强度、交联程度、粒径、孔隙率的不同,结合靶药特性,对离子交换树脂具体种类进行选择,以达到预期的药物控释及掩味效果。离子交换树脂这一新型辅料的出现为新型给药系统的研制提供了新的思路与发展契机,并且其优良的掩味特性在改善口服制剂口味方面存在巨大潜力。

6.8 离子交换树脂和吸附树脂的质量控制

树脂的化学组成和分子结构（聚合物骨架，功能基团的类型、数量及其连接方式等）是决定离子交换树脂和吸附树脂类型及功能特性的主要因素，对离子交换树脂和吸附树脂的使用性能也有决定性的影响。但离子交换树脂和吸附树脂的使用性能不仅取决于其化学组成和分子结构，还和其物理结构或性能有密切的关系。

本节将就离子交换树脂和吸附树脂的一些重要的化学及物理性能参数和质量控制作简要介绍。

6.8.1 粒径

粒径是表征树脂粒度（颗粒大小）的性能指标。由悬浮聚合得到的离子交换树脂或吸附树脂基本都是球形珠粒状颗粒，但颗粒大小不均。市面上所售的离子交换树脂和吸附树脂是经过筛分选取的一定粒径范围的成品。筛分时分别记录不可通过和可通过的分样筛规格（孔径）即可得到的产品粒径范围。我国工业应用中的离子交换树脂的粒径范围通常为 0.315～1.2 mm。

根据筛分或检测时使用的分样筛标准不同，粒径可用颗粒的直径（分样筛孔径，单位为 mm）表示，也可以用能通过的标准分样筛的目数（目）表示，目数越大粒径越小。美国标准筛目数与粒径之间的关系如表 6-8-1 所示。

表 6-8-1 美国标准筛目数与粒径的关系

目数/目	粒径/mm	目数/目	粒径/mm	目数/目	粒径/mm
10	2.00	50	0.297	120	0.125
16	1.20	60	0.250	140	0.105
20	0.841	70	0.210	200	0.074
30	0.595	80	0.117	400	0.037
40	0.420	100	0.149		

除了用粒径范围表示树脂粒度外，还有两个常用参数有效粒径和均一系数也用来描述离子交换树脂的粒径及其均匀度。有效粒径为存留 90％树脂样品（湿态）的筛孔孔径，以 mm 表示；均一系数为存留 40％树脂样品（湿态）的筛孔孔径与有效粒径之比值。均一系数越小，表示树脂颗粒大小越均匀。

湿态离子交换树脂的粒径及均匀度的检测方法也是筛分。具体测定方法是：选取一系列适当孔径的分样筛（不少于 5 个），取一定量（如 100 mL），树脂样品，依次用孔径由大到小的分样筛筛分，记录通过每一孔径分样筛的样品的体积。作出筛孔孔径（单位为 mm）与筛上存留树脂体积累积百分数的关系曲线。由曲线查出筛上树脂存留体积累积百分数为 40％和 90％对应的筛孔孔径，两者之比即为均一系数，后者数值即为有效粒径。

6.8.2 含水量

离子交换树脂的应用绝大部分是在水溶液中进行的。水分子一方面可使树脂上的离子化基团和欲交换的化合物分子离子化，以便进行交换；另一方面可使树脂溶胀，使凝胶型离子交换树脂或大孔型离子交换树脂的凝胶部分产生凝胶孔，以便离子能以适当的速度在其中扩散。因此离子交换树脂必须具有良好的吸水性，因而也就使得离子交换树脂总有一定的含水量。但树脂在贮存过程的含水量不能太大，否则会降低其机械强度和交换容量，所以含水量也是离子交换树脂的重要性能指标之一。离子交换树脂的含水量指的是干态树脂的含水量，一般为30%～80%，随树脂的种类和用途而变化。

含水量的测定方法视离子交换树脂的耐热性而异。

对于在105～110 ℃下连续干燥而不发生变化的离子交换树脂，可根据国家标准GB/T 5757—1986测定其含水量：将预处理成一定离子形式的离子交换树脂样品5～15 mL装入一带玻璃砂芯的离心管内，在2000±200 r/min的转速下离心5 min。取两份各为0.9～1.3 g的样品，在105±3 ℃下烘干2 h，冷却后称重。根据下式计算树脂的含水量(X)：

$$X=\frac{m_2-m_3}{m_2-m_1}\times 100\% \tag{6-8-1}$$

式中：m_1，m_2，m_3——称量瓶质量、烘干前树脂加称量瓶质量、烘干后树脂加称量瓶的质量，g。

对于在105～110 ℃的温度条件下不稳定的离子交换树脂，如氢氧型强碱型阴离子交换树脂，其含水量不能用上述方法测定。此类树脂含水量测定方法是：在一含水量测定器(带玻璃砂芯和活塞的玻璃柱)内准确称取约1 g离心脱水的氢氧型强碱型阴离子交换树脂样品，用浓度1 mol/L的HCl将树脂转成氯型，用无水乙醇洗涤。然后在105±3 ℃下烘干2 h，冷却后称重。根据式(6-8-2)计算树脂的含水量(X)：

$$X=\left\{1-\left[\frac{m_3-m_1}{m_2-m_1}-\left(36.5-\frac{E_2}{E_1}\times 18\right)\times E_1\times 10-3\right]\right\}\times 100\% \tag{6-8-2}$$

式中：m_1，m_2，m_3——含水量测定器质量、烘干前树脂加含水量测定器质量和烘干后树脂加含水量测定器的质量，g；

E_1，E_2——阴离子交换树脂湿基全交换容量和强碱基团交换容量，mmol/g。

6.8.3 交换容量

交换容量是表征离子交换树脂交换能力的重要性能指标，是选用离子交换树脂的主要依据。离子交换树脂的交换容量是指单位质量或单位体积树脂可交换的离子基团的数量(单位为mmol/g或mmol/mL)。

需要注意的是离子交换树脂的交换容量与其实际所含的离子基团的数量不一定一致。因为树脂上的离子基团并不一定全部进行离子交换，其可交换的基团的比例依据测试条件不同而异。因此，根据测定方法不同，离子交换树脂的交换容量有湿基全交换容量、全交换容量、工作交换容量(模拟实际应用条件测得的柱交换容量)等。

离子交换树脂的交换容量通常采用离子交换前后溶液(浸泡液)滴定的方法测定。例如，阳离子交换树脂的交换容量测定方法为：

准确称取预处理成H型的阳离子交换树脂约1.5 g和2 g各一份置于三角瓶中。在1.5 g样品的三角瓶中移入浓度为0.1 mol/L的NaOH标准溶液100 mL，在一定温度下(强酸型阳离子交换树脂为室温条件，弱酸型阳离子交换树脂为60 ℃)浸泡2 h；从中取出25 mL上层清液，用浓度为0.1 mol/L的HCl标准溶液滴定之；同时进行空白实验。在2 g样品的三角瓶中移入浓度为0.5 mol/L的$CaCl_2$溶液100 mL，室温条件下浸泡2 h；从中取出25 mL上层清液，用浓度为0.1 mol/L的NaOH标准溶液滴定之；同时进行空白实验。记录实验数据,计算阳离子交换树脂的交换容量。

(1) 湿基全交换容量(Q'_T,mmol/g)。

按式(6-8-3)计算:

$$Q'_T = \frac{4(V_2 - V_1) \cdot C_{HCl}}{m_1} \tag{6-8-3}$$

式中:V_1、V_2——滴定浸泡液及空白所消耗的 HCl 标准溶液的体积,L;

C_{HCl}——HCl 标准溶液的浓度,mol/L;

m_1——树脂样品的质量,g。

(2) 全交换容量(Q_T,mmol/g)。

按式(6-8-4)计算:

$$Q_T = \frac{Q'_T}{1 - X} \tag{6-8-4}$$

式中:X——含水量。

(3) 湿基强酸基团交换容量(Q'_S,mmol/g)。

按式(6-8-5)计算:

$$Q'_S = \frac{4(V_3 - V_4) \cdot C_{NaOH}}{m_2} \tag{6-8-5}$$

式中:V_3、V_4——滴定浸泡液及空白所消耗的 NaOH 标准溶液的体积,L;

C_{NaOH}——NaOH 标准溶液的浓度,mol/L;

m_2——树脂样品的质量,g。

(4) 强酸基团全交换容量(Q_S,mmol/g)。

按式(6-8-6)计算:

$$Q_S = \frac{Q'_S}{1 - X} \tag{6-8-6}$$

(5) 湿基弱酸基团交换容量(Q'_W,mmol/g)。

按式(6-8-7)计算:

$$Q'_W = Q_T \tag{6-8-7}$$

(6) 弱酸基团交换容量(Q_W,mmol/g)。

按式(6-8-8)计算:

$$Q_W = Q_T - Q_S \tag{6-8-8}$$

(7) 体积全交换容量(Q_V,mmol/mL)。

按式(6-8-9)计算:

$$Q_V = Q'_S d_b \tag{6-8-9}$$

式中:d_b——树脂湿视密度,g/mL。

阴离子交换树脂的交换容量测定及计算方法与之类似,不再详述。

6.8.4 强度

强度是表征离子交换树脂机械强度(抗冲击、挤压能力)的一个非常重要的性能指标,它直接影响树脂的使用寿命及其他使用性能。描述离子交换树脂机械强度的性能指标有耐压强度、滚磨强度(磨后圆球率)和渗磨强度(渗磨圆球率)。例如,凝胶型离子交换树脂的验收标准规定磨后圆球率不小于90%即为强度合格,即此类树脂以滚磨强度作为考核指标。

耐压强度是指树脂能承受的最大压力。测试方法是给一粒树脂由小到大施加压力直至破碎，记录破碎前的最大压力，即为耐压强度。树脂的耐压强度取多粒被测试树脂耐压强度的平均值。

滚磨强度用球磨机测试。其方法是：取一定量（15 mL）树脂，用适量（50 mL）纯水将树脂转移到球磨机的滚筒（不锈钢，内部尺寸 ϕ164×119）内。样品为阳离子交换树脂时，加入 6 个直径为 20 mm、质量为 10 g 的瓷球，盖上筒盖，在球磨机上滚磨（滚筒速度 125 r/min）10 min；样品为阴离子交换树脂时，加入 10 个瓷球，滚磨 20 min。树脂取出，在 60 ℃的温度条件下烘干。在倾斜的搪瓷盘中通过滚动法分离圆球颗粒和破碎颗粒，分别称量并记录圆球和碎粒质量。按下式计算树脂的滚磨强度 S_1：

$$S_1=\frac{m_1}{m_1+m_2}\times 100\%$$

式中：m_1、m_2——圆球颗粒和破碎颗粒的质量。

如果在强度测定前对树脂样品用酸碱进行处理（施加渗透力），然后再用与测定滚磨强度类似的方法测定即可得到渗磨强度，以 S_2 表示。

渗磨强度测定用树脂样品处理方法为：将 25 mL 湿树脂装入一玻璃交换柱（ϕ20×300）内，调节旋塞使 25 mL 液体能在 10～15 s 内排完。由一漏斗（下口管内径 6 mm）向柱内迅速倒入 25 mL 溶液（强酸型阳离子交换树脂和弱碱型阴离子交换树脂用浓度为 1 mol/L 的 HCl；强碱型阴离子交换树脂和弱酸型阳离子交换树脂用浓度为 1 mol/L 的 NaOH）。此时树脂应上下翻动，溶液 10～15 s 内排完，如此操作进行 5 次。用 270 mL 同样的溶液在 10 min 内均匀淋洗树脂。然后迅速倒入 25 mL 纯水，并再用 250 mL 纯水在 5 min 内均匀淋洗树脂。柱中的树脂再用另一种溶液（强酸型阳离子交换树脂和弱碱型阴离子交换树脂用浓度为 1 mol/L 的 NaOH；强碱型阴离子交换树脂和弱酸型阳离子交换树脂用浓度为 1 mol/L 的 HCl）以与上相同的步骤处理。取 15 mL 处理过的树脂，树脂层上保留 5 mL 纯水，再用 45 mL 纯水将树脂转移到球磨机的滚筒中。用与滚磨强度测定同样的方法和条件测定并记录圆球和碎粒质量 m_1 和 m_2，用式（6-8-10）计算，即得 S_2。

$$S_2=\frac{m_1}{m_1+m_2}\times 100\% \tag{6-8-10}$$

6.8.5 密度

离子交换树脂和吸附树脂的离子交换能力和吸附特性等许多性能都与其密度有关。因此，树脂的密度也是离子交换树脂和吸附树脂的重要性能指标之一。

表征树脂密度的性能参数主要有：表观密度，即干态树脂的质量与树脂颗粒本身的体积之比；骨架密度，即干态树脂聚合物骨架本身的密度；湿真密度，即湿态树脂的质量与树脂颗粒本身的体积之比；湿视密度，即湿态树脂的质量与树脂本身与其间的空隙所占据的体积之比。

1. 表观密度

表观密度一般用汞比重瓶法测定。其测定原理是汞的表面张力大，因而汞与树脂接触角大，汞不浸润树脂表面，不能进入树脂颗粒内部的孔隙，但在真空状态下，汞可全部充满树脂颗粒间的孔隙。

汞比重瓶法测定树脂表观密度的装置如图 6-8-1 所示。

测定方法是将干燥至恒重的待测树脂样品置于比重瓶内，抽真空至 13.33 Pa 以下并维

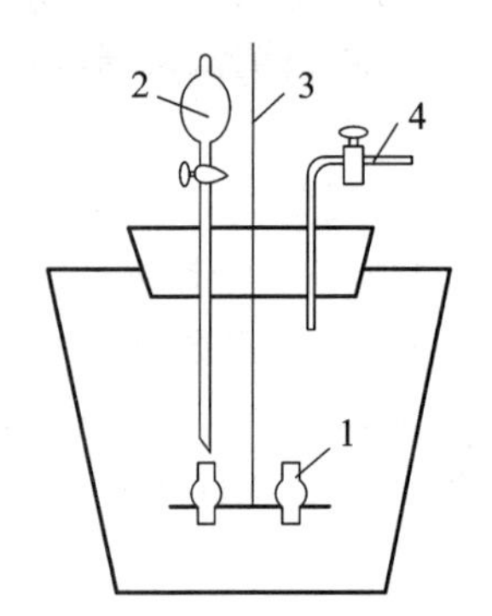

图 6-8-1　汞比重瓶法测定树脂表观密度装置示意图

1—比重瓶;2—贮汞漏斗;3—瓶架转轴;4—真空系统阀

持 30 min,关闭真空系统阀(4)。通过贮汞漏斗(2)慢慢向比重瓶内充汞至满。放空后将比重瓶加盖取出,在 25 ℃下恒温放置 30 min。用一注射器调整汞面到比重瓶盖的刻度处,称重。对不加树脂的另一比重瓶进行同样的操作。用式(6-8-11)计算树脂的表观密度(ρ_a,单位为 g/mL)

$$\rho_a=\frac{13.546\ w}{G_1-(G_2-w)} \tag{6-8-11}$$

式中:13.546——20 ℃时汞的密度,g/mL;

w——树脂样品的质量,g;

G_1、G_2——比重瓶加汞的质量,比重瓶加树脂加汞的质量,g。

此装置可一次测定多个样品。

2. 骨架密度

树脂的骨架密度也用比重瓶法测定。所用液体应该能浸润树脂颗粒内部的孔隙,但又不溶胀树脂骨架。常用液体为正庚烷。

测定方法为:称取一定量树脂样品置于比重瓶内,加入正庚烷浸泡 4～5 h,然后用注射器调整液面到比重瓶盖的刻度处,称重,对不加树脂的另一比重瓶进行同样的操作。用式(6-8-12)计算树脂的骨架密度(ρ_T,单位为 g/mL):

$$\rho_T=\frac{\rho_h\cdot w}{G_1-(G_2-w)} \tag{6-8-12}$$

式中:ρ_h——在测定温度下正庚烷的密度,g/mL;

w——树脂样品的质量,g;

G_1、G_2——比重瓶加正庚烷的质量,比重瓶加树脂加正庚烷的质量,g。

3. 湿真密度

湿真密度的测定方法为:在密度计(带刻度和磨口塞的量筒,$\phi 26\times 100$)内加入 15～20 mL 纯水,称重;再加入 25～30 mL 已离心脱水(见树脂含水量的测定)的树脂样品,称重;再加纯水至满(盖上磨口塞后密度计内应无气泡),称重。同样测定该密度计无树脂时加满水的质量。用式(6-8-13)计算树脂的湿真密度(d_T,单位为 g/mL)

$$d_T=\frac{(m_2-m_1)\times d_w}{(m_2-m_1)-(m_4-m_3)} \tag{6-8-13}$$

式中:m_1、m_2、m_3 和 m_4——加有部分纯水时密度计的质量、加有部分纯水及树脂时密度计的质量、加满纯水时密度计的质量和加有树脂及加满纯水时密度计的质量,g;

d_w——测定温度下水的密度,g/mL。

4. 湿视密度

湿视密度的测定方法为:在密度计(带刻度和磨口塞的量筒,$\phi 26\times 100$)内加入 15～20 mL 纯水,称重;再加入 25～30 mL 已离心脱水(见树脂含水量的测定)的树脂样品,称重;测出 m_1 和 m_2;将测完 m_2 后的树脂样品(在密度计内)轻轻蹾实,读取树脂样品的体积 V_b(单位为 mL)。用式(6-8-14)计算得树脂的湿视密度(d_b,单位为 g/mL)。

$$d_b=\frac{m_2-m_1}{V_b} \tag{6-8-14}$$

6.8.6 比表面积、孔容、孔度、孔径和孔径分布

比表面积、孔容、孔度、孔径和孔径分布是描述大孔型离子交换树脂和吸附树脂内孔洞结构的性能指标。大孔型离子交换树脂的内表面积通常为 1～1000 m^2/g 以上，相比之下，树脂的外表面积是非常小的(约 0.1 mm^2/g)，而且变化不大。因此，离子交换树脂和吸附树脂的比表面积 S 主要指树脂的内表面积(单位为 m^2/g)。孔容 V_p 是指单位质量树脂的孔体积(单位为 mL/g)。孔度 P 为树脂的孔容占树脂总体积的百分比(%)。孔径 d 则是将树脂内的孔穴近似看作圆柱形时孔的直径(单位为 nm)。

由其物理意义不难看出，上述参数并不是孤立的，各参数之间存在相互关系，可相互换算。树脂各参数之间的关系如下：

$$V_p=\frac{1}{\rho_a}-\frac{1}{\rho_T} \tag{6-8-15}$$

$$P=\rho_a V_p=1-\frac{\rho_a}{\rho_T} \tag{6-8-16}$$

$$S=\frac{4\times10^4 V_p}{d} \tag{6-8-17}$$

式中：V_p——孔容，mL/g；

ρ_a 和 ρ_T——树脂的表观密度和聚合物骨架密度，g/mL；

P——孔度；

S——比表面积，m^2/g；

d——平均孔径，nm。

树脂的比表面积等孔参数可用仪器测定。如 BC-1 型(大连)和 ST-03 型(北京)等基于 BET 原理的自动化连续流动色谱仪，可快速测定比表面积。较复杂的自动气体吸附仪，如 Autosorb-1(美国)不仅可以测定比表面积，还可以测定孔容、平均孔径和孔径分布等多种孔参数。

所谓 BET 原理，是指测定树脂比表面积常用的，采用 BET 模型的低温氮吸附-脱附等温线法。BET 模型为多层吸附模型，在相对压力(吸附质的测量压力与在测量温度下的饱和蒸气压之比)为 0.05～0.35 的范围内，吸附方程可写成：

$$\frac{1}{x\left[(p_0/p)-1\right]}=\frac{c-1}{x_m c}\left(\frac{p}{p_0}\right)+\frac{1}{x_m c} \tag{6-8-18}$$

式中：p、p_0——吸附质(N_2)的测量压力和在测量温度下的饱和蒸气压；

x、x_m——所测条件下的实际吸附量和单分子层饱和吸附量；

c——常数。

由上式可知，$\frac{1}{x\left[(p_0/p)-1\right]}$ 与 $\frac{p}{p_0}$ 呈线性关系，其斜率为 $a=\frac{c-1}{x_m c}$，截距为 $b=\frac{1}{x_m c}$。由斜率和截距可得：$x_m=\frac{1}{a+b}$。

样品的比表面积(S)为：

$$S=\frac{x_m\cdot N_A\cdot A}{M} \tag{6-8-19}$$

式中：N_A——阿伏伽德罗常数；

M——吸附质的相对分子质量；

A——吸附质分子的横截面积。

测定比表面积的另一常用方法为在压汞仪上进行的压汞法。由于汞与树脂表面不能浸润,将汞压入树脂的孔内会使汞的比表面积增大,产生表面能。孔径越小则产生的表面能越大,将汞压入所需的压力(转化成能)也越大。压汞法不仅可以测定比表面积,还可以测定孔容、平均孔径和孔径分布等多种孔参数。

树脂的孔容除上述由表观密度和骨架密度计算、气体吸附仪和压汞法测定外,还可以用毛细管凝聚法、湿态树脂干燥法等测定。树脂的孔径分布测定除了上面介绍的方法外,还有X射线小角散射法、热孔计法和反相体积排阻色谱法等。

6.8.7 离子交换树脂的质量控制

离子交换树脂的理化性能在使用过程中会逐渐劣化,有时也会遇到特殊情况造成性能突然变差,如进水受严重污染、使用了劣质再生剂、进水水温过高等。虽然不会出现离子交换树脂完全丧失其功能的情况,但离子交换树脂性能的劣化,将直接影响生产的安全性和经济性,因而科研人员提出了离子交换树脂的质量控制原则,即离子交换树脂性能劣化到什么程度应报废。

决定离子交换树脂是否报废的原则主要从安全性和经济性两方面考虑。

(1) 安全性。

当离子交换树脂性能逐渐劣化到其基本结构(如交联的苯乙烯网状结构)即将出现明显解体,理化性能出现突跃式的劣化,影响生产安全时,树脂就必须报废。

(2) 经济性。

离子交换树脂性能劣化到一定程度时,基本结构尚无解体的迹象,但系统产物的数量和质量有所下降,此时通过一些措施(如增加再生次数、减少备用、进行复苏处理等)仍能使生产正常进行。但采取这些措施会增加生产运行费用。当增加的费用大于更换新树脂的费用时,则从经济性上应考虑报废。

6.9 离子交换树脂和吸附树脂的应用

离子交换树脂是发展最早、最快的功能高分子材料,应用领域已十分广泛。由离子交换树脂派生衍化而来的吸附树脂以其独特的吸附分离功能服务于环保、化学、化工等工农业生产和人民群众日常生活的各个领域。离子交换树脂和吸附树脂的推广应用对国民经济的可持续发展和人民生活质量的提高具有重大意义。

6.9.1 离子交换树脂的应用

1. 水处理

水处理包括水质的软化、水的脱盐和高纯水的制备等。水处理是离子交换树脂最早的应用领域,也是至今为止最重要的应用领域。例如,电力工业中发电厂等企业所用的高压锅炉必须采用软化水,即去除钙、镁等金属离子的水,以减少结垢对生产过程的影响。水软化处理最方便、最经济的方法就是使用钠型阳离子交换树脂进行处理。利用离子交换反应,减少水中硬金属离子的含量,使水硬度降低,而水中的总含盐量不变;当树脂交换饱和后,可加入 NaOH 使之再生重复使用。

$$2R—SO_3Na+Ca^{2+} \rightleftharpoons (R—SO_3)_2Ca+2Na^+$$

$$(R—SO_3)_2Ca+2NaOH \rightleftharpoons 2R—SO_3Na+Ca(OH)_2$$

纯水的制备及水脱盐处理也是离子交换树脂的主要用途之一。水中的电解质使其具有腐蚀性和导电性，因此某些场合必须对所用水的电解质含量给予控制。例如，高纯水就是当今电子工业不可缺少的原料。普通水经脱盐处理后统称为纯水，根据水中的电解质含量（含盐量）不同，纯水可分为脱盐水（含盐量为 1～5 mg/L，电阻率为 0.1×10^6～1.0×10^6 Ω·cm）、纯水（含盐量低于 1 mg/L，电阻率为 1.0×10^6～10×10^6 Ω·cm）和高纯水（含盐量低于 0.1 mg/L，电阻率为 0.1×10^6～1.0×10^6 Ω·cm）。目前各种级别的纯水的制备都离不开离子交换树脂。

2. 冶金工业

离子交换是冶金工业的重要单元操作之一。离子交换树脂在铀、钍等超铀元素，稀土金属、重金属、轻金属、贵金属、过渡金属等金属的分离、提纯和回收方面均起着十分重要的作用。

离子交换树脂还可用于选矿。在矿浆中加入离子交换树脂可改变矿浆中水的离子组成，使浮选剂更有利于吸附所需要的金属，提高浮选剂的选择性和选矿效率。

3. 原子能工业

离子交换树脂在原子能工业上的应用包括核燃料的分离、提纯、精制、回收等。用离子交换树脂制备高纯水，是核动力用循环水、冷却水、补给水供应的唯一手段。离子交换树脂还是原子能工业废水去除放射性污染物的主要方法。

4. 海洋资源利用

用离子交换树脂进行海水淡化处理制取淡水既经济又方便，是海洋航行和海岛上生活用水的主要来源。就天津等近海缺水城市而言，海水淡化已成为补充水资源的有效途径，其成本甚至低于南水北调工程。利用离子交换树脂，还可从许多海洋生物（例如海带）中提取碘、溴、镁等重要化工原料。

5. 化学工业

化学工业也是离子交换树脂的重要应用领域。在化学实验和化工生产中，离子交换已经成为和蒸馏、结晶、萃取、过滤一样重要的单元操作，普遍应用于多种无机、有机化合物的分离、提纯、浓缩和回收等。离子交换树脂在有机化合物的酰化、过氧化、溴化，二硫化物的还原，大环化合物的合成，肽链的增长，不对称碳化合物的合成，羟基的氧化等许多基本有机化学反应中也都有着重要的作用。

例如，离子交换树脂用作化学反应催化剂，可大幅度提高催化效率，简化后处理操作，避免设备的腐蚀；离子交换树脂的功能基团连接上可反应活性基团，可制成高分子试剂，使用高分子试剂进行的有机合成反应具有控制及分离容易、副产物少、产物纯度高等优点；在涂料中加入少量粉状阳离子交换树脂，可提高其抗腐蚀性，延长使用寿命；将少量阳离子交换树脂粉末加到表面容易产生静电的塑料中，可消除表面电荷累积，起到抗静电作用；强酸型阳离子交换树脂能强烈吸水，可用作干燥剂，吸收有机溶剂或气体中的水分；大孔型离子交换树脂能有效地吸收气体，因此可用于气体的净化，如聚乙烯吡啶树脂可以很好地去除空气中的二氧化硫气体。

6. 食品工业

近年来离子交换树脂在食品工业中的用量增加很快，在糖、酒、烟草、乳品、饮料、调味品及各种食品添加剂的加工生产中广泛应用。离子交换树脂在酒类生产中的水处理，酒精、低度白酒、果酒、葡萄酒的处理，食品及食品添加剂的提纯分离、脱色、脱盐，果汁脱酸、脱涩等方面都有明显的应用效果。

在白酒生产中，水质是酿酒的基本条件，利用离子交换树脂可以很方便地改进水质。利用大孔型离子交换树脂可进行酒的脱色、去浑，去除酒中的酒石酸、木杨酸等杂质，提高酒的质量。利用离子交换树脂去除酒中的铜、锰、铁等离子，可以增加酒的贮存稳定性。离子交换树脂处理是酒类生产中不可缺少的一项工艺步骤。经处理后的酒，香味纯，透明度好，稳定性可靠。

在葡萄酒、果酒生产中，常常会通过生产设备、原料等不同渠道带入微量的铁、钙、镁等金属离子，金属离子的存在很容易引起果酒的混浊、沉淀，利用离子交换树脂对调酒用水和成品酒进行处理可提高果酒的稳定性。

在配制果露酒、半汁果酒、葡萄酒时，需要用酒精来调整酒精度。但酒精中含甲醇、杂醇油、醛类等对人体健康有害的微量成分，所以在使用时必须对原料酒精进行处理，使之达到国家质量标准。采用离子交换树脂处理酒精，也是保证果露酒产品质量的重要步骤。

在葡萄糖、蔗糖、甜菜糖的生产中，都存在脱色、精制的问题，利用离子交换树脂可较容易地解决这些问题。

在食品及食品添加剂的生产过程中往往存在色素问题。这些色素大多是离子型化合物，可用离子交换树脂进行脱色。如在味精生产中，利用离子交换树脂对谷氨酸的选择性吸附，可除去产品中的杂质并对产品进行脱色。这一方法在国内也已大规模应用。

在乳制品生产中，用离子交换树脂可调节乳品的组成，增加乳液的稳定性，延长存放时间，可用于调节牛奶中钙的含量，可使牛奶成分更接近人乳。此外，还可用离子交换树脂除去乳品中离子性杂质和污染物。

在卷烟工业中，将离子交换树脂制成多孔泡沫状，可用作香烟的过滤嘴，以滤去烟草中的尼古丁和醛类物质，减少有害成分。

7. 医药行业

离子交换树脂在医药行业中被大量应用。除了像化工、食品行业一样，在药物生产中还将离子交换树脂用于药剂的脱盐、吸附分离、提纯、脱色、中和及中草药有效成分的提取等。

离子交换树脂本身可作为药剂内服，具有解毒、缓泻、去酸等功效，可用于治疗胃溃疡，促进食欲，去除肠道放射物质等。用离子交换树脂粉末可配制软膏、粉剂及婴儿护肤用品等外敷药剂，可以吸除伤口毒物和作为解毒药剂。

用离子交换树脂作为药物载体可有效地控制药物释放速率。如可将药物吸附在离子交换树脂上做成缓释药剂，使有效成分逐渐释放，延长药效，减少服药次数。利用离子交换树脂吸水后体积迅速膨胀的特点，将其与药剂混合可制成速效片剂，服用后药片迅速崩解，能更快、更好地发挥药物的作用。

离子交换还是医疗诊断、药物分析检定的重要手段，如血液成分分析、胃液检定、药物成分分析等。此类检测具有速度快、干扰少等优点。

8. 环境保护

离子交换树脂在环境保护领域中也有广泛的应用。在废水、废气的浓缩、处理、分离、回收及分析检测上都有重要应用，已普遍用于电镀废水、造纸废水、矿冶废水、生活污水、影片洗印废水、工业废气等的处理。

例如，影片洗印废水中的银是以 $Ag(SO_3)_2^{3-}$ 等阴离子形式存在的，使用I型强碱型离子交换树脂处理后，银的回收率可达90%以上，既回收了贵重金属，又使废水达到了排放标准。再如，电镀废水中含有大量有毒的金属氰化物，如 $Fe(CN)_6^{3-}$、$Fe(CN)_6^{4-}$ 等，用抗有机污染力强的聚丙烯酰胺系阴离子交换树脂处理后，可使金属氰化物的含量降至10 mg/L以下。

6.9.2 吸附树脂的应用

1. 有机物的分离

由于吸附树脂具有巨大的比表面积，不同的吸附树脂有不同的极性，所以可用来分离有机物。如含酚废水中酚的提取、有机溶液的脱色等。

2. 药物的分离提取

在红霉素、丝裂霉素、头孢菌素等抗生素的工业提取中，已采用吸附树脂提取法。由于吸附树脂不受溶液pH值的影响，不必调整抗生素发酵液的pH值，因此不会造成酸、碱对发酵液活性的破坏。吸附树脂提取法无须高速离心分离，减少了分离溶剂量，简化了生产工艺，降低了生产成本，节能显著。用吸附树脂对中草药中有效成分的提取研究工作正在开展，在人参皂苷、绞股蓝、甜叶菊等的提取中已取得卓著的成绩。

3. 在医疗卫生中的应用

吸附树脂用作血液清洗剂的应用研究正在开展，已有成功抢救因安眠药中毒病人的例子。

4. 在制酒工业中的应用

近年来我国低度酒的产销量不断增长。由于酒中的高级脂肪酸酯易溶于乙醇而不溶于水，在低度酒中高级脂肪酸酯的溶解度较低，当高度酒加水稀释时酒液会因高级脂肪酸酯的析出而变浑浊。用可对分子较大或分子极性较强物质选择吸附的吸附树脂处理低度酒，可去除其中的棕榈酸乙酯、油酸乙酯、亚油酸乙酯等高级脂肪酸酯，使酒液变清，达到分离、纯化的目的。

6.9.3 氧化还原树脂的应用

1. 制备过氧化氢

氢醌甲醛缩聚树脂能将经氧气饱和的水转化为过氧化氢溶液，转化率可达80%～100%，两次循环后过氧化氢浓度可达2 mol/L。树脂使用后可用硫代硫酸钠还原再生。

2. 用作氧化剂

氧化型氧化还原树脂是良好的氧化剂，可将四氢萘氧化为萘、二苯肼氧化为偶氮苯、半胱氨酸氧化为胱氨酸、维生素C氧化为去氢维生素C等。

3. 用作去氧剂

氧化还原树脂可以去除溶解在水中的氧气而不引入杂质，因此可用作高压锅炉用水的去氧剂。

4. 用作抗氧剂

氧化还原树脂可以用作抗氧化剂，以抑制或阻止橡胶、不饱和油（菜油、香精油）、肥皂、醛类的氧化变质，也可用于织物、塑料、涂料、黏合剂等的抗氧化。

5. 用作医疗药物

氢醌甲醛缩聚树脂可用于医治胃溃疡。服用巯基树脂可去除人体中积累的二甲基汞。

6. 用作生化试剂

氧化还原树脂配合生化合成可制备多种生化活性物质,如合成维生素 C、B_2、B_{12},2,4-二羟基苯丙氨酸等,在人工合成胰岛素的制备过程中,也需要氧化还原树脂。

7. 用作彩色胶卷药剂

氢醌类氧化还原树脂可以用作彩色胶卷乳液的非扩散性还原剂,可使色彩鲜艳并避免出现斑点。

8. 用作指示剂

将氧化还原树脂加入纸张中,可以制成氧化还原试纸用于化学分析鉴定。

6.10 高吸水性树脂

高吸水性树脂是利用强吸水性树脂或者淀粉等材料制成的一种吸水保水能力超高的高分子聚合物。高吸水性树脂含有强亲水性基团,经适度交联而具有三维网状结构,可迅速吸收自身重量几百倍甚至上千倍的水而呈凝胶状。这类材料具有吸水容量大、吸水速率快、保水能力强及无毒无味等显著优点,是一般吸水材料所难以达到的,因而被称为高吸水性树脂、高吸水性聚合物、超强吸水剂等。同时,这类材料所吸收的水分即使在受热、加压条件下也不易失水,对光、热、酸的稳定性好。因此,高吸水性树脂的应用日益广泛,成为医疗卫生、工业、日用品及农业等领域不可或缺的材料。

美国是研究高吸水性树脂的先驱者,20 世纪 50 年代,Paul Flory John 教授在大量实验的基础上,建立了交联高分子电解质吸水性聚合物的粒子网络吸收理论,称为 Flory 吸水理论,为高吸水性树脂的发展奠定了坚实的理论基础。60 年代,美国农业部北方研究中心 Russell 和 Fanta 等人首先用淀粉和丙烯腈共聚,制备了高吸水聚合物。从 60 年代末到 70 年代初,美国 Grain Processing 公司、National Starch 公司、General Mills Chemical 公司,日本三洋化成公司、住友化学等企业相继成功开发了高吸水材料。进入 80 年代,欧美和日本等发达国家将高吸水性树脂成功转为工业化生产。我国高吸水性树脂的研究始于 20 世纪 80 年代初,虽然我国高吸水性树脂的生产和研究已经取得了一定的成绩,但是和国外的研究相比,尤其是高吸水性树脂的工业化方面仍然存在一定的差距。随着不同品种的高吸水性树脂应用领域的不断拓展和人类环境保护意识的增强,人们开始日益关注其生产工艺简单化、成本降低、防止污染环境等问题,因此为制备出性能好、功能多样化、环境友好型的高吸水性树脂提供了发展方向。

6.10.1 高吸水性树脂的分类及制备

1. 高吸水性树脂的分类

高吸水性树脂虽然发展时间只有几十年,但是发展速度快,种类多样化。

从原料来源方面可以分为:天然高分子改性高吸水性树脂和全合成高吸水性树脂,这种分类方法最为常用。前者是指对淀粉、纤维素、甲壳质等天然高分子进行改性得到的高吸水性材料;后者包括聚丙烯酸盐系、聚乙烯醇系、聚丙烯腈等。

从亲水化方法方面可以分为亲水性单体聚合的高吸水性树脂、疏水性(或亲水性差的)

聚合物的羧甲基化(或羧烷基化)反应型高吸水性树脂、疏水性(或亲水性差的)聚合物接枝聚合高吸水性树脂、亲水性单体高吸水性树脂,以及含腈基、酯基、酰胺基的高分子的水解反应型高吸水性树脂。

从亲水基团的种类方面可以分为阴离子系、阳离子系、两性离子系、非离子系和多种亲水基团系。

从交联方法方面可以分为用交联剂进行网状化反应型高吸水性树脂、自交联网状化反应型高吸水性树脂、反射线照射网状化反应型高吸水性树脂和水溶性聚合物导入疏水基或结晶结构型高吸水性树脂。

从制品形态方面可以分为粉末状、纤维状、膜状和圆颗粒状。

2. 高吸水性树脂的制备

高吸水性树脂的制备方法主要有溶液聚合、反相悬浮聚合、反相乳液聚合、辐射聚合等,其中溶液聚合和反相悬浮聚合被研究得最多,而对于不同的原料来源制备方法差异很大。

1) 淀粉类高吸水性树脂的制备

淀粉类高吸水性树脂是较早开发的产品,近年来也有许多研究者投入其研发。现已尝试过的有玉米淀粉、马铃薯淀粉、西米淀粉、木薯淀粉、竹芋淀粉等。淀粉类高吸水性树脂主要有两种形式:一种是淀粉与丙烯腈进行接枝反应后,用碱性化合物水解引入亲水性基团的产物(由美国农业部北方研究中心成功开发);另一种是淀粉与亲水性单体(如丙烯酸、丙烯酰胺等)接枝聚合,然后用交联剂交联的产物(由日本三洋化成公司首先生产)。

淀粉是由葡萄糖链构成的大分子,分子中的羟基离子化程度不够,需要做衍生化处理引入羧基。当前主要衍生化手段是与丙烯腈或丙烯酸衍生物进行接枝共聚,将其所带羧基引入。采用丙烯腈作为接枝改性剂的制备工艺是首先将淀粉加水配制成一定浓度的淀粉糊,然后在 90~95 ℃的温度条件下进行糊化处理,提高水溶性;在 25~30 ℃下加入丙烯腈单体、引发剂(硝酸铈盐等四价铈盐)等进行接枝共聚反应,得到的聚合物用 KOH 或 NaOH 溶液皂化反应,使接枝上去的丙烯腈成为丙烯酸盐或丙烯酰胺,最后用甲醇沉淀即得色泽淡黄的淀粉类高吸水性树脂。其反应过程如下:

$$\text{淀粉} \xrightarrow{Ce^{4+}} \text{淀粉自由基} + Ce^{3+}$$

(淀粉:$-[O-\text{葡萄糖环}(CH_2OH, OH, H, OH)-O]_n-$;淀粉自由基:开环的含 $\cdot C$、CHO、OH 或 C=O 的结构)

$$\text{淀粉自由基} \xrightarrow[\text{接枝聚合}]{CH_2=CH-CN} \text{淀粉}-[CH_2-CH(CN)]_n- \xrightarrow[\text{水解}]{OH^-} \text{淀粉}-[CH_2-CH(COO^-)]_n-$$

但在此制备过程中,糊化的淀粉黏度很大,加水分解时的操作及控制过程十分困难,残留的丙烯腈有毒性,为此 Grain Processing 公司采用水-甲醇混合溶剂改进加水分解工艺,解决了操作上的难题。但其吸水能力稍有降低,且甲醇蒸气的过量吸入对人的视力有损害。

日本三洋化成公司采用的改进方法是将淀粉、丙烯酸和引发剂反应进行接枝聚合。这种方法的单体转化率较高,残留单体含量在 0.4%以下,且无毒性。但丙烯酸较易自聚,故一般接枝率不高,影响吸水能力。适当加入交联剂,如环氧氯丙烷、乙二醇缩水甘油醚、氧化钙等进行适度交联，将大幅度提高吸水能力，最终产品吸水倍率可达千倍以上。为了克服水溶液接枝聚合的接枝产物黏度高、产物处理困难等问题，现在也采用微波法、反相悬浮聚合法等新方法。

淀粉接枝丙烯酰胺的原理与接枝丙烯腈、丙烯酸（盐）相似。不同之处在于丙烯酰胺和淀粉接枝后的产物，不是离子型产物，因此不需要碱中和，电解质的 pH 值对其吸水性能影响较小；另一方面它本身是亲水基团，具有很强的吸水性，故不需要皂化即可得高吸水性树脂，同时，将它皂化水解也可变成带羧基和酰胺基的高吸水性树脂，其耐盐性好、强度高，吸水速度快且吸水能力强。

目前，很多研究者根据用途的不同，采用合适的单体进行组合，与淀粉进行接枝共聚，在淀粉分子上赋予多个功能基团，研制出更适用的淀粉接枝多元单体类吸水性树脂。已研究的接枝单体还有苯乙烯、烯丙基磺酸盐、醋酸乙烯酯、3-甲基丙烯酰胺基丙基-3-甲基胺等。

2）纤维素类高吸水性树脂的制备

纤维素具有与淀粉相类似的分子结构，其基本制备方法是先将丙烯腈分散在纤维素的浆液中，在铈盐的作用下进行接枝共聚，然后在强碱的作用下水解皂化得到高吸水性树脂。由于丙烯腈分散在层状纤维素浆液中进行接枝共聚反应，因此可以制备片状的产品。除丙烯腈外，还可以使用丙烯酰胺、丙烯酸等单体代替。将纤维素羧甲基化制备的羧甲基纤维素，经过适当交联也可以得到具有类似功能的吸水性高分子材料。其具体制法是将纤维素与氢氧化钠水溶液反应制备纤维素钠，然后与氯乙醚钠反应，引入羧甲基。再经过中和、洗涤、脱盐和干燥，即可得到羧甲基纤维素。羧甲基纤维素型吸水树脂一般为白色粉末，易溶于水形成高黏度、透明胶状溶体；使用时需要有支撑材料，多用于制造尿不湿。一般来讲，纤维素接枝共聚物其吸水能力较淀粉共聚物要低得多，但是纤维素形态的吸水材料有其独特的用途，可制成高吸水织物，与合成纤维混纺，能改善最终产品的吸水性能，这是淀粉类吸水树脂所不能取代的。在纤维素分子中引入羟基异丙基，可以得到另一种高分子吸水剂——羟丙基甲基纤维素。除此之外，交联甲基纤维素和羟乙基纤维素等也具有较强的吸水功能。

3）甲壳素/壳聚糖类高吸水性树脂的制备

甲壳素是自然界中一种较丰富且易获得的天然高分子。甲壳素经浓碱处理后生成壳聚糖，甲壳素和壳聚糖在大多数微生物的作用下都容易发生生物降解，但由于其难溶解性限制了其应用。因此，近年来许多研究者对甲壳素分子的氨基和羟基进行酰基化、羧基化、酯化和醚化等化学改性，提高它们的溶解性，扩大其应用范围。甲壳素的分子结构如图 6-10-1 所示。

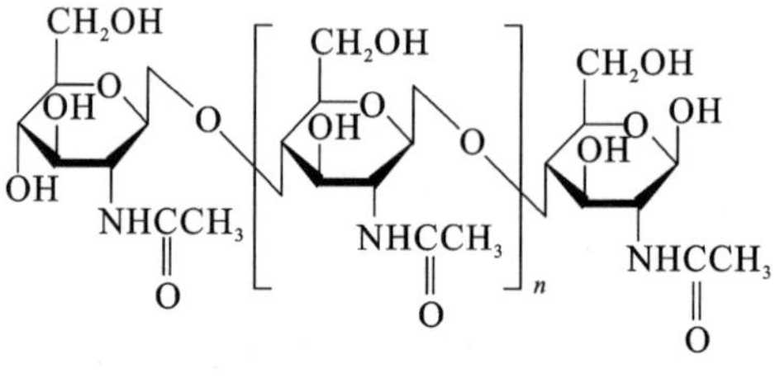

图 6-10-1　甲壳素的分子结构式

壳聚糖接枝改性制备高吸水性树脂的反应原理：引发剂分解使壳聚糖分子链上产生一个接枝活性点，然后丙烯酸单体通过接枝共聚到其分子链上，最后通过交联反应合成高吸水性树脂，制备反应式如下（Chito 代表壳聚糖分子链）：

$$\text{Chito} + CH{=}CH{-}\overset{\overset{O}{\|}}{C}{-}OH \longrightarrow$$

$$\text{Chito}{+}CH_2{-}\underset{\underset{COOH}{|}}{CH}{+}_n \xrightarrow{MBA} \text{高吸水性树脂}$$

用丙烯酸在壳聚糖分子链上及蒙脱土表面接枝聚合后进行一定程度的交联，可以制备出高吸水性聚丙烯酸/壳聚糖/蒙脱土树脂。在水溶性引发剂过硫酸铵的引发下，使丙烯酸在壳聚糖的分子链上接枝聚合，并加入 N,N'-亚甲基双丙烯酰胺进行一定程度的交联，可以制得一种接枝型高吸水性树脂，在最佳反应条件下合成的树脂的最大吸水倍率可达 1180 g/g，吸盐水倍率可达 120 g/g。

4）合成树脂类高吸水性树脂的制备

目前常见的合成树脂类高吸水性树脂主要有聚丙烯酸体系、聚丙烯腈体系和改性聚乙烯醇等。

（1）聚丙烯酸类。

聚丙烯酸类高吸水性树脂是最重要的全合成型高吸水性树脂，目前用于个人卫生用品的大部分高吸水性树脂是聚丙烯酸类高吸水聚合物。作为高吸水性树脂的聚丙烯酸主要为丙烯酸、丙烯酸钠或丙烯酸钾和交联剂的三元共聚物。通常聚合反应由热分解引发剂引发、氧化还原体系引发或混合引发体系引发。

交联剂的选择是制备方法研究的重要组成部分。目前采用的交联剂主要有两类：一类是能够与羧基反应的多官能团化合物，如多元醇、不饱和聚醚、烯丙酯类等，通过缩合反应实现交联；另一类是高价金属阳离子，多用其氢氧化物、氧化物、无机盐等，通过高价金属离子与多个羧基成盐或配位实现交联。甘油是最典型的多元醇型交联剂。此外，季戊四醇、三乙醇胺等小分子多元醇及低分子量的聚乙二醇、聚乙烯醇等都可以作为多元醇型交联剂。其中采用低分子量的聚乙二醇和聚乙烯醇作为交联剂，还可以改善树脂对盐水的吸收能力。高价金属离子交联剂最常用的是 Ca^{2+}、Zn^{2+}、Fe^{2+}、Cu^{2+} 等，交联机理是与羧基中的氧原子形成配位键，一个中心离子可与四个羧基反应，生成四配位的螯合物，达到交联聚丙烯酸线型聚合物的目的。

目前采用的聚合反应主要有溶液聚合和反相悬浮聚合两种方式。其中反相悬浮聚合具有一定优势，可以简化工艺，获得颗粒状质量更好的吸水性树脂；而溶液聚合只能获得块状产品。以丙烯酸钾/丙烯酰胺-N-羟甲基丙烯酰胺体系，采用反相悬浮聚合法制备的高吸水性共聚物，其吸收去离子水能力可达 800 g/g 以上，吸收生理盐水在 100 g/g 以上。溶液聚合的方法是以丙烯酸为原料，过硫酸钾为引发剂，在碱性水溶液中进行溶液聚合，反应温度控制在 100 ℃以下，反应约 0.5 h，得到的产品为白色粉末。其吸水量与交联度和交联方式关系密切，是影响产品质量的关键因素。交联剂常用 N,N-亚甲基双丙烯酰胺，经过皂化提高离子化度即可得到高吸水性树脂。

这类高吸水性树脂不仅吸水能力与淀粉等天然高分子接枝共聚物相当，而且由于其分子结构中不存在多糖类单元，所以产品不受细菌影响，不易腐败，同时制成薄膜状吸水材料时还能改善结构强度。同样因为不能被生物降解，这种材料在农业上使用时应该慎重。聚甲基丙烯酸是重要的工业原料，经过适度交联和皂化后，可以得到高吸水性树脂。

（2）聚乙烯醇类。

聚乙烯醇是亲水性较强的聚合物，经过适度交联可作为高吸水性树脂使用。但由于内部没有酸性基团,离子化程度低,吸水能力基本不受水溶液中盐浓度的影响,吸水能力不高是其主要弱点。单独使用吸水能力有限,可以通过与其他单体共聚的方式解决。如与丙烯酸的共聚物具有较好的吸水功能。这类聚合物的另一个主要特点是不仅可以大量吸收水分,还对乙醇等强极性溶剂也有较强的吸收能力。

聚乙烯醇与环状酸酐反应可得改性聚乙烯醇高吸水性树脂,无须外加交联剂即可成为不溶于水的产物。这类树脂由日本可乐丽公司首先开发成功。吸水倍率为150～400倍,虽吸水能力较低,但初期吸水速度较快,且耐热性和保水性都较好,故也是一类适用面较广的高吸水性树脂。

(3) 聚丙烯腈类。

将聚丙烯腈用碱水解,再用甲醇、氢氧化铝等交联剂交联成网状结构分子,这种方法较适用于腈纶废丝的回收利用。由于氰基的水解不易彻底,产品中亲水性基团含量较低,故这类产品的吸水倍率一般不太高,在500～1000倍之间。

5) 复合型高吸水性树脂的制备

目前,高吸水性材料的研究不仅限于开发新型高吸水性树脂方面,人们的注意力正在转向复合化、功能化方向。将无机与有机材料复合或有机与有机材料复合是当前研究的一个新动向。目前已经开发了高吸水性纤维、吸水性无纺布、吸水性塑料与水胀橡胶等。

高吸水性纤维是由聚丙烯酸钠盐直接纺丝成的,也可利用纤维表面与吸水树脂进行化学反应或黏附制造吸水性纤维。其中黏胶纤维、纤维素纤维、聚氨酯纤维、聚酯纤维等可以作为原丝使用。不过从提高纤维性能上考虑,目前使用最多的仍为共聚型高吸水性纤维。

吸水性无纺布主要作为一次性用品,多用于医疗卫生领域。可采用两种途径进行加工:①直接将无纺布等纤维基体浸渍在制备高吸水性树脂的单体水溶液中进行聚合。单体溶液组成按照吸水性树脂聚合要求配制,然后用微波辐照引发聚合反应,生成表面吸水层的纤维复合体,所得复合体吸水率高,能稳固地附着在基体上不脱落。②将吸水树脂半成品浆料涂布到纤维基材上后再交联,这种方法制得的吸水性材料吸水速率要比颗粒吸水树脂快得多。

吸水性塑料或橡胶材料是将高吸水性树脂与塑料或橡胶进行复合制得的。如将吸水树脂与橡胶复合可以得到水胀橡胶,作为水密封材料应用于工程变形缝、施工缝、各种管道接头、水坝等的密封止水。水胀橡胶是一种弹性密封和遇水膨胀双重作用的功能弹性体,可以通过物理共混法和化学接枝法制得。

6.10.2 高吸水性树脂的吸水机理

高吸水性树脂之所以能够吸收大量水分而不流失主要是基于材料亲水性、溶胀性和保水性等性质的综合。高吸水性树脂的结构主要由高分子骨架和吸水官能团这两部分构成,高分子骨架是具有一定交联度的网络状结构,而吸水官能团则包括羧基、氨基、酰胺基、磺酸基、羟基等一系列亲水性基团。它的微观结构在不同的合成体系下呈现出不同的状态,研究结果表明水在树脂中呈现三种状态,即不冻结结合水、冻结结合水、自由水,其中自由水占大部分,这表明高吸水性树脂是高度扩展的网络状结构。这种轻度交联的空间网络结构,是由化学交联和树脂分子链间的相互缠绕所形成的物理交联构成的,可以看成是高分子电解质组成的离子网络,其中存在着可移动的电子对(见图6-10-2)。

高吸水性树脂的吸水过程主要经过以下步骤。

(1) 吸水前,高分子网络是固态网络,未电离成离子对。当遇到水时,由于树脂内亲水

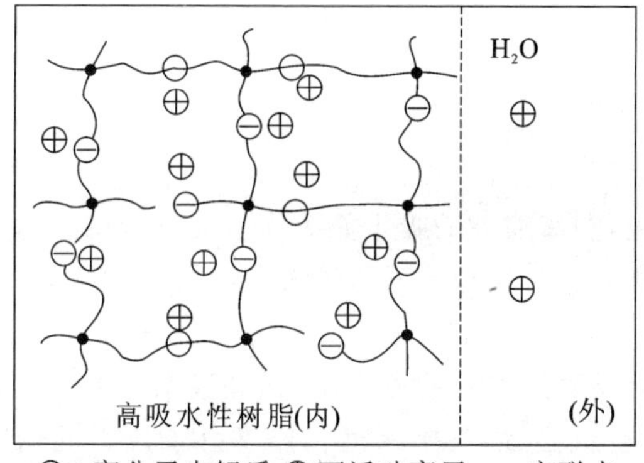

图 6-10-2 高吸水性树脂的离子网络

性基团的作用，水分子与亲水基团之间形成氢键，产生强相互作用进入树脂内部将树脂溶胀，并且在树脂溶胀体系与水之间形成一个界面，这一过程与其他交联高分子的溶胀过程相似。

(2) 进入体系内部的水将树脂的可解离基团水解离子化，产生的离子(主要是可活动的反离子)使体系内部水溶液的离子浓度提高，这样在体系内外由于离子浓度差而产生渗透压。此时，渗透压的作用促使更多的水分子通过界面进入体系内部。由于聚合物链上离子基团对可活动反离子的静电吸引作用，这些反离子并不易于通过扩散转移到体系外部，因此渗透压得以保持。

(3) 一方面随着大量水分子进入体系内部，聚合物溶胀程度不断扩大，呈现被溶解趋势；另一方面，聚合物交联网络的内聚力促使体系收缩，这种内聚力与渗透压达到平衡时水将不再进入体系内部，吸水能力达到最大化。水的表面张力和聚合物网络结构共同作用，吸水后体系形成类似凝胶状结构，吸收的水分呈固化状态，由于网格的弹性束缚，水分子的热运动受到限制，不易重新从网格中逸出，因此具有良好的保水性。

高吸水性树脂达到平衡时的吸水量被称为最大吸水量。为了便于测量，有时也用 24 h 吸水量来代替最大吸水量，用来衡量树脂的吸水能力。单位时间进入体系内部的水量被称为吸水速度，是衡量吸水树脂工作效率的指标之一。

Flory 考虑聚合物中固定离子对吸水能力的贡献，从聚合物凝胶内外离子浓度差产生的渗透压出发，导出了高吸水性树脂溶胀平衡时的最大吸水倍率公式：

$$Q^{5/3}=\frac{[i/(2\cdot V_u S^{1/2})]+(1/2-X_1)/V_1}{(V_e/V_0)} \tag{6-10-1}$$

式中：Q——吸水倍率；

V_e/V_0——交联密度；

$(1/2-X_1)/V_1$——树脂的亲水性；

i/V_u——网格中固定的电荷密度；

S——外部溶液中电解质的离子强度。

式中的分子的第一项表示电解质离子强度的影响，第二项表示树脂与水的亲和力，这两项是增加吸水能力的部分；分母的交联密度决定了橡胶的网格弹性。根据橡胶的弹性理论，分母的交联密度降低，吸水倍率就提高。因此，对于离子性树脂，i/V_u 较大，所以吸水倍率 Q 大；对于非离子性树脂，没有第一项，所以吸水倍率 Q 小，吸水能力比离子性树脂的差。

6.10.3 高吸水性树脂的性能及影响因素

1. 高吸水性树脂的性能

(1) 吸水量高。

常用的吸水材料如棉花、海绵等的吸水能力为自身质量的20倍左右，而淀粉类高吸水性树脂最高可以吸收自身质量百倍至数千倍的水。

(2) 保水性好。

普通吸水材料吸水后受到压力容易放出水，但高吸水性树脂在受到较高压力时水也不容易从树脂中释放出来，也就是说，高吸水性树脂在外加压力的情况下仍然具有良好的保水性。

(3) 对光和热的稳定性。

不同的吸水性树脂在吸水状态时，有不同的热稳定性。淀粉类高吸水性树脂在150 ℃加热1 h，开始变黑，吸水能力下降，如把高吸水性树脂贮存在密闭容器中，可贮存3至4年，其吸水能力不变。

(4) 吸氨性强。

树脂中含有羧基的阴离子聚合物，适当调节pH值使部分羧酸基呈酸性，可吸收氨，有明显的防臭作用。

(5) 增稠性。

高吸水性树脂吸水后呈水凝胶状，比普通水溶性高分子具有更高的黏度，可应用于化妆品，有明显的增稠效果。

(6) 能和其他高分子材料共混。

高吸水性树脂与其他高分子树脂进行共混后其性能良好，可明显提高产品的质量和性能。

2. 影响高吸水性树脂性能的因素

从吸水机理分析来看，影响树脂吸水性能的因素主要有树脂的化学组成、链段结构和外部环境条件三个方面。

(1) 树脂化学结构的影响。

作为高吸水性树脂，结构中含有亲水性基团是首要条件，只有含有强亲水性基团才能使水与聚合物分子间的相互作用大于聚合物分子间的相互作用，使聚合物容易吸收水分而被水溶胀。多数高吸水性树脂在结构内部都含有大量的羟基和羧基等亲水性基团就是基于上述理由。但要使树脂能够吸收超过自身质量几百倍甚至上千倍的水，仅靠亲水性基团是不够的。第二个结构因素是分子内要含有大量可离子化的基因，从而在溶胀后可以提供较大渗透压，这也是制备高吸水性树脂的必备条件。以纤维素类高吸水性树脂为例，经过碱性处理使大量羟基和衍生化后引入的羧基离子化就是出于上述目的。因此，高吸水性树脂具有强亲水性和可离子化基团等化学结构是高吸水的重要前提条件。通常情况下，高吸水性树脂中含有上述基团的数目与其吸水性能成正比。

(2) 聚合物链段结构的影响。

仅仅有上述两个结构条件还不能构成高吸水性树脂，因为还必须解决如何保水的问题，才能够保证吸收的大量水分不易流失。事实上大量的含有上述结构的水溶性聚合物和水溶性小分子没有大量吸水能力就是证据。适度交联结构使亲水性树脂在水溶液中仅能溶胀不能溶解是高吸水性树脂的第二个必要条件。所有的高吸水性树脂都是由线型水溶性聚合物经过适度交联制备的。交联主要起两方面的作用,首先是保证聚合物不被水所溶解,其次是为保持吸收的水分提供封闭条件,并为溶胀后的水凝胶提供一定机械强度。一般来说,交联度越高,机械强度越好。但是,在一定范围内,高交联度将限制溶胀程度,因此交联度与最大吸水量成反比。如何平衡上述两个因素是制备高吸水性树脂考虑交联度时的关键。

(3) 外部影响因素。

高吸水性树脂吸水性能的外部影响因素主要是水溶液的组成、酸碱度和温度、压力等。水溶液的组成中最重要的是盐的浓度,从上面分析中可以看出,最大吸水量是聚合物网络内聚力与体系内外渗透压之间平衡的结果。水中如果存在盐成分,盐浓度将直接降低渗透压差,导致最大吸水量下降。盐浓度越高,最大吸水量下降越大。水溶液的 pH 值的高低直接影响聚合物内部酸性基团的水解程度,在高酸度下大幅度降低其离子化程度,导致吸水能力下降。此外,由于某些高吸水性树脂易于水解,因此,考虑到树脂的稳定性,水溶液的酸碱度也是重要的影响因素。温度和压力对吸水指标的影响是可以预见的,因为外界压力将直接叠加到聚合物网络内聚力上,压力增加显然对最大吸水量不利。环境温度会影响水的表面张力,将对树脂的保水能力产生影响。

6.10.4 高吸水性树脂的应用

高吸水性树脂因其超强的吸水和保水性能,在农林园艺、医疗卫生、日常用品和工业材料等诸多方面得到广泛应用。目前,高吸水性树脂的应用研究主要分为以下方面。

1. 农林业方面的应用

作为土壤的改良剂、保水剂,将高吸水性树脂与土壤混合,不仅促进了团粒结构,还改善了土壤的保墒、保湿、保肥性能。在改造荒山、秃岭、沙漠,提高植被面积和种植作物及树木中,可利用它提高发芽率、成活率,抗旱保苗。

2. 医疗和卫生方面的应用

高吸水性树脂吸水后膨胀成柔软的凝胶,人体对其具有良好的适应性,此类树脂使人体不发生炎症、无刺激性、不引起血液凝固、无副反应等,这些都使高吸水性树脂在医疗方面得到广泛的应用。

将高吸水性树脂加入湿布药剂中作增稠剂,可提高药剂的含水量和保水性,增强药物释放的效果。将高吸水性树脂应用于非水溶性的药物中制成缓释药物,可以使难吸收的药物缓慢释放以提高药效。把高吸水性树脂包于无纺布中制成医用绷带,可以迅速吸收创伤部位的体液和出血,防止伤口的化脓和感染。除此之外,高吸水性树脂还广泛应用于人造皮肤、人造角膜、人造血管、人造肝脏等人工器官,医用检验试片、外用软膏、医用绷带和棉球、隐形眼镜、人体植入材料、缓释药物基材、人工肾脏过滤材料、牙科内唾液吸收材料、抗血栓材料等医药器材方面。

医疗和卫生材料是目前高吸水性树脂技术研究和应用较为成熟的一个领域,也是最大的市场,约占高吸水性树脂产品总用量的 70%左右。由于高吸水性树脂具有吸收率高、吸液量大、保水性好、安全、无毒和质量轻等特点,因而卫生用品生产商就将其添加到婴儿纸尿裤、成人失禁垫、医用衬垫等用品中,婴儿纸尿裤是其中高吸水性树脂用量最大的。

3. 工业方面的应用

在土建工程方面,高吸水性树脂主要用于调湿除湿、防结露、止水堵漏、建筑涂料、密封管道、水泥添加剂等方面。利用高吸水性树脂高温吸水、低温释放水的功能可制作工业防潮剂。在油田采油作业中,利用超高相对分子质量的聚丙烯酰胺的水溶液进行驱油效果非常好。将其制成密封材料,当其吸水急速膨胀成凝胶后,可以有效防止油气渗漏、废水渗漏。用于电缆电线材料中,可有效防止水侵入破损的电缆中,增强防漏效果。还可以用于工业上的增稠剂、水溶性涂料等。

4. 日用品方面的应用

将高吸水性树脂用于化妆品的添加剂,可防止皮肤受刺激,同时还可保持香味,增稠保水,防止贮存变干,起到滋润皮肤的作用。在头发定型剂中加入高吸水性树脂,可使头发易于梳理且无黏滞感。在染发水中加入高吸水性树脂可提高染色效果。将高吸水性树脂用于食品包装的复合材料中,可防止食品受潮或外溢。在薄膜或无纺布中混入高吸水性树脂可制成各种吸液里衬材料,包装肉类食物、海鲜、水果等,保持食品新鲜,维持食品外观清洁、美观。将高吸水性树脂用于人造雪中,使这种人造雪用手摸起来犹如天然雪一样又软又冷。还可将高吸水性树脂用于电子工业品中,如漏水检测器、水分测量传感器、湿度传感器等。

5. 其他方面的应用

除农业、林业、医疗卫生、工业、日用品等领域外,高吸水性树脂也应用于其他方面。例如在消防领域,高吸水性树脂可用于制作防火布和凝胶防火剂等,因为即使在高温条件下,这种材料的热容量也很大,能吸收大量热量,起到灭火的作用,所以可以加入灭火器进行灭火。高吸水性树脂除了用于防火领域外,还可用于工业废水的去除。工业废水中含有大量不可分解的重金属元素,这些污染物一旦排入自然环境,就会造成严重污染,甚至有可能进入人体,影响人们的生活和健康。高吸水性树脂可以作为吸油材料和重金属离子吸附剂等用于工业污水的净化处理。

思　考　题

(1) 什么是离子交换树脂?说明其类型。凝胶型与大孔型离子交换树脂在结构、性能上有何不同?

(2) 什么是吸附树脂?吸附树脂和离子交换树脂的结构有何异同之处?两者各具有哪些功能?

(3) 离子交换树脂和吸附树脂为什么必须是交联结构?交联度对其性能有何影响?

(4) 制备大孔型离子交换树脂时,用良溶剂和不良溶剂致孔,哪一类致孔剂所得的树脂的孔径较大?为什么?

(5) 离子交换树脂和吸附树脂常用的制备方法有哪些?

(6) 举例说明离子交换树脂的离子交换反应。

(7) 什么是两性树脂?什么是螯合树脂?它们有哪些基本功能?

(8) 什么是氧化还原树脂?重要的氧化还原树脂有哪些类型?

(9) 如何控制离子交换树脂的质量?

(10) 简述离子交换树脂和吸附树脂的主要用途。

(11) 分析高吸水性树脂为什么能大量吸水并保水。

第7章 高分子功能膜与膜分离技术

7.1 概述

物质的分离及分离技术是一个重要的研究课题。分离的类型包括同种物质按不同大小尺寸的分离，异种物质的分离，不同物质状态的分离和综合性分离等。在化工单元操作中，常见的分离方法有筛分、过滤、蒸馏、蒸发、重结晶、萃取、离心分离等。然而，对于高层次的分离，如分子尺度的分离、生物体组分的分离等，采用常规的分离方法是难以实现的，或达不到精度，或需要损耗极大的能源但无实用价值。

20 世纪 20 年代，人工合成聚合物的出现，为膜科学的发展提供了丰富的物质基础。具有选择分离功能的高分子材料的出现，使上述的分离问题迎刃而解。就目前的研究来看，具有选择分离功能的高分子材料有树脂型、膜型和生物分离介质三种类型。树脂型主要包括离子交换树脂，已在第 6 章中介绍。膜型主要包括各种功能膜。生物分离介质是近十几年来发展起来的新型分离材料，可用于分离蛋白质、干扰素等生物大分子。

高分子功能膜是一种重要的功能材料，已经成为功能高分子材料的一个重要研究领域。本章主要介绍高分子功能膜与膜分离技术。

7.1.1 膜分离技术发展简史

从宏观上来看，膜为两相之间的选择性屏障。选择性是膜或膜过程的固有特性。膜在生产和研究中的使用技术被称为膜技术。

膜技术发展历史可以从膜科学发展和工业发展两个方面来看。早在 1748 年，Nollet 发现水能自发地扩散到装有酒精溶液的猪膀胱内，从而开创了膜渗透的研究。19 世纪，人们对溶剂的渗透现象已经有了明确的认识，发现了天然橡胶对不同气体的不同渗透率，并提出利用多孔膜分离气体混合物的思路。1855 年，Fick 用陶瓷管浸入硝酸纤维素乙醚溶液中制备了囊袋型“超滤”半渗透膜，用以透析生物学流体溶液。1907 年，Bechlod 发表了第一篇系统研究滤膜性质的报告，指出滤膜孔径可以通过改变火棉胶（硝酸纤维素）溶液的浓度来控制，从而可制出不同孔径的膜，并列出了相应的过滤颗粒物质梯级表。

膜科学发展具有里程碑价值的工作见表 7-1-1。

表 7-1-1 膜科学发展里程碑

观察现象	渗透：Nollet，1748 年 电渗析：Reuss，1803 年；Porret，1816 年 透析：Graham，1861 年
关联式	扩散：Fick，1855 年 渗透压：Van't Hoff，1887 年 电解质传递：Nernst-Planck，1889 年

续表

理论探索	渗透压:Einstein,1905 年 膜电位:Henderson,1907 年 膜平衡:Donnan,1911 年 反常渗透:Sollner,1930 年 不可逆热力学:Kedem,Katchalsky,1964 年
传递模型	离子膜:Mayer,Sievers,1936 年;Teorell,1937 年 孔模型:Schmid,1950 年;Meares,1956 年 溶解-扩散模型:Lonsdale,1965 年

表 7-1-2 给出了膜过程的发展历史。最早的工业用膜是在 1925 年由德国的 Sartorius 公司制造的,其技术来自 Zsigmondy 的早期工作。然而,这时期所用的多孔硝酸纤维素或硝酸纤维素-醋酸纤维素膜只能用于实验室规模。这段时间内也发展了更致密的超滤膜。20 世纪 60 年代,Loeb 和 Sourirajan 成功研制了醋酸纤维素非对称反渗透膜,60 年代末期又成功研制了中空醋酸纤维素膜,这在膜分离技术的发展中是两个重要的突破,对膜分离技术的发展起了重要的推动作用,使反渗透、超滤和气体分离进入实用阶段。

表 7-1-2 膜过程的发展

膜过程	国家	年代	应用	规模
微滤	德国	1920 年	实验室用(细菌过滤器)	小规模
超滤	德国	1930 年	实验室用	小规模
血液渗透	荷兰	1950 年	人工肾	小规模
电渗析	美国	1955 年	脱盐	工业规模
反渗透	美国	1960 年	海水脱盐	工业规模
超滤	美国	1960 年	大分子物质浓缩	工业规模
气体分离	美国	1979 年	氢回收	工业规模
膜蒸馏	德国	1981 年	水溶液浓缩	小规模
全蒸发	德国/荷兰	1982 年	有机溶液脱水	工业规模

具有分离选择性的人造液膜是 Martin 在 20 世纪 60 年代初研究反渗透时发现的,这种液膜是覆盖在固体膜之上的支撑液膜。60 年代中期,美籍华人黎念之博士发现含有表面活性剂的水和油能形成界面膜,从而发明了不带有固体膜支撑的新型液膜,并于 1968 年获得纯粹液膜的第一项专利。70 年代初,Cussler 又成功研制了含流动载体的液膜,使液膜分离技术具有更高的选择性。

膜分离技术是利用膜对混合物中各组分的选择渗透性能的差异来实现分离、提纯和浓缩的新型分离技术。其特点是:可实现连续分离,能耗通常较低,易与其他分离过程结合(联合过程),可在温和条件下实现分离,易于放大,膜的性能可以调节,无须添加物等。由于具有上述优点,近几十年来,膜科学与膜技术在许多工业领域均有应用,如食品、冶金、造纸、纺织、制药、汽车、生物、化工等。此外在民用及工业用水的处理方面膜过程变得越来越重要。在环保方面,膜技术在清洁生产工艺和净化工艺中也有广泛的应用。

随着高分子科学、化工分离技术的发展，某些新的膜类型，如膜接触器(膜吸收、膜吸附、膜蒸馏、膜蒸发、膜结晶、膜脱气)、膜色谱、选择性响应功能膜(又称智能型开关膜，阀膜)、膜传感器，以及膜分离与其他过程的集成分离等膜过程的研究也在广泛开展中。

7.1.2 膜的定义和分类

1. 膜的定义

如果在一个流体相内或两个流体相之间有一薄层凝聚相物质把流体相分隔开来成为两部分，那么这一凝聚相物质就是膜(membrane)。膜的形式可以是固态的，也可以是液态的。被膜隔开的流体相物质可以是液态的，也可以是气态的。膜至少具有两个界面，膜通过这两个界面分别与被膜分开于两侧的流体物质相互接触。膜可以是完全透过性的，也可以是半透过性的，但不应是完全不透过性的。选择性是分离膜或膜分离过程必须具备的特性。

2. 膜的分类

膜可厚可薄，其结构可以是均质的，也可以是非均质的。膜可以是天然存在的，也可以是合成的;可以是中性的，也可以带电。为了对膜有更深入的理解，可以将膜按不同观点进行分类。根据其性质可分为生物膜和合成膜，因为两类膜的结构和功能完全不同，所以这种分类体现了膜的最基本的差异。本书主要讨论合成膜。

(1) 按膜的材料进行分类。

按膜材料来进行分类，合成膜可以分为有机膜和无机膜。常用的无机膜材料有陶瓷膜、玻璃膜、金属膜(含碳)和沸石膜 4 种。按制备分离膜的有机高分子材料种类来分类，可将高分子分离膜分为纤维素酯类和非纤维素酯类两大类。表 7-1-3 列出了一些典型的品种。

表 7-1-3 有机高分子膜材料的分类

类 别	膜 材 料	举 例
纤维素酯类	纤维素衍生物类	醋酸纤维素、硝酸纤维素、乙基纤维素等
非纤维素酯类	聚砜类	聚砜、聚醚砜、聚芳醚砜、磺化聚砜等
	聚酰(亚)胺类	聚砜酰胺、芳香族聚酰胺、含氟聚酰亚胺等
	聚酯、烯烃类	涤纶、聚碳酸酯、聚乙烯、聚丙烯腈等
	含氟(硅)类	聚四氟乙烯、聚偏氟乙烯、聚二甲基硅氧烷等
	其他	壳聚糖、聚电解质等

(2) 按膜的分离原理及适用范围分类。

根据分离膜的分离原理和推动力的不同，可将其分为微孔膜、超过滤膜、反渗透膜、纳滤膜、渗析膜、电渗析膜、渗透蒸发膜等。图 7-1-1 列出了各种分离方法的适用范围，从中可见膜分离技术所占的重要地位。

(3) 按膜断面的物理形态分类。

对于固体合成膜，根据分离膜断面的物理形态不同，可分为对称膜、不对称膜(又称非对称性膜)、复合膜。不同类型膜横断面示意图如图 7-1-2 所示。

对称膜的厚度(多孔或无孔)一般在 10～200 μm 之间，传质阻力由膜的总厚度决定，降低膜的厚度将提高渗透速率。

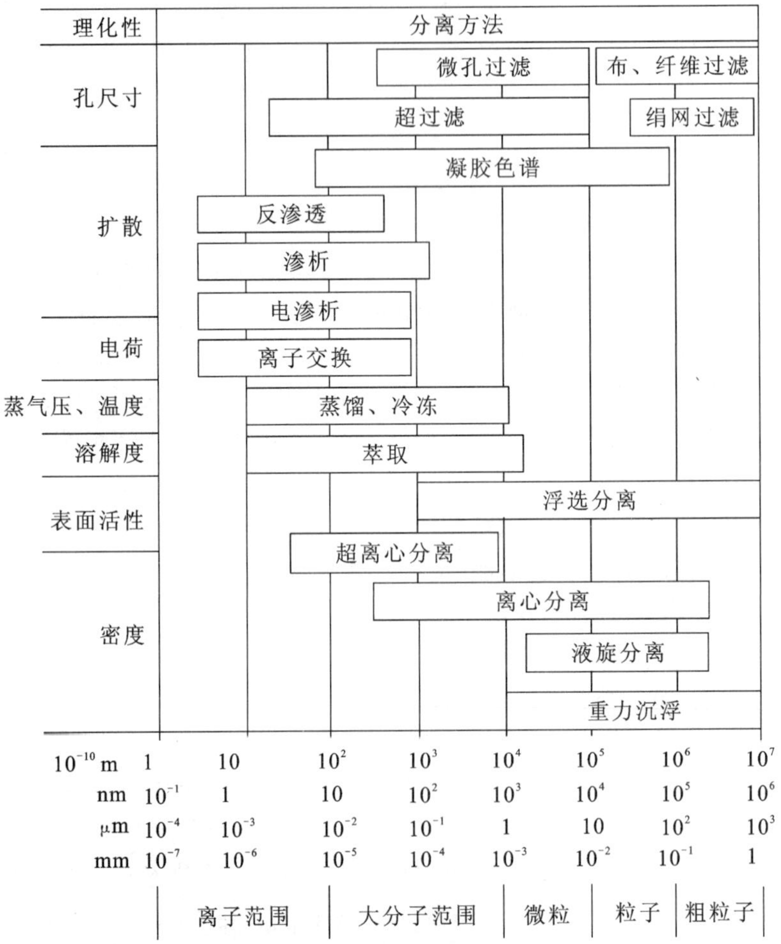

理化性	分离方法
孔尺寸	微孔过滤；布、纤维过滤；超过滤；绢网过滤
扩散	凝胶色谱；反渗透；渗析；电渗析
电荷	离子交换
蒸气压、温度	蒸馏、冷冻
溶解度	萃取
表面活性	浮选分离
密度	超离心分离；离心分离；液旋分离；重力沉浮

10^{-10} m	1	10	10^{2}	10^{3}	10^{4}	10^{5}	10^{6}	10^{7}
nm	10^{-1}	1	10	10^{2}	10^{3}	10^{4}	10^{5}	10^{6}
μm	10^{-4}	10^{-3}	10^{-2}	10^{-1}	1	10	10^{2}	10^{3}
mm	10^{-7}	10^{-6}	10^{-5}	10^{-4}	10^{-3}	10^{-2}	10^{-1}	1

离子范围　大分子范围　微粒　粒子　粗粒子

图 7-1-1　各种分离方法的适用范围

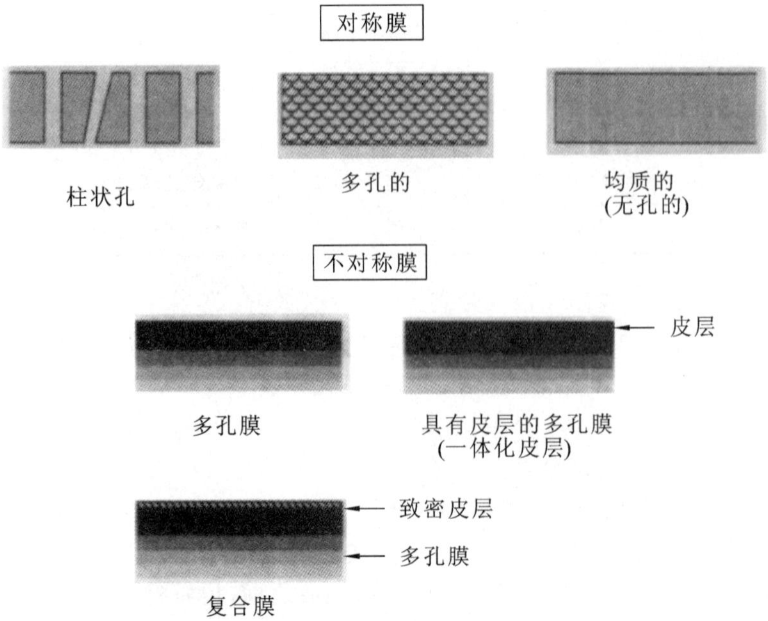

对称膜

柱状孔　多孔的　均质的（无孔的）

不对称膜

多孔膜　具有皮层的多孔膜（一体化皮层）　皮层

致密皮层　多孔膜　复合膜

图 7-1-2　不同类型膜横断面示意图

不对称膜由厚度为 0.1～0.5 μm 的很致密皮层和厚度为 50～150 μm 的多孔亚层构成，它结合了致密膜的高选择性和薄膜的高渗透速率的优点。传质阻力主要或完全由很薄的皮层决定。因此，不对称膜的发展带来了将膜过程用于大规模工业领域的历史性变化。

复合膜中的皮层和亚层是由不同的聚合物材料制成，因此每一层均可独立地发挥最大作用。通常亚层本身也是不对称膜，可以通过浸涂、界面聚合、原位聚合、等离子聚合等方法，在亚层上沉积一个薄的致密层，从而构成复合膜。

(4) 按功能分类。

根据膜的功能，分为分离功能膜(包括气体分离膜、液体分离膜、离子交换膜、化学功能膜)，能量转化功能膜(包括浓差能量转化膜、光能转化膜、机械能转化膜、电能转化膜、导电膜)，生物功能膜(包括探感膜、生物反应器、医用膜)等。

(5) 按膜的宏观形态分类。

根据固体膜的宏观形态，可分为平板膜、管式膜、中空纤维膜及核径迹蚀刻膜，简称核孔膜。

(6) 其他分类。

根据膜对水的亲和性可分为亲水膜和疏水膜(亲油膜)；离子交换膜是荷电膜，其余的膜都是非荷电膜。

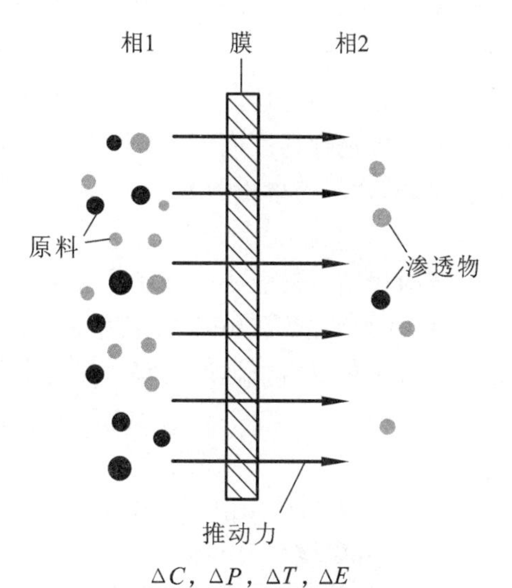

图 7-1-3　膜分离过程示意图

7.1.3　膜分离过程

膜传递过程可以是主动传递或被动传递。被动传递过程的推动力可以是压力差、浓度差、温度差、电位差等。膜分离过程如图 7-1-3 所示，相 1 为原料或上游侧，相 2 为渗透物或下游侧。原料混合物中某一组分可以比其他组分更快地通过膜而传递到下游侧，从而实现分离。几种主要的膜分离过程及其传递机理如表 7-1-4 所示。

表 7-1-4　几种主要分离膜的分离过程

膜过程	推动力	传递机理	透　过　物	截　留　物	膜　类　型
微滤	压力差	颗粒大小形状	水、溶剂溶解物	悬浮物颗粒	纤维多孔膜
超滤	压力差	分子特性大小形状	水、溶剂小分子	胶体和超过截留分子量的分子	非对称性膜
纳滤	压力差	离子大小及电荷	水、一价离子、多价离子	有机物	复合膜
反渗透	压力差	溶剂的扩散传递	水、溶剂	溶质、盐	非对称性膜、复合膜
渗析	浓度差	溶质的扩散传递	低分子量物、离子	溶剂	非对称性膜
电渗析	电位差	电解质离子的选择传递	电解质离子	非电解质、大分子物质	离子交换膜

续表

膜过程	推动力	传递机理	透过物	截留物	膜类型
气体分离	压力差	气体和蒸气的扩散渗透	渗透性的气体或蒸气	难渗透性的气体或蒸气	均相膜、复合膜、非对称性膜
渗透蒸发	压力差	选择传递	易渗的溶质或溶剂	难渗的溶质或溶剂	均相膜、复合膜、非对称性膜
液膜分离	化学反应和浓度差	反应促进和扩散传递	杂质	溶剂	乳状液膜、支撑液膜
膜蒸馏	膜两侧蒸气压力差	组分的挥发性	挥发性较大的组分	挥发性较小的组分	疏水性膜

一个特定膜的性能或效率通常用选择性和流动性来表征。

流动性也称通量或渗透速率,表示单位时间通过单位面积膜的体积流量。当以体积通量表示时,常用的单位为 $L\cdot m^{-2}\cdot h^{-1}$。渗透蒸发过程的渗透通量单位常用 $g\cdot m^{-2}\cdot h^{-1}$ 表示。

膜对于一个混合物的选择性可用截留率 R 或分离因子 α 表示。对于包括溶剂(通常为水)和溶质的稀溶液以溶质截留率表示选择性比较方便。溶质被部分或全部截留下来,而溶剂(水)分子可以自由地透过膜。截留率定义为:

$$R=\frac{c_f-c_p}{c_f}=1-\frac{c_p}{c_f} \tag{7-1-1}$$

式中:c_f——原料液中溶质浓度;

c_p——渗透液中溶质浓度;

R——无因次参数,它与浓度的单位无关;其数值在 100%(溶质完全截留,此为理想的半渗透膜)和 0%(溶质与溶剂一样,可自由通过膜之间)之间。

膜对于一个气体混合物和有机液体混合物的选择性通常以分离因子 α 表示。对于含有 A 和 B 两组分的混合物,分离因子 $\alpha_{A/B}$ 定义为:

$$\alpha_{A/B}=\frac{y_A/y_B}{x_A/x_B} \tag{7-1-2}$$

式中:y_A 和 y_B——组分 A 和 B 在渗透物中的浓度;

x_A 和 x_B——组分 A 和 B 在原料中的浓度。

7.2 高分子分离膜的材料

不同的膜分离过程对膜材料的性能要求不同,如反渗透膜材料要求膜材料是亲水的;膜蒸馏要求膜材料是疏水的;超滤过程膜的污染取决于膜材料与被分离介质的化学结构。因此,根据不同的膜分离过程和被分离介质,选择合适的聚合物作为膜材料是制备分离膜的关键所在。

7.2.1 纤维素衍生物类

纤维素是由几千个椅式构型的葡萄糖基通过 1,4-β-苷链连接起来的天然线性高分子化合物,其结构式为:

从结构上看,每个葡萄糖单元上有三个羟基。在催化剂(如硫酸、高氯酸或氧化锌)存在下,能与冰醋酸、醋酸酐进行酯化反应,得到二醋酸纤维素或三醋酸纤维素。

$$C_6H_7O_2+(CH_3CO)_2O \longrightarrow C_6H_7O_2(OCOCH_3)_2+H_2O$$

$$C_6H_7O_2+3(CH_3CO)_2O \longrightarrow C_6H_7O_2(OCOCH_3)_3+2CH_2COOH$$

醋酸纤维素是当今最重要的膜材料之一。醋酸纤维素性能稳定,但在高温条件下和酸、碱存在的情况下易发生水解。为了改进其性能,进一步提高分离效率和透过速率,可采用各种不同取代度的醋酸纤维素的混合物来制膜,也可采用醋酸纤维素与硝酸纤维素的混合物来制膜。此外,醋酸丙酸纤维素、醋酸丁酸纤维素也是很好的膜材料。

纤维素酯类材料易受微生物侵蚀,pH 值适应范围较窄,不耐高温和某些有机溶剂或无机溶剂,因此发展了非纤维素酯类(合成高分子类)膜。

7.2.2 非纤维素衍生物类

1. 聚砜类

聚砜结构中的特征基团为 $-\overset{\overset{\displaystyle O}{\|}}{\underset{\underset{\displaystyle O}{\|}}{S}}-$,为了引入亲水基团,常将粉状聚砜悬浮于有机溶剂中,用氯磺酸进行磺化。

聚砜类树脂常用的制膜溶剂有二甲基甲酰胺、二甲基乙酰胺、N-甲基吡咯烷酮、二甲基亚砜等,它们均可形成制膜溶液。

聚砜类树脂具有良好的化学、热学和水解稳定性,其强度也很高,pH 值适应范围为 1~13,最高使用温度达 120 ℃,抗氧化性和抗氯性都十分优良。因此已成为重要的膜材料之一。这类树脂中,目前的代表品种有:

聚砜

聚芳砜

聚醚砜

聚苯醚砜

2. 聚酰胺类及聚酰亚胺类

（1）聚酰胺类。

早期使用的聚酰胺是脂肪族聚酰胺，如尼龙-4、尼龙-66 等制成的中空纤维膜。这类产品对盐水的分离率在 80%～90%之间，但透水速率很低，仅为 0.076 $mL \cdot cm^{-2} \cdot h^{-1}$。以后发展了芳香族聚酰胺，用它们制成的分离膜，pH 值适用范围为 3～11，分离率可达 99.5%（对盐水），透水速率为 0.6 $mL \cdot cm^{-2} \cdot h^{-1}$。长期使用稳定性好。由于酰胺基团易与氯反应，故这种膜对水中的游离氯浓度有较高要求。

DuPont 公司生产的 DP-I 型膜即由此类膜材料制成，它的合成路线如下式所示：

$$n\ H_2N-C_6H_4-\overset{O}{\overset{\|}{C}}-NH-NH_2 + n\ Cl-\overset{O}{\overset{\|}{C}}-C_6H_4-\overset{O}{\overset{\|}{C}}-Cl \xrightarrow{DMAC} \left[NH-C_6H_4-\overset{O}{\overset{\|}{C}}-NHNH-\overset{O}{\overset{\|}{C}}-C_6H_4-\overset{O}{\overset{\|}{C}}\right]_n$$

类似结构的芳香族聚酰胺膜材料还有：

$$-\!\!\left[NH-C_6H_4-\overset{O}{\overset{\|}{C}}-NHNH-\overset{O}{\overset{\|}{C}}-C_6H_4\right]_n\!\!-$$

$$-\!\!\left[NH-C_6H_4-\overset{O}{\overset{\|}{C}}-NH-C_6H_4-NH-\overset{O}{\overset{\|}{C}}-C_6H_4-NH-\overset{O}{\overset{\|}{C}}-C_6H_4-\overset{O}{\overset{\|}{C}}\right]_n\!\!-$$

$$-\!\!\left[NH-C_6H_4-NH-\overset{O}{\overset{\|}{C}}-C_6H_4\right]_n\!\!-$$

（2）聚酰亚胺类。

聚酰亚胺具有很好的热稳定性和耐有机溶剂能力，因此是一类较好的膜材料。如下列结构的聚酰亚胺膜对分离氢气有很好的效率。

$$\left[N\langle(CO)_2\rangle C_6H_3-C_6H_3\langle(CO)_2\rangle N-Ph\right]_n$$

其中，Ph 为芳基。它对气体分离的难易次序如下：

$$H_2O, H_2(He), H_2S, CO_2, O_2, Ar(CO), N_2(CH_4), C_2H_6, C_3H_8$$

易⟶难

上述聚酰亚胺溶解性差，制膜困难，因此开发了可溶性聚酰亚胺，用它可制备微滤膜、超滤膜和反渗透膜，其结构为：

此外，芳香杂环类材料，由于主链上还有苯环、杂环等刚性基团，使之有高的抗压密性和耐热性，如聚苯并咪唑类、聚苯并咪唑酮类、聚吡嗪酰胺类等，现也已作为膜材料，制备卷式组件用于盐分分离或制备均质膜及多孔膜等。

3. 离子性聚合物

离子性聚合物可用于制备离子交换膜。与离子交换树脂相同，离子交换膜也可分为强酸型阳离子膜、弱酸型阳离子膜、强碱型阴离子膜和弱碱型阴离子膜等。在淡化海水的应用中，主要使用的是强酸型阳离子交换膜。

磺化聚苯醚膜和磺化聚砜膜是最常用的两种离子性聚合物膜。用氯磺酸磺化聚苯醚或聚砜，则可制得性能优异的磺化聚苯醚膜或磺化聚砜膜。它们均可用于制备微滤膜、超滤膜、反渗透膜和复合膜。除在海水淡化方面使用外，离子交换膜还可大量用于氯碱工业中的食盐电解，具有高效、节能、污染少的特点。

4. 聚酯类

聚酯类树脂强度高，尺寸稳定性好，耐热、耐溶剂和化学品的性能优良。

聚碳酸酯薄膜广泛用于制造经放射性物质辐照，再用化学试剂腐蚀的微滤膜。这种膜是高聚物分离膜中唯一的孔呈圆柱形、孔径分布非常均匀的膜。

聚四溴碳酸酯由于透气速率和氧、氮透过选择性均较高，已被用作新一代的富氧气体分离膜材料。

聚酯无纺布是反渗透、气体分离、渗透汽化、超滤、微滤等一切卷式膜组件最主要的支撑底材。

5. 聚烯烃类及乙烯基类高聚物

低密度聚乙烯(LDPE)和聚丙烯(PP)薄膜通过拉伸可以制造微孔滤膜。高密度聚乙烯(HDPE)通过加热烧结可以制成微孔滤板或滤芯，它也可作为分离膜的支撑材料。

常用作膜材料的乙烯基聚合物包括聚丙烯腈、聚乙烯醇、聚乙烯吡咯烷酮、聚丙烯酸、聚偏氯乙烯、聚丙烯酰胺等。聚丙烯腈是仅次于聚砜和醋酸纤维素的超滤和微滤膜材料,也可用作渗透汽化复合膜的支撑体。以二元酸等交联的聚乙烯醇是目前已获得实际应用的渗透汽化膜材料。

6. 有机硅聚合物

有机硅聚合物是一类半有机结构的高分子物质,其分子结构的特殊性赋予硅聚合物许多独特的性质,如耐热性和憎水性好、具有很好的机械强度和化学稳定性、能耐强侵蚀介质等,是具有良好应用前景的膜材料。硅聚合物对醇、酯、酚、酮、卤代烃、芳香族烃、吡啶等有机物有良好的吸附选择性,成为目前研究最为广泛的有机物优先透过的渗透汽化膜材料。目前,研究的有机硅材料主要有聚二甲基硅氧烷(PDMS)、聚三甲基硅丙炔(PTMSP)、聚乙烯基三甲基硅烷(PVTMS)、聚乙烯基二甲基硅烷(PVDMS)、聚甲基丙烯酸三甲基硅烷甲酯(PTMS-MA)、聚六甲基二硅氧烷(PHMDSO)等。

7. 含氟聚合物

目前研究的用于膜材料的含氟聚合物主要有聚四氟乙烯(PTFE)、聚偏氟乙烯(PVDF)、聚六氟丙烯(PHFP)、Nafion(聚磺化氟乙烯基醚与聚四氟乙烯的共聚物)、聚四氟乙烯与聚六氟丙烯共聚物等。

聚四氟乙烯化学稳定性非常好,膜不易被污染物所堵塞,且极易清洗。在食品、医药、生物制品等行业很有优势。聚偏氟乙烯化学性质稳定,耐热性能好,抗污染,对卤代烃、丙酮、乙醇和芳香烃等有良好的选择性,具有较强的疏水性能,除用于超滤、微滤外,还是膜蒸馏和膜吸收的理想膜材料。

这类含氟材料的特点是价格昂贵,除聚偏氟乙烯外,其他氟聚合物难以用溶剂法成膜,一般采用熔融-挤压法由熔体制备膜或在聚合期间成膜,制膜工艺复杂。

8. 甲壳素类

这一类材料中包括脱乙酰壳聚糖、氨基葡聚糖、甲壳胺等。

壳聚糖是存在于节肢动物如虾、蟹的甲壳中的天然高分子,是一种氨基多糖,分子链上氨基可和酸成盐,易改性且成膜性良好,膜亲水并有抗有机溶剂性,是极有潜力的膜材料之一,可用于渗透汽化及一些智能型的膜材料。同时它具有生物相容性,可用于生物化工和生物医学工程等领域。

7.3 高分子分离膜的制备

由上述介绍可知,制膜材料种类很多。膜的制备方法也很多,主要有烧结法、拉伸法、径迹蚀刻法、相转化法、溶胶-凝胶法、蒸镀法、涂覆法、纺丝技术等。制膜方法的选择主要取决于所用材料及所需要的膜结构。烧结法、拉伸法、径迹蚀刻法只能制备多孔膜,这种膜还可作为复合膜的支撑层;采用相转化法可以制备多孔膜和致密膜;涂覆法通常用来制备薄但致密的膜。

7.3.1 烧结法

烧结是一种相当简单的制备多孔膜的方法,各种聚合物粉末(聚乙烯、聚四氟乙烯、聚丙烯等)、金属、陶瓷、碳材料、玻璃等,均可以采用此方法制备膜。方法是将一定大小颗粒的粉末进行压缩,然后在高温下烧结。烧结温度取决于所选用的材料。在烧结过程中,颗粒间的界面消失。所制得膜的孔径大小取决于粉末的颗粒大小及分布。颗粒大小分布越窄，膜的孔径分布也越窄。所制得膜的孔径大小为 0.1～10 μm。这种方法对于一些耐热性好、化学稳定性好的材料特别适用，如聚四氟乙烯。这种方法只能用于制备微滤膜，膜的孔隙率较低，仅为 10%～20%。

7.3.2 拉伸法

拉伸法是将部分结晶化聚合物材料（聚四氟乙烯、聚丙烯、聚乙烯等）膜经拉伸后在膜内形成微孔而得到的。部分结晶的聚合物中晶区和非晶区的力学性质是不同的，当受到拉伸时，非晶区受到过度拉伸而局部断裂形成微孔，而晶区则作为微孔区的骨架得到保留，以这种方法得到的微孔分离膜称为拉伸半晶体膜。这种方法得到的膜孔径为 0.1～3 μm，膜孔隙率远高于烧结法，最高可达到 90%。

与其他分离膜制备方法相比，拉伸半晶体膜成型法生产效率高，制备方法相对容易，价格较低，且孔径大小较易控制，分布较均匀。在制备过程中生成半晶态聚合物是整个制备过程中的关键技术。

7.3.3 径迹蚀刻法

最简单的膜孔结构为等孔径圆柱状平行孔，采用径迹蚀刻法可以得到这种孔结构。当高能球粒（质子、中子等）穿透高分子膜时，在一定条件下可以形成细小的径迹，径迹处的高分子链发生断裂，形成活性很高的新链段。当把这种膜浸入酸性或碱性的浸蚀液时，细小的径迹被侵蚀扩大，形成微孔膜。这种方法得到的膜孔径范围为 0.02～10 μm，但表面孔隙率很低（最大约为 10%）。

这种方法制成的膜孔隙率主要取决于辐射时间，而孔径由侵蚀时间决定。膜孔呈贯穿圆柱状，孔径分布可控，且分布极窄，在许多特别要求窄孔径分布的情况下是不可取代的膜材料。但由于孔隙率较低，单位面积的水通量较小。

7.3.4 相转化法

相转化法是高分子分离膜制备最重要的方法，20 世纪 60 年代，Loeb 和 Sourirajan 利用这一方法用醋酸纤维素溶液制得了不对称膜，成为第一张有实用价值的商品化膜。这一方法不仅可以制备致密膜，还可以制备多孔膜。大多数工业用膜都是用相转化法制成的。

相转化法是指配制一定组成的均相聚合物溶液，通过一定的物理方法改变溶液的热力学状态，使其从均相的聚合物溶液发生相分离，最终转变成凝胶结构。这一过程的关键是制备均一溶液，并通过控制相转化的过程来控制膜的形态，从而得到多孔膜或致密膜。

相转化法包括许多不同的方法，如浸没沉淀、溶剂蒸发、控制蒸发沉淀、热沉淀、蒸气相沉淀和热诱导相分离法等。所有的相转化法都是基于相同的热力学原理。

1. 浸没沉淀法

大部分的相转化膜是利用浸没沉淀法制得的。在这一制膜过程中，聚合物溶液先流延于增强材料上或从喷丝口挤出，后迅速浸入非溶剂浴中，溶剂扩散浸入凝固浴（J_2），而非溶剂扩散到刮成的薄膜内（J_1），经过一段时间后，溶剂和非溶剂之间的交换达到一定程度，聚合物溶液变成热力学不稳定溶液，发生聚合物溶液的液-液相分离或液-固相分离（结晶作用），成为两相，即聚合物富相和聚合物贫相，聚合物富相在分相后不久就固化构成膜的主体，贫相则形成所谓的孔，其过程如图 7-3-1 所示。

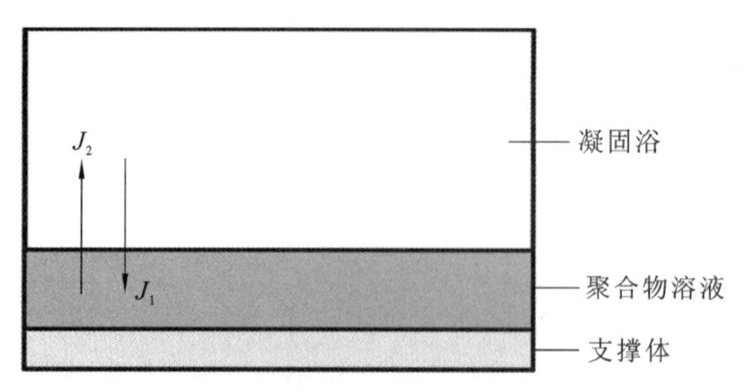

图 7-3-1　浸没沉淀相转化法示意图

J_1—非溶剂通量；J_2—溶剂通量

浸没沉淀法至少涉及聚合物、溶剂、非溶剂 3 个组分，为适应不同应用过程的要求，常添加非溶剂、添加剂等来调整铸膜液的配方及改变制膜的其他工艺条件，从而得到不同结构形态和性能的膜。所制得的膜可以是平板膜和管式膜；平板膜用于板框式和卷式膜中；管式膜主要用于中空纤维膜、毛细管膜和管状膜中。

浸没沉淀相转化法制备的膜常由表层和多孔底层组成，表层的结构多为多孔或致密，不同的表层结构将影响膜的多孔底层的结构形态。图 7-3-2 为扫描电子显微镜(SEM)观察到的膜表面及横断面结构。

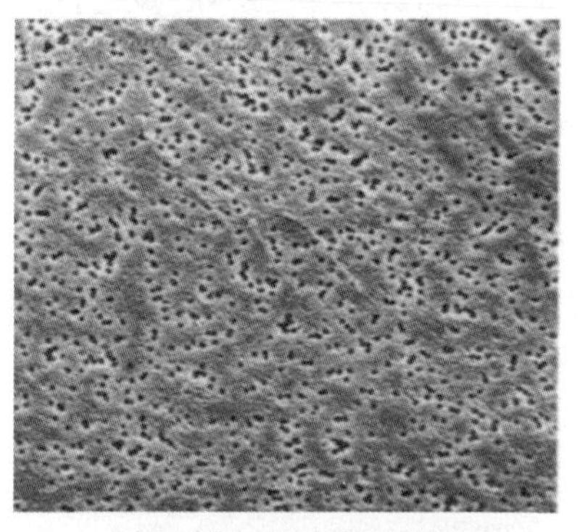

(a) 平板多孔膜表面结构

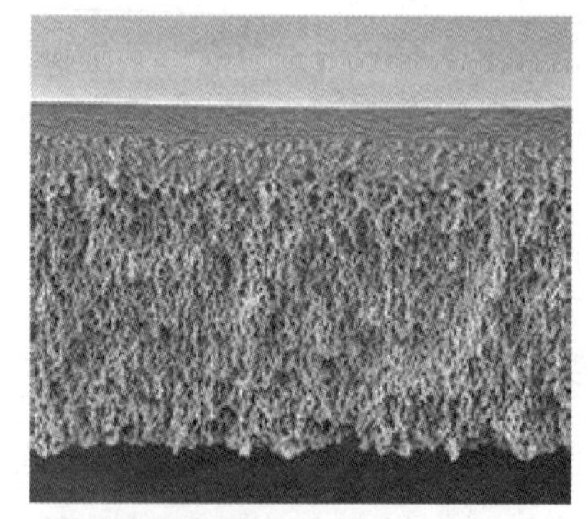

(b) 平板多孔膜横断面结构

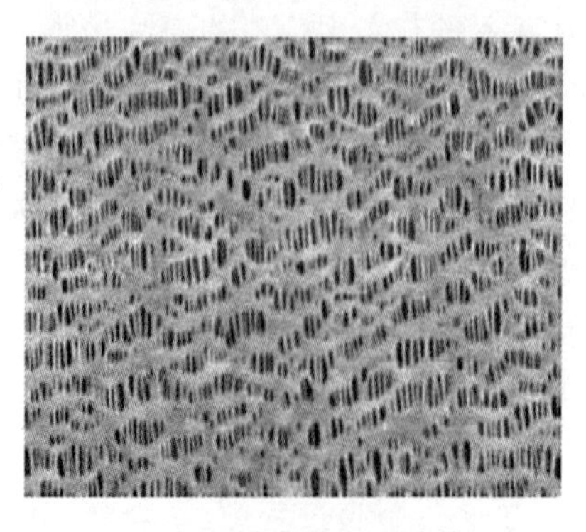

(c) 中空纤维膜表面结构

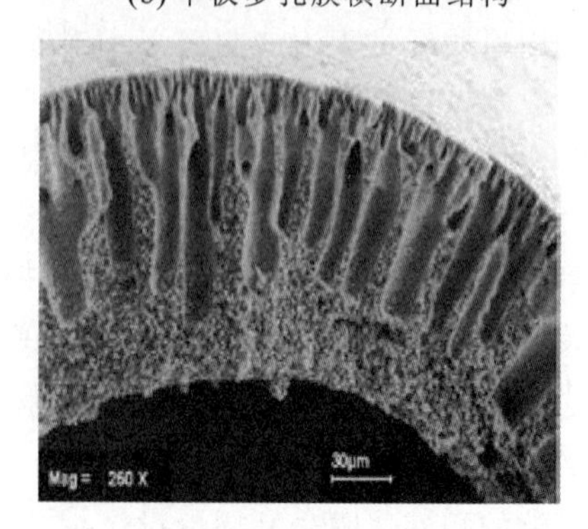

(d) 中空纤维膜横断面结构

图 7-3-2　浸没沉淀相转化法制备膜的结构的 SEM 图

1）平板膜的制备

工业规模的平板膜制备方法为：将聚合物溶于适当的溶剂或溶剂混合物(其中通常有添加剂)中，用刮刀把聚合物制膜液刮涂在无纺布和玻璃板等支撑物上形成溶液薄膜，再将支撑物与溶液薄膜一并浸入凝固浴中。聚合物溶液中的溶剂与凝固浴中非溶剂通过界面交换，首先在表面固化成膜，随后向膜内部扩展，使溶液膜固化（沉淀），直接或经过适当的后处理（如热处理）得到平板膜（见图 7-3-3）。

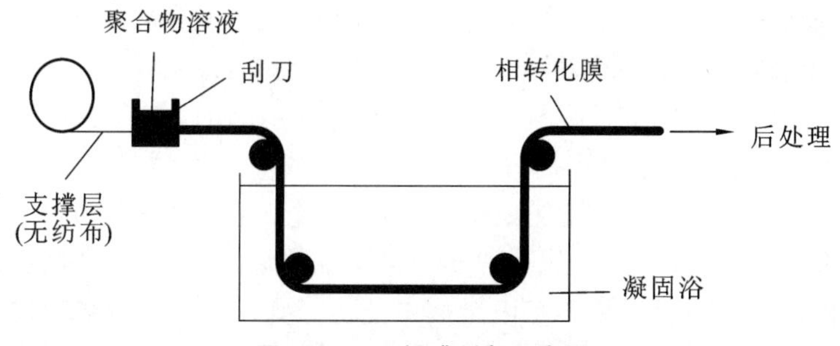

图 7-3-3　平板膜制备示意图

2）中空纤维膜的制备

膜的另一种几何形状是管状。根据规格的不同可以分为 3 种：中空纤维膜（直径小于 0.5 mm）；毛细管膜（直径为 0.5～5 mm）；管状膜（直径大于 5 mm）。管状膜的直径太大因此需要支撑，而中空纤维膜和毛细管膜则是自撑式的。中空纤维膜和毛细管膜有湿纺丝（或干-湿纺丝）、熔融纺丝、干纺丝 3 种制备方法。

对于中空纤维膜，由于是自支撑的，分层从内侧（腔内）和外侧（壳侧）同时发生，而对于平板膜只在一侧发生。与平板膜和其他管式膜（毛细管膜、管状膜）相比，其突出的特点及优势是膜器件中膜的有效装填密度高。

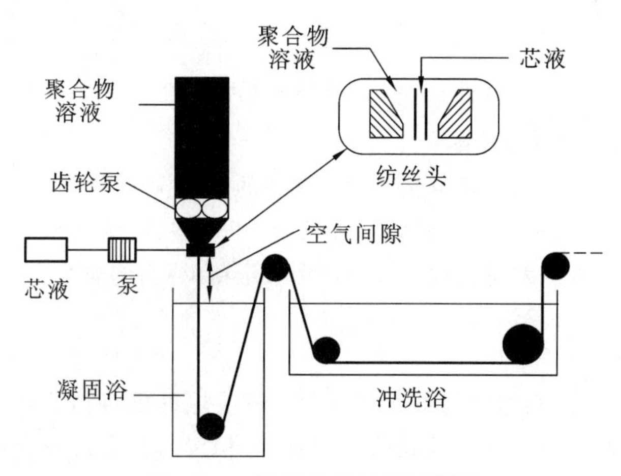

图 7-3-4　干-湿纺丝过程示意图

干-湿纺丝法制备中空纤维膜的过程如图 7-3-4 所示。由聚合物、溶剂、添加剂组成的制膜溶液过滤后用泵打入纺丝头，以围绕由纺丝头中心供给的线状芯液周围形成管状液膜的形式被挤出，经“空气间隙”被牵引、拉伸到一定的径向尺寸后，浸入凝固浴固化成中空纤维再经洗涤等处理后被收集在导丝轮。凝固是从内侧（腔内）、外侧（壳侧）两个表面同时发生，形成双皮层结构。采用这种方法制备中空纤维的聚合物一般应具有足够高的分子量，以便制膜溶液黏度够大（一般大于 100 mPa · s）来保证纤维的强度。制膜液的挤出速度、芯液流速、牵伸速度、在空气间隙中停留时间及纺丝头规格等因素与聚合物溶液组成和浓度、凝固浴组成和温度，共同决定最终纤维膜的结构和性能。

2. 热诱导相分离法

热诱导相分离法（TIPS）是在20世纪80年代发展起来的，它是将聚合物与高沸点、低分子量的稀释剂混合，在高温时（一般高于结晶高聚物的熔点）形成均相溶液；然后将溶液制成所需要的形状，如平板、中空纤维或管状，降低温度冷却，使之发生固-液相或液-液相分离；而后脱除稀释剂（常用溶剂萃取）及萃取剂（蒸发）即可得到微孔结构。

这种方法制备微孔膜拓宽了膜材料的范围。许多结晶的、带有强氢键作用的聚合物在室温下溶解度差，难有合适的溶剂，故不能用传统的非溶剂诱导相分离的方法制备成膜，可以用TIPS法制备。可用TIPS法制备微孔膜的材料很多，不仅可以用于疏水性聚合物，如聚丙烯、聚乙烯，还可以用于亲水性聚合物，如尼龙、聚乙烯-丙烯酸盐等，还可以用于无定形聚合物，如聚苯乙烯、聚甲基丙烯酸甲酯等。如PE或其共聚物均可利用这种方法制备孔径可控的微孔膜。通过改变TIPS法的条件可得到蜂窝状结构或网状结构，膜内的孔可以是封闭的或开放的；可以制备各向同性的膜，也可以通过温度梯度或浓度梯度得到各向异性的膜；制备的膜孔径及孔隙率可调控，孔隙率高，孔径分布可相当窄；制备方法易于连续化。

7.3.5 复合膜的制备

致密的聚合物膜可以有效地分离各种气体或液体混合物，但一般太厚（20～200 μm），因而渗透速率很低。无法把这些膜制得很薄（为0.1～1 μm）以改善其渗透作用，因为薄的膜难于操作（无机械强度），且采用支撑结构。不对称结构的复合膜的发展解决了上述问题。在复合膜中，一个薄的致密皮层支撑在多孔亚层上，皮层和亚层是由不同的（聚合物）材料制成的；或者以无机膜为支撑体，在其上复合上均匀致密的聚合物膜皮层。复合膜的优点在于可以分别选用适当的皮层和亚层使之在选择性、渗透性、化学和热稳定性等方面得到最优的膜性能。

1. 聚合物/聚合物支撑复合膜

在复合膜中，通常多孔亚层是由相转化法制备的，在支撑层上沉积一个聚合物薄层的方法有溶液涂敷（浸涂、喷涂和旋转涂敷）、界面聚合、原位聚合、等离子体聚合、接枝等。除了溶液涂敷外，其他几种方法都是通过聚合反应形成很薄的、新的聚合物层。这里简要介绍以下四种方法。

(1) 浸涂法。

浸涂法是非常简单而实用的制备具有薄而致密皮层的复合物的方法。在此方法中，将常用于超滤过程中的不对称膜（平板膜或中空纤维膜）浸入到含有聚合物、预聚物或单体的涂膜液中，涂膜液中的溶质浓度一般较低（小于1%）。将不对称膜从涂膜液中取出后，一薄层溶液附着其上。然后将其置于一定温度条件下使溶剂蒸发并发生交联，从而使表皮层固定在多孔亚层上。当涂层的化学或机械稳定性不好或者其分离性能在非交联状态下不够理想时，通常需要进行交联。用此法制成的复合膜可用于反渗透、气体分离和全蒸发。

(2) 界面聚合。

界面聚合时利用两种反应活性很高的单体（或预聚物）在两个不互溶的溶液界面处发生聚合反应，从而在多孔支撑体上形成一薄层（见图7-3-5）。将支撑体（通常是微滤膜或超滤膜）[见图7-3-5(a)]浸入水溶液中[见图7-3-5(b)]，该水溶液中含有活泼单体或预聚物（最常用的是胺类）。然后将此膜浸入另一个含有另一种活泼单体（通常是酰氯）的与水不溶的溶剂中[见图7-3-5(c)]，则两种活泼单体（胺和酰氯）会发生反应，形成致密的聚合物皮层[见

图 7-3-5(d)]。为使界面反应完全，通常需要进行热处理，并使水溶性单体或预聚物交联。界面聚合法的优点是具有自抑制性，这是由于需通过已形成的薄膜来提供有限量的反应物，因此用此法可以制成厚度小于 50 nm 的极薄的膜。

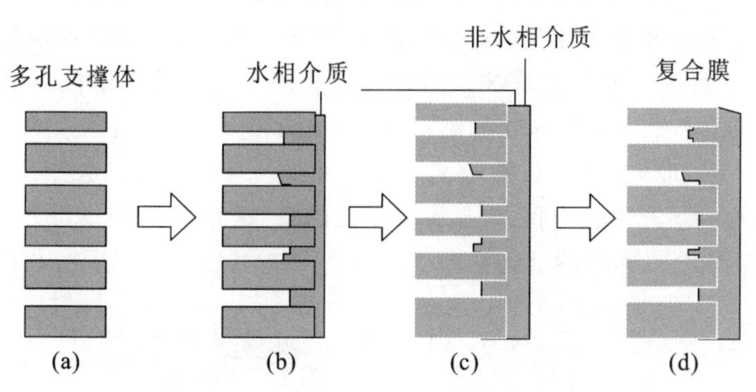

图 7-3-5 界面聚合制备复合膜示意图

(3) 等离子体聚合。

等离子体聚合是在多孔亚层上沉积很薄且致密皮层的又一种方法。等离子体是由离子、电子等组成的部分电离的气体。它可用能发生辉光放电的等离子体发生器产生。这种方法制备薄膜时，气体和反应物分别进入发生器。一旦进入发生器，气体就发生电离。进入的反应物由于与离子化的气体碰撞而变成各种自由基，这些自由基之间可以发生反应，所生成的产物的分子量足够大时，便会沉淀出来(如在膜上)。气体及反应单体的流量控制在等离子体聚合设备中是十分关键的。通过严格控制反应器中单体浓度(分压)可以制得厚度为 50 nm 左右的很薄的膜。其他影响膜厚的因素包括聚合时间、真空度、气体流量、气体压力和频率。所制成的聚合物的结构通常很难控制，一般为高度交联结构。

(4) 接枝。

通过接枝(如辐射诱导接枝)的方法，可以将多种不同的基团引入高聚物中，从而改性均质致密膜(见图 7-3-6)。将聚合物膜[见图 7-3-6(a)]用电子进行辐射，从而产生自由基[见图 7-3-6(b)]，然后将此膜浸入一个单体浴中使单体扩散到膜中[见图 7-3-6(c)]，聚合物反应由聚合物中的自由基部位所引发，从而使接枝聚合物以共价形式与基体聚合物相键合[见图 7-3-6(d)]。

并非所有的低分子量单体均可用于这种聚合，必须具备一定条件才能采用接枝的方法，例如，必须有不饱和基团 $RCH=CH_2$ 的存在。但这种方法可以引入离子基团(碱性的，如 N-乙烯基吡啶；酸性的，如丙烯酸、甲基丙烯酸)和中性基团(如 N-乙烯基吡咯烷酮、醋酸乙烯酯)。这种方法灵活性很大，可以制成特殊性能的膜。

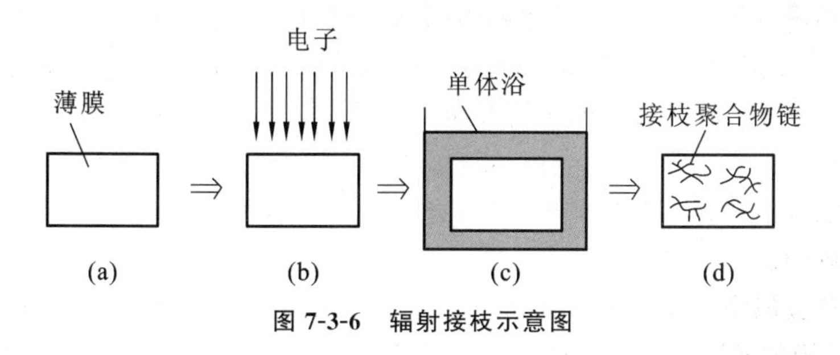

图 7-3-6 辐射接枝示意图

2. 聚合物/无机支撑复合膜

聚合物膜具有性能优异、品种多等优点,从而大规模应用于水处理、化工、生物、医药、食品等领域。但聚合物存在不耐高温、抗腐蚀性差、机械强度不好、化学稳定性差等缺点,且易堵塞、不易清洗。无机膜则具有许多独特的性质,如机械强度高、热稳定性好、耐化学和生物侵蚀、使用寿命长,且易于消毒和清洗。但是无机膜的不足之处在于抗污染能力差,分离选择性差,且陶瓷膜大多数由无机氧化物制得,因而不能在碱性条件下使用。

将聚合物膜与无机膜复合可以充分利用这两种膜各自的优点。这种有机-无机复合膜按结构可以分为无机物填充聚合物膜、聚合物填充无机膜(聚合物-无机支撑复合膜)、无机-有机杂聚膜三类。其中,第二种膜的结构如图 7-3-7 所示,它可以采用以下的几种方法制备。

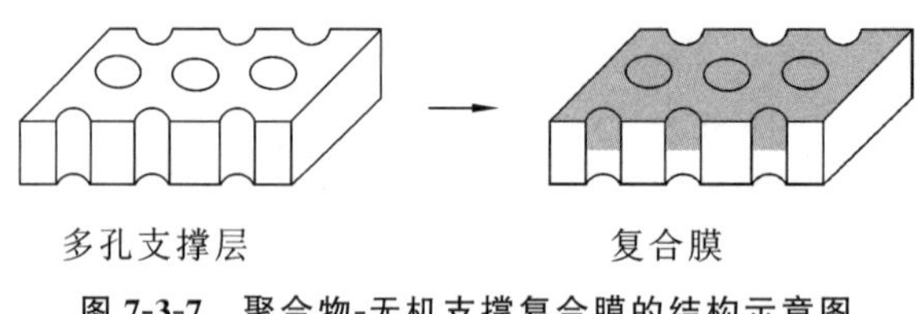

图 7-3-7 聚合物-无机支撑复合膜的结构示意图

(1) 聚合物溶液沉淀相转化法。

该方法是将聚合物溶液刮涂到无机支撑物上,无机物可以是多孔或无孔的,使溶剂蒸发,然后加热,得到均匀、致密的聚合物膜皮层。

(2) 表面聚合法。

通过化学方法使聚合物复合在无机支撑膜的表面或孔中。

(3) 部分热解法。

通过部分热解,控制结构中无机组分和有机组分的比例,从而调节其性能。

7.3.6 新型复合膜的制备及功能化

1. 液晶复合高分子膜

高分子与低分子液晶构成的复合膜具有选择渗透性。液晶高分子膜的选择渗透性是由于粒子(气体分子、离子等)的尺寸不同,因而在膜中的扩散系数有明显差异,这种膜甚至可以分辨出粒子直径小到 0.1 nm 的差异。功能性液晶高分子膜易于制备成较大面积的膜,其强度和渗透性良好,对电场、溶液的 pH 值等有明显响应。

2. 高分子金属络合物膜

高分子金属络合物(MMC)是指由金属和高分子通过键合而成,而性质不同于聚合物与普通的过渡金属络合物、金属原子或金属簇的简单混合物体系。键合于聚合物基质上的金属络合物,在键合小分子的反应中常常表现出特殊性质。金属离子及其络合物的特有化学功能之一是对小分子或气体分子的特定的和可逆的结合。以氧气为例,含 30%钴卟啉络合物的膜可吸附氧气量大约为 7 $mL \cdot g^{-1}$,这已超出了物理方式溶解进去的氧气量的 500 倍。如此超大量的氧气溶解到聚合物膜中,是以聚合物膜中钴卟啉络合物对氧气的化学选择性可逆键合为基础的。

通过将一些金属络合物引入聚合物中制作成 MMC 膜,可获得高选择性和高效的气体分离膜。MMC 膜的实际应用可行性已得到肯定,且这类膜具有容易制备、膜和载体稳定性高的优势,因而具有巨大的发展潜力和商业价值。

3. 有机-无机复合膜

目前,有机-无机复合膜在膜科学的各个领域都展现出潜在的优势,主要体现在以下两个方面:在膜性能方面,无机物优异的亲水性可改善膜表面对污染物的阻抗能力,而分子尺度的有机-无机杂化可以提高分离层的刚性,从而增强其稳定性;在膜功能方面,聚合物分离膜材料往往只能作为物理屏障,实现膜材料最本质的功能——分离功能,而许多矿物具有催化、吸附等功能,可以辅助用于污水处理,简化处理过程,提高对复杂污水的处理能力。

有机-无机复合膜可以通过膜相镶嵌(纳米粒子共混、无机前驱体共混)和界面复合(原子层沉积、表面化学修饰、表面仿生矿化等)的方法来进行制备。改性和功能化的复合膜在抗污染与抗菌、油水分离、催化功能分离膜、吸附功能分离膜、酶固定化等方面的应用中显示出优异的性能。多孔有机-无机复合膜也已成为新型多功能膜材料与高性能分离膜材料的研究热点之一。

除了上述所介绍的膜制备方法之外,近年来,一些新技术也被用于分离膜的制备,如超临界技术制备微孔膜、高温度诱导相分离法制备微孔膜等,这里不再详细介绍。此外,由于液体膜与上述所介绍的固体分离膜相比有些特殊性,将在7.5.9节中另作介绍。

7.4 其他功能膜及其制备技术

除了上述的多孔膜和密度膜等分离膜之外,其他具有特殊性能的功能膜也是膜科学的重要组成部分。其中比较重要的是LB膜(Langmuir-Blodgett film)和自组装膜(self-assembled film,SA膜)。近年来这两种膜得到了广泛重视和迅速发展,其原因除了在分离膜制备方面的应用外,最主要的是光电子器件和分子电子器件迅速发展的推动。LB膜和SA膜均是分子高度有序的分子型材料,这种分子有序排列有机材料具有其他非晶态有机材料所不具备的物理性质,因此受到科学界的广泛关注,其研究地位日益提高,目前已经处在功能材料学科发展的前沿。虽然非线性光电子器件和分子电子器件是两种不同的科学领域,但是二者的发展都要求热稳定分子有序排列的有机分子体系作为进一步拓展的物质基础,LB膜和SA膜的发展为实现有机分子的完全有序排列提供了现实可能性。

7.4.1 高分子Langmuir-Blodgett膜

Langmuir-Blodgett膜的定义:Langmuir膜是指在水和空气界面形成的分子有序排列的单分子膜,而将这种分子膜用某种方法转移到固体基质上,以便于进一步研究使用,这种膜就称为Langmuir-Blodgett膜。

将植物油仔细地铺展在水的表面,形成分子排列有序的单分子层膜的做法可以追溯到很早以前。然而直到1917年才由Langmuir开始系统研究两亲分子在水-空气表面的表现和特点。1935年Blodgett首次将用长链脂肪酸在水-空气界面形成的Langmuir膜转移到固体基质上,至此,所谓的Langmuir-Blodgett膜才正式诞生。LB膜早期主要是用来从热力学角度研究界面现象,LB膜技术目前已经成为制备特殊膜型材料和器件的重要手段。这里主要讨论用高分子化的两亲分子制备的LB膜。

LB膜一般由两亲分子构成,即一端有极性基团,显亲水性;另一端为非极性基团,显亲油性。为了形成稳定的LB膜,要求两亲基团的比例和强度要适当。两亲单分子层膜首先是在液体和气体界面形成的,虽然液体和气体多种多样,但是使用最多的还是水和空气。两亲分子亲水一端浸入水中(但是整个分子不溶于水),亲油一端伸向空气,构成分子有序排列的单分子层。这种单分子层经过仔细安排,完整移至固体介质表面,即成为LB膜。固体介质的表面可以是亲水性的,如板状的普通玻璃、石英、金属和金属氧化物等,与LB膜亲水一端接触;也可以是亲油性的,如经过硅烷化处理的玻璃等物体的表面,与LB膜亲油一端接触。早期的LB膜主要采用长链脂肪酸及其盐类等小分子作为成膜材料。20世纪70年代后,为了改进LB膜的机械性能,人们开始采用两亲聚合物制备LB膜。为了不影响单分子层的形成,两亲结构主要处在聚合物骨架的侧链位置。

LB膜的制备过程可以分成两个部分。首先是制备合适的单分子层,一般将溶在挥发性溶剂中的经过纯化的两亲分子溶液滴加在洁净水中,溶剂挥发后,两亲分子分散在水的表面,在气-液界面精心设计的小推板的推动下,分散的两亲分子在水-空气界面聚集形成分子有序、紧密排列的单分子层。如果采用的是单体两亲分子,此时可以进行原位聚合反应实现LB膜的高分子化。第二步是将形成的单分子层转移至固体介质表面。目前常用的转移方法一种是垂直转移法(插入法),将清洁好的固体板状介质垂直插入,或者拉出形成单分子层的水溶液。由于表面张力和接触角的作用,加上小推板的推动,即可将单分子层转移到固体表面。对于亲水性表面介质,采用拉出法,单分子层中亲水一侧与固体接触。而对疏水性固体介质,采用插入法,单分子层亲油一侧与介质表面接触。制备过程如图7-4-1所示。

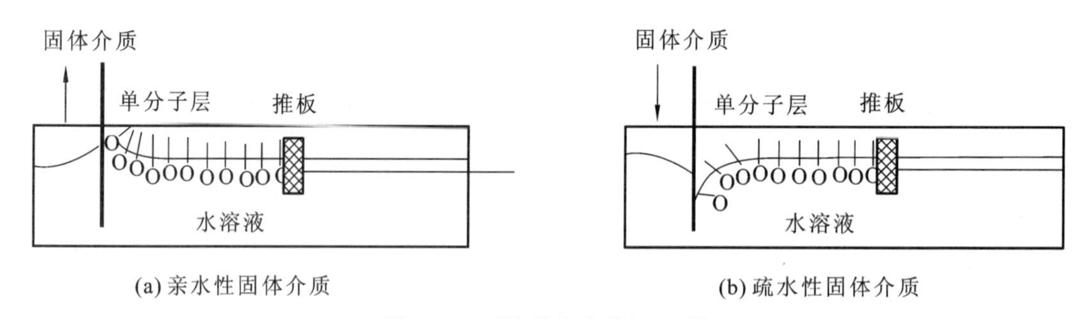

(a) 亲水性固体介质　　(b) 疏水性固体介质

图7-4-1　垂直转移法制备LB膜

另一种制备方法是水平转移法,也称为Schaefer法。方法如图7-4-2所示,具有疏水性表面的固体介质被铺展在水溶液表面,将形成的单分子层借助于介质与分子层的亲和作用结合在一起,并提出水面。值得注意的是,水平转移法一般只适用于制备疏水固体介质的LB膜。重复以上过程,还可以制成多层的LB膜。

虽然LB膜采用的两亲分子多为小分子化合物,但是为了提高膜的性能和稳定性,人们越来越多地采用两亲聚合物制备LB膜。制备聚合物LB膜的方法主要分成两大类,一类是采用可聚合两亲分子首先制备小分子LB膜,然后利用两亲分子的原位聚合反应实现两亲分子的高分子化,可用于这一类方法的两亲分子通常含有双键、炔键或者环氧基团;另外一种方法是直接使用聚合性两亲分子制备LB膜,目前已经有大量的天然和合成大分子作为制备LB膜的材料。

LB膜在结构上与生物膜极为相似,对特定物质具有非常好的选择透过性,因此是制备各种仿生膜的重要材料。此外,利用LB膜技术可以得到超薄且均匀的密度膜,因此,在多孔材料上制备LB膜可以得到高通量、高选择性的分离膜,用于气体分离和反渗透分离。

通过仔细设计可以得到在分子尺度有序排列的LB膜,由于其分子排列的有序性,经常表现出特殊的光学和电学特征。某些功能化基团的引入,如有选择性捕获离子能力的冠醚、液晶体,有特殊络合作用的酞菁、卟啉等,常可以使LB膜具备许多新的功能。LB膜的主要应用领域包括非线性电子器件、压电装置、热电装置、光电转换装置、电显示装置、新型半导

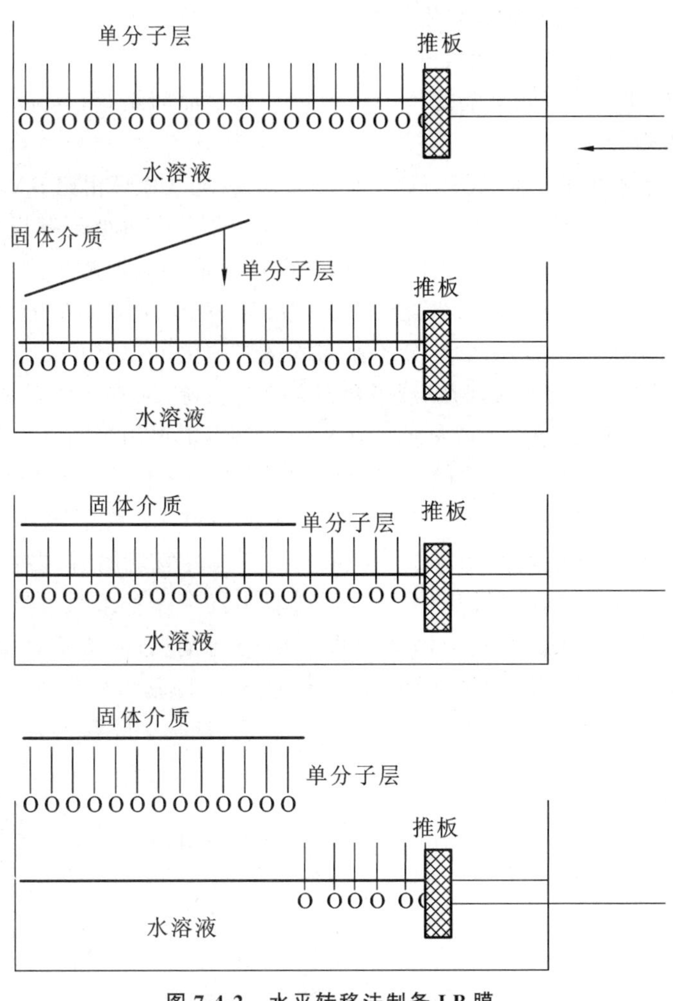

图 7-4-2 水平转移法制备 LB 膜

体器件及化学敏感器的制作。

7.4.2 自组装膜

自组装膜是利用分子自组装技术在固-液界面形成的一种分子高度有序膜型材料，在分子有序性方面与 LB 膜类似。分子的自组装(self-assembly)技术是指利用分子内、分子与分子间、分子与基材表面之间的吸附或化学作用力形成空间有序排列结构的方法。其中自组装膜主要利用分子与基材之间的相互作用，在基材表面形成单分子层膜或多分子层膜。通过分子与基材表面之间的化学作用，使薄膜吸附或固化到基材表面。自组装膜的结构取决于基材表面性质、自组装分子物质和自组装过程与工艺。根据成膜材料与基材分类，目前人们开发的自组装膜主要有以下几个体系：有机硅烷与表面带有羟基的 Si/SiO_2、Al/Al_2O_3 体系(生成硅氧键)；含有硫醇基团或二硫化物与金、银、铜金属体系(生成金属-硫键)；脂肪酸与银、铜、铝、铁氧化物体系；羟基和氨基化合物与铂金属体系等。

从能量角度考虑，自组装膜可以分成以下三种。

(1) 分子具有可以与固体介质形成共价键的基团，如氯硅烷中的硅氯键与固体介质表面的羟基反应生成硅氧键，其能量约为每摩尔几十千焦耳。此反应是放热反应，可以自发进行。由于是共价键连接，生成的膜稳定性非常好。

（2）分子具有配位基团，能够与固体介质生成配位键；或者分子具有离子基团，可以与固体介质产生较强的静电引力，生成配位键的能量约为每摩尔几千焦耳，也比较稳定。

（3）分子与固体介质之间靠范德华力吸附在基材表面而结合，其能量约为每摩尔一千焦耳以下，稳定性较差。

从制备工艺的简单性和生成膜的稳定性方面来讲，与LB膜相比SA膜有一定优越性。以三氯硅烷类衍生物生成的SA膜为例，由于与固定在固体表面的羟基反应，在膜与基材之间生成硅氧键，因此反应的结果是分子自发地在固体表面聚集形成单分子层膜。制备过程仅需要将处理好表面的基材浸入三氯硅烷溶液中反应一段时间，即可得到理想的SA膜，比LB膜制备工艺简单很多。另外，由于分子层与固体介质之间以共价键连接，因此稳定性大幅度增强。甚至可以耐受1%洗涤剂，或者热自来水的洗涤.对有机溶剂和酸性水溶液也有较强耐受力。当采用硫化物在金属表面生成SA膜，甚至需要用金刚砂才能去掉。

SA膜还可以制成多层膜，层与层之间可以由相同分子构成，也可以由完全不同的分子构成，根据不同需要而定。多层SA膜的制备工艺也与LB膜不同，仍以三氯硅烷类衍生物分子为例，当三氯硅烷衍生物分子另一端含有反应性官能团时，多数情况是显性或隐性羟基，可以据此进行连续反应制备相同分子或者不同分子的多层SA膜。例如，一端带有甲酯基团的长链三氯硅烷首先与固体介质表面的羟基反应，在载体表面制成单层SA膜；端基经过氢化铝锂还原，将甲酯还原成羟基；生成的羟基可以继续与同种或非同种三氯硅烷衍生物反应，制成两层SA膜。重复以上过程即可得到多层SA膜，其反应如图7-4-3所示。

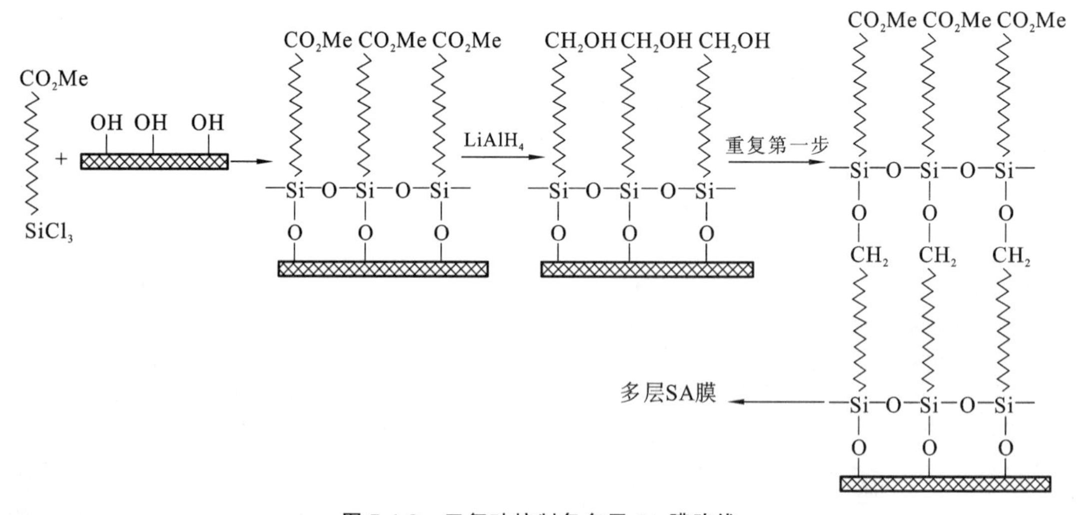

图7-4-3　三氯硅烷制备多层SA膜路线

由于SA膜在结构上与LB膜相似，因此也可以应用到类似的领域。此外，SA膜的一些特点也使其在其他场合得到了广泛应用或关注。目前SA膜的应用领域包括界面电子转移机理研究、化学和生物敏感器制作、非线性光学器件制备、摩擦磨损、金属材料防腐及纳米材料加工方面。

LB膜和SA膜作为一种新型的功能高分子材料，其性能和本质正在被不断认识，应用领域还在不断开发和扩大，随着人们对其认识的不断深入，必将在新材料领域发挥出更大的作用。

7.5 典型的膜分离技术及其应用

典型的膜分离技术有压力驱动膜分离过程(微孔过滤、超滤、反渗透、纳滤),电场力驱动膜分离过程(电渗析、膜电解),浓度梯度驱动膜分离过程(气体分离、渗透蒸发、透析、液膜),热推动膜过程(膜蒸馏)及新型膜分离过程(膜萃取、膜反应器),下面将分别介绍。

7.5.1 微滤

1. 微滤及微孔滤膜

微孔过滤简称微滤(MF),是以压力差为推动力的膜分离过程,微孔滤膜(又称微滤膜)具有形态整齐的多孔结构,分离的机理是膜孔对溶液中的悬浮微粒的筛分作用,在压力差的作用下,小于孔径的微粒随溶剂一起透过膜上的微孔,大于孔径的微粒则被截留。

微孔滤膜是孔结构高度均匀的多孔薄膜,可制成指定孔径,微孔膜厚度在 90～150 μm 之间,过滤粒径在 0.025～10 μm 之间。通过电子显微镜观察微孔滤膜的断面结构,常见的有通孔型、海绵型、非对称型三种结构类型(见图 7-5-1)。

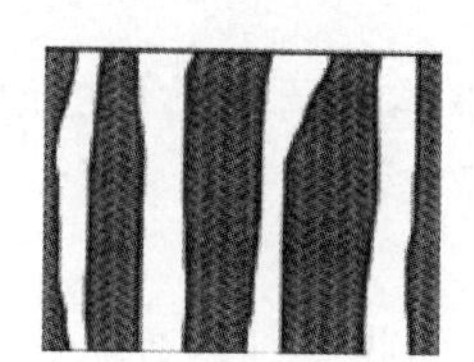

(a) 通孔型

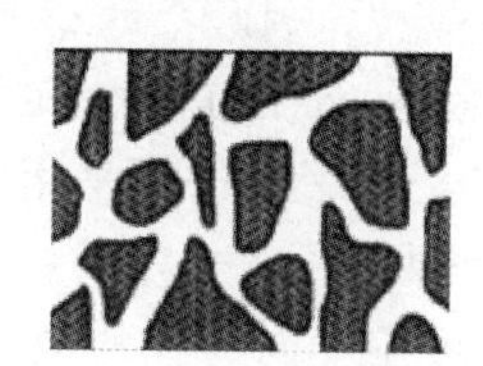

(b) 海绵型

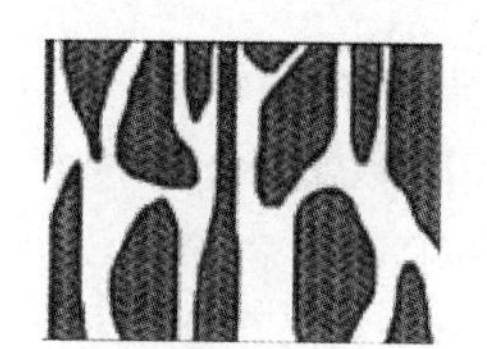

(c) 非对称型

图 7-5-1 三种典型的微孔滤膜的断面结构

微滤膜可选用的膜材料有疏水性化合物,如聚四氟乙烯、聚偏氟乙烯、聚丙烯等,或者一些亲水性聚合物,如纤维素酯、聚碳酸酯、聚砜/聚醚砜、聚酰亚胺/聚醚酰亚胺、脂肪族聚酰胺等。微滤膜可以用烧结法、拉伸法、径迹蚀刻法和相转化法制备,不同的方法制得的膜结构不同,根据需要可以制成平板膜、管状膜、中空纤维膜或卷筒状膜,以适应不同用途,减少占用体积。

微孔滤膜过滤的特点如下:

(1) 微滤膜的孔径十分均匀,能将液体中所有大于指定孔径的微粒全部截留。

(2) 微滤膜的孔隙率可高达 80%左右,因而阻力小,对液体或气体的过滤速度可较同样效果的常用过滤材料快数十倍。

(3) 滤膜为均一、连续的高分子材料,过滤时无纤维和碎屑脱落,从而能得到高纯度的滤液。

(4) 大于孔径的微粒不会因压力增高而穿过滤膜,当压力波动时也不至于影响过滤效率。

(5) 滤层薄,质量小,对滤液或滤液中有效成分的吸附量小,因而可减少贵重物料的损失。

2. 微滤的应用

微滤可以分离溶液中大于 0.05 μm 的微细离子,操作压在 0.01～0.2 MPa 之间,它的应用范围很广。

（1）气体、溶剂及水的净化过滤。

大气中悬浮着尘埃、灰烬、纤维、毛发、花粉、细菌、病毒等组成的混合物，它们很轻，且能长期悬浮于大气中，使用微滤膜可对其进行清洁、过滤。

许多行业中需要高纯度的溶剂，微孔滤膜过滤可用于溶剂的超净，以去除大于滤膜孔径的微粒。

微滤可以去除水中的细菌和各种固体颗粒，因此可用于医药、饮料等生产用水。目前微滤常用于纯水和超净水生产的终端处理，例如，处理离子交换树脂和活性炭的碎粒，管道、阀门等部件上掉落的微粒及微生物等。

（2）食糖与酒类的精制。

微孔滤膜可对食糖溶液和啤酒、黄酒等酒类进行过滤，可除去食糖中的杂质，酒类中的酵母、霉菌和其他微生物，可提高食糖的纯度，使酒类产品清澈，延长存放期。

（3）药物中除菌和除微粒。

以前药物的灭菌主要采用热压法，但是热压法灭菌时，细菌的“尸体”仍留在药品中。且对于热敏性药物，如胰岛素、血清蛋白等均不能热灭菌。对于这类情况，微滤具有突出的优点，常温操作不致引起药物的受热损失和变性，细菌被截留，无细菌“尸体”残留在药物中等问题。

为避免药物在人体中产生不良影响，药典中均规定了液体药物中微粒的限度，如注射液、眼药水等用常规的过滤技术难以达到要求，必须采用微滤技术。

（4）生物和微生物检测、化验和诊断。

在生物化学和微生物的研究中，可用不同孔径的微孔滤膜收集细菌、酶、蛋白质等以供检查和分析，还可用于药品、饮料和无菌检验等。

7.5.2 超滤

1. 超滤及超滤膜

超过滤简称超滤（UF），是以压力差为推动力的膜分离过程。超滤所用的膜为非对称性膜，其特点是膜断面形态的不对称性。这种不对称膜的结构一般由三层组成。最上面的膜表面活性层，致密而光滑，厚度为 0.1～1.5 μm，孔径为 5～10 nm，膜的分离性能主要取决于这一层；中间的过渡层，具有大于 10 nm 的细孔，厚度一般为 1～10 μm；最下面支撑层的厚度为 50～250 μm，多为指状孔，起支撑作用，它决定膜的机械强度。

超滤膜的另一种形式是中空纤维膜，外径为 0.5～2 mm，其直径小、强度高，管内外能承受一定的压差，属于自支撑膜。这种膜的另一个特点是单位体积内膜具有非常大的表面积，能有效地提高渗透通量。

超滤膜的材料主要有聚砜、聚酰胺、聚丙烯腈和醋酸纤维素等。超滤膜的工作条件取决于膜的材质，如醋酸纤维素超滤膜适用 pH 值为 3～8，三醋酸纤维素超滤膜适用 pH 值为 2～9，芳香聚酰胺超滤膜适用 pH 值为 5～9；一般使用温度为 0～40 ℃，聚醚砜超滤膜的使用温度可超过 100 ℃。

超滤过程分离截留的机理为筛分，即小于孔径的微粒随溶剂一起透过膜上的微孔，大于孔径的微粒被截留，膜上微孔的尺寸和形状决定膜的分离性质。最新研究表明，膜表面的化学性质也是影响超滤分离性能的重要因素。

2. 超滤的应用

超滤过滤的粒径介于微滤和反渗透之间，在 0.1～0.5 MPa 静压差推动下截留各种可溶性大分子，如多糖、蛋白质、酶等相对分子质量为500～500 000的大分子胶体及微粒。超滤膜的应用十分广泛，在反渗透预处理、饮用水制备、制药、色素提取、阳极电泳漆和阴极电泳漆的生产、电子工业高纯水处理、工业废水处理等众多领域都发挥着重要作用。

(1) 纯水的制备。

超滤技术广泛用于水中的细菌、病毒和其他异物的去除，可用于制备高纯饮用水、电子工业超净水和医用无菌水。

(2) 汽车、家具等制品电泳涂装淋洗水的处理。

汽车、家具等制品电泳涂装淋洗水中常含有1%～2%的涂料(高分子物质)，用超滤装置可分离出清水重复用于清洗，同时又使涂料得到浓缩可重新用于电泳涂装。

(3) 食品工业中的废水处理。

在牛奶加工厂中，用超滤技术可从乳清中分离蛋白和相对分子质量低的乳糖。

(4) 果汁、酒等饮料的消毒与澄清。

应用超滤技术可去除果汁的果胶和酒中的微生物等杂质，使果汁和酒在得到净化处理的同时保持原有的色、香、味，操作方便，且成本较低。

(5) 医药和生化工业中药物的提取。

用于医药和生化工业中热敏性物质的处理，分离浓缩生物活性物质，从生物中提取药物等。

(6) 纺织、造纸工业废水的处理。

超滤技术可用于处理纺织工业中聚乙烯醇废水以及造纸工业废水。

7.5.3 反渗透

1. 反渗透原理

反渗透与浓度梯度驱动的透析过程相反，溶剂从高浓度一侧向低浓度一侧渗透，过滤的结果是两侧的浓度差距拉大，因此要考虑渗透压的作用。渗透和反渗透的原理如图7-5-2所示。如果将淡水和盐水(或两种不同浓度的溶液)用一种能透过水但不能透过溶质的半透膜隔开，淡水会自然地透过半透膜渗透至盐水(或从低浓度溶液渗透至高浓度)一侧，这一现象称渗透[见图7-5-2(a)]。这一过程的推动力是纯水的化学位与盐水中水的化学位之差，表现为水的渗透压。随着水的渗透，盐水侧水位升高，压力增大。当水位提高H时，盐水侧的压力与纯水侧的压力之差为渗透压[见图7-5-2(b)]，渗透过程达到平衡后，水不再有净渗透，渗透通量为零。如果在盐水侧加压，使盐水侧与纯水侧的压差大于渗透压，则盐水中的水将通过半透膜流向纯水侧，此过程称为反渗透[见图7-5-2(c)]。

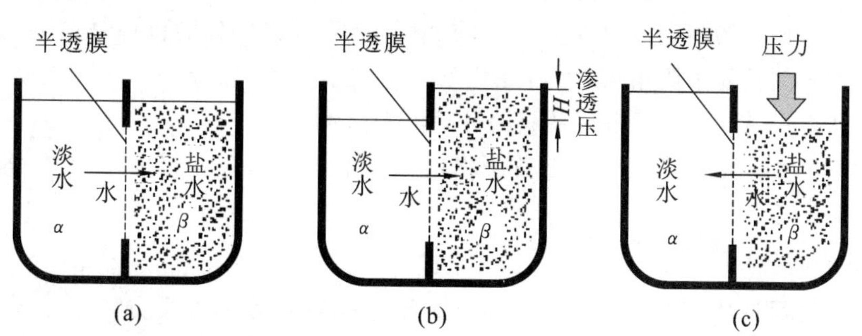

图7-5-2 渗透与反渗透原理示意图

从上述过程可以看出，具有高选择性和高渗透性的选择性半透膜和一定的渗透压是反渗透过程得以顺利进行的必备条件。反渗透过程分离物质的相对分子质量小于500，外加压力为2～100 MPa。用于实施反渗透操作的膜为反渗透膜。

2. 反渗透膜

反渗透膜主要有不对称膜、复合膜和中空纤维膜。其中，反渗透不对称膜的膜表面活性层上的微孔很小（小于0.5 nm），大孔支撑层为海绵状结构；复合膜是近年来开发的一种新型反渗透膜，由薄且致密的复合层与高孔隙率的基膜复合而成，结构上由超薄层和多孔支撑层组成，超薄膜很薄，仅为0.4 μm，有利于降低流动阻力，提高透水速率；中空纤维反渗透膜的直径极小，壁厚与直径之比较大，因而无须支持就能承受较高的外压。

反渗透膜的材料主要有醋酸纤维素、聚酰胺、聚苯并咪唑、无机的多孔膜和磺化聚苯醚等。另外，聚芳砜、聚醚酮、聚芳醚酮等都是制备反渗透膜的优质材料。醋酸纤维素膜的透水量大、脱盐率高，且价格便宜，因此应用普遍。芳香聚酰胺具有良好的透水性能、较高的脱盐率、优越的机械强度，且化学性能稳定、耐压实，能在pH值为4～10的范围内使用。其中以芳香聚酰胺和芳香聚酰胺-酰肼为主。聚苯并咪唑膜适用于在较高的温度下的反渗透作业，在常温条件下，聚苯并咪唑膜与纤维素膜的透水性能没有多大差别，但当温度升高到90 ℃时，纤维素膜的透水性能下降到零，而聚苯并咪唑膜的透水性能非但不下降，反而随着温度的上升而提高。

反渗透膜的分离机理至今尚有许多争论，主要有氢键理论、选择吸附-毛细管流动理论、溶解扩散理论等。

氢键理论认为，反渗透膜材料（如醋酸纤维素），是一种具有高度有序矩阵结构的聚合物，具有与水和醇类溶剂形成氢键的能力。高浓度水溶液中的水分子与醋酸纤维素半透膜上的羰基形成氢键。在反渗透压的推动下，与氢键结合进入醋酸纤维素膜的水分子能够由一个氢键位置断裂而转移到另一个位置形成氢键。通过这种连续的移位，直至半透膜的另一侧变成低浓度水溶液。

选择吸附-毛细管流动理论认为，当水溶液与亲水的半透膜接触时，在膜表面的水被吸附，溶质被排斥，因而在膜表面形成一层纯水层，这层水在外加压力的作用下进入膜表面的毛细孔，并通过毛细孔从另一侧流出。根据这一机理，当膜表面的有效孔径等于或小于膜表面所吸附的纯水层厚度（t）的两倍时，透过的将是纯水。大于两倍时则溶质也将通过膜。因此膜上毛细孔径为$2t$时，能给出最大的纯水渗透通量，这一孔径称为临界孔径。选择吸附-毛细管流动理论确定了反渗透膜材料的选择和膜制备的指导原则，即膜材料对水要优先吸附，对溶质要选择排斥，膜表面活性层应具有尽可能多的有效直径为$2t$的细孔。

溶解扩散理论认为半透膜是非多孔性的，溶剂与溶质透过膜的机理是溶剂与溶质在半透膜的料液侧表面首先吸附溶解，然后在化学位差的推动下，以分子扩散形式透过膜，在膜中的扩散服从Fick扩散定律，最后从膜的另一侧表面解吸。

上述理论都在一定程度上或一定范围内揭示了半透膜的反渗透机理，可作为反渗透膜设计和制备的参考。

3. 反渗透的应用

反渗透膜过程是从溶液（主要是水溶液）中分离出溶剂（水），并且分离过程无相变化，不耗用化学药品，这些基本特征决定了其应用范围。

（1）以渗透液为产品，制取各种品质的水，如海水、苦咸水的淡化制取生活用水，硬水软化制备锅炉用水，高纯水的制备。

海水淡化是目前解决淡水资源缺乏的主要方法，反渗透海水淡化法是淡化海水的主要方法，已发展成为廉价且有效的海水淡化技术。

高纯水的制备是采用反渗透和离子交换树脂结合的方法，比单独离子交换树脂法有明显的优点：纯水质量高，水质稳定，降低离子交换树脂再生费用，减少酸性污染，改善微孔滤膜的堵塞现象，延长使用寿命。

(2) 以浓缩液为产品，在医药、食品工业中用以浓缩药液，如抗生素、维生素、激素和氨基酸等溶液的浓缩，果汁、咖啡浸液的浓缩。与常用的冷冻干燥和蒸发脱水浓缩比较，反渗透法脱水浓缩更经济，且产品的香味和营养不受影响。

(3) 渗透液和浓缩液都作为产品，处理印染、食品、造纸等工业的污水，使渗透液返回系统循环使用，浓缩液用于回收或利用其中的有用物质。

7.5.4 纳滤

1. 纳滤及纳滤膜

纳滤(NF)膜是 20 世纪 80 年代在反渗透复合膜基础上开发出来的，是超低压反渗透技术的延续和发展分支，早期被称作低压反渗透膜或松散反渗透膜。目前，纳滤膜已从反渗透技术中分离出来，成为独立的分离技术。

纳滤膜主要截留粒径为 0.1～1 nm，相对分子质量为 1000 左右的物质，可以使一价盐和小分子物质通过，纳滤膜的表面分离层由聚电解质构成，对无机盐具有一定的截留作用。纳滤膜具有较小的操作压(0.5～1 MPa)，其被分离物质的尺寸介于反渗透膜和超滤膜之间，但与上述两种膜有所交叉。

纳滤膜的材料种类很多，可分为纤维素类、聚砜类、聚酰胺类、聚烯烃类等。纤维素类不仅在微滤、超滤、反渗透等膜分离过程中有重要应用，且在某些纳滤膜中也有特殊用途。但是纤维素膜的高结晶度使其溶解性、可加工性、机械性能等较差，因此目前用于纳滤膜的主要是其衍生物，如在纤维素主链中引入共轭双键、环状键或其他基团，以提高其抗氧化能力、热稳定性或可塑性。聚芳醚砜膜对强酸强碱和常规溶剂具有很好的化学稳定性，并可承受高温灭菌处理。聚酰胺类纳滤膜具有耐高温、耐酸碱、耐有机溶剂的优点，常作为纳滤基膜材料，通过界面聚合(主要是胺类和酰氯或哌嗪反应)形成薄的皮层制备复合物。烯烃类聚合物也可作为纳滤基膜材料，经改性后制备表面荷电的纳滤膜。例如，以聚丙烯腈超滤膜为基膜，在其表面涂覆季铵化后的壳聚糖，经过适度交联后可以得到表面带正电的纳滤膜。此外，还有聚苯并咪唑及其衍生物的纳滤中空纤维膜等。

纳滤膜为非对称结构的荷电膜，其表层比反渗透膜疏松，但比超滤膜致密，因此制膜关键在于合理调节表层的疏松程度以形成纳米级的表层孔。纳滤膜的制备方法有转化法、L-S 相转化法和复合膜法。转化法是将超滤膜或反渗透膜经过一定处理后制备成纳滤膜。L-S 相转化法是使均相制膜液中的溶剂蒸发，或在制膜液中加入非溶剂，或使制膜液中的高分子热凝固，将制膜液由液相转变为固相的方法，其关键在于选择合适的膜材料、调控制膜液组成及制膜工艺等。复合膜多以聚砜类高分子为基膜材料，其表面复合一层具有纳米级孔径的超薄皮层，是目前应用最广、最有效的纳滤膜制备方法。

纳滤膜对溶质分离的机理比较复杂，主要受膜电荷性和孔径大小这两个因素的影响，它们决定了纳滤膜对溶质分离的两个主要机制——电荷作用和筛分作用。其中，电荷作用主要是纳滤膜与溶液中带电离子之间的静电相互作用，又被称为 Donnan 效应。膜表面所带电荷越多,对离子尤其是多价离子的去除效果越好。但实际分离过程中,其他运行参数也有一定的影响,目前常以非平衡热力学模型、电荷模型、Donnan-立体细孔模型、经典排斥和立体位阻模型等描述和预测纳滤过程对溶质分子的分离机制。

2. 纳滤的应用

纳滤膜由于具有纳米级的膜孔径、膜表面或其本体带有电荷,可用于有机物的分离、有机物与小分子物质的分离、溶液中一价盐与二价盐或高价盐的分离等,从而在水处理、食品和饮料工业、化工和生物医药等领域具有一定的优势。

为去除原水中的有机物、藻类、细菌、病毒和重金属离子等污染物,同时保留水中对人体有益的微量元素和矿物质,可以将原水用纳滤膜进行处理,使其符合饮用水标准。纳滤膜还可以有效去除常规饮用水中的三氯甲烷及其中间体等消毒副产物。

纳滤膜可以对食品和饮料加工过程中的料液(如果汁、混合蛋白质、乳清等)进行浓缩、脱盐、调味、脱色和去除杂质,具有能耗低、成本低、加工温度低、热损失小、系统设计简单等突出优点。

纳滤膜在化学工业废水处理、汽油和煤油的分离、甘油的回收和浓缩、造纸工业排水中木质素和木糖的回收、电镀液中镉镍的分离等方面具有较大的使用价值。

纳滤膜独特的分离性能还可以用于药物的纯化/浓缩、热原物质的去除及无菌水的制造等。将几种纳滤膜综合应用,还可提高回收率和产品纯度,降低溶剂损耗。

7.5.5 离子交换膜

1. 离子交换膜概述

追溯到离子交换膜的发展源头,其前身应该是离子交换树脂。

1940 年,K. Meyer 等人将阴、阳离子交换膜交替排列于两电极间,形成许多平行的隔室,这是最早的电渗析。1949 年,Juda 发明了离子交换膜,并且在 1950 年成功地制备了第一张商业应用的离子交换膜,从此离子交换膜开始工业化应用,进入了快速发展期,并做了多次改进。离子交换膜从性能差的非均相膜发展到性能较好的均相膜,从单一电渗析膜发展到离子选择透过性膜、扩散渗析膜和抗污染膜。国外对于离子交换膜的发展主要在材料和应用机理方面,除了最初的苯乙烯-二乙烯苯聚合物以外,又扩展到异戊乙烯-苯乙烯嵌断共聚物、含氟聚合物、聚醚砜等聚合物,主要应用于电渗析、电解、质子燃料电池及其他高新技术领域。国外具有代表性的商用离子交换膜主要有美国 Ionics 公司的 Nepton、DuPont 公司的 Nafion,日本 Asahi Chemical 公司的 Aciplex、Asahi Glass 公司的 Selemion 及 Tokuyama 公司的 Neocepta。在过去的 60 多年中,经过不断改良和演变,离子交换膜已经在很大程度上取代了离子交换树脂,进入商业化应用的领域。由于科学技术的快速发展,对离子交换膜的性能要求也越来越高,越来越具体。不论是膜材料本身,还是膜的使用形式和组件模式,都得到了高度重视和深入的研究。

2. 离子交换膜的分类

离子交换膜是膜状的离子交换树脂,其包括高分子骨架、固定基团及固定基团上的可移动离子三个基本组成部分。

(1) 按可交换离子性质分类。

与离子交换树脂类似,离子交换膜按其可交换离子的性质可分为阳离子交换膜和阴离子交换膜。阳离子交换膜膜内含有带负电荷的酸性活性基团,如磺酸基($—SO_3H$)、磷酸基

(—PO_3H_2)、羧酸基(—COOH)、酚基(—C_6H_4OH)等，它能选择性地透过阳离子，而不让阴离子透过。阴离子交换膜膜内含有带正电荷的碱性活性基团，如伯氨基(RNH_2)、仲氨基(R_2NH)、叔氨基(R_3N)等，它能选择性地透过阴离子，而不让阳离子透过。

(2) 按照膜内固定基团与高分子骨架的结合方式分类。

离子交换膜可分为异相、均相和半均相离子交换膜。膜内固定基团与高分子骨架以物理方式结合的为异相离子交换膜，膜内固定基团与高分子骨架以化学键结合的为均相离子交换膜，膜内一部分固定基团与高分子骨架以物理方式结合，而另一部分以化学键结合的为半均相离子交换膜。

(3) 根据物理形态的不同分类。

离子交换膜可分为平板膜和中空纤维膜两种。

3. 离子交换膜的工作原理

离子交换膜工作原理为电渗析和膜电解。

(1) 电渗析。

在盐的水溶液(如氯化钠溶液)中置入阴、阳两个电极，并施加电场，则溶液中的阳离子将移向阴极，阴离子则移向阳极，这一过程称为电泳。如果在阴、阳两电极之间插入一张离子交换膜(阳离子交换膜或阴离子交换膜)，则阳离子或阴离子会选择性地通过膜，这一过程称为电渗析。

电渗析的核心是离子交换膜。在直流电场的作用下，以电位差为推动力，利用离子交换膜的选择透过性，把电解质从溶液中分离出来，从而实现溶液的淡化、浓缩及纯化；也可通过电渗析实现盐的电解，制备氯气和氢氧化钠等(见图 7-5-3)。

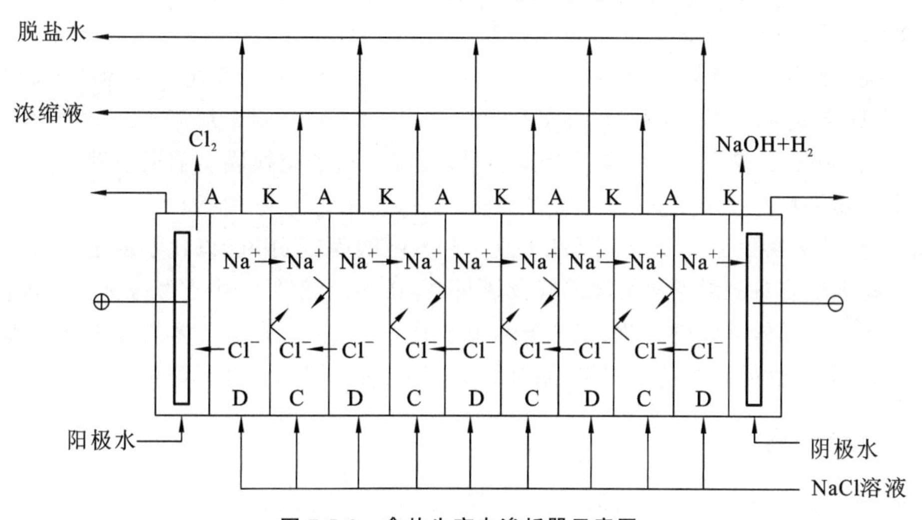

图 7-5-3 食盐生产电渗析器示意图

A—阴离子膜；K—阳离子膜；D—稀室；C—浓室

(2) 膜电解。

膜电解是将电解和膜分离过程结合起来，典型的例子就是膜电解氯碱过程，此过程把氯化钠转化成氯气和氢氧化钠。该过程只使用阳离子交换膜，在膜电解池中，带负电荷的膜把两个腔室分开。如图 7-5-4 所示，氯化钠溶液被泵激入左侧腔室，在阳极处氯离子电解生成氯气，同时 Na^+ 移向阴极。在右侧腔室中，水在阴极电解产生氢气(H_2)和氢氧根离子(OH^-)，带负电荷的氢氧根离子向阳极迁移，但却无法通过带负电的阳离子交换膜。因此，

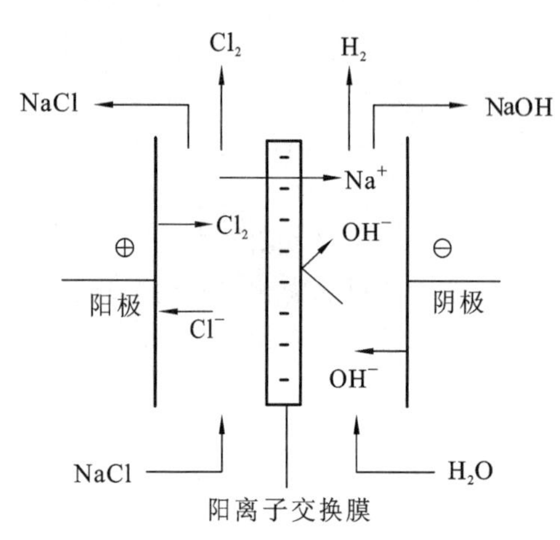

图 7-5-4　膜电解氯碱过程示意图

从左侧腔室可获得氯气，而在另一腔室可以得到氢氧化钠溶液（和氢气）。与电渗析不同，膜电解过程中每个腔室均需要两个电极。

膜电解还可以用于重金属的电解回收；可用双极性膜由盐生产相应的酸和碱。

4. 离子交换膜的应用

离子交换膜主要应用于水处理、湿法冶金与电化学、化工分离、食品与医药工业、原子能工业等领域。根据分离目的与对象的不同，离子交换膜在水处理中主要应用于电渗析、扩散渗析及 Donnan 渗析。

（1）电渗析技术。

自电渗析技术问世后，其在苦咸水淡化、饮用水及工业用水制备方面展示了巨大的优势。随着电渗析理论和技术研究的深入，我国在电渗析主要装置部件及结构方面都有巨大的创新，生产的电渗析装置多用于海水淡化工程。电渗析技术在食品工业、化工及工业废水的处理方面也发挥着重要的作用，特别是与反渗透、纳滤等技术结合，在电子、制药等行业的高纯水制备中扮演着重要角色。

（2）扩散透析。

扩散透析选择性利用阴离子交换膜或阳离子交换膜，实现废液中酸或碱的分离。扩散渗析具有不耗电、投资少、操作简单等优点，广泛应用于工业废水的回收处理。

（3）Donnan 渗析。

Donnan 渗析在水处理中主要应用于以下两个方面：一是水溶性污染物离子的分离去除，如重金属离子、氟化物、硝酸盐、高氯酸盐等；二是水中痕量重金属离子浓度的化学分析。有研究采用 Donnan 渗析和厌氧生物反应器联用，制得离子交换膜生物反应器，并用于去除饮用水中微污染物。

此外，离子交换膜还大量用于氯碱工业。全氟磺酸膜（Nafion）以化学稳定性著称，被广泛用作食盐电解制备氯碱的电解池隔膜及燃料电池的重要部件。中空纤维离子交换膜被广泛应用于蛋白质和氨基酸的纯化、工业废水和核废水的处理、有毒气体的分离和处理、空气和饮用水的净化、食品和医药的加工、重金属的回收、有机溶剂的分离等领域。

7.5.6　气体分离膜

气体分离膜的历史可追溯到 1831 年，当时英国人 J. V. Mitchell 发表了研究气体透过橡胶膜的文章。后来，Graham 提出了气体透过橡胶膜的溶解-扩散-蒸发机理。至此，人们对气体渗透膜有了初步的认识。

当溶液中存在浓度梯度时，从高浓度区向低浓度区运动的分子总要比从低浓度区向高浓度区移动的分子多，这就造成在一定时间的扩散后，浓度趋于平衡。这种在统计上分子主动地从高浓度区向低浓度区转移的趋势称为浓度梯度驱动力。因此当两种不同浓度溶液或者气体用具有一定透过性的分离膜分开时，液体或气体会受到浓度梯度驱动力的作用，从浓度高的一侧向浓度低的一侧迁移。浓度差驱动的膜过程有气体的分离、可液化气体或蒸气分离（渗透蒸发）和液体的分离（透析）。

1. 气体分离膜的分离机理

气体分离膜有非多孔均质膜和多孔膜两种类型。它们的分离机理各不相同。

1) 非多孔均质膜的溶解扩散机理

该理论认为,气体选择性透过非多孔均质膜分四步进行:气体与膜接触,分子溶解在膜中,溶解的分子由于浓度梯度进行活性扩散,分子在膜的另一侧逸出。

根据这一机理,研究结论如下:

(1) 气体的透过量 q 与扩散系数 D、溶解度系数 S 和气体渗透系数 P 成正比。而这些参数与膜材料的性质直接有关。

(2) 在稳态时,气体透过量 q 与膜面积 A 和时间 t 成正比。

(3) 气体透过量与膜的厚度 l 成反比。

2) 多孔膜的透过扩散机理

用多孔膜分离混合气体,是借助于各种气体流过膜中细孔时产生的速度差来进行的。被分离物质的相对分子质量相差越大,分离选择性越好。多孔膜对混合气体的分离主要取决于膜的结构,而与膜材料性质无关。

2. 气体分离膜材料及应用

理想的气体分离膜材料应同时具有高的透气性和良好的透气选择性,高的机械强度、优良的热稳定性和化学稳定性及良好的成膜加工性能。纤维素类、聚二甲基硅氧烷和聚炔类、聚烯烃类、聚碳酸酯类、聚酰亚胺类、聚砜类等都是常用的气体分离膜材料。根据不同的分离对象,气体分离膜采用不同的材料制备。

(1) 氢气的分离富集。

美国 Monsanto 公司 1979 年首创 Prism 中空纤维复合气体分离膜,主要用于氢气的分离。其材料主要有醋酸纤维素、聚砜、聚酰亚胺等。其中聚酰亚胺是近年来新开发的高效氢气分离膜材料。它是由二联苯四羧酸二酐(BPDA)和芳香族二胺(DADE)聚合而成的,具有抗化学腐蚀、耐高温和机械性能高等优点。

(2) 氧气的分离富集。

制备富氧膜的材料主要有聚二甲基硅氧烷(PDMS)及其改性产品和含三甲基硅烷基的高分子材料两类。

PDMS 是目前工业化应用气体分离膜中对氧气的渗透系数最高的膜材料,美中不足的是其分离的选择性低、难以制备超薄膜。

聚[1-(三甲基硅烷)-1-丙炔](PTMSP)对氧气的渗透系数比 PDMS 高一个数量级。从分子模型角度看,三甲基硅烷是一种较大的球状体,由于它的空间位阻较大,难以实现内旋转,使相邻的分子链无法紧密靠近,因而在膜中出现大量分子级的微孔隙,所以扩散系数增大,且使大量气体溶解到膜中,这两个因素决定了该类膜气体的渗透系数值非常高。

(3) CO_2、SO_2、H_2O 的回收和脱除。

富氧膜大部分可作为 CO_2 分离膜使用,若在膜材料中引入亲 CO_2 的基团,如醚键、苯环等,可大幅度提高 CO_2 的透过性。

同样,若在膜材料中引入亲 SO_2 的亚砜基团(如二甲基亚砜、环丁砜等),则能够大幅度提高 SO_2 分离膜的渗透性能和分离性能。

具有亲水基团的芳香族聚酰亚胺和磺化聚苯醚等对 H_2O 有较好的分离作用。

(4) 烯烃、烷烃的分离富集。

许多不同种类高分子膜材料被应用于石油化工领域中烯烃、烷烃的分离富集,如聚酰亚胺、聚砜、聚苯醚、聚(4-甲基-1-戊烯)、聚二甲基硅氧烷等。

气体分离膜是当前各国均极为重视开发的产品,已有不少产品用于工业化生产。如美国 DuPont 公司用聚酯类中空纤维制成的 H_2 气体分离膜,对组成为 70% H_2,30% CH_4、C_2H_6、C_3H_8 的混合气体进行分离,可获得含 90% H_2 的分离效果。

此外,富氧膜和分离 N_2、CO_2、SO_2、H_2S 等气体的膜,都已实现工业化应用。例如,从天然气中分离氮、从合成氨尾气中回收氢、从空气中分离 N_2 或 CO_2,从烟道气中分离 SO_2、从煤气中分离 H_2S 或 CO_2 等,均可采用气体分离膜来实现。

7.5.7 渗透蒸发

1. 渗透蒸发过程

渗透蒸发是指液体混合物在膜两侧组分的蒸气分压差的推动力下,透过膜并部分蒸发,从而达到分离目的的一种膜分离方法。可用于传统分离手段较难处理的恒沸物及近沸点物系的分离,具有一次分离度高、操作简单、无污染、低能耗等特点。

渗透蒸发的实质是利用高分子膜的透过选择性来分离液体混合物,其原理如图 7-5-5 所示。由高分子膜将装置分为两个室,上侧为存放待分离混合物的液相室,下侧是与真空系统相连接或用惰性气体吹扫的气相室。混合物经过高分子膜的选择渗透,其中某一组分渗透到膜的另一侧。由于在气相室中该组分的蒸气分压小于其饱和蒸气压,因而在膜表面汽化。蒸气随后进入冷凝系统,通过液氮将蒸气冷凝下来即得渗透产物。渗透蒸发过程的推动力是膜内渗透组分的浓度梯度。

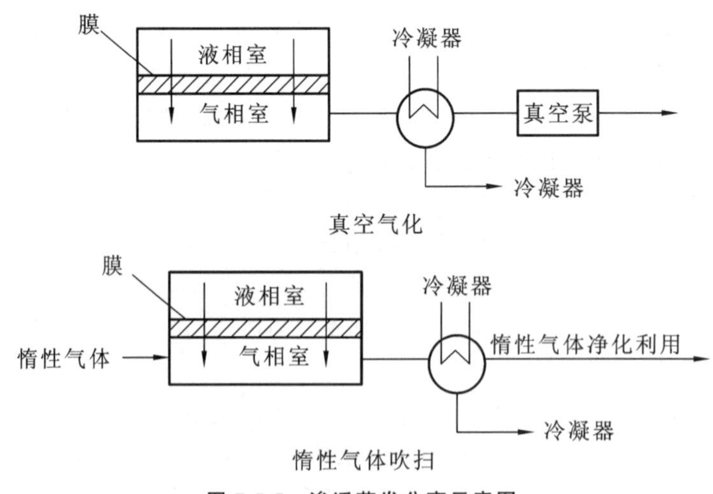

图 7-5-5 渗透蒸发分离示意图

渗透蒸发膜的性能是由膜的化学结构与物理结构决定的。化学结构是指制备膜的高分子的种类与分子链的空间构型;物理结构则是指膜的孔度、孔分布、形状、结晶度、交联度、分子链的取向等,取决于膜的制备过程。衡量渗透蒸发膜的实用性有以下四个指标:①膜的选择性(α 值);②膜的渗透通量(J 值);③膜的机械强度;④膜的稳定性(包括耐热性、耐溶剂性及性能维持性等)。所以在膜的开发中必须综合考虑这四个因素。

2. 渗透蒸发膜

对于渗透蒸发膜来说,是否具有良好的选择性是首先要考虑的。基于溶解扩散理论,只有对所需要分离的某组分有较好亲和性的高分子物质才可能作为膜材料。如以透水为目的的渗透蒸发膜，应该具有良好的亲水性，因此聚乙烯醇(PVA)和醋酸纤维素(CA)都是较好的膜材料；而当以透过醇类物质为目的时，憎水性的聚二甲基硅氧烷则是较理想的膜材料。

除膜的选择性外，还需要考虑该种材料是否易于成膜，是否具有足够的机械强度，能否长时间经受所处理物系以及操作条件引起的劣化作用等。

目前，用于制备渗透蒸发膜的材料包括天然高分子材料和合成高分子材料。

天然高分子膜主要包括醋酸纤维素、羧甲基纤维素(CMC)、胶原、壳聚糖等。这类膜的特点是亲水性好，对水的分离系数高，渗透通量也较大，对分离醇-水溶液很有效。但这类膜的机械强度较低，往往被水溶液溶胀后失去机械性能。如羧甲基纤维素是水溶性的，只能分离低浓度的水溶液。加入交联剂可增强膜的机械性能，但同时会降低膜综合性能。即使经过交联处理的膜，经长时间使用后也会逐步失去其最初较优良的分离性能。由于上述原因，用天然高分子材料制备的渗透蒸发膜的适用性受到很大限制，近年来天然高分子材料逐步被合成高分子材料所取代。

用于制备渗透蒸发膜的合成高分子材料包括聚乙烯(PE)、聚丙烯(PP)、聚苯乙烯(PS)、聚四氟乙烯(PTFE)等非极性材料和聚乙烯醇、聚丙烯腈(PAN)、聚二甲基硅氧烷等极性材料。非极性膜大多被用于分离烃类有机物，如苯与环己烷、二甲苯异构体、甲苯与庚烷及甲苯与醇类等，但选择性一般较低。极性膜主要用于醇-水混合物的分离。其中聚乙烯醇是最受关注的一种分离醇-水混合物的膜材料，聚乙烯醇对水有很强的亲和力，而对乙醇的溶解度很小，因此有利于对水的选择性吸附。

对于渗透速率、选择性、机械强度、耐溶剂性等综合膜性能的要求，采用单一的均聚物往往不能满足。因此将具有不同官能团的大分子通过接枝、共聚、复合、交联、共混等方式，以及用 γ 射线辐照接枝、等离子体聚合等手段进行改性，可有效改善膜的性能。如通过复合与交联可提高膜的机械性能，同时对渗透通量有较大的影响。

3. 渗透蒸发的应用

渗透蒸发作为一种无污染、高能效的膜分离技术已经引起广泛的关注。该技术最显著的特点是单级分离度很高，节能且适应性强，易于调节。

目前渗透蒸发膜分离技术已在无水乙醇的生产中实现了工业化。与传统的恒沸精馏制备无水乙醇相比，可大幅度降低运行费用，且不受气-液平衡的限制。

除了以上用途外，渗透蒸发有较好的应用前景的领域有：工业废水处理中采用渗透蒸发膜去除少量有毒有机物(如苯、酚、含氯化合物等)，在气体分离、医疗、航空等领域用于富氧操作，从溶剂中脱除少量的水或从水中除去少量有机物，石油化工工业中用于烷烃和烯烃、脂肪烃和芳烃、近沸点物、同系物、同分异构体等的分离等。

7.5.8 透析

1. 透析过程

透析是溶质在自身浓度梯度作用下从膜的一侧(原料侧)传向另一侧(透析物侧或渗透物侧)的过程。由于分子大小及溶解度不同，扩散速率也不同，从而实现分离。

透析过程中的传递是依靠溶质扩散通过膜而进行的。为了减少扩散阻力，膜应高度溶胀，溶胀后膜的扩散系数要高于未溶胀膜。透析过程的阻力不仅取决于膜，很多情况下还要考虑边界层阻力。

透析主要用于从高相对分子质量物质中分离出低相对分子质量组分,分离是基于相对分子质量的不同而进行的。尽管透析主要用于水溶液,但过程本身并不仅限于这类溶液。对于水溶液透析可采用亲水性聚合物,包括可再生纤维(如赛璐玢)、醋酸纤维素、聚乙烯醇、聚丙烯酸、聚甲基丙烯酸甲酯、乙烯和醋酸乙烯酯共聚物、乙烯和乙烯醇共聚物、聚碳酸酯和聚醚共聚物等。

2. 透析的应用

目前透析最主要的用途是血液透析。在血液透析中,膜可用作肾功能衰竭患者的人工肾。透析膜能完全替代肾,以去除有毒的低分子量组分(如尿素、肌酸酐、磷酸盐和尿酸)。该过程中血液被泵激通过透析器。所用透析器一般为由以上所提到的某种材料制成的中空纤维膜器。对膜材料最主要的要求就是血液相容性。在进入膜器之前,血液中需加入一种抗凝剂(肝素)。除了有毒组分外,无毒的十分重要的低相对分子质量溶质也会扩散通过膜,例如纯水为第二相,则钠、钾等电解质就会扩散通过膜。由于电解质平衡是非常重要的,所以使用生理盐水作为透析液,这样就不存在这些离子传递的推动力。

透析的其他较重要的应用包括在黏胶生产中从胶质半纤维素中回收氢氧化钠及从啤酒中除去醇。此外还可用于生物及制药行业中生物产品的脱盐和分馏脱盐。

7.5.9 液膜

1. 液膜的概念和特点

液膜分离技术是 1965 年由美国 Exxon 公司的黎念之博士提出的一种新型膜分离技术。直到 20 世纪 80 年代中期,奥地利的 J. Draxler 等科学家采用液膜法从黏胶废液中回收锌获得成功,液膜分离技术才进入应用阶段。

液膜是一层很薄的液体膜。它能把两个互溶但组成不同的溶液隔开,并通过这层液膜的选择性渗透作用实现物质的分离。根据形成液膜的材料不同,液膜可以是水性的,也可以是溶剂型的。

液膜的特点是传质推动力大,速率高,且试剂消耗量少,这对于传统萃取工艺中试剂昂贵或处理能力大的场合具有重要的经济意义。另外,液膜的选择性好,往往只能对某种类型的离子或分子的分离具有选择性,分离效果显著。目前其最大缺点是强度低、破损率高,难以稳定操作,且过程与设备复杂。

2. 液膜的组成与类型

1) 液膜的组成

(1) 膜溶剂。

膜溶剂是形成液膜的基体物质。选择膜溶剂主要考虑膜的稳定性和对溶质的溶解性。为了保持膜的稳定性,就要求膜溶剂具有一定的黏度。膜溶剂对溶质的溶解性则首先希望它对欲提取的溶质能优先溶解,对其他欲除去溶质的溶解度尽可能小。当然膜溶剂不能溶于欲被液膜分隔的溶液,并希望膜溶剂与被其分隔的溶液有一定的相对密度差(一般要求相差 0.025 g/cm^3)。

(2) 表面活性剂。

表面活性剂是分子中含有亲水基和疏水基两个部分的化合物,在液体中可以定向排列,显著改变液体表面张力或相互间界面张力。表面活性剂是制备液膜的最重要的组分,它直接影响膜的稳定性、渗透速度等性能。在实际使用中,表面活性剂的选择是一个较复杂的问题,需根据不同的应用对象来进行实验选择。

（3）流动载体。

流动载体的作用是使指定的溶质或离子进行选择性迁移,对指定的溶质或离子的选择性和渗透通量有着决定性的影响,其作用相当于萃取剂。它的研究是液膜分离技术的关键。

2）液膜的类型

从形状来分类,可将液膜分为支撑型液膜和球形液膜两类,后者又可分为单滴型液膜和乳液型液膜两种。

（1）支撑型液膜。

把微孔聚合物膜浸在有机溶剂中,有机溶剂即充满膜中的微孔而形成液膜(图 7-5-6)。此类液膜目前主要用于物质的萃取。当支撑型液膜作为萃取剂将料液和反萃液分隔开时,被萃组分即从膜的料液侧传递到反萃液侧,然后被反萃液萃取,从而完成物质的分离。这种液膜虽然操作较简便,但存在传质面积小、稳定性较差、支撑液体易流失的缺点。

（2）单滴型液膜。

单滴型液膜的形状如图 7-5-7 所示。其结构为单一的球面薄层,根据成膜材料种类可分为水膜和油膜两种。图 7-5-7(a)为水膜,即 O/W/O 型,内、外相为有机物;图 7-5-7(b)为油膜,即 W/O/W 型,内、外相为水溶液。这种单滴型液膜寿命较短,所以目前主要用于理论研究,尚无实用价值。

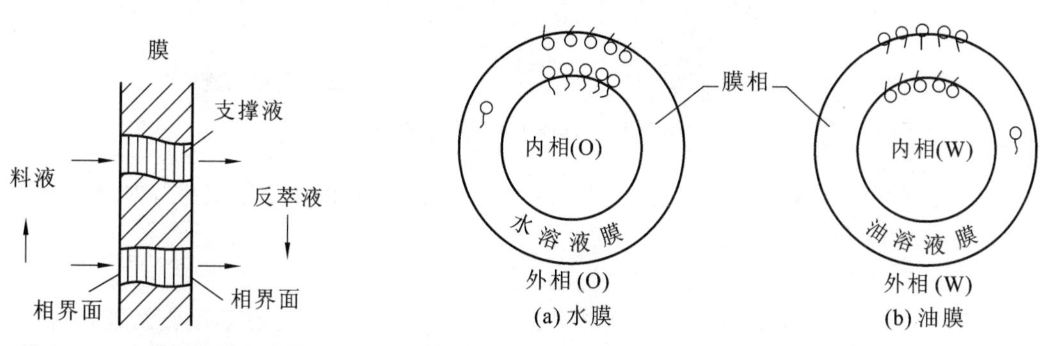

图 7-5-6　支撑型液膜示意图

图 7-5-7　单滴型液膜示意图

（3）乳液型液膜。

首先把两种互不相溶的液体在高剪切下制成乳液,然后再将该乳液分散在第三相(连续相),即外相中。乳状液滴内被包裹的相为内相,内、外相之间的部分是液膜。

一般情况下乳液颗粒直径为 0.1～1 mm,液膜本身厚度为 1～10 μm。根据成膜材料也分为水膜和油膜两种。如图 7-5-8 所示的是一种油膜,即 W/O/W 型乳液型液膜。它是由表面活性剂、流动载体和有机膜溶剂(如烃类)组成的,膜溶剂与含有水溶性试剂的水溶液在高速搅拌下形成油包水型小液滴,含有水溶性试剂的水溶液形成内相。将此油包水型乳液分散在另一水相(料液),就形成一种油包水再水包油的复合结构,两个水相之间的膜即为液膜。料液中的物质即可穿过两个水相之间的油性液膜进行选择性迁移而完成分离过程。

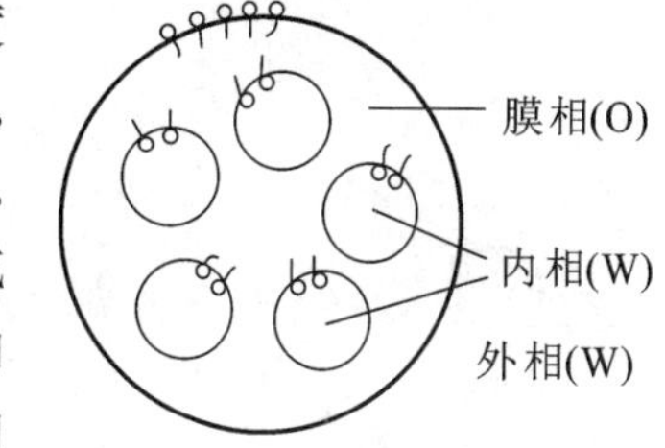

图 7-5-8　乳液型液膜示意图

上述三种液膜中,乳液型液膜的传质比表面积最大,膜的厚度最小,因此传质速度快,分离效果较好,具有较好的工业化前景。

3. 液膜的分离机理

根据液膜的结构和组成的不同，其分离机理也有所不同，液膜分离机理如图 7-5-9 所示。

1）单纯迁移

当液膜中不含流动载体，液滴内、外相也不含有与待分离物质发生化学反应的试剂时，待分离的不同组分仅由于其在膜中的溶解度和扩散系数的不同导致透过膜的速度不同来实现分离。这种液膜分离机理称为单纯迁移渗透机理。如图 7-5-9(a)所示，当 A、B 两种物质被包裹在液膜内，若要实现 A、B 的分离，就必须要求其中的一种溶质(如 A)透过膜的速度大于 B。由于渗透速度正比于扩散系数和溶质的分配系数，而在一定的膜溶剂中，大多数溶质的扩散系数近似相等，所以分配系数的差别是分离过程的关键。又由于此种机制中溶质在膜相和料液相之间的分配取决于溶质在料液相和膜相中的溶解度，所以溶质 A、B 在膜中的溶解度差别就成为 A 与 B 分离的又一决定性因素。

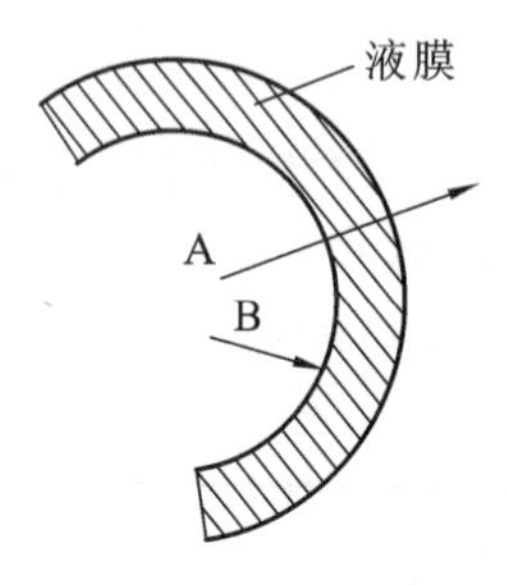

(a) 单纯迁移渗透机理

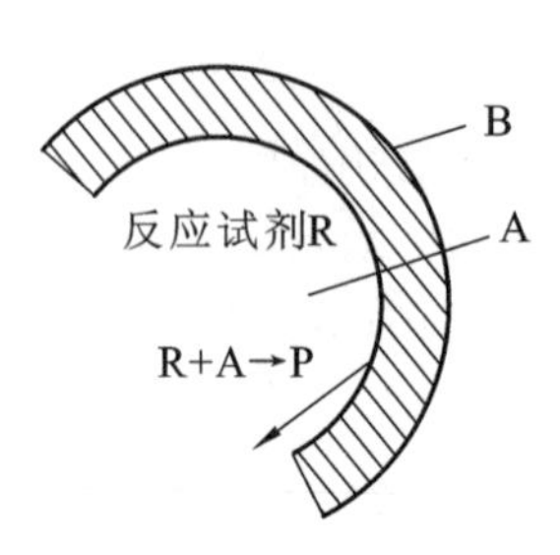

(b) Ⅰ型促进迁移渗透机理

图 7-5-9　液膜分离机理示意图

但是这种单纯迁移液膜分离过程，当进行到膜两侧被迁移的溶质浓度相等时，输送便自行停止，因此它不能产生浓缩效应。

2）滴内化学反应(Ⅰ型促进迁移)

如果在溶质的接受相内加入能与溶质发生化学反应的试剂，通过化学反应促进溶质的迁移，从而提高分离效率，这种方法称为Ⅰ型促进迁移，又称滴内化学反应。如图 7-5-9(b)所示，在乳液型液膜的内相添加一种能与迁移溶质 A 发生不可逆化学反应的试剂 R，则 A 与 R 形成一种不能逆扩散的新产物 P，从而使内相中的渗透物 A 的浓度实质上为零。因此 A 在液膜内、外相两侧有最大的浓度梯度，促进了 A 的输送，直到 R 被反应完为止。而在料液中与 A 共存的 B 即使部分渗透到内相，由于 B 不能与 R 反应，一段时间后 B 在内相的浓度很快达到平衡浓度，渗透即停止，从而强化了 A 与 B 的分离。这种液膜的膜相中也不含有流动载体。

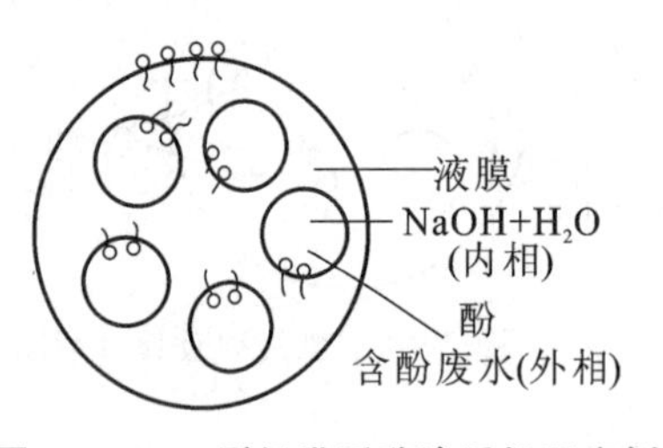

图 7-5-10　Ⅰ型促进迁移渗透机理实例

例如，从废水中除去酚类物质可采用这种方法实现。将 NaOH 溶液作为内相包封在乳状液油膜内，再将此 W/O 型乳状液分散到含酚废水中，如图 7-5-10 所示，外相中的酚渗入液膜与内相中的 NaOH 反应生成酚钠。酚钠不能透过膜进行逆扩散，从而在内相中浓集。将乳状液与料液水相分相后，即可达到除酚的目的。这种滴内发生化学反应的液膜还可在医学、生物化学等领域中应用。

3）膜相化学反应(Ⅱ型促进迁移)

如果在膜相中加入一种流动载体，载体分子 R_1 先在料液(外相)侧选择性地与某种溶质(A)发生化学反应,产生中间产物(R_{1A}),然后这种中间产物扩散到膜的另一侧,与液膜内相中的试剂(R_2)作用,并将A释放出来,从而完成了溶质从外相向内相的迁移,而流动载体又重新扩散回到外相,这种方法称为Ⅱ型促进迁移,又称膜相化学反应。在整个过程中,流动载体并没有消耗,只是起了搬移溶质的作用,被消耗的只是内相中的试剂。这种含有流动载体的液膜在选择性、渗透性和定向性三方面更类似于生物细胞膜的功能,它使分离和浓缩两步合二为一。

其选择性表现在所选的流动载体与被迁移物质进行化学反应的专一性,这种专一性使此种油膜能从复杂的混合物中分离出所需的组分,具有独特的效果。

其渗透性表现在由于流动载体与被分离的渗透溶质进行反应所生成的产物极大地提高了该溶质在膜相的溶解度,再加上乳状液膜的厚度薄、表面积大的优点,可使被分离溶质具有很高的渗透通量。

其定向性表现在它具有能量泵的作用,使渗透溶质从低浓度梯度方向向高浓度区持续地进行迁移,直至溶质输送完。这种高度定向性迁移物质的特征恰是生物细胞膜所特有的,所以这种迁移又被称为"离子泵",也叫Ⅱ型促进迁移。给流动载体提供化学能的方式可以是酸碱中和反应、同离子效应、离子交换、络合反应和沉淀反应等。

4. 液膜分离技术的应用

(1) 在生物化学中的应用。

在生物化学中,为了防止酶受外界物质的干扰而常常需要将酶"固定化"。利用液膜封闭来固定酶相比其他传统的酶固定方法有如下优点:①易制备;②便于固定相对分子质量低的和多酶的体系;③在系统中加入辅助酶时,无须借助小分子载体吸附技术(小分子载体吸附往往会降低辅助酶的作用)。黎念之博士曾成功地将已提纯的酚酶用液膜包裹,再将液膜分散在含酚水相中,酚可有效地扩散穿过膜与酶接触后转变为氧化物而积累在内相中,且液膜的封闭作用不会降低酶的活性。

(2) 在医学中的应用。

液膜在医学上用途也很广泛,如液膜人工肺、液膜人工肝脏、液膜人工肾脏及液膜解毒、液膜缓释药物等。目前,液膜在青霉素及氨基酸的提纯回收领域也较为活跃。

(3) 在萃取分离方面的应用。

液膜分离技术可用于萃取处理含铬、硝基化合物、酚等的废水。我国利用液膜处理含酚废水的技术已经比较成熟。在气体分离、矿物浸出液的加工和稀有元素的分离等方面也有应用。

7.5.10 膜蒸馏

膜蒸馏是一种新型的分离技术,是采用疏水微孔膜,以膜两侧蒸气压差为传质推动力的膜分离过程。由于膜蒸馏的机理与常规蒸馏中的蒸发、传质、冷凝过程相似,1986年5月,意大利、荷兰、日本、德国和澳大利亚的膜蒸馏专家在罗马举行的膜蒸馏专题讨论会上,正式将其命名为"膜蒸馏"(membrane distillation)。

1. 膜蒸馏过程

膜蒸馏是用多孔膜将两个处于不同温度下的液体或溶液分开的过程,液体或溶液必须不润湿膜,否则,由于毛细管力作用膜孔很快会被液体充满。这表明对于水溶液必须选用不可润湿的疏水多孔膜,膜蒸馏过程如图7-5-11所示。

当两相含有纯水且不存在温差时,体系处于平衡状态,不会发生传递过程。如两相中,一相温度高于另一相,则膜两侧存在的温差导致蒸气压差,因此蒸气分子会通过膜孔,从高

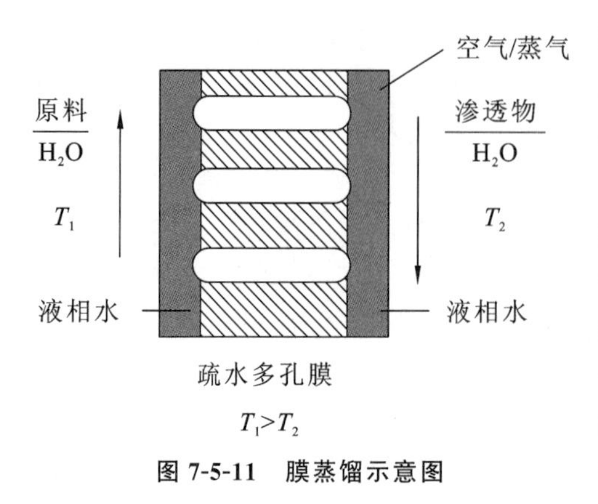

图 7-5-11　膜蒸馏示意图

蒸气压侧传向低蒸气压侧。这种传递过程包括三个步骤:①高温侧蒸发;②蒸气分子通过疏水膜孔进行传递;③低温侧冷凝。

膜蒸馏是一种膜不直接参与分离作用的膜过程,膜的唯一作用是作为两相间的屏障,选择性完全由气-液平衡决定。这意味着蒸气分压最高的组分渗透速率也最快。例如乙醇/水混合物,当乙醇浓度低时,膜不被润湿,两种组分均会通过膜传递,但乙醇的传递速率总是比水快。对于盐溶液(如 NaCl 溶解在水中),只有水才有蒸气压,即 NaCl 的蒸气压可忽略,这表明只有水才能通过膜进行渗透,因此其选择性非常高。

膜蒸馏过程对膜的要求是非常清楚的。为了避免被润湿,聚合物的表面能必须尽可能低。这表明必须使用高度疏水材料如聚四氟乙烯、聚偏氟乙烯、聚乙烯或聚丙烯;而液体的表面张力应尽可能高(如水)。由于选择性由气-液平衡决定,所以不可能对膜进一步优化。然而渗透通量可以优化,这方面最关键的参数是孔隙率。孔隙率提高,通常伴随着孔径变大,但这有利于润湿。一般希望孔隙率较高(70%～80%),且孔径在 0.2～0.3 μm 之间。最大孔径是十分重要的,因为湿润性与此有关,因此最大孔径不能比平均孔径大太多。另外,膜应尽可能薄。实际上,膜蒸馏中所用多孔膜可与微滤过程所用膜完全相同。

2. 膜蒸馏的应用

膜蒸馏的应用领域可以分为以渗透物和截留物为目的产物两大类。

(1) 纯水生产。

利用膜蒸馏可以制得高质量的渗透产物,如半导体工业用水、电厂锅炉用水、脱盐海水。

(2) 溶液浓缩。

在一些情况下膜蒸馏可用于溶液浓缩,如废水处理,盐、酸等浓缩。从工业废酸液中回收 HCl 是处理含挥发性酸性物质废水的典型实例。

(3) 挥发性生物产品和溶质的脱除。

乙醇、丁醇、丙酮或芳香族化合物等挥发性生物产品可通过发酵过程制取,并可以利用膜蒸馏过程脱除。

膜蒸馏过程以膜两侧蒸气压差为传质推动力,使得从水溶液中脱除挥发性溶质成为可能。关于膜蒸馏用于脱除挥发性有机物的研究很多,如从水溶液中脱除甲醇、乙醇、异丙醇、丙酮、氯仿,以及卤代挥发性有机化合物的脱除等。

7.5.11　新型膜分离过程

1. 膜萃取

膜萃取是膜技术与萃取过程相结合的新型膜分离技术,又称固定膜界面萃取。与通常的液-液相萃取中一液相以细小液滴形式分散在另一液相中进行两相接触传质的情况不同,膜萃取过程中,萃取剂与料液分别在膜的两侧流动,传质过程是在分隔两液相的微孔膜表面进行的,没有相分散行为发生,其特点为:①由于没有相的分散和聚结过程,可以减少萃取剂在料液相中的夹带损失;②在过程中不形成直接的液液两相流动,因此在选择萃取剂时对其物性(如密度、黏度、界面张力等)的要求可以放宽;③一般萃取柱式设备中,由于连续相与分散相液滴大多逆流流动,返混现象十分严重,在膜萃取过程中,两相在膜两侧分别流动,使过程很少受返混的影响;④膜萃取过程可以较好地发挥化工单元操作中的某些优势,提高过程的传质效率。

2. 膜反应器

将膜分离技术与化学反应相结合发展了一种新型膜分离技术——膜反应器。按其反应主体可分为膜催化反应器和膜生物反应器。其中膜催化反应器具有催化和分离同时进行的优点,常用无机膜为基材,近年来又发展了基于高分子分离膜的膜催化反应器。这类膜反应器常用于催化加氢/脱氢、催化氧化、催化酯化等反应体系。

膜生物反应器是由传统的活性污泥体系与膜分离技术结合产生的生物化学反应系统。用于膜生物反应器的高分子有聚烯烃类(聚乙烯、聚丙烯、聚氯乙烯、聚偏氟乙烯、聚丙烯腈、聚苯乙烯)和聚醚砜等,它们被加工成超滤膜、微滤膜,以中空纤维或板框式置于膜生物反应器中。膜生物反应器作为一种新的废水生化处理技术,在工业废水处理与回收、城市生活污水处理等方面广泛应用。

酶膜反应器是一种新型的膜反应器,是基于选择性的半透膜来分离酶及产物(或者底物)的装置。酶膜反应器是膜和生物化学反应相结合的系统或操作单元,依靠酶的专一性、催化性及膜特有的功能,集生物反应与反应产物的原位分离、浓缩和酶的回收利用于一体,能够改变和控制反应进程,从而实现减少副产物的生成、提高产品收率等目的。近年来,酶膜反应器在生物、医药、食品、化工、环境等领域得到了日益广泛的应用。随着基因工程、材料科学特别是高分子材料科学的发展,高效固定化技术的开发及过程设计的不断优化,酶膜反应器的应用效率将会逐步提高,应用领域也将会越来越广。

其他新型膜分离过程还有集成膜分离、膜反应、膜分相、膜电极等。

7.5.12 高分子分离膜表面改性

1. 表面物理改性

1) 表面涂层改性

表面涂层改性由于制备工艺相对简单,从而作为一种制备反渗透复合膜功能层的方法。具体是将一部分功能层材料制作为液相铸膜液涂覆在基膜上,将涂覆后的膜置于设定的温度和湿度环境中,最终使得液相铸膜液固定在基膜上成膜。

2) 自组装改性

聚合物自组装是通过聚合物分子间的静电引力、氢键、范德华力等相互作用,进行逐层交替沉积,自发地构筑成分子聚集体或超分子结构,从而形成具有特殊结构和功能的集合体。

3) 高分子材料共混改性

高分子材料共混通常是指将两种高分子材料进行共混。一般是将亲水性或者两亲高分子聚合物加入疏水性高分子分离膜材料中,最终制得的新膜表面物理化学特性趋于两性改变。和吸附、表面结合聚合相比,高分子膜共混的优势在于其只需要铸件处理就可以实现。此种改性方法具有操作简单、易行的优点,但是其也存在改性后膜材料性能不稳定、膜材料表面不均匀的缺点。

2. 表面化学改性

1)化学接枝法

化学接枝法改性原理是利用化学反应在膜面引入改性单体或功能基团,膜表面的反应基团与被接枝的大分子链或单体结合，进而实现表面接枝。

2)表面光接枝聚合改性

利用紫外光(UV)照射引发反应的接枝方法称为光接枝。UV 辐射的特点是辐射穿透力弱，且反应大都是在材料表面进行，可保持材料本身的性能参数不受到改变。与 γ 辐射相比，其更易于操作控制，且制得的产物纯净。

3) 等离子体改性技术

等离子体改性高分子膜材料表面的方法包括：等离子体处理、等离子体聚合以及等离子体引发接枝聚合三类。等离子体处理的气体氛围一般包括反应性气体，例如氧、氮、氯等气体的等离子体，以及非反应性气体，例如氩气等离子体。其表面改性的原理是在等离子体反应器中，等离子体激发气体生成离子、激发态分子、自由基等多种活性粒子，这些活性粒子攻击膜材料表面，通过表面反应引入特定官能团，形成表面自由基或是某种交联结构。

3. 表面仿生改性

生物膜是具有高度选择性的渗透栅栏，它是由蛋白质、脂类以及碳水化合物等组成的超分子体系，其中膜脂是膜的基本骨架，膜蛋白是膜功能的主要体现者。膜脂主要有 3 种：磷脂、糖脂和胆固醇。其中普遍存在的是磷脂，它对膜的结构完整、膜的离子传输和分子识别等功能的正常发挥以及依赖于磷脂的蛋白质系统等起着决定作用。

思 考 题

(1) 什么是膜？简述膜分离技术的特点。

(2) 简要介绍膜的分类和结构。

(3) 制备分离膜的常用高分子材料有哪些？

(4) 简述常用的制备膜的方法。

(5) 试对微滤、超滤和反渗透技术在膜结构、分离物质尺寸、原理及操作特点等方面进行比较。

(6) 什么是电渗析技术？实施电渗析技术的分离膜是什么膜？如何利用电渗析法从海水中制备淡水和盐？

(7) 以浓度差驱动的膜过程有哪些？分别简述其过程。

(8) 什么是液膜？液膜有哪几种类型？它们的基本组成和分离机理是什么？

(9) 什么是膜蒸馏？简述膜蒸馏过程对膜材料的要求。

(10) 在膜分离过程中，可以有哪些驱动力？它们各自驱动的膜过程有哪些？

(11) 试论述分离膜主要在哪些领域得到应用。

第8章 高分子纳米复合材料

纳米材料及纳米技术是20世纪末兴起的最重要的科技新领域之一，也是对当今社会产生重大影响的重要实用技术。很多人认为纳米科学与技术产业的发展将为世界各国在新世纪里争取经济发展的有利地位提供重要机遇，纳米材料与纳米技术已经成为当今世界大国争夺的战略制高点。美国自1991年开始将纳米技术列为“政府关键技术”及“2005年战略技术”，日本的“材料纳米技术计划”，西欧的“尤里卡”计划，我国的“863规划”、“十五计划”等都将纳米材料与纳米技术列入重点研究开发方向。随着人们对纳米材料与纳米技术领域的深入了解，纳米科学理论的日益成熟，纳米材料的研究领域正在不断扩大，已经从对纳米晶体、纳米非晶体、纳米相颗粒材料的研究扩展到了对各种纳米复合材料、纳米结构材料和其他纳米实用技术研究领域。其中高分子纳米复合技术与复合材料是当今发展最为迅猛、距离实用化最为接近的纳米科学领域。为此本书将高分子纳米复合材料专列一章进行介绍。

8.1 纳米复合材料概述

8.1.1 纳米材料与纳米技术

纳米材料和纳米技术应该说是两个完全不同的概念，在内涵和使用范畴上分属两个不同领域。但纳米材料与纳米技术紧密相关，离开了纳米技术，纳米材料就失去了支撑点。高分子纳米复合材料是建立在纳米技术基础上，归属于纳米材料的一个重要分支。因此在介绍高分子纳米复合材料之前，有必要对纳米材料、纳米技术、纳米效应、纳米复合材料等相关内容进行简单介绍。

1. 纳米结构

人类对物质的认识分为两个层次，即宏观层次与微观层次。前者以肉眼可见的物体为下限，其理论基础基本上是经典力学；后者则以分子、原子或原子核为研究对象，其理论基础是量子力学和相对论。然而随着人们对世界认识的不断深入，发现在宏观和微观领域之间存在着一个不同于上述两个领域的所谓介观领域：从尺度上讲，这个领域包括了从亚微米级到纳米级尺寸范围；从研究内容上讲，在这个领域中物质的性质有时既不能用经典力学、电磁学等加以解释，又不能单纯地用量子力学等理论来理解，需要一个全新的理论和视角。对上述领域客观规律的研究就构成了所谓的纳米科学。

纳米(nanometer)是一个长度单位，1 nm$=10^{-3}$ μm$=10^{-9}$ m，通常界定1～100 nm的体系为纳米体系。由于这个尺度空间略大于分子的尺寸上限，恰好能体现分子间强相互作用，这一尺度物质粒子的许多性质均与常规物质相异。也正是这种特异性质引起了人们对纳米的广泛关注。纳米结构定义为以具有纳米级尺度的物质单元为基础，按一定规律构筑或营造的一种新结构体系。纳米结构体系包括一维纳米层状结构、二维纳米线状结构、三维纳米点状结构，分别指研究对象至少有一维、二维和三维尺寸处在1～100 nm尺度区域内，相应的材料分别被称为纳米膜、纳米线和纳米颗粒。如果按照以宏观角度对材料划分的原则,上述材料又分别称为二维材料、一维材料和零维材料。

2. 纳米技术

纳米技术的基本含义是在纳米级尺寸范围内对物质的加工、分析、表征、利用等相关技术。纳米技术的出现标志着人类控制自然领域的能力进一步增强。从总体上来说,纳米技术是一门需要借助现代科学技术手段的实用科学技术,是量子物理、量子化学与现代微电子技术、计算机技术、显微技术和热分析技术结合的全新领域。这是因为在纳米级尺度上对物质进行加工处理、分析表征、操纵控制都需要特殊的技术手段。在此基础上研究开发出了纳米加工制备技术、纳米分析表征技术、纳米操控技术等。目前在纳米技术领域最著名的现代技术主要有扫描隧道显微镜技术(Scanning Tunnel Microscope,STM),利用STM不仅可以直接观察到原子和分子,还能够直接操纵和安排原子和分子;原子力显微镜技术(Atomic Force Microscope,AFM),AFM可以对数十个甚至数个分子进行操控,其微型化学反应被称为针尖上的化学。除上述STM和AFM技术与设备之外,还有摩擦力显微镜、激光显微镜、磁力显微镜、静电力显微镜、扫描热显微镜、扫描离子电导显微镜和扫描近场光学显微镜等微表征和微加工设备与技术,它们分别对应于不同的应用范围和场合,共同构成了纳米技术的水平标志。

3. 纳米材料

广义上来说,纳米材料是指在三维空间中至少有一维处于纳米级尺度范围的物质,或者由它们作为基本单元构成的复合材料。一维纳米材料是厚度处在纳米级范围的纳米膜材料;二维纳米材料是其中两维尺寸处在纳米级范围的丝状纳米材料;而三维尺寸均在纳米级范围的则称为纳米粉或纳米颗粒。根据构成材料物质属性的不同,可以分成金属纳米材料、半导体纳米材料、纳米陶瓷材料、有机纳米材料等。当上述纳米结构单元与其他材料复合时则构成纳米复合材料。纳米复合材料中包括无机-有机复合、无机-无机复合、金属-陶瓷复合、聚合物-聚合物复合等多种形式。

8.1.2 纳米效应

处于纳米级尺度下的物质其电子的波性及原子之间的相互作用将受到尺度大小的影响,诸如热学性能、磁学性能、电学性能、光学性能、力学性能和化学活性等会表现出与传统材料迥然不同的特点,称其为纳米效应。表现出的独特性能往往无法用传统的理论体系加以解释。一般认为,当材料的尺寸进入纳米级范围后纳米材料出现的独特性能主要基于4种基本纳米效应。

1. 表面效应

颗粒状材料的表面积与直径的平方成正比,其体积与直径的立方成正比,故其比表面积(表面积/体积)与直径成反比。随着颗粒直径变小,比表面积将会显著增大,而当微粒的直径降低到纳米级尺度时,比表面积会非常大,这样处在表面的原子或离子所占的百分数将会显著增加。而处在表面的微粒由于缺少相邻的粒子则出现表面的空位效应,表现出表面粒子配位不足,表面能会大幅度增加。这种表面能随着粒径减小而增加的现象称为表面效应。当颗粒直径大于100 nm时,颗粒表面效应可忽略不计,但是尺寸小于100 nm时,其表面原子所占百分数急剧增长,甚至可达到20%以上。1 g超微颗粒表面积的总和可超过100 m^2,这时的表面效应将十分明显。表面效应使表面原子或离子具有高活性,极不稳定,易于与外界原子结合。如金属纳米颗粒在空气中会燃烧,无机纳米颗粒暴露在空气中会吸附气体并与气体发生反应，皆由纳米表面效应所致。

2. 小尺寸效应

随着颗粒尺寸变小而出现的宏观物理性质的变化称为小尺寸效应。这些效应主要反映出小尺寸颗粒在热学、磁学、电学和光学性能等方面均与大尺寸同类材料明显不同。

(1) 光学性质。

当材料的尺寸小于可见光波长时，其光的吸收、反射、散射能力会发生较大变化。例如，金属纳米颗粒对光的吸收率提高，反射率降低，大约几微米的厚度就能完全消光，各种纳米级金属粉末因此均呈黑色。利用这个特性可以作为高效率的光热、光电等转换材料，高效率地将太阳能转化为热能、电能。纳米级的无机盐颗粒对可见光有绕射作用，因此加入纳米级添加剂的复合材料可以做到无色透明。这种由于颗粒尺寸减小引起的光反射与光绕射性质的变化称为纳米材料的光学效应。

(2) 热学性质。

固态物质在具有较大外形尺寸时熔点是相对固定的，这就是人们用测量熔点作为定性分析手段的原因。然而，当固体颗粒外部尺寸进入纳米级范围之后，其熔点将显著降低，当颗粒小于 10 nm 量级时尤为显著。例如，金的常规熔点为 1064 ℃，当颗粒尺寸减小到 10 nm 时，降至 1037 ℃；尺寸减小到 2 nm 时的熔点仅为 327 ℃左右。这种由于外形尺寸变化引起熔点变化的现象称为纳米材料的热效应。

(3) 磁学性质。

人们发现颗粒状磁性材料的矫顽力与颗粒的尺寸有关系。例如大块纯铁的矫顽力约为 80 A/m，而当颗粒尺寸减小到 10 nm 时，其矫顽力可增加一千倍。但是若进一步减小其尺寸，如小于 6 nm 时，其矫顽力反而降低到零，呈现出超顺磁性。利用磁性超微颗粒具有高矫顽力的特性，可以制作高密度信息存储材料。利用超顺磁性，可以将磁性纳米颗粒制成用途广泛的磁性液体。这种材料磁学性质由于外部尺寸变化而变化的现象称为纳米材料的磁效应。

(4) 力学性质。

陶瓷材料在通常情况下呈脆性，然而由纳米颗粒压制烧成的纳米陶瓷材料却具有良好的韧性。这是因为纳米材料具有大的界面，界面上的原子排列混乱，原子在外力下很容易迁移，因此表现出甚佳的韧性和一定的延展性。此外呈纳米晶粒的金属要比传统的粗晶粒金属硬 3～5 倍。这种力学性质的变化称为纳米材料的力学效应。

除此之外，纳米颗粒的小尺寸效应还表现在超导电性、介电性能、声学特性及化学性能等诸多方面。

3. 量子尺寸效应

所谓量子尺寸效应是指当颗粒状材料的尺寸下降到某一定值时，其费米能级附近的电子能级由准连续转变为分立的现象和纳米半导体微粒存在不连续的最高占有轨道和最低空轨道、能隙变宽的现象，即出现能级的量子化。这时纳米材料能级之间的间距随着颗粒尺寸的减小而增大。当能级间距大于热能、光子能、静电能及磁能等的平均能级间距时，就会出现一系列与块体材料截然不同的反常特性，这种效应称之为量子尺寸效应。量子尺寸效应将导致纳米微粒在磁、光、电、声、热、化学及超导电性等特性上与块体材料的显著不同。例如，纳米颗粒具有高的光学非线性及特异的催化性能。

4. 宏观量子隧道效应

微观粒子具有穿越势垒的能力称之为隧道效应。近年来，人们发现一些宏观的物理量，如纳米颗粒的磁化强度、量子相干器件中的磁通量及电荷等也具有隧道效应，它们可以穿越宏观系统的势垒而产生变化，称为宏观量子隧道效应。利用宏观量子隧道效应可以解释纳米镍粒子在低温条件下继续保持超顺磁性的现象。这种效应和量子尺寸效应一起，将会是未来微电子器件发展的基础，它们确定了微电子器件进一步微型化的极限。

8.1.3 纳米材料的制备方法

目前所说的纳米材料制备方法主要是指使材料外观尺寸纳米化的方法。目前有诸多纳米材料制备方法可供选择，若将其制备方法进行简单分类，可分为物理纳米化法和化学纳米化法两大类。

1. 物理纳米化方法

物理纳米化方法有以下四种。

(1) 真空冷凝法。

该方法是通过块体材料在高真空条件下挥发成蒸气，然后冷凝成纳米颗粒的方法。其过程是在高真空条件下加热块体材料，使金属等块体材料原子化或形成等离子体蒸气，然后快速冷却，最终在冷凝管上获得纳米粒子。真空冷凝法特别适合制备金属纳米粉，通过调节蒸发温度场和气体压力等参数，可以控制形成纳米微粒的尺寸。用这种方法制备的纳米微粒的最小颗粒可达 2 nm。真空冷凝法的优点是纯度高、结晶组织好及粒度可控且分布均匀，适用于任何可蒸发的元素和化合物；缺点是对加工技术和设备的要求较高。

(2) 机械球磨法。

该方法以粉碎与研磨相结合，利用机械能来实现材料粉末的纳米化。机械球磨法适合制备脆性材料的纳米粉。适当控制机械球磨法的研磨条件，可以得到单纯金属、合金、化合物或复合材料的纳米超微颗粒。机械球磨法的优点是操作工艺简单、成本低廉、制备效率高，能够制备出常规方法难以获得的高熔点金属合金纳米超微颗粒；缺点是颗粒分布太宽、产品纯度较低。

(3) 喷雾法。

喷雾法是将含有制备材料的溶液雾化，待溶剂挥发后凝结制备成微粒的方法。喷雾法适合可溶性金属盐纳米粉的制备。制备过程首先需要制备金属盐溶液，然后将溶液通过各种物理手段雾化，再经物理、化学途径转变为超细粒子。雾化方法主要有喷雾干燥法和喷雾热解法。喷雾干燥法是将金属盐溶液送入雾化器，由喷嘴高速喷入干燥室，溶剂挥发后获得金属盐的微粒，收集后焙烧成超微粒子。铁氧体的超微粒子可采用此种方法制备。通过化学反应还原所得的金属盐微粒还可以得到该金属纳米粒子。

(4) 冷冻干燥法。

这种方法也是首先制备金属盐的水溶液，然后将溶液冻结，在高真空条件下使水分升华，原来溶解的溶质来不及凝聚，则可以得到干燥的纳米粉体。粉体的颗粒可以通过调节溶液的浓度来控制。采用冷冻干燥的方法可以解决某些物质因溶液黏度大而无法用喷雾干燥法制备的问题。

2. 化学纳米化法

化学纳米化法有以下五种。

(1) 气相沉积法。

该法是利用化合物蒸气的化学反应来合成纳米微粒的一种方法。气相沉积法可分成有基底沉积和无基底沉积，前者多用于制备薄膜型材料，后者可以制备纳米级微粒。其原理是利用气态的先驱反应物，使得气态前驱体中的某些成分分解，形成纳米微粒。这种方法获得的纳米颗粒具有表面清洁、粒子大小可控制、无黏结及粒度分布均匀等优点，易于制备出从几纳米到几十纳米的非晶态或晶态纳米微粒。该法适用于单质、无机化合物和复合材料纳米微粒的制备。

（2）化学沉淀法。

该法属于液相法的一种。常用的化学沉淀法可以分为共沉淀法、均相沉淀法、多元醇沉淀法、沉淀转化法及直接转化法等。具体的方法是将沉淀剂加入包含一种或多种离子的可溶性盐溶液中，使其发生化学反应，形成不溶性氢氧化物、水合氧化物或盐类而从溶液中析出，然后经过过滤、清洗，并经过其他后处理步骤就可以得到纳米颗粒材料。其优点是工艺简单，适合制备纳米氧化物粉体；缺点是纯度较低，颗粒粒径较大。

（3）水热法。

该法是在高温、高压反应环境中，采用水作为反应介质，使得通常难溶或不溶的物质溶解、反应。水热合成技术具有两个特点，一是反应温度相对较低，二是在封闭容器中进行，避免了组分挥发。水热条件下粉体的制备有水热结晶法、水热合成法、水热分解法、水热脱水法、水热氧化法和水热还原法等。近年来还发展出电化学水热法及微波水热合成法，前者将水热法与电场相结合，而后者用微波加热水热反应体系。与一般湿化学法相比较，水热法可直接得到分散且结晶良好的粉体，无需作高温灼烧处理，避免了可能形成的粉体硬团聚，且可通过实验条件的调节来控制纳米颗粒的晶体结构、结晶形态与晶粒纯度。

（4）溶胶-凝胶法。

该方法实质是将前驱物在一定的条件下水解成溶胶，再转化成凝胶，经干燥等低温处理后，制得所需纳米粒子。前驱物一般用金属醇盐或者非醇盐。溶胶-凝胶（Sol-Gel）法适合金属氧化物纳米粒子的制备。无机材料的制备大多要经过高温的退火处理，而溶胶-凝胶法的优点之一是可以大幅度降低合成温度，反应条件温和。除了制备纳米粉体外，该法还是制备有机-无机纳米复合材料的有效方法之一。

（5）原位生成法。

该法也称为模板合成法，是指采用具有纳米孔道的基质材料作为模板，在模板空隙中原位合成具有特定形状和尺寸的纳米颗粒的方法。模板可以分为硬模板和软模板两类。常见用于合成的模板有多孔玻璃、分子筛、大孔型离子交换树脂等。这些材料也称为介孔材料。根据所用模板中微孔的类型，可以合成出诸如粒状、管状、线状和层状指定结构的材料，这是其他纳米制备方法做不到的，但是这种方法作为大规模生产技术应用还有相当难度。

综上所述，目前纳米颗粒的制备方法，以物料状态来分基本上可归纳为固相法、液相法和气相法三大类。固相法制备的产物易固结，需再次粉碎，成本较高。物理粉碎法工艺简单、产量高，但制备过程中易引入杂质。气相法可制备出纯度高、颗粒分散性好、粒径分布窄而细的纳米微粒。近年来采用液相的化学方法加工纳米颗粒显示出巨大的优越性和广阔的应用前景。这是因为依据化学手段，往往无须复杂的设备仪器，并可以获得规模化生产，这是物理法无法比拟的。

8.1.4 纳米结构材料

纳米结构材料（nanostructured materials）是一类重要的纳米材料，与广义的纳米材料既有相同特点，又有区别之处。纳米结构材料是指含有纳米单元的结构材料，即首先是具有宏观尺寸的结构材料，同时又具有纳米材料所具有的微尺寸性质。通俗来讲，目前所指的纳米结构材料就是纳米微观材料的某种集合或聚集态。例如，由纳米陶瓷粉加工成的纳米结构陶瓷，由纳米粉体与高分子材料复合构成的纳米塑料等均可以称为纳米结构材料。纳米结构材料具有以下三个特征：①具有尺寸小于 100 nm 的原子区域（晶粒或相）；②具有显著的界面原子数；③组成区域间存在相互作用。

按照纳米结构材料的空间维数可以分为以下四种：①零维的原子簇和原子簇的集合（纳米分散材料）；②一维的多层薄膜（纳米层状材料）；③二维的超细颗粒覆盖膜（纳米薄膜材料）；④三维的纳米块体材料（纳米三维材料）。按照颗粒结构状态，纳米结构材料又可分为纳米晶态材料、纳米非晶态材料及纳米准晶态材料。按照组成相的数目可以分为纳米相材料（nanophase materials）和纳米复合材料（nanocomposite materials）。其中纳米晶态材料指纳米颗粒具有晶体结构，纳米非晶态材料指纳米颗粒以玻璃态存在。

纳米结构材料是一个有实用意义的概念，因为虽然纳米材料是微尺寸化的，但是一般实际使用的纳米材料又都是具有宏观外形尺寸的。据了解，目前具有应用价值的纳米材料，基本上是以纳米结构材料形式出现的。包括本章将要重点介绍的高分子纳米复合材料都属于纳米结构材料。

纳米结构材料一般包含两类组元，即结构组元和界面组元，其中最重要的是界面组元。界面组元具有以下两个特点：首先是原子密度相对较低，其次是邻近原子配位数有变化。一般界面部分的平均原子密度比同样成分的晶体部分密度小 10％～30％。同时，界面组元内原子间距差别也较大，导致了邻近原子配位数的变化。因为界面在纳米结构材料中所占的比例较高，以至于对材料性能产生较大影响。下面以三维纳米结构材料为例介绍其常见的一些特殊性能。

（1）材料硬度与颗粒尺寸的关系。

实验表明结构材料硬度随着纳米粉粒径的减小而提高。但是当颗粒尺寸降到某种程度时，硬度反而随着粒径的减小而降低。发生转变的临界粒径依材料种类而定。一般认为这是由于纳米结构材料三叉晶界体积分数的增加导致强度弱化。

（2）纳米结构材料的超塑性。

超塑性是指刚性材料在断裂前产生很大的伸长量的现象，对于结构材料的韧性提高非常重要。这种现象是晶界分数扩大、扩散性提高等造成的。超塑性与纳米颗粒的粒径大小成反比，即小粒子容易获得超塑性。一般认为纳米陶瓷获得超塑性应该具备两个条件：较小的粒径和快速的扩散途径（增强的晶格、晶界扩散能力）。

8.1.5 纳米复合材料

纳米复合材料的概念是 20 世纪 80 年代中期才提出来的，通常纳米复合材料是指材料结构组元中至少有一相的一维尺寸少于 100 nm 的材料。近年来，纳米复合材料的发展非常迅速，受到了材料界和产业界的普遍关注，成为纳米材料产业化的主要领域之一。由于复合材料有着单一材料所不具备的可变结构参数（复合度、联结型、对称性、标度、周期性等），改变这些参数可以在大范围内大幅度地改变复合材料的物性，且复合材料的各组元间存在协同作用而产生多种复合效应，所以纳米复合材料的性能不仅与纳米粒子的结构性能有关，还与纳米粒子的聚集结构、协同性能、基体的结构性能、粒子与基体的界面结构性能及加工复合工艺等有关。通过调控纳米复合材料的可变结构参数，利用其复合效应可以使材料在物理、化学和机械性能等方面获得最佳的整体性能。

1. 纳米复合材料的分类

纳米复合材料涉及范围较广，种类繁多。纳米材料通常按组合成复合材料的结构组元的不同组合方式，表述为 X-Y-Z。其中，X、Y、Z 分别表示结构组元材料空间维数，以大尺寸界定。如点状粒子为零维，线状材料为一维，薄膜型材料为二维，块状材料为三维。根据上述方式，复合材料的复合方式可以分为四大类。

（1）0-0 型复合材料。

即复合材料的两相均为三维纳米级尺度的零维颗粒材料，是指不同成分、不同相或者不同种类的纳米粒子复合而成的纳米复合物，其纳米粒子可以是金属与金属、金属与陶瓷、金属与高分子、陶瓷与陶瓷、陶瓷与高分子等构成的纳米复合体。

（2）0-2 型复合材料。

即把零维纳米粒子分散到二维的薄膜材料中，这种 0-2 型复合材料又可分为均匀分散和非均匀分散两大类，均匀分散是指纳米粒子在薄膜中均匀分布，非均匀分散是指纳米粒子随机地分散在薄膜基体中。

（3）0-3 型复合材料。

即把零维纳米粒子分散到常规的三维固体材料中。例如，把金属纳米粒子分散到另一种金属、陶瓷、高分子材料中，或者把纳米陶瓷粒子分散到常规的金属、陶瓷、高分子材料中。

（4）纳米层状复合材料。

即由不同材质交替形成的组分或结构交替变化的多层膜，各层膜的厚度均为纳米级，如 Ni/Cu 纳米多层膜、Al/Al_2O_3 纳米多层膜等。也可以称为 2-2 型复合材料。

2. 纳米复合材料的特殊性质及制备方法

0-0 型复合体系主要是两种粉体通过加压成形法、机械合金化、非晶晶化法、溶胶-凝胶法等方法制备。一般情况下，不同种类粒子复合可以实现性能互补，如 Si_3N_4/SiC 纳米复合复相陶瓷，这种材料具有高强、高韧特性，以及优良的热和化学稳定性。此外，两种材料均匀复合还会创造出新的功能，例如，在 ZrO_2 中加入 Y_2O_3 稳定剂，观察到了超塑性。人们还发现，单独的 Al_2O_3 或 Fe_2O_3 纳米材料在可见光范围是不发光的，而如果把纳米 Al_2O_3 和纳米 Fe_2O_3 掺和到一起，所获得的纳米粉体或块体在可见光范围的蓝绿光波段出现一个较宽的光致发光带，发光原因是 Fe^{3+} 离子处在纳米复合材料提供的大百分数低有序度界面内。

在 0-3 型三维复合体系中，纳米颗粒主要作为添加剂分散在三维固体材料中起改善或增加新性能的作用。如 Al_2O_3 基体中分散纳米级 SiC 晶粒的陶瓷基复合材料，其强度可高达 1500 MPa，最高使用温度也从原基体的 800 ℃提高到 1200 ℃。把金属纳米粒子放入常规陶瓷中可以大幅度改善材料的力学性质。三维固体材料性能的改善主要是添加的粉体材料与基体材料相互作用的结果，而新增加的功能多数应该归因于引入的纳米粒子本身具有的量子尺寸效应、小尺寸效应、表面效应和宏观量子隧道效应，进而呈现出磁、光、电、声、热、力学特殊性质。而复合后材料具有的特殊相态结构、界面结构和巨大的表面能必然会大幅度影响复合材料的宏观性能。例如将纳米 Al_2O_3 分散复合到透明的玻璃中，由于纳米光学效应，可以既不影响其透明度又提高其高温耐冲击韧性。添加纳米粒子也是聚合物改性的重要方法，是形成高性能高分子复合材料的重要手段。例如，在环氧树脂中添加纳米级的 α-Al_2O_3，提高了树脂的玻璃化转变温度，模量也得到提高。在聚醚醚酮（PEEK）中添加纳米陶瓷微粒可以显著改善材料的摩擦性能。

纳米颗粒增强复合材料的制备方法有机械合金化、非平衡合金固态分解、溶胶-凝胶法、气相沉积法、快速凝固法、非晶晶化法、深度塑性变形法等。用传统的复合材料加工方法，将纳米增强颗粒与普通粗粉体或亚微米粉体混合，而后进行冷压-烧结或采用热压成形等方法，也可以获得纳米颗粒增强复合材料。各种制备技术有各自的优缺点，但在制备过程中由原位生成纳米增强相的工艺则更具有吸引力，不仅避免了污染问题，而且基体与增强相界面结合牢固。快速凝固技术通过实现大的热力学过冷度，控制成核和长大动力，直接从液态获得纳米相弥散分布的复合结构。

纳米复合薄膜是指纳米粒子镶嵌在另一种基体材料中制备的复合膜材料，与前一种复合材料相比差别仅是基体材料为二维材料，而非三维材材料。一般说来，可以通过两种途径来制备此类复合薄膜，一是通过沉积形成各组分非晶混合体系，再经过热处理使其发生化学反应或热力学分散过程，得到纳米颗粒分散的复合膜；二是通过各组分直接共同沉积形成。直接共同沉积法可以包括多种形式，如采用磁控共溅射法可以把金属纳米粒子镶嵌在高聚物的基体中，采用辉光放电等离子体溅射 Au、Co、Ni 等，可获得不同含量纳米金属粒子的复合膜。

镶嵌在膜型介质中的纳米半导体颗粒具有许多光学特性，在光学器件制作方面具有良好的应用前景。研究表明，均匀分布在有色玻璃中的纳米 CdS 颗粒具有准零维量子点特征，材料的三阶非线性光学性质得到增强。纳米复合薄膜材料用于金属表面上，可获得超强的耐磨性、自润滑性、热稳定性和耐腐蚀性。

纳米多层膜复合材料，即由不同材质交替形成的多层膜，当各层膜的厚度减少到纳米级时，会显示出比单一膜更为优异的特殊性能。当两种软金属（如 Cu/Ni、Cu/Ag 等）层状交替复合成层厚为纳米级的多层结构时，材料表现出优异的机械性能，如高的屈服强度和高的弹性模量。一般认为纳米多层膜的机械性能取决于材料剪切模量的错配程度、层内晶粒尺寸、层间界面处结构不连续性以及界面本身的结构复杂性等多种因素。采用磁控管喷镀技术，在钢基体上交替地喷镀上 TiN 和 CNx 纳米层，得到的膜层硬度为 45～55 GPa（已接近金刚石的最低硬度）。用离子束辅助沉积技术制成 CNx/NbN 纳米多层膜，多层膜的显微硬度最大可达 41.81 GPa。纳米级多层膜复合材料一般通过气相沉积、溅射法、电沉积法等结晶成长技术制备。

8.1.6　高分子纳米复合材料

高分子纳米复合材料是由各种纳米单元与有机高分子材料以各种方式复合而成的一类新型复合材料，所采用的纳米单元按照化学成分划分为金属、陶瓷、有机高分子、其他无机非金属材料等；按其外部形状划分有零维的球状、片状、柱状纳米颗粒，一维的纳米丝、纳米管，二维的纳米膜等。对于广义上的高分子复合材料，只要其中某一组成相至少有一维的尺寸处在纳米级尺度范围，就可称为高分子纳米复合材料。

1. 高分子纳米复合材料的结构类型

高分子纳米复合材料的结构类型非常丰富。如果以纳米粒子作为结构组元，可以构成 0-0 复合型、0-2 复合型和 0-3 复合型三种结构类型；分别指纳米粉末与高分子粉末复合成型，与高分子膜型材料复合成型和与高分子体形材料复合成型，这是目前采用最多的三种高分子纳米复合结构。如果以纳米丝作为结构组元，可以构成 1-2 复合型和 1-3 复合型两种结构类型，分别表示高分子纳米纤维增强薄膜材料和高分子纳米纤维增强体形材料，在工程材料中应用较多。如果以纳米膜二维材料作为结构组元，可以构成 2-2 复合型和 2-3 复合型纳米复合材料。此外，还有多层纳米复合材料，介孔纳米复合材料等结构形式。

2. 高分子纳米复合材料的特点

高分子纳米复合材料多是由金属、陶瓷、黏土等作为纳米添加材料，高分子基体材料与添加材料之间性能差别大，因此形成的复合材料互补性好，易获得两种材料都不具备的性能，有利于纳米效应的发挥。此外，由于高分子基体材料具有易加工、耐腐蚀等优异性能，工业化成本较低，有利于产业化。高分子基体材料自身的特点决定了它还能抑制纳米颗粒的氧化和团聚过程，使体系具有较高的长效稳定性，能充分发挥纳米单元的特异性能。

8.2 高分子纳米复合材料的制备技术

高分子纳米复合材料涉及面较宽，包括的范围较广，近年来发展及建立起来的制备方法也多种多样。根据高分子纳米复合材料的形成过程大致可以将其制备方法归为四大类：①纳米单元与高分子材料直接共混，包括溶液共混和熔融共混；②在高分子基体中原位生成纳米单元，如溶胶-凝胶法；③在纳米单元存在下单体分子原位聚合生成高分子复合材料，例如，在含有金属硫化物或氢氧化物的单体胶体溶液中进行聚合反应，直接生成含上述纳米粒子的高分子复合材料；④纳米单元和高分子同时生成，如单体插层聚合法制备黏土-聚合物纳米复合物。各种制备方法的核心思想都是要对复合体系中纳米结构单元自身几何参数、空间分布参数和体积分数等进行有效控制，特别是要通过对制备条件(空间限制条件、反应动力学因素、热力学因素等)的控制，来保证体系的至少某一组成相的一维尺寸在纳米级尺度范围内，即控制纳米单元的初级结构；其次是考虑控制纳米单元聚集体的次级结构。下面是几种典型的高分子纳米复合材料制备方法。

8.2.1 溶胶-凝胶(Sol-Gel)法

溶胶-凝胶法是制备高分子纳米复合材料的重要方法之一，也可用于纳米粒子的制备，属于低温湿化学合成法。它具有制品纯度及均匀度高、烧成温度低、反应易于控制、材料成分可任意调整、成形性好等诸多优点。溶胶-凝胶法主要用于制备无机-有机(聚合物)纳米复合材料，也是一种早期采用但目前仍然非常有效的超细粉料制备方法。这种用于制备高分子纳米复合材料的方法始于 20 世纪 80 年代。所谓 Sol-Gel 过程指的是将烷氧金属或金属盐等前驱物在一定条件下水解缩合成溶胶(Sol)，然后经溶剂挥发或加热等处理工艺使溶液或溶胶转化为网状结构的氧化物凝胶(Gel)的过程。根据所用的前驱物不同，可以得到线状结构的氧化物或硫化物。最常用的前驱物是正硅酸乙酯或甲酯，其他的金属烷氧基化合物也有使用报道，有些金属盐也可作为前驱物。Sol-Gel 法通常用酸、碱或中性盐作为催化剂，催化前驱物的水解和缩合反应。因其水解和缩合条件温和，因此在无机-高分子纳米复合材料的制备上获得了广泛应用。

1. 溶胶-凝胶法过程和原理

溶胶-凝胶法以金属醇盐的水解和缩合反应为基础，其反应过程通常可以用下列反应式表示：

$$—M—OR + H_2O \longrightarrow —M—OH + ROH \quad 水解$$

$$—M—OH + RO—M \longrightarrow —M—O—M— + ROH \quad 缩聚$$

$$—M—OH + OH—M \longrightarrow —M—O—M— + H_2O \quad 缩聚$$

或用通式表示：

$$M(OR)_n + mXOH \longrightarrow [M(OR)_n - m(OX)_m] + mROH$$

其中,当 X 为 H 时为水解反应,为 M 是缩聚反应,为 L 时为络合反应(L 为有机或无机配位体)。上述反应可以用 SN_2 亲核取代反应机理解释。以醇盐为例,硅的醇盐不易发生水解,其水解和聚合反应通常要用酸或碱催化。无机酸能使带部分负电荷的烷氧基质子化,使其容易脱离硅原子。碱催化为水解反应提供亲核羟基 OH^-,并使 Si—OH 失去质子,从而加速聚合反应。在过量水存在的情况下,由于酸催化有利于水解反应,这时可生成 $Si(OH)_4$。碱催化条件下,聚合反应速度大于水解反应速度。酸或碱催化并不是唯一催化途径。某些亲核试剂,如 NaF 或二甲氨基吡啶也具有明显提高反应速度的能力。由于 F^- 的亲核作用,使 Si—OR 中的 Si—O 键减弱,有利于 OR 基团脱离 Si 原子。

用 Sol-Gel 法制备无机-有机(聚合物)纳米复合材料时发生以下过程:有机聚合物+金属烷氧基化合物→溶解形成溶液→催化水解形成混合溶胶→蒸发溶剂形成凝胶型复合物。由此可见,溶胶形成过程和溶胶-凝胶转换过程是用该法制备纳米复合材料的关键。

在制备溶液的过程中需要选择前驱物和有机聚合物的共溶剂,完成溶解后在共溶剂体系中借助催化剂使前驱物水解并缩聚形成溶胶。上述过程是在有机聚合物存在下进行的,如果条件控制得当,在凝胶形成与干燥过程中体系不会发生相分离,可以获得在光学上基本透明的凝胶复合材料。用溶胶-凝胶法制备高分子纳米复合材料,可用的聚合物范围很广;聚合物可以与无机组分靠范德华力结合,也可以与无机氧化物产生共价键结合。

2. 溶胶-凝胶法制备无机-有机纳米复合材料的种类

视聚合物与无机组分的相互作用类型,可以将溶胶-凝胶法制备的无机-有机纳米复合材料分成如下类别。

(1) 直接将可溶性聚合物嵌入到无机网络中。这是 Sol-Gel 法制备无机-有机纳米复合材料最直接的方法。在得到的复合材料中,线型聚合物贯穿在无机物网络中。通常要求聚合物在共溶剂中有较好的溶解性,与无机组分有较好的相容性。可形成该类型复合材料的可溶性聚合物有聚烷基噁唑啉、聚乙烯醇、聚乙烯乙酸酯、聚甲基丙烯酸甲酯、聚乙烯吡咯烷酮、聚二甲基丙烯酰胺、聚碳酸酯、聚脲、聚乙烯基吡啶、聚丙烯腈、纤维素衍生物、聚膦腈、聚二甲基二烯丙基氯化铵、聚丙烯酸、醇溶性尼龙、芳香尼龙,以及具有非线性光学效应的聚苯乙炔及其衍生物。

(2) 嵌入的聚合物与无机网络有共价键作用。如果聚合物侧基或主链末端引入三甲氧基硅基等能与无机组分形成共价键的基团,就可以得到有机-无机两相共价交联的复合材料,这种结构形式能明显增加复合材料的机械性能。引入 $(RO)_3Si$ 基团的方法包括:①用甲基丙烯酸-3-(三甲氧基硅基)丙酯与乙烯基单体共聚,在主链上引入无机网络;②用三乙氧基氢硅烷与端烯基或侧链烯基聚合物进行硅氢加成,可以在端基或侧链引入无机结构;③用 3-(氨基丙基)三乙氧基硅烷终止某些单体的阳离子聚合反应,在端基引入硅结构;④用 3-(异氰酸酯基)丙基三甲氧基硅烷与侧基或末端含氨基或羟基的聚合物进行反应,生成 Si—N 键或 Si—O 键,在侧链或端基引入上述结构。

(3) 有机-无机互穿网络结构。在溶胶-凝胶反应体系中加入交联剂,使交联反应和水解与缩聚反应同步进行,则可以形成有机-无机互穿网络型纳米复合材料。这种材料具有三维交联结构,可以有效减小凝胶收缩,均匀性好,微区尺寸小。

3. 溶胶-凝胶法制备的无机-有机复合材料的结构特点和性能

溶胶-凝胶法合成高分子纳米复合材料的特点在于该法可在温和的反应条件下进行,两相分散均匀。控制反应条件和有机、无机组分的比率，有很大概率可以合成有机-无机材料占任意比例的复合材料，得到的产物从加入少量无机材料改性的聚合物，到含有少量有机成分的改性无机材料，如有机陶瓷、改性玻璃等。选择适宜的聚合物作为有机相，可以得到弹性复合材料或者高模量工程塑料。得到的复合材料形态可以是半互穿网络、全互穿网络、网络间交联等多种形式。采用溶胶-凝胶法很容易使微相进入纳米级尺寸范围，甚至可以实现无机-有机材料的分子复合。由于聚合物链贯穿于无机凝胶网络中，分子链和链段的自由运动受到限制，小比例添加物就会使聚合物的玻璃化转变温度 T_g 显著提高，当达到分子复合水平时，T_g 甚至会消失，聚合物具有晶体材料的性质。同时复合材料的软化温度、热分解温度等相比纯聚合物材料有较大提高。

该法目前存在的最大问题在于凝胶干燥过程中，溶剂、小分子和水的挥发可能导致材料收缩脆裂。尽管如此，Sol-Gel 法仍是目前应用最多，也是较完善的方法之一。可以制备出具有不同性能和满足广泛需要的有机-无机纳米复合材料。溶胶-凝胶法及制备的纳米复合材料已被越来越广泛地应用到电子、陶瓷、光学、热学、化学、生物学等领域。

聚合物-无机纳米复合材料采用顺序合成法制备，顺序合成法又可分为有机相在无机凝胶中原位生成和无机相在有机相原位生成两种情况。有机相在无机凝胶中原位生成包括有机单体在无机干凝胶中原位聚合、有机单体在层状凝胶间嵌插聚合。有机单体在无机干凝胶中原位聚合是把具有互通纳米级孔径的纯无机多孔基质(如沸石)浸渍在含有单体和引发剂的溶液中，然后用光辐射或加热引发使之聚合，可得到大尺寸、可调折射率的透明块状材料，应用于光学器件。

8.2.2 插层复合法

插层法(intercalation)(又称插层复合法)是一种新型制备有机-无机纳米复合材料的重要方法。许多无机化合物，如硅酸盐类黏土、磷酸盐类、石墨、金属氧化物、二硫化物、三硫化磷络合物等都具有典型的层状结构。只要层与层之间可以嵌入有机物，都可以用插层法制备有机-无机纳米复合材料。根据插层的形式不同又可分为三种形式。

(1) 聚合插层法。

即先将单体插层进入层状硅酸盐片层中，然后引发原位聚合，利用聚合时放出的大量热量，克服硅酸盐片层间的作用力，使其剥离，从而使硅酸盐片层与聚合物基体以纳米级尺度相复合，获得高分子纳米复合材料。

(2) 溶液插层法。

将层状填充物浸入聚合物溶液中，直接把聚合物嵌入到无机物层间，利用力学或热力学作用使层状硅酸盐剥离成纳米级尺度的片层并均匀分散在聚合物基体中形成高分子纳米复合材料。

(3) 熔体插层法。

先将聚合物熔融，然后再借助机械作用力直接将聚合物嵌入层状无机材料间隙中，制得高分子纳米复合材料。

采用插层法一般可以获得 2-3 型结构高分子纳米复合材料，即片状纳米无机材料分散在体型高分子复合材料中。

1. 插层复合法的原理

目前插层复合法中使用最多的是硅酸盐型蒙脱土。现以蒙脱土的聚合物插层过程为例，分析插层复合法的作用机理。蒙脱土属 2:1层状硅酸盐，每个单位晶胞由两个硅氧四面体中间夹带一层铝氧八面体构成,两者之间靠共用氧原子连接。这种四面体和八面体的紧密堆积结构使其具有高度有序的晶格排列,每层的厚度约为 1 nm,是一种天然的纳米材料。现在的普遍看法是,填料片层的长径比越大,刚度越高,经过复合之后其对聚合物产品的增韧效果就越好。但是蒙脱土是吸水性的,极性强,层间距窄,故插层前应进行有机化改性。改性剂可用烷基铵盐,且烷基链达到一定长度($n>8$)后,才可使层间距有效扩张。蒙脱土的改性是基于离子交换机理,因为蒙脱土中发生的同晶置换现象令其层内表面具有负电荷,过剩的负电荷可以通过层间吸附 K^+、Ca^{2+}、Mg^{2+} 等阳离子实现电荷平衡。而烷基铵盐有机阳离子也可通过离子交换作用进入硅酸盐片层之间,从而降低无机物的表面能,形成局部亲油微环境,使相应的片层间距在 0.96~2.1 nm 之间变化。如果使用带有活性官能团的有机阳离子,则可以与聚合物基体发生化学键合,在有机物与无机物间产生强相互作用,对复合材料性能的提高及功能化大有裨益。经过改性的蒙脱土较易被高分子溶液、熔体或者小分子单体所插层。溶液插层黏度较小,需要较小的能量;熔体较高的黏度往往会给插层过程造成困难。聚合插层的关键问题是插层后的原位聚合过程是否能得到理想的聚合物。为增加两相间的相容性,还常常加入相溶剂。关于蒙脱土与聚合物界面相互作用机理,一般认为存在着三种界面相互作用:①聚合物直接连接到硅酸盐片层惰性表面上的硅氧烷原子;②烷基链以"溶解"方式与聚合物基体作用;③硅酸盐片层侧端基团跟聚合物之间的束缚作用。插层复合法制备聚合物-层状硅酸盐纳米复合材料的流程示意图如图 8-2-1 所示。按照聚合反应类型的不同,插层聚合可以分为插层缩聚和插层加聚两种类型。聚合物溶液插层是指聚合物大分子链在溶液中借助于溶剂而插层进入黏土片层间,这种方式需要合适的溶剂来同时溶解聚合物和分散黏土。聚合物熔融插层是聚合物在高于其软化温度时加热,在静止或剪切力作用下直接插层进入蒙脱土的硅酸盐片层间。研究结果表明,聚合物熔体插层、聚合物溶液插层和单体插层原位聚合所得复合材料的结构和性能基本相同或相似。

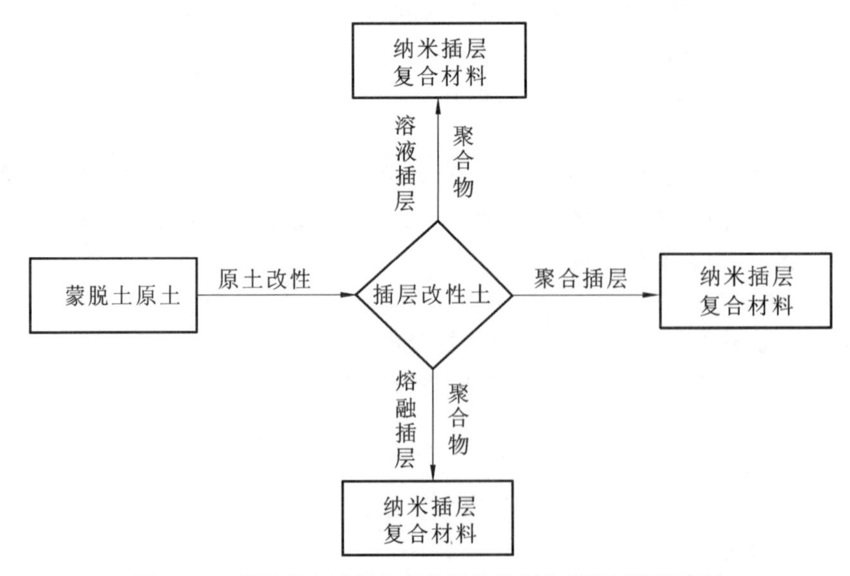

图 8-2-1　插层复合法制备高分子纳米复合材料过程示意图

2. 层状黏土的改性

所谓黏土,从矿物学角度来说是指含水合层状铝的硅酸盐的总称。包括高岭土、蒙脱土、蛇纹石、滑石、云母等。目前研究最多是 2:1型层状硅酸盐。以蒙脱土为例,由于黏土晶层之间存在较强的范德华力作用，通常情况下晶层凝聚于一体，不能体现出纳米特性。只有聚合物插入层间、增大晶层间距，使黏土晶层均匀地分散于聚合物中，才能获得高分子纳米复合材料。但黏土晶层表面一般呈亲水性，不能直接被熔融聚合物所插层，必须对黏土进行有机改性。人们注意到构成晶层的四面体和八面体有广泛的类质同相替代，如四面体中 Si^{4+} 被 Al^{3+} 等替代，八面体中 Al^{3+} 被 Mg^{2+} 替代，导致层间表面负电荷过剩；为了平衡多余的负电荷，可通过层间吸附水和阳离子来补偿。研究证明，有机阳离子也可通过离子交换进入层间。从而使亲水的蒙脱土表面疏水化，降低矿物的表面能，使改性的蒙脱土与多数聚合物或单体有很好的相容性，这就是原土的改性过程。有机改性剂大多是有机阳离子，如季铵盐、胺盐等；但一些中性有机极性分子如醇、胺和吡啶等也能插入蒙脱土层间，使其亲和性发生改变。有机物插入蒙脱土层间的结果都是使蒙脱土的层间结构膨胀、晶面距增大。

3. 聚合物溶液插层复合

这种方法是将改性层状蒙脱土等硅酸盐微粒浸泡在聚合物溶液中加热搅拌，聚合物从溶液中直接插入到改性蒙脱土夹层中，蒸发掉溶剂之后即可形成高分子纳米复合材料。高分子溶液直接插层过程分为两个步骤：溶剂分子插层和高分子与插层溶剂分子的置换。从热力学角度分析，对于溶剂分子插层过程，溶剂从自由状态变为层间受约束状态，熵变 ΔS 小于 0，所以，若有机改性层状蒙脱土的溶剂化热 $\Delta H < T\Delta S < 0$ 成立，则溶剂分子插层可自发进行；而在高分子对插层溶剂分子的置换过程中，由于高分子链受限而减小的构象熵小于溶剂分子解约束增加的熵，所以此时熵变 ΔS 大于 0，只有满足放热过程 $\Delta H < 0$ 或吸热过程 $0 < \Delta H < T\Delta S$，高分子插层才会自发进行。因此，高分子的溶剂选择应考虑对有机阳离子溶剂化作用适当，太弱则不利于溶剂分子插层，太强则得不到高分子插层产物。温度升高有利于高分子插层而不利于溶剂分子插层。所以，在溶剂分子插层时要选择较低温度，在高分子插层时要选择较高温度，此时温度升高还有利于把溶剂蒸发出去。黏土的改性剂对于插层成功与否起着非常重要的作用。例如，在制备聚丙烯/蒙脱土纳米复合材料时，用丙烯酰胺改性的黏土在甲苯中被聚丙烯插层，晶层间距从原来的 1.42 nm 增加到 3.91 nm，而用季铵盐改性黏土在甲苯中被聚丙烯插层时，晶层间距基本不变。说明丙烯酰胺的双键在引发剂的作用下可以与聚丙烯主链发生接枝反应，这样更有利于硅酸盐晶片分散剥离。XRD 和 TEM 测试结果都证明了这一观点。

4. 聚合物熔体插层复合

熔体插层过程是首先将改性黏土和聚合物混合，再将混合物加热到软化点以上，借助混合、挤出等机械力量将聚合物插入黏土晶层间。插层过程中由于部分高分子链从自由状态的无规线团构象，成为受限于层间准二维空间的受限链构象，其熵将减少，即 ΔS 小于 0，聚合物链的柔顺性越大，ΔS 负值越大。根据热力学分析，要使此过程自发进行，应是放热过程，$\Delta H < T\Delta S < 0$。因此，大分子熔体直接插层是焓变控制的。插层过程是否能够自发进行，取决于高分子链与黏土之间的相互作用程度，它必须强于两个组分自身的内聚作用，并能补偿插层过程中熵的损失。另外，温度升高不利于插层过程。聚苯乙烯-黏土纳米复合材料已经用这种方法制备成功，研究者将有机改性黏土和聚苯乙烯放入微型混合器中，在 200 ℃下混合反应 5 min，即可得到插层纳米复合材料。XRD 和 TEM 测试表明：黏土晶层均匀地分散在聚苯乙烯基体中，形成剥落型纳米复合材料。聚丙烯-黏土纳米复合材料也用这一方法制备成功。聚合物熔融挤出插层是利用传统聚合物挤出加工工艺制备聚合物-黏土纳米复合材料的新方法。这种方法的明显特点是可以获得较大的机械功，因此有利于插层过

程。采用这种方法得到的尼龙-6/黏土纳米复合材料，根据 XRD 测试分析表明蒙脱土层间距由插层前的 1.55 nm 增加到 3.68 nm，说明尼龙-6 高分子链在熔融挤出过程中已充分插入硅酸盐晶层之间，层间距发生了膨胀(TEM 测试也提供了证据)。得到的高分子插层纳米复合材料性能有较大改善。

5. 单体原位聚合插层复合

单体原位聚合插层复合工艺根据有无溶剂参与，可以分成单体溶液插层原位溶液聚合和单体熔体插层原位本体聚合两种。单体溶液插层原位溶液聚合过程一般是先将聚合物单体和有机改性黏土分别溶解在某一溶剂中，充分溶解后混合在一起，搅拌一定时间，使单体进入硅酸盐晶层之间，然后再在光、热、引发剂等的作用下进行溶液原位聚合反应，形成高分子纳米复合材料。单体熔体插层原位本体聚合过程是单体本身呈液态，与黏土混合后单体插入层中，再引发本体聚合反应。单体熔体插层原位本体聚合过程包括两个步骤：单体熔体插层和原位本体聚合。单体熔体插层步骤与聚合物熔体插层和溶剂插层过程基本类似。对于在黏土层间进行的原位本体聚合反应，在等温、等压条件下该原位聚合反应释放出的自由能将以有用功的形式对抗黏土片层间的吸引力，使层间距大幅度增加而形成解离型高分子纳米复合材料，在插层过程中温度升高既不利于单体插层，又不利于聚合反应。

单体溶液插层原位溶液聚合也分为两个步骤：首先是溶剂分子和单体分子发生插层过程，进入黏土层间，然后进行原位溶液聚合。溶剂具有通过对黏土层间有机阳离子和单体二者的溶剂化作用，促进插层过程和为聚合反应提供反应介质的双重功能。要求溶剂自身能插层，并与单体的溶剂化作用要大于与有机阳离子的溶剂化作用。由于溶剂的存在使聚合反应放出的热量得到快速释放，起不到促进层间膨胀的作用，因此一般得不到解离型纳米复合材料。单体插层聚合方法已经成功用于黏土-尼龙纳米复合材料的制备。此外，将苯胺、吡咯、噻吩等单体，嵌入无机片层间，经化学氧化或电化学聚合，生成导电聚合物纳米复合材料，可作为锂离子电池的阳极材料。液晶共聚酯/黏土纳米复合材料也可以采用单体聚合法制备。

6. 插层法高分子纳米复合材料的性能特点

插层法制备的纳米复合材料主要使用具有层状结构的黏土作为增强材料，纳米黏土能够增强高分子复合材料的力学性能和热学性能的观点已被广泛接受。插层法工艺简单、原料来源丰富、价格低廉、容易工业化。层状无机添加物只是一维方向上处于纳米级，不会像一般纳米粒子那样容易团聚，分散也较容易，比较容易获得均匀稳定的高分子纳米复合材料。该法的关键在于对层状无机物插层前的改性处理能否成功。目前在插层复合法的应用方面，大多数工作集中在黏土与各种高分子材料复合方面，对黏土以外其他片层物的插层研究较少。高分子基体材料中使用极性聚合物成功的例子较多，工业化过程也比较顺利。非极性聚合物的复合还存在一些问题需要解决。

8.2.3 共混法

采用共混法制备高分子纳米复合材料是将纳米粉料与高分子基体材料进行熔融共混或溶液共混，得到纳米粉料在基体中均匀分布的高分子复合材料。采用这种方法既可以制备三维结构的复合材料，也可以制备二维的膜型复合材料；从结构上分别属于 0-3 型复合材料或者 0-2 型复合材料。共混法是最简单、最常见的高分子复合材料制备方法，适合在聚合物中分散各种形态的粒子。就共混方式而言，目前常用的方法有以下几种。①溶液共混法：把基体树脂溶于溶剂中，加入纳米粒子后混合均匀，除去溶剂。②乳液共混法：将纳米粒子加入聚合物乳液中，并搅拌混合均匀实现共混。③熔融共混：首先将聚合物加热熔融，并将纳米粒子加入聚合物熔体内搅拌共混。④机械共混：将高分子物料和添加物料加入研磨机中研磨共混。

1. 共混法的特点

除了机械共混允许加入非纳米添加物料，通过共研磨使粒度细化以外，其他共混法都是先制备纳米粉料，然后将纳米粒子与高分子基体材料进行共混复合。由于纳米粉料的制备与复合过程分开进行，有利于选择工艺条件，控制纳米粒子形态、尺寸等参数。可供选择的添加材料也不受共混方法的限制。共混法的技术难点是纳米粒子的分散问题，因为纳米粒子的表面能非常高，团聚问题比常规粒子更加严重。为防止粒子团聚，通常在共混前需要对纳米粒子表面进行处理。在共混过程中，除采用分散剂、偶联剂、表面功能改性剂等处理手段外，还可采用超声波进行辅助分散。

2. 纳米粉体的制备

可用于直接共混的纳米单元的制备方法种类繁多，在前面章节中已经做了部分介绍，各种方法的目标都是得到尺寸在纳米级范围的微粒。通常获得纳米微粒有两种制备形式，一种是从小到大制备方式，由原子、分子等前体出发，通过分子凝聚成纳米颗粒。另外一种是从大到小的制备方式，即由常规块体材料出发，通过粉碎、研磨等手段使其体积破碎达到纳米级范围。总体上又可分为物理方法、化学方法和物理化学方法三种。其中物理方法主要有物理粉碎法、蒸发冷凝法；化学方法包括化学气相沉积法、沉淀法、模板反应法、微乳液法、溶胶-凝胶法、水热合成法等。一般来说，化学方法在微粒粒度、粒度分布及微粒表面控制方面有一定的优越性。下面介绍几种共混法中常用的纳米粉体的制备方法，它们基本都属于湿法。

(1) 共沉淀法。

属于从小到大的制备方式，具体过程是在含有多种阳离子的溶液中加入沉淀剂，使金属离子完全沉淀。这种方法称为共沉淀法。例如，以 CrO_2 为晶种，加入草酸作为沉淀剂，可以得到 La、Ca、Co、Cr 掺杂氧化物及掺杂 $BaTiO_3$ 等粉体。以 $Ni(NO_3)_2 \cdot 6H_2O$ 溶液为原料、乙二胺为络合剂，NaOH 为沉淀剂，可以得到 $Ni(OH)_2$ 超微粉。共沉淀法可避免引入对材料性能不利的有害杂质，生成的粉末均匀性较好、粒度较细、颗粒尺寸分布较窄。

(2) 水热法。

也是属于从小到大制备方式。水热法是在高压釜里高温、高压的反应环境中，采用水作为反应介质，通过物理过程或化学反应制备纳米粉料的方法。包括水热结晶法、水热合成法、水热分解法、水热脱水法、水热氧化法、水热还原法、电化学水热法和微波水热合成法等。水热法可直接得到分散且结晶良好的粉体。例如，用金属 Sn 粉溶于 HNO_3 形成 α-H_2SnO_3 溶胶，水热处理后得到分散均匀的 5 nm 四方相 SnO_2。

(3) 化学气相沉积法。

一种或数种反应气体通过热、激光、等离子体等作用而发生化学反应析出超微粉的方法，称为化学气相沉积法。由于气相中的粒子成核及生长的空间大，制得的产物粒子细，形貌均一，具有良好的分散度，而制备常常在封闭容器中进行，保证了粒子具有更高的纯度。化学气相沉积法多用于陶瓷纳米粉的制备，如 AlN、SiN、SiC，所用原料多为气体或易于气化、沸点低的金属化合物。例如，AlN 纳米粉的合成中，在 700～1000 ℃，以无水 $AlCl_3$ 和

NH_3 作为源物质，用化学气相沉积法可得到高纯 AlN 超细粉末。在 1300 ℃以上可以得到 SiC 纳米粉末。

（4）真空蒸发冷凝法。

真空蒸发冷凝法是指在高真空的条件下，金属试样经加热蒸发后冷凝形成微粉的方法。试样蒸发方式包括电弧放电产生高能电脉冲或高频感应产生高温等离子体等使金属蒸发。在高真空室内，导入一定压力 Ar 气形成惰性环境，保护形成的金属微粒；当金属蒸发后，金属粒子被周围气体分子碰撞，凝聚在冷凝管上形成 10 nm 左右的纳米颗粒，其尺寸可以通过调节蒸发温度场、气体压力进行控制，可以制备出粒径最小为 2 nm 的颗粒。采用真空蒸发冷凝法制备的超微颗粒具有纯度高、粒径分布窄、结晶良好、表面清洁等特点。原则上该法适用于任何可挥发的元素及化合物。

3. 纳米颗粒的表面改性

目前溶液共混法存在的两个主要问题是粉料的团聚问题及在溶液中沉降分离问题。对于纳米级粉料来说，由于粒度小，沉降问题并不严重。但是随着粒度减小，表面活性提高，团聚问题极为严重，共混时保证粒子的均匀分散有一定困难。团聚问题已经成为制备高分子纳米复合材料的瓶颈。因此在共混前通常要对纳米粒子表面进行改性处理，或在共混过程中加入相溶剂或分散剂。对纳米粒子表面进行改性处理主要有两种方法：一种是化学改性，通过加入偶联剂发生化学反应在粒子表面修饰一层低表面能层，降低团聚趋势，或者通过聚合物在纳米颗粒表面生成化学键的方式进行聚合物表面改性；另一种是利用物理吸附方法在粒子表面形成吸附层，被吸附的物质可以是小分子，也可以是聚合物，吸附层在粒子与粒子之间起分隔作用。这种改性方法还能改变粒子表面的亲水性或疏水性，提高粒子表面与聚合物基体分子之间的作用力，有利于粉料在基体材料中的均匀分散。在聚合过程中加入的相溶剂其实是一种双亲分子，即分子一部分与纳米粒子亲和性好，另外一部分与聚合物分子亲和性好，通过相溶剂的纽带作用，提高纳米粉体与聚合物分子之间的相溶性。相溶剂有小分子型，也有嵌段共聚高分子型。采用上述改性方法都可以在一定程度上改善纳米粉料以原生粒子的形态在聚合物基体材料中均匀分散的能力。

4. 溶液共混复合方法

溶液共混复合方法制备高分子纳米复合材料采用溶剂将高分子基体材料溶解，使其从固态转化成液态，以利于与纳米粉料的混合。在实际制备过程中，所谓的溶液仅指聚合物溶液，包括聚合物以分子分散状态存在的真溶液和以聚集态存在的准溶液；而纳米粉添加剂加入聚合物溶液后多形成混悬液，即纳米粉体并不在溶液中溶解。得到的上述混合体系经过充分搅拌而均匀混合形成分散型复合体系，最后经过消除溶剂的过程得到高分子纳米复合材料。与高分子熔体相比，高分子溶液的黏度较低，通过简单搅拌和超声波等机械作用力作用就可以较易得到分散度很好的高分子纳米复合材料。

溶液共混复合方法对于聚合物的选择要求主要是在选定的溶剂中能够溶解，并且能够得到浓度尽可能高的溶液，以减小溶剂蒸发时造成的体积收缩，并减少蒸发过程的能源消耗和挥发溶剂对环境的污染。实际上，除了少数线性非极性聚合物之外，能够在常用挥发性溶剂中有较高溶解度的聚合物并不多。

采用溶液共混法对于纳米粉料几乎没有限制，用混悬法，在机械混合力作用下，从理论上讲，任何颗粒状材料都可以在聚合物溶液中获得均匀分散。这也是这种方法常被作为高分子纳米复合材料首选制备方法的原因。

5. 熔融共混复合方法

熔融共混复合方法制备高分子纳米复合材料是通过提高温度将聚合物熔融成液态，然后加入纳米粉料，用机械方式分散混合均匀后，降低温度固化成形得到分散性高分子纳米复合材料。与溶液共混相比，熔融共混少了溶解和溶剂蒸发过程，工艺流程相对简化，特别是不采用有机溶剂，不仅降低了成本，还可以保护环境。熔融共混的限制因素是聚合物必须是热稳定的，即在加热熔融过程中不发生降解等有害反应；同时，聚合物必须是热塑性的，容易在升温过程中熔融。由于是在高温条件下混合，因此需要特殊的机械和工艺，常用的方法有螺杆挤出混合、捏合机混合等。熔融共混与溶液共混一样，存在着纳米粉体团聚问题，相容性问题也可以采用相同或类似的办法解决，在混合体系中加入相溶剂，或者对纳米粒子进行表面改性。相比较而言，熔融共混复合方法适用的领域要比溶液共混复合方法要宽些。

8.2.4 其他复合方法

除了上面介绍的三类方法常用于高分子纳米复合材料制备以外，以下几种复合方法也在某些特殊场合获得应用。

1. LB膜复合法

LB膜是利用分子在界面间的相互作用，人为地建立起来的特殊分子有序体系，是分子水平上的有序组装体。LB膜技术主要被用来制备0-2型纳米复合材料，即高分子纳米复合膜。LB膜复合法常用的制备方式有三种。

(1) 先形成复合有可溶性金属离子的单层或多层LB膜，再与H_2S气体反应形成均匀分散在基体材料中的不溶性硫化物纳米微粒构成有机-无机复合型LB膜。

(2) 以纳米微粒的水溶胶作为亚相，通过静电吸附在气液界面上形成复合膜，再转移为单层或多层复合有纳米微粒的LB膜。

(3) 在水面上分散表面活性剂稳定的纳米微粒，在制备LB膜的过程中直接进入膜内，从而得到纳米微粒单层膜。

采用上述三种方式都可以获得膜的尺寸、物理性质及粒子的分布都得到精确控制的纳米复合膜材料。例如，将复合有镉离子的脂肪酸盐LB膜暴露于H_2S气体中，生成的CdS纳米粒子均匀分布在LB膜中，形成半导体薄膜和超晶格。

2. 模板合成法

利用基质材料结构中的空隙作为模板合成纳米复合材料的方法称为模板合成法。虽然使用的基质材料可以为多孔玻璃、分子筛、大孔型离子交换树脂等多种材料，但是对于高分子纳米复合材料制备而言，使用较多的主要是聚合物网眼限域复合法。这种方法的基本思想是高分子亚浓溶液可以提供由纳米级至微米级尺寸变化的网络空间。高分子链上的基团与无机纳米微粒的某一元素形成的离子键或配位键构成了有机-无机纳米复合材料两相之间的界面作用力，经转化反应后生成金属化合物纳米晶材料，使复合材料中聚合物和无机纳米微粒结合稳定。溶液的浓度越高，网眼的尺寸越小，制备的微粒尺寸也越小。纳米微粒在网眼中生成，由于受到网链的限制，必然具有一定的稳定性。以下方法可以实现网眼限域复合。

(1) 离子交换法。

通过共聚或离子化改性使高分子链上含有可电离基团(一般为磺酸基团或羧酸基团)，通过离子交换过程，与无机纳米微粒的某一元素形成强离子键，将无机离子交换到聚合物网络里,然后再通过化学反应,将金属阳离子还原,在吸附点原位生成金属纳米微粒。

(2)配位络合法。

当高分子骨架上含有配位基团时,与过渡金属阳离子作用,两者之间形成配位键,金属离子被吸附在高分子基体材料中,再经过化学转化,形成金属或金属氧化物纳米粒子,构成高分子纳米复合材料。

3. 分子自组装法

自组装膜是与LB膜同样重要的功能材料。利用自组装技术也可以制备高分子纳米复合膜。利用自组装法制备高分子纳米复合膜主要是依据静电相互作用原理,用电荷的基板自动吸附离子型化合物,然后聚阴离子、聚阳离子电解质以交替吸附的方式构成聚阴离子-聚阳离子多层复合有机薄膜,这种复合结构为2-2复合型结构类型。这种自组装膜中层与层之间有强烈的作用力,使膜有优良的稳定性,制备过程的重现性较高。原则上任何带相反电荷的分子都能以该法自组装成复合膜。利用自组装法,现在已成功合成了包括聚电解质-聚电解质、聚电解质-黏土类片状无机物、聚电解质-无机纳米颗粒、聚电解质-生物大分子等高分子纳米复合膜。

建立在静电相互作用原理基础上的自组装法,其最大特点是对沉积过程或膜结构的分子级控制。自组装法可以有效地控制有机分子、无机分子的有序排列,以及形成单层或多层相同组分或不同组分的复合结构。特别是多层薄膜中,每层的厚度都能控制在分子级水平。众所周知,作为纳米结构材料的一种,有机高分子与其他组分组成的高分子纳米复合膜具有独特的物理和化学性能,在气体分离、保护性涂层、非线性光学设备及在增强无机材料的生物相容性等方面有广阔的应用前景。

8.3 高分子纳米复合材料的结构与性能

根据复合材料两相之间的相对位置和复合特点,高分子纳米复合材料主要有如下结构类型:①无机纳米颗粒分散在高分子基体材料之中;②高分子纳米颗粒分散在无机基体材料之中;③高分子插入到无机层状体缝隙中,形成纳米级厚度的层状复合材料;④高分子纳米颗粒或纳米纤维分散到另一种高分子基体材料中。下面分别论述这些高分子纳米材料的特点和实际应用。

8.3.1 无机纳米颗粒分散在高分子基体材料中

这是最为常见的一种高分子纳米复合材料结构。这种复合材料以无机材料作为纳米级分散相,高分子材料作为连续相。无机分散相可以是金属或者陶瓷粉体,也可以是它们的纤维,或者是其他形状的无机材料。无机纳米粉体或纤维分散在有机聚合物中,以其较大的表面积与高分子材料相互作用,这种作用对分散的纳米添加物和聚合物基体的性质都有相当大的影响,不仅对原有基体材料的性能有增强作用,还会产生某些新的功能。从高分子纳米复合材料的制备目的分析,可以分成以下两种情况。

1. 以改进高分子材料的性能为目的

目前以这种目的制备的高分子纳米材料较为多见。在这种情况下,高分子基体材料的使用功能并没有发生根本改变,只是试图用添加纳米添加剂的方式提高高分子材料的综合性能或单项性能。当高分子基体材料加入无机纳米粉料分散复合以后一般会产生以下几种性能上的改变。

(1) 热性能提高。

由于纳米粒子的比表面积大、表面能高，与高分子相间的界面作用强烈，对聚合物分子的热运动有较强的限制作用，因此高分子材料的热学参数会有较大变化。例如，在尼龙-6中用插层法加入质量分数仅为4.2%的蒙脱土纳米添加剂，得到的尼龙-6/黏土纳米复合材料的热变形温度即由纯尼龙-6的62 ℃升高到112 ℃，提高了近一倍；而加入质量分数为10%的海泡石，热变形温度甚至可以提高到160 ℃，均大幅度提升了高分子材料的高温性能。

(2) 材料力学性能的提高。

加入刚性粉状添加剂一般都能提高高分子材料的韧性，而不论加入刚性粉体的粒径大小。但是大尺寸颗粒的加入会破坏并降低其他力学指标；而加入纳米级的刚性粉体则不会产生上述现象。人们已经发现，加入粉料的粒径越小，材料的拉伸强度增加效果越明显。关于纳米粒子对聚合物的增强作用，通常认为纳米级填料粒径小，粒子的比表面积大且表面能高，粒子与高分子链发生物理或化学结合的机会多，由于是多点作用，还有类似交联的作用，能够有效对抗材料的形变。例如，上述加入4.2%蒙脱土的尼龙-6/黏土纳米复合材料，其屈服强度是尼龙-6纯品的1.35倍，弯曲强度提高了60%，弯曲模量提高了70%，且耐冲击性能保持不变。

2. 以功能化纳米粒子的材料化为目的

各种纳米粉体均具有很多特殊的物理和化学性质，但是作为单独的纳米粉体在使用上有诸多不便。在这种情况下制备高分子纳米复合材料的目的则是为了最大限度地发挥纳米添加剂的功能。此时，作为连续相的高分子材料主要起辅助作用，其作用类型分别为作为分散剂、载体、稳定剂等，使复合的功能纳米粉体材料化。例如，稀土荧光材料能够将紫外光转变成可见光发出，一方面可以消除紫外线的有害作用，另一方面可以得到有益的可见光。但稀土块体和粉体在使用上都有不便之处，如果将稀土荧光材料纳米化，然后再与高分子材料复合，可以得到透明度很高的高分子纳米复合薄膜，该薄膜具有良好的转光性质，即将有害的紫外光转换成植物可以利用的可见光，这种复合材料应用到农业上可以大幅度提高蔬菜产量。

具有类似特殊性质的材料还有很多，例如，将导电炭黑纳米化，与高分子材料分散复合后制成导电型纳米复合材料，在获得同样导电能力的同时，可以大幅度减少炭黑的添加量。同样，纳米级的钛金属氧化物，具有较强的光致杀菌作用，当与高分子材料复合制作成纳米涂料、纳米工程塑料或者纤维时，即可在相应产品中发挥其杀菌作用。将具有吸波性能的导电或电磁材料制成纳米微粉，与高分子材料复合制成吸波纳米涂料或者吸波结构材料，可以用于军事上隐形技术的研究。

8.3.2 高分子纳米颗粒嵌入无机基体材料中

虽然这种将有机高分子嵌入无机基体材料中的复合方式比较少见，但是仍然具有实用意义。从制备目的考虑，同样可以将其分为加入高分子纳米添加剂以改进无机材料的性能和利用无机材料作为基体，主要发挥有机添加材料的功能两种情况。由于无机基体材料多为刚性材料，熔点较高，需要用特殊的复合方法。一种方法是利用模板复合方式，采用本身具有纳米级尺度内部空间的无机材料作为模板，将单体小分子扩散进入内部空间后原位聚合形成复合物；或者设法让聚合物分子熔融或溶解，进入内部纳米级空间。另一种方法是用溶胶-凝胶法制备有机-无机互穿网络型复合材料，此时，有机材料所占比重较小，构成分散相。在前一种情况下，一般可通过将无机基体浸入高分子溶液中制得；或者将无机基体浸入含有有机单体的溶液中，使单体分子进入孔道，而后由光或热引发聚合反应，得到有机聚合物穿插于无机孔道中的复合结构。根据无机基体性质、孔道的尺度形状、有机组分的性质及其比例不同，可以制备一系列具有可调性质的纳米复合材料。比较典型的应用例子是导电聚合物-金属氧化物复合导电材料的制备。层状氧化矾是锂离子电池的正极材料，但是导电性能不理想，将聚苯胺导电聚合物插入氧化矾层内可以有效提高其导电能力，弥补了金属氧化物在导电能力方面的不足。采用纳米二氧化钛薄膜吸附4-甲基，4'-乙烯基-2，2'-联吡啶合钌，然后用电化学聚合的方法，得到的层状复合材料可以提高联吡啶合钌络合物光敏化二氧化钛太阳能电池的稳定性。为了得到均一的复合相材料，通常需要采用第二种方法——溶胶-凝胶法，经过原位缩聚可以制得嵌入高分子的无机网络结构，从而对无机材料的性质进行调整。

对于第二种制备目的，无机基体材料发挥其刚性作用，为功能性有机分子发挥特殊性能提供外界条件。采用上述两种复合方法，各种功能性有机分子（非线性光学染料、光致变色染料、蛋白质、酶等）都可以被嵌入二氧化硅或过渡金属氧化物（ZrO_2、TiO_2、V_2O_5等）为基础的无机网络结构中，用于发展新型的光、电及生物活性材料。

8.3.3 聚合物-聚合物纳米复合结构

聚合物-聚合物复合材料过去称为聚合物合金，其相应的制备技术手段也并不是新发明，分别称为嵌段聚合和熔融共混等。如果共混体两相微区结构中有一项结构尺寸在纳米级范围，即可称为聚合物-聚合物纳米复合材料。聚合物-聚合物纳米复合材料按合成方法的不同可分为分子基嵌段共聚复合材料、原位共混分散相复合材料和原位聚合复合材料。对于聚合物-聚合物纳米复合材料，为了获得更好的功能互补性和性能，多选择性能差别比较大的两种聚合物进行复合。

1. 分子基嵌段共聚复合材料

分子基复合是指不同性质的高分子之间以共价键连接，构成分子内具有不同性质的微区。采用的办法可以是嵌段共聚或者是接枝聚合，如尼龙6-聚酰亚胺-尼龙6三嵌段共聚物和尼龙6/聚酰亚胺接枝共聚物都属于此类。具有微区结构的嵌段聚合物，微区相的尺寸一般在数十纳米以内，应该说是一种理想的聚合物纳米复合材料。

2. 原位共混分散相复合材料

这是指一种高分子材料作为分散相，另外一种聚合物作为连续相构成的复合物。在高分子复合材料中两相互为分散相的情况也非常多见。采用这种方法制备的聚合物-聚合物复合材料，如果其中有一相结构尺寸在纳米级范围内，就属于高分子纳米复合材料。制备的方法多为熔融共混或溶液共混。熔融共混法适合于热塑性聚合物与热致高分子液晶进行复合。其原理是在热致高分子的液晶态温度范围内进行共混加工，可以使液晶分子沿外力取向形成微纤，这样固化后即可得到纳米微纤均匀分布的纳米复合材料。由于液晶分子形成微纤，具有大的长径比及高模量，对热塑性基体材料起到很好的机械增强作用。又由于液晶微纤间易于平行滑动，从而有利于挤出和注塑成形，降低加工难度。例如，将机械性能优异的芳香族聚酯类高分子液晶与热塑性树脂尼龙共混，仅加入2%～4%的硬段聚酯液晶，复合材料的模量和强度就能提高1～2倍。溶液共混法多用于热塑性聚合物与溶致高分子液晶的复合过程，加入溶剂溶解后，在高分子液晶的液晶态浓度范围内进行溶液共混，可以获得具有类似结构的聚合物纳米复合材料。

3. 原位聚合复合材料

这种方法是在一种聚合物溶液(或溶胀体系)中加入另外一种单体,在混合后进行原位聚合,生成纳米级尺度复合材料。这样可以克服两种高分子材料不易混合、难以形成纳米级分散的问题。例如将吡咯单体扩散到柔性链聚合物溶胀基体中,引发吡咯单体在基体中原位聚合,制成了既具有一定的导电性,又提高了基体材料力学性能的高分子复合材料。此外,以微量交联的聚乙烯醇作基体,用电化学法使吡咯单体原位聚合,得到 PPY/PVA 纳米复合材料。采用共溶剂沉淀的方法,用聚苯并噻唑与聚苯并咪唑复合,得到了模量高达 62 GPa,并耐 500 ℃高温的高性能复合材料。

8.4 高分子纳米复合材料的应用

高分子纳米复合材料既能发挥纳米粒子自身的小尺寸效应,又能通过与高分子基体材料的相互协同作用,创造新的功能;既有高分子材料本身易加工、稳定性好的特点,又可以使纳米粒子所特有的催化、光、电、磁、生物等特殊性质得以充分发挥。因此,虽然高分子纳米复合材料的发展历史并不长,但已经在不同领域获得了广泛应用(见表 8-4-1)。

表 8-4-1 高分子纳米复合材料的应用领域

纳米复合材料性能	纳米材料用途
催化性能	高性能高分子催化剂
力学性能	增强、增韧高分子材料
磁学性能	高密度磁记录、磁存储、吸波隐形材料
电学性能	导电浆料、绝缘浆料、非线性电阻、静电屏蔽材料、电磁屏蔽材料
光学性能	光吸收材料、隐身材料、光通信材料、非线性光学材料、光记录材料、光显示材料、光电子材料
热学性能	低温烧结材料、耐高温材料
敏感性能	压敏材料、湿敏材料、温敏材料
其他性能	仿生材料、生物活性材料、环保材料、耐磨材料、减磨材料、高介电材料

思 考 题

(1) 采用溶胶-凝胶法既可以制备高分子纳米复合材料,又可以制备纳米粉体,那么从制备过程而言,两者的差别在哪里?

(2) 采用纳米粉体、纳米纤维和层状纳米材料作为分散相与高分子材料复合可以构成哪些种类的高分子纳米复合材料?

(3) 插层法是制备高分子纳米复合材料的主要方法之一,哪些无机材料适合采用这种制备工艺?

(4) 无机粉体-高分子纳米复合材料通常力学性能得到很大改善,讨论其作用原理有哪些。

（5）采用粒径更细的纳米磁粉与高分子基体材料复合可以得到记录密度更高的磁记录材料，分析讨论磁性粉体材料的粒径与记录密度的关系。

（6）采用插层法制备高分子纳米复合材料的蒙脱土本身是不透光的，分析为什么构成的上述复合材料具有良好的透明性。

（7）多相催化剂的催化活性与其比表面积成正比，讨论其表面效应是如何在纳米催化剂中起增强催化活性的。

（8）有些高分子纳米复合材料具有特殊的光学效应，举例说明这些光学效应的种类和可供开发的应用领域。

第9章 功能高分子研发方法与方向

9.1 功能高分子的设计与开发

材料是人类进化的重要里程碑，人类历史上历次重大的社会变革往往都是以先进材料的出现为标志。当前，人类社会正进入空前快速发展的新阶段，为解决生命科学、生产高度发展以及人类生活高度现代化所带来的资源、能源短缺和环境破坏等问题，人们迫切需要发展高新技术。材料是技术进步的关键，设计研发新材料以满足新需求已经成为一种重要的发展趋势。

展望未来，新材料研发主要有两个方向：一是研发具有优良环境耐受性能、优良力学性能且具有良好环保性质的高性能新材料；二是已有材料的功能化，研发具有特殊物理功能、化学功能、生物功能或集多种功能于一体的功能材料。

可以预料未来功能材料尤其是功能高分子材料将会取得许多重大进展。

研究功能高分子材料的关键是进行功能设计，它包括了分子设计、材料科学设计以及试制技术创新和高分子材料特定功能开发的全过程。这也是功能高分子材料的研究有别于其他通用高分子材料的特点。功能设计的途径主要分以下类别。

(1) 通过分子设计以获得新功能，包括高分子结构设计和官能团设计，是使高分子材料获得化学结构本征性功能特征的主要方法，因而又称为化学方法。例如，在高分子结构中引入感光功能基团，从而合成出感光高分子材料。可供选择的措施有共聚合、接枝聚合、嵌段聚合、界面缩聚、交联反应、官能团引入、模板聚合、管道聚合、交替共聚及用高聚物作支持体的聚合等。

(2) 通过特殊加工赋予材料以功能特性，又称为物理方法。例如，高分子材料通过薄膜化制作偏振光膜、滤光片、电磁传感器、薄膜半导体、薄膜电池、接点保护材料、防蚀材料等。这种方法尤其在超细过滤、反渗透、精密过滤、透析、离子交换等方面取得了广泛的应用。

(3) 通过两种或两种以上的具有不同功能或性能的材料进行复合获得新功能。如纤维复合、层叠复合、细粒复合、骨架复合、互穿网络等方法。

(4) 通过对材料进行各种表面处理以获得新功能。

适当组合上述方法，就可以设计得到所需要的各种高分子材料。

9.2 未来新材料的主要拓展方向

9.2.1 军工航天新材料

无论是过去还是将来，智能材料在航空航天领域都有着广泛的用途和广阔的前景，其地位举足轻重。尤其是用于制作飞行器的智能材料，如智能旋翼、自适应机翼、变弯度机翼等的材料，其研究相当火热，新型智能材料技术研究与发展对国防领域有着重要影响。

电磁材料是在航天领域应用最为广泛的一类，具有电磁功能的高分子复合材料可制成电、磁双损型轻质、宽带微波吸收剂,在航天、电磁屏蔽和隐形材料等方面有重要用途。例如智能纤维增强的导电聚合物作为隐形材料,不仅降低了雷达散射的截面,还把飞机的质量减轻了50%,并对声波具有良好的隐形效果。目前雷达波智能隐形材料领域的一大热点是动态适应雷达吸波材料,这种材料应能够感应入射的电磁波,实时调节材料的电磁参数,使材料吸收峰处在入射波电磁频谱,以实现对特定频率电磁波的强吸收。为了提高目标在可见光背景下的伪装能力,国外已经致力于伪装材料在可见光背景下的环境自适应技术研究。其中电致、光致变色高分子材料成为可见光智能隐形的一个重要研究方向。据报道,美国空军研究了一种导电聚苯胺复合材料,可用于调节飞机蒙皮的亮度和颜色,通过安装在飞机各个侧面的可见光传感器可控制材料的光电等特性,在不加电时,它是透光的,在加电时,可同时改变亮度和颜色。使用这种蒙皮的飞机在飞行中从上往下看,它的上部颜色与它下面地表的主体颜色相近;从下往上看,它的底部颜色与太空背景颜色一致;且蒙皮加电时,能够散射雷达波,使跟踪雷达的探测距离缩短一半以上。从相关研究可以看出,由于高分子材料的导电、颜色、温度等方面的可控性,其隐形特性将会是智能应用的一个重要发展方向,高分子智能隐形材料将有非常好的发展前景。利用其电磁特性或温度可调控的特点,全波段兼容智能隐身也将成为高分子智能隐形材料的下一个发展趋势。在电磁功能高分子材料研究设计中,可利用导电高分子材料结构多样化、类金属电导率、电磁参量可调和比重轻、易复合加工等特性,和纳米磁体因小尺寸效应而表现出的与块体磁体不同的特性,如超顺磁性、磁性量子隧道效应等特性。将无机磁性纳米结构单元与导电聚合物复合所制得的复合物,集聚合物自身的导电性与纳米结构单元的功能性于一体,具有特殊的电、磁性能,可望在电磁相互作用、电致变色、传感和驱动技术、非线性光学体系等方面获得广泛应用。有关电磁功能高分子复合物的研究中一般通过原位聚合、电化学沉积、自组装等方法制备电磁功能高分子复合物。

但是目前各种制备电磁功能高分子复合物的方法,大多还处于实验室研究阶段,如何利用这些方法成批生产具有实用价值的材料,有待进一步的深入研究。此外人们对导电高分子与无机磁性微粒之间的相互作用机制的认识还不深,这方面的研究工作还应当加强,许多研究者试图通过改变无机磁性粒子在复合物中的含量以提高其性能,但效果并不明显。可否通过改变无机磁性粒子的粒度,及其在高分子链中排列的有序性,来增强复合物的性能,并达到性能可控目的还有待人们的深入研究。但是高分子材料因其可在微观体系即分子水平上进行设计,通过化学键、氢键等组装方法而形成具有多种智能特性的材料已成为智能隐形领域的一个重要发展方向。

在航天领域应用中,弹性记忆复合材料的独特性对航天结构尤为适用。如将大型空间结构在地面紧凑包装,发射升空后再伸展开,因复合材料密度低,强度和模量高,所设计的部件质量很轻,且集结构部件和伸展机构于一体。展开过程通过加热即可实现,无须电机、轴承、位置传感器与复杂的电子控制装置和软件等传统机械展开装置,可设计简单、轻便的可展开复合材料结构。航天器在飞行过程中根据工作环境要求改变自身的构型和外形,以达到最优性能的结构自适应性对通信卫星、光学观测卫星、空间站等各类航天器均有重要应用价值。近年来有人提出变体飞行器,可以根据不同的飞行任务和飞行环境改变自身形状,以获得最佳的气动性能,变体飞行器需要一类具有轻质、大驱动力、大变形等特点的新一代智能材料来实现。

各种军用结构、装备和装置未来关注的重点包括智能涂层系统、自适应结构和先进制造技术。例如涂层能够指示某种结构是否超过操作参数(如压力或温度限制)或临界冲击损坏值，能够为维护的必要性提供证据。智能系统通过嵌入具有智能传感、信息处理、通信和其他功能的组件和结构，在国防和安全领域具有潜在的应用可能。自适应结构可为大量军用平台提供帮助，例如空中平台，可移除传统飞机的控制面，极大地改善电磁信号性能，减少飞机自重。先进制造技术可研发新型制造工具，用于生产具有新的独特功能且十分复杂的多功能材料。

9.2.2 智能环境与家居材料

近年来，随着环境的日益恶化，人们对环境空前关注，因此发展环保类或环境改善类材料迫在眉睫。

其中一些功能高分子材料已在农业、工业方面得到广泛的应用，如高吸水性高分子材料在改善西部荒漠化上具有巨大的应用前景，主要可用于以下方向。

（1）土壤改良剂。

将高吸水性高分子材料与土壤混合，可促进土壤形成团粒结构，增加透水、透气和保水性，改善土壤的保墒、保湿和保肥能力。将高吸水性高分子材料配成 0.3%～0.4%的凝胶液，撒入 10～15 cm 深的沙漠中或将其直接与土壤混合，就可在其中种植蔬菜和一般农作物。日本在中东地区和非洲地区试验收到了较好的成果，引起人们关注。

（2）保肥剂。

将高吸水性高分子材料与化肥混合，施于土壤中，可防止化肥的流失，提高化肥利用率。

（3）沙漠绿化剂。

将高吸水性高分子材料与黏土、水制成保水剂，再和农用土掺在一起，则可很好地保存土壤中的水分，从而达到沙地绿化的目的。

开发高吸水性高分子材料的工作对改善我国北方地区少雨多旱、土地沙化的现状具有重要的意义。这些实际应用成果极大地鼓励了功能高分子研究人员的工作和学习热情，更多的功能高分子材料的设计开发将会为社会发展进步、气候环境改善做出应有的贡献。

随着我国城市化进程的进一步加快，建筑工程项目的不断增加，建筑业不断发展的同时，也带来了新的挑战——建筑耗能问题。随着人们环保意识的逐渐增强，建筑节能已经成为当前人们广泛关注的一个焦点。所谓智能建筑材料，指的是对生命系统进行模仿，对环境的变化能够感知，并且根据所感知到的变化来对材料参数进行改变，可以很好地改善建筑整体质量，保持建筑原本的美感和高科技感，从而与环境相适应的一种复合型建筑材料。

由此研发出的新型材料，如调湿混凝土，在搅拌混凝土时，将纳米天然沸石粉这一特殊材料添加到混凝土中，使建筑具备能够根据房间内的环境温度来进行湿度调控的特殊功能，从而满足人们对于生活质量的追求。

此外，还有智能涂料，举例如下。

（1）室外空气净化涂料。

通常情况下，当阳光直射建筑外墙的涂料时，就会激活涂料中的污染颗粒，对人体健康带来不利的影响。但是，由于这种空气净化材料具有方便清洁、抗污性能好及防静电的特点，因此，将这种涂料运用在建筑中，不但不会影响人们的生活，还能在一定程度上对一些室外污染气体起到吸收的作用。

（2）室内净化环境涂料。

对于人们来说，室内涂料的好坏，在一定程度上对人们的身体健康有着直接的影响。因此，室内净化环境涂料的运用，不仅能够对房间内的氨气、氮氧化物等起到很好的净化作用，还可通过涂料在光的作用下所产生的自由基来对空气中的细菌起到杀灭的作用。除此之外，由于这种涂料也具备方便清洁和抗污性能好的特点，因此，还能够营造一个舒适的生活环境。

(3) 阻热防水涂料。

一般来说，这种涂料最主要的特点是拥有较多的微泡玻璃球，如果将这种涂料运用在金属器材的表面，不仅能够起到很好的堵漏作用，还可有效地防止金属器材生锈。如果在沥青的表面涂抹这种材料，可以起到反射太阳光的作用，不仅能够很好地保护沥青，还能在一定程度上延长沥青的使用寿命。因此，将这种新型的智能材料运用在建筑中，不仅对建筑物起到很好的保护作用，还能实现对环境的有效保护。

有报道称已开发出智能调节透反射率节能玻璃膜，它利用了纳米 VO_2 功能材料优良的红外光透反射调节性能，即在膜面高于一定温度（如夏季大于 40 ℃）时它呈现出金属特性，因而可以通过对光热的反射和吸收阻隔大部分的太阳能；而在低于一定温度（如冬季低于 20 ℃）时则通过温控相变呈现出半导体特性，通过对光热的透射导入较多的太阳能。它是一种不用任何人工能源，仅利用自然环境的温度变化就能实现对太阳能的自动调控，达到冬暖夏凉效果的智能功能贴膜。其为绿色建筑节能提供了大量实用且有效的解决途径，它不仅为既有建筑的门窗幕墙降低能耗损失提供了简单、便捷、节约的方法，还给新建建筑的门窗带来了智能化的节能产品，为绿色建筑节能提供了新的选择。总而言之，随着我国经济的不断发展，人们的环保意识也在逐渐增强。因此，对于建材行业来说，生态节能和智能建筑材料的运用，不仅能够强化建筑的使用性能，还可为人们的生活安全提供有效的保障，其中智能型建筑材料的运用，还能够满足人们对于生活质量的追求，为人们营造出舒适、健康的生活环境。可以预见，生态节能材料和智能建筑材料在未来一定会得到广泛的推广和运用，为保护环境做出贡献。

9.2.3 智能生物医用高分子材料

高分子科学是研究相对分子质量在百万甚至数千万的大分子合成、结构与性能的学科，而生命科学中的核心物质 DNA、多肽、蛋白质、聚多糖等都是相对分子质量很高的大分子，由这些生物大分子所构筑的生物体系，能够精确地响应外界环境微小的变化，而行使其相应的生物学功能（如单个细胞的生命活动）。许多合成高分子也具有类似的外界刺激响应性质，且已经被广泛研究、应用于智能或仿生体系，特别是在生物医学方面，可用于药物控制释放、生物分离、生物分子诊断、生物传感器和组织工程等领域。因此，高分子科学与生命科学存在着不可分割的联系和许多有待进行学科交叉研究的前沿问题，比如：①DNA、蛋白质、多糖、高分子药物及诊断试剂等在分子水平层面的交叉研究；②高分子科学在小尺寸药物传输系统、单双层及多层高分子膜和生物传感在细胞层面上的交叉研究；③高分子科学在组织或骨架工程等人体组织和生命层面上的交叉研究。

今后高分子科学研究者除了继续重视生物医用高分子研究之外，还可通过运用高分子科学知识，从分子水平研究生物大分子结构、相互作用等，为研究生物大分子在生命体系中的作用做出应有的贡献。通过高分子组装和高级有序结构构筑、手性高分子、配位高分子及受生物启发或模拟生物体系高分子的研究，在高分子科学与生命科学之间架起跨接的桥梁。

分子识别是化学与生命科学研究最热门的关注方向之一，已经成为一门新兴的热门研究领域，其广泛涉及智能材料、生物、化工等前沿交叉学科。分子识别在自然界的生命过程中广泛存在，例如酶/底物结合，抗原/抗体相互作用，受体/配体相互作用，互补的 RNA 或

DNA之间的杂交等。具有分子识别功能的高分子材料，能够很好地模拟这种生命过程，并可通过对高分子组成和结构的设计，实现识别特异靶向目标（见图9-2-1）的目的，作为智能生物医用材料已被广泛应用于药物传递、疾病分子诊断、生物分离等。

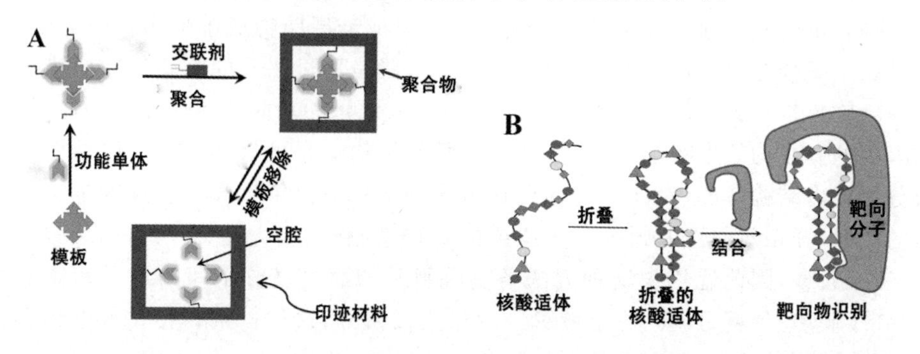

图9-2-1 分子特异性识别示意图

目前有研究表明，含糖聚合物可通过细菌表面受体识别的相互作用，黏附到细菌表面，因此可用于检测病原体和阻断细菌生物活性。然而，制备具有分子识别功能的高分子目前还存在一些问题，目前其最直接的制备方法就是把官能化的智能高分子和生物活性分子通过化学键键合，形成生物键合/杂化体系。但是这种无规键合方法存在一个很大的缺点，特别是对于蛋白质类物质，当把蛋白质键接到聚合物上之后，由于其空间位阻的作用，会引起蛋白质自身构象改变，从而降低甚至失去生物活性而使人体产生不适甚至病变问题。因此，制备具有可控和精确结构的聚合物-蛋白质键合体系是未来发展和应用该项技术要解决的难题。目前已发展起来的解决兼容与精确制备问题的方法有分子印迹法，该方法是近年来发展迅速的一种能够在聚合物基质上制造人工识别位点的有效方法。它是将带有官能团的单体交联剂与模板（识别目标）预先形成复合物后原位聚合，形成交联的体系，再将模板从体系移去，留下具有分子识别能力的空穴的方法。其所得的分子印迹聚合物具有能与天然产物相比拟的亲和常数，且可以通过选择不同的官能化单体交联剂和模板，制备识别不同靶向目标的聚合物，并能在较恶劣的外部条件下，如高温、压力、极端pH值和有机溶剂等环境下使用。其制备的具有廉价、可批量生产、容易长久保存等特点，未来有可能替代天然生物分子的“人工抗体”，可广泛应用于临床分析诊断、色谱分离、环境监测和智能药物传递体系。

将具有生物识别功能的生物分子引入高分子材料，可使所得的聚合物具有生物识别功能，同时可以通过对聚合物结构和形态的调整，使其能够满足在不同的生物医学领域中应用，如生物亲和分离和疾病分子诊断等。虽然通过基因工程获得的具有特定官能化和已知结构的蛋白质，以及通过可控聚合获得的具有可控结构的聚合物，为制备高性能的具有分子识别功能的智能高分子材料提供了可能。但是，目前制备具有分子识别功能高分子材料的方法及应用仍然有限，制备具有可控和精确结构的生物结合高分子材料仍旧充满挑战。近年来，随着糖组学的快速发展，人们更深入地了解到了糖类分子在细菌、病毒等病原体感染，细胞相互作用和细胞信息传递等生命过程中的重要作用。但是，糖单元的多官能性（一般含有多个羟基）及寡糖的空间结构多样性，给人工制备多糖分子带来了很大的困难。而通过简单的聚合方法制备含糖聚合物，能够在一定程度上模拟多糖的结构，并期望拥有相类似的生物学功能，该方法将是制备具有分子识别功能高分子材料的重点发展领域之一。

9.2.4 生物相容性材料

在生物仿生膜方面也有许多智能高分子应用的例子。生物膜是生物体中最基本的结构，它由膜脂、蛋白质及糖类等组成。生物膜的主要成分磷脂构成了生物膜的骨架，它的基本构架是一个闭合的双层磷脂膜，生物体的很多功能是通过物质的跨膜运输而实现的。生物体内的生物膜是经历了亿万年的进化而形成的，其结构和功能均为最完美的体系，几乎不可能用人工的方法构筑生物膜，完全复制生物膜的结构也是没有必要的。但是根据生物膜的构成分子或者结构特征，设计与制备与其结构非常相似的仿生膜对于理解生物膜的结构与功能的关系、开拓新的性能则是十分必要的。在构筑仿生膜方面，层层自组装技术简单易行，无须复杂设备，因此近年来这种方法备受瞩目。如通过高分子间的离子和氢键相互作用，自组装了膜厚、尺度可调的中空胶囊。通过表面修饰，这种自组装胶囊可以具有选择性透过功能。这将使它可以按照需要选择物质进入胶囊，物质进入后与已经包埋在里面的另一底物进行化学反应或由包埋在里面的酶或细胞催化完成一定的化学反应，实现仿生微反应器的功能。生物体由细胞构成，而生物体内的细胞生存于由生物大分子所构成的凝胶网络之中，这些网络为细胞提供了良好的生存条件。所以在细胞的生物体外培养的过程中，如何为其提供与体内一致或相似的生存环境，对细胞的生长非常重要。使用生物相容性材料可为体外培养细胞提供一定条件。同时，通过生物相容性非常好且可自然降解的高分子模板还可以控制由细胞所形成的组织的形态。

人工材料的设计与合成、结构操控、生物活性与生物功能的实现与调控等是成功地构建组织工程材料与器件的关键。天然关节软骨组织是典型的高分子水凝胶结构，并且沿轴向呈多层次有序分布，具有极高的润滑特性和抗压性能。合成高分子水凝胶虽具备高含水量和生物活性，但其力学性能往往较差，无法承受人体负荷。双网络水凝胶体系是一类耐压缩的新型水凝胶材料，其压缩强度可高达 17 MPa，压缩破坏应变可达 90%。但仍需进一步提高其耐压强度和抗应变、抗蠕变特性。中国科学院宁波材料技术与工程研究所生物医用高分子材料团队提出了双网络水凝胶思想，对刚性的第一网络进行纳米复合，通过引入刚性的纳米粒子，形成由柔性交联点与刚性交联点共同构成的第一网络，再与第二网络结合，得到的水凝胶压缩强度提高到 70 MPa 以上，且压缩形变高达 98%仍不破坏，该水凝胶材料可能在关节修补方面具有重要的应用价值。此外，功能纳米颗粒与高分子水凝胶复合，既可赋予材料特定的生物功能，又便于对材料的结构与生物功能进行操控。该团队设计并合成了具有磁性的纳米羟基磷灰石，通过磁场诱导，成功地对具有成骨活性的纳米羟基磷灰石在水凝胶体系中的空间分布进行了操控，该研究为设计与构建具有仿生结构与细胞行为调节功能的高分子水凝胶组织工程支架体系提供了新的思路。

9.2.5 智能超分子水凝胶

生物体的大部分是由柔软且含水的凝胶构成的，其能够感知外界的刺激并做出实时、快速的响应，在不同能量之间快速转化，实现柔性的智能运动。在所有人工材料中，水凝胶是与生物组织最相似的材料，通常是由亲水性高分子经轻度交联而形成的高分子网络，其网络间隙中存在着可以在网络中流动的水分子，同时一些小分子也能以水为介质在高分子网络中移动以进行信息和物质的传递。许多生物信息是通过电信号来传递的，神经系统也是通过电信号来控制肌肉运动的。因而，研究水凝胶在电场中的响应行为就显得非常重要。水凝胶的摩擦特性也与动物组织的摩擦特性一致，因此有望用于智能关节材料的研究开发。

国内外科学工作者研究了水凝胶的摩擦性能，研究表明：水凝胶与接触面间的摩擦系数随着压力的增加而降低，这使得当正压力增加时，摩擦力不会随之线性增加，从而可以保护水凝胶表面。动物的某些组织(如关节)也有类似的特性，这对关节起到了很好的保护作用。

水凝胶的智能性还体现在它的电致收缩特性，当它在外力作用下收缩时会产生电信号，这类似于动物的触觉系统。水凝胶的环境响应特性能在许多方面得到应用，例如，在微流体通道的自动控制方面，这种微通道的研究模拟了生物体内微流体的输运与定向、定量控制机理，拓宽了智能凝胶在仿生学领域的应用。同时，水凝胶的可控蠕动特性也能为微流体的输运提供动力。水凝胶具有很好的生物相容性，它在细胞的固定化方面也得到了广泛的应用。用海藻酸水凝胶空心胶囊和实心微球能为所固定的细胞提供非常好的生存环境，水凝胶使小分子养分能够顺利通过，同时对细胞起到免疫保护作用。在固定细胞的同时还可以为细胞提供合成或天然的高分子细胞外间质(extracellular matrix)，这可以提高某些细胞的生理活性。对于不同的细胞，细胞外间质也有所不同，在天然高分子材料中，常选用多糖和蛋白质作为细胞外间质。

9.2.6 仿生智能材料

自然界中的动物和植物经历了几百万年的进化，其结构与功能已经达到了近乎完美的程度，人类在科学和生产实践当中也不断地向大自然学习，师法自然。这极大地丰富了人们认识世界和改造世界的能力，在这一过程当中产生了一门新的科学——仿生学。1960年9月13日在美国召开的第一届仿生学研讨会上，斯蒂尔博士正式提出了仿生学(bionics)概念，对仿生学的定义如下：仿生学是模仿生物系统的原理来建造技术系统，或者使人造技术系统具有生物系统特征或类似特征的科学。简而言之，仿生学就是模仿生物的科学。尽管仿生学概念的提出仅有几十年，可是人类对仿生学的研究却可以追溯到几千年以前，如春秋时期的鲁班仿照叶子的结构发明了锯、古代人模仿鸟类的翅膀发明了风筝等，飞机和雷达的发明也都是人类向自然界学习的结果。仿生学的发展与人类认识自然的水平和层次直接相关，在现代科学手段还未发明之前，人类模仿生物的功能是在宏观尺度上进行的，随着人类对生物微观结构和化学结构认识的加深，仿生学也进入了一个全新的发展阶段。

生物材料一般具有极其复杂的内部结构和整体多样性，且它们在空间上具有分层、有序的结构，这种结构使得其具有一些非常好的性能。比如家蚕蚕丝的分级结构，其由两根丝素和包覆丝素的多层丝胶构成。一根丝素由900～1400根直径为0.2～0.4 μm的纤维构成，一根纤维又由800～900根直径为10 nm的微纤维构成，微纤维之间存在空隙。蚕丝蛋白的这种结构使得它具有非常优异的力学性能，沿纤维轴向既有较高的强度，又有较大的伸长率。

在仿生材料研究与应用领域，我国最权威的研究者当属中国科学院化学研究所的江雷院士课题组，他们研究了一系列生物的超疏水特性，比如出淤泥而不染的荷叶，其表面自清洁功能是生命体系所特有的。通过对荷叶表面结构的研究发现其表面具有很多微纳米结构，表面有很多10 μm左右的乳突，这种结构使得荷叶表面具有非常小的滚动角，从而使荷叶表面具有超疏水性能(见图9-2-2)，可以实现自清洁。自然界中并不仅有荷叶独具这样特殊性的微纳米结构，利用特殊结构产生特殊浸润性能的生命体系还有很多。例如，水黾由于其腿部的特殊微纳米复合结构可以在水上行走，并且这种结构带来的特殊浸润性能具有非常高的稳定性(比荷叶还稳定)；玫瑰花瓣对水滴有很好的黏附性；通过对水稻叶子表面的观察，发现微米级尺度的半球在叶子表面的排列是有序的，这种有序排列使得水滴在水稻叶上沿不同方向具有不同的滚动角，水稻叶面的各向异性结构使液滴只是沿着叶面向根部滚动，而垂直叶面方向不容易滚动；蝴蝶翅膀上的定向微纳米结构（见图 9-2-3），使得水滴只能沿蝴蝶翅膀向外滚动，而不能向内滚动；蜂窝上也有类似的微纳米结构。

图 9-2-2　荷叶的超疏水现象

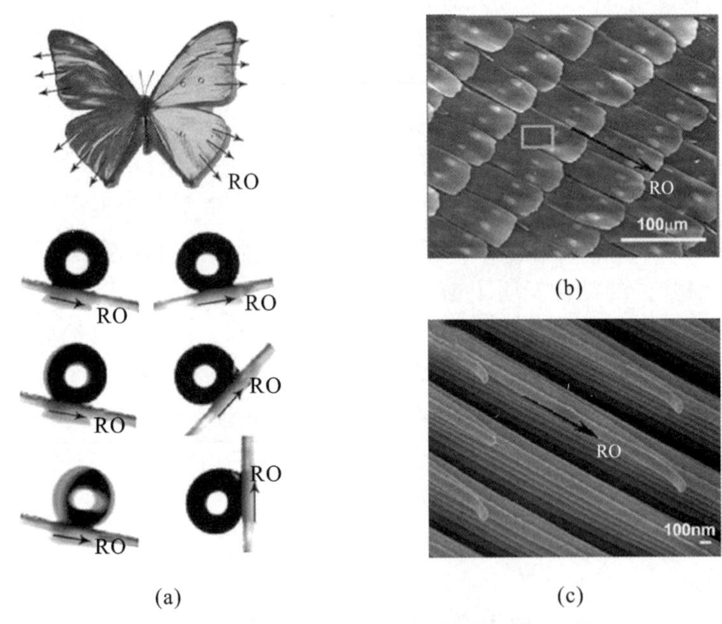

图 9-2-3　蝴蝶翅膀超疏水现象及其微观构造

通过对植物表面的分析，人们认识到由低表面自由能的材料构成的粗糙表面应该具有较高的疏水性。在此基础上，应用不同的材料，通过各种方法制备了多种疏水表面。中国科学院化学研究所的江雷院士课题组研究了一系列生物的超疏水特性，最终发现了超疏水的规律和特性，从而研发制备了一系列超疏水仿生材料，比如通过碳纳米管的蜂窝状排列和岛状排列制备了超疏水的表面，其水的接触角在 160°以上。他们还用亲水性高分子聚乙烯醇（PVA）通过模板挤出的方法制备了超疏水表面。另外中国科学院化学研究所的徐坚研究员也在超疏水表面制备方面进行了探索性工作，依据具有自清洁特性的天然荷叶表面的微结构中每个微米级乳突同时又由许多纳米级小乳突构成的特点，通过分子设计制备出聚合物的微米-纳米双重结构，利用聚合物在溶剂蒸发过程中自聚集、曲面张力和相分离的原理，在室温和大气条件下一步法直接成膜构筑类似荷叶-微纳米双重结构的聚合物表面，得到了超疏水性和疏油性的仿生涂层，水珠在表面上可以自由滚动，具有与荷叶表面相似的自清洁效应，同时该仿生表面还具有与荷叶类似的自修复功能，仿生表面最外层在被破坏的状况下仍然保持了超疏水特性和自清洁功能。这是首次提出用一种简便易行的直接成膜法，制备具有与荷叶表面微结构相似的聚合物仿生表面，对于开发新一代的仿生表面和涂料具有重要的指导意义。

通过学习自然界的特殊生命体系，研究人员探索出了两个原理：一是微纳米结构导致特异浸润性；二是微纳米结构排列的取向性可以控制液体移动的状态和运动趋势。再进一步，可以通过仿生制备特殊的微纳米复合结构，来实现特殊浸润性的控制，比如在纤维上打出微纳米列孔，可以实现超双疏材料的制备。超双疏材料的应用范围很广，如应用在西服和羊毛衫上，能够使织物具备自清洁性能。这种用结构来控制浸润性的方法不仅可以简单地模仿生物的性能，还可以加以组合以实现更多的功能，如可以实现油水分离的隔离网膜和直接打印制版系统。

从自然中来，向自然界学习先进的构造及功能，并仿生制备新型智能材料，是仿生材料科学发展的必然路径。目前，仿生材料的制备方兴未艾，现代仿生学正以微米级、纳米级尺度进入分子水平上的生物体系模拟，并成为受到日益关注的科学前沿和创新领域，可以预见，未来的智能材料将会在仿生方面大放异彩。希望今后科学家能研究更多自然界生物的特殊功能，探索其中的科学奥秘，制备出新颖的材料，为人类的生活增色添彩。

思 考 题

(1) 功能高分子材料的研究与其他通用高分子材料相比有何特点，功能设计有哪些主要途径？

(2) 智能材料具有巨大的应用前景，它都有哪些主要作用？

(3) 仿生学都涉及了哪些科学领域？试说出你知道的生活中应用仿生科学的实例。

参考文献

[1] 张留成,王家喜.高分子材料进展[M].2版.北京:化学工业出版社,2014.

[2] 邓芳,何伟,姜莹莹,等.有机高分子磁性材料研究进展[J].高分子材料科学与工程,2010,26(2):171-174.

[3] 王燕华,罗劲,任荣,等.磁性高分子金属络合物[J].高分子材料科学与工程,2014,30(2):139-144.

[4] 马建标.功能高分子材料(第二版)[M].北京:化学工业出版社,2010.

[5] 赵文元,王亦军.功能高分子材料(第二版)[M].北京:化学工业出版社,2013.

[6] 彭跃莲,秦振平,孟洪,等.膜技术前沿及工程应用[M].北京:中国纺织出版社,2009.

[7] 杨皓程,陈一夫,叶辰,等.有机-无机复合多孔膜制备与应用[J].化学进展,2015,27(8):1014-1024.

[8] 赵长生,生物医用高分子材料[M].化学工业出版社:2016.

[9] 栾轲,班雨,施德安,等.医用高分子材料抗凝血表面构建策略及研究进展[J].功能高分子学报,2021,34(2):172-178.

[10] Ahn S. Y., Liu J., Vellampatti S., et al. DNA Transformations for diagnosis and therapy[J]. Advanced Functional Materials, 2021, 31 (12), 2008279.

[11] Sabir F., Zeeshan M., Laraib U, et al. DNA based and stimuli-responsive smart nanocarrier for diagnosis and treatment of cancer: applications and challenges[J]. Cancers(Basel), 2021, 13 (14):3396.

[12] Keller A., Linko V. Challenges and perspectives of DNA nanostructures in biomedicine[J]. Angewandte Chemie International Edition, 2020, 59 (37): 15818-15833.

[13] Tran V. V., Tran N. H. T., Hwang H. S., et al. Development strategies of conducting polymer-based electrochemical biosensors for virus biomarkers: potential for rapid COVID-19 detection[J]. Biosensors and Bioelectronics, 2021, 182:113192.

[14] 刘壮,谢锐,巨晓洁,等.分子识别响应型智能膜的研究进展[J].科学通报,2015,60(27):2621-2630.

[15] 姚宇轩.光致型形状记忆高分子材料的应用[J].化学工程与装备,2016,(10):193-195.

[16] 任静,刘状,郭淑娟,等.亲水/疏水复合膜强化膜蒸馏深度处理工业废水的研究进展[J].化工进展,2021,40(11):6347-6357.

[17] 彭涛,吴泳儿,薛慧琳,等.智能水凝胶的研究进展及应用[J].轻纺工业与技术,2019,48(Z1):33-36.

[18] Raafat A. I., Eid M., El-Arnaouty M. B. Radiation synthesis of superabsorbent CMC based hydrogels for agriculture applications [J]. Nuclear Instruments and Methods in Physics Research Section B: Beam Interactions with Materials and Atoms, 2012, 283:71-76.

[19] 张必勇.高吸水性树脂的制备工艺及应用探究[J].低碳世界,2020,10(10):203-204.

[20] 李用珍,王利民,李树英,等.离子交换树脂在药物传递系统中的应用[J].齐鲁工业大学学报,2017,31(06):33-39.
[21] 杨江鹏,辛华,王静会,等.两性共聚高吸水树脂的合成与性能研究[J].应用化工,2019,48(04):866-869.
[22] 肖羽童,万涛,谢方玲,等.磁性锂皂石复合聚合物吸附树脂的合成及性能[J].塑料工业,2022,50(02):70-74.